实验动物
功能性组织学图谱

Functional Histology of Laboratory Animals – A Color Atlas and Text

编　著　李宪堂　K. Nasir Khan　John E. Burkhardt
编　图　Michael J. Li

科学出版社
北　京

内 容 简 介

本书共分 15 章，详细介绍了实验动物的系统组织学、超微组织学，以及形态结构与生理功能的关系。本书用丰富的图例揭示了实验动物组织形态及器官、组织、细胞功能。大量的模式图、HE 染色、特殊染色及电镜图片，逐步引导读者由浅入深、从组织结构到亚细胞结构，帮助读者全面掌握实验动物组织学与生理学知识。

本书可供实验动物学、药物安全性评价等领域研究人员参考，也是基础医学、临床医学、药理学和毒理学等学科的参考书。

图书在版编目（CIP）数据

实验动物功能性组织学图谱 / 李宪堂，（美）纳西尔·汗（K. Nasir Khan），（美）约翰·伯克哈特（John E. Burkhardt）编著 . -- 北京：科学出版社，2019.1
ISBN 978-7-03-060129-2

Ⅰ . ①实… Ⅱ . ①李… ②纳… ③约… Ⅲ . ①实验动物学－动物组织学－图谱 Ⅳ . ① Q954.6-33

中国版本图书馆 CIP 数据核字 (2018) 第 288930 号

责任编辑：李 玫 / 责任校对：杨聪敏
责任印制：赵 博 / 封面设计：吴朝洪

科学出版社 出版
北京东黄城根北街 16 号
邮政编码：100717
http://www.sciencep.com
北京九州迅驰传媒文化有限公司印刷
科学出版社发行 各地新华书店经销
*
2019 年 1 月第 一 版 开本：889 × 1194 1/16
2025 年 6 月第四次印刷 印张：17 1/2
字数：520 000

定价：178.00 元

（如有印装质量问题，我社负责调换）

序一

《实验动物功能性组织学图谱》主要阐述不同物种实验动物的组织形态学，以及器官、组织和细胞功能；是开展实验动物病理学分析和诊断的基础专业，也是实验医学研究、药物临床前评价，以及实验动物质量检测等领域的科研人员需要了解的基础知识。

目前，国内此方面的专著主要侧重于组织结构，而本书则侧重于从生物学和生理学角度表述实验动物的功能性组织学图谱。李宪堂博士是资深的美国毒理学委员会认证专家和美国兽医病理学院认证病理专家，长期在美国从事药物临床前评价工作，在实验动物组织学方面积累了丰富的经验；K. Nasir Khan 博士和 John E. Burkhardt 博士也是实验病理学理论或实践领域的专家，他们共同完成了这本内容详实、图文并茂、实用性强的组织学参考书。本书详细介绍了实验动物的组织学、超微组织学，以及形态结构与生理功能的关系，用严谨的科学语言、丰富的图例和组织学图片，针对常用的实验动物，如大鼠、小鼠、食蟹猴、比格犬等，进行组织形态学描述和功能性组织学阐述。本书特色在于采用大量的模式图、HE 染色、特殊染色以及电镜图片，逐步引导读者由浅入深、从组织结构到亚细胞结构，全面掌握实验动物组织学与生理学的基础知识与联系，是我国首部从生理学角度编著的实验动物组织学图谱。

本书可以作为实验动物学科研、实验动物检测、药物临床前评价等领域的病理或兽医人员提供参考，也是基础医学、临床医学、药理学和毒理学等领域科研人员、教学人员或学生的重要参考书。

戴川 教授

中国医学科学院医学实验动物研究所 所长

中国实验动物学会 理事长

全国实验动物标准化技术委员会 主任委员

亚洲实验动物学会联合会（AFLAS）副主席

国际实验动物科学理事会（ICLAS）理事

2018 年 11 月

序二

与其谓序，不如说是致广大读者的一封推荐信。

《实验动物功能性组织学图谱》是以李宪堂博士为主的几位国际知名兽医病理学专家精心编纂的一部基础动物医学专著。诚如该书前言中所述：功能性组织学是研究生命机体的微细结构及其相关功能的学科，是桥接基础生命科学与临床医学和兽医学的重要基础学科。只有充分了解正常细胞组织的微细结构和功能，才能更好地理解生命体的生理过程和病理变化。而国内目前出版的相关专著，在内容的新颖性和图片选取的合理性等方面都与国际水平存在一定的差距。《实验动物功能性组织学图谱》的出版将会减少这种差距，为我国生命科学工作者特别是动物医学研究者提供一本高水平的专业参考书，对该学科的发展以及从业人员业务能力的提高具有积极的推动作用。

李宪堂博士是美国兽医病理专家学会（ACVP）的资深病理学专家，长期致力于实验动物组织学及病理学研究工作，经验丰富，学识渊博。多年来不辞劳苦，传道解惑，为中美两国毒性病理学领域的交流合作以及人才培养作出了重要贡献。而该图谱也正是在培训过程中应广大学员的要求而推出的代表性著作。全书用通俗易懂的语言，从生物学和生理学角度科学严谨地诠释了大鼠、比格犬及食蟹猴等主要实验动物全身器官的组织结构和功能。书中精美的原版插图多达1000余幅，为其他动物组织学图谱所少见，加上从功能的角度对各器官组织结构的特征和意义进行了生动的解读。我认为，这是迄今为止国内同类图书中最好的一本，不仅是动物医学从业人员必备的参考书，对包括临床和基础医学在内的所有生命科学工作者都具有重要的参考价值。

在此，谨以一个忠实读者的名义向大家推荐这本心血之作。相信这本专著带给您的不仅是知识，也会是一段赏心悦目的阅读体验。

教授

上海中医药大学

日本动物病理专家协会认证病理专家

日本毒性病理学会认证病理专家

2018年11月

前言

本书是从生物学和生理学角度编著的功能性组织学图谱。

功能性组织学是研究人、动物或植物等生命机体的微细结构及其相关功能的学科，是桥接基础生命科学与临床医学、兽医学的重要基础学科。只有充分了解正常细胞组织的细微结构和功能，才能更好地了解生命体的生理过程和病理变化。

组织学揭示了生命现象的主体基础和形态结构，准确认识细胞组织的形态结构与生理功能有助于基础生命科学的研究。正常组织的微细结构和功能也是病理学诊断和生物医学研究的基础。许多具有丰富经验的病理工作者，在日常病理诊断和研究工作中仍需不断地查阅组织学和解剖学参考文献。完整地了解正常细胞、组织和器官的微细结构与其功能的关系，能大幅提高病理读片的速度和诊断的准确性。

虽然国内已经有不少原创性中文或中译本的组织学专著，但各专著内容的广度或深度各有侧重，难以满足广大医学、兽医学及生命科学工作者的科研和教学需求。多数组织学专著侧重于主要组织结构的图解和描述，缺乏组织种类的全面性及其在生命机体内的功能性联系。例如，当外源性异物对睾丸造成损伤时，详细了解复杂的精子生成过程和周期对确定和阐述异物对生殖细胞的损伤机制至关重要。

本书配以大量高清普通 HE 染色和特殊染色的组织图片和超微电镜图片，并以模式图，线条图，流程图和表格等形式进一步补充和说明，以此揭示生命现象的结构基础及其生理功能。全书共分为十五章，前十四章图解细胞、神经系统、内分泌系统、造血系统、免疫系统、血液循环系统、消化系统、呼吸系统、泌尿系统、生殖系统、骨骼肌肉、皮肤、眼和耳等器官组织的微细结构及其功能关系。第十五章图解一些常见的组织切片中的人为现象。全书图文并茂，由浅入深，有助于直观地学习和理解细胞和组织结构与其功能的关系。

全书共有高清彩图 1000 多幅，图片来源以大鼠、食蟹猴和比格犬组织样本为主（此为常用实验动物）。书中也有其他动物的组织图片，用作形态和功能的比较。苏木精 – 伊红染色（hematoxylin–eosin staining，HE 染色）是常用的组织学染色方法。因此，书中图片以 HE 染色为主，且以 HE 染色的图片，不再注明染色方法。同理，电子显微镜图片一目了然，也无须注明。其他由特殊染色和免疫组化染色的图片，则注明具体染色方法。

随着当代数字图像的应用，放大步骤和计算方法各有千秋，故本图谱不再注明图片放大倍数，以免误导。

书中专业术语的中文名称，尽量采用国内医学和兽医学方面的通用术语。作者主要参考了李和与李继承主编的《组织学与胚胎学》第 3 版（人民卫生出版社，2015 年），秦川教授主编的《实验动物比较组织学彩色图谱》（科学出版社，2017 年），以及陈耀星先生主译的《彩色兽医组织学图谱》（中国农业大学出版社，2007 年）。对上述专著的作者和译者深表感谢！

本书可供从事病理工作者、实验动物学科研、药物安全性评价等科研人员参考。也是基础医学、临床医学、药理学和毒理学等学科的重要参考书。

由于编写经验不足，水平有限，书中存在的疏漏和错误之处，欢迎读者和同仁批评指正。

李宪堂 博士
K. Nasir Khan 博士
John E. Burkhardt 博士
辉瑞制药公司全球非临床药物安全部
2018 年 11 月

致谢

编写图书或撰写专著是一个漫长的过程,不但需要作者长期的知识更新和经验积累,还需要众多专家、同行、同事、朋友和家人的直接和间接的支持与参与。在本图谱编写过程中，笔者得到了很多人的热情鼓励和大力支持，尤其是众多的辉瑞同事，他们为本图谱的编写提供了大量的组织标本和高质量的图片，在此深表谢意！同时，笔者也参考了大量文献，吸收了大量前人的研究成果。由于篇幅限制，参考文献无法尽数列举。在此，对这些同仁深表歉意和敬意，并由衷感谢！

本书图片来自作者 20 多年来不断地收集和积累，包括作者显微照相和辉瑞病理图像库截图。其中的苏木精－伊红染色（hematoxylin–eosin staining，HE 染色）和特殊组织化学染色图片的样本来源自辉瑞病理学实验室，深深感谢 Ms. Kim Kowsz 主任和她的病理实验室团队的卓越工作；免疫组织化学染色图片的样本绝大部分来源自辉瑞免疫组织化学实验室，特别感谢 Mr. Timothy Coskran 主任和他的免疫组织化学实验室团队的卓越工作；电镜图片绝大部分来源于辉瑞电镜实验室，特别感谢电镜实验室的 Mr. Walter Bobrowski、Ms. Germaine Boucher 和 Ms. Sarah Anderson 等同事多年来的辛勤工作。对来源于辉瑞图像库的光镜图片，作者要特别感谢图像扫描室的辉瑞同事，感谢 Mr. Majid Syed、Mr. Alan Opsupl 和 Mr. Danielle Sullivan 和他们的图像管理团队，感谢他们为组织样本扫描而辛勤的付出。

感谢众多辉瑞同事分享他们的原始研究资料和图片样本，如辉瑞的 Dr. Williams Reagan 和 Dr. Michael Mirsky 等。以及中国昭衍实验室的王和枚博士和 Envigo 实验室的 Dr. Dianne Creasy 等。

本书中的彩色模式图或线条图的原型大部分是由 Motifolio Inc 公司提供的，个别版权图片是由 Pearson Education 出版公司、Quick Publishing 出版公司和 Hill's Pet Nutrition 公司提供的。在此深表谢意，并在相关图片中注明。

同时，感谢家人在图谱编写期间的鼓励和帮助，他们为插图的编辑及参考文献的搜索等做了大量的艰辛工作。

最后，笔者还要感谢辉瑞制药公司，本书的出版得到了辉瑞制药公司的支持和资助。

李宪堂 博士

K. Nasir Khan 博士

John E. Burkhardt 博士

辉瑞制药公司全球非临床药物安全部

2018 年元 11 月

Contents

目录

第一章

细　胞

Cell

细胞是生命有机体的基本结构和功能单位，是生命新陈代谢、生长发育和遗传繁殖的场所（图 1–1）。据估计，地球上有数千万或上亿种不同的生物种属，其中大多数为单细胞生物。在单细胞生物中，一切生命现象和生理功能都是在单一细胞中进行的，包括遗传、发育、生长、分化和进化等。高等动物和植物则由多个大小不等、形态和功能不同的细胞群组成。在多细胞生物体内，这些细胞互相协调合作，执行各种生命功能，维持机体的生命活动（表 1–1）。

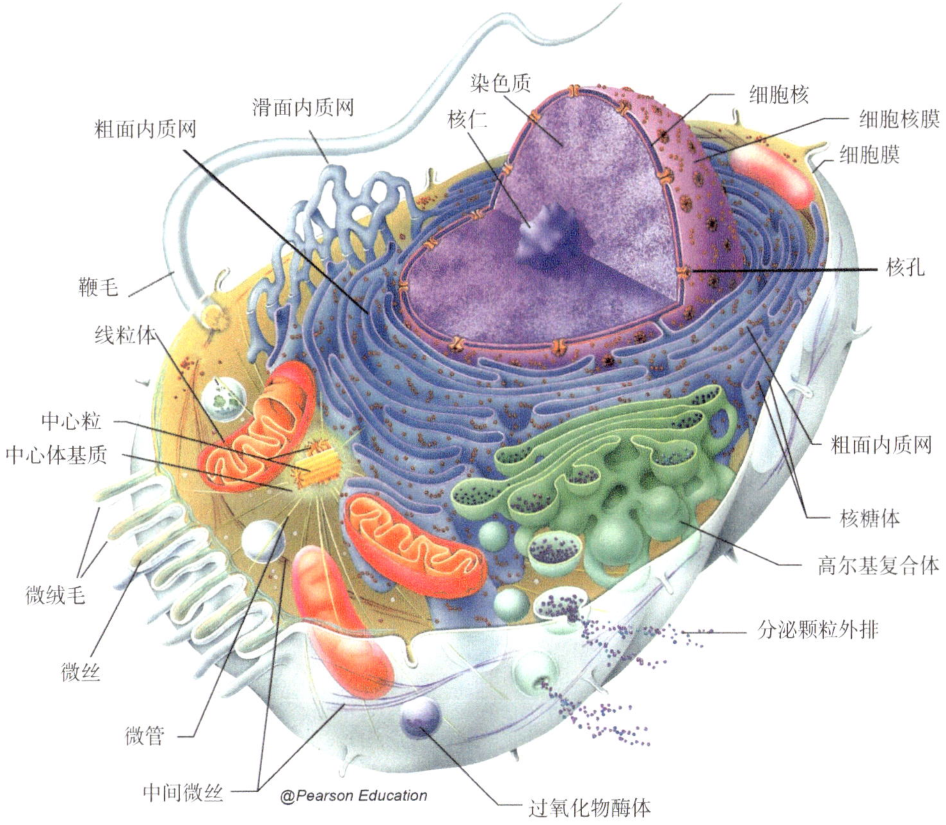

图 1–1　细胞结构

表 1–1　细胞的主要功能

细胞功能种类		主要执行细胞
遗传繁殖	自我复制	生殖细胞和躯体细胞
合成	蛋白质	各种细胞
	糖原	肝细胞、肾小管上皮细胞等
	脂肪	脂肪细胞、肝细胞等
	类固醇	分泌类固醇激素的内分泌细胞等
	细胞间质	成纤维细胞、骨细胞和软骨细胞等
代谢	新陈代谢，能量转换	肝细胞等各类细胞
吸收	营养物质或水分等	胃肠道、肾小管和附睾管上皮细胞等
运动	细胞或机体运动	肌纤维和其他具有收缩功能的细胞
屏障	内外界屏障	上皮细胞及其细胞间结合复合体结构
排泄	内环境稳定	肾小管和涎腺导管上皮细胞
吞噬和消化	内外异物	吞噬细胞、粒细胞、内皮细胞、睾丸支持细胞等
神经传导	生物电冲动	神经元和感觉细胞等
免疫识别	免疫保护	吞噬细胞、树突状细胞和淋巴细胞等

第一节　细胞进化

细胞的大小、形态和功能有很大差异。依据细胞形态学、基因结构和核蛋白体 rRNA 序列，细胞通常分为原核细胞、古核细胞和真核细胞（图 1–2）。古核细胞和原核细胞没有细胞核膜。在细胞代谢和基因转录等方面，古核细胞又不同于原核细胞。古核细胞生物也称古生菌、古细菌或原细菌等。古生菌大多生活在极端的生态环境中，如高温、强寒、高盐、强酸或强碱等环境中或消化道中。真核细胞具有完整的细胞核，包括核膜。酵母可能是最简单的真核细胞。

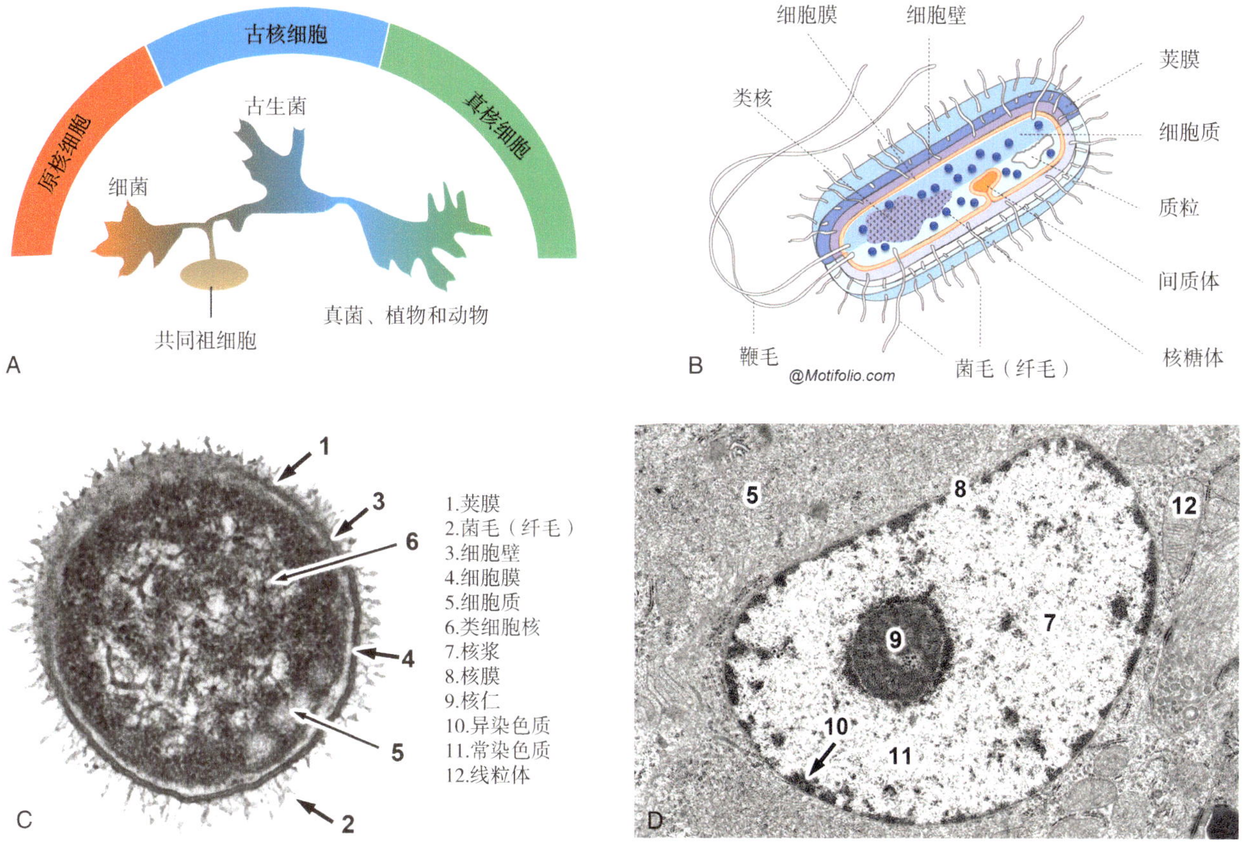

图 1-2　**细胞进化**

A. 细胞由共同原始祖细胞进化为原核细胞、古核细胞和真核细胞；B. 原核细胞，细菌细胞结构；C. 原核细胞，铜绿假单胞菌类核：原核细胞无核膜；D. 真核细胞，大鼠肝细胞：真核细胞有完整的细胞核，包括核膜

第二节　细胞分化

高等动物体内有数百种大小、形态和功能各异的真核细胞。细胞和细胞外间质形成组织。高等动物由受精卵逐步分裂为多个细胞或细胞群，分化为三个胚层（图 1-3）。各胚层相继分化为形态相似和功能相关的细胞群和间质，即上皮组织、肌肉组织、神经组织和结缔组织（表 1-2）。形态相似和功能相关的组织构成器官，功能相关器官有序地合作形成系统，共同完成特定的生理活动。多细胞动物是细胞、组织、器官和系统组成的有序整体，细胞是其基本结构和功能单位。

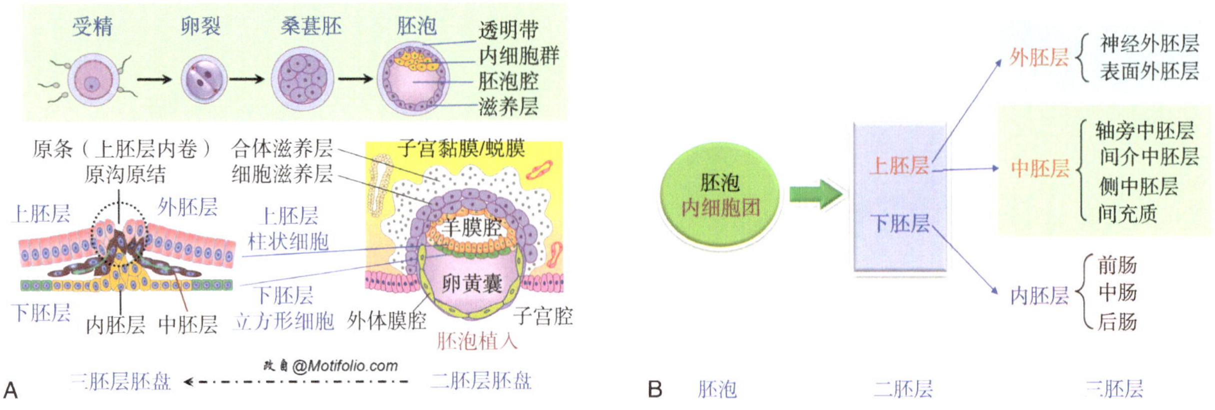

图 1-3 胚层分化

A. 胚胎，受精卵、胚泡和胚盘的分化；B. 胚泡和胚盘的早期分化

表 1-2 高等动物的三个胚层相继分化形成不同的组织

外胚层（上胚层）	神经外胚层	神经嵴	神经节、外周神经系统和肾上腺髓质等
		神经管	脑、脊髓、松果体、神经垂体和视网膜等
	表面外胚层	皮肤表皮及其附属结构、牙釉质、角膜上皮、腺垂体、晶状体、内耳迷路、口鼻和肛门上皮等	
中胚层（上胚层）	轴旁中胚层	生皮节（背外侧）	真皮和皮下组织
		生肌节（背内侧）	肌肉
		生骨节（腹内侧）	椎骨和肋骨
	间介中胚层	泌尿和生殖系统的主要器官等	
	侧中胚层	体壁中胚层	体壁骨骼、肌肉和结缔组织；腹膜、胸膜和心包膜的壁层
		胚内体腔	侧板中胚层形成腔隙，分化为心包腔、胸膜腔和腹膜腔
		脏壁中胚层	消化道和呼吸道的肌肉组织和结缔组织；腹膜、胸膜和心包膜的脏层
		生心区	心脏
	间充质	具有多方面的分化能力，可分化为身体各处的结缔组织、血管、肌肉和骨骼等	
内胚层（下胚层）	前肠	喉、支气管、各级细支气管的上皮和肺泡上皮；咽、食管、胃和十二指肠前部的上皮；中耳、甲状腺、甲状旁腺、胸腺，以及肝、胆、胰和肠腺等消化腺的上皮；膀胱和阴道上皮组织	
	中肠	十二指肠至结肠的上皮	
	后肠	结肠后部至肛管前段的上皮	

第三节 细胞结构

尽管细胞大小、形态和功能各异，高等动物的细胞具有许多共同结构，均由细胞膜、细胞质与细胞核组成。

一、细胞膜

细胞膜（cell membrane）也称胞质膜、质膜或生物膜，是细胞最外面的双层脂质膜状结构，形成细胞与外界环境的界膜屏障（图 1-4）。细胞膜不但维持细胞的结构完整性和保护细胞内成分，还参与细胞的生命活动，包括细胞内外电荷和渗透压的平衡和物质交换等，从而维持细胞内环境的稳定（表 1-3）。细胞膜通过吞噬、胞饮或胞吐等作用，吸收、消化、外排和交换细胞内外的物质。细胞膜在细胞识别、酶促反应、电子传递、信号传递和激素功能等方面也发挥重要作用。

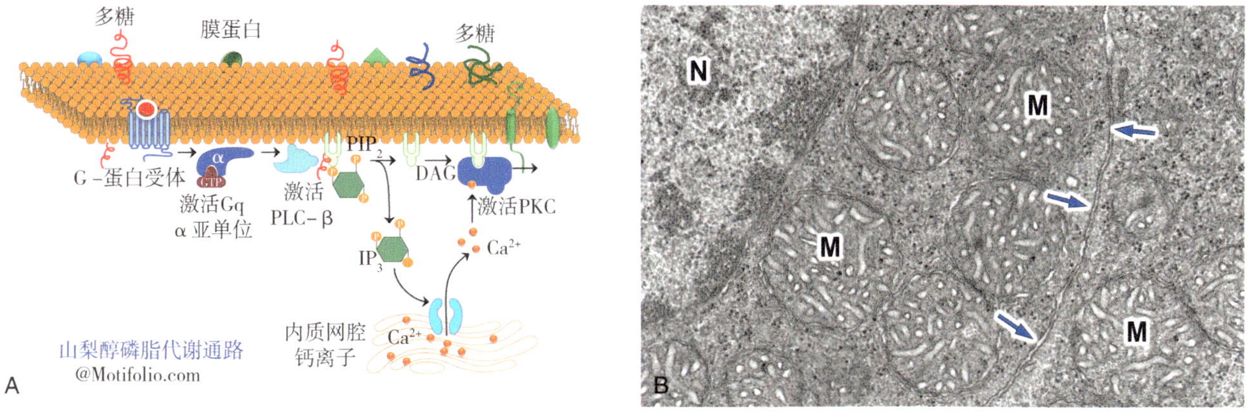

图 1-4　细胞膜

A. 双层脂质膜状结构、膜蛋白和多糖等；B. WH 大鼠肝：细胞之间细胞膜（箭）、线粒体（M）和细胞核（N）

表 1-3　哺乳动物细胞内和细胞外主要离子的浓度

电荷	主要离子	细胞质内浓度（mol/L）	细胞外浓度（mol/L）
阳离子	Na^+	5 ～ 15	145
	K^+	140	5
	Mg^{2+}	0.5	1 ～ 2
	Ca^{2+}	10	1 ～ 2
	H^+	7×10^{-5}（pH 7.2）	4×10^{-5}（pH 7.4）
阴离子	Cl^-	5 ～ 15	110

细胞膜的厚度为 7 ～ 10 nm。超微结构为三层，电子致密的内层和外层，电子密度低透明的中间层（图 1-4）。脂质膜以磷脂和胆固醇为主，并含糖脂。脂质的亲水极露在外面，由胆碱和乙醇胺等形成。疏水极由两条脂肪酸链形成，位于膜的中央。大部分脂溶性化学物质可以通过膜脂双层结构进入胞质内或胞核内。大部分水溶性物质不能直接进出细胞膜。

脂质膜内镶嵌有各种蛋白质和糖类，是细胞膜功能的结构基础，如膜受体、转运蛋白、离子通道和酶等（图 1-4）。膜蛋白通过非共价键与脂类结合，镶嵌于脂质双层中间，附着于一侧，或横跨双层脂质膜。膜蛋白与细胞吸收、分泌、内外物质的交换等密切相关，并参与调节细胞生长、分化、识别和免疫等重要功能。

一些特定细胞的细胞表面有特异的结构，如细胞衣和胞质膜内褶等，以适应其特殊生理功能和环境需要。

（一）细胞衣

细胞衣（cell coat）也称糖衣，为一层多糖类复合物，包括糖蛋白、糖脂及蛋白多糖（图 1-5）。糖衣通常位于上皮细胞的游离面，维持和保护细胞形态，并参与调节物质交换、细胞生长、细胞分化、细胞识别和免疫功能等重要生理过程和功能。

（二）胞质膜内褶

上皮细胞基底面的细胞膜向胞质内折叠，形成许多内褶（plasma membrane infolding）（图 1-6）。胞质膜内褶可以扩大细胞基底部的表面积，有利于水和电解质的迅速吸收和转运。肾小管上皮细胞的胞质膜内褶附近的胞质内含有许多纵行排列的线粒体，这可能与物质转运过程中能量需求有关。

二、细胞质

细胞质（cytoplasm）也称细胞浆，是位于细胞膜与细胞核之间的胶体状物质。细胞质中含有细胞器、细胞骨架和基质等。基质富含蛋白质和其他内含物，如糖原、脂肪滴、分泌颗粒或色素粒等（图 1-7）。细胞质富含各种酶，是很多代谢反应的场所，如糖酵解、戊糖磷酸途径、脂肪酸合成、蔗糖合成和生物转化酶等。

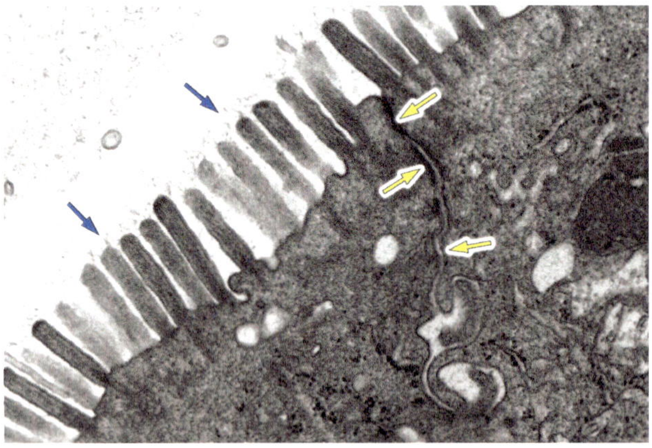

图 1-5　细胞衣

WH 大鼠结肠：上皮细胞微绒毛表面的糖衣（蓝箭）和细胞间复合体（黄箭）

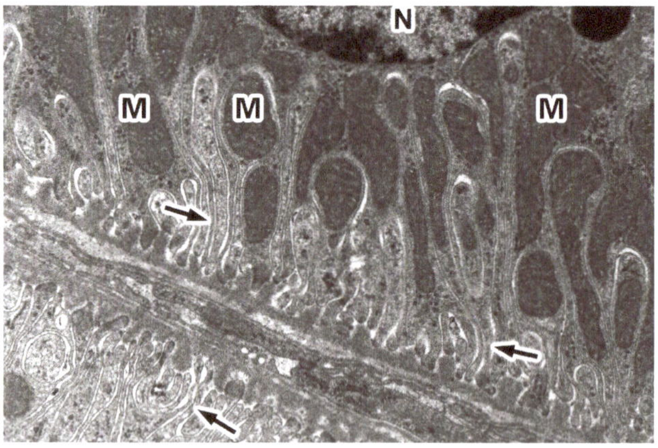

图 1-6　胞质膜内褶

SD 大鼠：肾近曲小管上皮细胞质基底胞质膜内褶（箭），细胞核（N），线粒体（M）

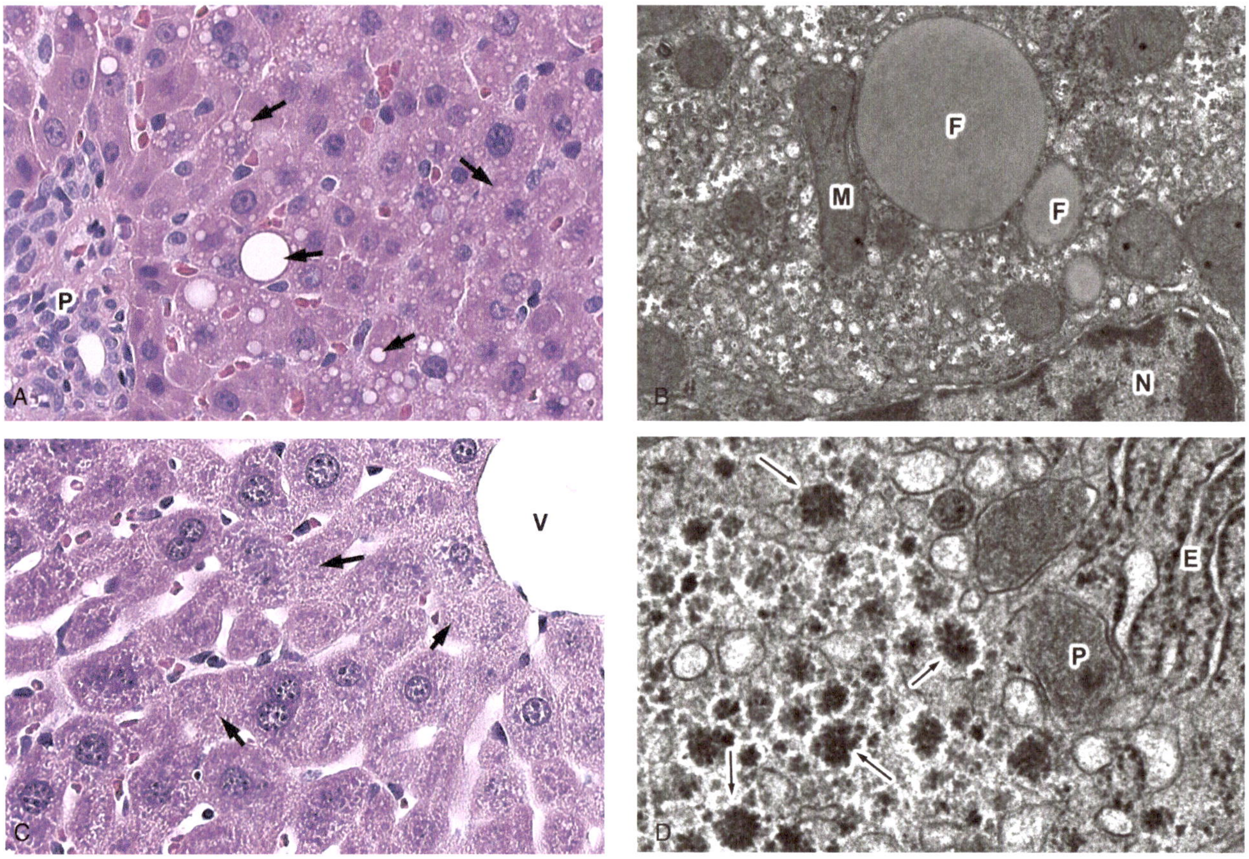

图 1-7　细胞质

A. SD 大鼠：肝细胞质内富含大小不等的脂滴，尤其是近门管区（P）肝细胞；B. WH 大鼠：肝细胞质内脂滴（F）、线粒体（M）和细胞核（N）；C. SD 大鼠：肝细胞质内富含糖原颗粒，尤其是近中央静脉（V）的肝细胞；D. WH 大鼠：肝细胞质内富含糖原颗粒（箭）及过氧化物酶体（P）和粗面内质网（E）

三、细胞器

除成熟红细胞外，大多数真核细胞的细胞质中含有功能不同和形态各异的细胞器（cell organelle）。多数细胞器具有与细胞质膜相同的膜性结构，故细胞器和细胞膜统称为细胞内膜或质膜系统。

（一）线粒体

线粒体（mitochondria）为颗粒状或短杆状双层膜细胞器，直径 0.2 ~ 1μm。大小、形状和数量随细胞种类不同而异（图 1–8）。线粒体内层膜向内折叠延伸形成嵴状，外膜平滑，内外膜间形成膜腔，与内膜腔不直接相通。线粒体是细胞有氧呼吸、三羧酸循环、产生 ATP 的主要部位，为细胞生命活动提供所需的能量。线粒体自身含有环状 DNA 和核糖体等，能合成蛋白质，具有自身复制能力。

（二）内质网

内质网（endoplasmic reticulum）为膜网状结构，为单层膜围成的扁平囊状或平行的片层状管腔（图 1–9）。内质网各分支管腔之间相通，并与细胞膜和细胞核膜相延续，形成细胞内物质及信息传递的重要通道。内质网分为粗面内质网和滑面内质网。

粗面内质网也称颗粒内质网，网上附着大量核糖体，参与蛋白质的合成、运输和储存。粗面内质网主要合成分泌蛋白质、膜蛋白和溶酶体酶蛋白等。附在粗面内质网上的核糖体有规律地沿 mRNA 排列成一串念珠状的多聚核糖体，合成多肽。多肽合成后，输送到高尔基体，并由高尔基体加工和分泌。蛋白质分泌功能旺盛的细胞中，粗面内质网比较发达，如胰腺的腺泡细胞。

滑面内质网也称光面内质网，没有核糖体附着。滑面内质网具有许多与脂类合成相关的酶，参与脂类物质和脂类激素的合成与运输，以及糖和激素代谢等。例如，睾丸间质细胞和卵巢性激素分泌细胞的滑面内质网很发达。

（三）核糖体

核糖体（ribosome）普遍存在于各种细胞内，包括原核细胞（图 1–10）。核糖体由大小不等的两个亚基组成。依据离心沉降系数（即颗粒大小、形状和质量等），真核细胞的核糖体为 80S，其大亚基为 60S，小亚基为 40S。原核细胞的核糖体为 70S，其大亚基为 50S，小亚基为 30S。线粒体中核糖体比较小，约为 55S。

核糖体主要由 rRNA 和蛋白质构成，呈颗粒状，没有膜，并非真正的膜性细胞器。核糖体含有多种与蛋白质合成相关的酶类，依照 mRNA 的指令，核糖体将氨基酸合成多肽链。

核糖体可游离在胞质或胞核内，也可附在内质网上。游离核糖体合成细胞质所需的蛋白质，包括细胞骨架和细胞器等。通常，幼稚或生长迅速的细胞，胞质中含有大量游离核糖体。附在粗面内质网上的核糖体合成分泌性蛋白质、膜蛋白和溶酶体等。

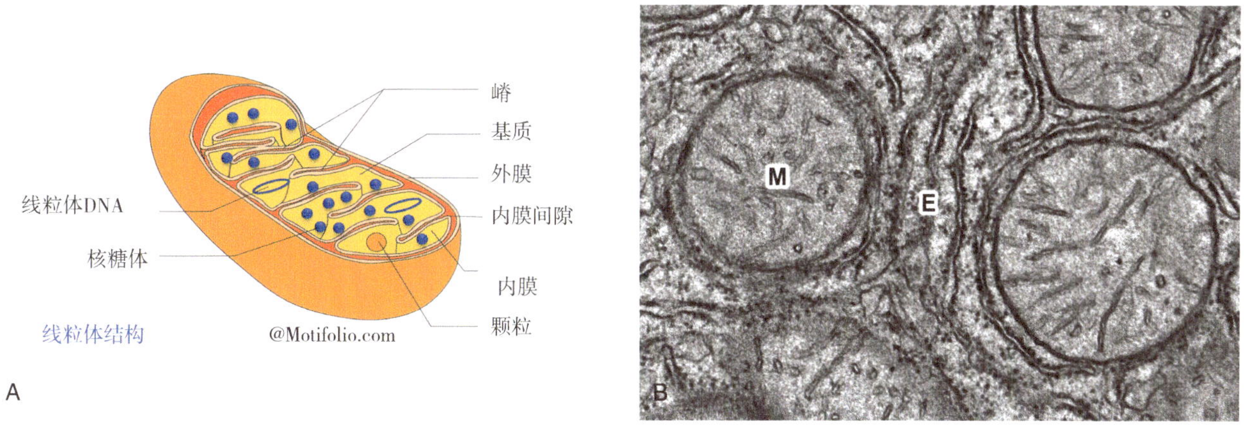

图 1–8 线粒体

A. 线粒体结构，内膜折叠成嵴状，外膜平滑，内外膜间隙不相通；B. SD 大鼠：线粒体（M）内膜向内折叠，外膜平滑，粗面内质网（E）

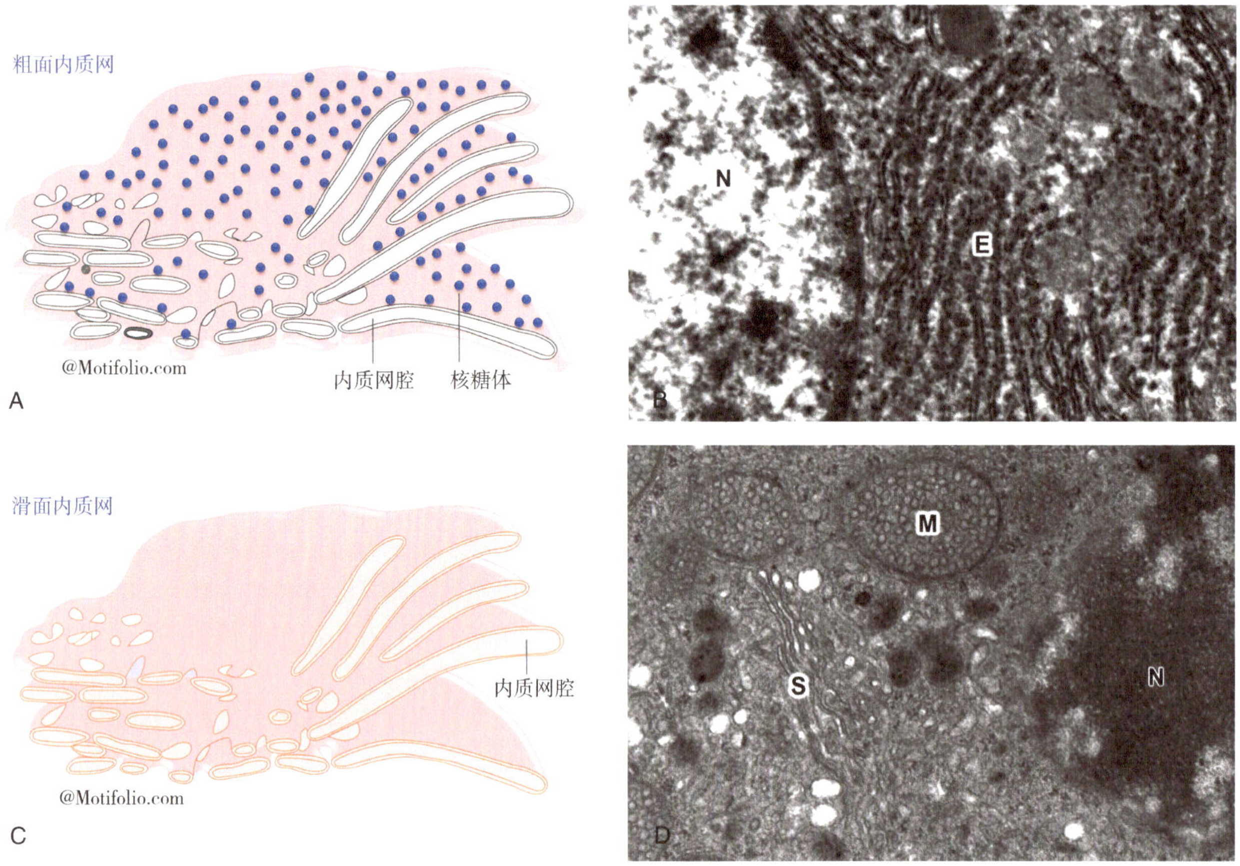

图 1-9　**内质网**

A. 粗面内质网，表面附着核糖体，用于蛋白质合成；B. 粗面内质网，SD 大鼠：肝细胞粗面内质网（E）和胞核（N）；C. 滑面内质网，表面无核糖体，主要合成胆固醇；D. 滑面内质网，WH 大鼠：肾上腺皮质细胞，滑面内质网（S），胞核（N）和线粒体（M）

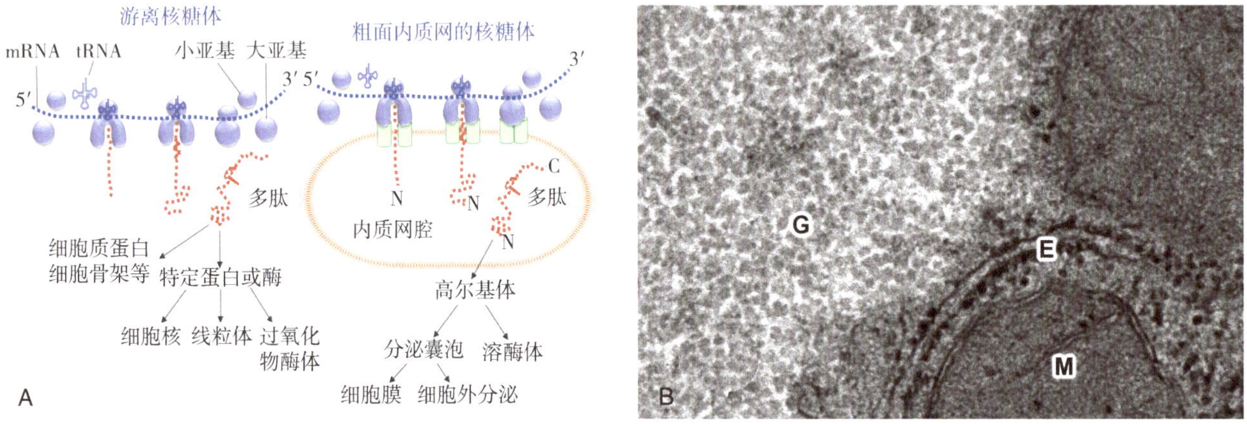

图 1-10　**核糖体**

A. 核糖体结构和功能，由大小不等的两个亚基组成，是多肽链合成场所；B. SD 大鼠：肝细胞粗面内质网的核糖体（E）、糖原颗粒（G）和线粒体（M）

（四）高尔基体

高尔基体（Golgi apparatus）由一系列扁平的单层膜小囊和小泡组成，主要功能是对粗面内质网合成的多肽或蛋白质进行加工和包装（图 1-11）。因此，分泌旺盛的细胞，高尔基体较发达，在蛋白合成、运输和分泌中起重要作用。高尔基体含有酶的分泌泡断裂后形成的溶酶体。

（五）溶酶体

溶酶体（lysosomes）为单层膜小泡，来源于高尔基体（图 1–12）。溶酶体通常分为初级溶酶体、次级溶酶体和残余小体等不同活性阶段。溶酶体 pH 为 5 左右，内含多种水解酶，可水解多糖、磷脂、核酸和蛋白质等。溶酶体相当于细胞的“消化站”或“垃圾处理站”。溶酶体能消化细胞内衰老或损伤的细胞器，并杀死和降解外源微生物等异物。消化后的残渣通过外排作用排出细胞。

（六）过氧化物酶体

过氧化物酶体（peroxisome）为单层膜囊泡状小体，内有不规则的晶格状结构（图 1–13）。过氧化物酶体含有多种氧化酶，参与多种物质的转换。例如，过氧化物酶体可将脂肪酸氧化分解，产生过氧化氢。过氧化物酶体也参与脂肪酸的三羧酸循环。

（七）中心体

中心体（centriole）由两个彼此成直角排列的中心粒组成，是一个非膜性结构的细胞器（图 1–14）。在细胞分裂间期，中心体位于细胞核附近。在细胞有丝分裂期，位于纺锤体极区中心。电镜下可见中心粒横切面上有 9 束三联管微管，中央没有微管，即 9 × 3+0 微管结构。

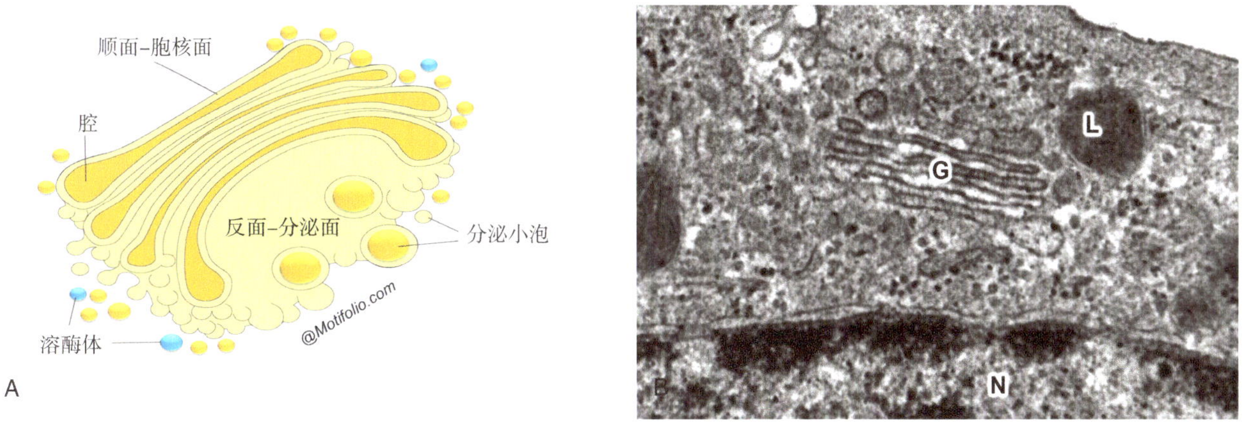

图 1–11 高尔基体

A. 高尔基体结构，由扁平的单层膜小囊和小泡组成；B. WH 大鼠：肝细胞高尔基体（G）、细胞核（N）和过氧化物酶体（L）

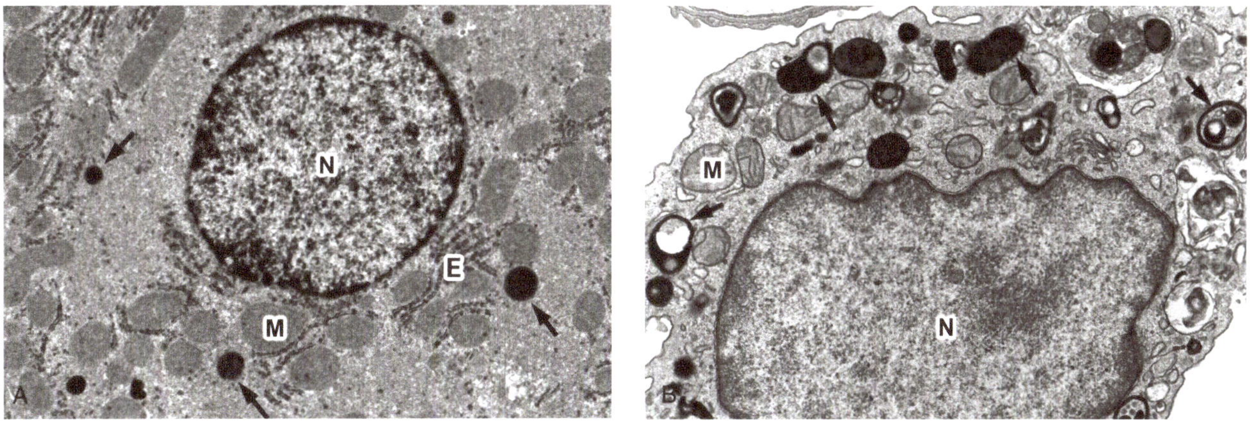

图 1–12 溶酶体

A. WH 大鼠：肝细胞初级溶酶体（箭），线粒体（M）和粗面内质网（E）；B. 比格犬：肺泡巨噬细胞次级溶酶体（箭）、线粒体（M）和细胞核（N）

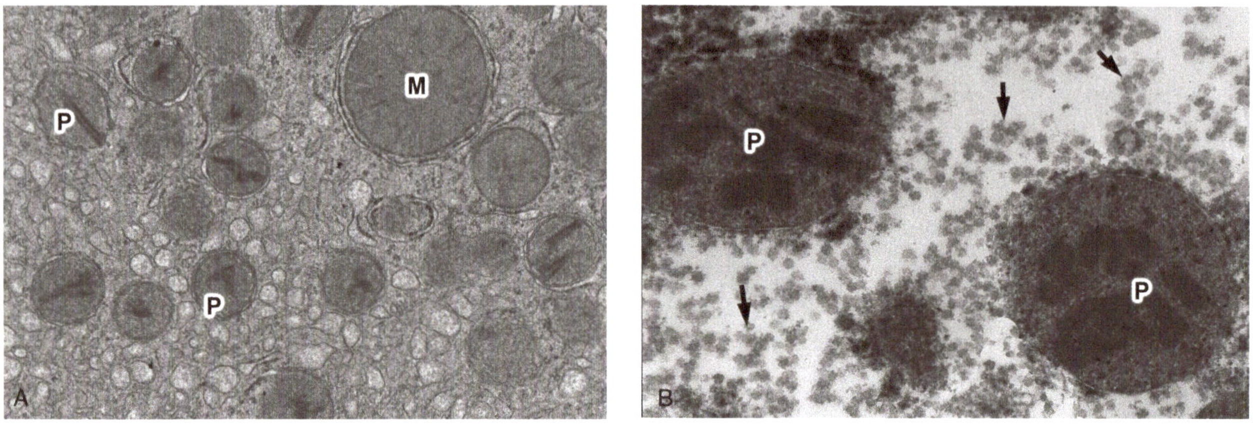

图 1-13 过氧化物酶体

A. WH 大鼠：肝细胞过氧化物酶体（P）和线粒体（M）；B. WH 大鼠：肝细胞过氧化物酶体（P）和糖原颗粒（箭）

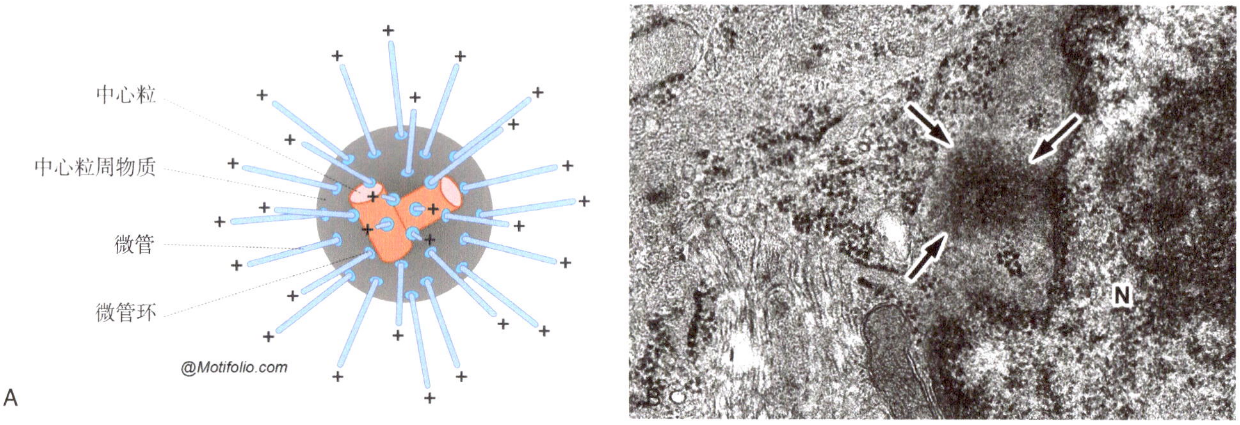

图 1-14 中心体

A. 中心体结构，由两个彼此成直角排列的中心粒组成；B. 食蟹猴：肝细胞中心体（箭）位于细胞核（N）旁附近

四、细胞核

在高等动物中，绝大多数种类细胞具有单个细胞核，少数细胞无核如成熟红细胞，双核或多核如肝细胞（图 1-15）。细胞核（nucleus）的形态随细胞周期各阶段不同而异。大部分细胞核处于细胞分裂间期，细胞核通常为圆形或椭圆形，含有 DNA，常规染色呈强嗜碱性。

真核细胞的细胞核由核膜、核仁、染色质和核质组成。核质内含有多种蛋白质或酶类等，如 DNA 聚合酶、RNA 聚合酶、各种 NTP 和 dNTP 等。细胞核对细胞增殖、分化和代谢等活动具有关键作用。

（一）细胞核膜

细胞核膜（nuclear membrane）是核质与胞质间的分界面（图 1-16）。核膜由内层膜和外层膜构成，两膜平行。其间隔 10 ~ 15 nm，也称核周间隙，与内质网腔相通。外核膜表面附着有核糖体，并与粗面内质网相延续，参与蛋白质合成。内核膜的核质面有基板和核纤维层，是由细丝交织形成的致密网状结构，厚 20 ~ 80 nm。核纤维层具有支持和稳定核膜的作用，也是染色质纤维附着的部位。

核膜上有许多圆形核膜孔，直径 50 ~ 80 nm。核膜孔是核质与胞质之间物质交流的通道。核孔复合体由孔环与中心颗粒组成。孔环由 16 个球形亚单位组成，孔内环和外环各有 8 个亚单位。核孔中心颗粒（孔栓）发出放射状细丝与 16 个亚单位相连。

（二）核仁

核仁（nucleolus）呈球状，一个或多个，折光性强，没有包膜。核仁是合成核糖体 rRNA 的场所，有多种大分子聚集，包括各种 rRNA、rRNA 加工酶、核糖蛋白、核糖体装配结构和酶类等。在核仁，rRNA

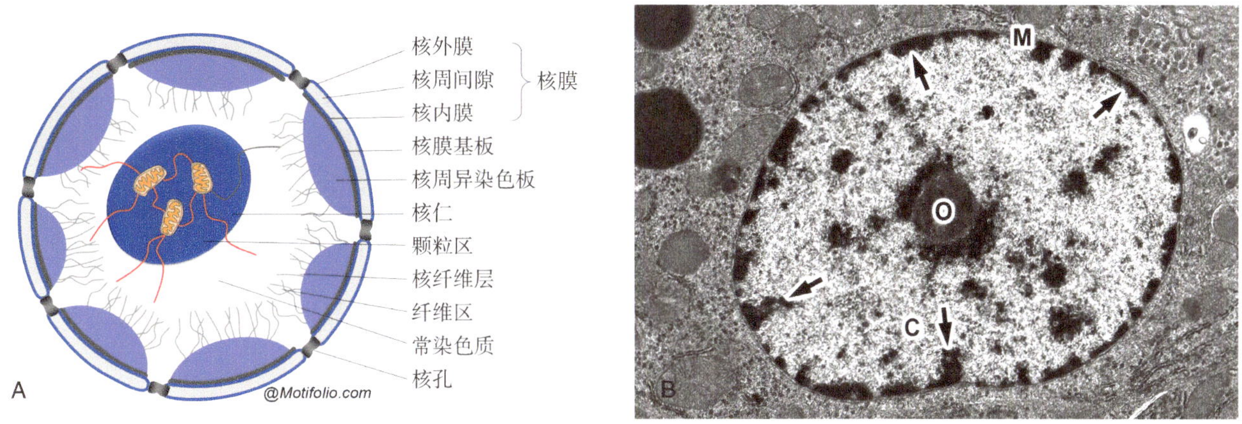

图 1–15　**细胞核**

A. 细胞核结构，真核细胞的细胞核由核膜、核仁、染色质和核质等组成；B. SD 大鼠：肝细胞核膜（M）、核仁（O）、常染色质（C）和异染色质（箭）

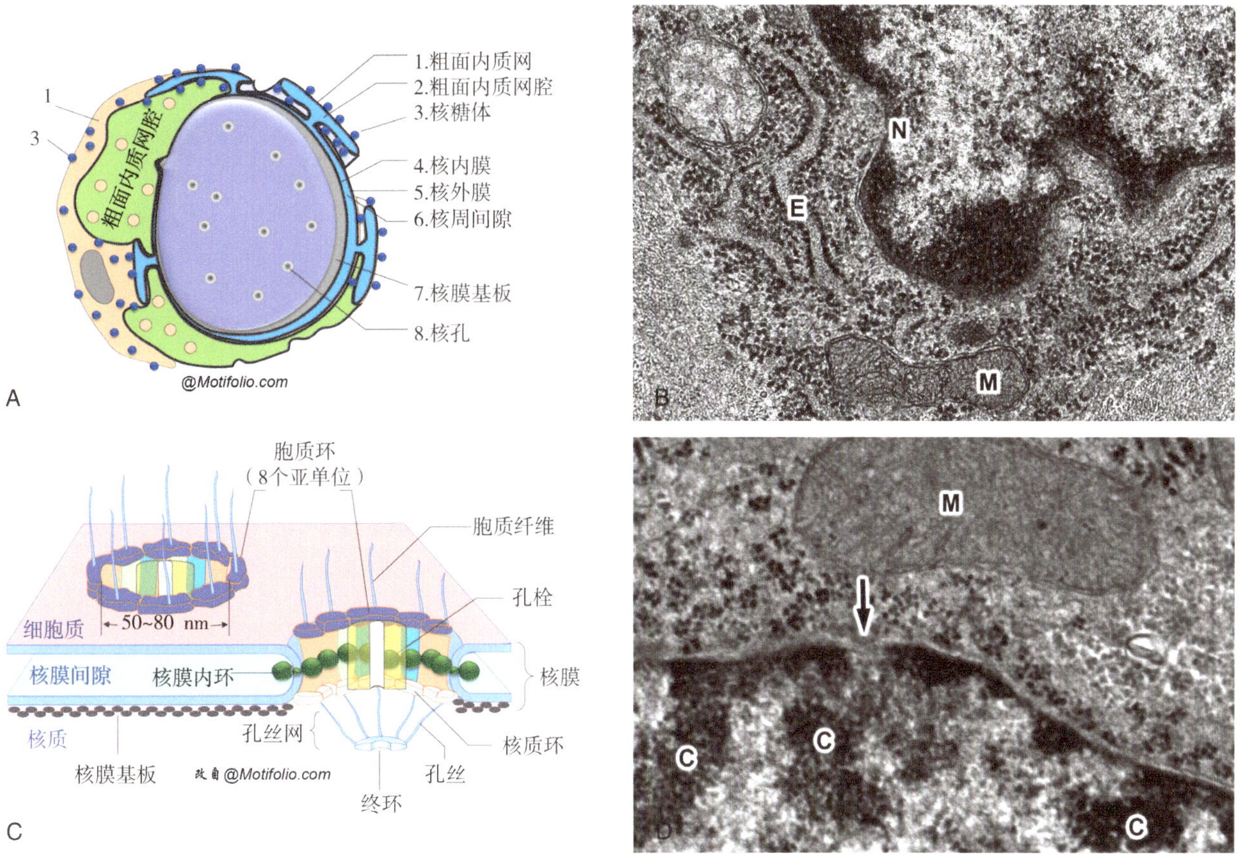

图 1–16　**细胞核膜**

A. 细胞核膜和粗面内质网相延续结构；B. 食蟹猴：肝细胞核膜（N），粗面内质网（E）和线粒体（M）；C. 细胞核膜孔复合体结构示意图，由孔环与孔栓等组成；D. 细胞核膜孔，WH 大鼠：肝细胞核膜孔（箭）、异染色质（C）和线粒体（M）

经加工和装配成核糖体亚单位。

（三）染色质或染色体

染色质或染色体（chromatin 或 chromosome）是细胞核内嗜碱性染色物质，由 DNA 和组蛋白组成，是遗传物质的载体（图 1–17）。染色质在细胞分裂间期的细胞核中，被碱性染料染成纤细网状物。染色体则是指细胞分裂中期，细胞内着色较深和较粗的网状物。两者是同一遗传物质在不同细胞周期中的形态。

在常规染色的细胞核中，染色质可分为常染色质和异染色质两种。常染色质伸展疏松，浅染或呈透明状态，电子密度低，是 DNA 复制或 RNA 转录的活跃部位。异染色质处于卷曲凝缩状态，染色质丝包装折叠紧密，呈强嗜碱性，电子密度高。异染色质是功能静止的染色质，不具有 DNA 复制或转录活性。异染色质分为结构性和功能性两种异染色质。结构性异染色质在整个细胞周期中处于凝缩状态，通常位于着丝粒区、端粒区和核仁形成区等。功能性异染色质在细胞某些阶段处于伸展状态，成为常染色质。增殖功能活跃的细胞以常染色质为主，细胞核染色浅，也称开放型细胞核。

染色体伸展分散成染色质丝和 DNA 分子结构。染色质丝由 DNA 双螺旋链重复规则地盘绕在组蛋白周围形成核小体链。核小体呈扁圆球形，约 6 nm × 11 nm，由 5 种组蛋白（H1、H2A、H2B、H3 和 H4）构成。

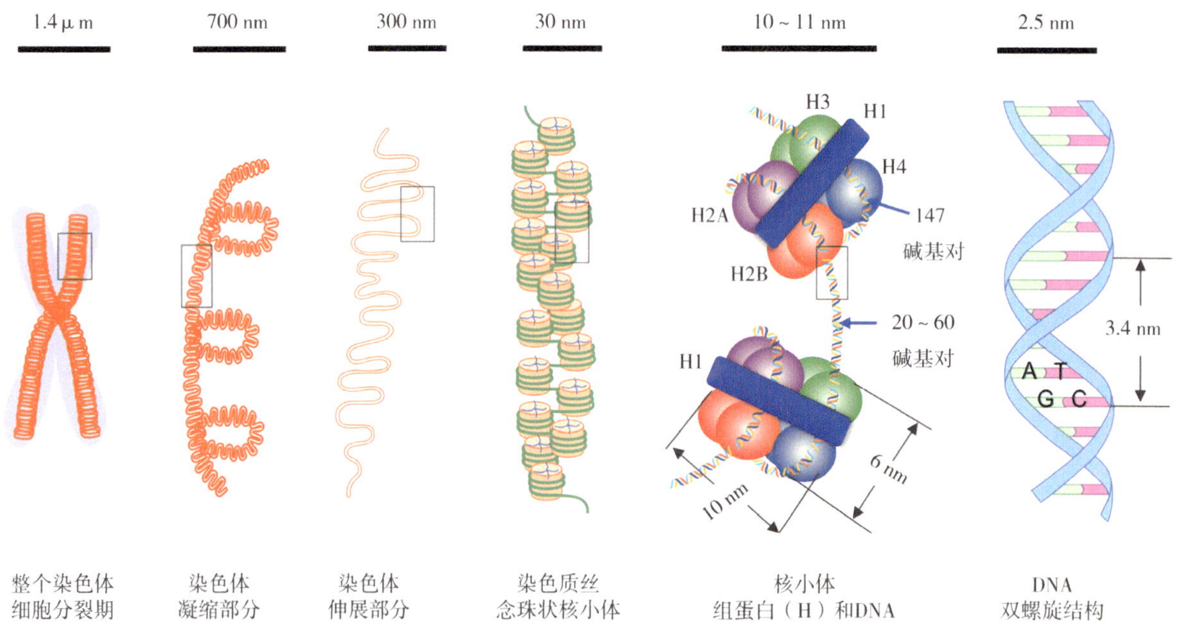

图 1-17　染色体、染色质、核小体和 DNA 结构

五、细胞骨架

细胞骨架（cytoskeleton）是细胞内由蛋白质构成的纤维网络结构，主要由微丝、中间微丝和微管等组成（表 1-4）。所有生物细胞内都含有细胞骨架，包括古生菌、细菌和真核生物。真核细胞的细胞骨架比较发达。不同生物或不同细胞类型，其细胞骨架的结构、功能和更新不尽相同。通过细胞骨架的免疫组化方法，可以鉴别细胞种类和功能状态。

细胞骨架具有维持细胞形态和内部结构的重要作用。细胞骨架还参与细胞的其他重要生命活动，如细胞分裂、物质运输、肌肉收缩、白细胞迁移和吞噬、精子运动、神经传导等。

（一）微丝

微丝（microfilament）也称肌动蛋白纤维，是由肌动蛋白组成的微丝结构骨架（图 1-18）。真核细胞富含肌动球蛋白，通常分布于外周的细胞质内。微丝的功能随细胞和微丝种类不同而异。横纹肌、心肌、血管平滑肌和肠道平滑肌细胞中 α-肌动蛋白和 β-肌动蛋白微丝具有收缩功能。在非肌性细胞中，β-肌动蛋白和 γ-肌动蛋白微丝主要起支撑、非肌性运动和信息传导等作用。

微丝主要由肌动蛋白单体组成，单体表面有 ATP 酶结合位点。单体首尾接连成串珠状肌动蛋白链，两个相邻串珠链相互缠绕形成螺旋状肌动蛋白纤维微丝。微丝的组装和去组装受微丝结合蛋白等细胞内多种蛋白质和 ATP 酶的调节，处于动态平衡。

表 1–4 微丝、中间微丝和微管的主要特性

属性	微丝	中间微丝	微管
结构	由两条肌动蛋白微丝缠绕而成	由反向平行的四聚体排列，呈两个杆状二聚体	管状结构，管壁由 13 个平行排列的原纤维丝组成
单体	球状肌动球蛋白，分子质量 42 kDa	多种 α – 螺旋杆状蛋白，分子质量约 55 kDa	α – 微管蛋白和 β – 微管蛋白，分子质量 54 kDa
直径	5 ~ 7 nm	8 ~ 10 nm	外管径 23 ~ 25 nm，内管径 12 ~ 15 nm
极性	单体正极和负极首尾接连成串珠状丝链	没有极性	正极和负极首尾接连
稳定性	单体和微丝状态处于动态平衡	结构稳定	动态分布于胞质中；稳态分布于纤毛和鞭毛轴丝中
分布	主要位于细胞膜下和细胞质凸起中，如微绒毛等	呈晶格状分布于胞质内，核膜内侧或构成桥粒等	由中心体向胞质放射分布于胞质内，以及纤毛和鞭毛轴丝中
功能	维持细胞形状、细胞收缩和运动，如伪足、微绒毛和肌肉收缩；胞质运输和流动；细胞分裂	维持和强化细胞和组织的形状结构及细胞核形状	维持细胞形状和极性；辅助细胞器、染色体和纺锤体的移动；参与形成纤毛和鞭毛

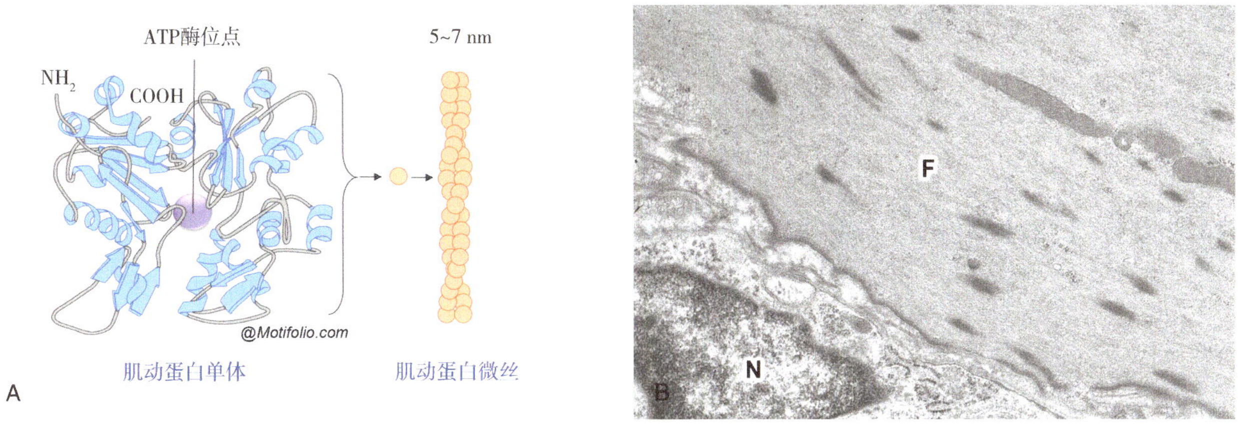

图 1–18 **微丝**

A. 肌动蛋白微丝结构，单体和微丝状态处于动态平衡；B. 比格犬：膀胱平滑肌纤维胞质内富含微丝结构（F）；细胞核（N）

（二）中间微丝

中间微丝（intermediate filament）也称中间纤维，直径大小介于微管和微丝之间（图 1–19）。中间纤维参与维持细胞形态和支持细胞运动。有些中间纤维还参与细胞分化、细胞内信息传递、胞核内基因表达等重要生命活动过程。

中间纤维的基本结构包括一个中央 α – 螺旋杆状区和两侧大小和化学组成不同的端区。端区的特异性决定中间纤维外形和性质。依其细胞来源和化学成分，中间微丝通常可分为多种，如角蛋白纤维、波形纤维、结蛋白纤维、神经微丝、神经胶质纤维和核纤蛋白（表 1–5）。

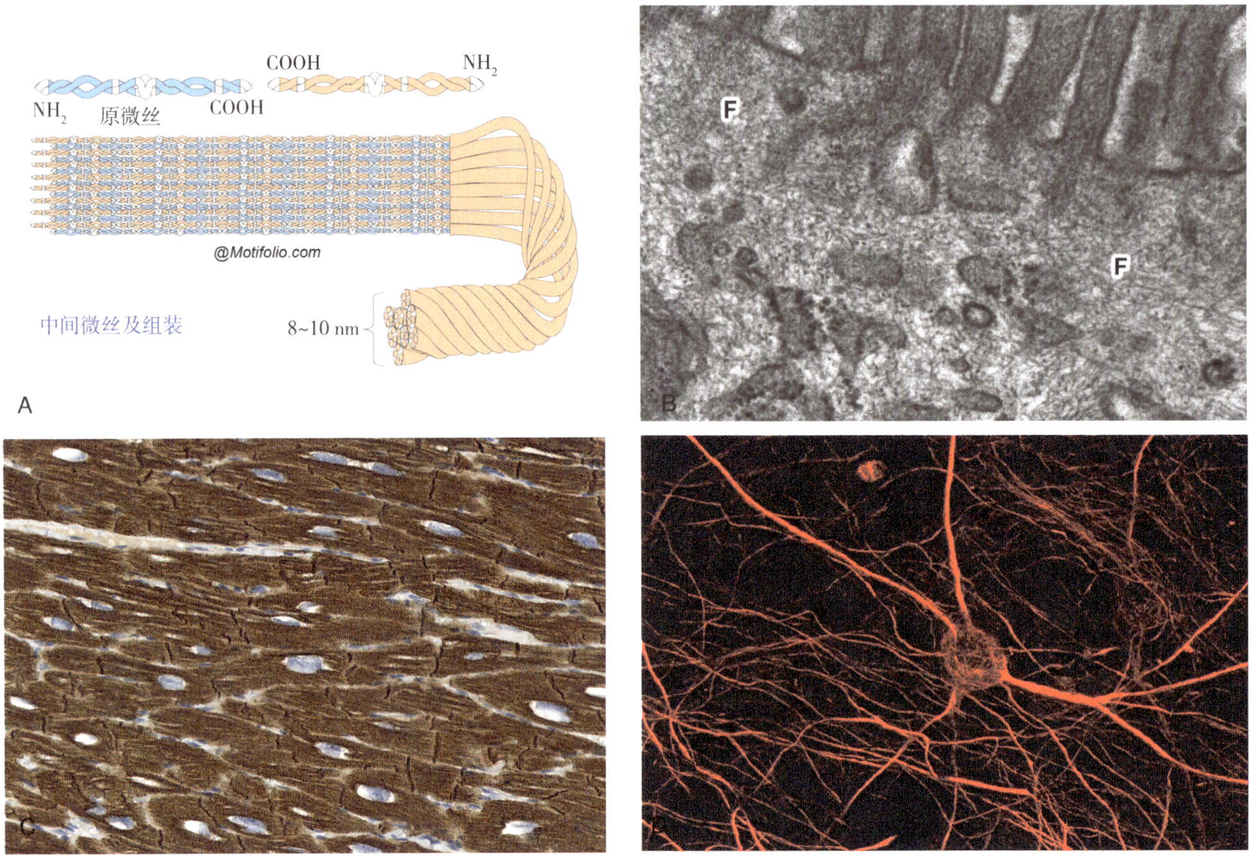

图 1-19　中间微丝

A. 中间微丝结构因细胞来源和化学成分不同而具有多样性；B. WH 大鼠：小肠上皮细胞微绒毛终末网的中间微丝（F）；C. 食蟹猴心肌，肌间纤蛋白 Desmin 免疫组化染色；D. CD1 小鼠：大脑神经元，神经微丝蛋白 NF68 免疫组化染色

表 1-5　脊椎动物细胞主要中间微丝类型

中间微丝	蛋白或蛋白亚基	分子量（kDa）	细胞分布
Ⅰ－型	酸性角蛋白（acidic cytokeratin）	40 ～ 65	上皮细胞
Ⅱ－型	碱性或中性角蛋白（basic cytokeratin）	50 ～ 70	上皮细胞
Ⅲ－型	结蛋白或肌间蛋白（desmin）	52 ～ 53	肌纤维细胞
	胶质纤维酸性丝蛋白（GFAP）	50	中枢神经星形胶质细胞
	波形蛋白或波形丝蛋白（vimentin）	53 ～ 54	各种间充质起源的细胞
Ⅳ－型	神经丝蛋白（neurofilaments L, M 和 H）	60 ～ 150	神经元
Ⅴ－型	核纤层蛋白（lamins A,B 和 C）	62 ～ 72	细胞核膜内侧的核纤维层
Ⅵ－型	巢蛋白（nestin）	230	神经干细胞

（三）微管

微管（microtubule）具有多种功能，参与细胞形态的维持、细胞运动和细胞分裂等。微管由 α－微管蛋白和 β－微管蛋白组成，以正负极首尾相连聚合，形成微管蛋白原纤维。通常由 13 根原纤维装配成一个中空的微管（图 1-20）。

微管可装配成单管、二联管（纤毛和鞭毛中）或三联管（中心粒和基体中）。微管在细胞内呈网状或束状分布，并与其他蛋白一起，组成纤毛、中心粒、纺锤体、基粒、鞭毛和轴突等亚细胞结构。

六、细胞表面附属结构

有些部位的细胞表面具有一些特化的附属结构，如微绒毛、纤毛和鞭毛等。

（一）微绒毛

微绒毛（microvillus）是细胞游离面伸出的指状细小突起，其数量和长度因细胞种类和功能而异（图 1-21）。肠上皮细胞和肾小管上皮细胞的微绒毛长而密集，在细胞游离面排列成纹状缘或刷状缘结构。肝细胞表面的微绒毛则少而不规则，形成微胆管。微绒毛可以扩大细胞的表面积，增强细胞的吸收作用。吸收功能活跃的上皮细胞有许多较长的微绒毛。

微绒毛直径约 0.1 μm，表面为细胞膜，内部为细胞质，绒毛轴心的胞质中有许多纵行的微丝。微丝一端附着于微绒毛顶端，另一端附着于微绒毛基部和胞质顶部的终末网。终末网为胞质中的细丝交织成的密网，与细胞游离面平行。吸收功能旺盛的上皮细胞中，终末网明显。微绒毛中的微丝为肌动蛋白微丝，终末网中有肌球蛋白，故微绒毛的运动可能以肌丝滑动的方式进行。

（二）纤毛和鞭毛

纤毛（cilium）是细胞游离面伸出的较长的细胞质突起，体内很多组织细胞具有纤毛结构，光镜下可观察到（图 1-22）。纤毛分为动纤毛和静纤毛两种。动纤毛能够定向节律性摆动，把黏附在上皮的分泌物和颗粒向一定方向推送，如呼吸道上皮腔面的纤毛。静纤毛具有感觉功能，如肾小管上皮细胞和附睾管上皮细胞的静纤毛能够感觉液体流动。

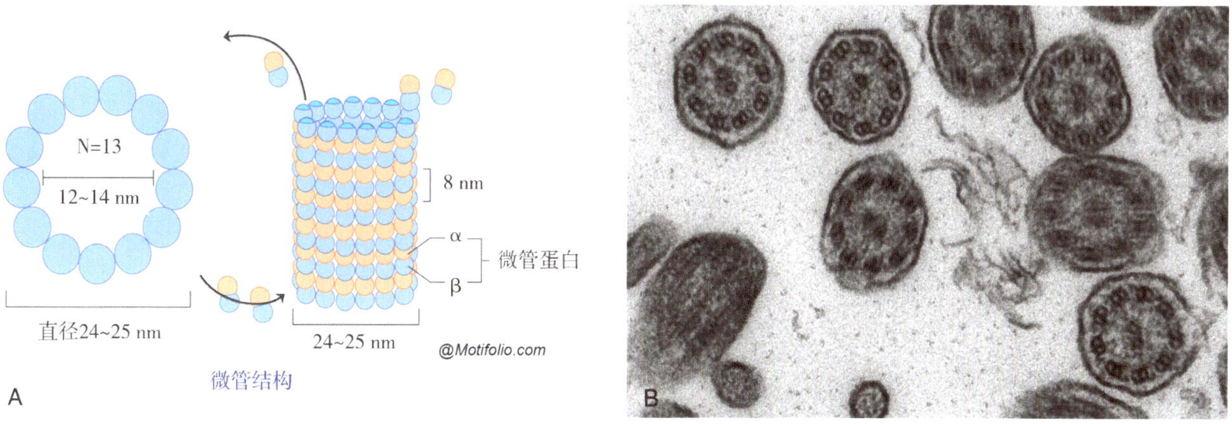

图 1-20 微管

A. 微管结构，由 α - 微管蛋白和 β - 微管蛋白组成，正负极首尾相连；B. 纤毛（cilium），比格犬：支气管上皮细胞纤毛，横切面示 9 × 2+2 的动纤毛微管结构

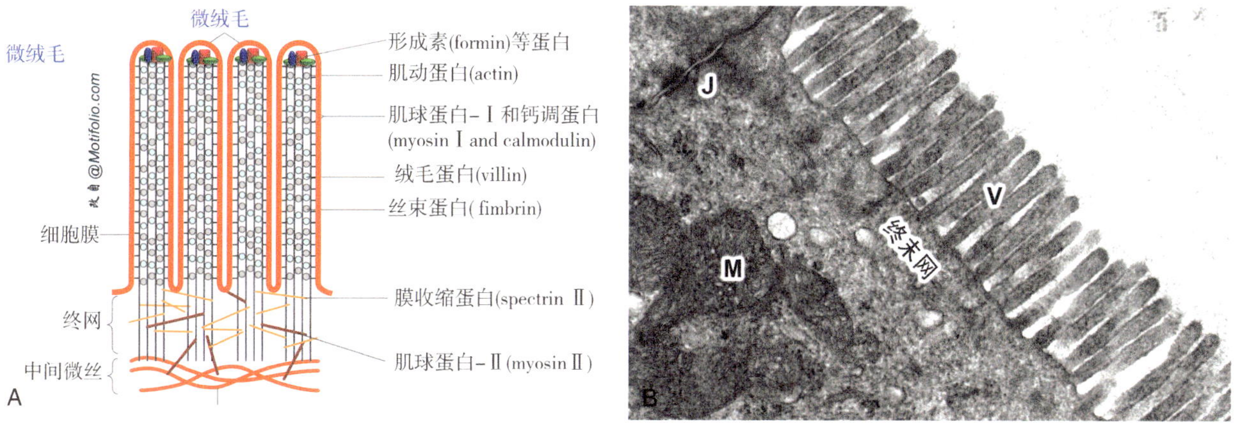

图 1-21 微绒毛

A. 微绒毛结构，长而密集的微绒毛在细胞游离面排列成纹状缘或刷状缘；B. WH 大鼠：结肠上皮细胞微绒毛（V）、线粒体（M）和细胞间结合（J）

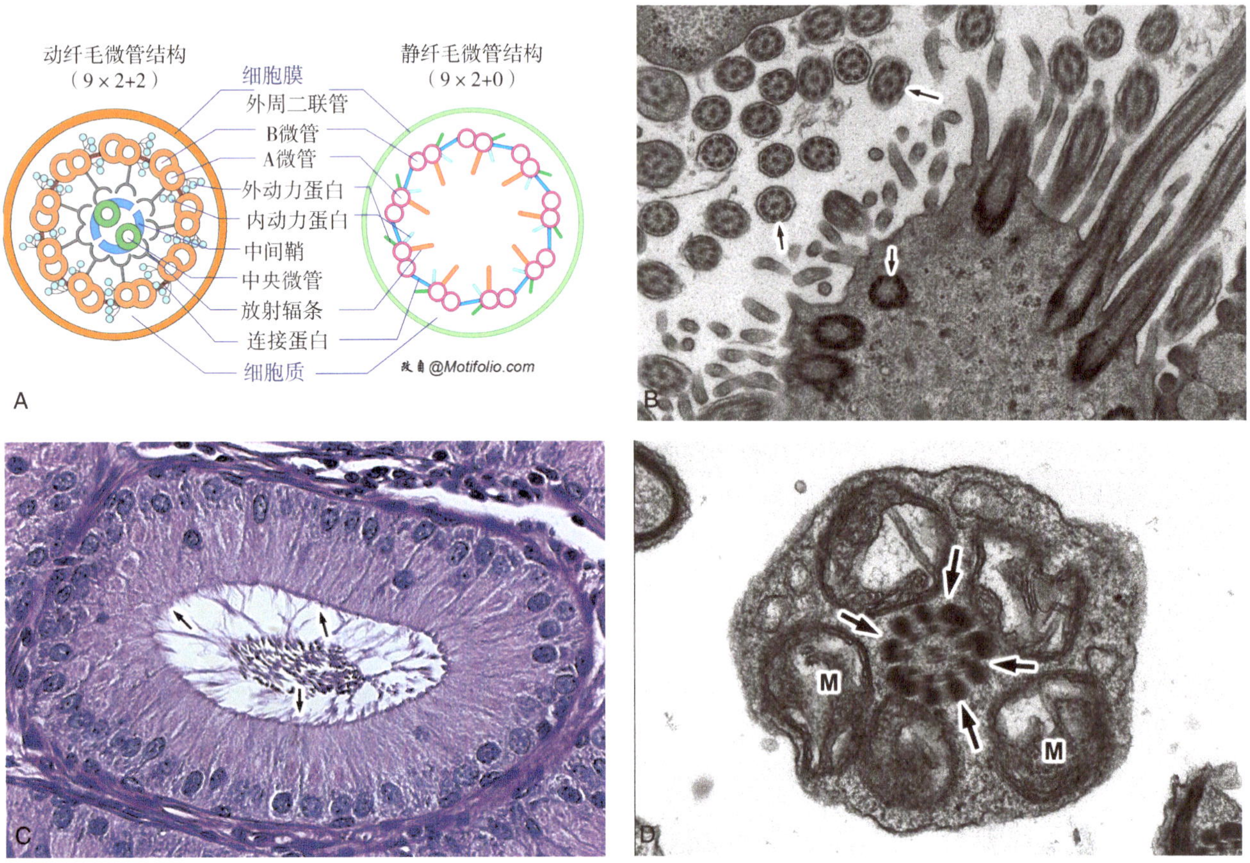

图 1-22 纤毛和鞭毛

A. 纤毛依细胞功能需要，由微管装配成 9×2+0 或 9×2+2 二联管等结构；B. 比格犬：支气管上皮细胞纤毛，横切面呈 9×2+2 的动纤毛微管结构；C. SD 大鼠：附睾小管上皮细胞纤毛，即 9×2+0 静纤毛微管结构；D. 大鼠睾丸：精子体部的鞭毛为 9×3+2 微管（箭），富含线粒体（M）

纤毛长 1 ~ 10μm，直径 0.2 ~ 1μm，根部有一个致密颗粒，称基体，其结构与中心粒基本相同。电镜可见纤毛表面有细胞膜，内有细胞质和纵向排列的微管。动纤毛中央有 1 组双联微管，周围为 9 组双联微管（9×2+2），纤毛中的微管与基体的微管相连。静纤毛微管结构为 9×2+0，没有中央双联微管。纤毛的双联微管中有动力蛋白。动力蛋白分解 ATP，释放能量，使微管之间产生滑动。

鞭毛（flagella）和动纤毛的基本结构相同。鞭毛长而少，分布于特异性细胞，如精子。精子中段结构通常由 9×3+2 过渡到后段 9×2+2。

第四节 细胞间连接

在细胞与细胞的紧密相邻面，局部细胞膜、胞质和细胞间隙特化形成细胞连接结构。常见的细胞间连接（junctional complex）结构有紧密连接、中间连接、桥粒和缝隙连接（图 1-23）。多个连接结构共同形成连接复合体。连接结构广泛分布于各种细胞间，如上皮细胞、心肌细胞、睾丸支持细胞和神经细胞之间等。

（一）紧密连接

紧密连接（tight junction）横切面呈点状或斑状，但通常呈带状，也称闭锁小带。紧密连接通常位于相邻上皮细胞间隙的顶端侧面，呈轮箍状环绕细胞（图 1-24）。除机械连接作用外，紧密连接可以封闭细胞顶部的细胞间隙，阻止细胞外大分子物质经细胞间隙进入组织内。在紧密连接区，电镜下可见相邻细胞的胞膜上各有网格状嵴和跨膜黏合蛋白丝。相邻细胞的嵴间彼此跨膜紧贴，将细胞间隙封锁。无嵴的部分，有 10 ~ 15 nm 的间隙。

（二） 中间连接

中间连接（adherence junctions）也称黏合小带，由肌动蛋白丝将邻近细胞连在一起，常见于上皮细胞间和心肌细胞间。除机械粘连作用外，中间连接可能有保持细胞形状和细胞收缩的作用（图 1–25）。中间连接通常位于紧密连接下方，环绕上皮细胞顶部。电镜下的横切面呈长短不等的带状，连接区相邻细胞之间有 15 ~ 20 nm 的间隙，间隙中有致密丝状物，连接相邻细胞的胞膜。胞质面附着有薄层致密物质和细丝，细丝参与构成终末网。

（三） 桥粒和半桥粒

桥粒和半桥粒（desmosome and hemidesmosome）见图 1–26。

桥粒呈斑状连接，又称黏合斑，主要分布于上皮细胞间。桥粒是一种很牢固的细胞连接，广泛分布于易受机械性刺激和摩擦的复层扁平上皮中。桥粒通常位于紧密连接和中间连接结构的深部，由中间微丝和钙黏蛋白等将相邻细胞连在一起。连接区的细胞间隙宽 20 ~ 30 nm。电镜下呈斑状，大小不等，间隙内有低密度的丝状物，交织而成一条与细胞膜相平行而致密的中间线。胞质面有较厚而致密的附着板，胞质中的角蛋白丝附着于板中，并常折成袢状返回胞质。桥粒连接很牢固，可能主要具有固定和支持作用。

半桥粒为上皮细胞基面与基底膜间形成的连接结构，半桥粒在上皮细胞一侧形成桥粒结构，将上皮细胞固着在基底膜上。

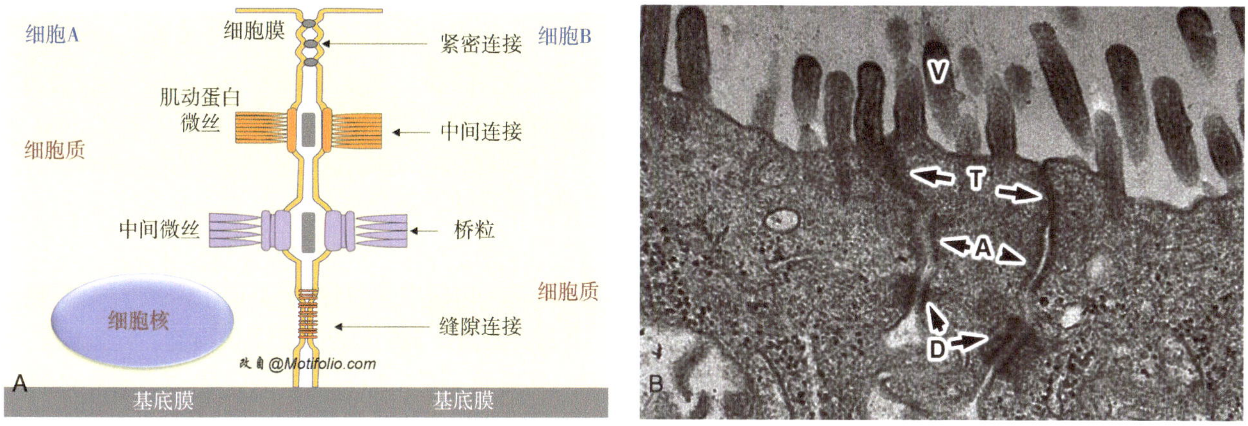

图 1–23 细胞间连接

A. 连接复合体包括紧密连接、中间连接、桥粒和缝隙连接；B. WH 大鼠：结肠上皮细胞紧密连接（T）、中间连接（A）、桥粒（D）和微绒毛（V）

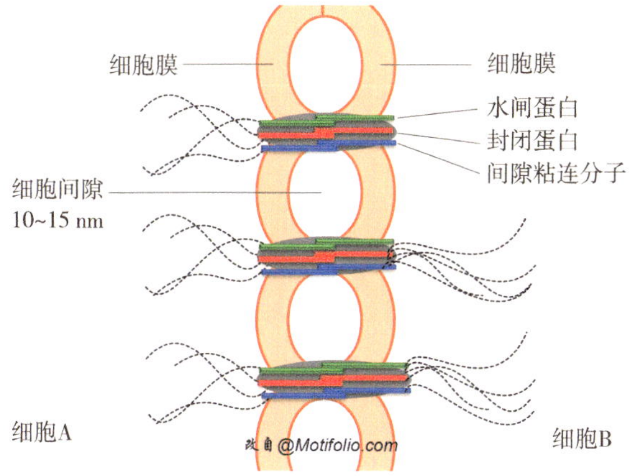

图 1–24 紧密连接

紧密连接也称闭锁小带，细胞间紧密连接的结构

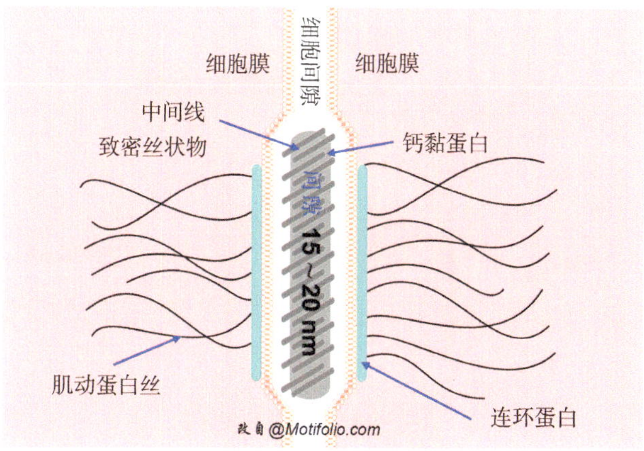

图 1–25 中间连接

中间连接也称黏合小带

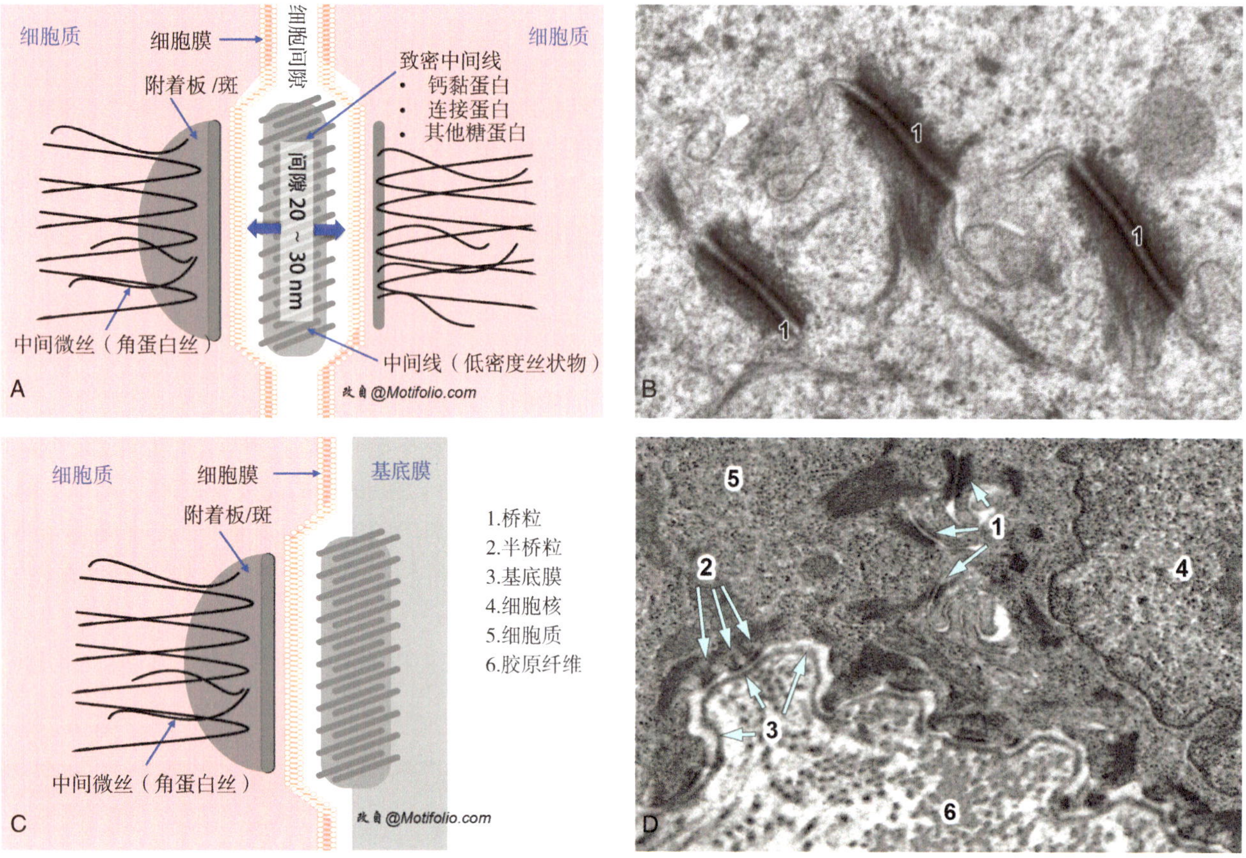

图 1-26　**桥粒和半桥粒**

A. 桥粒结构，桥粒位于两个细胞之间，呈斑状连接，又称黏合斑；B. 眼角膜细胞培养：细胞之间形成大量桥粒或黏合结构；C. 半桥粒结构，半桥粒位于细胞与基底膜之间；D. 食蟹猴：食管上皮细胞与基底膜之间形成半桥粒结构

（四）缝隙连接

缝隙连接（gap junction）又称通信连接，相邻细胞间形成直接通道，直接通信（图 1–27）。缝隙连接主要分布于神经细胞、上皮细胞和肌细胞间等。电镜下相邻细胞间的连接结构呈柱状颗粒，分布规则。每个颗粒由 6 个连接子亚单位组成，直径 7 ～ 10 nm，中央有直径 1.4 ～ 2 nm 的管腔。相邻细胞膜的颗粒彼此相接，管腔相通，形成一个直接交通的亲水性管道。无机离子和水溶性小分子可以通过，而蛋白和核酸等大分子物质无法通过。

在钙离子和其他调节因子作用下，管道开放或闭合，调控细胞间某些小分子物质和离子的相互交换，从而传递化学或生物信息。

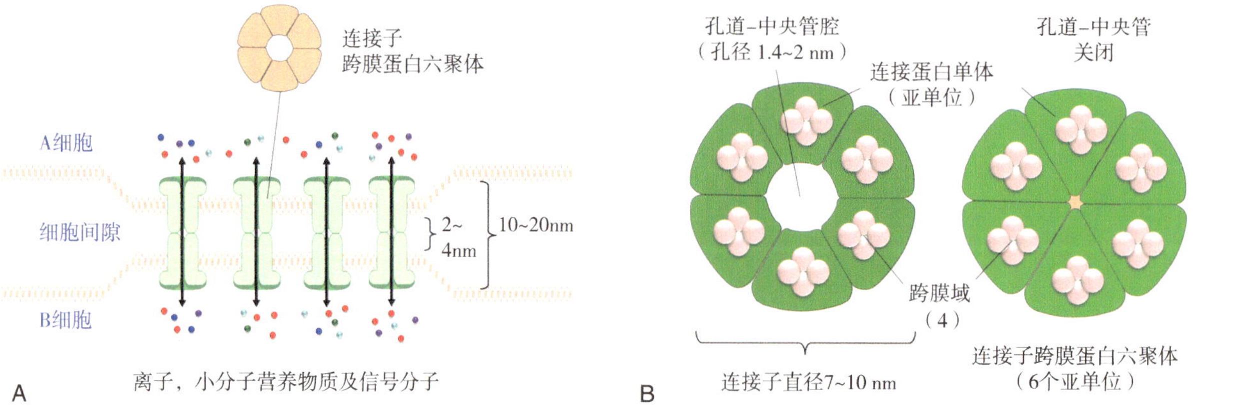

图 1–27　**缝隙连接**

A. 相邻细胞间形成直接通道，直接通信方式；B. 在钙离子等调节因子作用下，管道可开放或闭合

第五节 细胞增殖

细胞生长和分裂是生物增殖的基本形式（图 1-28）。新陈代谢过程中，有的细胞不断地凋亡或坏死，有的细胞不断分裂增殖而形成新细胞，呈现周期性增殖变化。单细胞生物的细胞分裂可产生全新的个体，如细菌和酵母菌等。多细胞生物因细胞分裂产生新细胞，代替体内凋亡或坏死的细胞。

根据细胞分裂（cell division）能力，体内细胞可分为连续或周期性分裂细胞，不再增殖的终端分化细胞，暂不增殖或静息细胞三类。周期性分裂细胞保持活跃的分裂能力，连续进入细胞周期循环，如造血干细胞、表皮与胃肠黏膜上皮的干细胞。终端分化细胞又称终末细胞。这类细胞高度分化，丧失增殖能力，如成熟红细胞、心肌细胞和神经细胞等。静息型细胞暂不增殖，处于静息状态，如淋巴细胞、肝细胞和肾小管上皮细胞等。在特定因素刺激下，这些细胞重新进入细胞周期，如抗原刺激等。

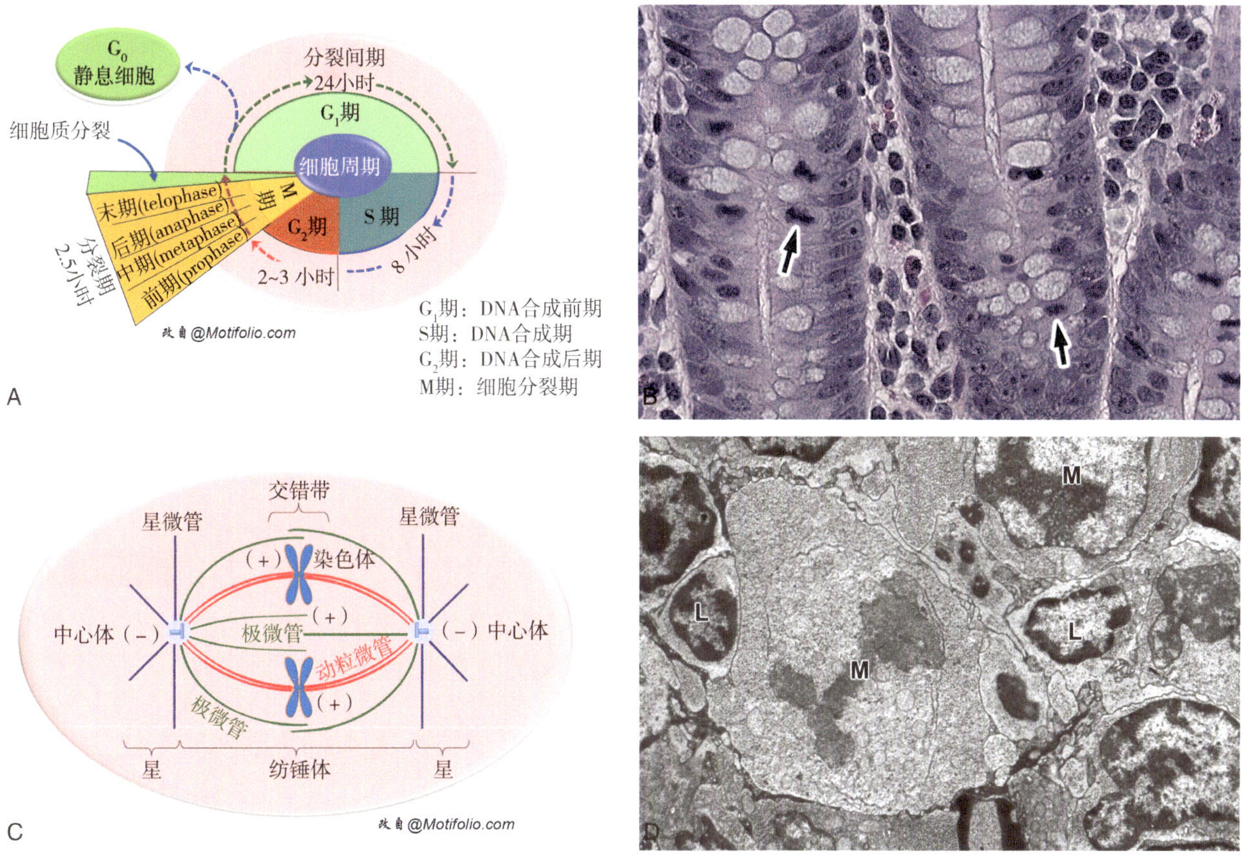

图 1-28 细胞增殖

A. 细胞分裂周期；B. WH 大鼠：结肠的肠腺上皮细胞分裂象（箭）；C. 细胞分裂，中心粒，染色体和纺锤丝结构；D. 大鼠空肠淋巴滤泡：巨噬细胞核分裂象（M）和淋巴细胞（L）

一、细胞分裂

细胞分裂周期具有复杂而精确的调控机制。一旦调控机制紊乱，细胞增殖失去控制而导致癌症。很多内源性和外源性因素可以影响或调控细胞周期的关键节点，如 G_1-S 期节点、S 期节点、

G_2-M 期节点和 M 期节点。调控细胞周期的关键节点已成为药物研发和相关疾病治疗的主攻方向之一。

细胞分裂方式主要分为无丝分裂和有丝分裂两种。无丝分裂主要见于原生生物。有丝分裂常见于真核生物。

无丝分裂也称直接分裂，能量消耗少，分裂迅速。细胞分裂过程中，胞核不消失，不形成染色体和纺锤丝。细胞核拉长，中间断裂，胞质和胞核直接分裂成为两个子细胞。无丝分裂是低等生物的主要细胞增殖方式。

有丝分裂是真核生物的基本分裂形式，又分为有丝分裂和减数分裂（图 1-29）。有丝分裂将一个母细胞分裂成两个同等的子细胞，遗传物质复制，并均等地分配给两个子细胞。减数分裂是真核生物的有性繁殖过程，将二倍体亲代细胞经由两次减数分裂成为单倍体子代细胞，子代细胞的 DNA 数量减半。

在有丝分裂的 S 期，新中心粒开始形成。中心体自身复制成两个，分别向细胞两极移动，细胞分裂完成后各自进入两个子细胞中。细胞分裂时，在中心粒的周围生长出一些圆形小体，每个圆形小体有一个短杆与中心粒上的每个三联管微管相连，并与纺锤丝相连。纺锤丝以中心粒向四周放射，构成中心粒四周的星体或星射线。中心体之间的纺锤丝（星射线）牵引着染色体移动，故称为动粒微管或染色体丝。

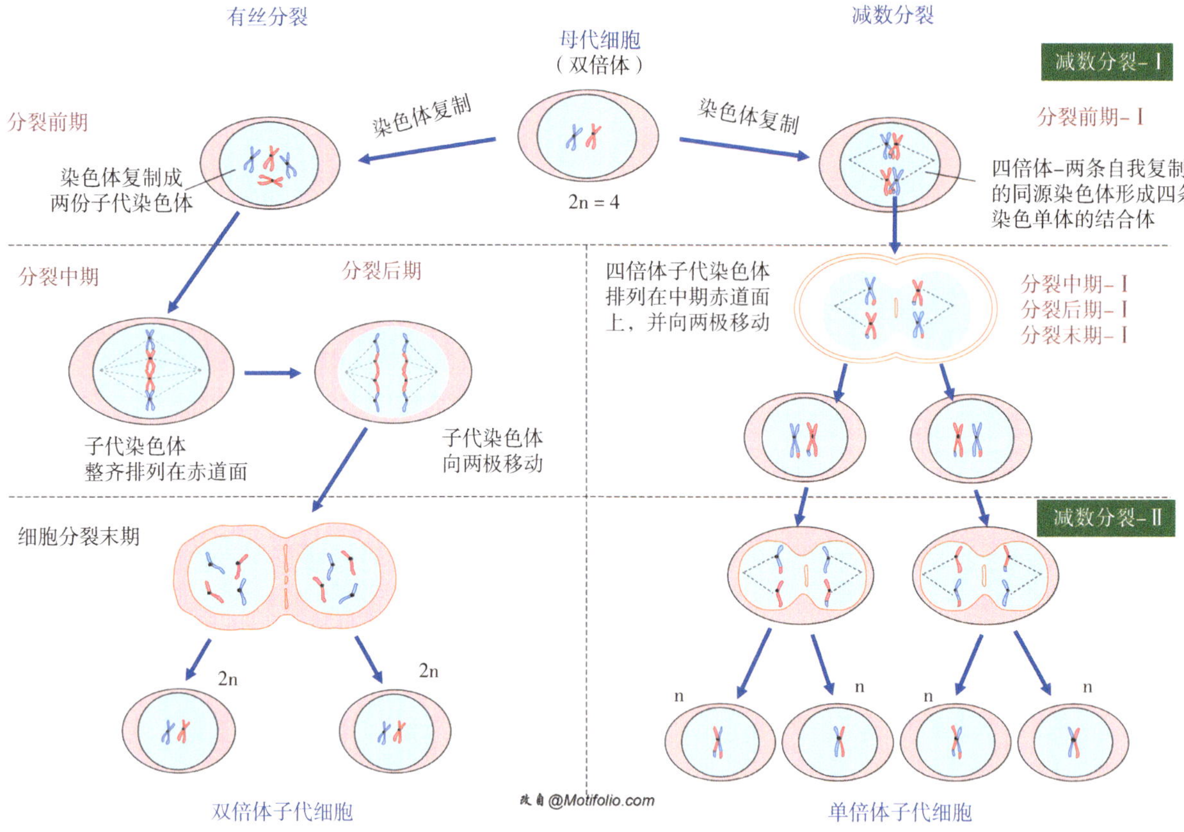

图 1-29　**细胞分裂**

二、细胞周期

细胞周期（cell cycle）通常指从上一亲代细胞的分裂完成开始，到下一代子细胞的分裂结束为止的过程（表 1-6）。依据细胞形态特征，细胞周期通常分为细胞分裂间期和细胞分裂期两个阶段。细胞分裂期又可分为前期、中期、后期、末期，以及胞质分裂 5 个阶段，产生两个子细胞。

表 1-6 细胞周期

细胞周期	细胞周期	主要细胞活动或特征
细胞分裂间期	DNA 合成前期（G_1 期）	物质代谢开始活跃，主要合成 RNA、蛋白质和核糖体等，为细胞分裂做准备，合成所需的前体物质、能量和酶类等。细胞体积增大
	DNA 合成期（S 期）	主要是 DNA 复制，并合成组蛋白及 DNA 复制所需酶类。DNA 含量增加 1 倍，形成两份细胞染色质。在胞质内合成的组蛋白通过核孔进入细胞核，并与 DNA 组装成核小体。与 DNA 复制有关的酶包括 DNA 聚合酶，DNA 连接酶等活跃。新中心粒开始形成
	DNA 合成后期（G_2 期）	主要合成与分裂期结构和功能相关的 RNA 及蛋白质，包括微管蛋白和促分裂因子等。染色质转变为由着丝点相连接的两条染色质丝。继续合成组蛋白。中心粒复制完毕，形成两个中心体
细胞分裂期	前期	染色质丝逐渐形成短而粗的强嗜碱性染色体。两个中心体向相反方向移动，在细胞中形成两极，并以中心粒随体为起始点开始合成微管，形成纺锤体。核仁逐渐消失，核膜逐渐解散为囊泡状内质网
	中期	核仁与核膜完全消失。染色体分离，移到细胞赤道面，染色体呈发夹状，两个染色单体借着丝点连接。纺锤体两极发出的微管附着于染色体着丝点上。此期可分离得到完整的染色体群
	后期	着丝点纵裂，每一染色体的两个染色单体分离，向相反方向移动，靠近各自的中心体，染色单体遂分为两组 细胞拉长，呈哑铃形，赤道部细胞膜下方环行微丝束作用而缩窄
	末期	染色单体逐渐解螺旋，重新出现染色质丝与核仁；内质网囊泡组合为核被膜；细胞赤道部缩窄加深，最后胞质分裂，成为两个子细胞

第二章

神经系统组织学

Histology of the Nerve System

神经系统（nerve system）主导、维持和协调体内各器官系统的功能，使机体适应体内外环境的不断变化，维持生命活动稳定。神经系统接受体内外各种刺激，转化为神经冲动，传入中枢，经中枢整合后，信息传出至效应器官或组织，形成一个反射弧（图 2–1）。

神经系统通常分为中枢神经系统和外周神经系统。中枢神经系统包括大脑、小脑和脊髓。外周神经连接中枢神经与外周效应器官，包括神经节、神经纤维和神经末梢。根据功能，神经系统分为躯体神经系统和自主神经系统。 前者可通过意识支配随意运动，后者支配体内不随意运动，如血管平滑肌，心肌和腺体活动等。

神经系统起源于胚胎早期的外胚层，由神经胚泡逐步分化为神经沟、神经管，并最终分化为各神经成分（图 2–2）。神经管由假复层柱状上皮细胞组成，由内向外分为室管膜层、中间层和边缘层。室管膜层的祖细胞逐步移行至中间层和边缘层，并分化为各种中枢神经组织。边缘区最终分化为大脑皮质的灰质。小胶质细胞由来自血液的单核细胞分化而成。

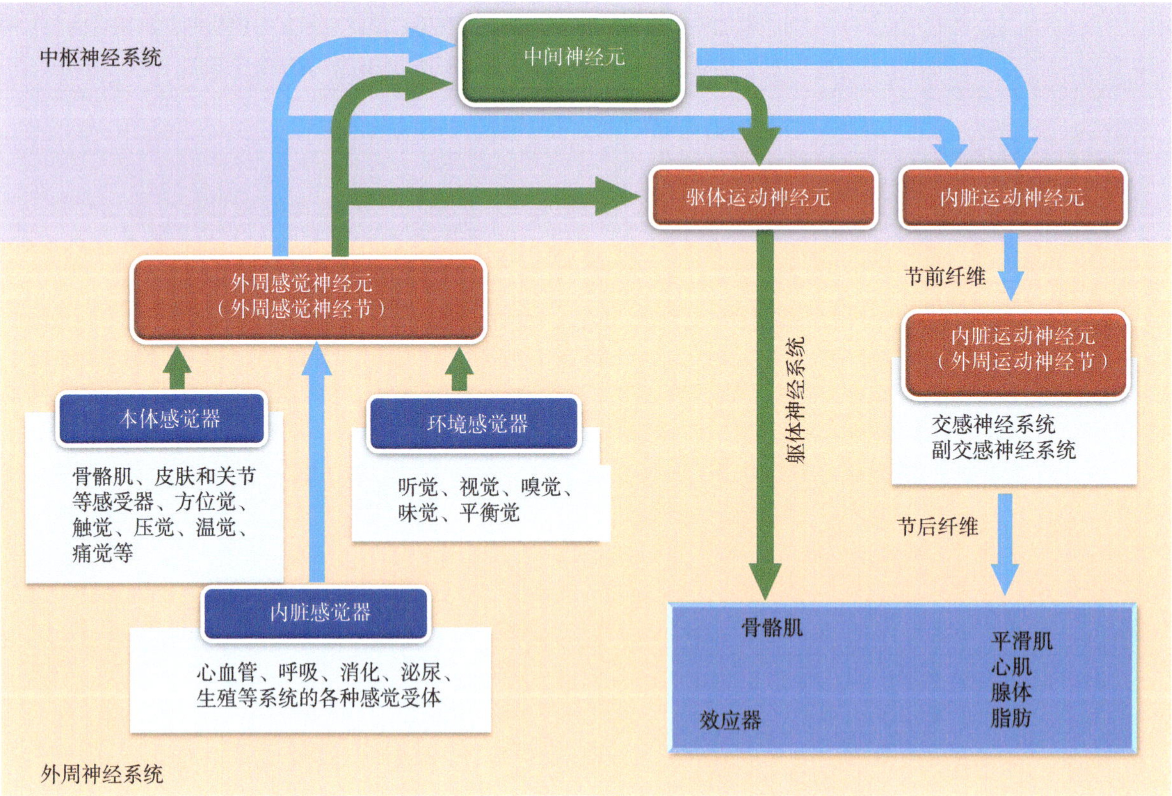

图 2–1　神经系统主导、维持和协调体内各器官系统的功能

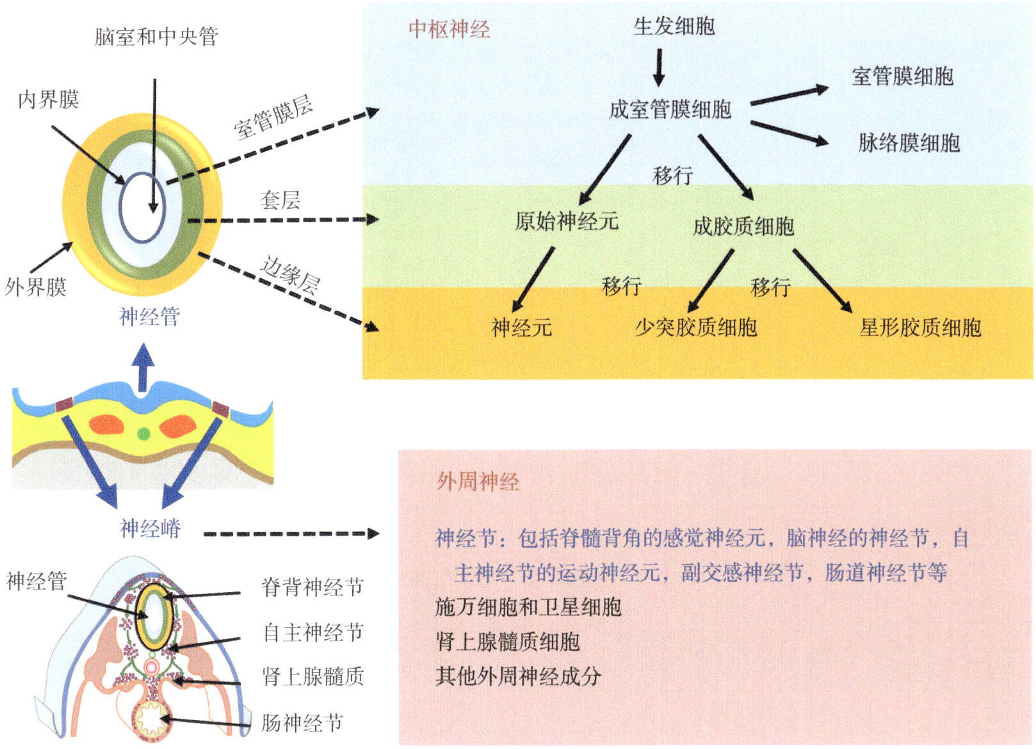

图 2-2　神经组织的胚胎发育和分化

第一节　神经递质和受体

神经递质（neurotransmitters）是化学突触中的信息传导分子（图 2-3）。神经递质由突触前神经元合成，经突触前膜释放到突触间隙，与突触后膜上的受体或通道结合，进而导致突触后神经元或受体细胞的电位或代谢等变化。完成神经效应后，神经元或突触间隙能够清除、失活或回收神经递质。

神经递质的种类很多，根据其化学组成，神经递质可分为非肽类和肽类两大类（表 2-1）。许多外源分子具有神经递质的类似作用。

同一神经递质，作用于不同的受体，会引发不同的效应。例如，胆碱能受体分为毒蕈碱型和烟碱型受体（表 2-2）。毒蕈碱型受体简称 M 型受体，为 G 蛋白偶联型受体，主要分布于副交感神经节后纤维支配的效应细胞。烟碱型受体也称 N 受体，为离子通道型受体，主要分布于交感和副交感神经节内的神经元突触后膜和神经肌肉终板膜。

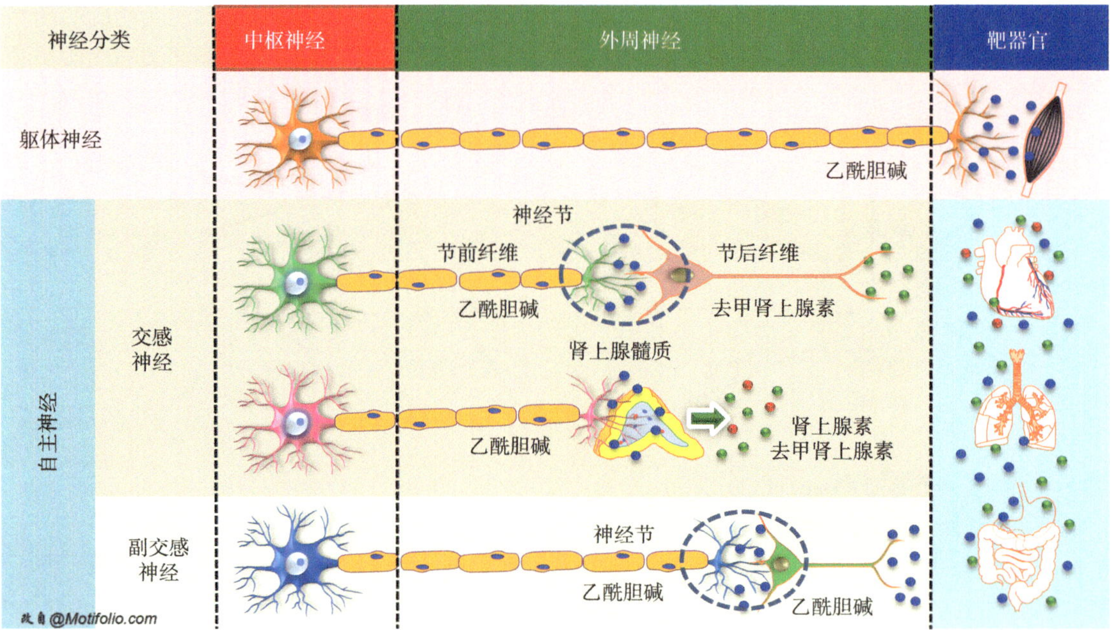

图 2-3　神经递质和受体的种类及联系

表 2-1　神经递质主要类型

神经递质种类	神经递质名称
胆碱能类	乙酰胆碱
胺类	多巴胺、肾上腺素、去甲肾上腺素、组胺、5- 羟色胺等
氨基酸类	谷氨酸、γ - 氨基丁酸、甘氨酸、天冬氨酸、丝氨酸等
神经肽类	脑啡肽、P 物质、生长激素释放抑制素、神经肽 Y 等
其他神经递质	腺苷、一氧化氮、花生酸碱等

表 2-2　胆碱能神经递质的受体

受体种类	受体亚型	受体分布	主要功能
毒蕈碱型受体（M 型受体）	M1，神经型	外分泌腺，自主神经节	刺激情绪反应和腺体等分泌
	M2，心脏型	心房，心脏传导系统	抑制心跳
	M3，腺体型	平滑肌，外分泌腺	刺激胃肠道、呼吸道、生殖道和瞳孔等平滑肌收缩。刺激腺体等分泌
	M4，中枢型	中枢神经	调控钾离子和钠离子通道
	M5，中枢型	中枢神经	调节多巴胺的释放
烟碱型受体（N 型受体）	Nm，肌肉型	骨骼肌神经终板	刺激骨骼肌纤维收缩
	Nn，神经元型	中枢神经神经元，自主神经的节后神经节细胞，肾上腺髓质细胞	刺激自主神经功能，刺激去甲肾上腺素分泌

第二节　神经组织

神经组织（nerve tissue）由大小和形态各异的神经元、神经胶质细胞及其支持细胞和间质构成（图 2-4）。神经元和胶质细胞是高度分化的细胞，具有突起。神经元通过突触彼此连接，形成复杂的神经网络和信号整合及传递通路。神经胶质细胞和其他支持细胞形成结构性支架，具有支持、保护、隔离和营养神经元等作用。

在中枢神经中，神经元胞体集中于大脑和小脑皮质。形态和功能相近的神经元胞体集聚处形成神经核团、层或柱。肉眼观察，神经元胞体集中处呈暗灰色，故称为灰质。功能相同神经元的突起或轴突集聚成神经纤维束（如传导束）。神经纤维集合处色泽亮白，称为白质。神经元和核团之间的区域称神经间质，包括树突、轴突、突触和胶质细胞等。

在外周神经中，形态和功能相近的神经元集聚形成神经节，包括感觉神经节如脊神经背根神经节和三叉神经节，或运动神经节如内脏运动和自主神经节。中枢神经元和神经节神经元的轴突形成神经纤维。

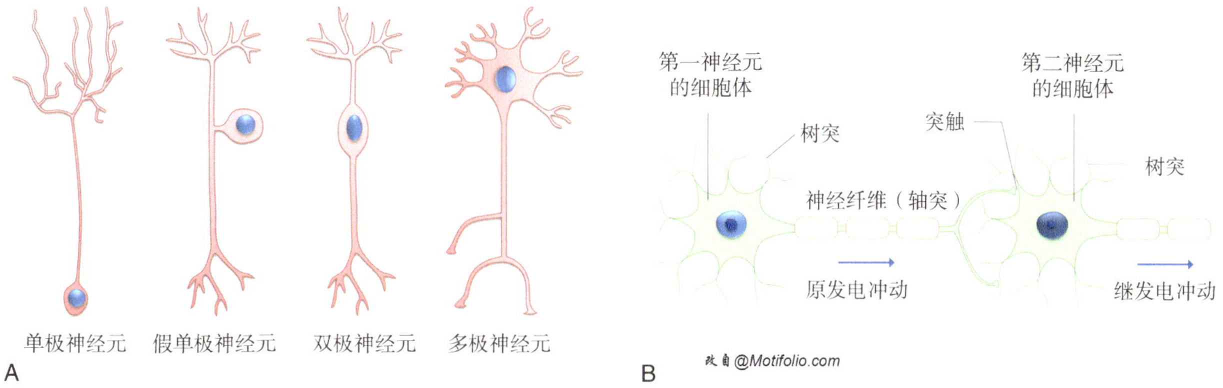

图 2-4 神经元

A. 神经元种类；B. 神经元传导功能

一、神经元

神经元（neuron）是高度分化的神经细胞，是感受体内外刺激，整合信息和传导冲动的基本结构和功能单位。神经元胞体主要位于中枢神经系统内。神经元突起分布于中枢和外周神经系统，构成遍布全身的神经网络和通路。神经元胞体和突起能够接收和传导神经冲动。

（一）神经元的分类

依据其结构，神经元可分为单极或假单极神经元、双极神经元和多极神经元。单极神经元多见于低等动物。高等动物以多极神经元为主。假单极神经元的胞体有一个突起，在胞体附近分支为外周突和中枢突，如脑脊神经节的感觉神经元。双极神经元由一个树突和一个轴突组成，如视觉、嗅觉和位听神经元。多极神经元有一个轴突和多个树突，如大脑皮质的锥体细胞和小脑的浦肯野细胞。依据轴突长短，多极神经元又分为高尔基Ⅰ型和高尔基Ⅱ型。Ⅰ型神经元的轴突长度超出其树突的覆盖范围，如躯体运动神经元。Ⅱ型的轴突长度在其树突覆盖范围之内，如大脑皮质内的小卫星细胞。

依据其功能，神经元又可分为感觉神经元、运动神经元和中间神经元。感觉神经元大多为假单极神经元，其胞体多位于脑脊神经节内。外周突的末梢分布在皮肤和肌肉等处，与感受器相连，接受体内和体外刺激，并传向中枢，故也称传入神经元。运动神经元多为多极神经元，其胞体位于脑、脊髓和自主神经节内。神经冲动由中枢传出至肌肉或腺体等效应器官，故也称传出神经元。中间神经元多为多极神经元，胞体位于中枢神经组织内。在感觉神经元和运动神经元之间起联络作用，故也称联络神经元。

依其释放的神经递质或神经调质，神经元还可分为胆碱能神经元、胺能神经元、肽能神经元和氨基酸型神经元等。

（二）神经元的结构

神经元由细胞体和突起构成。突起分为轴突和树突两种，分别位于神经元胞体相对应的两侧（图 2-5）。通常，一个神经元只有一个轴突，偶尔有分支。树突的数量、形状、长度和分支不等，因神经元功能而异。

胞体和树突的细胞膜具有接收和整合信息的功能，而轴突的细胞膜主要传递神经冲动。

1. 神经元胞体　主要分布于中枢神经系统的灰质，以及外周神经神经节。胞体形态呈圆形、锥形、梭形、星形或不规则状。神经元胞体大小差异也很大，小的直径仅 5 ~ 6μm，大的直径可达 10 多微米。

胞体是神经元的营养和合成等活动中心。胞核大而圆，位于胞体中央。核异染色质少，通常着色浅。核仁大和明显。核周围胞质也称核周质，含有丰富的尼氏体，发达的高尔基体和神经原纤维。尼氏体和高尔基体与蛋白质的合成功能相关，包括神经元细胞所需蛋白质和与产生神经递质有关的酶等。

（1）尼氏体分布于胞质内，在轴丘部位尼氏体不明显或缺失。尼氏体的形状、数量和分布，随神经元类型而异。在常规染色的胞质内，尼氏体呈嗜碱性颗粒状或斑块状。电镜可见尼氏体由许多平行排列的粗面内质网和游离核糖体构成。

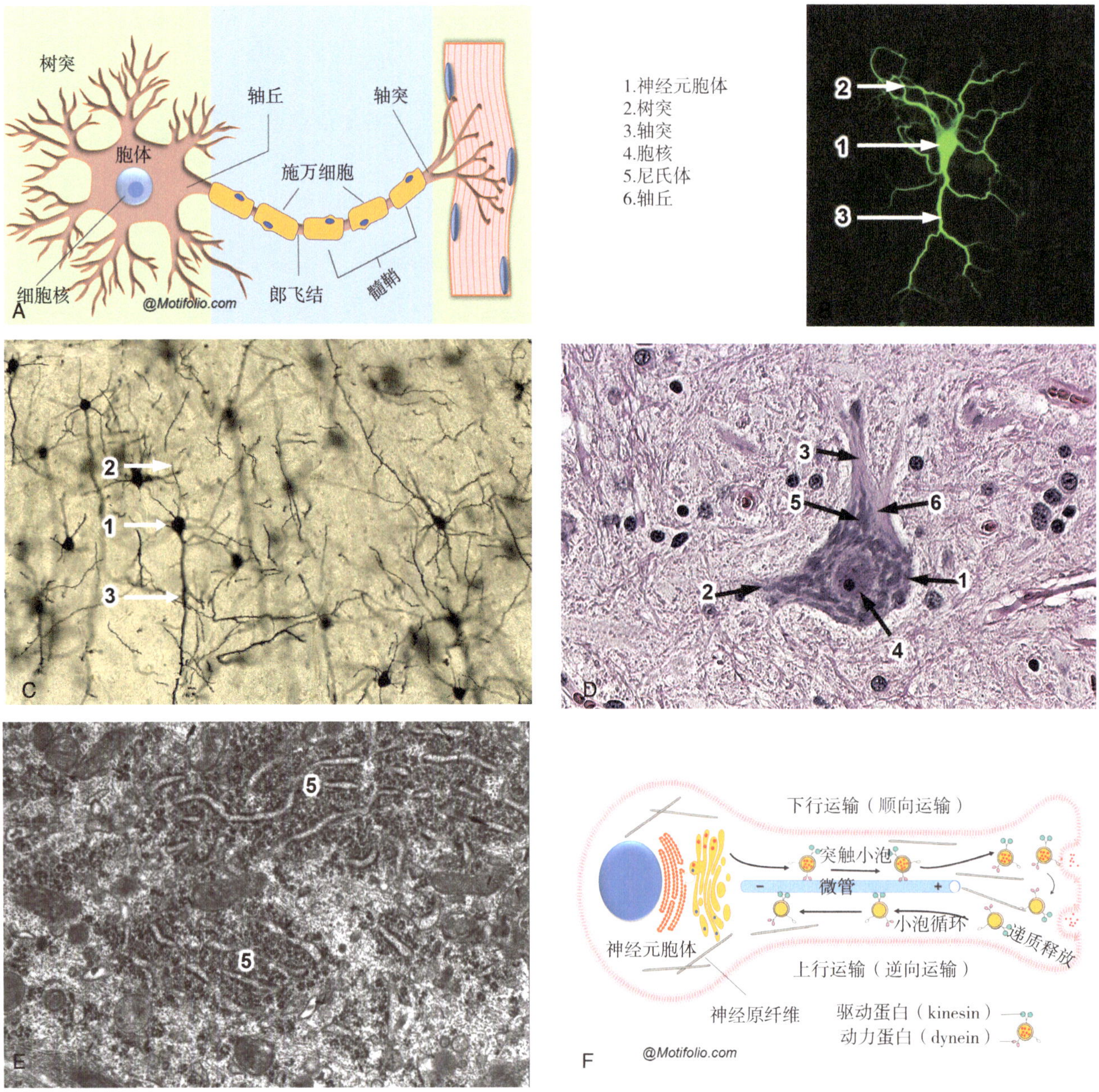

图 2-5　**神经元结构**

A. 神经元基本结构和功能；B. CD1 小鼠：大脑皮质神经元体外培养，神经原纤维免疫荧光染色；C. 小鼠大脑皮质，镀银染色显示神经元及其突起；D. 食蟹猴脊髓灰质腹角运动神经元；E. 食蟹猴：大脑神经元，尼氏体的电镜结构为粗面内质网和核糖体；F. 轴突传导功能

（2）轴丘是轴突出发的胞体部位，常呈圆锥形，是神经冲动的起始部位。轴丘处细胞质染色淡，没有尼氏体和高尔基体。轴突处的细胞膜也称轴膜，轴突内含的胞质也称轴浆或轴质。轴质内含有丰富的与其长轴平行的微管和神经微丝，以及少量线粒体，滑面内质网和一些小泡等。

（3）神经原纤维由神经微丝和微管构成，形成神经元的细胞骨架，并参与神经元的物质运输。镀银染色或免疫组化染色可见胞质内细长的原纤维交错成网，并伸入树突和轴突。电镜可见神经原纤维由排列成束的神经微丝和微管构成。微丝的直径为 8 ~ 10 nm，微管的直径为 20 ~ 25 nm。

（4）其他：胞体内还含有脂质或色素等，如老龄性棕黄色的脂褐素。

2. 树突　树突的主要功能是接受刺激，并把刺激冲动传向胞体。树突呈树枝状分支且分布广泛，大大增加了神经元的接受面积。靠近胞体的树突内含有丰富的微管、微丝和粗面内质网。

树突分支上有棘状小突起，称树突棘，是形成突触的部位。树突棘的数量及分布因神经元而异。

3. 轴突　轴突的主要功能是传导神经冲动。通过轴膜和轴质，轴突将神经元的神经冲动传导至另一神经细胞或效应细胞。轴突的长短差异很大，由数微米至 1 m 以上。多数神经元只有一条轴突，发自胞体。轴突呈索状，直径均匀，偶尔有侧支。轴突末端分支多，轴突末端膨大，形成突触前膜端。

轴索内的细胞质称轴质，轴质内的神经原纤维、蛋白、酶及神经递质等，由胞核和胞体合成后输送到轴突终末。轴突的运输有慢速和快速两种。快速运输主要通过转运小泡，可达 20 ~ 400 mm/d，并可双向运输。下行运输可将胞体合成的细胞器、酶、突触小泡等输送至轴突终端。上行运输可将轴突末端的物质输送至胞体循环或加工，如释放后的突触小泡。一些毒素、微生物、药物或其他有害物质也可上行运输，损伤神经元。慢速运输主要通过微丝和微管，0.5 ~ 10 mm/d，单向下行运输，如一些酶类、细胞骨架成分及新合成胞质等。

二、神经胶质细胞

神经胶质细胞（neuroglial cells）（图 2–6）的主要功能是支持和保护神经元，并参与神经元的新陈代谢。胶质细胞的胞质也有突起，但没有传导神经冲动的功能。神经胶质细胞广泛分布于中枢和外周神经系统。少突胶质细胞和施万细胞分别在中枢神经和外周神经中形成髓鞘（表 2–3）。

（一）中枢神经胶质细胞

中枢神经胶质细胞（neuroglial cells of the central nerve）主要有星形胶质细胞、少突胶质细胞、小胶质细胞、室管膜细胞和嗅鞘膜细胞等。胶质细胞的突起在神经元表面形成了一层包膜，包围着神经元的胞体及其突起。神经胶质细胞支持和分隔神经信息加工和传导功能，防止神经元的自发或偶发性除极。有些胶质细胞的突起也贴附于毛细血管壁上，调控血管的通透性。

在常规染色切片中，胶质细胞只显示细胞核及其周围少量的细胞质。特殊染色、免疫组织化学或电镜等方法可显示各种胶质细胞的突起等。

1. 星形胶质细胞（astrocyte）　体积最大，数量多，广泛分布于中枢神经组织内（图 2–7）。胞质内含有大量神经胶质纤维酸性蛋白微丝（glial fibrillary acid protein，GFAP），常用作免疫组化标记。星形胶质细胞的突起在大脑皮质浅层内侧形成胶质界膜。突起末端膨胀，形成脚板，覆盖于脑组织血管表面，参与大脑代谢和血脑屏障。星形胶质细胞突起形成基质，覆盖神经元和无髓神经纤维。中枢神经系统损伤时，神经元无法再生，由星形胶质细胞肥大或增生修复，形成胶质瘢痕。星形胶质细胞又分为原浆型和纤维型两种。

原浆型星形胶质细胞主要分布于灰质，胞核大，圆或椭圆形，染色较浅。细胞突起短而粗，分支较多，胞质内胶质丝含量较少。细胞突起伸展和充填在神经元胞体及其突起之间，支持和分隔神经元。有些原浆型星形胶质细胞的突起末端膨大，形成脚板，附在毛细血管壁上或脑脊髓表面胶质界膜上。

纤维型星形胶质细胞主要分布于白质。细胞呈星形，突起细而长，分支较少。细胞质内含大量胶质微丝，由胶质原纤维酸性蛋白组成，常用于免疫组化染色显示纤维型星形胶质细胞。

2. 少突胶质细胞　胞核较小，圆形，染色较深，常呈串珠状排列（图 2–8）。少突胶质细胞主要分布在神经元胞体附近及其神经纤维外周，形成中枢神经的髓鞘。电镜可见胞质富含高尔基体、线粒体和微管。胞质突起末端扩展形成扁平薄膜，呈螺旋状包卷神经轴突，形成中枢神经髓鞘。

3. 室管膜细胞　衬于脑室和脊髓的中央管的腔面，形成单层上皮室管膜。室管膜细胞呈立方形或低柱状，表面有许多微绒毛，偶有纤毛（图 2–9）。第三脑室等部位的室管膜细胞，其基底面有细长突起，伸向室管膜的深部，称伸长细胞。室管膜下层含有未成熟的神经干细胞，在特定条件下，这些神经细胞能够分化形成神经元和神经胶质细胞。

4. 小胶质细胞　起源于血液的单核细胞，属于中胚层起源（图 2–10）。小胶质细胞体积小，胞核最小，形态不规则或杆状，染色最深。主要位于灰质内，如海马、嗅球、基底核和黑质等。静息状态下，胞体呈圆形和椭圆形，突起细长并分支。当中枢神经损伤时或免疫激活后，突起减少，参与免疫和修复活动。吞噬坏死的细胞碎屑及变性的髓鞘。同时，血液单核细胞也可进入病灶，转变为巨噬细胞，参与吞噬活动。

5. 嗅鞘膜细胞　位于嗅球和嗅束中，也是一种特化的神经胶质细胞。

（二）外周神经胶质细胞

外周神经胶质细胞主要有两种，施万细胞（Schwann cell）和卫星细胞（satellite cells）。

施万细胞形成外周神经纤维的髓鞘（图 2–11）。细胞沿外周神经纤维的轴突，一个接一个地排列成串，形成各自髓鞘小节。两个髓鞘小节之间的狭窄区域称郎飞结。髓鞘可增加冲动沿轴突传导的特异性和速度。施万细胞髓鞘外有基底膜。施万细胞还能产生神经营养因子，在外周神经再生中有重要作用。

卫星细胞位于神经节内，包裹节神经元的胞体，故也称被囊细胞或被膜细胞（图 2–12）。卫星细胞呈扁平或梭形，胞核小，圆形或卵圆形，染色较深。胞质包绕着节神经元胞体及其近端的突起。与施万细胞相同，卫星细胞外有基底膜。基底膜与外周成纤维细胞和胶原纤维等结缔组织相延续。

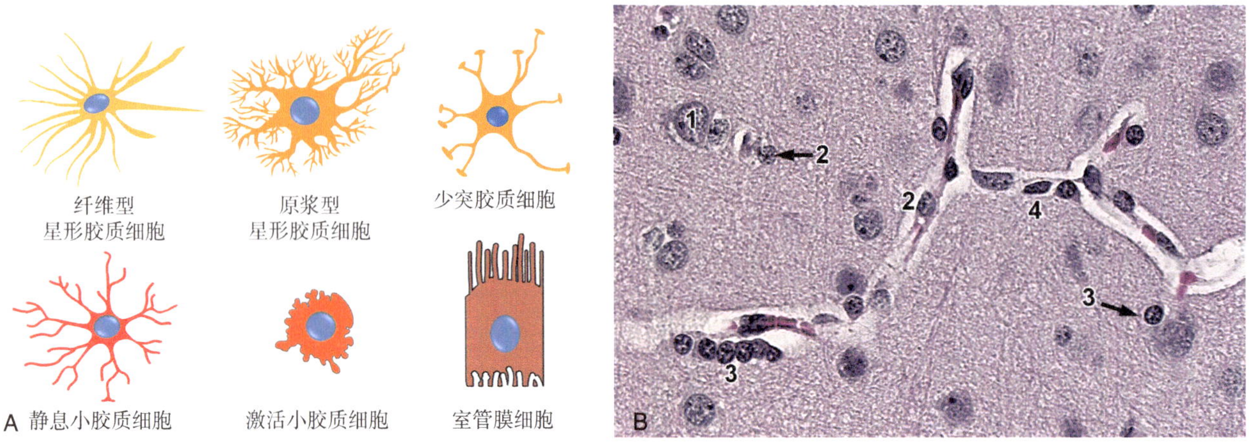

图 2–6　神经胶质细胞

A. 各种中枢神经胶质细胞；B. 食蟹猴：大脑皮质神经元（1），常规染色难区分星形神经胶质细胞（2），少突胶质细胞（3）和内皮细胞（4）

表 2–3　神经胶质细胞的种类和功能

神经胶质细胞	分布	细胞起源	基本功能
星形胶质细胞	中枢神经	胚胎神经管	支持神经元，代谢和修复作用 分泌神经生长因子和营养因子等
少突胶质细胞	中枢神经	胚胎神经管	形成中枢神经的髓鞘，起绝缘作用
室管膜细胞	中枢神经	胚胎神经管	产生和运输脑脊液
小胶质细胞	中枢神经	骨髓单核细胞	吞噬、保护和免疫功能
施万细胞	外周神经纤维	胚胎神经嵴	形成外周神经的髓鞘，起绝缘作用
卫星细胞	外周神经节	胚胎神经嵴	支持神经节细胞，具有代谢作用

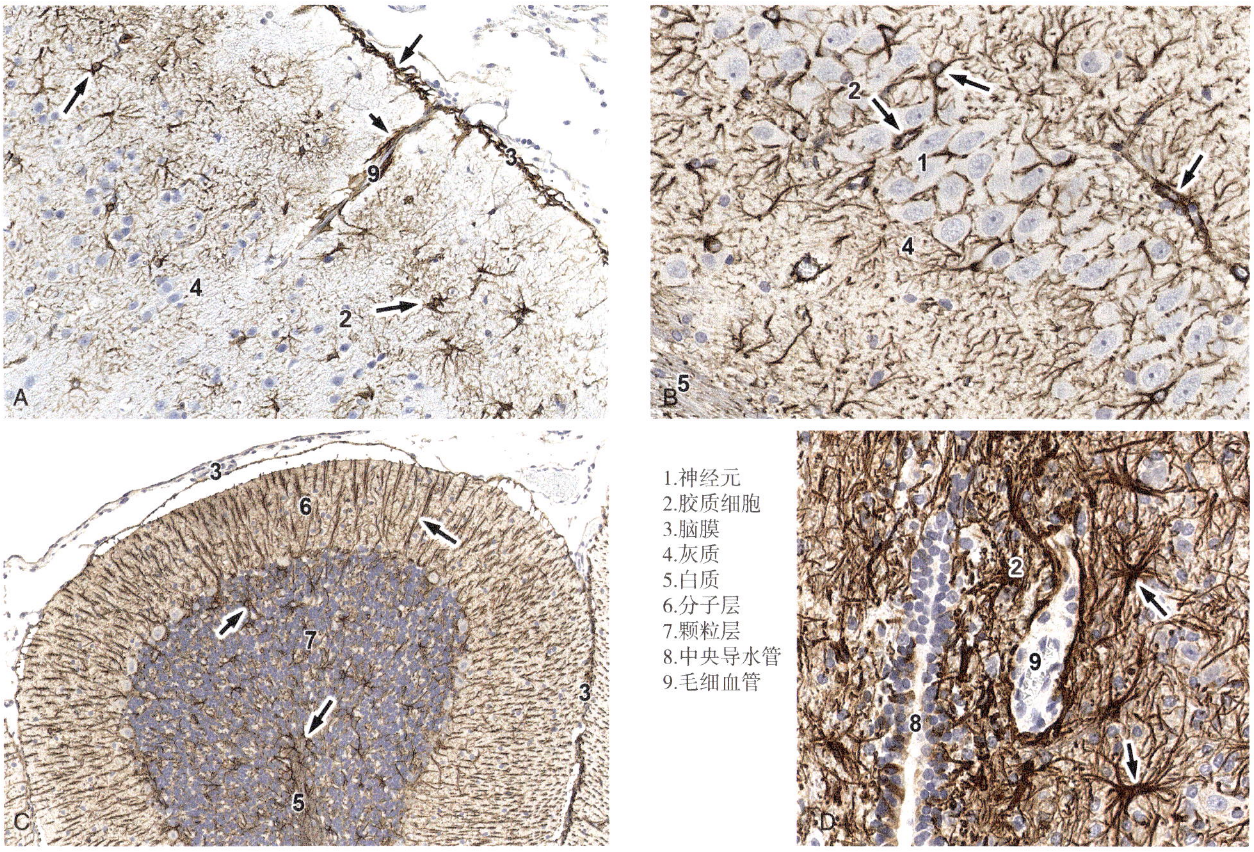

图 2-7 星形胶质细胞

A. WH 大鼠：广泛分布于皮质、软脑膜和血管周围，GFAP 组化；B. WH 大鼠：广泛分布于神经元之间和白质，GFAP 免疫组化染色；C. WH 大鼠：广泛分布于小脑白质和灰质，GFAP 免疫组化染色；D. 大鼠脊髓，广泛分布于脊髓白质和灰质，GFAP 免疫组化染色

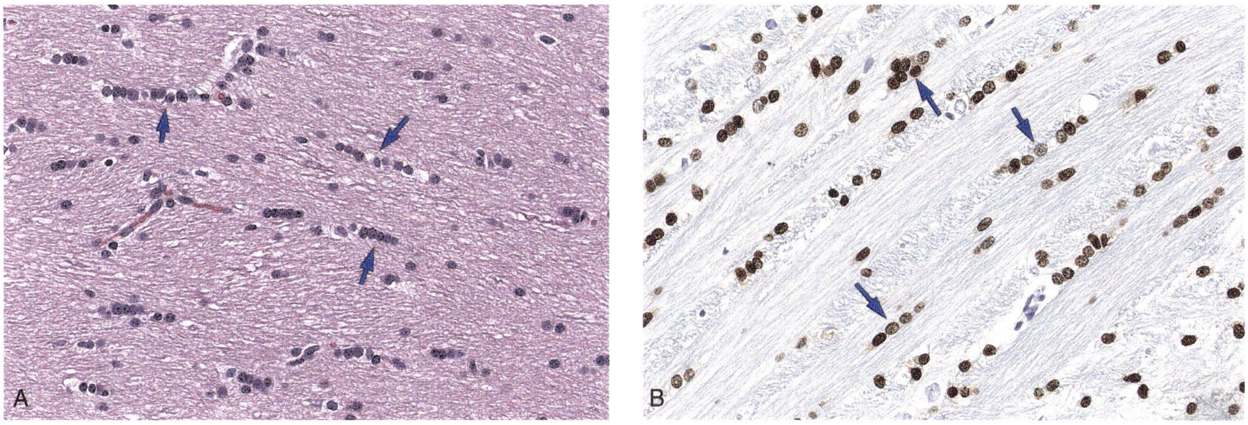

图 2-8 少突胶质细胞

A. 食蟹猴大脑白质，细胞核圆形，深染，呈串珠状分布；B. 大鼠大脑白质，胞核呈串珠状分布，Olig2 免疫组化染色

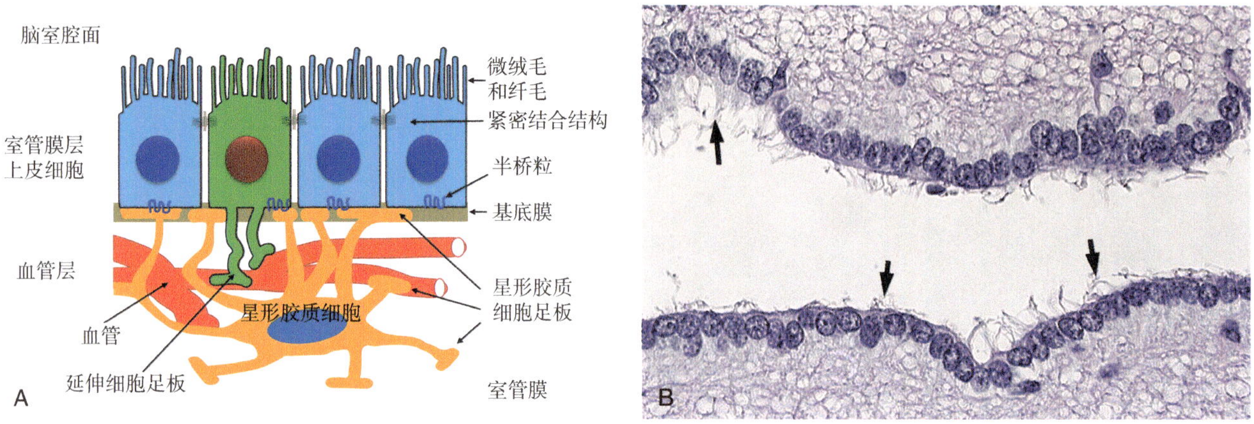

图 2-9 **室管膜细胞**

A. 室管膜细胞结构，衬于脑室和脊髓中央管的腔面；B. SD 大鼠：立方形或低柱状细胞表面有微绒毛，偶有纤毛

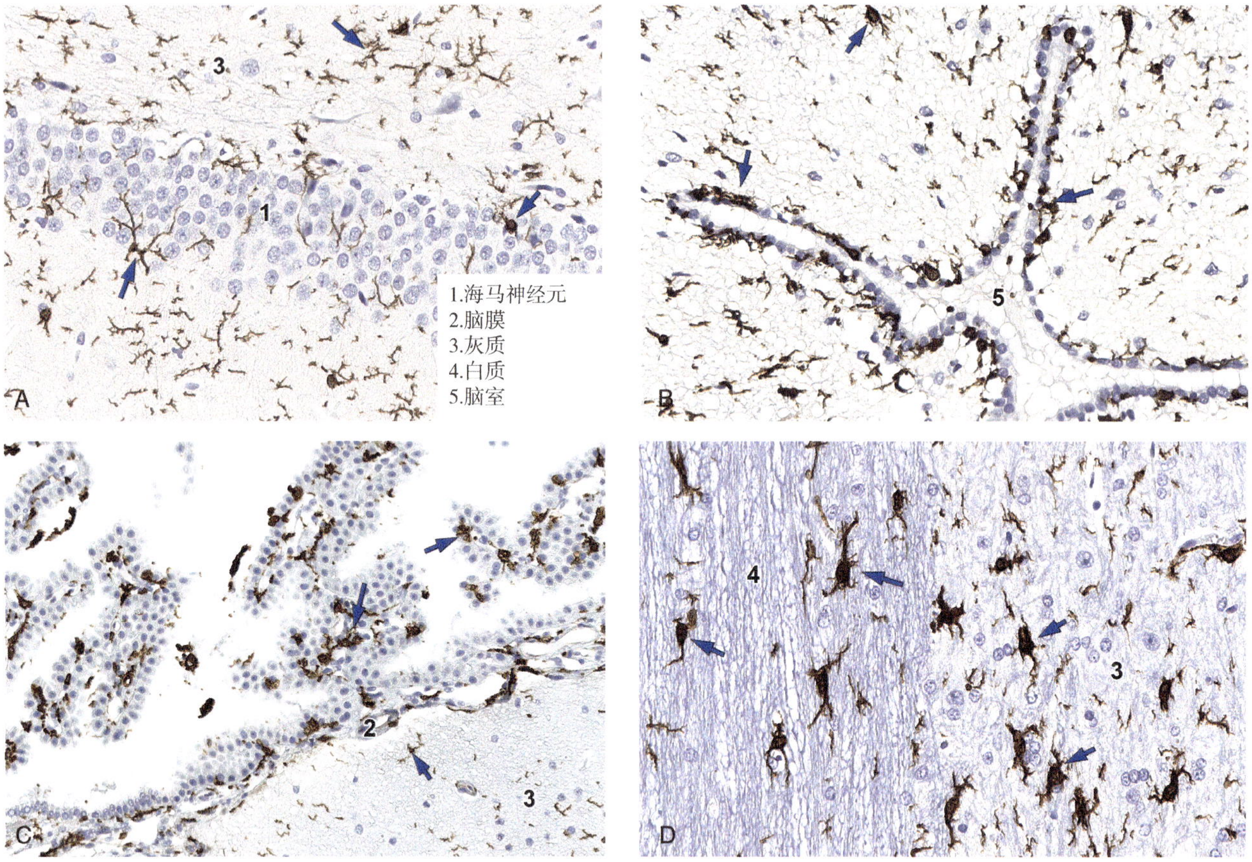

图 2-10 **小胶质细胞**

A. WH 大鼠大脑灰质：胞体椭圆形，突起细长并分支，IBA1 组化；B. WH 大鼠脑室膜：广泛分布于脑室膜和白质，IBA1 免疫组化染色；C. WH 大鼠脉络丛：分布于脉络丛和灰质，IBA1 免疫组化染色；D. WH 大鼠脊髓：分布于脊髓灰质和白质，IBA1 免疫组化染色

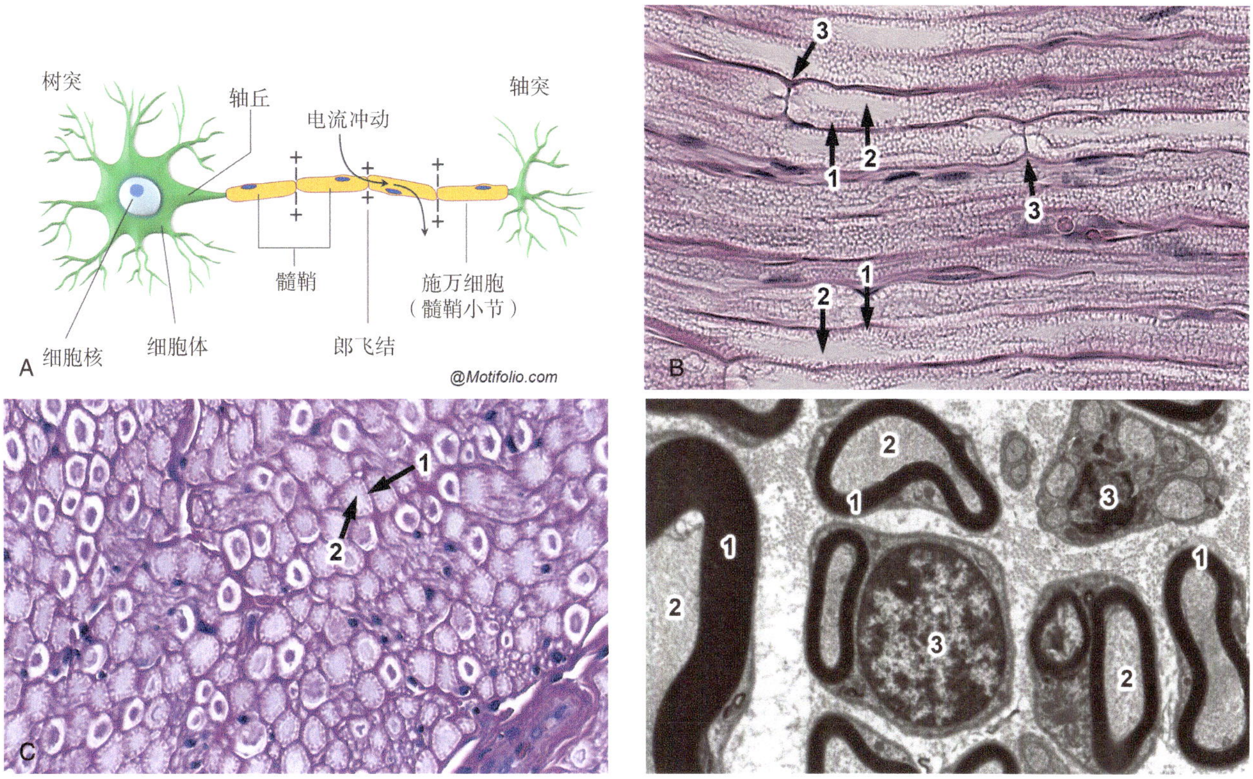

图 2-11　**施万细胞**

A. 施万细胞包裹外周神经轴突，形成外周神经纤维髓鞘和髓鞘小节；B. 食蟹猴坐骨神经，示髓鞘（1）、轴突（2）和郎飞结（3）；C. 食蟹猴坐骨神经横切面，示髓鞘（1）和轴突（2）；D. 食蟹猴坐骨神经，示髓鞘（1）、轴突（2）和施万细胞核（3）

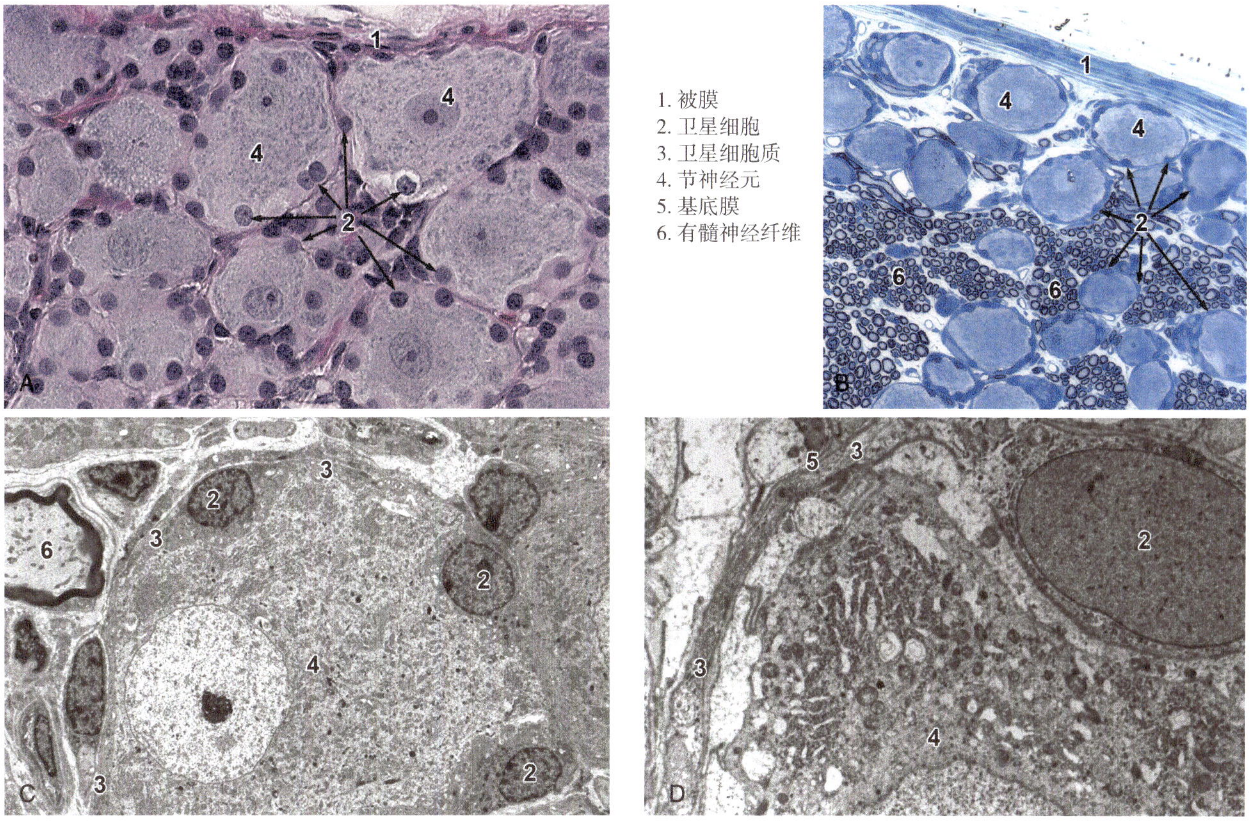

图 2-12　**卫星细胞**

A. 食蟹猴脊髓背根神经节：卫星细胞扁平或梭形，包裹节神经元胞体；B. 食蟹猴脊髓背根神经节：多个卫星细胞包裹同一节神经元胞体；C. 食蟹猴脊髓背根神经节：多个卫星细胞包裹同一节神经元胞体；D. 食蟹猴脊髓背根神经节：卫星细胞外有基底膜

三、神经纤维

神经纤维（nerve fiber）由神经元轴突和胶质细胞形成，构成中枢神经系统的白质和外周神经纤维。依据神经胶质细胞的包裹程度，神经纤维可分为有髓神经纤维和无髓神经纤维（图 2–13）。在大部分神经组织内，无髓神经纤维与有髓神经纤维混杂在一起。

（一）有髓神经纤维

有髓神经纤维（myelinated nerve fiber）有髓鞘，可增强神经冲动的传导速度和效率（图 2–14）。髓鞘的化学成分主要是髓磷脂和蛋白质，新鲜髓鞘呈亮白色。在常规染色标本上，脂类被溶解，蛋白质呈网状结构。锇酸固定可保留髓磷脂，髓鞘染色呈黑色。

中枢神经纤维的髓鞘由少突胶质细胞形成，外周神经纤维的髓鞘由施万细胞形成。少突胶质细胞或施万细胞的胞质呈薄膜状螺旋形包绕轴突，电镜呈高密度同心圆形板层状结构。板层状结间体内残余的胞质形成施－兰切迹。一个施万细胞只包绕一段轴突，形成一个髓鞘结间体。一个少突胶质细胞可以包绕多条轴突，可同时形成数十个髓鞘结间体。少突胶质细胞板层状结间体没有残留细胞质。

神经元胞体越大，其轴突越粗，髓鞘越厚，结间体越长。各结间体之间相连处窄缩，称郎飞结。郎飞结处没有髓鞘，轴突裸露，富含电压程控型钠离子通道，有利于动作电位的跳跃式传递。郎飞结处也是轴突侧支的分支发出点。

中枢和外周神经髓鞘的结构基本相似，但外周神经髓鞘中的鞘磷脂和糖蛋白含量较高（表 2–4）。施万细胞合成的髓鞘蛋白，有助于稳定施万细胞相邻髓鞘膜层，为外周神经髓鞘特有。

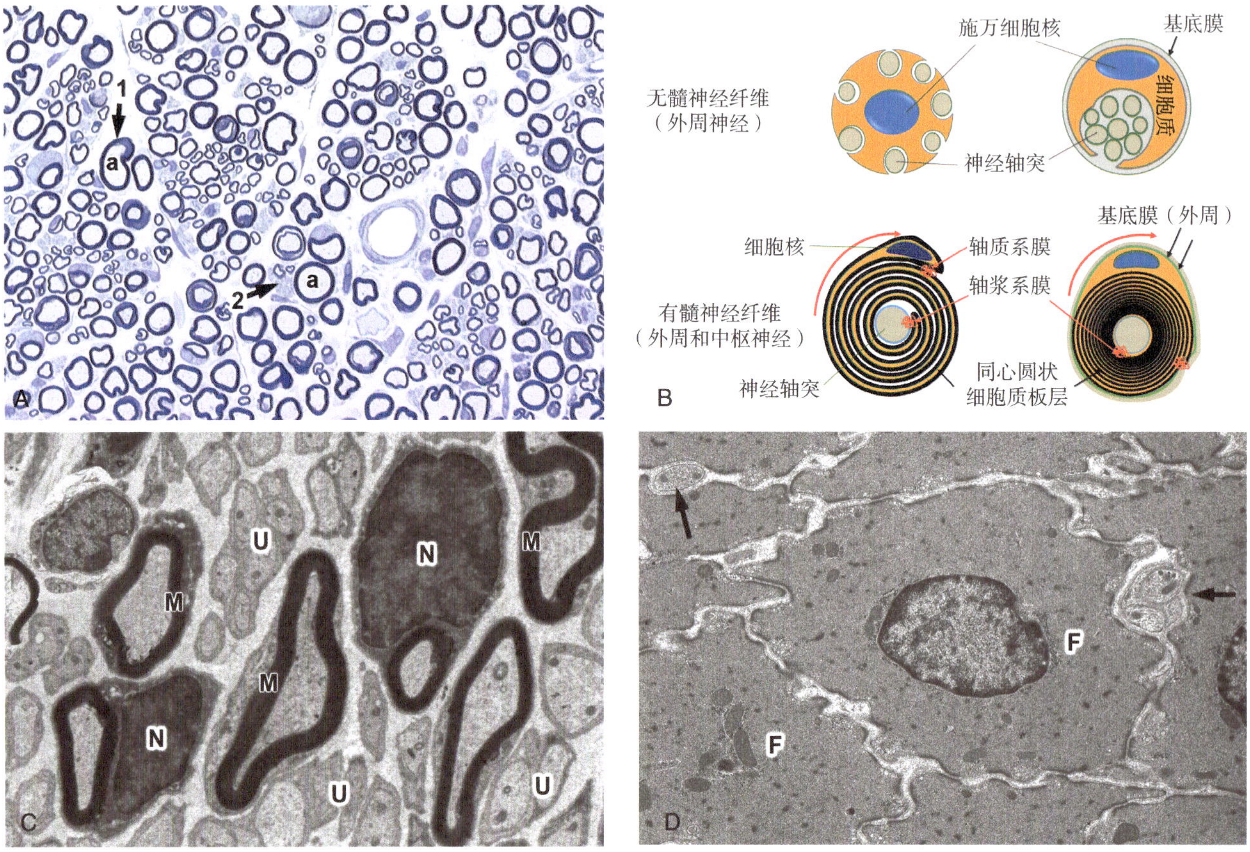

图 2–13　**神经纤维**

A. CD1 小鼠：坐骨神经髓鞘（1），轴突（a）和无髓纤维（2）；B. 无髓和有髓神经纤维由施万细胞或少突胶质细胞形成；C. 食蟹猴无髓神经纤维（U），有髓纤维（M）和施万细胞核（N）；D. 无髓神经纤维（箭），比格犬膀胱平滑肌（F）

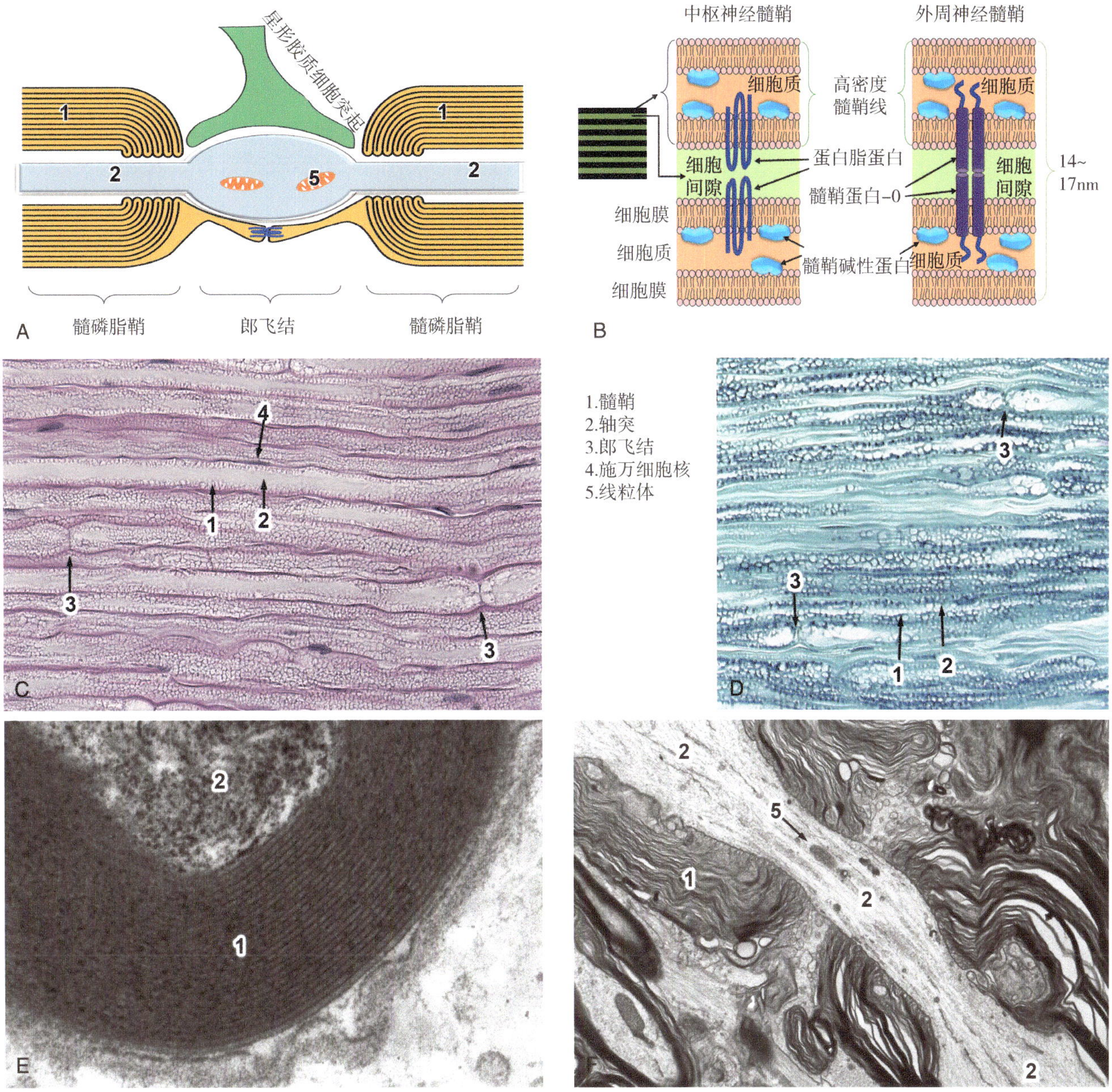

图 2-14　**髓鞘**

A. 髓鞘同心板层和郎飞结结构；B. 髓鞘同心板层的化学组成；C. 食蟹猴：常规标本上髓鞘脂类被溶解，髓鞘呈网格；D. 食蟹猴：常规标本上髓鞘脂类被溶解，髓鞘呈网格；E. SD 大鼠坐骨神经：髓鞘同心板层结构；F. SD 大鼠坐骨神经：郎飞结处轴突裸露，无髓鞘

表 2-4　中枢和外周神经髓鞘的特点

	中枢神经	外周神经
髓鞘细胞	少突胶质细胞	施万细胞
胞体位置	少突胶质细胞的胞体远离髓鞘	施万细胞的胞体近髓鞘
髓鞘结间体数量	包绕多个轴突，形成多个髓鞘结间体	包绕单个轴突一部分，形成单个髓鞘结间体，残余胞质形成施－兰切迹
髓鞘内胞质残留	髓鞘结间体没有胞质	髓鞘结间体内有胞质覆盖
髓鞘	无基底膜，无结缔组织支持	有基底膜，有结缔组织支持
郎飞结	由星形胶质细胞突起覆盖	由施万细胞突起覆盖

（二）无髓神经纤维

无髓神经纤维（unmyelinated nerve fiber）没有髓鞘结间体和郎飞结，轴突比较细，神经冲动沿轴突膜连续传导。无髓神经纤维的传导速度慢。中枢无髓神经纤维即为裸露的轴突，没有任何鞘膜。星形胶质细胞的突起将无髓神经纤维包裹分隔成束。外周无髓神经纤维由施万细胞的胞质包裹。一个施万细胞可以包裹多条轴突，多个施万细胞沿着同一轴突连接成一个连续的薄鞘，但不形成髓鞘和郎飞结。

四、神经突触

神经突触（synapse）是神经元之间或神经元与非神经细胞之间一种特化的信息传递结构（图 2–15）。神经元轴突的末梢反复分支，末端膨大形成杯状或球状突触小体，与突触后神经元的胞体或突起相接触，形成突触。依接触部位，突触可分为轴 – 树、轴 – 体、轴 – 轴或树 – 棘突触等。最常见的突触是轴 – 树和轴 – 体突触。依传递方式，突触可分为化学突触、电突触或弥散传递。有些中枢神经和交感神经节后纤维等的轴突末梢分支膨大，形成结节状曲张体。当神经冲动抵达时，曲张体可以释放神经递质，递质弥散到附近效应细胞膜，并作用于受体效应细胞。

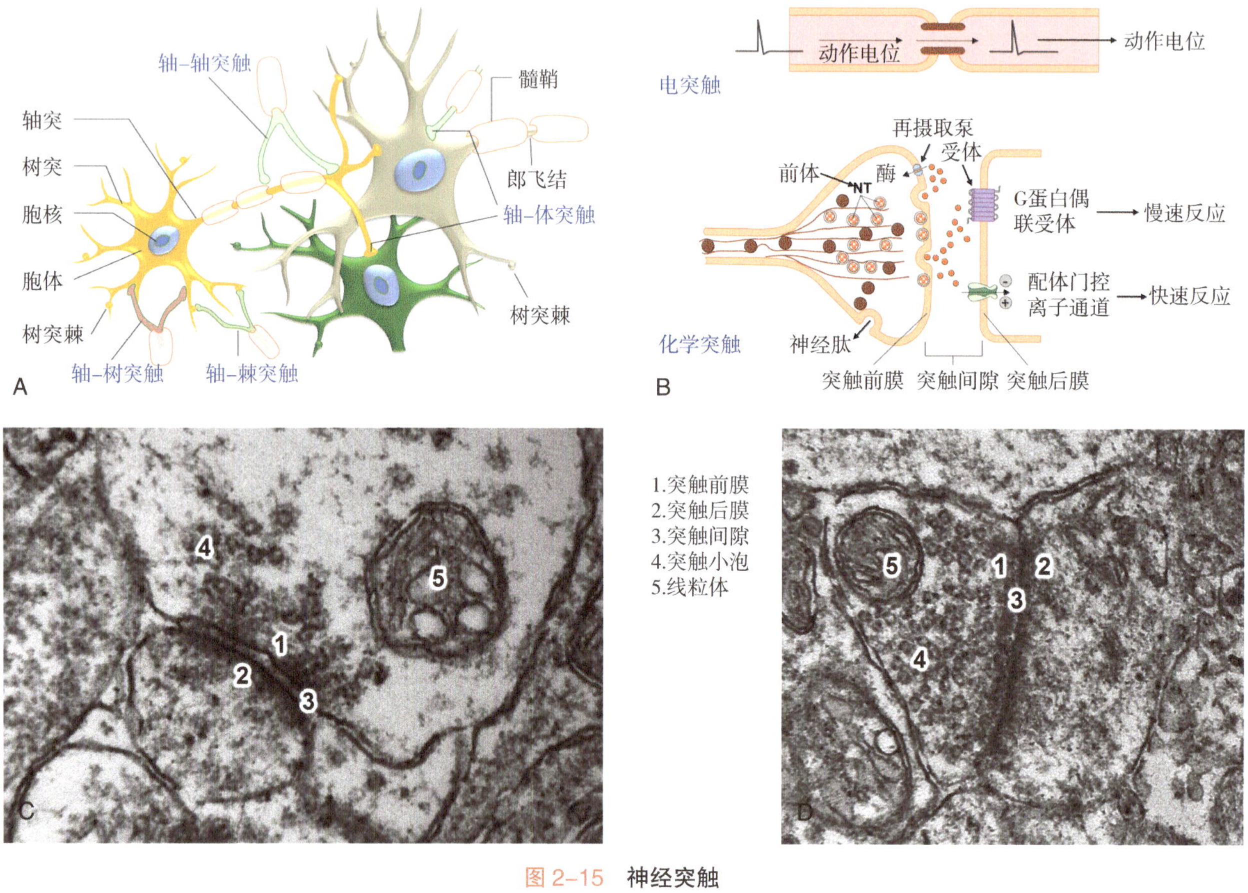

图 2–15　**神经突触**

A. 神经元之间或神经元与非神经细胞之间特化信息传递结构；B. 化学突触和电突触结构，化学突触分为前膜、间隙和后膜；C. 化学突触，小鼠丘脑：前膜致密物质薄，后膜厚，突触间隙宽；D. 化学突触，小鼠丘脑，前后膜致密物质厚度均等，突触间隙窄

（一）化学突触

化学突触（chemical synapse）以化学物质或神经递质作为介质来传递信息，分为兴奋性和抑制性两种，是很多药物作用的靶点。银染色可见化学突触呈棕黑色环状或扣状，附着于神经元的胞体或突起，故也称突触扣结。

化学突触的结构可分为突触前膜、突触间隙和突触后膜三部分。 突触前膜由神经元的轴突终末膨大而成，轴质内含突触小泡、线粒体、滑面内质网、微管和微丝等。突触间隙宽 10 ~ 30 nm，内含有多种跨突触黏合蛋白、酶和微丝等。突触后膜上有各种相应的神经递质的受体和程控离子通道等。

突触小泡为膜性结构，直径为 20 ~ 80 nm，内含有神经递质。不同神经递质的突触小泡，形态大小各异。小泡由胞体合成后，经轴突下行运输到突触前膜。并由小泡附着蛋白和膜附着蛋白等介导，附着于突触前膜。神经除极化导致轴突末端 Ca^{2+} 浓度升高，小泡内神经递质释放到突触间隙。迅速作用于后膜，除极化，从而可引发突触后神经元反应。神经递质作用后，由间隙内的酶降解如乙酰胆碱酶，或由受体介导重新摄入突触前膜胞质内，由酶降解或再加工。

电镜下可见突触前膜或后膜下胞质面含有致密物质。依致密物质厚度，突触分为Ⅰ和Ⅱ两型。Ⅰ型突触也称不对称突触，后膜胞质致密物质厚，前膜致密物质薄，突触间隙宽，可能属兴奋性突触。Ⅱ型突触对称，突触的前膜和后膜致密物质均薄，突触间隙窄，可能属抑制性突触。

（二）电突触

电突触（electrical synapse）为一种神经元细胞之间的缝隙连接，神经元间的信息联系或传递。当一侧膜除极化时，导致另一侧膜除极化。

第三节 中枢神经系统

中枢神经系统（central nerve system）包括脑和脊髓，是神经系统的控制中心。新鲜的脑脊髓组织可以分为灰质和白质两部分。灰质主要由神经元胞体及其树突构成，而白质主要由有髓神经纤维束或神经柱构成。大脑和小脑的灰质分布于浅表部位，即皮质。白质位于皮质的深层。脑干和间脑神经元胞体的聚集处称神经核，散在分布。脊髓的灰质位于中央，而白质位于外周。

一、大脑

高等动物的大脑（brain）由左右两个半球组成。大脑的不同部位担负着相应的重要生理功能（图 2-16，图 2-17）。

（一）大脑皮质

大脑皮质（cerebral cortex）覆盖大脑半球，是神经元的主要分布区。深层为白质，由各种神经纤维构成。

大脑皮质的神经元为多极神经元，以锥体细胞、颗粒细胞和梭形细胞为主（图 2-18）。

1. 锥体细胞数量较多，胞体呈锥形，分大、中、小三型。大锥体细胞属于投射神经元。胞体顶端发出较粗的主树突，伸向皮质层表面，沿途发出许多小分支。胞体也向四周发出一些水平树突。大锥体细胞的轴突长，可自胞体底部进入髓质，组成投射纤维或联合纤维，下行至脑干或脊髓。小锥体细胞属中间神经元，轴突短，分布于皮质内。

2. 梭形细胞数量较少，胞体呈梭形，大小不一，主要分布在皮质深层。大梭形细胞属于投射神经元。胞体两端均有树突，上端树突可到达皮质表面。轴突进入髓质，参与组成投射纤维或联合纤维。

3. 颗粒细胞数目最多，属于中间神经元。胞体呈颗粒状，胞体较小。颗粒细胞包括星形细胞、水平细胞和篮状细胞等，以星形细胞最多。有些星形细胞的轴突很短，止于附近的锥体细胞或梭形细胞。有些星形细胞的轴突较长，上行至皮质表面，与锥体细胞主树突和水平细胞相接。水平细胞树突和轴突的走向与皮质表面平行，并与锥体细胞的主树突相接。

大脑皮质厚度、功能和结构随不同脑区而不同。例如，古皮质区（如海马和齿状回）和旧皮质区（如嗅脑）通常可分为 3 层，而新皮质区通常分为如下 6 层：

1. *分子层* 位于软脑膜的深面，神经元小而少。主要由水平细胞和星形细胞组成，该层内有许多与皮质表面平行的细胞突起和神经纤维。

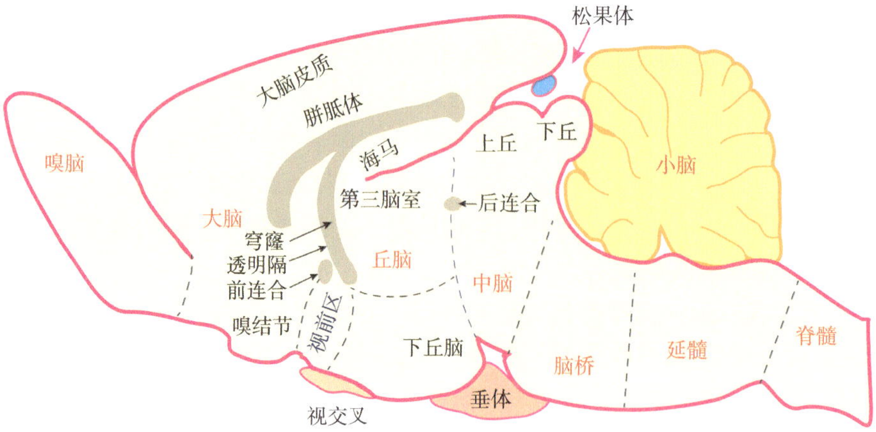

图 2-16　**大鼠大脑解剖结构**

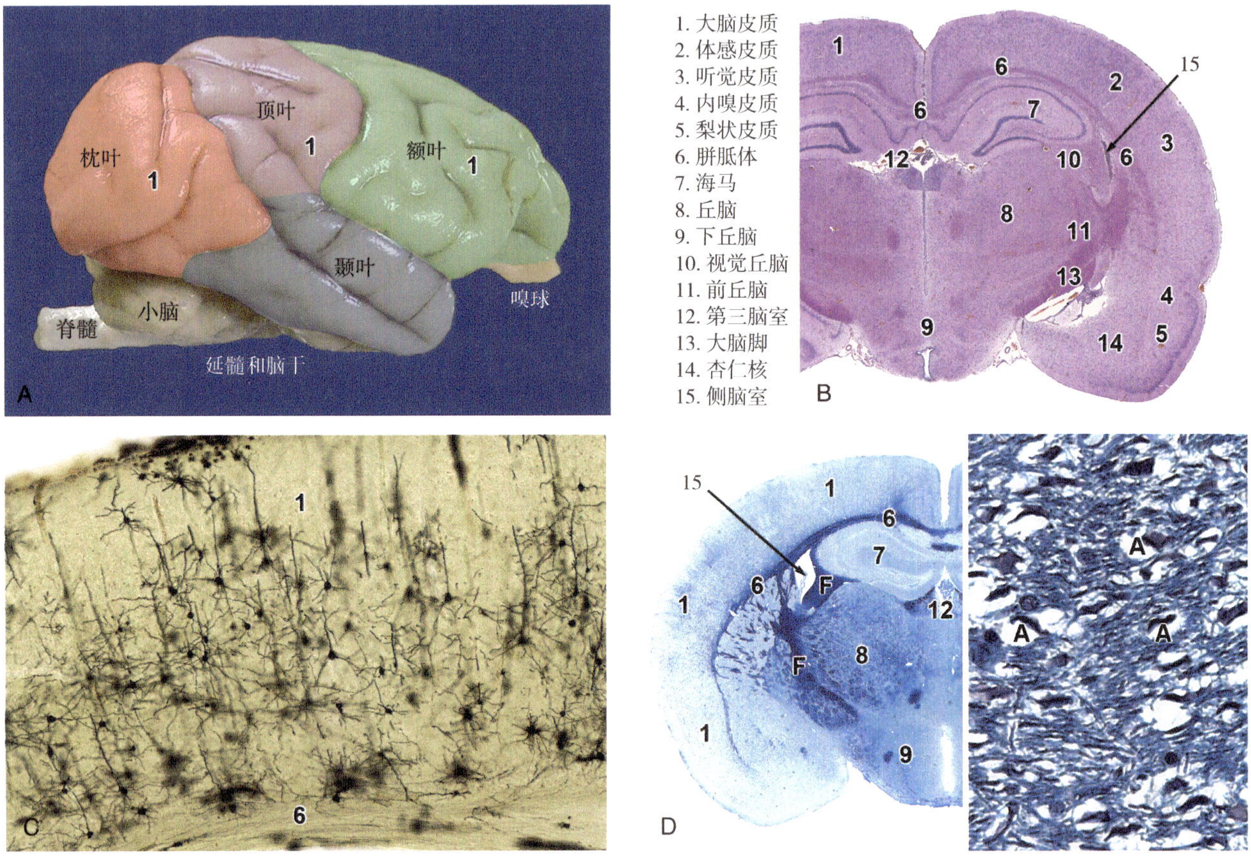

图 2-17　**大脑**

A. 食蟹猴大脑结构；B. WH 大鼠：大脑结构分为灰质和白质两部分；C. 大脑皮质，CD1 小鼠：大脑皮质神经元的镀银染色；D. 大脑脑白质，SD 大鼠：大脑白质的轴突（A）和神经纤维（F），甲基胺蓝染色

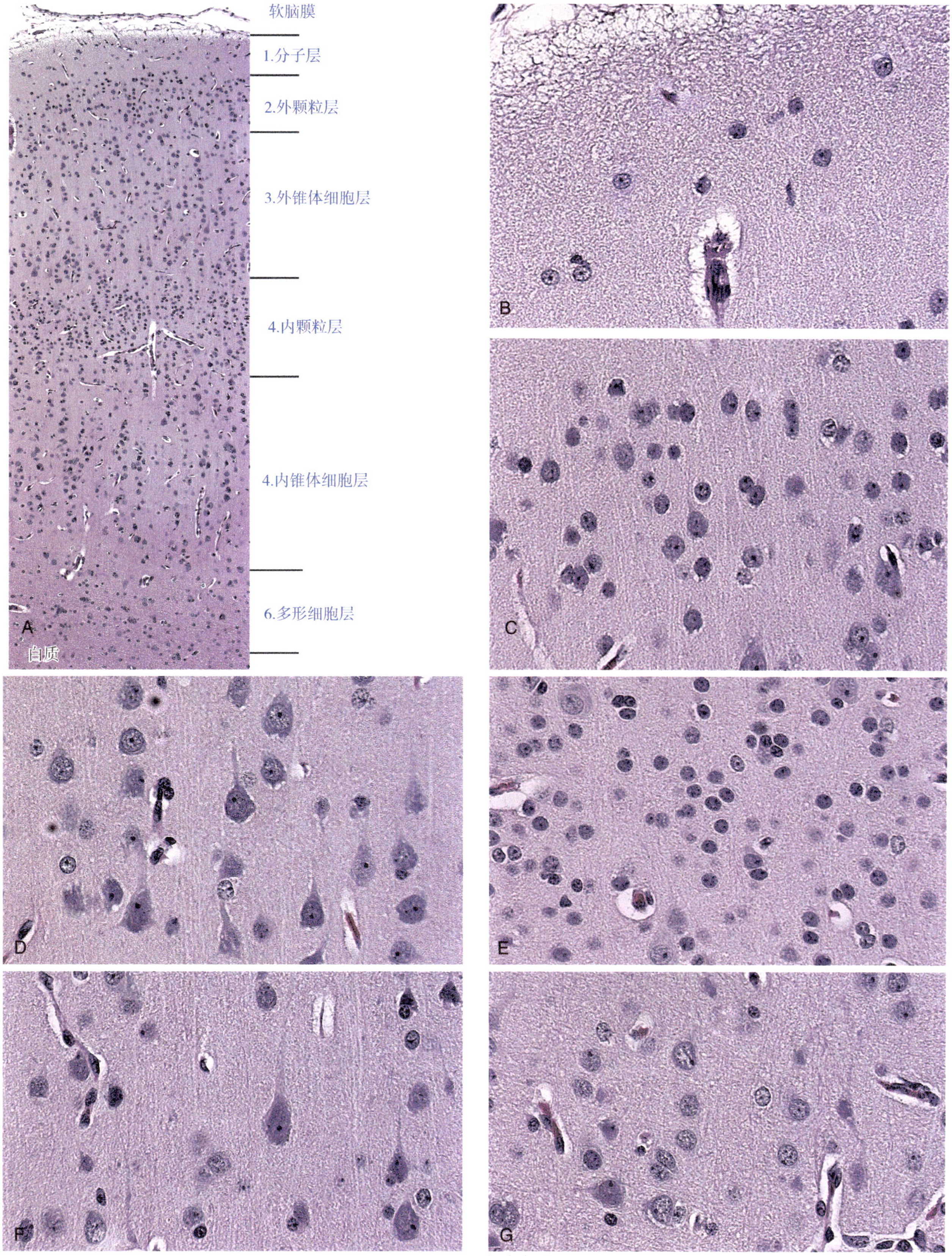

图 2-18 **大脑皮质**

A. 食蟹猴大脑皮质的神经元和胶质细胞；B. 分子层：神经元小而少，主要由水平细胞和星形细胞组成，细胞突起和神经纤维多；C. 外颗粒层：主要由星形颗粒细胞组成，有少量小型锥体细胞；D. 外锥体细胞层：主要由中型和小型锥体细胞和星形颗粒细胞组成；E. 内颗粒层：主要由星形颗粒细胞组成，细胞密集，大部分体积较小；F. 内锥体细胞层：主要有中型和大型锥体细胞，主树突可伸入分子层，轴突可下行到脑干和脊髓；G. 多形细胞层：以梭形细胞为主，少量锥体细胞、颗粒细胞和马尔提诺蒂细胞

2. *外颗粒层* 主要由星形颗粒细胞组成，有少量小型锥体细胞。

3. *外锥体细胞层* 主要由中型和小型锥体细胞和星形颗粒细胞组成。

4. *内颗粒层* 主要由星形颗粒细胞组成，细胞密集排列，多数细胞的体积较小。

5. *内锥体细胞层* 主要由中型和大型锥体细胞组成。大锥体细胞的主树突可突伸到分子层内，而其轴突可下行到脑干和脊髓。

6. *多形细胞层* 由多种细胞构成，以梭形细胞为主，有少量锥体细胞、颗粒细胞和马尔提诺蒂细胞。

皮质 1 ~ 4 层主要接受传入神经冲动。来自丘脑和其他各种上行感觉纤维主要进入第 4 层，与星形细胞形成突触。来自同侧或对侧大脑半球的联合传入纤维主要进入第 2 和第 3 层，与锥体细胞形成突触。下行至脑干及脊髓的大脑皮质传出纤维，主要发自第 5 层的锥体细胞和第 6 层的大梭形细胞。起自第 3、5、6 层的锥体细胞和梭形细胞传出联合纤维，主要分布于同侧皮质和对侧脑区。

（二）大脑髓质

大脑髓质（brain white matter）也称白质，位于大脑皮质的深层，主要由有髓神经纤维和相关的神经胶质细胞构成。

二、小脑

小脑（cerebellum）表面有许多平行的横沟，并将小脑分隔成许多小叶片。小叶片表面是灰质或皮质，皮质下为髓质即白质（图 2-19）。

（一）小脑皮质

小脑皮质（cerebellar cortex）由外向内分为 3 层，即分子层、浦肯野细胞层和颗粒层。皮质内主要有浦肯野细胞、颗粒细胞、高尔基细胞、星形细胞和篮状细胞 5 种主要神经元。浦肯野细胞是小脑皮质中最大的神经元，也是小脑的唯一传出神经元。

1. 分子层较厚，但神经元数量少，以无髓神经纤维为主。神经元主要有星形细胞和篮状细胞。星形细胞分布于浅层，胞体小，细胞突起多，轴突较短。篮状细胞分布于深层，胞体较大，轴突较长。篮状细胞突起与小脑叶片长轴垂直，与小脑表面平行。突起末端呈篮状分支包绕浦肯野细胞的胞体并与之形成突触。

2. 浦肯野细胞层由一层浦肯野细胞的胞体组成。胞体呈梨形，也称梨状细胞，体积大。光镜下可见胞质的树状分支。胞体顶端发出 2 ~ 3 条粗的主树突，主树突继续大量分支，呈树状，垂直伸向分子层。轴突发自胞体底部，离开皮质进入髓质，连结于小脑内部的相应神经核群。

3. 颗粒细胞层主要由颗粒细胞和一些高尔基细胞组成。颗粒细胞很小，胞质少，排列密集，形似淋巴细胞。颗粒细胞有数支短树突，树突末端分支，形如爪状。轴突上行进入分子层，分支呈“T”形，与小脑叶长轴平行，故也称平行纤维。平行纤维穿插于浦肯野细胞的树突之间，并形成突触。高尔基细胞的胞体大，树突分支多。其大部分树突伸入分子层，与平行纤维相接。

（二）小脑白质

髓质位于皮质的深面，也称中央白质。白质区主要由有髓神经纤维和与之相关的神经胶质细胞组成。

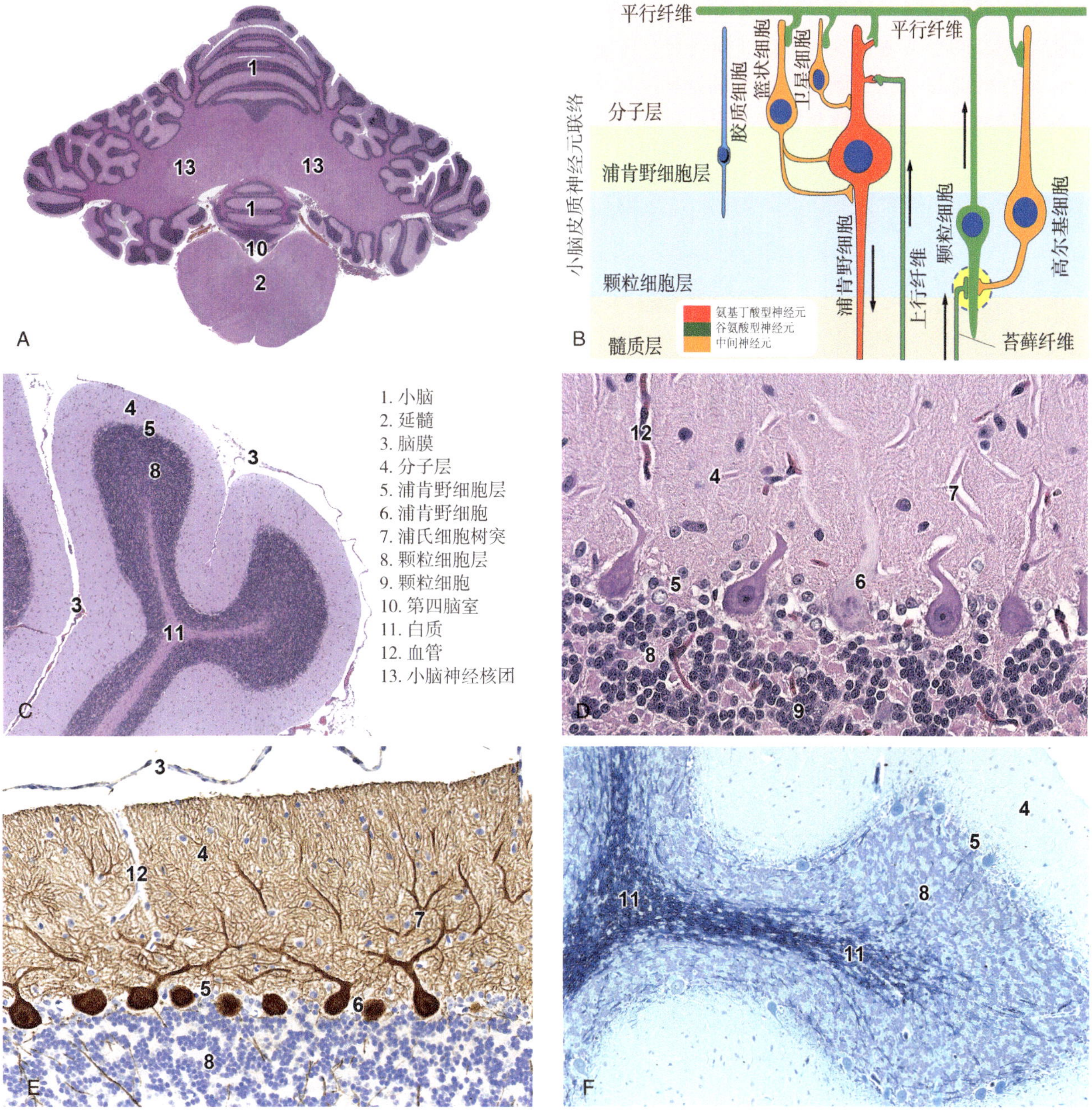

图 2-19　小脑

A. 食蟹猴：表面有许多平行的横沟，将小脑分隔成许多小叶片；B. 主要神经元及其功能，浦肯野细胞是最大的神经元，是唯一传出的神经元；C. 食蟹猴：灰质包括分子层、浦肯野细胞层和颗粒细胞层及白质；D. 食蟹猴：浦肯野细胞体积大，胞体呈梨形，大量树突，2 ~ 3 条主树突；E. 食蟹猴：浦肯野细胞胞体和丰富的树突，Calbindin 免疫组化染色；F. 比格犬：小脑白质神经纤维髓鞘，Luxol fast blue 染色

三、嗅脑和嗅神经

大多数动物具有两套嗅觉系统，即嗅神经系统（olfactory nerve system）和犁鼻器系统，均为化学感受器。犁鼻器也称副嗅觉系统，位于鼻腔（见呼吸系统组织学）。啮齿动物具有发达的嗅神经系统。

嗅神经系统由嗅脑（图 2-20）与嗅神经构成，感知气味。嗅上皮的感觉细胞是双极神经元，其感受器末端为变异的纤毛。纤毛伸入到覆盖于鼻黏膜的黏液中。气味结合蛋白位于纤毛的质膜中，对特殊气味分子敏感。当气味分子与感受器结合时，激活离子通道开放，导致细胞膜除极化，嗅细胞兴奋。嗅神经位于鼻腔后端的黏膜内，投射到嗅脑。

僧帽细胞是嗅球的主要神经元，接受和变换嗅觉信息后，其轴突将神经冲动信息传到大脑相应部位。僧帽细胞呈圆形或锥体状，为双极神经元。其顶树突伸向嗅小球，基树突伸向两侧，嗜银染色似僧帽状。颗粒细胞树突与僧帽细胞及丛细胞的基树突形成树－树突触。据个别报道，大鼠僧帽细胞具有两性差异。雌性大鼠僧帽细胞的胞体呈锥状，突起明显，胞质深染。雄性大鼠的呈卵圆形，胞质淡染。

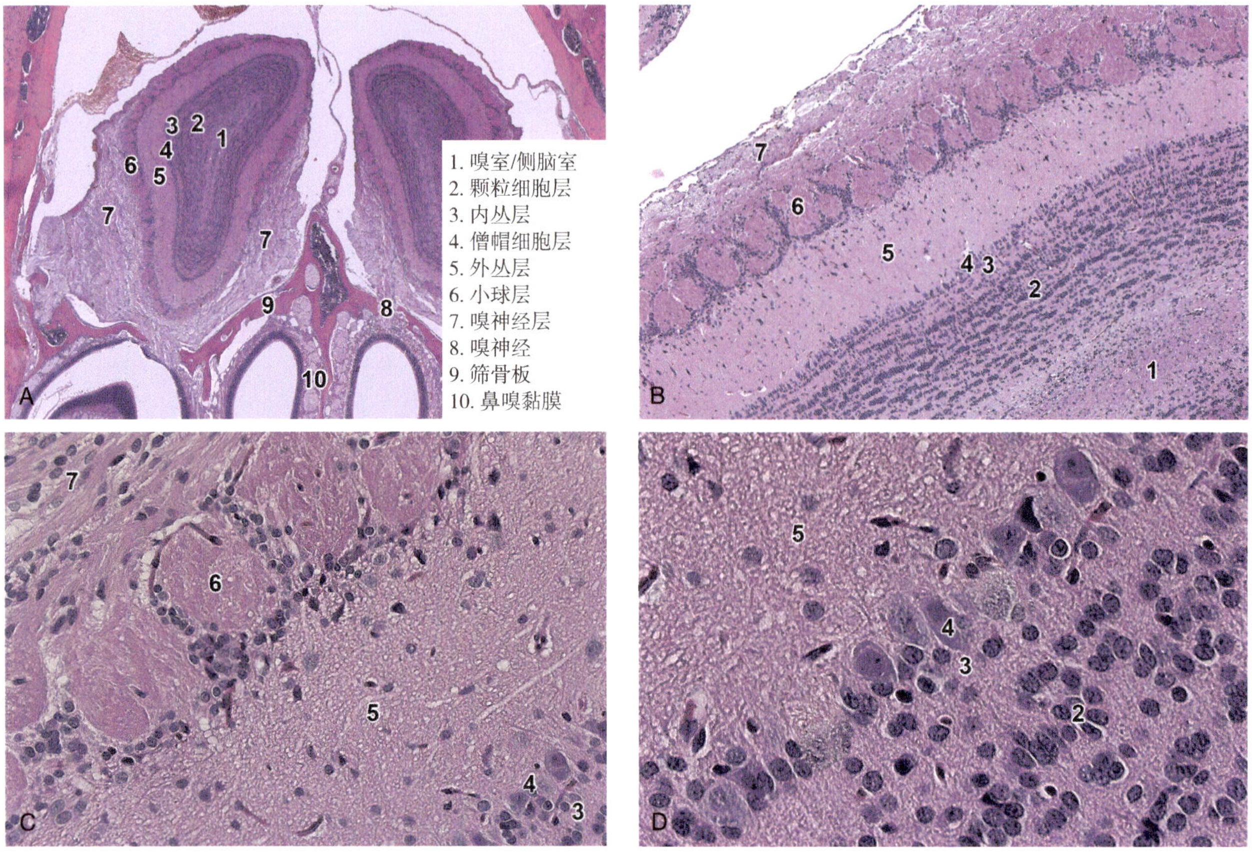

图 2-20 **嗅脑**

A. WH 大鼠嗅脑和嗅神经：嗅神经穿过筛孔进入鼻黏膜的嗅上皮；B. WH 大鼠：嗅脑的主要功能是感知气味，将嗅觉信息传到大脑；C. WH 大鼠：僧帽细胞顶树突伸向嗅小球层，接受嗅小球的信息；D. WH 大鼠：僧帽细胞圆形或锥状，呈僧帽状，有顶树突和基树突

四、脑干

脑干（brain stem）通常是指中脑、脑桥和延髓三部分，位于脑中轴（图 2-21）。脑干中分布着各种中枢神经细胞核团，如呼吸、心跳、觉醒、运动、睡眠和平衡等（图 2-22）。

五、脊髓

脊髓（spinal cord）呈条索状，横切面上可见灰质位于中央，白质在外周（图 2-23）。腹部的腹正中裂和背面的背正中隔，把脊髓分为左右两半。中央有贯通脊髓的中央管，管内衬单层立方或柱状的室管膜细胞。

（一）脊髓灰质

脊髓灰质（spinal grey matter）位于中央，呈 H 形或蝴蝶状，两侧对称，并由灰质联合相互连接。灰质可分为上下 2 个背角和 2 个腹角。在胸腰段脊髓内，还可见侧角。

脊髓背角内神经元细胞比较小，主要接受由背根纤维（感觉神经元的中枢突）传入的信息。神经元以束细胞为主。束细胞的轴突可以很长，在白质内形成各种上行纤维束，延伸至脑干、小脑和丘脑。

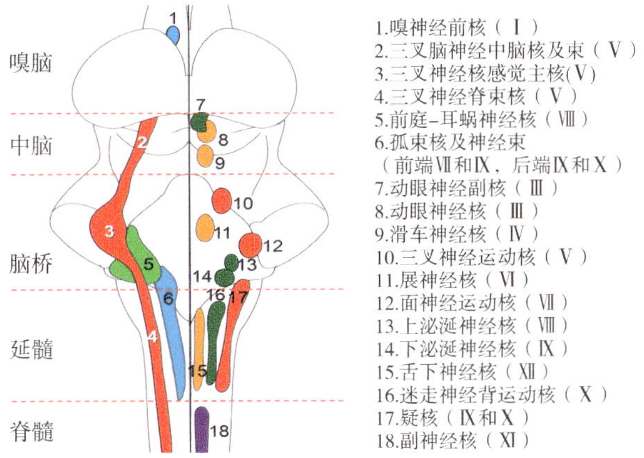

图 2-21 脑干

脑干位于脑中轴线，包括中脑、脑桥和延髓，脑干内含有多种神经核团

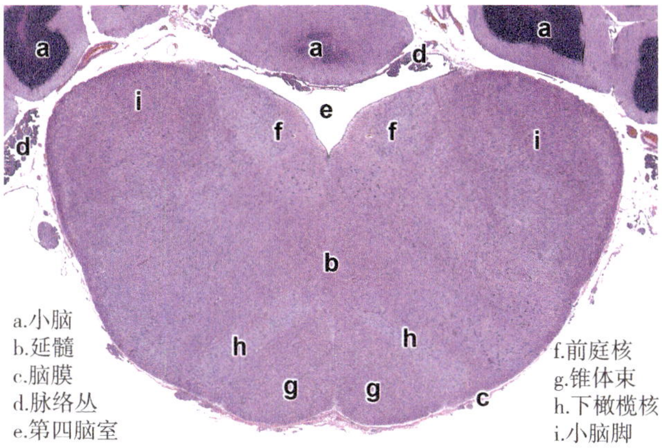

图 2-22 延髓

食蟹猴：延髓含有多种神经核团和神经束

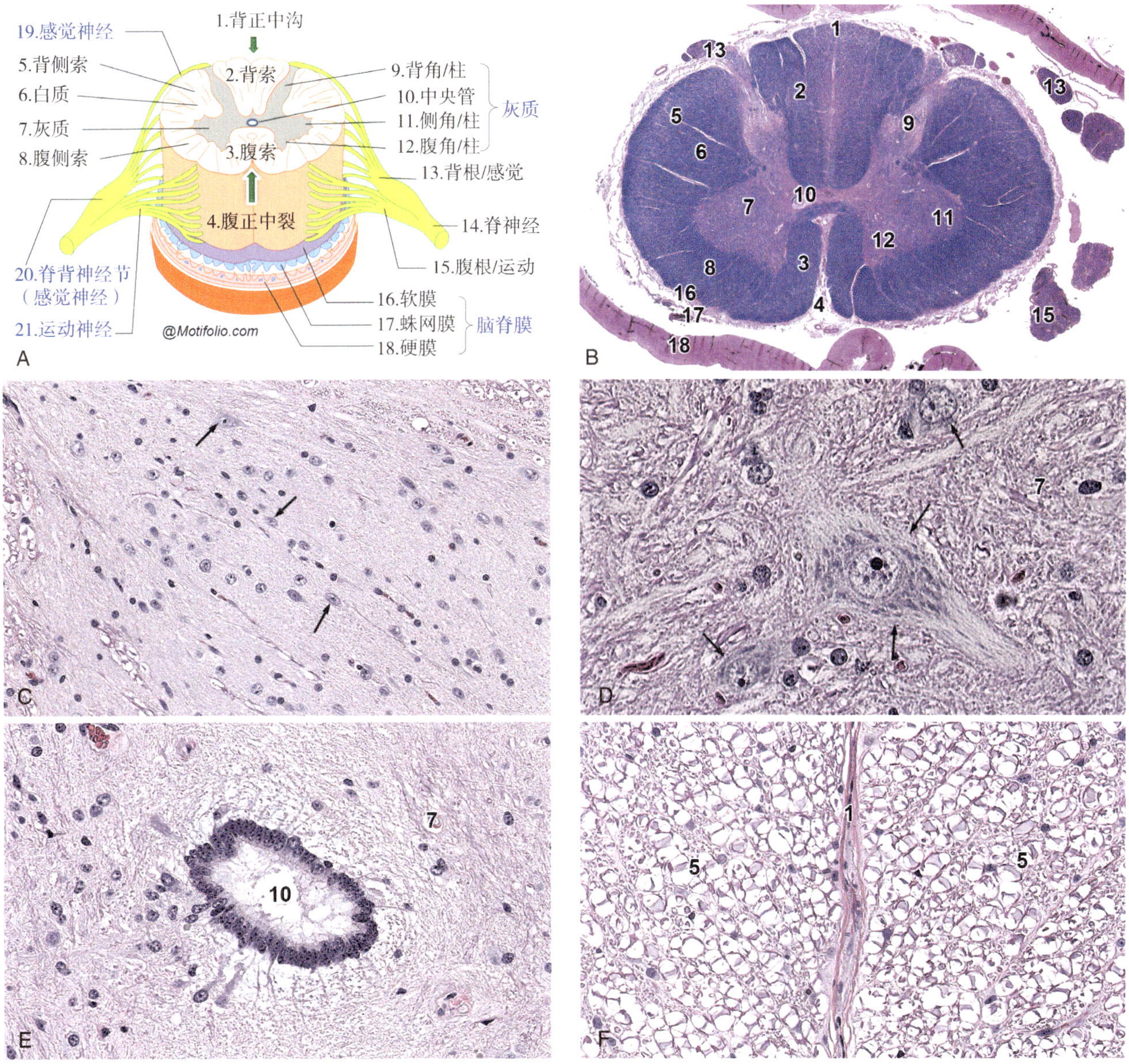

图 2-23 脊髓

A. 脊髓结构，脊髓灰质位于中央，呈 H 形或蝴蝶状，两侧对称；B. 食蟹猴：灰质可分为 2 个背角和 2 个腹角，胸腰段脊髓可见侧角；C. 食蟹猴：背角神经元细胞小，接受背根纤维（感觉神经元中枢突）信息；D. 比格犬：腹角运动神经元的胞体大，轴突粗，胞质尼氏体明显；E. 食蟹猴：中央管衬有单层立方或柱状的室管膜细胞；F. 食蟹猴：白质由各种上行和下行的神经纤维组成，多为有髓神经纤维

腹角内神经元主要为多极躯体运动神经元，其胞体大小不等。大神经元的胞核大，有明显的核仁。胞质中有不规则斑块状的嗜碱性尼氏体，即粗面内质网。躯体运动神经元的胞体大，轴突粗，分布至骨骼肌。

脊髓侧角内的神经元是交感神经的节前神经元，调控内脏运动。其轴突属于节前纤维，延伸至交感神经节，并与神经节细胞形成突触。腹角的躯体运动神经元和侧角的内脏运动神经元都是乙酰胆碱能神经元。

灰质中还有许多中间神经元和各种神经胶质细胞。中间神经元的轴突长短不一，位于脊髓内。神经胶质细胞的胞核较小。神经元、神经纤维和神经胶质细胞的突起在灰质中形成神经纤维网。

（二）脊髓白质

脊髓白质（spinal white matter）位于灰质外周，由各种上行和下行神经纤维组成。神经纤维的粗细差异很大。多数神经纤维是有髓神经纤维，髓鞘由少突胶质细胞形成。白质中还有各种神经胶质细胞，常规染色仅可见其细胞核。

六、脑脊膜、脑室、脉络膜和血脑屏障

脑脊膜、脑室系统、脉络膜和血脑屏障等具有保护中枢神经的作用。

（一）脑脊膜

脑脊膜（meninges）由三层结缔组织鞘构成，由外向内分别是硬膜、蛛网膜和软膜（图 2–24）。

1. 硬膜位于外层，为一层厚而坚韧的胶原性致密结缔组织硬膜，内面覆盖一层间皮细胞。硬膜与椎骨膜之间的硬膜外隙内含疏松结缔组织、脂肪、血管和淋巴管等。硬膜与蛛网膜之间的狭窄间隙称硬膜下隙或下腔，内含少量液体。

2. 蛛网膜位于中层，由薄层纤细的结缔组织构成。结缔组织纤维形成许多小梁。与软膜之间形成宽大的蛛网膜下腔。蛛网膜的内外表面及小梁的表面有单层扁平上皮覆盖。蛛网膜突入颅静脉窦内，并形成绒毛状突起，即蛛网膜粒。蛛网膜和软膜之间的腔隙称蛛网膜下腔或下隙，内有脑脊液。

3. 软膜位于内层，为一薄层结缔组织，富含血管，紧贴在脑和脊髓的表面。软膜外表面有单层扁平上皮覆盖。

脑和脊髓血液供应来自软膜。当血管进入脑和脊髓内时，部分软膜和蛛网膜也随血管进入脑脊髓内。血管与软膜之间的空隙称血管周隙。血管周隙与蛛网膜下腔相通，内含脑脊液。当血管进入脑和脊髓组织，分支形成毛细血管后，软膜组织和血管周隙消失。毛细血管由星形胶质细胞突起所包裹。

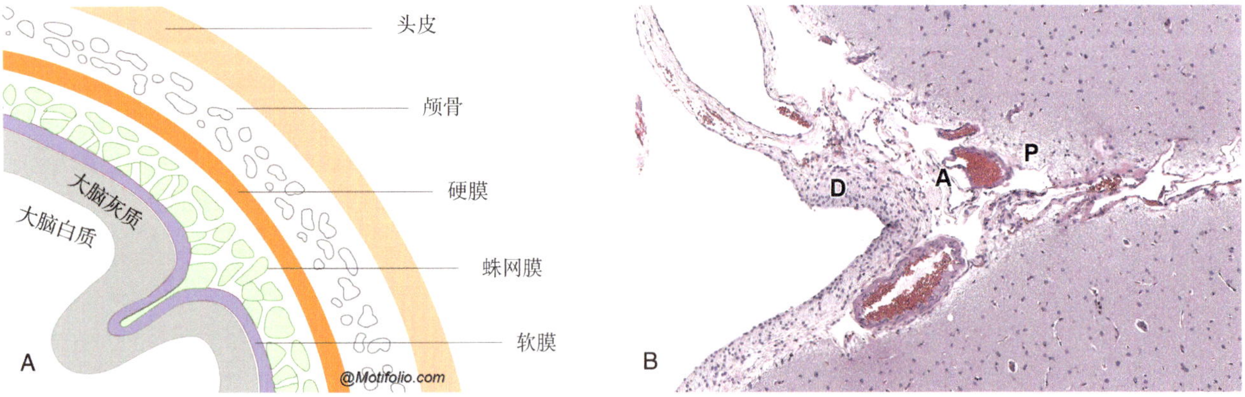

图 2–24　**脑脊膜**

A. 脑脊膜由三层结缔组织鞘构成，分别是硬膜、蛛网膜和软膜；B. 食蟹猴：脑脊膜由硬膜（D）、蛛网膜（A）和软膜（P）三层结缔组织构成

（二）脑脊室

脑脊室（ventricle）为脑和脊髓组织内的腔隙结构，由脑室延伸至脊髓中央管（图 2–25）。高等动物有四个脑室，即左右侧脑室、第三脑室、第四脑室，以及连接各脑室的室间孔。脑脊室内面有室管膜上皮覆盖，腔内充盈脑脊液。

室管膜上皮为单层立方或低柱状上皮，含有室管膜细胞和伸长细胞两种。室管膜细胞顶端含有丰富的微绒毛和一根或多根纤毛；基底端与星形胶质细胞突起接触。伸长细胞属于特异化的室管膜细胞，基底端有突起，在星形胶质细胞突起间延伸，并围绕血管壁，膨大形成脚板。室管膜细胞和伸长细胞之间有桥粒连接。

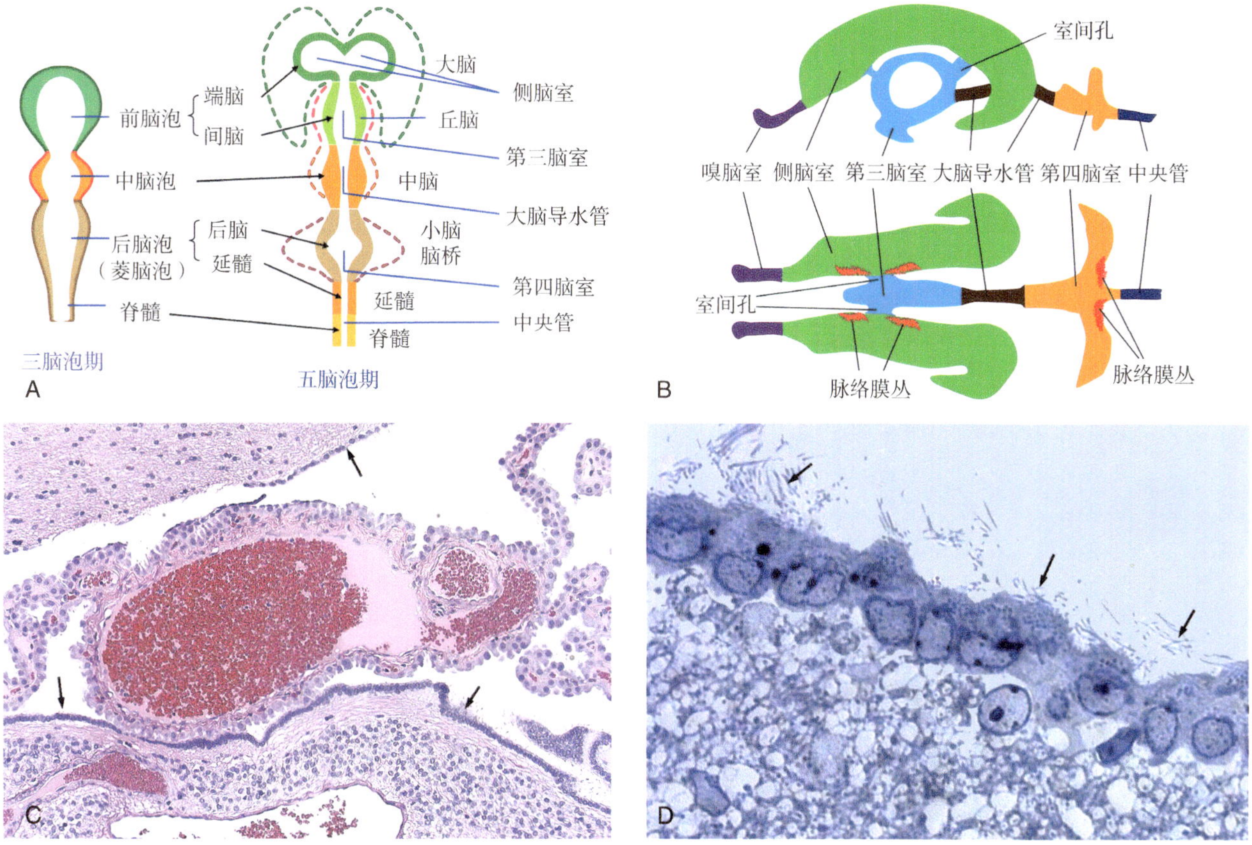

图 2-25 **脑脊室**

A. 中枢神经系统的胚胎发育和分化，包括脑室和中央管；B. 脑室和脉络膜系统结构，脑室延伸至脊髓中央管；C. 食蟹猴：室管膜衬有立方或低柱状上皮细胞，顶端有微绒毛和纤毛；D. 小鼠：室管膜衬有立方或低柱状上皮细胞，顶端有微绒毛和纤毛

（三）脉络丛

脉络丛（choroid plexus）是由软膜与室管膜在其相接处形成的皱状结构，突入脑室（图 2-26）。脉络丛血管网结构主要来自软膜。脉络丛上皮则由室管膜上皮演化而成，分泌脑脊液。

脉络丛上皮由单层立方形或低柱形细胞组成，有极性。胞核大而圆，胞质内有丰富的线粒体，基底胞膜有内褶。细胞表面有微绒毛，细胞侧面之间靠近游离面处有连接复合体结构，可以限制大分子等进入脑脊液。基底膜深部有丰富的有孔毛细血管，大分子等可以通过内皮细胞孔，但无法进入脑脊液。

脑脊液由侧脑室经室间孔进入第三脑室，经中脑导水管进入第四脑室，继续汇入脊髓中央管。部分脑脊液由第四脑室的正中孔和外侧孔进入蛛网膜下腔，经蛛网膜颗粒回渗到硬膜窦，如上矢状窦，最终汇流至静脉循环。

脑脊液对中枢神经系统具有信息交流、缓冲、营养、运输和保护等作用。脑脊液相当于外周组织的淋巴液，有少量淋巴细胞和单核细胞。脑脊液为无色透明液体，内含无机离子、葡萄糖、少量蛋白，包括神经活性物质。

（四）血脑屏障

血脑屏障是血液与神经组织之间形成的一种选择性物质交流屏障，可以限制血液中某些物质进入脑组织。营养物质和代谢产物可自由通过，从而维持脑组织内环境的稳定性。

血脑屏障的主要结构基础是毛细血管和星形胶质细胞。连续型毛细血管内皮细胞之间有紧密连接结构封闭。内皮外有基底膜、周细胞及星形胶质细胞突起的脚板围绕（图 2–27）。周细胞和神经胶质细胞具有辅助作用。血脑屏障也可选择性阻止某些小分子和大分子类治疗药物经血液进入中枢神经。

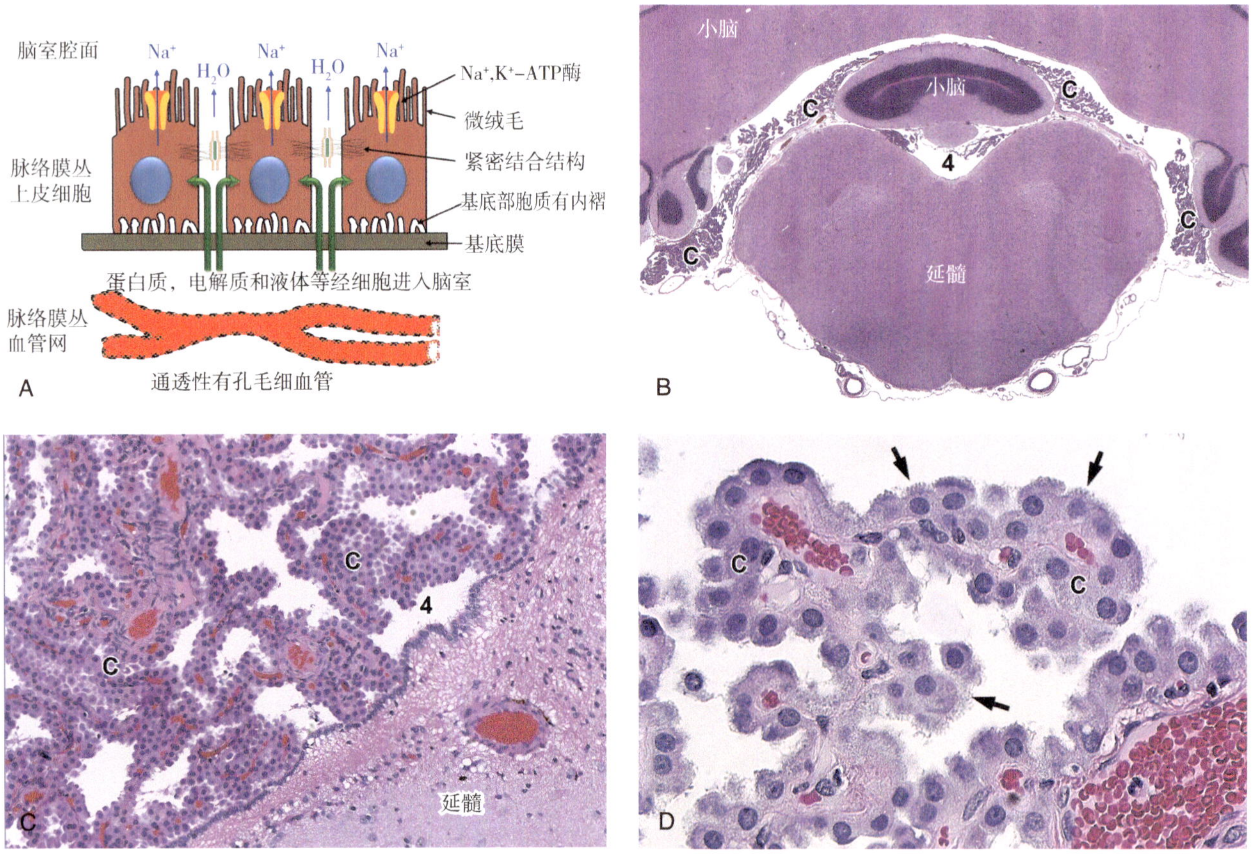

图 2–26　脉络丛

A. 脉络丛是软膜在与室管膜相接处形成的皱状结构；B. 食蟹猴第四脑室（4）：脉络丛（C）突入第四脑室；C. 食蟹猴第四脑室（4）：上皮为单层立方或低柱形细胞（C），有极性；D. 食蟹猴第四脑室：脉络丛上皮细胞（C）表面有微绒毛（箭）

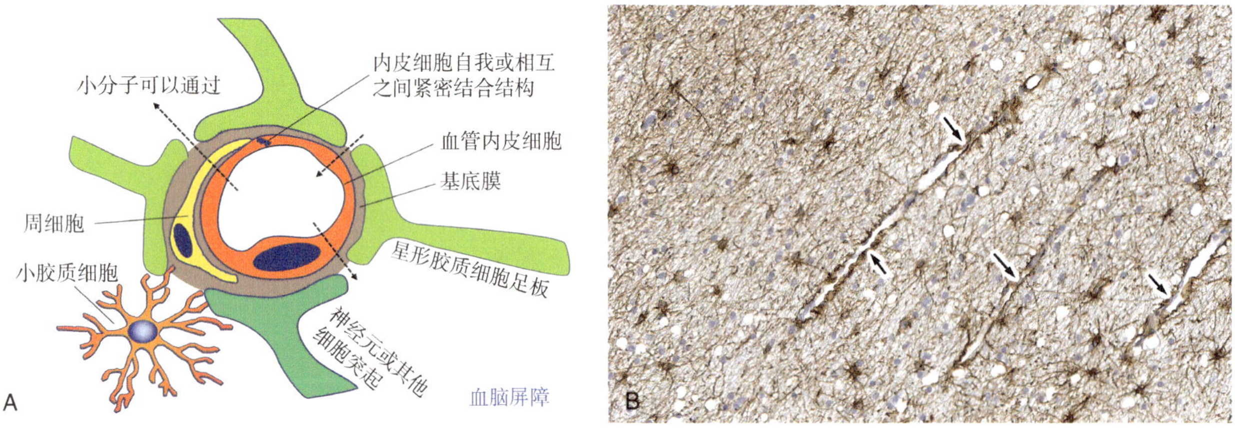

图 2–27　血脑屏障

A. 血液与神经组织之间的选择性物质交流屏障；B. 毛细血管有星形胶质细胞突起围绕（箭），GFAP 免疫组化染色

第四节　自主神经系统

自主神经（autonomous nerve）也称植物神经、自律神经或内脏神经，不受意志支配（图 2-28）。自主神经由交感神经系统和副交感神经系统组成。交感神经和副交感神经作用相反，两者相互拮抗平衡。交感神经系统产生应激作用，有助于机体应对环境变化，如“争斗或逃逸”等。副交感神经系统可促使休养生息，恢复平静和调控体内外分泌腺和其他功能。自主神经与躯体神经相互协调，共同保持体内外环境的平衡。

交感神经和副交感神经均由中枢和外周部分组成（图 2-29）。中枢神经元的轴突形成节前纤维，与外周神经节的神经元形成突触。节细胞神经元的轴突形成节后纤维，抵达靶器官或细胞。由脊髓发出的自主神经主要分布于躯干和四肢，调控运动与感觉。由脑和脊髓发出的自主神经主要分布在内脏，控制与调协内脏、血管和腺体等功能。

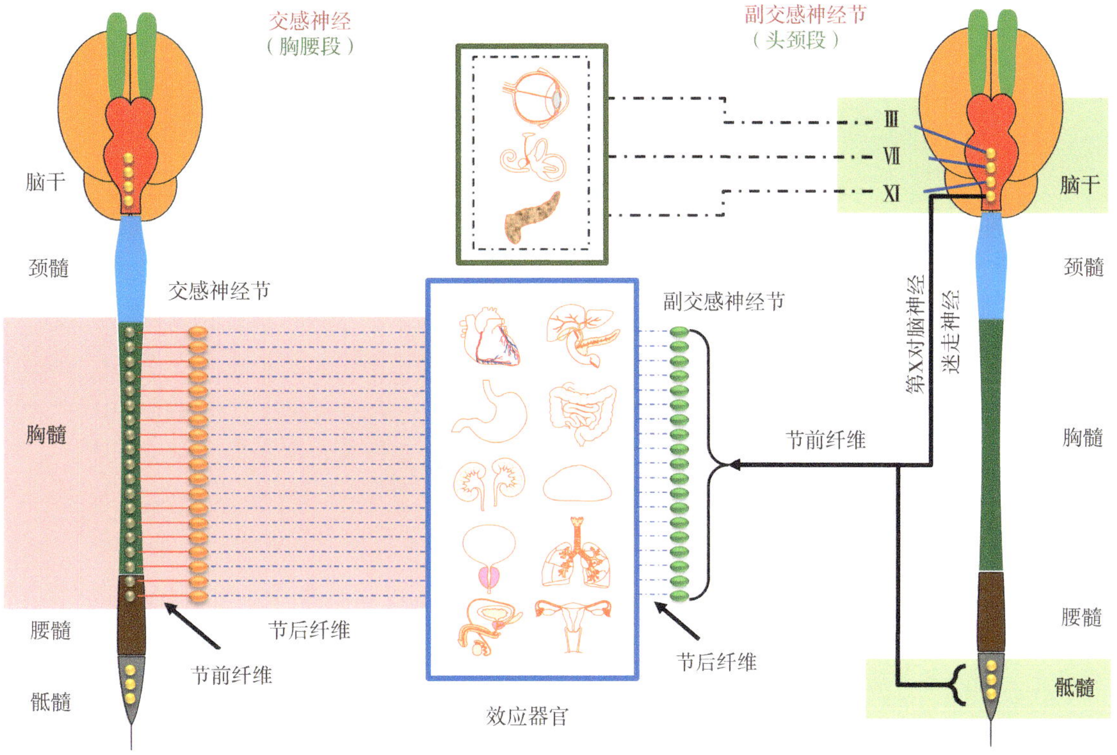

图 2-28　**自主神经系统**

自主神经由交感神经系统和副交感神经系统组成

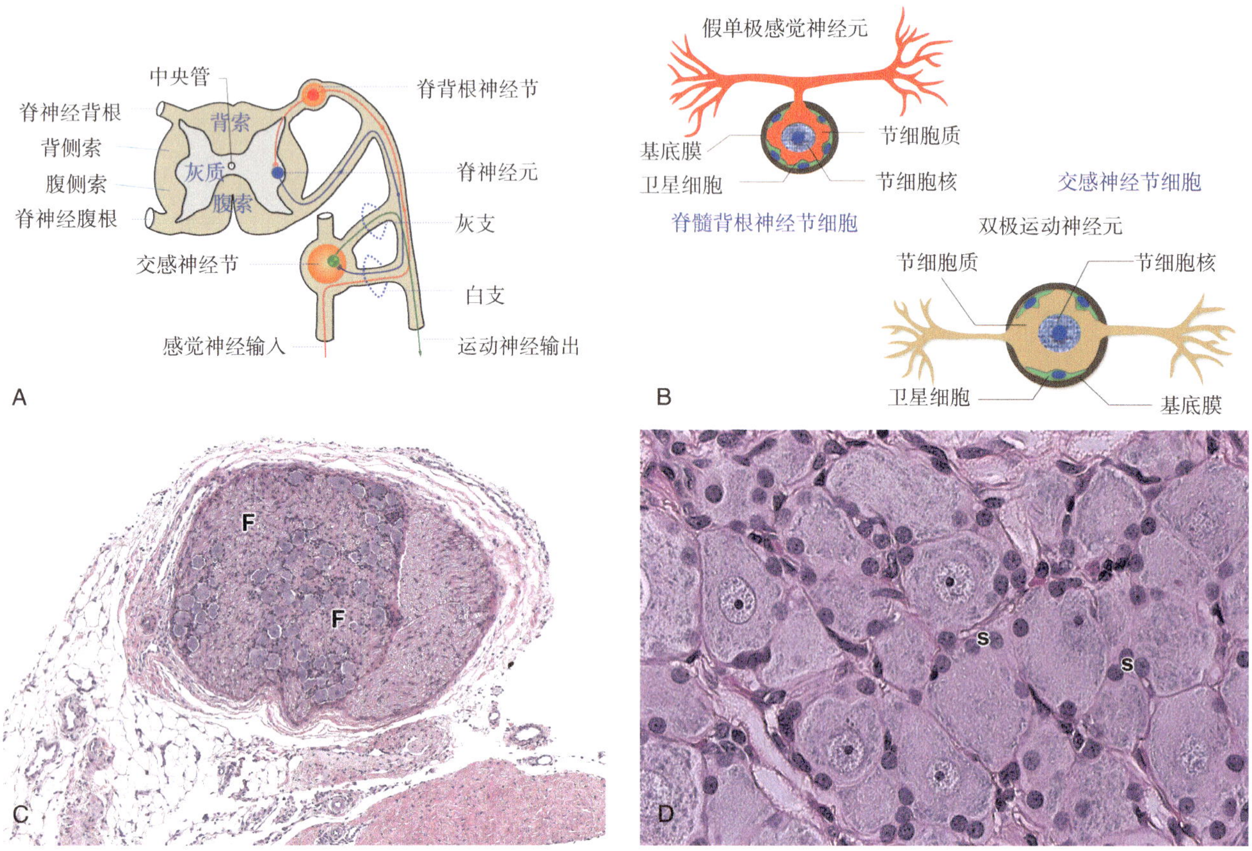

图 2-29 **交感神经和副交感神经**

A. 脊神经节，脊背根神经节为感觉神经节，主要由假单极神经元组成；B. 神经节细胞，单个或两个突起在胞体附近盘曲分为外周突和中枢突；C. 脊背神经节，食蟹猴：神经节内含有大量有髓和无髓神经纤维（F）；D. 神经节细胞，胞体大，圆或卵圆形，尼氏体细小分散，有卫星细胞包绕（S）

第五节　外周神经系统

外周神经（peripheral nerve）泛指脑脊髓以外的神经组织，包括脑神经、脊神经和自主性神经。在外周神经中，神经元胞体的集结处称神经节，神经纤维束称为周围神经或神经纤维。外周神经纤维逐渐分支并终止于体内各种器官组织内，形成特异性神经末梢。

外周神经束内都含有感觉和运动两种成分。自主性神经分布于内脏、心肌、平滑肌和腺体等，而躯体神经支配体表、骨、关节和骨骼肌等。

一、脑神经

大多数高等动物具有十二对脑神经，支配各自相应区域的感觉或运动功能（表 2–5）。脑神经由躯体运动和内脏感觉纤维组成，包括特殊躯体感觉和特殊内脏运动纤维等。嗅神经和视神经直接与大脑相连，中间没有神经节。因此，这两对脑神经为中枢神经。

脑神经（cranial nerves）各司其职，包括视觉、嗅觉、听觉、味觉和面部表情等。迷走神经参与构成自主神经系统。嗅神经通过嗅黏膜直接将中枢神经与外界相连。当某一脑神经受到损伤时，就会出现相应的功能障碍和临床症状。

表 2-5 脑神经名称及其主要功能

编号	名称	神经核	神经特性	脑神经的主要功能
Ⅰ	嗅神经	嗅前核	感觉神经	鼻嗅觉
Ⅱ	视神经	视网膜神经节细胞	感觉神经	眼睛视觉
Ⅲ	动眼神经	动眼神经核	运动神经	眼球、上睑和瞳孔等运动
Ⅳ	滑车神经	滑车神经核	运动神经	眼球向外下方运动
Ⅴ	三叉神经	三叉神经中脑核，脑桥核和运动核	混合神经	分为大小两部分：大的接受面部感觉，如痛、温、触等感觉；小的支配咀嚼肌的咀嚼动作。大的感觉神经分为眼支、上颌支和下颌支
Ⅵ	展神经	展神经核	运动神经	眼球向外运动
Ⅶ	面神经	面神经核，孤束核，上泌涎核	混合神经	支配面部表情肌的运动，部分涎腺和泪腺的分泌和舌前部的味觉输入
Ⅷ	位听神经	前庭神经核，耳蜗神经核	感觉神经	接受声音、方位和重力感觉。分两支：耳蜗支主要传递听觉；前庭支主体位平衡
Ⅸ	舌咽神经	疑核、下泌涎核、孤束核	混合神经	接受咽喉部黏膜的感觉，部分涎腺分泌，舌后部味觉。与迷走神经共同协调咽喉部肌肉的运动
Ⅹ	迷走神经	疑核，迷走神经背核，孤束核	混合神经	支配心脏、血管和胃肠道平滑肌运动，参与构成胸、腹和内脏的副交感神经系统；并与舌咽神经一起协调咽喉肌肉运动
Ⅺ	副神经	孤束核，副神经核	运动神经	耸肩、转颈等头部运动
Ⅻ	舌下神经	舌下神经核	混合神经	舌肌运动，如吞咽、语音和舌肌感觉

二、脊髓神经

脊髓神经（spinal nerve）主要支配颈部以下的感觉和运动。每对脊神经的背根和腹根都与脊髓相连，两者在椎间孔处合为一条脊神经干。因此，脊神经多为混合性神经纤维。

背根主导感觉，背根在椎间孔附近膨大，形成椭圆形的脊神经节。脊神经节内的假单极神经元将躯体与内脏的感觉冲动传向中枢。

腹根主导运动，支配和分布于横纹肌、平滑肌和腺体等。运动纤维由脊髓灰质的腹角，胸腰段侧角和骶副交感核运动神经元的轴突组成。

脊神经干出椎间孔后，分为腹支、背支、脊膜支和交通支。脊膜支细小，分布于脊髓的被膜和脊柱。部分脊神经的腹支交织成神经丛，再分支后，分布于相应的外周组织器官，如颈神经丛、臂神经丛、腰神经丛、骶神经丛或腰骶神经丛。

脊神经背根神经节为感觉神经节，主要由假单极神经元组成，无突触结构。单个突起在胞体附近盘曲，分为外周树突支和中枢轴突支。外周支加入脊神经纤维束，分布至皮肤、肌肉、关节及内脏。中枢轴突支进入中枢神经。有些神经冲动不经节神经元胞体，可直接由外周支传入中枢支。

节神经元胞体大小不等，呈圆形或卵圆形，胞质内尼氏体细小而分散。细胞核大，位于胞体中央，核仁明显。节细胞的胞体外有一层卫星细胞，包绕节神经元胞体及其近端的突起。

三、外周神经纤维

外周神经纤维（peripheral nerve fiber）是由神经纤维和结缔组织膜集合而成的神经纤维束，由粗到细，逐渐分支分布到体内各器官和组织。外周神经纤维束通常有三层包膜，外膜、束膜和内膜（图2–30）。外膜为最外层的结缔组织鞘，厚度不等，主要由Ⅰ型胶原纤维和成纤维细胞组成。束膜包裹单个神经纤维束，由几层成纤维细胞组成，有基底膜板。成纤维细胞之间具有紧密结合结构，形成血液－神经屏障。内膜为一薄层结缔组织鞘，包裹单个轴突或施万细胞鞘等，主要由Ⅲ型胶原纤维组成，间或有成纤维细胞。神经内膜毛细血管衬有连续性内皮细胞，细胞间有紧密结合，形成血液－神经屏障。神经纤维内偶见肥大细胞和巨噬细胞。

哺乳动物的神经纤维通常可分为 A、B 和 C 三型。 A 型神经纤维分为四个亚型，分别有本体感受、躯体运动、触觉、压觉、痛觉和温觉等。A 型神经纤维直径粗大，可高达 20μm；传导速度快，可高达 120 m/s。B 型神经主要分布于自主神经的节前纤维支，纤维直径可高达 3μm，传导速度可高达 15 m/s。C 型神经纤维分为两个亚型，分别分布于脊神经背根支、温觉和痛觉，以及交感神经的节后支。C 型神经纤维直径小于 1.5μm，传导速度低于 2.5 m/s。

多数外周神经纤维束同时混含有髓和无髓神经纤维，运动和感觉神经纤维。少数神经束内可能只含有感觉神经纤维或运动神经纤维。运动神经纤维为传出性神经，躯体运动神经多由粗而有髓鞘的神经纤维组成。内脏运动神经为自主神经纤维，髓鞘通常较薄或缺失。感觉神经纤维由脑神经节和脊神经节内的假单极细胞的外周突组成，纤维粗细和髓鞘薄厚不一。

外周神经的髓鞘由施万细胞形成。髓鞘厚度和髓鞘结间体长度都与其包绕的轴突直径成正比。无髓神经纤维也由施万细胞质包裹，但不形成髓鞘结构。

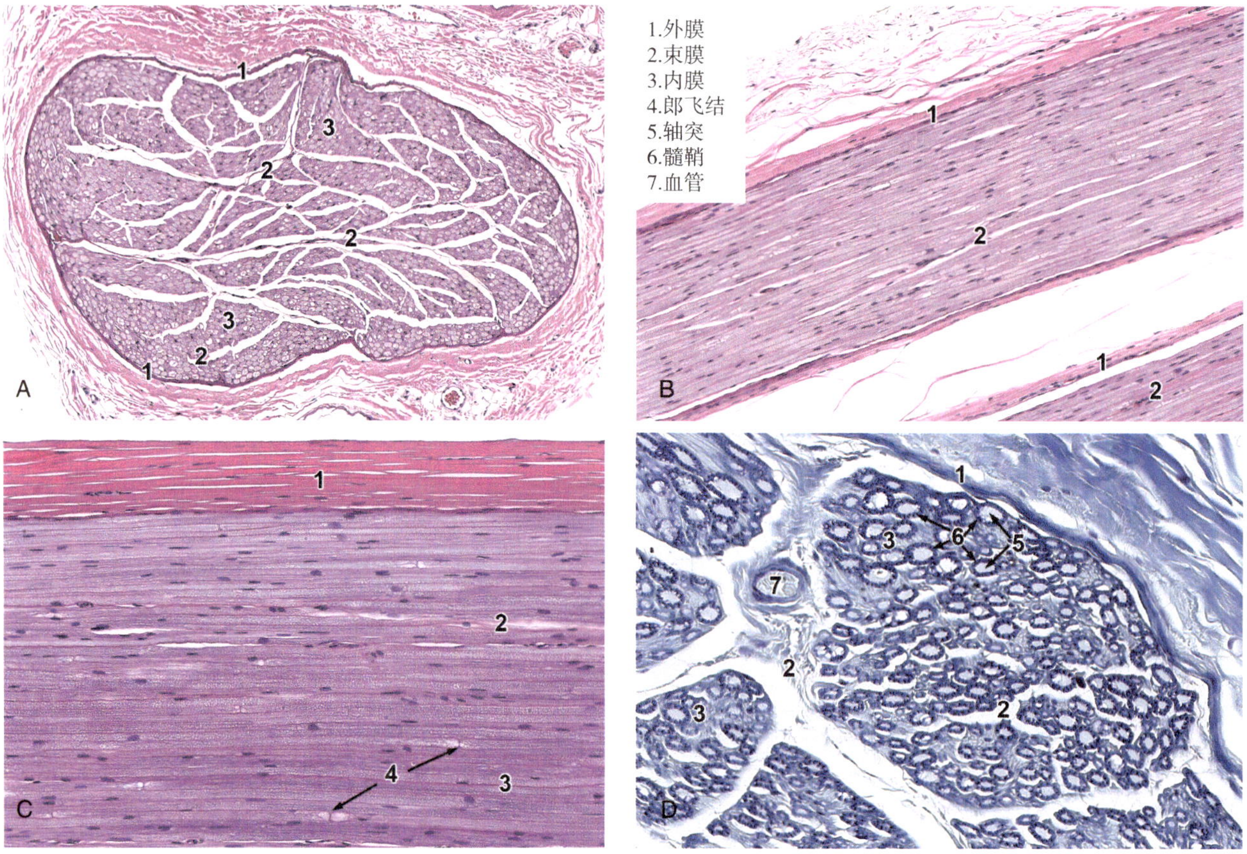

图 2–30　外周神经纤维

A. 比格犬坐骨神经：外周神经纤维常裹有外膜，束膜和内膜；B. 比格犬：外膜为外结缔组织鞘，束膜包裹单个神经纤维束；C. 食蟹猴：内膜包裹单个轴突和其施万细胞鞘等；D. 比格犬：常混含有髓和无髓神经纤维，运动和感觉神经纤维

四、外周神经末梢

外周神经纤维延伸至体内各种器官组织内，形成各式各样的感觉和运动神经末梢。

（一）感觉神经末梢

感觉神经末梢（sensory nerve ending）由感觉神经元（即假单极神经元）外周突的终末端形成，与其他组织共同组成感受器结构，接受并将内外环境的刺激转化为神经冲动，传向中枢神经。

1. 游离神经末梢　由有髓或无髓神经纤维裸露的轴突末段分成细支，分布在组织细胞之间，如表皮、角膜、肌肉和毛囊上皮，或结缔组织内，如肌腱、韧带、骨膜、血管外膜、关节囊和牙髓等。游离神经末梢主要感受疼痛、冷热和触觉等（图 2-31）。

2. 被囊性神经末梢　外有结缔组织被囊包裹，如触觉小体、味蕾、环层小体和肌梭等。

（1）触觉小体：也称 Meissner 小体，呈卵圆形，其长轴与皮肤表面垂直。小体内有横列的扁平细胞，外有结缔组织包囊。有髓神经纤维进入小体后失去髓鞘，裸露的轴突分支盘绕在扁平细胞间。主要分布于皮肤真皮乳头内，感受触觉。

（2）环层小体（lamellar corpuscle）：也称 Pacinian 小体，呈卵圆形或球形，体积大的小体肉眼可以观察到（图 2-32）。小体中央为一均质的圆柱体，被囊由多层呈同心圆排列的扁平细胞组成。有髓神经纤维进入小体后失去髓鞘，裸露轴突分支穿行于中央圆柱体内。广泛分布在皮下组织和肠系膜等处，感受压觉和振动觉。

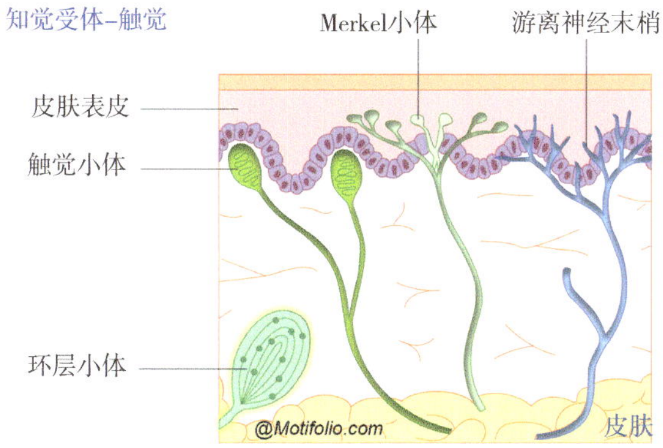

图 2-31　**感觉神经末梢**

皮下各种触觉和压觉小体或神经末梢

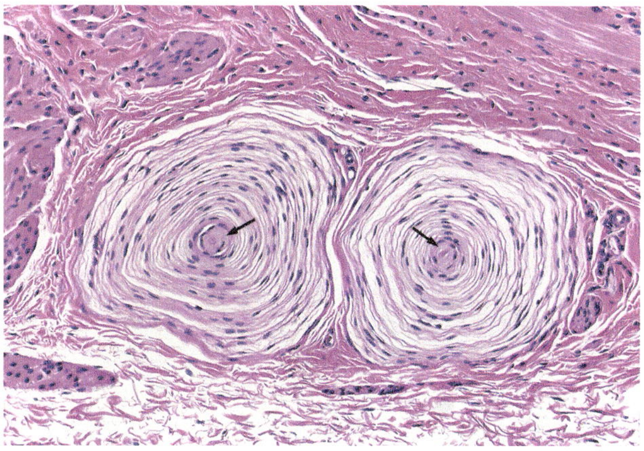

图 2-32　**环层小体**

中央均质圆柱体（箭）由同心圆排列的扁平细胞包裹

（3）肌梭（muscle spindle）：呈梭形小体，内有数条细小的骨骼肌纤维，也称梭内肌纤维（图 2-33）。肌纤维中肌原纤维少，细胞核位于肌纤维中间，成串排列。外有结缔组织被囊，感觉神经纤维进入肌梭后失去髓鞘，轴突分支呈环状包绕梭内肌纤维的中段。肌梭分布在骨骼肌组织内，主要感受肌纤维的伸缩变化，调节骨骼肌的活动。

（二）运动神经末梢

运动神经末梢（motor nerve ending）是运动神经元的轴突延伸至器官组织内的终末效应器结构，分为躯体和内脏运动神经末梢两类。

躯体运动神经元胞体位于脊髓灰质腹角或脑干，轴突很长，延伸至骨骼肌时，髓鞘消失。其裸露的轴突反复分支，与骨骼肌纤维组成突触结构，即运动终板或神经肌纤维连接。一个运动神经元的轴突及其分支所支配的全部骨骼肌纤维合称一个运动单位。通常一条骨骼肌纤维只有一个轴突分支支配，而一条有髓运动神经纤维可形成数条至数十条分支，支配数条至数十条骨骼肌纤维。

运动终板（motor end plate）分布于骨骼肌内，支配肌纤维的收缩（图 2-34）。运动终板由运动神经元的轴突终端与骨骼肌纤维共同形成，呈椭圆形板状隆起或纽扣状膨大。电镜可见运动终板处的肌膜凹陷成浅槽，轴突末端膨大嵌入槽中，也称脚板。轴质内含线粒体、突触小泡和滑面内质网等细胞器。突触小泡含有乙酰胆碱、糖蛋白和 ATP 等。轴膜参与和构成突触前膜，前膜上有钠离子通道，电压门控性钙离子通道，以及运输 Na^+ 和胆碱等的载体蛋白。肌细胞膜则构成突触后膜，后膜有乙酰胆碱受体和内陷的接头褶。突触后膜的基底膜内含有乙酰胆碱酯酶。

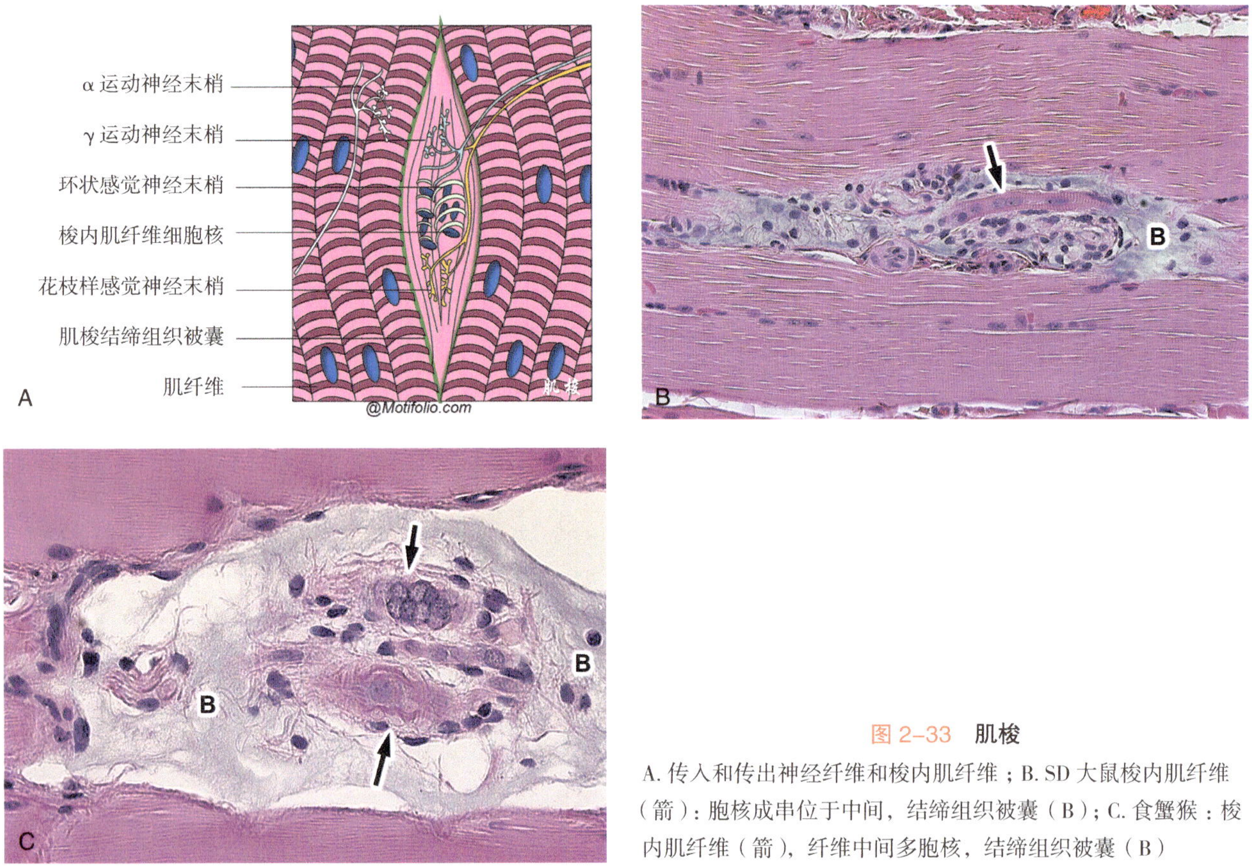

图 2-33　肌梭

A. 传入和传出神经纤维和梭内肌纤维；B. SD 大鼠梭内肌纤维（箭）：胞核成串位于中间，结缔组织被囊（B）；C. 食蟹猴：梭内肌纤维（箭），纤维中间多胞核，结缔组织被囊（B）

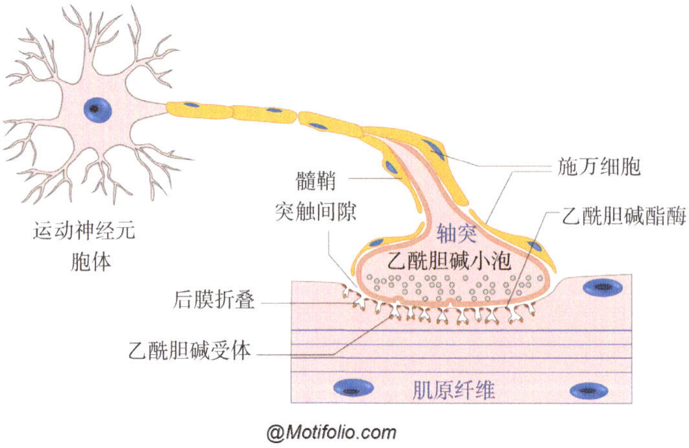

图 2-34　运动终板

由运动神经元轴突终端和骨骼肌纤维形成

第三章

内分泌系统组织学

Histology of the Endocrine System

内分泌是高等生物体内细胞间的信息交流方式之一。单细胞生物所处的生存环境相对比较简单，并直接与其所处的环境交换信息。多细胞生物则需要体内细胞之间的信息交流和高度协调。内分泌系统与神经系统相辅相成，应付内外环境变化，共同调控有机体的生命活动。

内分泌系统由内分泌腺体、细胞群或散在分布的内分泌细胞组成。主要内分泌腺体包括下丘脑、垂体、甲状腺、甲状旁腺、胰岛、肾上腺和松果体等。内分泌腺分泌特异性化学物质，称为激素（图 3–1，表 3–1）。内分泌腺体具有丰富的有孔毛细血管及其毛细血管网，但没有分泌导管（图 3–2）。激素通过细胞间隙进入有孔毛细血管和血液循环。

睾丸间质细胞、卵巢激素分泌细胞、胃肠道弥散性神经内分泌细胞等在相关的章节中介绍。散在分布的内分泌细胞的分泌物排入细胞周围，直接作用于分泌细胞本身或附近靶细胞。

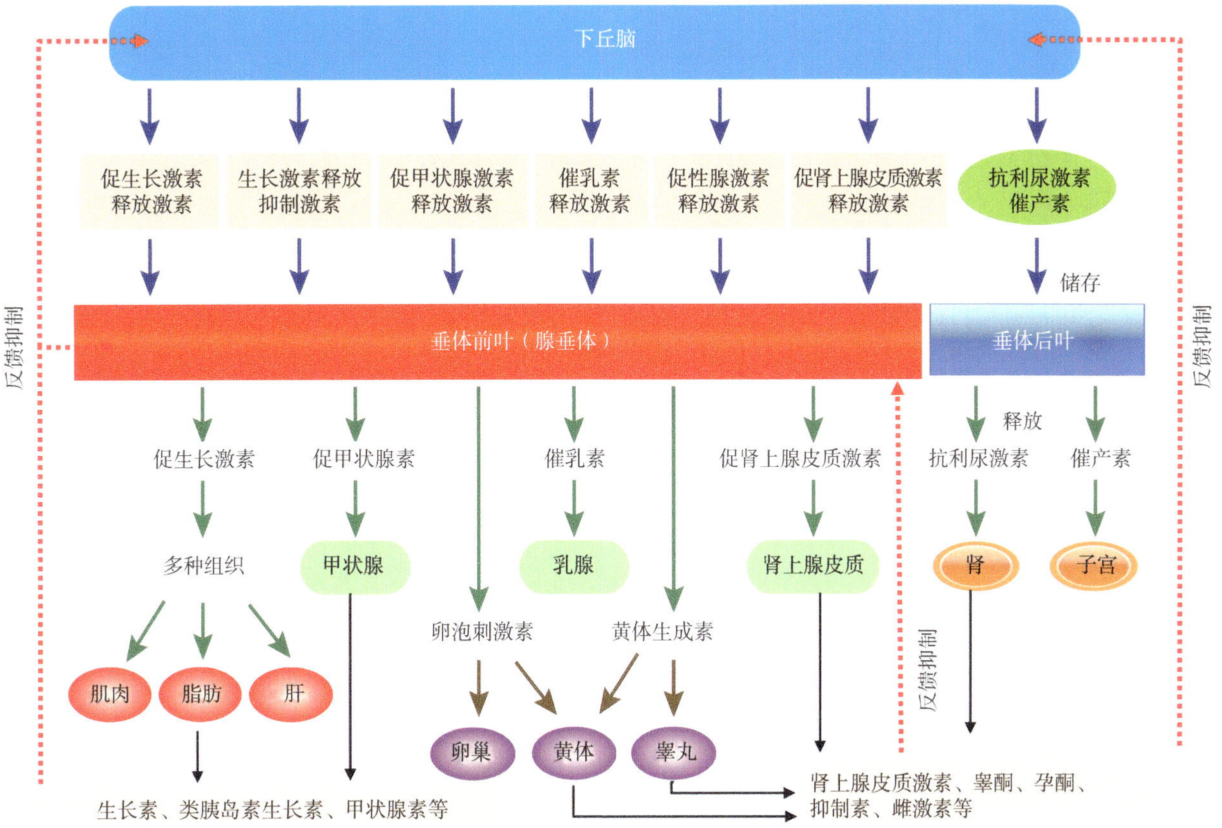

图 3–1　激素

内分泌系统，内分泌腺分泌激素，通过激素调控有机体的生命活动

表 3-1　激素分类

	氨基酸类		固醇类	肽或蛋白类
激素种类	甲状腺素	肾上腺素、去甲肾上腺素、褪黑素等	肾上腺皮质激素如皮质醇和醛固酮等；性激素如孕酮和睾酮等	抗利尿激素、催产素、腺垂体各激素、胰岛素、胰高血糖素、降钙素、甲状旁腺素等
合成	预先合成	预先合成	需要时合成	预先合成
储存	滤泡胶体	分泌颗粒	不储存，合成后释放	分泌颗粒或小泡
释放	扩散	胞吐	扩散	胞吐
血液运输	转运蛋白	血浆	转运蛋白	血浆
靶细胞受体	细胞核	细胞膜	细胞质，细胞核或细胞膜	细胞膜

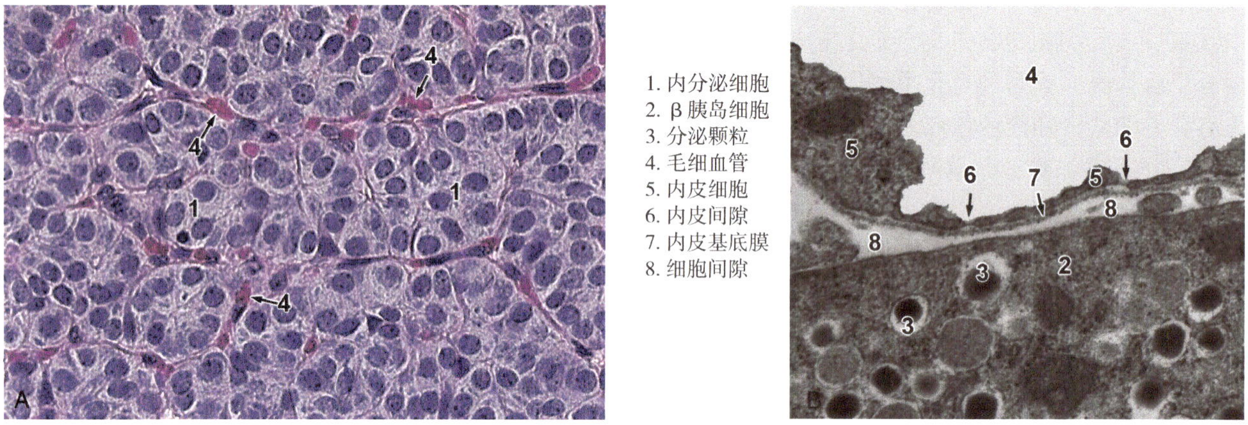

图 3-2　激素分泌和毛细血管

A. 甲状旁腺，比格犬：内分泌腺具有丰富的间质毛细血管，但无分泌导管；B. 胰岛腺，WH 大鼠：有孔毛细血管内皮细胞（箭）和 β 细胞间有细胞间隙

第一节　激　素

一、激素分类

依据其结构特性，激素可分为氨基酸类、肽类或蛋白质类和固醇类。分泌氨基酸类、肽类或蛋白质类激素的细胞胞质内含有丰富的粗面内质网和高尔基体。分泌物常形成颗粒，有被膜。分泌类固醇激素细胞的胞质内含有丰富的滑面内质网和线粒体（图 3–3）。

二、激素作用机制

激素分泌物直接进入毛细血管。激素通过血液循环抵达并作用于特定靶细胞，与相应靶细胞的受体结合，调控靶细胞的生理功能（图 3–4）。不同激素具有相应的作用机制（表 3–2）。某些激素作用范围广，可能影响多种不同的细胞。例如，甲状腺激素和胰岛素可作用于多种组织细胞，而下丘脑的垂体激素释放因子只作用于特定的垂体细胞。

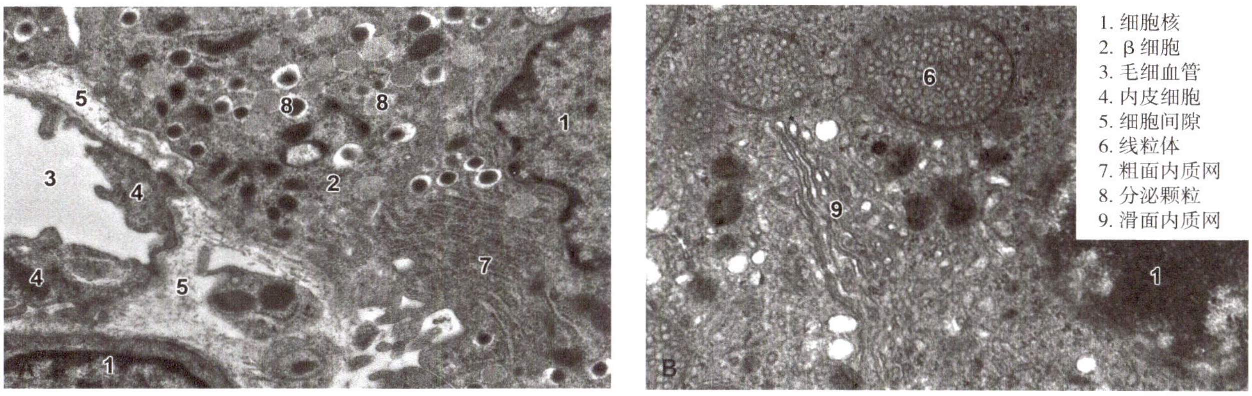

图 3-3 激素分泌和内质网

A. 胰岛腺，WH 大鼠：胰岛 β 细胞细胞质富含粗面内质网和分泌颗粒；B. 肾上腺，WH 大鼠：肾上腺皮质细胞富含滑面内质网和线粒体

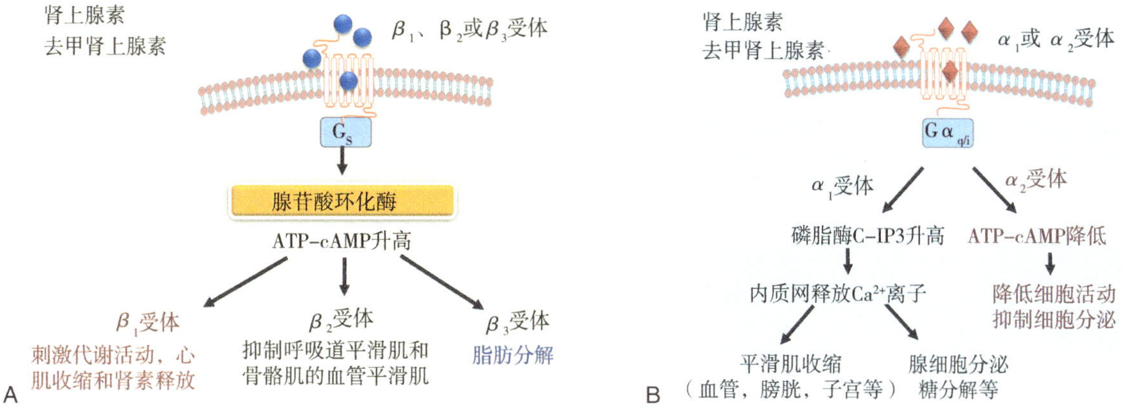

图 3-4 激素通过受体和细胞间交流

A. 肾上腺素或去甲肾上腺素通过特异性 β 受体调控靶细胞功能；B. 肾上腺素或去甲肾上腺素通过特异性 α 受体调控靶细胞功能

表 3-2 激素种类及其主要作用机制

激素种类	主要作用机制
甲状腺素	甲状腺素直接进入细胞核，与受体分子结合，激素－受体复合物调节操纵基因或启动子的活性，促进特异性 mRNA 转录。新形成的 mRNA 进入细胞质，在胞质翻译成执行相应功能的蛋白或酶
固醇激素	脂溶性固醇类激素通常可由细胞膜扩散进入靶细胞，与胞质内受体结合后，受体－激素复合体进入细胞核，促进特异性 mRNA 转录。mRNA 译成特定的蛋白或酶，从而影响细胞功能
氨基酸，肽或蛋白类	通常经由膜受体激活靶细胞内的信使系统，从而影响靶细胞的代谢或影响膜两侧的电位差，诱导细胞除极化，进而影响细胞功能
其他，如前列腺素等	作用于特定受体或靶细胞

依据激素作用的机制和距离，激素作为化学信号可以通过三种方式作用于靶细胞、内分泌、旁分泌和自分泌（图 3-5）。内分泌是指激素随血流循环全身，作用于远端靶组织细胞。大部分激素以这种方式作用于靶器官。旁分泌是指激素作用于局部的其他靶细胞。自分泌是由细胞自身分泌的激素或介质，自我调节。散在分布的内分泌细胞多以旁分泌或自分泌的方式作用于靶细胞。

激素可分为脂溶性和水溶性两大类，通过与特异性受体结合发挥作用（图 3-6）。水溶性激素不能进入细胞，通常与细胞外表面的受体结合。脂溶性激素可以通过膜脂双层结构进入细胞质或细胞核内，与位于胞质或胞核内的受体结合。

大多数激素分泌伴有相应的反馈机制，促进或抑制本身或其他激素的合成、释放或效应。当血液中的激素达到一定水平时，便引起负反馈作用，抑制相应激素的合成或释放。反之，当血液中激素下降到一定水平，可促进激素的合成或释放。

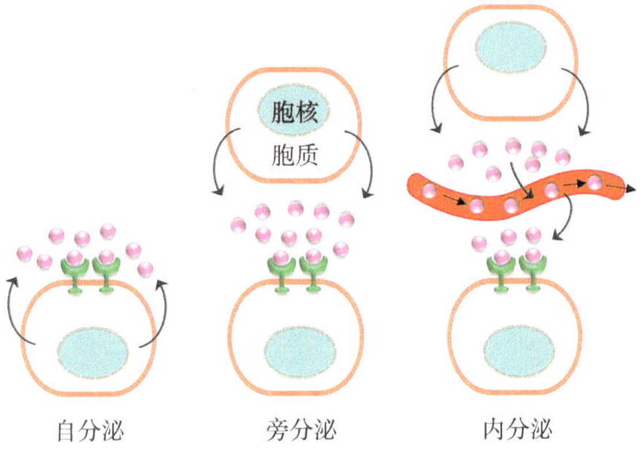

图 3-5　激素通过自分泌、旁分泌和内分泌作用于靶细胞

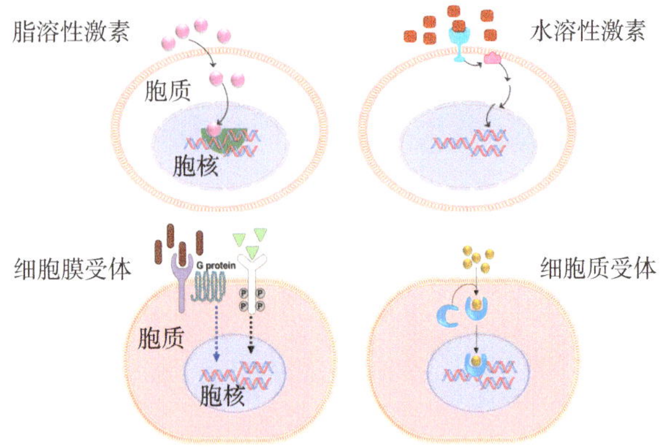

图 3-6　特定激素与特异性受体结合发挥作用

脂溶性激素可通过脂质膜，水溶性激素通常不可通过脂质膜

第二节　下丘脑

下丘脑（hypothalamus）的一些神经元可分泌多种激素，调控各种垂体腺细胞的激素分泌或释放（表 3-3）。下丘脑分泌的释放激素和释放抑制激素，经垂体门脉系统到达腺垂体，调控垂体各种细胞的分泌功能。垂体激素可反馈调控下丘脑的分泌功能。

下丘脑前区的视上核和第三脑室旁的室旁核等大型神经元具有内分泌功能，胞质内的膜性分泌颗粒经轴突运输到垂体的神经部。视上核神经元细胞分泌抗利尿激素，室旁核神经元细胞分泌催产素（图 3-7）。

表 3-3　下丘脑分泌的激素

下丘脑激素	靶组织细胞
促甲状腺激素释放激素	刺激促甲状腺激素的释放
生长激素释放抑制激素	抑制生长激素和卵泡刺激素的释放
促生长激素释放激素	刺激促生长激素的释放
促肾上腺皮质激素释放激素	刺激促肾上腺皮质激素和脂解素的释放 刺激阿黑皮素原的合成
催乳素释放激素	刺激催乳素的释放
促黑色素细胞刺激素释放激素	刺激促黑色素细胞刺激素的释放
促性腺激素释放激素	刺激卵泡刺激素的释放
	刺激黄体生成素的释放
多巴胺	抑制催乳素的释放

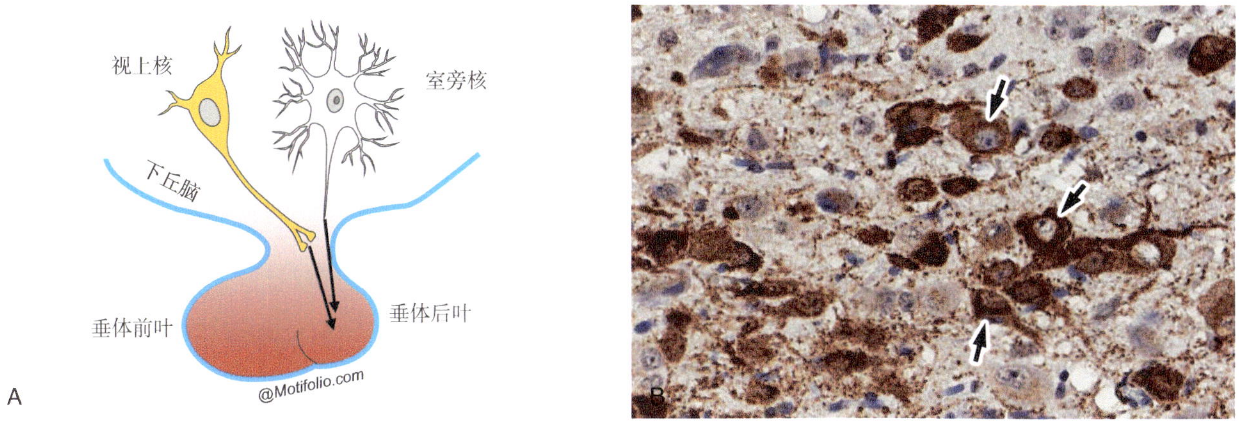

图 3-7　下丘脑

A. 下丘脑分泌和释放多种促释放激素和释放激素抑制激素；B. 食蟹猴：下丘脑室旁核神经元（箭），催产素免疫组化染色

第三节　垂　体

垂体（pituitary gland）通常分为前叶（腺垂体和结节部），中间部和神经垂体（漏斗柄和神经部）三部分，表面有结缔组织被膜（图 3-8）。垂体前叶（腺垂体，中间部和结节部）也称腺垂体，起源于外胚层的口腔咽囊上皮，即拉克囊上皮。成年动物的腺垂体内偶尔可见拉克囊遗迹。垂体后叶（漏斗柄和神经部）也称神经垂体，起源于外胚层的间脑上皮。

垂体前叶激素的合成和释放受下丘脑分泌的激素释放素或激素释放抑制素的调控。同时，血浆中高水平的垂体激素可反馈抑制垂体腺细胞相应激素的释放。

一、腺垂体

腺垂体（anterior pituitary）由大量腺细胞和少量间质结缔组织组成。腺细胞排列成细胞团或索状，偶尔可见小滤泡结构。团索间有丰富的毛细血管或血窦。垂体腺细胞可分泌多种蛋白质类激素（表 3-4）。细胞质内分泌颗粒的超微结构和免疫组织化学染色特征可以鉴别细胞和激素类型。

常规染色可将腺细胞分为嗜酸性细胞、嗜碱性细胞和嫌色细胞三类。每类细胞具有不同的细胞亚型，如嗜酸性细胞可能有两个亚型，分别分泌促生长激素和催乳素。

1. 嗜酸性细胞分泌生长激素和催乳素。细胞呈圆形或椭圆形，胞质内有粗大的嗜酸性颗粒。

2. 嗜碱性细胞分泌多种激素，如促性腺激素、促甲状腺激素和促肾上腺皮质激素。胞质嗜碱性，分泌颗粒细小不一。

3. 嫌色细胞数量少，圆形或多角形。细胞体积小，胞质少，胞质内分泌颗粒不明显，着色浅。部分嫌色细胞可能是嗜色细胞的脱颗粒期或颗粒形成初期。部分嫌色细胞可能是支持细胞。

二、中间部

中间部（pars intermedia）有时也归入垂体前叶。中间部呈细带状，由嫌色细胞或嗜碱性细胞组成。偶尔形成一些大小不等的胶质滤泡或胚胎性囊泡。中间部细胞分泌阿黑皮素原，阿黑皮素原降解为黑素细胞刺激素，促肾上腺皮质激素和促脂解素等。黑素细胞刺激素可调控皮肤黑素细胞内的黑色素合成（表 3-5）。

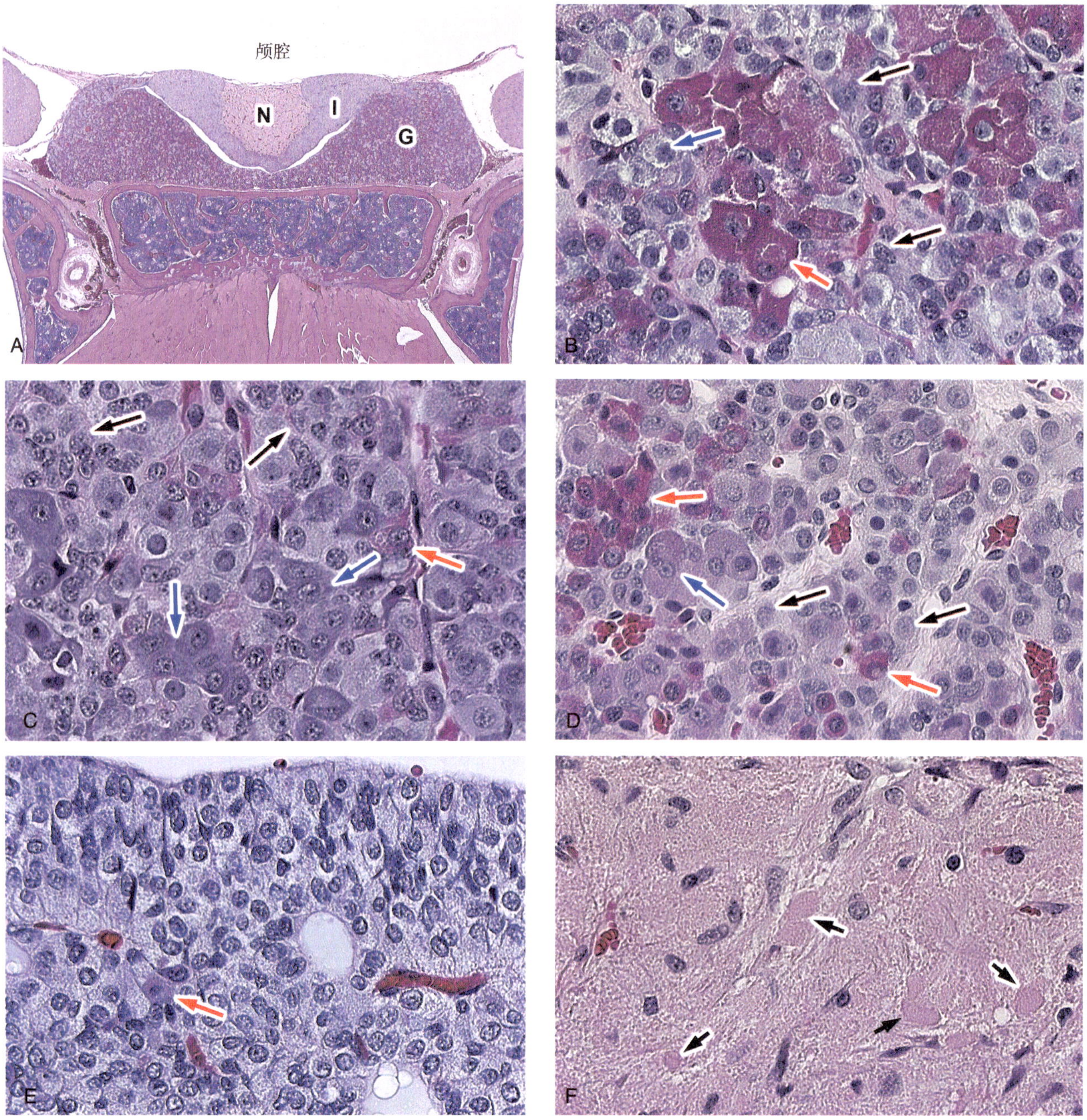

图 3-8 垂体

A. 大鼠垂体，示腺垂体（G）、中间部（I）和神经垂体（N）三部分；B. 腺垂体：食蟹猴，示嗜酸性（红箭）、嗜碱性（蓝箭）和嫌色（黑箭）细胞；C. 腺垂体：食蟹猴，示嗜酸性（红箭）、嗜碱性（蓝箭）和嫌色（黑箭）细胞；D. 腺垂体，比格犬：示嗜酸性（红箭）、嗜碱性（蓝箭）和嫌色（黑箭）细胞；E. 中间部，以嫌色细胞为主，偶尔可见嗜酸性（红箭）或嗜碱性细胞；F. 神经垂体，食蟹猴：嗜酸性团块也称赫令体（箭），含分泌颗粒

三、神经垂体

神经垂体（posterior pituitary）主要由无髓神经纤维和垂体细胞组成，间质内有丰富的窦状毛细血管和少量网状纤维。垂体神经部储存和释放来自下丘脑视上核和室旁核分泌的催产素和抗利尿激素（表 3–6）。

无髓神经纤维由下丘脑视上核和室旁核的神经内分泌细胞的轴突构成，经下丘脑垂体束进入垂体神经部。催产素和抗利尿激素分泌颗粒沿轴突输送，轴突末端内分泌颗粒聚集处膨大，呈串珠状大小不等的嗜酸性团块。神经垂体部储存和释放来自下丘脑的激素性团块，称赫令体。

表 3-4 垂体前叶腺垂体分泌的激素

垂体前叶	主要激素种类		靶器官组织和功能
嗜酸性细胞	促生长素分泌细胞	促生长激素（多肽）	通过肝脏产生胰岛素样生长因子，从而刺激长骨的骨骺板生长
	催乳素分泌细胞	催乳素（多肽）	促进乳腺泌乳
嗜碱性细胞	促甲状腺素分泌细胞	促甲状腺激素（多肽）	刺激甲状腺滤泡细胞合成，储存和释放甲状腺激素
	促皮质素分泌细胞	促肾上腺皮质激素（多肽）	刺激肾上腺皮质束状带细胞分泌糖皮质激素
		促脂解素（多肽）	调节脂类代谢，如刺激脂肪细胞产生脂肪酸
	促性腺激素分泌细胞	卵泡刺激素（多肽）	促进雌性卵泡发育和雌激素分泌 刺激雄性精小管的支持细胞合成雄激素结合蛋白等，促进雄性精子发生
		黄体生成素也称睾丸间质细胞刺激素（多肽）	促进雌性卵泡成熟和排卵，黄体形成和分泌孕酮 促进雄性睾丸间质细胞分泌雄激素，也称间质细胞刺激素
其他细胞	其他激素分泌细胞	黑素细胞刺激素和内啡肽等	

表 3-5 垂体中间叶分泌的激素

垂体间叶	主要激素种类	靶器官组织和功能
嗜碱性细胞	黑素细胞刺激素 促肾上腺皮质激素，促脂解素，内啡肽等	刺激黑色素细胞功能活性 刺激促肾上腺皮质激素释放等

表 3-6 神经垂体部储存和释放来自下丘脑的激素

激素种类	分泌细胞	靶器官组织和功能
血管加压素或抗利尿激素	下丘脑视上核	增强肾远曲小管和集合小管对水的重吸收，减少尿量 促进小动脉平滑肌收缩，升高血压，也称加压素
催产素	下丘脑室旁核	刺激子宫平滑肌细胞和乳腺肌上皮细胞的收缩，促进子宫收缩分娩和乳腺泌乳

垂体细胞类似于神经胶质细胞，其主要功能可能是支持和营养神经纤维。垂体细胞形状和大小不一，分布于无髓神经纤维和毛细血管周围。垂体细胞有突起，附于毛细血管壁上。垂体细胞可能还有某些分泌功能，以调节神经纤维激素的释放。

第四节 甲状腺

甲状腺（thyroid gland）分泌甲状腺激素和降钙素（表 3-7，图 3-9）。甲状腺泡细胞起源于胚胎期的前肠内胚层，分泌甲状腺激素。甲状腺旁细胞起源于胚胎期的后鳃体，属于神经外胚层细胞起源，分泌降钙素。降钙素和甲状旁腺激素相互拮抗，调控和维持体内的钙离子平衡。成年动物的甲状腺内偶尔可见后鳃体遗迹，形成甲状舌管囊肿。

表 3-7　甲状腺分泌的激素

甲状腺	主要的激素	主要的功能
滤泡上皮细胞	甲状腺激素（T_3 和 T_4）	作用于体内多种组织，调节基础代谢及生长发育
滤泡旁细胞	降血钙素	抑制破骨细胞活性，促进成骨细胞成骨活性和骨钙沉着，抑制胃肠道和肾小管的 Ca^{2+} 吸收等，从而降低血钙浓度

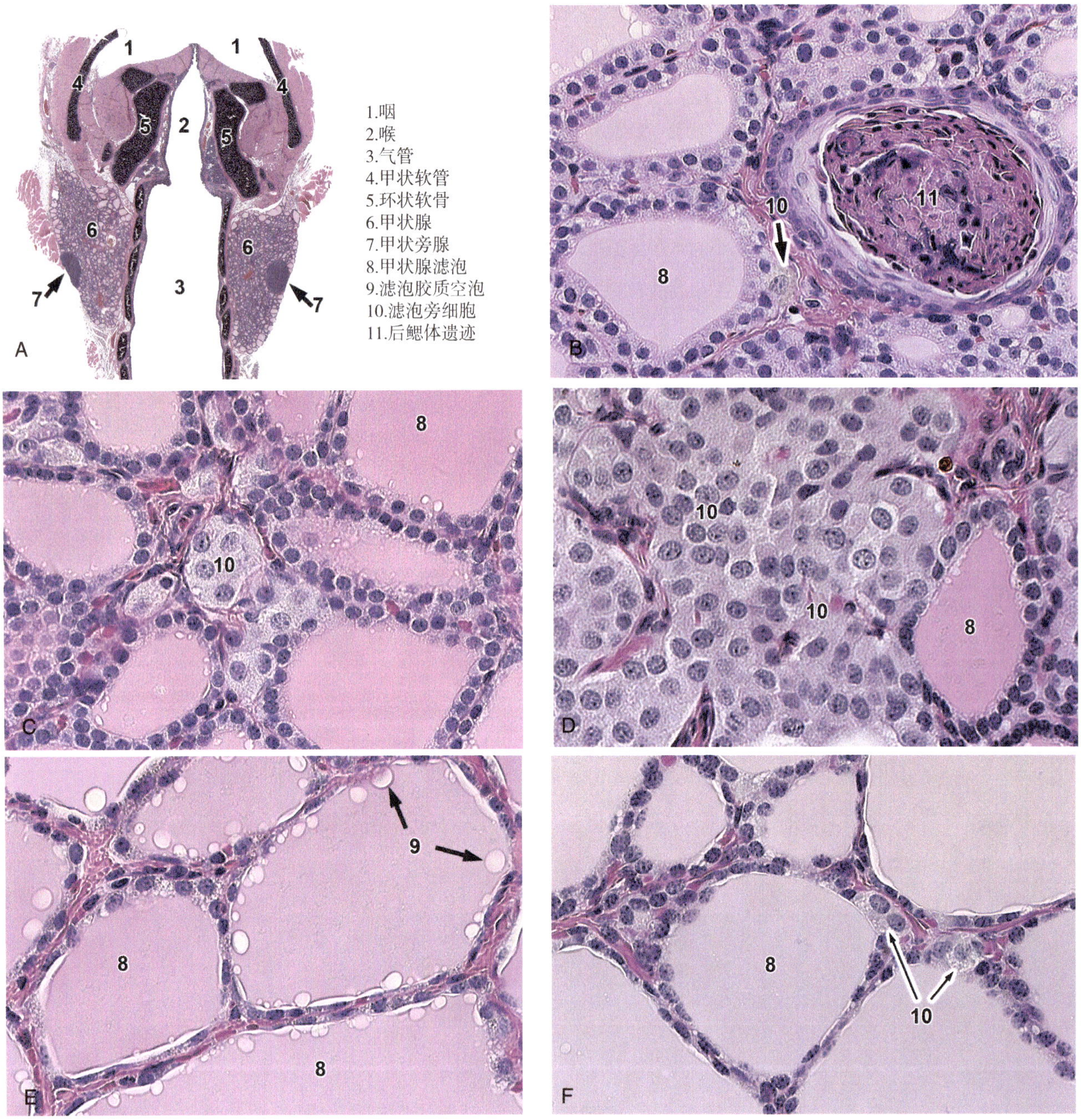

图 3-9　甲状腺

A. SD 大鼠：甲状腺通常位于气管上段，由左右两叶或多叶组成；B. SD 大鼠：甲状腺滤泡上皮细胞呈立方形，滤泡旁细胞少；C. NZW 白兔：甲状腺滤泡上皮细胞呈低立方形，滤泡旁细胞丰富；D. 比格犬：甲状腺内含有大量的滤泡旁细胞群；E. 食蟹猴：甲状腺滤泡上皮细胞呈扁平形，滤泡旁细胞少；F. 食蟹猴：甲状腺滤泡上皮细胞呈扁平形，滤泡旁细胞呈立方形甲状腺通常位于气管上段，由左右两叶或多叶组成。有些动物的甲状腺左右叶之间有峡部相连。甲状腺有薄层结缔组织被膜，实质由大小和排列不等的滤泡组成。被膜结缔组织伸入腺实质内，形成间质，将腺体分成大小不等的小叶。滤泡上皮由滤泡上皮细胞和滤泡旁细胞组成。滤泡上皮细胞分泌甲状腺激素，滤泡旁细胞分泌降钙素。结缔组织间质内富含有孔毛细血管和毛细淋巴管。

一、滤泡上皮细胞

随动物种属不同和上皮细胞的功能状态不同，滤泡上皮细胞可呈扁平、立方形或低柱状。大鼠滤泡上皮细胞多呈立方形，犬滤泡上皮细胞多呈低立方形，而猴滤泡上皮细胞多呈扁平状。

甲状腺滤泡上皮由单层上皮细胞围成，基底膜完整。滤泡上皮细胞间有细胞间结合结构，游离面有微绒毛。胞质富含粗面内质网，线粒体，电子密度中等的小分泌颗粒。滤泡腔内充满由滤泡上皮细胞分泌的胶质分泌物，嗜酸性，呈均质状。胶质分泌物含有甲状腺激素，胶质的边缘与上皮之间常有空泡。

滤泡上皮细胞合成甲状腺球蛋白，其分泌颗粒以胞吐方式排放到滤泡腔内。血液中碘化物被滤泡上皮细胞基底面的碘泵转运到滤泡细胞中，并被胞质顶部细胞膜上的甲状腺过氧化物酶氧化后排放到滤泡腔内。在滤泡上皮细胞微绒毛与滤泡腔交界处的胶质内，活化的碘与甲状腺球蛋白结合成碘化甲状腺球蛋白，储存于滤泡腔内。

释放时，垂体促甲状腺激素作用于滤泡细胞基底面细胞膜上的受体，滤泡上皮细胞则吞饮滤泡腔内的碘化甲状腺球蛋白，成为胶质吞饮小泡。胶质小泡与溶酶体融合，溶酶体蛋白水解酶将碘化的甲状腺球蛋白水解为四碘甲状腺原氨酸（T_4）和少量三碘甲状腺原氨酸（T_3），并游离进入细胞质，经细胞基底部释放入滤泡旁毛细血管网中。

二、滤泡旁细胞

滤泡旁细胞也称 C 细胞或明细胞。滤泡旁细胞合成和分泌降钙素和降钙素基因相关多肽。降钙素主要功能是调节血钙水平。降钙素基因相关肽参与机体多种调节机制，如心肌收缩、扩张小血管等。

滤泡旁细胞的胞体稍大，细胞质淡染，故也称明细胞。银染染色法可见胞质内嗜银颗粒。超微结构可见细胞质内有细小分泌颗粒。多数动物的滤泡旁细胞位于滤泡上皮细胞的深层，不与滤泡内胶质接触。食蟹猴和大鼠甲状腺的滤泡旁细胞数量少，散在分布于滤泡上皮内。比格犬和 NZW 白兔的滤泡旁细胞数量丰富，呈团块状分布于滤泡上皮和间质内。

第五节 甲状旁腺

甲状旁腺（parathyroid gland）位于左右甲状腺附近，分泌甲状旁腺素（表 3-8，图 3-10）。腺体表面被有薄层结缔组织被膜。甲状旁腺实质细胞也称主细胞，排列成条索状、团块状或微滤泡状。主细胞合成和分泌甲状旁腺激素，细胞体积小，呈卵圆形或多边形。细胞核大，位于中央。胞质内有膜性分泌颗粒，粗面内质网丰富，高尔基体发达。

间质内有丰富的有孔毛细血管及少量结缔组织。 有些动物的甲状旁腺内有少量嗜酸性细胞，散在分布于主细胞之间。嗜酸性细胞功能不详，无分泌颗粒。嗜酸性颗粒为线粒体。其他细胞器均不发达。

表 3-8　甲状旁腺分泌的激素

甲状旁腺	主要激素	主要的功能
主细胞	甲状旁腺激素	刺激破骨细胞活性，升高血液 Ca^{2+} 浓度 促进肾远曲小管 Ca^{2+} 重吸收 抑制肾近曲小管 K^{+} 重吸收 促进维生素 D 活化，间接促进小肠 Ca^{2+} 吸收

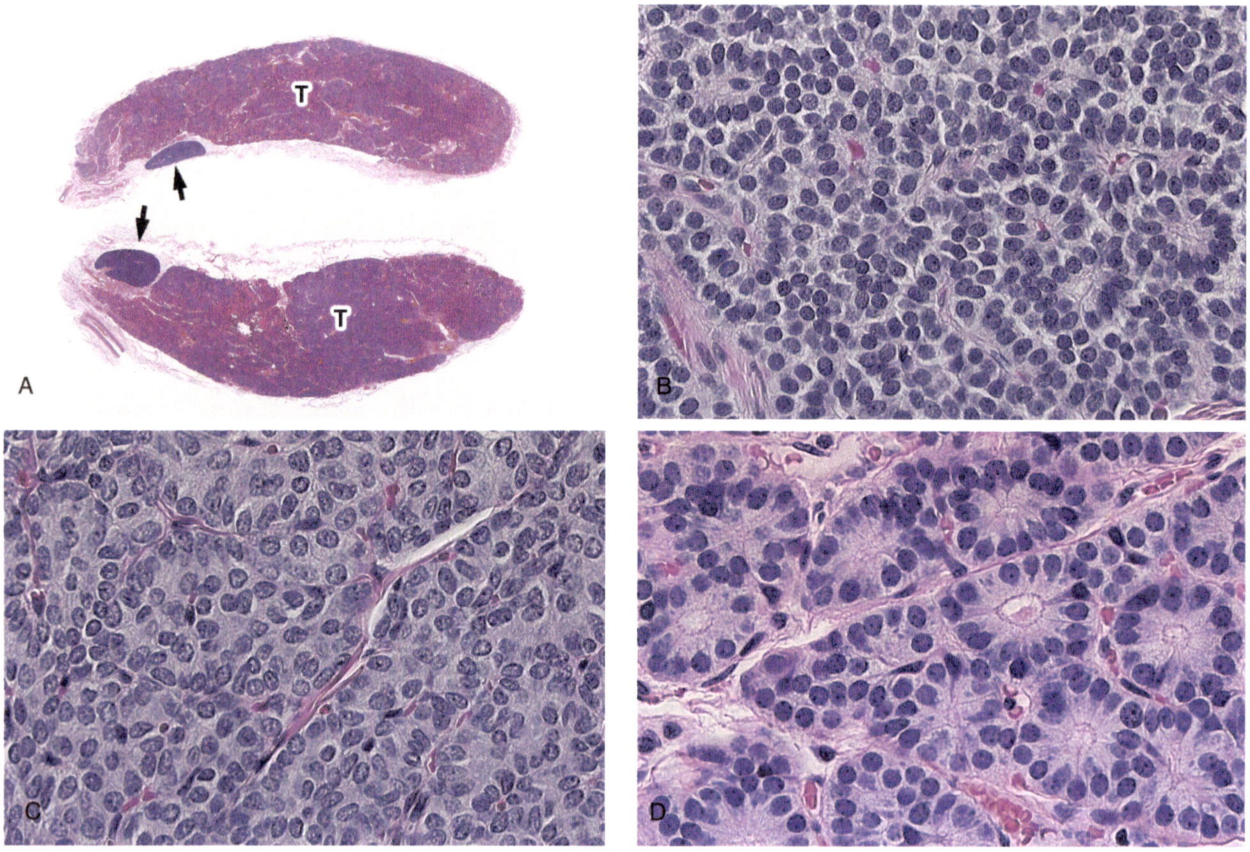

图 3-10　甲状旁腺

A. 比格犬：甲状旁腺（箭）通常位于甲状腺（T）附近；B. 比格犬：实质细胞排列成条索或小滤泡状；C. SD 大鼠：实质细胞排列成条索或团块状；D. 食蟹猴：实质细胞排列成小滤泡状

第六节　肾上腺

肾上腺（adrenal gland）位于左右两侧肾的上方或前方，故称肾上腺，分泌多种激素（表 3-9）。肾上腺分为外周皮质和中央髓质两部分（图 3-11）。皮质来自中胚层上皮，分泌固醇类激素。髓质起源于神经外胚层，分泌氨基酸类激素。表面结缔组织被膜中少量结缔组织伴随丰富的血管和神经纤维伸入皮质和髓质内。血管内皮细胞为有孔型。髓质接受来自髓质动脉和皮质静脉的两重血液供应。

小鼠肾上腺皮质和髓质之间有 X- 带。雄性小鼠肾上腺的 X- 带细胞在性成熟后逐渐变性消失。雌性小鼠肾上腺的 X- 带细胞在初次妊娠后逐渐变性消失。

表 3-9 肾上腺分泌的激素

	内分泌细胞	主要激素	主要功能
肾上腺皮质	球状带细胞	盐皮质激素，如醛固酮	促进肾远曲小管和集合小管重吸收 Na^+ 及分泌 K^+，也可促进胃黏膜、涎腺和汗腺吸收 Na^+，从而维持体内水盐和电解质平衡
	束状带细胞	糖皮质激素为主，如皮质酮	调节糖类代谢，有利于脂肪和蛋白质的分解代谢，并转变成糖（糖异生）。具有抗炎和抑制免疫细胞活性。有些动物的束状带细胞可分泌少量的性皮质激素
	网状带细胞	弱雄激素，如雄激素或前体	睾酮或雌激素的前体，促进和维持雄性性征。有些动物的网状带细胞可分泌少量的糖皮质激素
肾上腺髓质	嗜铬细胞	肾上腺素	增加心率和升高血压，扩张心脏和骨骼肌的血管
		去甲肾上腺素	收缩血管，升高血压；增加心率和血流

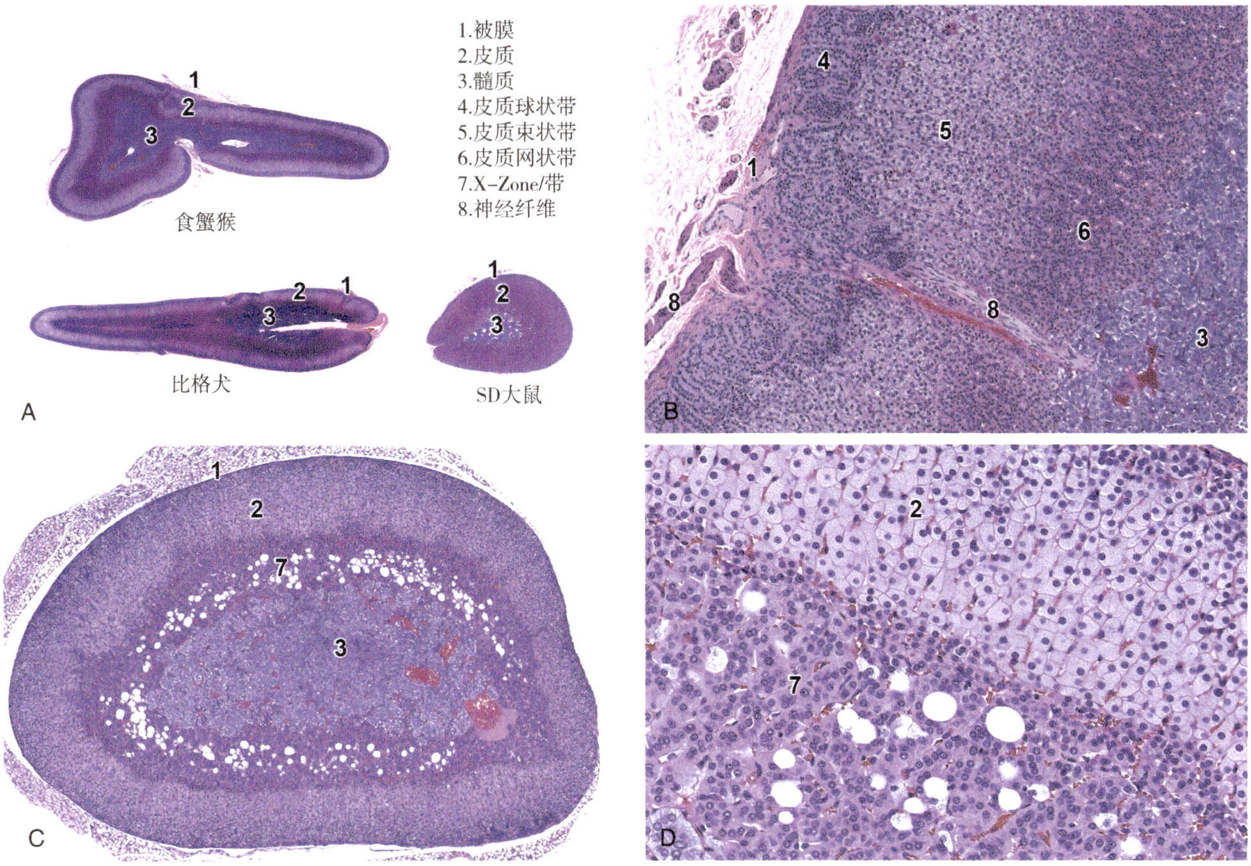

图 3-11 肾上腺

A. 食蟹猴、比格犬和 SD 大鼠：实质分为外周皮质和中央髓质；B. 食蟹猴：肾上腺被膜、皮质和髓质、神经纤维可由被膜进入髓；C. 小鼠、皮质、X- 带和髓质，X- 带在性成熟后消失；D. 小鼠：皮质和 X- 带细胞出现空泡变性

一、肾上腺皮质

肾上腺皮质（adrenal cortex）分为三个区带，即球状带、束状带和网状带。分别合成盐皮质激素、糖皮质激素和性激素（图 3-12）。皮质细胞分泌类固醇激素，胞质富含滑面内质网、线粒体和脂滴。线粒体常呈圆形或球状，含有 ATP 合成酶和类固醇合成酶，将胆固醇转换成孕烯醇酮等。

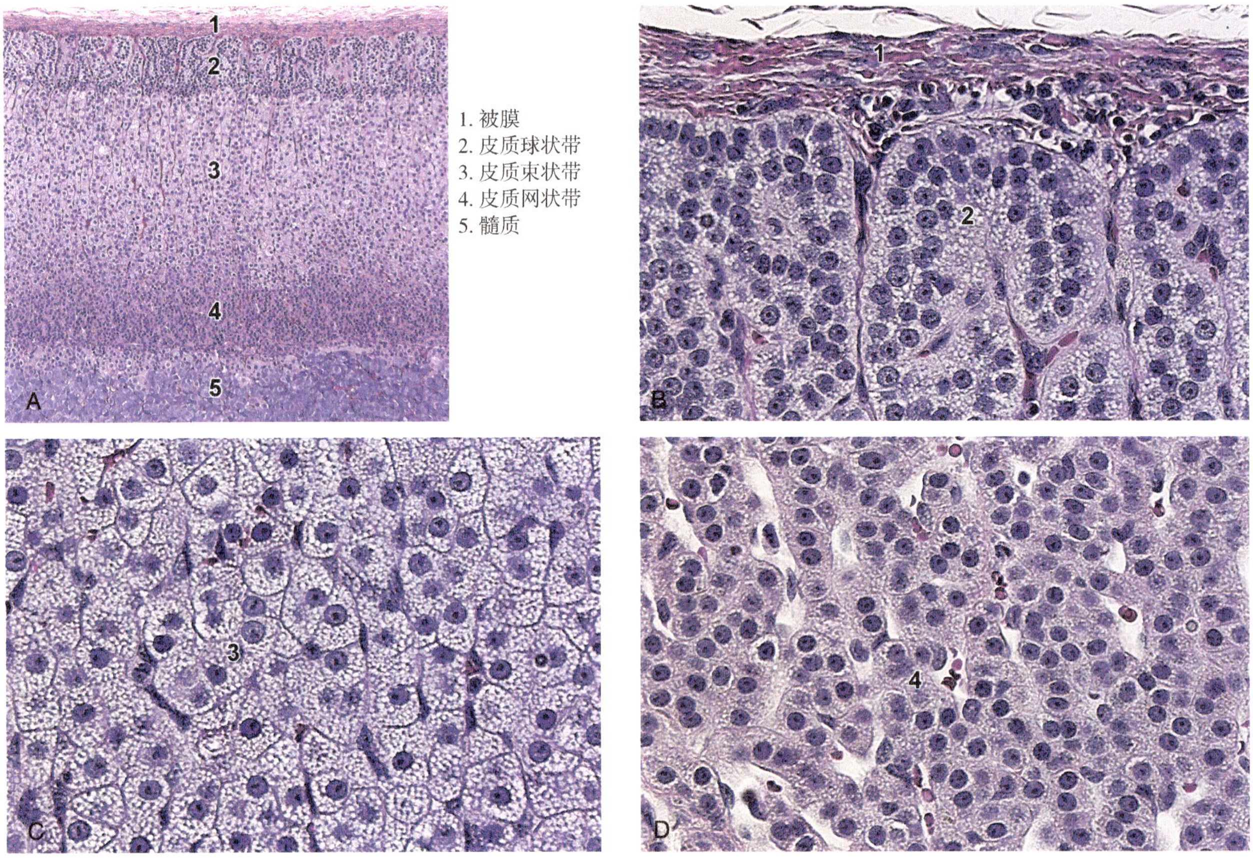

图 3-12　**肾上腺皮质**

A. 食蟹猴：皮质分为球状带、束状带和网状带，束状带较厚；B. 食蟹猴：球状带细胞排列成弓形和球团状，细胞矮柱状或锥形；C. 食蟹猴：束状带呈平行细胞索条或束状，细胞大，胞质有脂滴；D. 食蟹猴：网状带细胞小而深染，胞质脂滴少，脂褐素多

球状带较薄，位于被膜下方的最外层皮质区，细胞排列成弓形和球团状网。细胞团之间有窦状毛细血管和少量结缔组织。细胞体积较小，呈矮柱状或锥形。胞核小而染色深，胞质较少，含少量脂滴。球状带主要分泌醛固酮，其分泌受肾素－血管紧张素系统调控。

束状带厚，细胞排列成平行的单细胞或双细胞索条或束状。细胞索之间有丰富的窦状毛细血管和少量其他结缔组织。 束状带细胞比较大，立方形或多边形。细胞核圆，较大，着色浅。胞质内含有脂滴，着色浅，呈匀质空泡状或海绵状，也称海绵状细胞。接近网状带的细胞较小，胞质内空泡少。

网状带近髓质，是皮质的最内层。网状带细胞小而深染，胞体和胞核都小，着色都深。胞质内脂滴少，脂褐素较多。细胞索互相吻合呈网状，网间有丰富的窦状毛细血管和少量结缔组织。

二、肾上腺髓质

肾上腺髓质（medulla）细胞与交感神经节和副交感神经节的节后神经元相同，起源于胚胎期的神经嵴。髓质细胞相当于具有分泌功能的节后神经元。髓质细胞的分泌功能受交感神经节前纤维的直接调控。交感神经节前纤维兴奋时，纤维末梢释放乙酰胆碱，引起髓质细胞分泌颗粒释放肾上腺素或去甲肾上腺素。髓质内偶尔可见散在分布的神经纤维和神经节细胞。

髓质细胞较大，呈多边形，排列成索或团状。胞核圆形，位于中央（图 3-13）。胞质内有嗜铬颗粒，故称嗜铬细胞。髓质细胞间有丰富的窦状毛细血管和少量结缔组织。髓质细胞有两种嗜铬细胞，分别分泌肾上腺素或去甲肾上腺素。肾上腺素分泌细胞数量多，分泌颗粒电子密度低。去甲肾上腺素分泌颗粒的电子密度高。

此外，髓质细胞还可能分泌一些多肽类物质，如甘丙肽、神经肽 Y 和脑啡肽等。

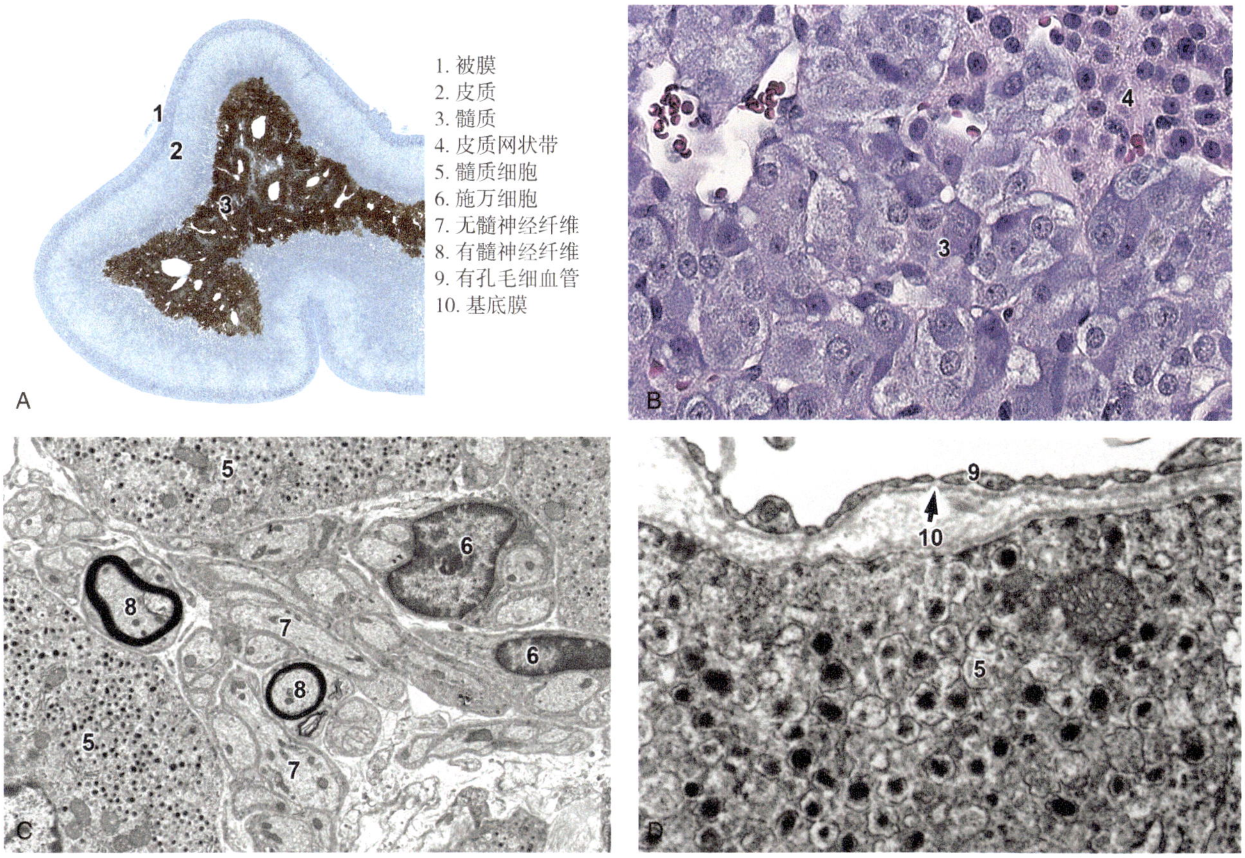

图 3-13　**肾上腺髓质**

A. 食蟹猴：髓质细胞 Chromogranin A 免疫组化染色；B. 食蟹猴：髓质细胞的丰富胞质，内含颗粒状分泌物；C. WH 大鼠：髓质细胞含分泌颗粒，有髓和无髓神经纤维丰富；D. WH 大鼠：髓质细胞质内含高电子密度的内分泌颗粒

第七节　胰　岛

胰岛内含有多种不同类型的内分泌细胞，即 α 、β 、δ 和 PP 细胞等，分泌多种激素（表 3-10）。胰岛呈卵圆形，散布于胰外分泌腺小叶内（图 3-14）。胰岛细胞排列成不规则的团索状。团索间有丰富的有孔型毛细血管和少量网状纤维。常规染色，细胞质染色浅，细胞不易分类。电镜和免疫组化染色可以辨认部分胰岛细胞的分泌颗粒形态和染色特征（图 3-15，图 3-16）。

1. β 细胞也称胰岛素细胞，分泌胰岛素和胰淀素。胰岛素细胞数量多，占胰岛细胞的 75% ~ 90%。胰岛素分泌颗粒大小不一，有包膜，致密颗粒芯与包膜之间的间隙比较宽（图 3-16）。颗粒芯含有胰岛素，间隙含有胰淀素，犬的颗粒芯呈棱柱状。

2. α 细胞也称胰高血糖素细胞，分泌胰高血糖素。α 细胞占胰岛细胞的 5% ~ 15%。α 细胞分布、大小和形态随动物种属不同而异。α 细胞通常位于胰岛的外周。电镜可见胰高血糖素分泌颗粒有包膜，密度高，圆形或卵圆形。致密颗粒芯与包膜之间有狭窄的间隙。

3. δ 细胞分泌生长激素释放抑制激素，细胞数量较少，通常位于胰岛外周或散在分布。分泌颗粒大小和形状不规则。颗粒电子密度较低，与包膜之间没有明显间隙。

4. 其他分泌颗粒细胞数量少，如胰多肽等。胰多肽分泌颗粒较小，形状不规则。

表 3-10　胰岛内分泌细胞及其分泌的激素

分泌细胞	激素	靶细胞及功能
A 或 α 细胞	高血糖素（多肽）	作用于多种组织，促进糖原降解和脂类分解，抑制糖原合成，从而升高血糖。与胰岛素协调，保持血糖水平相对稳定
B 或 β 细胞	胰岛素（蛋白） 胰淀素（多肽）	作用于多种组织，可调控糖、脂肪和蛋白质的代谢，但主要调控糖代谢。促进组织细胞对葡萄糖的摄取和利用，促进葡萄糖合成为糖原和转化为脂肪酸，从而降低血糖水平 胰淀素也称胰岛淀粉样多肽，具有多种功能
D 或 δ 细胞	生长激素释放抑制激素（多肽）	透过局部旁分泌方式或经缝隙连接，抑制邻近胰岛细胞的分泌活动；或通过血液循环，抑制脑垂体生长激素和促甲状腺激素的释放；抑制胃壁细胞 HCl 的分泌等
PP 或胰多肽细胞	胰多肽	刺激胃主细胞的活性，抑制胆囊收缩和胆汁分泌，抑制胰酶和碳酸氢盐的分泌；抑制胃肠道运动

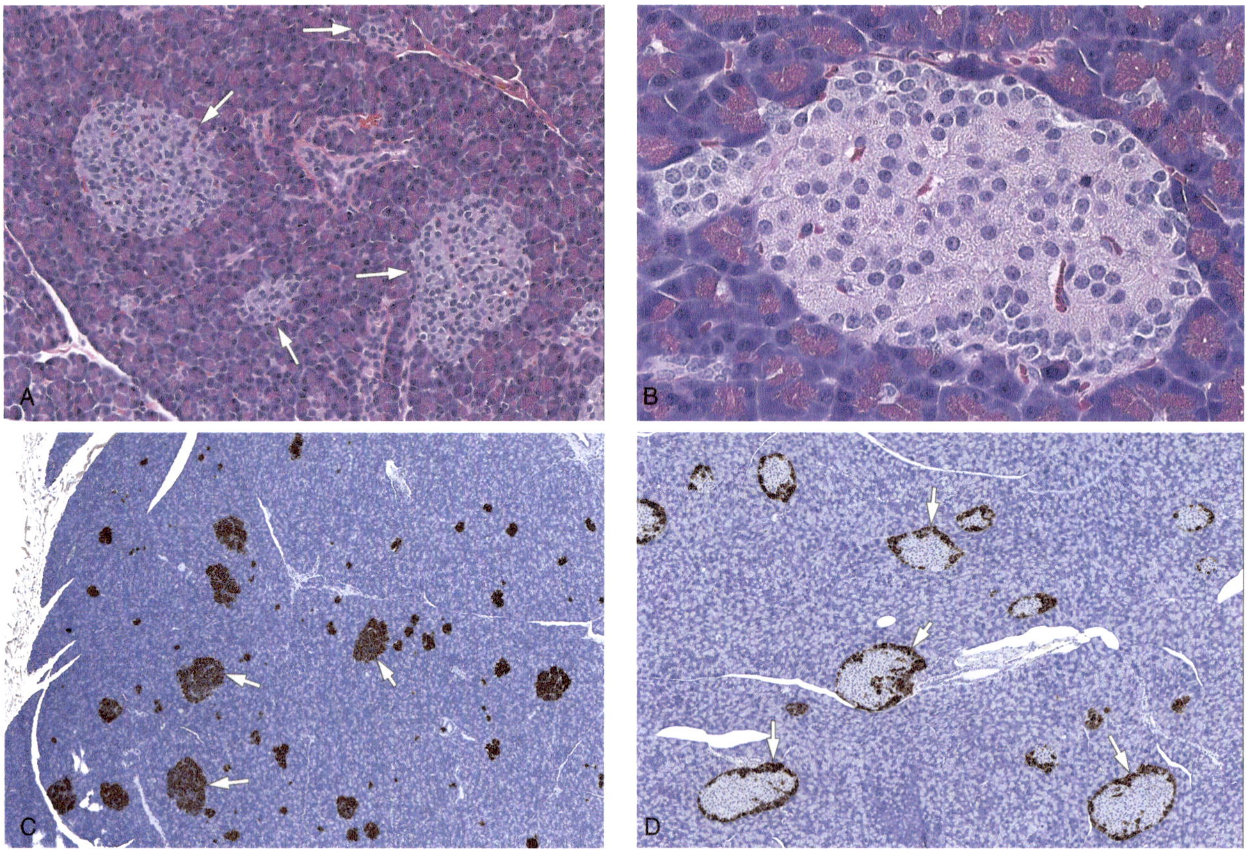

图 3-14　胰岛腺

A. 食蟹猴：胰岛（箭）散在分布于胰腺外分泌组织之间，呈岛状；B. WH 大鼠：胰岛含有不同类型的内分泌细胞，分泌多种激素；C.WH 大鼠：胰岛素分泌细胞中央分布，胰岛素免疫组化染色；D. WH 大鼠：胰高血糖素分泌细胞位于外周，胰高血糖素免疫组化染色

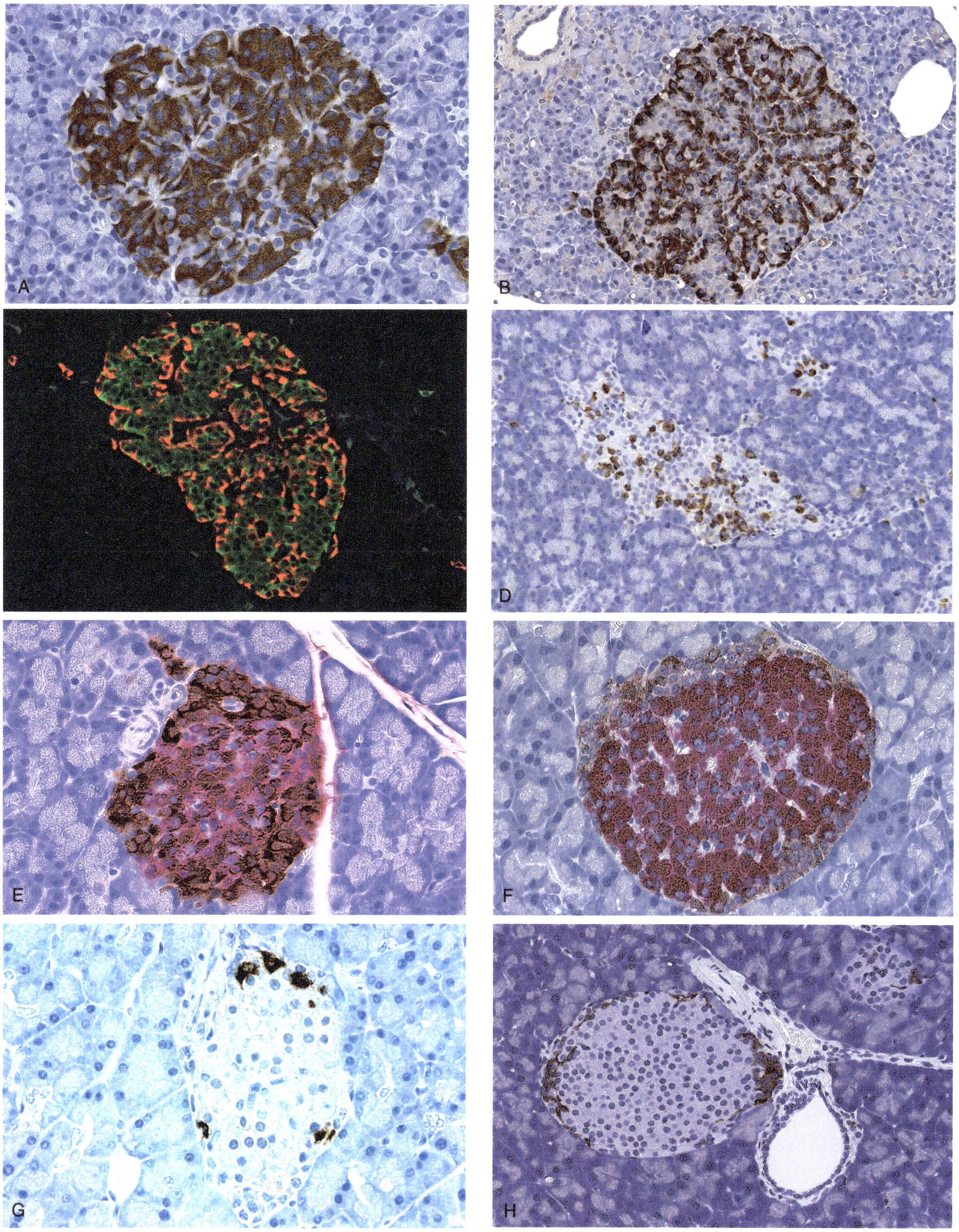

图 3-15　胰岛

A. 食蟹猴：胰岛素分泌细胞，胰岛素免疫组化染色；B. 食蟹猴：胰高血糖素分泌细胞，胰高血糖素免疫组化染色；C. 食蟹猴：胰岛素（绿色）和胰高血糖素（红色）双重免疫组化染色；D. 比格犬：生长激素释放抑制激素分泌细胞，生长激素释放抑制激素免疫组化染色；E. CD1 小鼠：胰岛素（红色）和胰高血糖素（棕色）双重免疫组化染色；F.WH 大鼠：胰岛素（红色）和胰高血糖素（棕色）双重免疫组化染色；G. WH 大鼠：生长激素释放抑制激素分泌细胞分布于外周，免疫组化染色；H. CD1 小鼠：生长激素释放抑制激素分泌细胞分布于外周，免疫组化染色

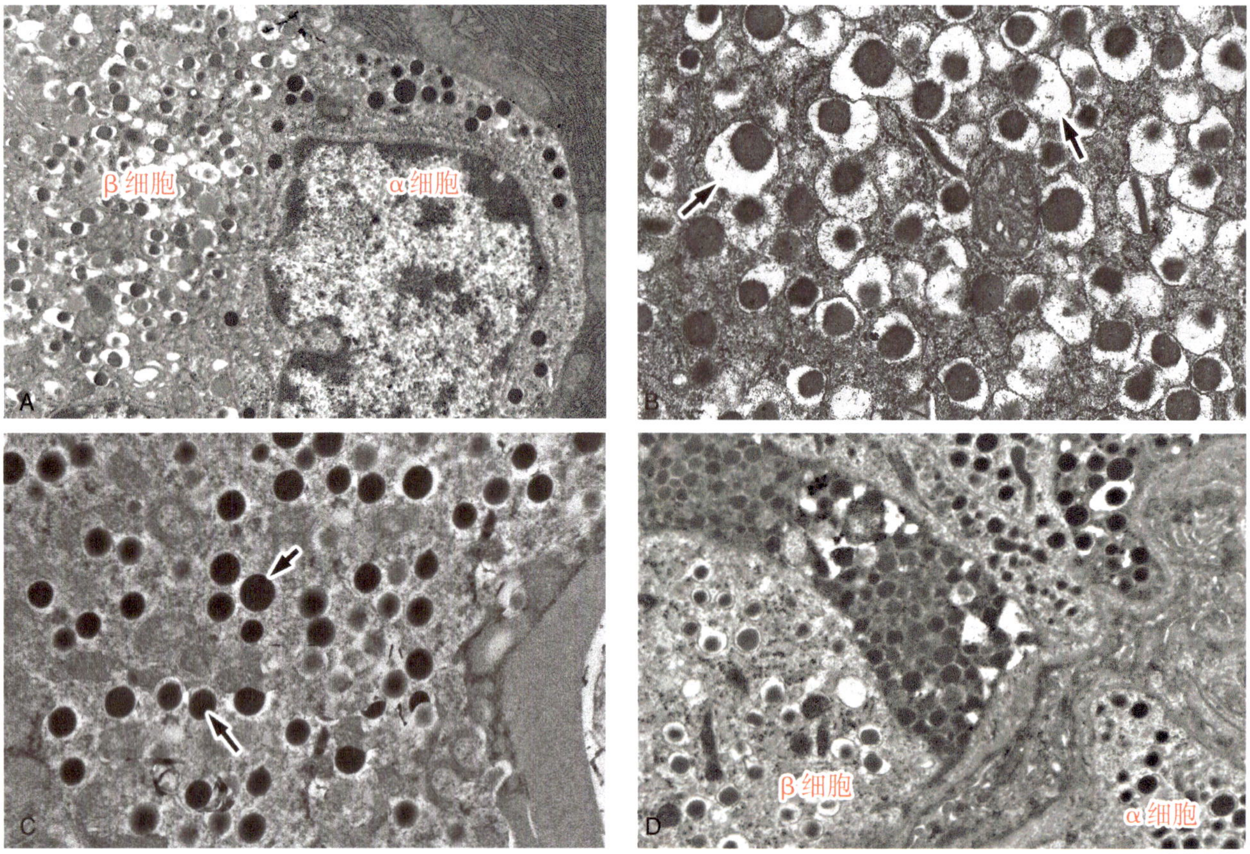

图 3-16　胰岛内分泌细胞

A.WH 大鼠：β 细胞和 α 细胞分泌颗粒，其颗粒密度可能与分泌状态相关；B. WH 大鼠：β 细胞致密颗粒芯与包膜之间有宽阔间隙；C. WH 大鼠：α 细胞致密颗粒芯密度高，与包膜之间的间隙狭窄或缺失；D. WH 大鼠：β 细胞，α 细胞和其他内分泌细胞的分泌颗粒的不同形态和密度

第八节　松果体

松果体（pineal body）也称脑腺，起源于胚胎期第三脑室后侧壁神经外胚层。松果体呈椭圆形，位于间脑的顶壁，基部与间脑相连（图 3-17）。被膜是一薄层胶原结缔组织，来自软脑膜。被膜深入实质，将松果体分隔为不完全的小叶。

松果体腺实质主要由松果体细胞组成，含有少量神经胶质细胞和无髓神经纤维等。松果体细胞排列成团索状或微滤泡状。 细胞呈圆形或不规则状，胞核大，胞质少。无髓神经纤维终结于松果体细胞，并偶尔形成突触结构。神经胶质细胞小，胞核小，胞质致密，类似星形胶质细胞。间质内常有钙化灶，也称脑砂或沙状体，随动物年龄增长而增加。

松果体细胞产生褪黑素和 5- 羟色胺。一般认为，松果体细胞白天产生 5- 羟色胺，而夜间产生褪黑素。褪黑素用于治疗时差反应或季节性感情失常等。

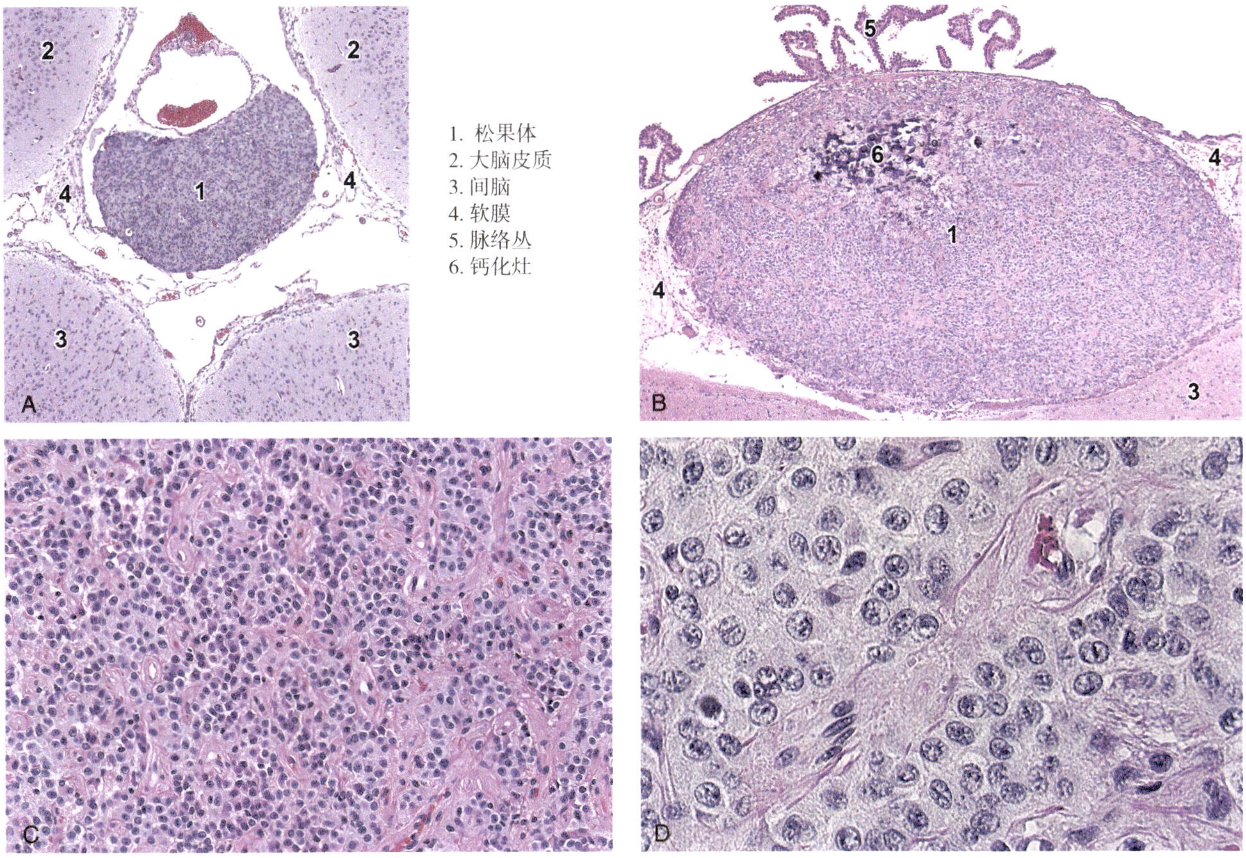

图 3–17 松果体

A. SD 大鼠：呈椭圆形，位于间脑顶壁，起源于神经外胚层；B. 食蟹猴：基部与间脑相连，老龄动物松果体的间质内有钙化灶；C. 食蟹猴：实质以松果体细胞为主，有少量胶质细胞和无髓神经纤维；D. 食蟹猴：松果体细胞排列成团索状，分泌褪黑素和 5–羟色胺等

第九节 弥散神经内分泌系统

除大型的内分泌腺体外，大量内分泌细胞散在分布于体内其他器官组织内，包括中枢神经、胃肠道和呼吸道等，通称为弥散神经内分泌系统。这些散在的弥散性内分泌细胞可分泌多种激素或激素样物质，通过血液循环或局部渗透而到达靶细胞，调控各种生理活动。

散在分布的内分泌细胞常被分为中枢和外周两部分。中枢部分包括下丘脑的视上核、室旁核和弓状核等分泌性神经元。外周部分包括分布在胃肠道、呼吸道、泌尿道和生殖器官的内分泌细胞，交感神经节，颈动脉体细胞，血管内皮细胞，胎盘内分泌细胞和部分具有内分泌功能的心肌和平滑肌细胞，脂肪细胞等。

心脏具有内分泌功能的心肌纤维主要分布于心房。心房肌纤维分泌的心钠素具有强大的利尿、利钠、扩张血管和降低血压的作用。

胃肠道散在分布有 40 多种内分泌细胞，通常呈银染色阳性，也称嗜铬细胞或嗜银细胞（见消化系统）。

第四章

造血系统组织学

Histology of the Hematopoietic System

造血系统的主要功能是生成各种血细胞（图 4–1）。血细胞起源于胚胎的中胚层。血细胞的生成是一个高度调控的复杂过程，在特定黏附分子和造血因子等的调控下，造血干细胞发育成为不同阶段的各种血细胞（图 4–2）。

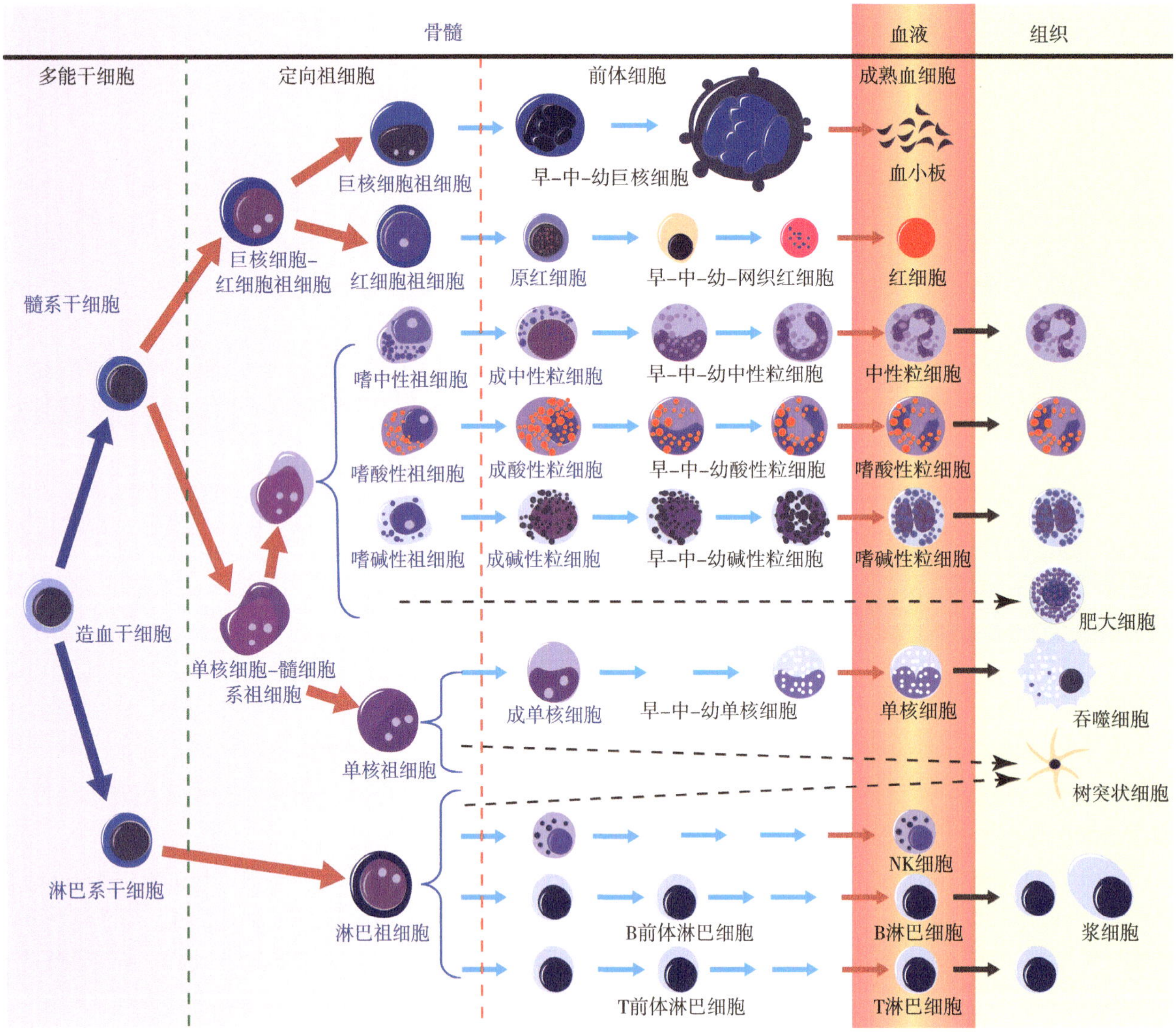

图 4–1　**造血细胞**

血液生成，从骨髓造血干细胞到循环血细胞是一个复杂的过程

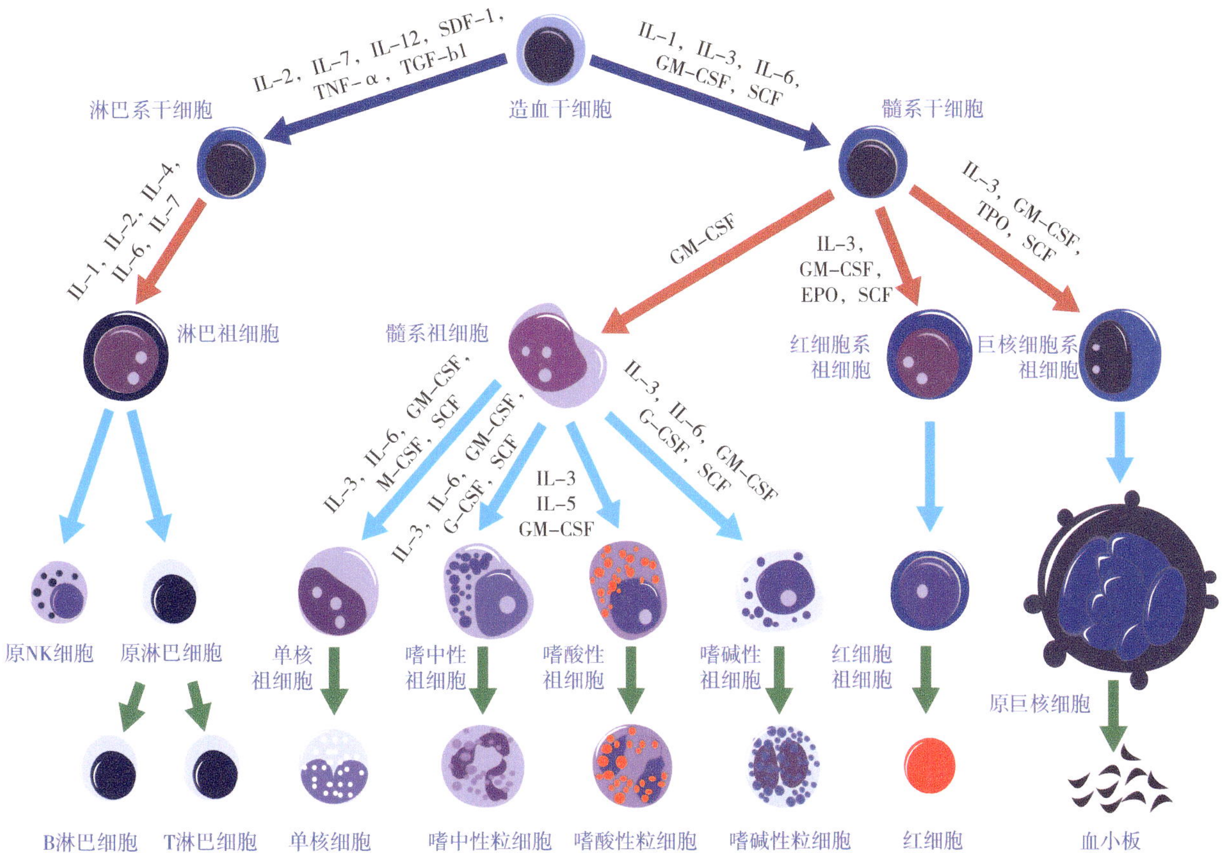

图 4-2　造血细胞分化因子

血液生成，造血微环境和细胞分化因子决定或影响骨髓造血细胞的发育和分化

第一节　血液生成

胚胎发育阶段，卵黄囊是最初造血器官，并逐渐过渡到肝、脾、胸腺和骨髓等。出生后和成年动物的血细胞主要由骨髓生成，即骨髓造血。如果外周血液需求量增加，成年动物的脾、肝和淋巴结等器官也可以参与造血，即髓外造血。

一、骨髓造血

红骨髓是主要的造血部位。幼龄动物的大部分骨髓为红骨髓。成年动物的红骨髓主要分布于胸骨、肋骨、椎骨、颅骨和长骨的末端。黄骨髓或白骨髓富含脂肪，造血活性低。

在造血因子调控下，骨髓造血干细胞通过若干阶段的增殖，逐渐分化成红细胞系、粒细胞系，非粒细胞系和巨核细胞系等。最终，成熟的红细胞、白细胞和血小板等释放进入血液循环（表 4-1）。

红骨髓主要由网状组织和造血细胞组成，具有丰富的血管和血窦（图 4-3）。网状细胞和网状纤维构成的支架中充盈着不同发育阶段的各种血细胞。血窦内皮细胞和间质细胞可分泌多种黏附分子和调控因子，参与血细胞发生过程。多潜能造血干细胞逐渐分化为单潜能祖细胞、幼稚血细胞和成熟血细胞。间质细胞包括巨噬细胞、成纤维细胞和间充质细胞等。血窦腔隙不规则，窦壁衬贴有孔内皮，内皮基底膜不完整。

表 4-1　骨髓细胞类型和比例

骨髓细胞类型	参考范围			
	食蟹猴	比格犬	SD 大鼠	WH 大鼠
粒系与红系细胞比例（%）	1.0 ~ 3.3	1.0 ~ 3.4	0.8 ~ 2.4	0.9 ~ 2.3
分化粒系细胞（%）	5.0 ~ 12.0	3.0 ~ 10.0	6 ~ 13	6 ~ 13
成熟粒系细胞（%）	33.0 ~ 66.0	40.0 ~ 70.0	32 ~ 54	31 ~ 53
总粒系细胞（%）	40.0 ~ 78.0	39.0 ~ 75.0	38 ~ 62	37 ~ 66
分化红系细胞（%）	4.0 ~ 14.0	3.0 ~ 17.0	4 ~ 12	4 ~ 13
成熟红系细胞（%）	12.0 ~ 37.0	16.0 ~ 35.0	21 ~ 47	21 ~ 43
总红系细胞（%）	17.0 ~ 50.0	21.0 ~ 46.0	26 ~ 55	26 ~ 52
总淋巴细胞（%）	4.0 ~ 17.0	1.0 ~ 7.0	4 ~ 18	4 ~ 18
巨核细胞（%）	0.1 ~ 1.0	0.1 ~ 1.0	0.1 ~ 1.1	0.2 ~ 1.5

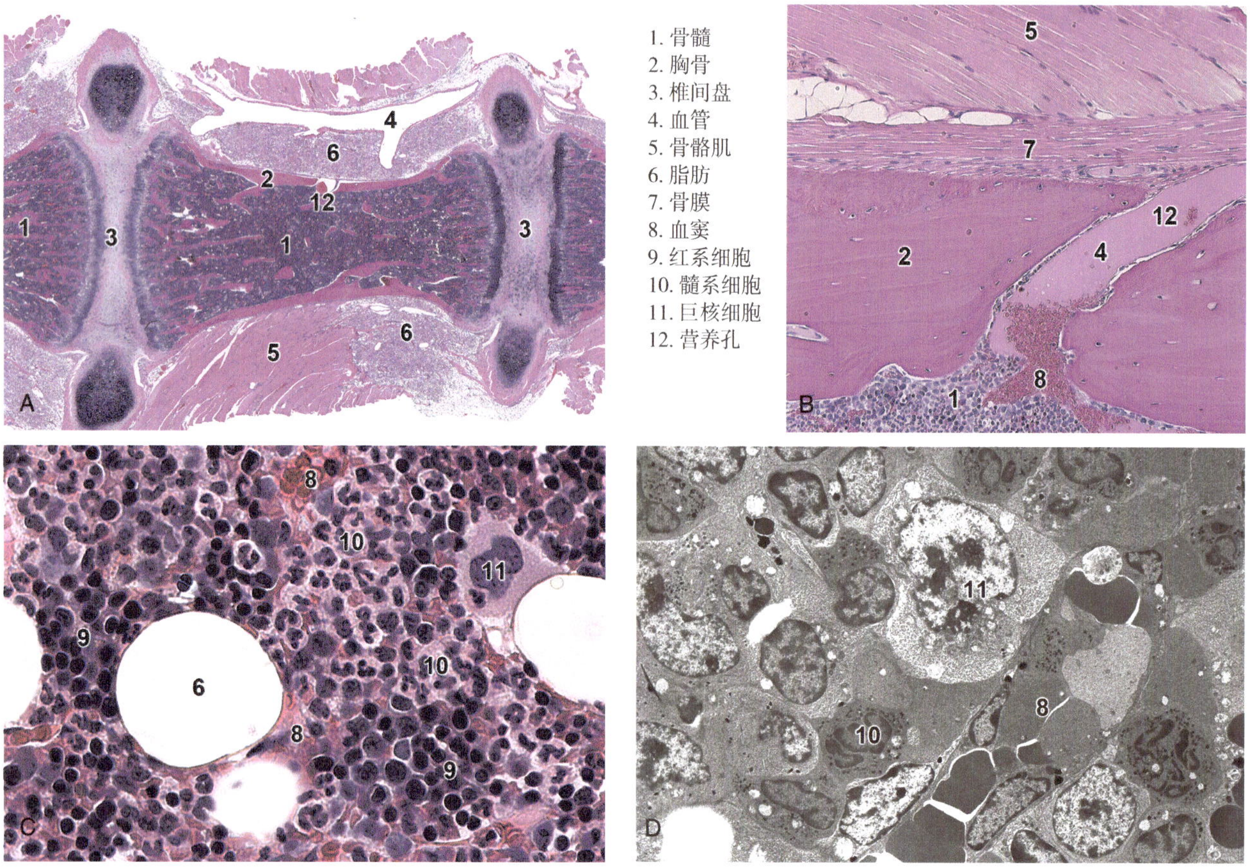

图 4-3　**骨髓**

A. SD 大鼠：胸骨常用于骨髓组织学检查，富含红骨髓及血管；B. 食蟹猴：胸骨结构，骨密质，骨髓，血管和血窦；C. 食蟹猴胸骨：显示骨髓细胞和血窦；D. 食蟹猴胸骨：显示骨髓细胞和血窦早期未成熟的血细胞胞体较大，细胞核内有常染色质和明显的核仁。随着血细胞不断发育、分化和成熟，胞体越来越小，核仁逐渐消失，染色质浓缩呈异染性。红细胞的胞核消失，粒细胞的胞核由圆形逐渐变成杆状和分叶状。常规 HE 染色的切片中，很难区分早期造血干细胞的类型 。普通骨髓涂片有助于区分早期的造血干细胞类型。 借助免疫组织化学方法，细胞标记物标记法和电子显微镜等，可以分辨或区别骨髓细胞（图 4–4，图 4–5）。

巨核细胞容易辨别，核大，可达 100 ~ 200 μm。红细胞系和粒细胞系的细胞核最大可达 20 ~ 30 μm。红细胞系细胞的核一直保持圆形，直到核消失。粒细胞系的细胞核由凹陷到核分出多叶。早期红细胞系的胞质比粒细胞系胞质的嗜碱性强。红细胞系的胞质逐渐由蓝染变红染，胞质内血红蛋白含量逐渐增多。红细胞系和粒细胞系的细胞和细胞核都随着细胞分化和成熟而逐渐变小。粒细胞系的细胞质则逐渐由蓝染变淡染，细胞质内的特殊颗粒逐渐明显。成熟的细胞失去增殖与分裂能力，核仁消失，染色质浓缩。

二、髓外造血

当出血或造血需求增强时，成年动物的肝和脾等可以恢复造血功能。幼龄啮齿动物的肝和脾等仍有髓外造血（extramedullary hematopoiesis）活动（图 4–6）。

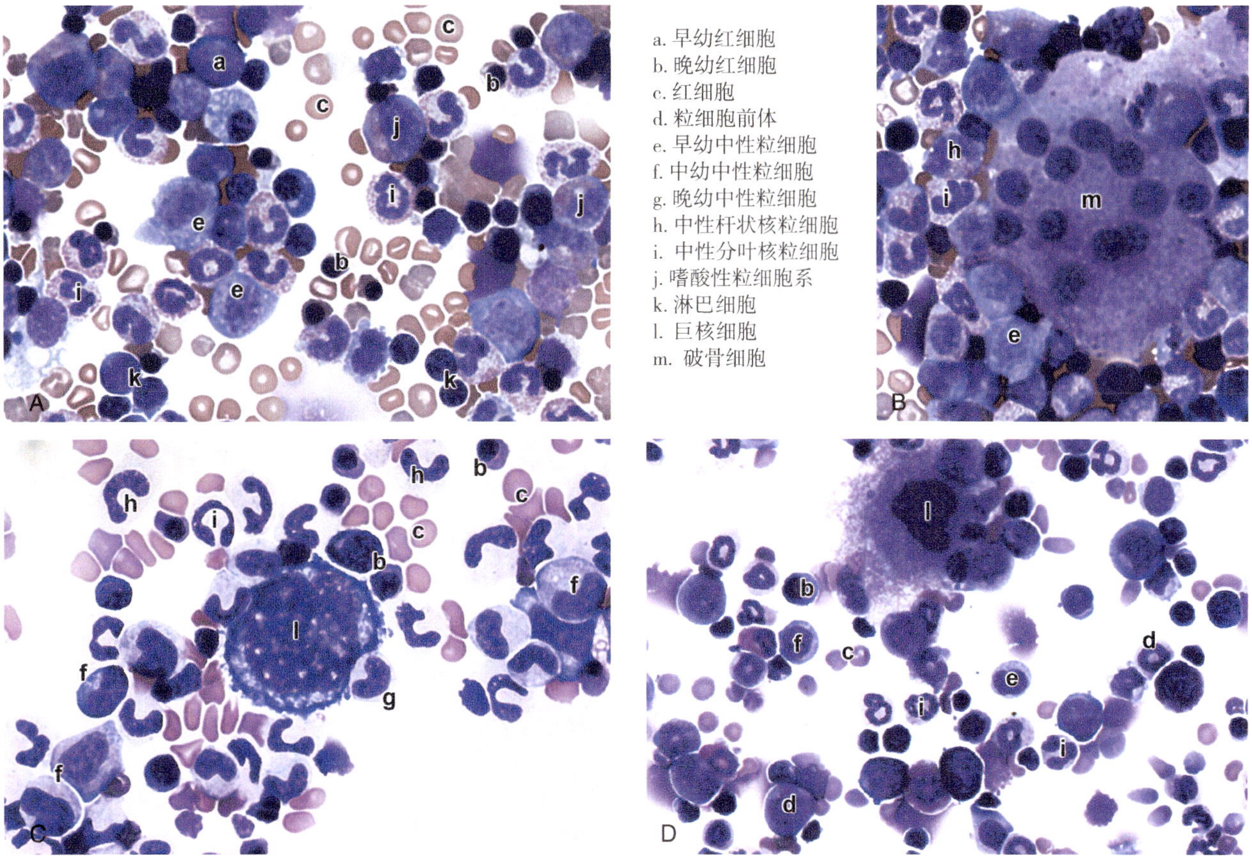

图 4–4　**骨髓细胞**

A. 食蟹猴：食蟹猴的中性粒细胞颗粒比较粗大；B. 食蟹猴骨髓：破骨细胞有多个核，且核分散分布；C. 比格犬胸骨：骨髓细胞抹片；D. WH 大鼠：骨髓细胞悬浮离心分离

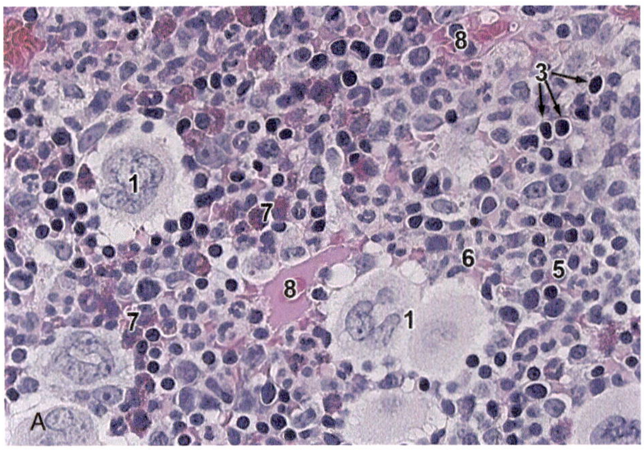

1. 巨核细胞
2. 幼巨核细胞
3. 红系细胞
4. 红细胞
5. 髓系细胞
6. 杆状核粒细胞
7. 幼酸性粒细胞
8. 血窦
9. 脂肪细胞

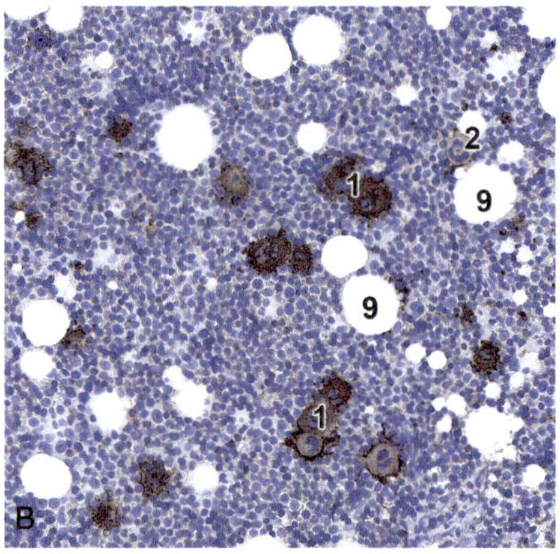

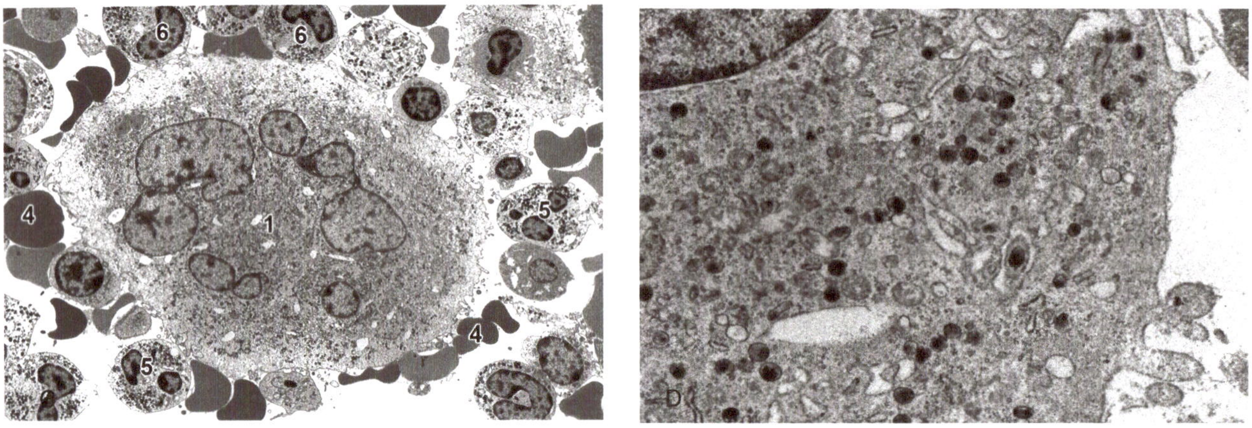

图 4-5　骨髓巨核细胞

A. 食蟹猴：巨核细胞容易辨别，细胞核多和胞体大，直径可达 100 ～ 200 μm；B. 食蟹猴骨髓：巨核细胞核多和胞体大，CD42b 免疫组化染色；C. 食蟹猴骨髓：细胞核多，胞质含分泌颗粒和管道系统；D. 食蟹猴骨髓：成熟巨核细胞质内含有分泌颗粒，脱落成血小板

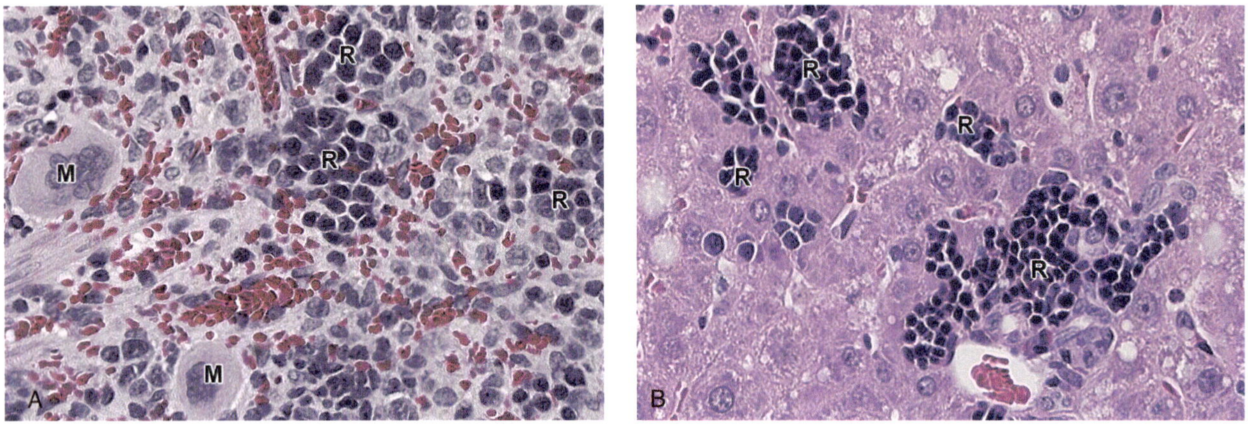

图 4-6　髓外造血

A. SD 大鼠脾：红髓红系细胞（R）和巨核细胞（M）；B. SD 大鼠肝，肝窦内生成的红系细胞系（R）

第二节　血液组成

血液（blood）是一种液态结缔组织，由无形的血浆和有形的血细胞组成，循环流动于心血管系统内。加入抗凝剂的血液，离心沉淀后可以分为上、中和下三层（图 4–7）。上层的液体为血浆，淡黄色（表 4–2）。中间灰白色的薄层成分为白细胞与血小板。下层深红色的成分是红细胞。动物血液具有相对稳定的细胞，血浆或血清组成和比例。临床病理诊断上，通过检测各种血细胞的形态与比例，测定血清或血浆中各种指标变化，检测动物的生理功能变化。

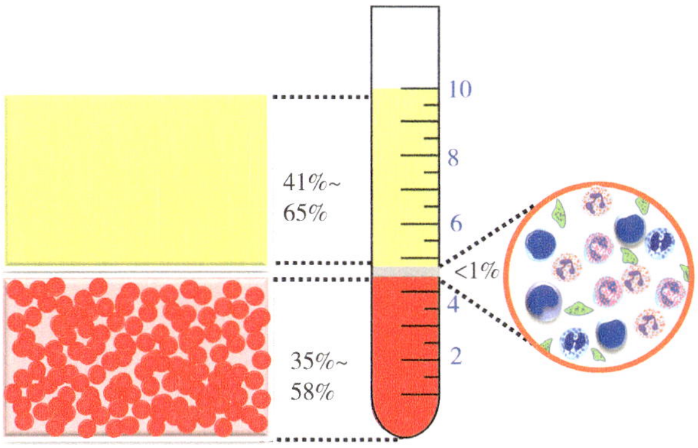

图 4–7　血液

血液加入抗凝剂的血液离心沉淀后，分为血浆、白细胞与血小板，以及红细胞三层

表 4–2　血浆主要成分

血浆的主要成分	血浆成分的主要功能
水（90% ~ 92% 的血浆）	血细胞、蛋白质和其他溶质等悬浮或溶解于水中
血浆蛋白质（4.9% ~ 8.9% 的血浆）	蛋白质都具有缓冲功能，维持酸碱度的平衡
白蛋白（55% ~ 67% 血浆蛋白质） 由肝合成	维持血液的胶体渗透力和血液黏稠度 结合和运输特定脂肪酸，电解质，激素和药物等
球蛋白（33% ~ 45% 血浆蛋白质） 由肝脏和浆细胞等合成	α – 球蛋白运输脂类及一些金属离子等 β – 球蛋白运输铁离子和脂类等 γ – 球蛋白是抗体，具有免疫功能
纤维蛋白原（3% ~ 4% 血浆蛋白质）	参与血液凝结，是纤维蛋白的前体
其他蛋白质类（0~ 1% 血浆蛋白质）	包括酶、酶原、激素和补体等
其他溶质（0~ 1% 的血浆）	
电解质：如钠、钾、钙、氯化物、铁、碳酸氢根和氢离子等	参与和维持膜电位、酸碱、渗透压和水盐平衡等
营养物：如氨基酸、葡萄糖、胆固醇、维生素和脂肪酸等	提供体内能源，合成其他各种分子的前体
气体：3% ~ 5% 氧和 5% ~ 10% 二氧化碳溶解在血浆中，>95% 氧和 30% ~ 35% 二氧化碳与红细胞血红素结合。60% ~ 70% 二氧化碳转换为碳酸氢根离子	细胞呼吸所需氧气和需排出的二氧化碳
代谢废物：代谢降解产物如乳酸、肌酸酐、尿素、胆红素和氨等	代谢产物经血液运输到肝和肾等，排出体外

一、血浆和血清

血浆（plasma）主要成分是水，含有各种血浆蛋白、酶、激素、维生素、无机盐与代谢产物等。血浆不但运载血细胞、营养物质和全身代谢产物，还参与机体免疫反应，体液调节，体温调节，酸碱平衡与渗透压维持等，从而维持机体内环境的稳定性。血清（serum）是在血液自然凝固后，析出的淡黄色透明液体。血液凝固成血凝块后，血液中纤维蛋白原转变为不溶解状态的纤维蛋白。血块静置或离心沉淀后，析出血清。血凝块内包含凝血因子和血细胞等。血清与血浆的主要区别是血清里没有凝血因子，故血清中蛋白质含量稍低于血浆。血清中仍然含有其他各种血浆蛋白、酶、激素、维生素、无机盐与代谢产物等（表 4-3）。以电泳方法，血清蛋白可分为白蛋白和多种球蛋白（图 4-8）。

表 4-3　食蟹猴（2~5 岁龄）、比格犬（8 月龄至 2 岁龄）和大鼠（1~6 月龄）的常规血清化学检测参数和参考范围

血清学检测参数	参考范围			
	食蟹猴	比格犬	SD 大鼠	Wistar 大鼠
葡萄糖（mg/dl）	42 ~ 115	64 ~ 107	80 ~ 190	91 ~ 253
胰岛素（μU/ml）	2.9 ~ 71.5	3.6 ~ 44.0	< 0.15 ~ 5.0	< 0.15 ~ 3.28
胰高血糖激素（pg/ml）	103.5 ~ 1771	6.2 ~ 66.4	–※	–
磷（mg/dl）	3.7 ~ 7.8	2.8 ~ 5.5	6.2 ~ 12.2	5.3 ~ 10.6
钙（mg/dl）	9.3 ~ 11.1	9.4 ~ 11.1	8.8 ~ 11.9	9.5 ~ 11.2
氯（mmol/L）	104 ~ 113	109 ~ 116	98 ~ 107	98 ~ 110
钠（mmol/L）	144 ~ 154	145 ~ 151	140 ~ 147	140 ~ 146
钾（mmol/L）	3.4 ~ 5.4	4.0 ~ 5.2	3.9 ~ 6.2	3.3 ~ 5.0
镁（mg/dl）	1.7 ~ 2.6	2.0 ~ 2.7	1.7 ~ 3.2	–
二氧化碳（mmol/L）	7 ~ 23	18.1 ~ 25.1	25.9 ~ 33.4	–
肌酸酐（mg/dl）	0.5 ~ 1.2	0.4 ~ 0.9	0.1 ~ 0.5	0.2 ~ 0.5
血尿素氮（mg/dl）	12 ~ 24	11 ~ 25	11 ~ 26	14 ~ 29
总胆红素（mg/dl）	0 ~ 0.6	0 ~ 0.2	0 ~ 0.1	0 ~ 0.1
直接胆红素（mg/dl）	0 ~ 0.2	0 ~ 0.1	0 ~ 0.1	0 ~ 0.1
总蛋白质（g/100ml）	6.9 ~ 8.9	5.2 ~ 6.7	4.9 ~ 6.5	5.2 ~ 6.8
白蛋白（g/100ml）	3.8 ~ 5.0	2.9 ~ 3.9	3.3 ~ 4.3	3.4 ~ 4.1
球蛋白（g/100ml）	2.6 ~ 3.9	2.0 ~ 3.4	1.7 ~ 3.1	1.7 ~ 2.4
白蛋白 / 球蛋白比例（%）	0.9 ~ 1.8	0.9 ~ 1.7	1.4 ~ 2.1	1.5 ~ 2.1
胆固醇（mg/dl）	68 ~ 169	135 ~ 324	37 ~ 90	27 ~ 90
高密度脂蛋白胆固醇（mg/dl）	35 ~ 108	122 ~ 207	35 ~ 112	17 ~ 67
低密度脂蛋白胆固醇（mg/dl）	20 ~ 92	3 ~ 15	–	2 ~ 10
甘油三酸酯（mg/dl）	20 ~ 91	21 ~ 88	24 ~ 146	17 ~ 166
谷草转氨酶（U/L）	25 ~ 64	22 ~ 54	62 ~ 184	53 ~ 149
谷丙转氨酶（U/L）	23 ~ 118	20 ~ 54	19 ~ 89	15 ~ 66
γ－谷氨酰转肽酶（U/L）	56 ~ 268	0 ~ 4	0 ~ 2	0 ~ 2
谷氨酸脱氢酶（U/L）	–	3 ~ 23	2 ~ 22	2 ~ 19
淀粉酶（U/L）	188 ~ 465	471 ~ 995	667 ~ 3041	667 ~ 3041
碱性磷酸酶（U/L）	166 ~ 1206	22 ~ 120	45 ~ 315	26 ~ 267
乳酸脱氢酶（U/L）	120 ~ 825	53 ~ 234	73 ~ 2071	–
脂肪酶（U/L）	13 ~ 28	10 ~ 71	6 ~ 26	6 ~ 26
肌酸激酶（U/L）	51 ~ 2649	78 ~ 302	129 ~ 755	79 ~ 915

※ 无数据或该属动物的常规检测指标

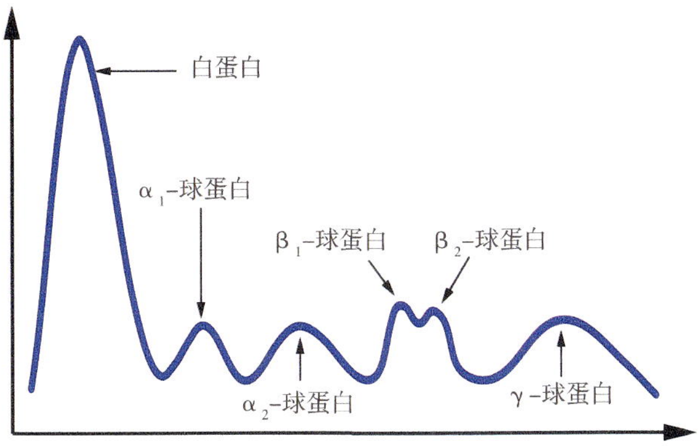

图 4-8 血液

血清中含有各种血浆蛋白、酶、激素、维生素、无机盐与代谢产物等

二、血细胞

血细胞（blood cells）包括红细胞、白细胞和血小板等（表 4-4）。不同种动物的血细胞具有相应的形态结构和功能、生成周期和循环寿命等。各种血细胞由骨髓不断生成和释放，从而保持血液中各种血细胞的数量和比例恒定（图 4-9）。

血液中各种血细胞的数量、形态和功能等通常用作临床病理诊断的依据（表 4-5）。

（一）红细胞

哺乳动物成熟的红细胞（erythrocyte）内没有细胞核或细胞器，细胞质嗜酸性（图 4-10）。红细胞直径为 4 ~ 8 μm，呈中间双凹的圆盘状结构，中央薄，周边厚，横切面呈哑铃形。血液涂片染色可见红细胞中央染色浅，周边深，电镜切面质地均匀。红细胞有弹性，可以变形通过比它直径小的毛细血管。犬红细胞较大，直径 7 ~ 8 μm，中央双凹结构明显。

红细胞的主要成分是血红蛋白，血红蛋白是二氧化碳和氧气交换的物质基础。红细胞的双凹圆盘形结构可使其表面积最大化，有利于二氧化碳和氧气的交换。

血液中可见网织红细胞，即尚未完全成熟的红细胞，并在外周血液中成熟。正常外周血液中，网织红细胞很少。幼龄动物或成年动物血液再生时，外周血液中网织红细胞比例会相应地升高。在常规染色的血涂片中，网织红细胞与成熟红细胞不易区分。特殊染色可显示网织红细胞内残留的核糖体，呈细网状或颗粒结构。网织红细胞的计数常作为判定骨髓红细胞生成能力的临床病理检测指标。

不同动物的红细胞寿命不同。衰老的红细胞在肝、脾和骨髓等处由巨噬细胞吞噬和消化。

表 4-4 血细胞包括红细胞、白细胞和血小板

血细胞种类		血细胞特性和功能
红细胞		红细胞主要功能是运输 O_2 和 CO_2，胞膜上有 ABO 血型抗原
粒性白细胞	中性粒细胞	吞噬和消灭细菌和外源性异物
	嗜酸性粒细胞	吞噬和消灭寄生虫和参与过敏性免疫反应
	嗜碱性粒细胞	参与免疫反应，释放组胺和血清紧张素等
单核细胞		进入组织后形成吞噬细胞，吞噬和消化进入体内的微生物等外源性异物和衰亡的细胞，呈递抗原
淋巴细胞	T 淋巴细胞	杀伤变异细胞和调控其他白细胞等
	B 淋巴细胞	产生特异性抗体，呈递抗原
	自然杀伤细胞	杀伤变异细胞和肿瘤细胞等
血小板		启动凝血过程

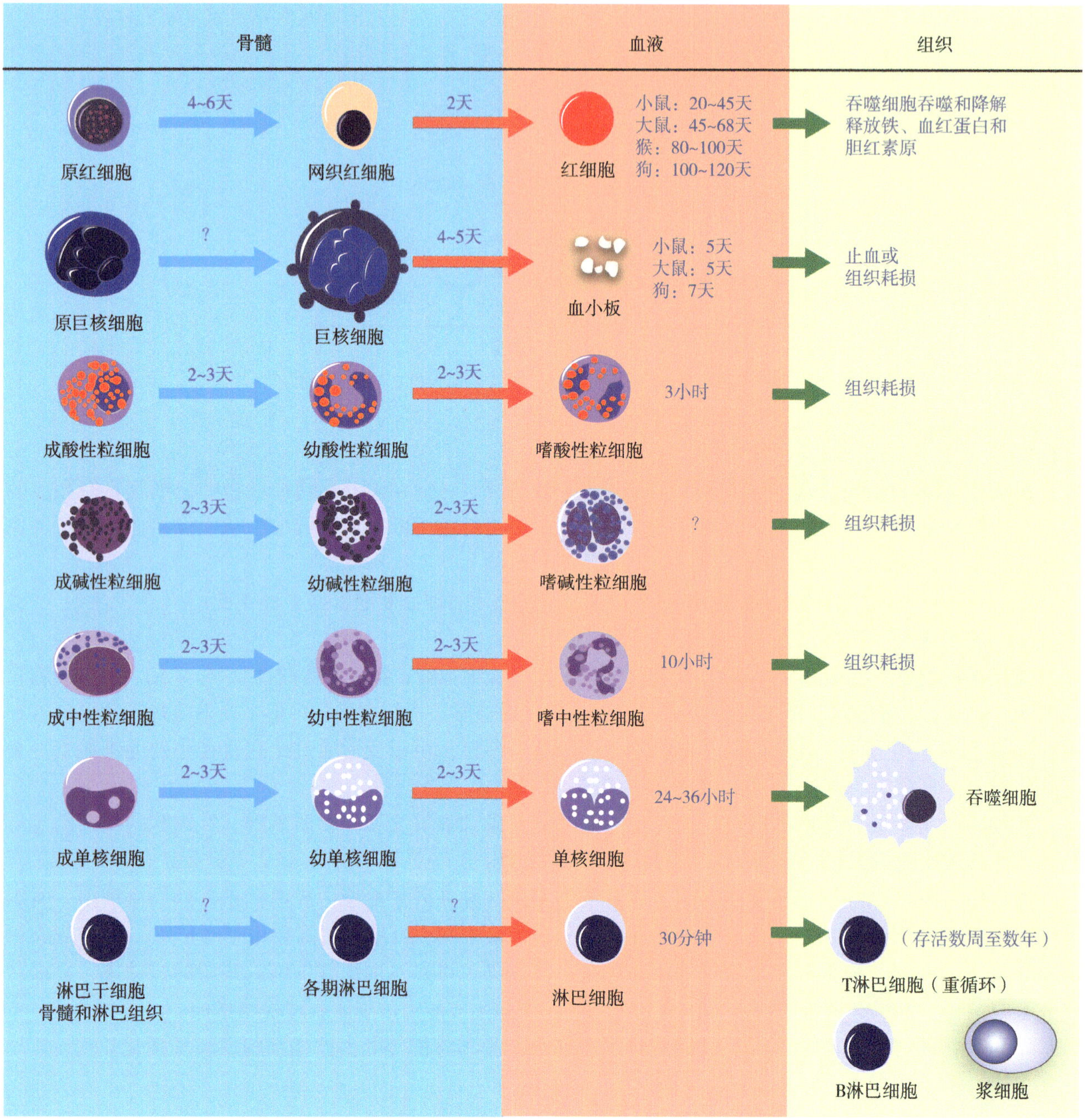

图 4–9 造血细胞的循环

血液各种血细胞由骨髓不断生成和释放，从而保持血液中各种血细胞的数量和比例的恒定

表 4-5　食蟹猴（2~5 岁龄）、比格犬（8 月龄至 2 岁龄）和大鼠（1~6 月龄）的常规血液学检测指标和参考范围

血液学检测参数	参考范围			
	食蟹猴	比格犬	SD 大鼠	Wistar 大鼠
红细胞计数（×10^6/μl）	5.11 ~ 7.70	5.83 ~ 8.03	6.01 ~ 9.06	6.62 ~ 9.32
血红蛋白（g/100 ml）	10.2 ~ 15.2	14.1 ~ 19.5	12.1 ~ 16.3	12.8 ~ 17.0
血细胞比容（%）	35.0 ~ 51.5	39.9 ~ 58.9	37.0 ~ 52.2	37.6 ~ 50.3
平均红细胞容积（fl）	59 ~ 75	65.5 ~ 75.5	52.4 ~ 69	52.3 ~ 63.1
平均红细胞血红蛋白量（pg）	17.6 ~ 22.2	21.8 ~ 24.7	17.5 ~ 22.0	17.6 ~ 20.6
平均红细胞血红蛋白浓度（g/100ml）	27.3 ~ 31.6	31.8 ~ 34.5	30.2 ~ 34.4	31.0 ~ 35.2
红细胞容积分布宽度（%）	12.3 ~ 16.1	11.3 ~ 14.5	10 ~ 14.4	10.1 ~ 14.0
血小板（×10^3/μl）	234 ~ 598	168 ~ 419	820 ~ 1550	655 ~ 1219
血小板平均体积（fl）	–*	–	6.4 ~ 10.5	7.0 ~ 10.5
白细胞计数（×10^3/μl）	4.5 ~ 22.6	5.4 ~ 13.4	2.9 ~ 16.2	0.7 ~ 12.8
中性粒细胞（%）	17.0 ~ 78.5	49.0 ~ 72.6	4.0 ~ 28.0	7.4 ~ 29.4
杆状核中性粒细胞（%）	0 ~ 6	0 ~ 6	0 ~ 6	–
淋巴细胞（%）	17.1 ~ 75.0	18.6 ~ 42.1	70.0 ~ 92.0	63.4 ~ 89.1
单核细胞（%）	1.5 ~ 8.8	2.6 ~ 8.2	0 ~ 5.0	0 ~ 4.9
嗜酸性粒细胞（%）	0 ~ 10.4	0 ~ 6.3	0 ~ 3.0	0 ~ 4.1
嗜碱性粒细胞（%）	0 ~ 0.6	0 ~ 1.8	0 ~ 0.4	0 ~ 0.9
未染色的大细胞（%）	0.3 ~ 3.9	0.1 ~ 3.9	0 ~ 3.9	0 ~ 3.9
中性粒细胞（绝对计数）（×10^3/μl）	1.3 ~ 13.42	2.9 ~ 8.9	0.3 ~ 3.0	0.2 – 2.2
淋巴细胞（绝对计数）（×10^3/μl）	1.7 ~ 9.5	1.6 ~ 3.8	–	–
雄性（×10^3/μl）	–	–	3.4 ~ 13.7	1.4 ~ 10.6
雌性（×10^3/μl）	–	–	1.0 ~ 10.0	0.6 ~ 7.2
单核细胞（绝对计数）（×10^3/μl）	0.1 ~ 1.06	0.2 ~ 0.7	0 ~ 0.9	0 ~ 0.5
嗜酸性粒细胞（绝对计数）（×10^3/μl）	0 ~ 1.3	0 ~ 0.49	0 ~ 0.5	0 ~ 0.5
嗜碱性粒细胞（绝对计数）（×10^3/μl）	0 ~ 0.1	0 ~ 0.2	0 ~ 0.05	0 ~ 0.1
未染色的大细胞（绝对计数）（×10^3/μl）	0 ~ 0.2	0 ~ 0.1	0 ~ 0.22	0 ~ 0.1
网织红细胞（%）	0.2 ~ 3.3	0.2 ~ 1.5	1.2 ~ 9.0	1.8 ~ 7.6
网织红细胞绝对计数（×10^3/μl）	14 ~ 178	13 ~ 110	92 ~ 578	169 ~ 541
有核红细胞（%）	0 ~ 2	0 ~ 2	–	–

* 无数据或非该属动物的常规检测指标

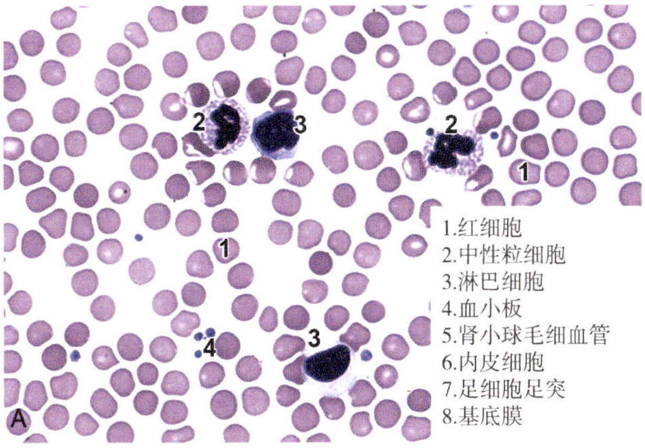

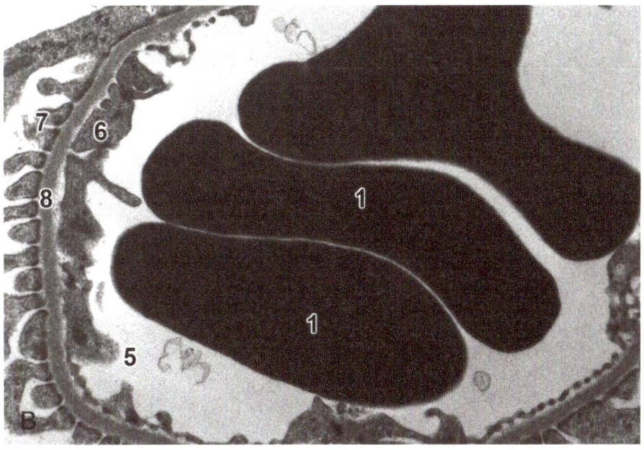

图 4-10　红细胞

A. 食蟹猴血液涂片：成熟的红细胞没有胞核或细胞器，胞质嗜酸性；B. 大鼠肾：肾小球毛细血管内红细胞，嗜锇性强，呈匀质状

（二）白细胞

白细胞（white blood cells）参与体内防御和免疫过程。粒性白细胞和单核细胞能做变形运动，具有趋化性，可吞噬异物或抗原–抗体复合物。淋巴细胞具有免疫功能。在炎症或某些病理状态下，白细胞总数及某种白细胞数量会发生变化。白细胞分类计数常作为临床病理诊断指标。

根据胞质内颗粒形态，白细胞可分为粒性白细胞和无粒白细胞（表4–6）。粒性白细胞又可分为嗜中性、嗜酸性与嗜碱性粒细胞。无粒白细胞包括单核细胞和淋巴细胞。根据胞核的形状，白细胞又可分为多形核白细胞和单形核白细胞。多形核白细胞包括各种粒性白细胞。单形核白细胞包括单核细胞和淋巴细胞。

表4–6　白细胞和血小板的种类及特性

	分类	作用
嗜中性粒细胞	初级颗粒（溶酶体）0.4 ~ 0.8 μm	髓过氧化物酶，酸性磷酸酶和溶菌酶等
	次级颗粒 0.3 ~ 0.4 μm	碱性磷酸酶，溶菌酶，防御素，杀菌渗透增强蛋白等
嗜酸性粒细胞	嗜酸性颗粒	酸性磷酸酶，芳基硫酸酯酶，过氧化物酶和组胺酶等
嗜碱性粒细胞	嗜碱性颗粒	肝素，组胺和白三烯等致过敏物质
单核细胞	嗜天青颗粒（溶酶体）	过氧化物酶，酸性磷酸酶和溶菌酶等
淋巴细胞	抗体和受体等	特异性免疫功能
血小板	α 颗粒	凝血因子，酸性水解酶，纤维蛋白原等。致密芯颗粒电子密度高，有被膜，内含5–HT、ADP、ATP、Ca^{2+}、肾上腺素等

1. 嗜中性粒细胞（neutrophil）　细胞数量多，具有很强的趋化作用和吞噬功能（图4–11）。中性粒细胞表面表达IgG Fc受体和补体C3b受体，可增强吞噬作用。能做变形运动，可穿越血管内皮细胞进入感染部位。胞核深染，呈杆状、哑铃形或分叶状。细胞越成熟，胞核分叶越多。成熟或衰老的中性粒细胞的胞核分叶多，3 ~ 5个叶。新生成的中性粒细胞的比例升高时，临床称核左移。反之，则称核右移。

中性粒细胞的胞质内含有初级颗粒和次级颗粒。初级颗粒大，数量少，着色深，浅紫色。颗粒呈圆形或椭圆形，电子密度高，有被膜。初级颗粒也称嗜天青颗粒，为溶酶体，可消化分解吞噬的异物。次级颗粒也称特殊颗粒，数量多，颗粒小，淡红色。颗粒呈哑铃状或椭圆形，电子密度中等。食蟹猴中性粒细胞的胞质颗粒明显。

2. 嗜酸性粒细胞（eosinophil）　有2 ~ 3个核叶（图4–12）。胞质呈浅红色，富含粗大的橘红色嗜酸性颗粒，分布均匀，呈圆形或椭圆形，略带折光性。电镜下可见颗粒的被膜和颗粒内长方形或菱形的致密结晶体。

嗜酸性粒细胞具有抗过敏和抗寄生虫的功能。吞噬异物或抗原–抗体复合物，灭活组胺或抑制组胺释放，借助抗体与某些寄生虫结合并释放颗粒内物质，杀伤虫体或虫卵。在过敏性或寄生虫感染时，血液和组织中的嗜酸性粒细胞数量增多。

3. 嗜碱性粒细胞（basophil）　胞核呈分叶状或S形，其功能与组织中的肥大细胞相似。胞质内含有大小不等和分布不均的蓝紫色嗜碱性颗粒。甲苯胺蓝染色颗粒呈紫红色。颗粒有被膜，质地均匀，偶尔可见板层状或细丝状结构。颗粒物质可促使平滑肌纤维收缩，增高小血管通透性等，促进过敏反应。

4. 单核细胞（monocyte） 体积最大的白细胞，表面有皱褶和短微绒毛（图 4–13）。胞核呈卵圆形，肾形或马蹄形，着色浅。胞质丰富，弱嗜碱性。胞质内富含细小的嗜天青颗粒和吞噬小泡。

单核细胞具有很强的变形性和趋化性。由骨髓生成后进入血流循环，并进入各种组织内，分化成巨噬细胞。巨噬细胞能吞噬体外入侵的异物和微生物，消化体内衰老和病变的细胞，参与调节免疫应答，并分泌多种生物活性物质等。

骨髓和血液中的单核细胞与由其衍生的各种组织器官内的巨噬细胞一起，构成了机体的单核 – 吞噬细胞系统。

5. 淋巴细胞和浆细胞（lymphocyte and plasma cell） 淋巴细胞呈球形，分为小淋巴细胞、中淋巴细胞和大淋巴细胞。外周血液中的淋巴细胞多数为小淋巴细胞。小淋巴细胞的胞质很少，在核周形成一个蔚蓝色窄环，胞质含少量嗜天青颗粒。胞核呈圆形，一侧有一小凹陷，染色质致密，呈粗块状，染色深。大淋巴细胞和中淋巴细胞的胞质稍多，内含少量嗜天青颗粒。胞核椭圆形，染色质疏松，着色浅。电镜下可见胞质内的颗粒有被膜，丰富的核糖体，少量的线粒体或粗面内质网。淋巴细胞是体内免疫应答反应的细胞基础，B 淋巴细胞转化为浆细胞（图 4–14）。

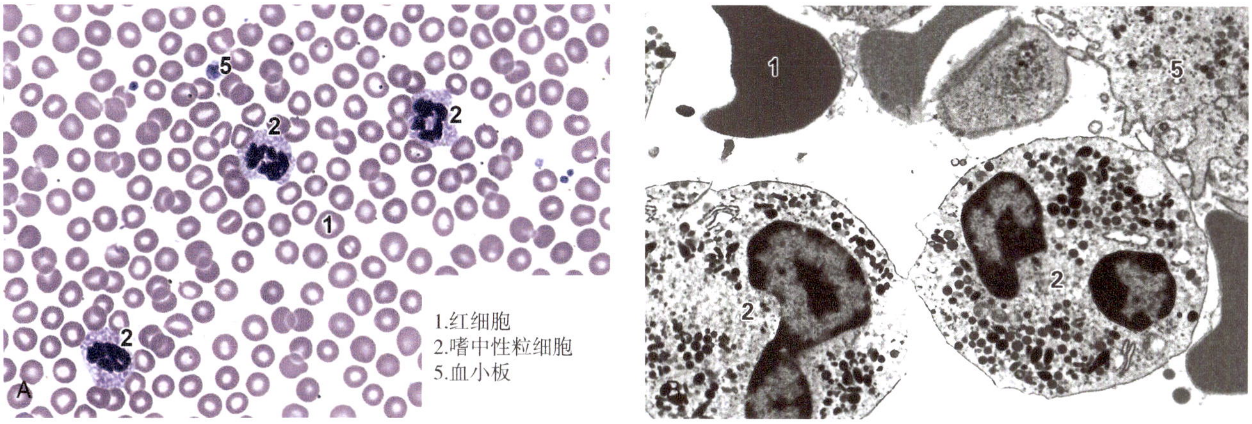

图 4–11 **中性粒细胞**

A. 食蟹猴血液涂片：示分叶核嗜中性颗粒；B. 比格犬：分叶核、大小、密度不同的颗粒

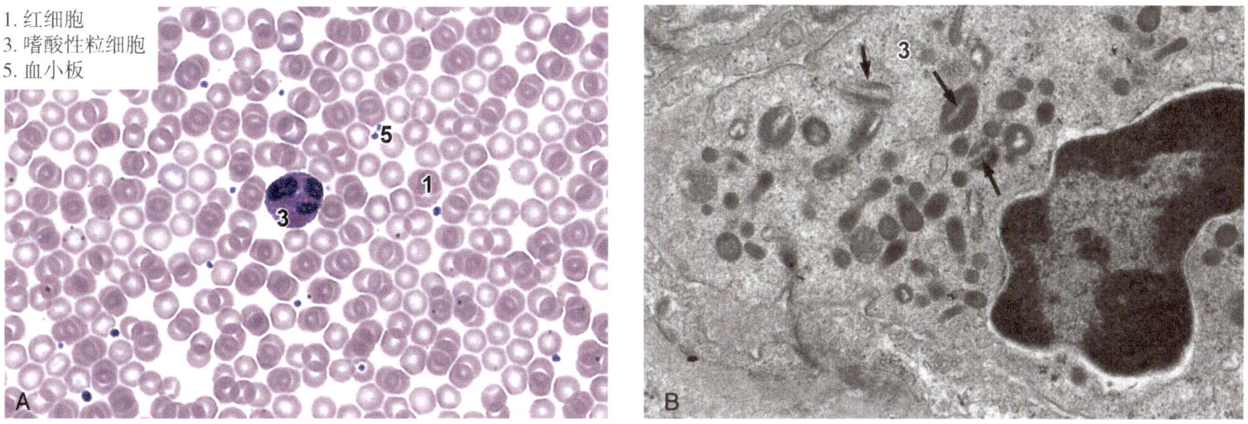

图 4–12 **嗜酸性粒细胞**

A. 食蟹猴血液涂片，酸性粒细胞有分叶核和嗜酸性颗粒；B. 比格犬：分叶核，分泌颗粒中有晶体结构（箭）

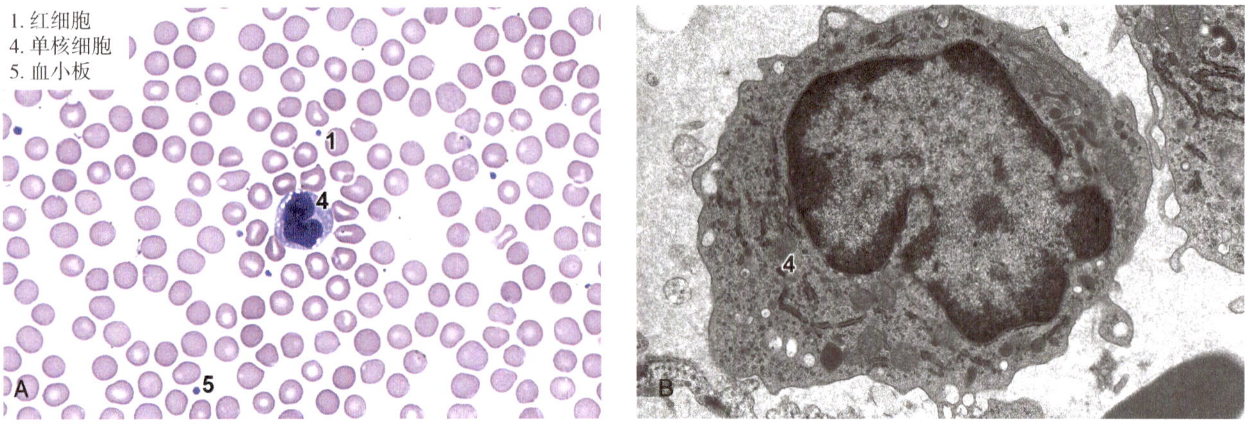

图 4-13　**单核细胞**

A. 食蟹猴血液：示肾形或马蹄形胞核，胞质丰富，有吞噬空泡；B. WH 大鼠：胞核呈肾形，胞质有吞噬颗粒，表面有皱褶和短微绒毛

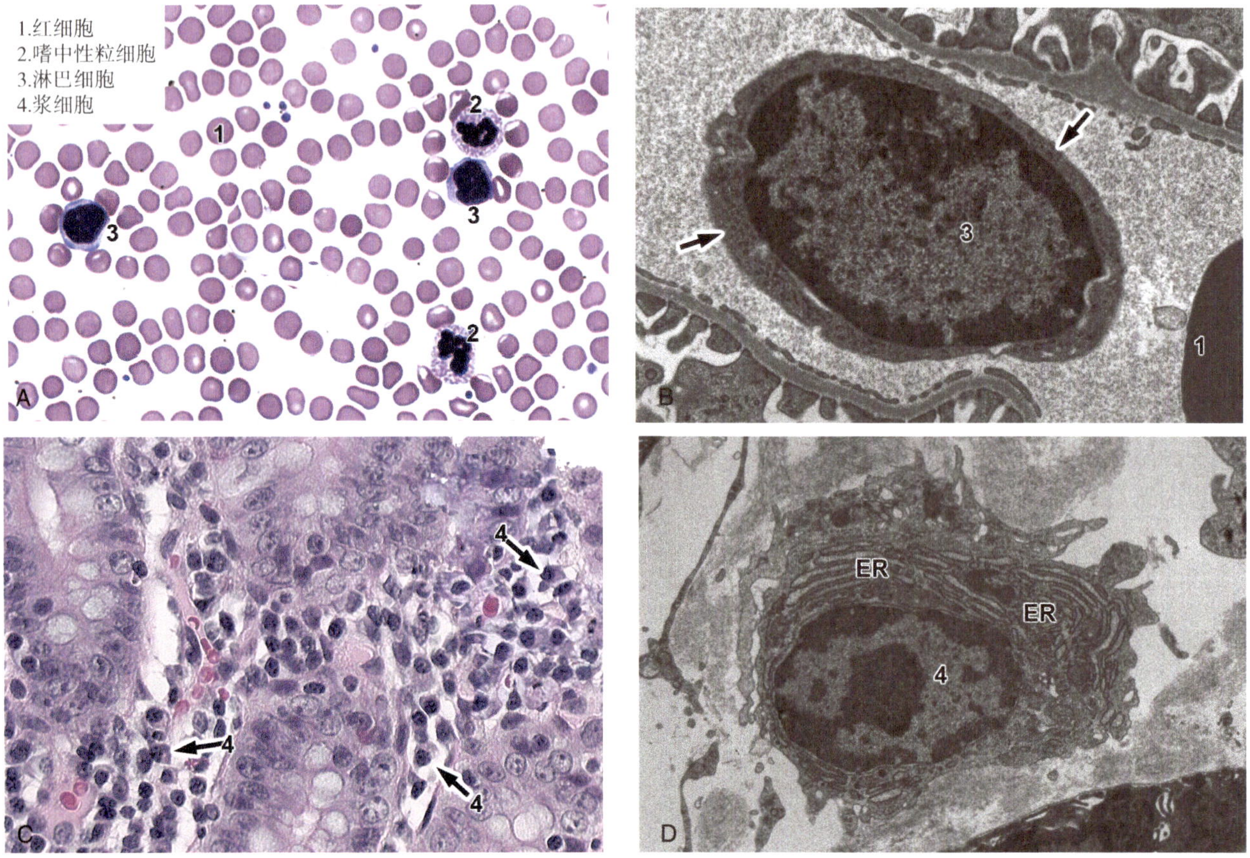

图 4-14　**淋巴细胞和浆细胞**

A. 食蟹猴血液淋巴细胞：胞核圆形，一侧有小凹陷，染色质致密，胞质少；B. 大鼠肾小球毛细血管：淋巴细胞核染色质致密，胞质少（箭）；C. 食蟹猴结肠：固有膜内淋巴细胞和浆细胞浸润（箭）；D. SD 大鼠小肠固有膜：浆细胞浸润，胞质内丰富的粗面内质网（ER）

（三）血小板

骨髓巨核细胞体积巨大。胞核大，多叶形，为多倍体细胞，染色体可高达 128 倍。胞质丰富，胞质脱落而成血小板（platelet）。血小板生成素对调控骨髓巨核细胞的增殖和分化具有重要作用。

血小板由骨髓巨核细胞的胞质脱落而成，没有细胞核（图 4-15）。 血小板形状不规则，呈双凸叶片形或扁盘状，直径 2 ~ 4 μm。细胞膜完整，表面有较厚的糖衣和不规则的凹陷或突起。胞质中央颗粒区内含密集的紫色特殊颗粒，也称 α 颗粒，电子密度中等，颗粒中央有高密度的核芯。周边的胞质透明，弱嗜碱性，也称透明区 。电镜下可见血小板内的两套管状系统和两种颗粒。开放小管系统通向血小板表面，其管道与血浆相通。致密小管系统是一封闭小管，分布于血小板周边。

血小板主要功能是参与止血和凝血。 当血管壁受损时，血小板黏附在受损伤的血管壁胶原纤维上，并被激活，聚集成团形止血栓。血小板释放颗粒物质，使血浆内的凝血酶原转变成凝血酶。凝血酶催化纤维蛋白原变成丝状的纤维蛋白，并网罗血细胞等，形成凝血块。

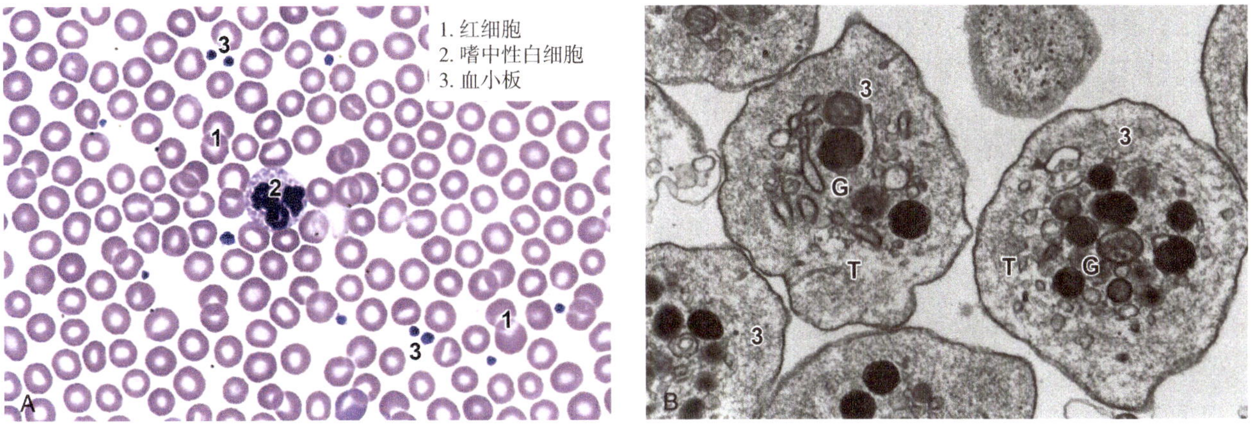

图 4–15　**血小板**

A. 食蟹猴血液：血小板体积小，无胞核，形状不规则；B. NZW 兔血液：胞质中央颗粒区有内致密颗粒（G），周边区透明（T）

第三节　血液凝固和纤维溶解

当组织损伤后，发生血液凝固并止血。血液中的可溶性纤维蛋白原转变为不溶性的纤维蛋白。纤维蛋白聚合交织成网，网罗血细胞，形成血栓凝块。在血小板的作用下，凝胶状态的血凝块收缩，形成血栓，血清析出。同时，体内有抗凝机制和纤溶机制等，调控血液凝固和纤溶的平衡。

除血小板外，体内血液凝固过程有多个凝血因子参与（表 4–7）。大部分凝血因子为糖蛋白，多数因子由肝细胞合成。凝血因子Ⅱ，Ⅶ，Ⅸ和Ⅹ的合成需要维生素 K 参与。

血液凝固大致分为三个阶段：凝血酶原激活物形成，凝血酶原转化为凝血酶，以及纤维蛋白原转化为纤维蛋白（图 4–16）。凝血酶原激活物可由内源性途径和外源性途径形成，并汇总于共同途径。凝血机制既有凝血信号的逐级放大，又有多个正负反馈环节。并与其他止血机制相互作用，如血小板血栓形成机制等。

临床常用凝血酶原时间（外源性凝血途径），活化部分凝血活酶时间（内源性凝血途径），共同凝血途径和纤维蛋白原等参数检测凝血功能（表 4–8）。

当血栓完成止血使命后，体内纤溶系统将血栓纤维蛋白逐步溶解，血管内的血流再通。纤溶系统主要包括纤维蛋白溶解酶原（也称纤溶酶原和血浆素原），纤溶酶（也称血浆素），纤溶酶原激活物与纤溶抑制物等。

在实际生理和病理过程中，内源和外源凝血途径常常交织在一起，血液凝固和纤维溶解过程常常交织在一起。内源性凝血途径在生理情况下可能作用较大，而外源性凝血途径在病理情况下可能作用较大。

表 4-7 凝血因子

序号	名称	来源	主要功能
Ⅰ	纤维蛋白原	肝细胞	形成纤维蛋白凝胶，参与血小板的聚集
Ⅱ	凝血酶原，凝血素	肝细胞（需维生素 K）	催化纤维蛋白原转化为纤维蛋白
Ⅲ	组织凝血酶原酶，组织因子	内皮细胞等	作为因子Ⅶ的辅因子，启动凝血反应
Ⅳ	钙离子（Ca^{2+}）	血浆	作为多种因子的辅因子
Ⅴ	前加速素，促凝血球蛋白原，易变因子	内皮细胞，血小板	作为因子Ⅹ的辅因子，加速Ⅹa因子对凝血酶原的激活
Ⅶ	促凝血酶原激酶原，辅助促凝血酶原激酶，转变加速因子前体	肝细胞（需维生素 K）	与因子Ⅲ形成复合物，激活因子Ⅹ和Ⅸ
Ⅷ	抗血友病球蛋白 A，血小板辅助因子 I	肝细胞	作为因子Ⅸ的辅因子，加速因子Ⅹ的激活
Ⅸ	抗血友病球蛋白 B	肝细胞（需维生素 K）	与因子Ⅷa形成复合物，激活因子Ⅹ
Ⅹ	自体凝血酶原 C，Stuart Prower 因子	肝细胞（需维生素 K）	与因子Ⅴa形成复合物，激活因子Ⅱ，也可激活因子Ⅶ，Ⅷ和Ⅴ
Ⅺ	抗血友病球蛋白 C，ROSENTHAL 因子	肝细胞	激活因子Ⅸ
Ⅻ	接触因子，表面因子，HAGEMAN 因子	肝细胞	激活因子Ⅸ，纤溶酶原及前缓激肽释放酶
XⅢ	纤维蛋白稳定因子，血纤维稳定因子	肝细胞，血小板	促进纤维蛋白单体交联，形成纤维蛋白网
无	高分子量缓激肽原	肝细胞	作为Ⅻa的辅助因子，促进Ⅺ和前缓激肽释放酶的激活，促进前缓激肽释放酶对Ⅻ的激活
无	前缓激肽释放酶	肝细胞	激活因子Ⅻ

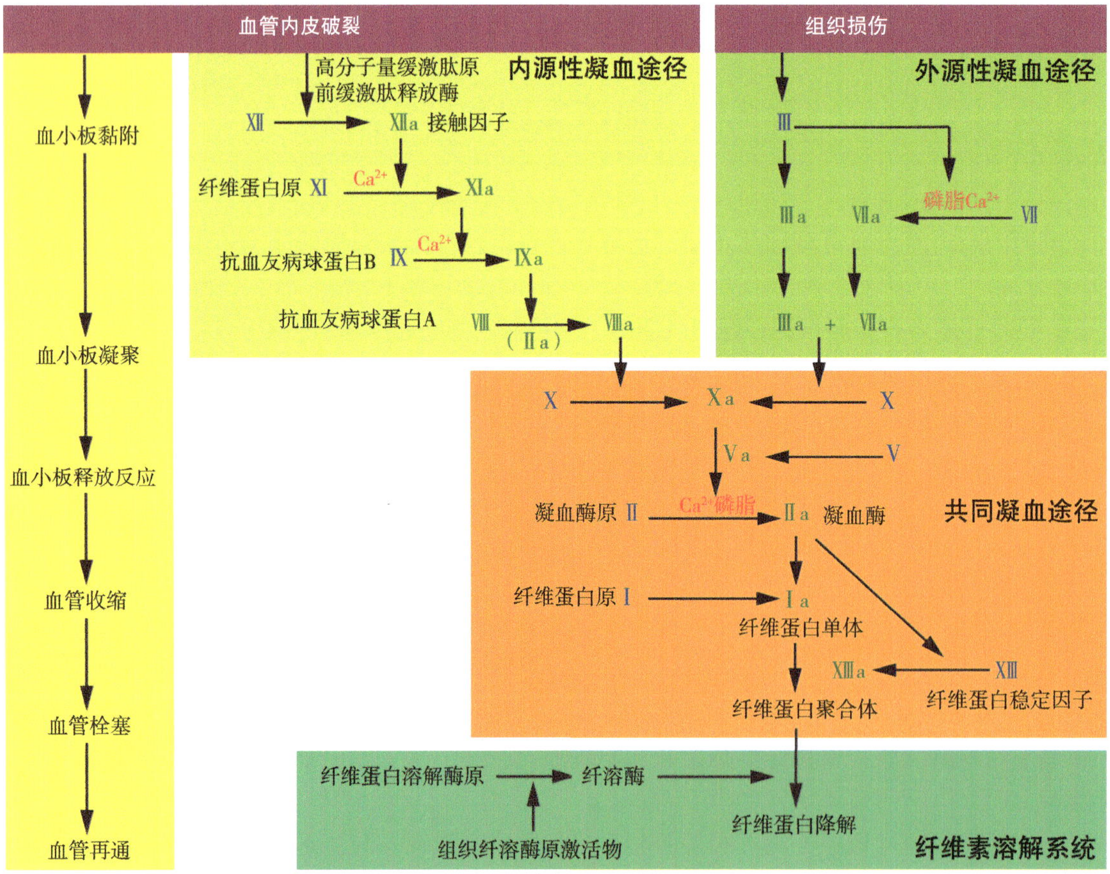

图 4-16 血液凝固和纤维溶解

实际生理和病理过程中，内源途径和外源途径常常交织在一起，血液凝固和纤维溶解过程常常交织在一起

表 4-8 食蟹猴（2~5 岁龄）、比格犬（8 个月龄至 2 岁龄）和大鼠（1~6 月龄）的常规血液凝固检测参数和参考范围

凝血检测参数	参考范围			
	食蟹猴	比格犬	SD 大鼠	Wistar 大鼠
凝血酶原时间（秒）	11.4 ~ 13.6	7.1 ~ 8.8	9.4 ~ 16.1	9.7 ~ 16.4
活化部分凝血活酶时间（秒）	19.6 ~ 25.8	11.2 ~ 14.0	11.6 ~ 17.9	10.8 ~ 19.3
纤维蛋白原（mg/dl）	141 ~ 281	140 ~ 327	188 ~ 372	181 ~ 345

第五章

免疫系统组织学

Histology of the Immune System

免疫系统是机体主要保护系统之一，包括免疫防御、监视、修正和稳定等。免疫防御可以及时识别和清除进入机体的抗原，包括病原生物、变异细胞和大分子等。免疫监视或修正可识别和清除体内发生变异的细胞，包括肿瘤细胞、微生物感染或药物改变的细胞。免疫稳定可以识别和清除体内衰老死亡的细胞或组织，从而维持内环境的稳定。

免疫系统可分为先天固有性免疫和后天适应性免疫，两者密切协调和合作（表 5–1， 图 5–1）。先天性免疫应答迅速，但无特异性和记忆能力，如细胞因子，粒性白细胞和吞噬细胞等。后天适应性免疫应答缓慢，由淋巴细胞和淋巴因子介导，具有特异性、耐受性和记忆性。

表 5–1　先天固有性免疫和后天获得性免疫的主要区别

特性	先天固有性免疫	后天适应性免疫
应答的特异性	非特异性应答	抗原或病原特异性应答
应答效应	立即达到最大化	暴露与最大化应答之间有时差
应答细胞	吞噬细胞、树突状细胞、中性粒细胞、嗜酸性粒细胞、肥大细胞、自然杀伤细胞等	淋巴细胞、浆细胞、淋巴因子和抗体等
应答记忆	无免疫记忆	产生免疫记忆
动物	几乎所有生命体	高等脊椎动物

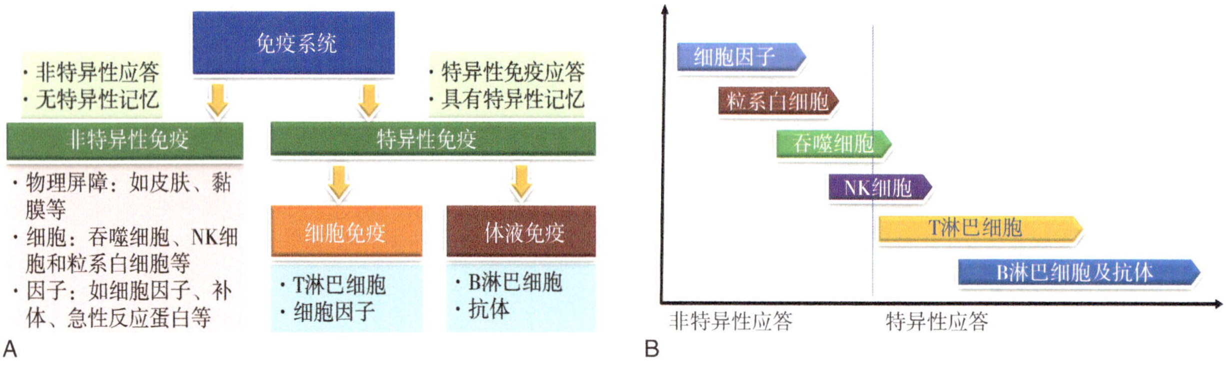

图 5–1　免疫系统

A. 免疫系统分为先天固有性免疫和后天适应性免疫，两者密切协调合作；B. 先天性免疫应答迅速，后天性免疫应答缓慢

第一节 免疫细胞

免疫细胞（immune cells）包括特异性淋巴细胞、非特异性的抗原呈递细胞、粒系细胞和支持细胞等。淋巴细胞起源于骨髓的淋巴干细胞，逐渐分化为各型 T 淋巴细胞，B 淋巴细胞和 NK 细胞等（图 5–2）。分化的淋巴细胞聚集于淋巴器官、血液，或分散在其他组织内（表 5–2），通过血液循环和淋巴循环相互联结为一个整体。 免疫组织中其他特异性上皮细胞和间质细胞对促进和支持淋巴细胞的生长、分化、迁移和活化等具有重要作用。

抗原呈递细胞、T 淋巴细胞和 B 淋巴细胞等免疫活性细胞依据其特异性细胞表面膜分子、受体和细胞因子等识别抗原并产生特异性免疫应答。特异性免疫识别的分子基础是淋巴细胞表面的特异性受体和主要组织相容性复合体。不同的免疫细胞表面表达特定膜受体或膜抗原决定簇分子（CD）。有些膜 CD 分子在整个细胞生命周期都表达，有些膜 CD 分子只在细胞周期的某一阶段表达。通过对特异膜 CD 分子的免疫组织化学染色，可以鉴别免疫细胞的类型和分化阶段（表 5–3）。

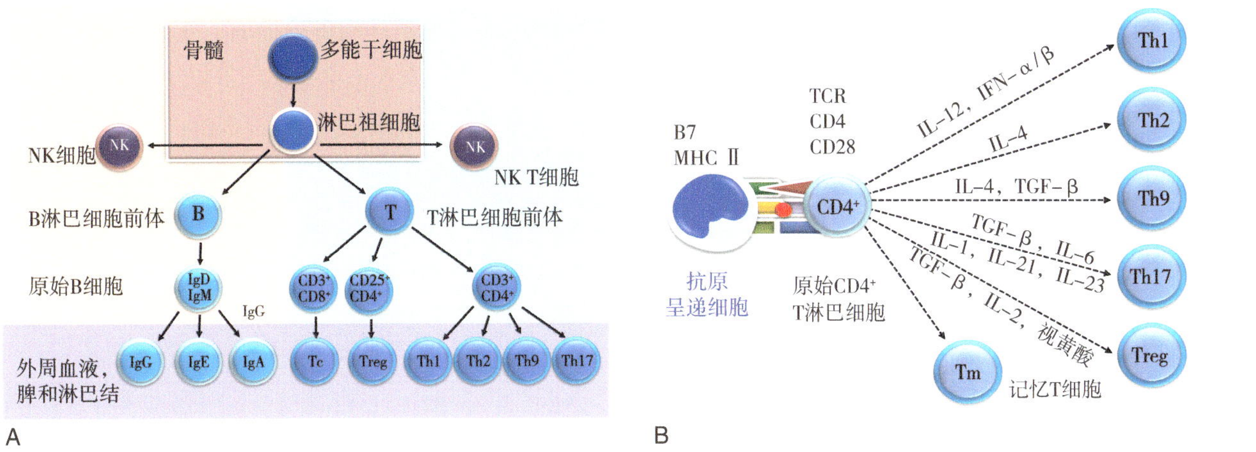

图 5–2 淋巴细胞

A. 淋巴细胞起源于骨髓淋巴干细胞，分化为外周淋巴细胞和 NK 细胞等；B. 原始 $CD4^+$ 细胞接受抗原刺激后，在相应因子作用下定向分化

表 5–2 淋巴组织和血液循环中淋巴细胞的分布

淋巴器官	T 淋巴细胞	B 淋巴细胞
骨髓	10%	90%
胸腺	100%	0
脾	45%	55%
淋巴结	60%	40%
血液	70%	30%

表 5-3　常见免疫细胞的主要功能和细胞表面抗原或受体

淋巴细胞种类	主要功能	细胞表面抗原或受体特性
辅助性 Th 细胞	释放淋巴因子和细胞因子，协助体液免疫和细胞免疫	CD45，CD3，CD4，TCR α/β
细胞毒性 Tc/s 细胞	杀伤病毒感染细胞和肿瘤细胞等	CD45，CD3，CD8，TCR α/β
γ/δ T 细胞	免疫调节和细胞毒性	CD45，CD3，TCR γ/δ
调节性 Tr 细胞	调节细胞免疫及体液免疫	CD45，CD3，CD4，CD25
B 淋巴细胞	分化为浆细胞	CD45/B220，CD19，CD20，CD22，CD79，BCR
浆细胞	产生各种抗体	CD45，CD38
NK 细胞	杀伤病毒感染细胞和肿瘤细胞	CD16/CD56，CD335
吞噬细胞	吞噬和抗原呈递	CD14，CD163，CD11b/Mac-Ⅰ
树突状细胞	抗原呈递	CD40，CD11c，CD123

一、淋巴细胞

淋巴细胞（lymphocyte）起源于骨髓的多能干细胞，逐步分化为 T 淋巴细胞、B 淋巴细胞和 NK 细胞。淋巴祖细胞在胸腺和骨髓的特殊微环境影响下，经历不同的分化发育途径和阶段，在胸腺形成原始 T 淋巴细胞，在骨髓形成原始 B 淋巴细胞。原始淋巴细胞不断地循环迁移到外周淋巴器官，如淋巴结、脾、扁桃体等。分布于血液和淋巴循环池中的淋巴细胞是分化成熟的，具有强大免疫功能的淋巴细胞（表 5-4）。

表 5-4　食蟹猴、比格犬和大鼠的外周血液中淋巴细胞种类和数量

淋巴细胞类型	参考范围（%）			
	食蟹猴	比格犬	SD 大鼠	Wistar 大鼠
B 淋巴细胞	6.1 ～ 30.8	3.8 ～ 29.7	20 ～ 49.4	15.8 ～ 50.0
T 淋巴细胞	45.0 ～ 78.0	37.6 ～ 83.8	41.1 ～ 73.1	41.7 ～ 73.5
细胞毒型 T 细胞	12.8 ～ 38.9	8.4 ～ 21.2	11.6 ～ 26.1	11.8 ～ 25.4
辅助型 T 细胞	18.9 ～ 46.5	25.0 ～ 51.9	27.4 ～ 51.6	26.9 ～ 53.3
NK 细胞	4.9 ～ 31.7	–	1.7 ～ 10.5	1.7 ～ 12.9

（一）T 淋巴细胞

T 淋巴细胞（T lymphocyte）分为多个不同功能的亚群，如细胞毒性 T 细胞，辅助性 T 细胞和调节性 T 细胞等主要亚群。调节性 T 细胞表达 CD4 和 CD25 膜分子，反馈调节机体免疫应答，包括免疫抑制和耐受。γ/δ T 细胞主要分布于胃肠道黏膜和黏膜相关淋巴组织，参与免疫防御的第一道防线。

（二）B 淋巴细胞

B 淋巴细胞（B lymphocyte）比 T 淋巴细胞的体积略大。除合成和分泌抗体外，B 淋巴细胞还具有捕获、加工、处理和呈递抗原功能。原始 B 淋巴细胞与特异性抗原接触后，增殖、分化，形成特异性 B 淋巴细胞和浆细胞，分泌抗体。

抗体（antibody）由 4 条多肽链组成，包括 2 条相同的重链和 2 条相同的轻链。链间由二硫键和非共价键联结，构成一个对称的“Y”形单体抗体分子（图 5-3）。抗体分子可分为恒定区和可变区两部分。轻链有 κ 和 λ 两种，重链有 μ、δ、γ、ε 和 α 五种，分别形成 IgM、IgD、IgG、IgE 和 IgA 五大型抗体，其中 IgG 和 IgA 还有不同的亚型（表 5-5）。

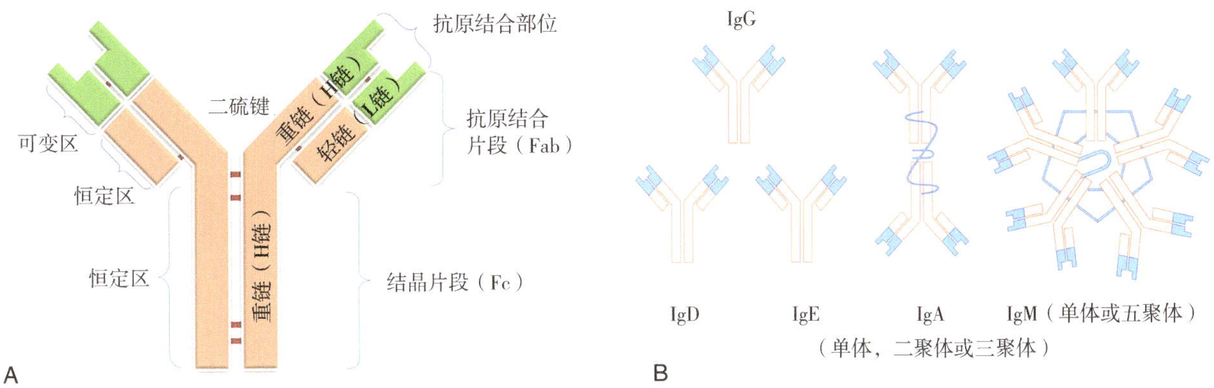

图 5-3 抗体

A. 由 4 条多肽链组成，2 条相同的重链和 2 条相同的轻链；B. 常见的五种重链 μ、δ、γ、ε 和 α 构成五种主要抗体亚型

表 5-5 抗体种类及其特性

种类	亚型	结构	血浆含量	特性和功能
IgG	γ1 ~ 4	单体	68% ~ 85%	体液免疫的主要抗体，中和抗原，激活补体。IgG 有四种亚型，有的亚型可穿过胎盘
IgA	α1 ~ 2	单体，二聚体或三聚体	10% ~ 20%	分泌于黏膜组织表面，如消化道、呼吸道及泌尿生殖道等，防止病原入侵和寄生。唾液、泪液和乳汁中也含有 IgA，初乳 IgA 含量高。IgA 以单体，由 J 链联成二聚体，或由 SC 链联成三聚体
IgM	μ	单体或五聚体	5% ~ 12%	在 B 淋巴细胞免疫早期，IgM 是初次抗原刺激后最早出现的抗体。B 淋巴细胞表面的 IgM 为单体，分泌型 IgM 为五聚体。IgM 分子质量大，具有极高的亲和力，可激活补体，具有重要的病原清除作用。同时，其血液含量也随之下降
IgD	δ	单体	<0.1%	在尚未致敏的 B 淋巴细胞上，IgD 作为抗原受体，启动 B 淋巴细胞活化。激活嗜碱性粒细胞和肥大细胞，使其生产抗菌因子
IgE	ε	单体	<0.1%	参与过敏反应，与变应原相结合，刺激肥大细胞和嗜碱性粒细胞释放组胺。有抗寄生虫的作用

（三）自然杀伤细胞（NK cell）

自然杀伤细胞与 T 淋巴细胞和 B 淋巴细胞同源，成熟的自然杀伤细胞表达 CD16 等膜分子，但不表达 T 淋巴细胞和 B 淋巴细胞的膜分子及受体。自然杀伤细胞可以直接杀伤变异的靶细胞，如病毒感染细胞和肿瘤细胞。自然杀伤细胞杀伤靶细胞的机制与细胞毒性 T 淋巴细胞相似，但无须抗原呈递细胞的介导，故称自然杀伤细胞。与靶细胞接触后，自然杀伤细胞释放穿孔素和分泌颗粒酶，诱发靶细胞死亡或凋亡等。

二、抗原呈递细胞

主要抗原呈递细胞（antigen-presenting cell）有吞噬细胞、树突状细胞和 B 淋巴细胞等（图 5-4）。这些细胞也称专职抗原呈递细胞，抗原呈递能力强。有些细胞如内皮细胞、成纤维细胞、上皮及间皮细胞、嗜酸性粒细胞和网状细胞等，在某些活性分子刺激诱导下表达 MHC-Ⅱ类分子，可处理和呈递抗原，但呈递能力弱。抗原呈递细胞表达 MHC-Ⅱ和 B7 类分子等协同刺激信号分子和各种黏附分子。

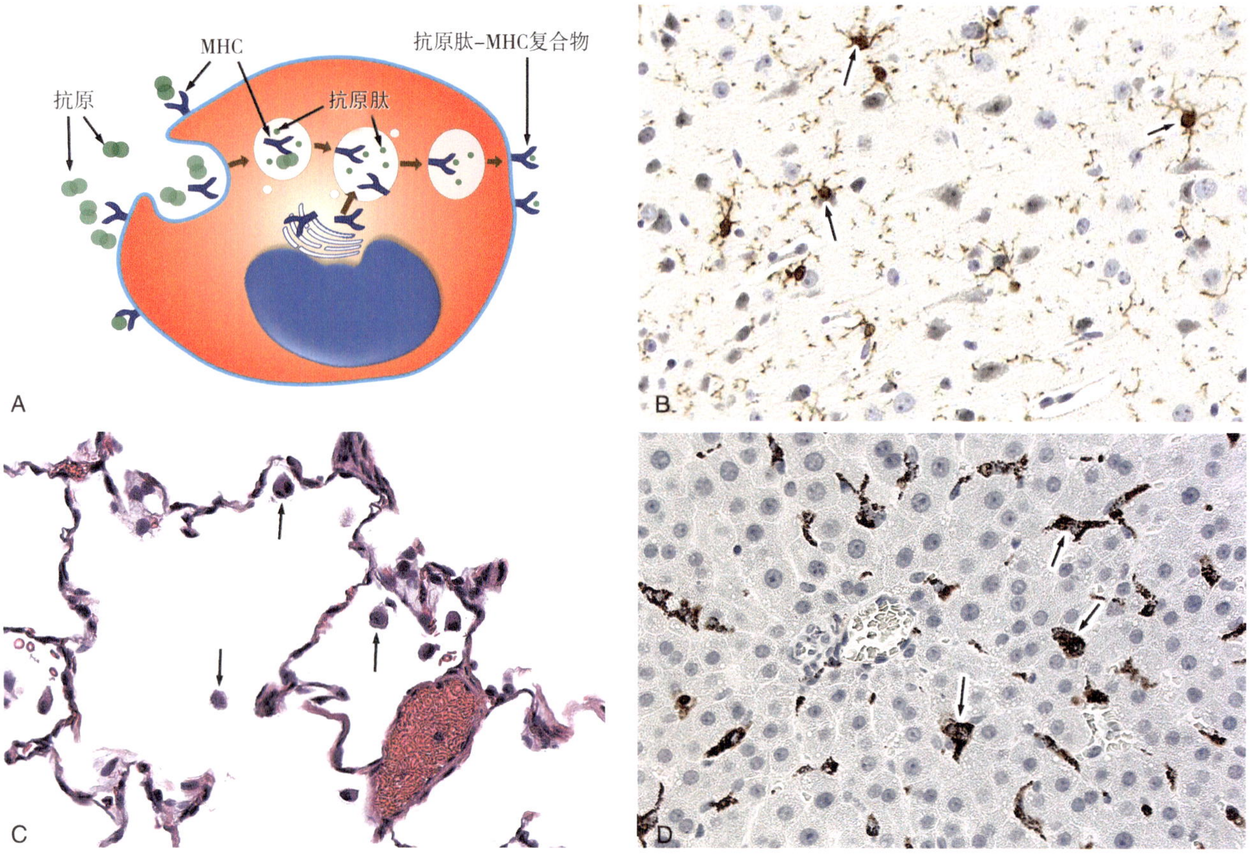

图 5-4　抗原呈递细胞

A. 捕获，加工和处理抗原，形成抗原肽 -MHC 复合；B. CD1 小鼠：大脑小胶质细胞（箭），IBA1 免疫组化染色；C. 比格犬肺：肺泡巨噬细胞（箭）；D. 大鼠肝：肝窦库普弗细胞（箭），CD68 免疫组化

抗原呈递细胞捕获、加工和处理抗原，形成抗原肽 -MHC 分子复合物，并呈递给淋巴细胞。外源性抗原经抗原呈递细胞吞噬或吞饮后，与溶酶体融合形成吞噬溶酶体。抗原被溶酶体降解为小分子多肽，即抗原肽。内质网中合成的 MHC- Ⅱ类分子进入高尔基体后，与吞噬溶酶体融合，使抗原肽与 MHC- Ⅱ类分子结合形成抗原肽 -MHC Ⅱ类分子复合物。该复合物达到抗原呈递细胞表面，被相应淋巴细胞识别。

（一）巨噬细胞

组织中的巨噬细胞（macrophage）由血液单核细胞迁移和分化形成，广泛分布于机体各组织器官。通常单核细胞和由其分化而来的具有吞噬功能的细胞称为单核 - 吞噬细胞系统，包括血液中单核细胞，结缔组织和淋巴组织的巨噬细胞，骨组织的破骨细胞，神经组织的小胶质细胞，肝库普弗巨噬细胞和肺泡巨噬细胞等。它们都是单核细胞在不同阶段和组织中的细胞形式。巨噬细胞具有强大的吞噬消化能力，处理和呈递抗原能力，以及分泌多种细胞因子的功能。

（二）树突状细胞

树突状细胞（dendritic cell）具有大量树枝状突起，故而得名。树突状细胞来源于骨髓多能干细胞。树突状细胞数量很少，但分布很广，如皮肤表皮层的朗格汉斯细胞能够监督体表抗原的入侵。

第二节 淋巴器官

免疫器官主要由淋巴组织构成，通常分为中枢和外周两部分。中枢淋巴器官包括胸腺和骨髓。外周淋巴器官或组织，包括脾、扁桃体、淋巴结、淋巴小结和弥散性淋巴组织。免疫器官通过血液和淋巴液的循环而连接为一体。

淋巴组织以网状结缔组织为支架，网内充盈大量淋巴细胞，其他免疫细胞及支持细胞等。淋巴器官中的间质网状细胞和其产生的网状纤维形成网状结构，参与形成免疫反应的微环境。

在胸腺和骨髓发育成熟的原始淋巴细胞随血液或淋巴循环迁移到外周淋巴器官或组织中。如果无抗原刺激，淋巴器官或组织内的淋巴细胞增生不明显，淋巴器官较小。遇抗原刺激或接受抗原呈递后，淋巴细胞迅速增殖和分化为效应细胞，发生免疫应答。淋巴器官或组织增大，形态和结构发生相应的变化，如淋巴滤泡和生发中心等。免疫刺激和应答后，淋巴器官或组织逐渐恢复原状。动物淋巴器官重量常作为评价免疫功能的基础。

一、胸腺

幼龄动物的胸腺（thymus）发达，成年后逐渐退化缩小。高龄动物的胸腺最终被脂肪组织代替。

胸腺分为皮质和髓质两部分（图 5–5）。被膜结缔组织深入胸腺内部，将胸腺实质分隔成许多不完全的胸腺小叶。每个小叶都有皮质和髓质两部分，各小叶的髓质相互连续。皮质内含有密集的发育中的 T 淋巴细胞，也称胸腺细胞，着色深。髓质内含有较多上皮细胞，着色较浅。

除大量 T 淋巴细胞和胸腺上皮细胞外，胸腺还有间质细胞，如树突状细胞、巨噬细胞、嗜酸性粒细胞、肥大细胞、成纤维细胞等（图 5–6）。

（一）胸腺皮质

胸腺小叶内少量胸腺上皮细胞形成支架，大量不同分化发育阶段的 T 淋巴细胞和少量间质细胞密集分布于支架间隙内。T 淋巴细胞主要分布于皮质内。来自骨髓的淋巴细胞前体进入胸腺皮质深层，纵行迁移发育。在周围胸腺上皮细胞、胸腺树突状细胞和巨噬细胞参与和作用下，T 淋巴细胞经阳性和阴性选择，成为原始 T 淋巴细胞。绝大部分 T 淋巴细胞发生凋亡，被巨噬细胞吞噬清除。

胸腺上皮细胞也称上皮网状细胞，分布于被膜下和 T 淋巴细胞之间。细胞呈星形，有突起，相邻上皮细胞的突起间以桥粒连接成网。有些上皮细胞具有丰富的胞质，包绕 T 淋巴细胞，故称哺育细胞。胸腺上皮细胞分泌胸腺素和胸腺生成素，诱导 T 淋巴细胞的发育和分化。

（二）胸腺髓质

髓质内有大量胸腺上皮细胞，少量较成熟的 T 淋巴细胞、B 淋巴细胞、巨噬细胞和嗜酸性粒细胞等。

部分胸腺上皮细胞参与构成胸腺小体，由胸腺上皮细胞呈同心圆状排列而成，散在分布于髓质。胸腺小体的大小和分化程度随动物不同而异。食蟹猴的胸腺小体明显，上皮细胞轮廓明显，偶尔可见细胞分裂象。小体中心的上皮细胞较成熟，胞质中含有较多的角蛋白，呈嗜酸性染色。小体中心的上皮细胞部分或完全角质化，形成角质化残体，强嗜酸性或强嗜碱性。小体中或周围可见巨噬细胞，嗜酸性粒细胞和淋巴细胞等。

（三）血胸腺屏障

胸腺的血液供应由小动脉穿越胸腺被膜，沿小叶间隔至皮质与髓质交界处形成微动脉，微动脉发出分支进入皮质和髓质（图 5–7）。胸腺皮质内的血管为毛细血管，并在皮髓质交界处汇合为毛细血管后微静脉。部分微静脉具有高内皮细胞，原始 T 淋巴细胞穿过高内皮进入血流。髓质的毛细血管常为有孔型内皮血管，其血流汇入微静脉，再经小叶间隔和被膜出胸腺。

血胸腺屏障位于胸腺皮质，由毛细血管、周细胞和胸腺上皮细胞构成。血液内的大分子物质如抗体、蛋白、酶和某些药物等大分子物质不易透过此屏障，从而维持胸腺内环境的稳定，保证胸腺细胞的正常发育。

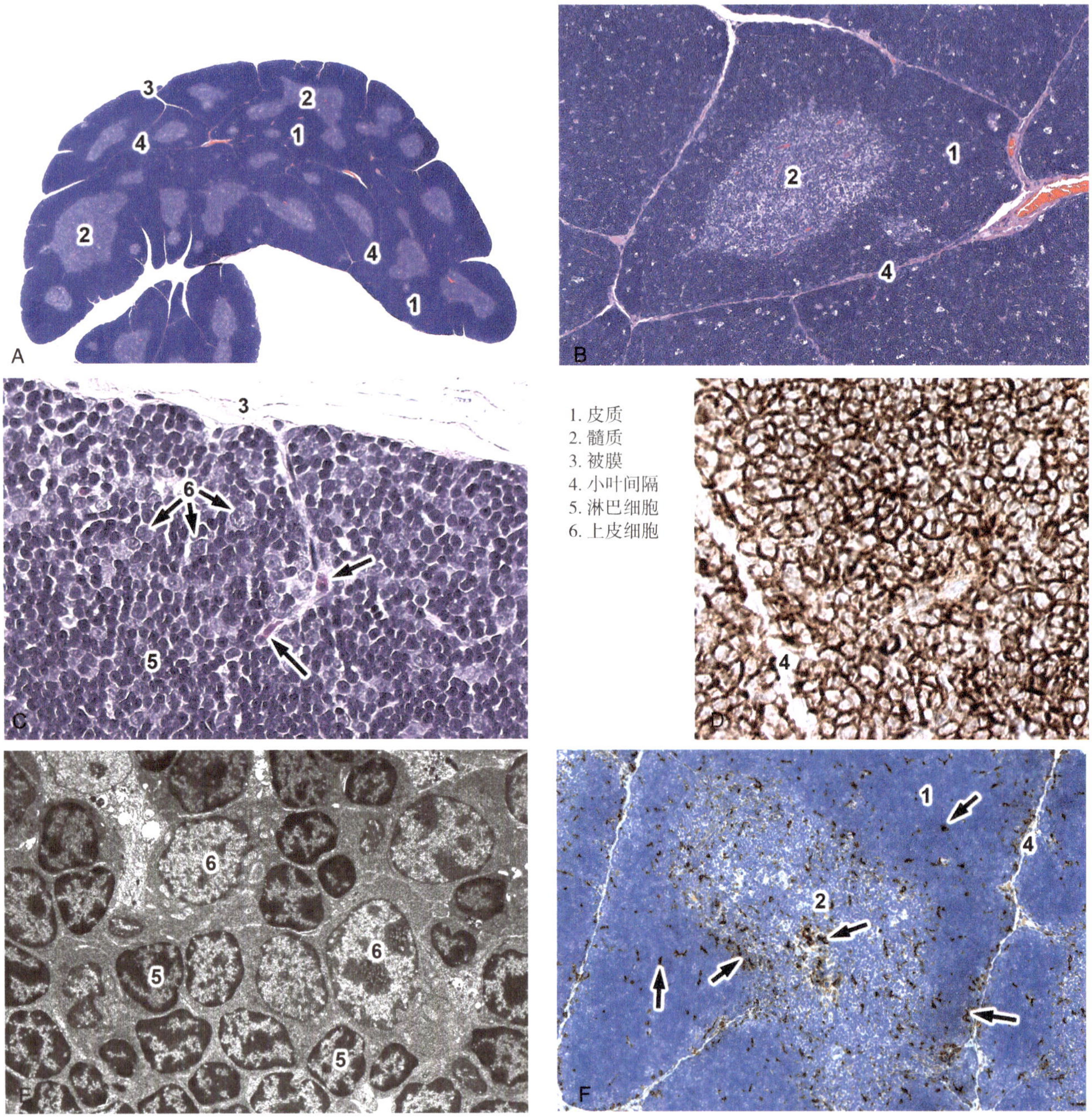

图 5-5 胸腺皮质

A. SD 大鼠：皮质，髓质，小叶间隔和薄层结缔组织被膜；B. SD 大鼠：胸腺小叶的皮质，髓质和小叶间隔；C.WH 大鼠：皮质淋巴细胞，上皮细胞和毛细血管（箭）；D. 食蟹猴：胸腺皮质主要由 T 淋巴细胞组成，CD4 免疫组化染色；E. WH 大鼠：皮质淋巴细胞和胸腺上皮细胞；F. 食蟹猴：吞噬细胞散在分布于皮质和髓质（箭），CD68 免疫组化染色

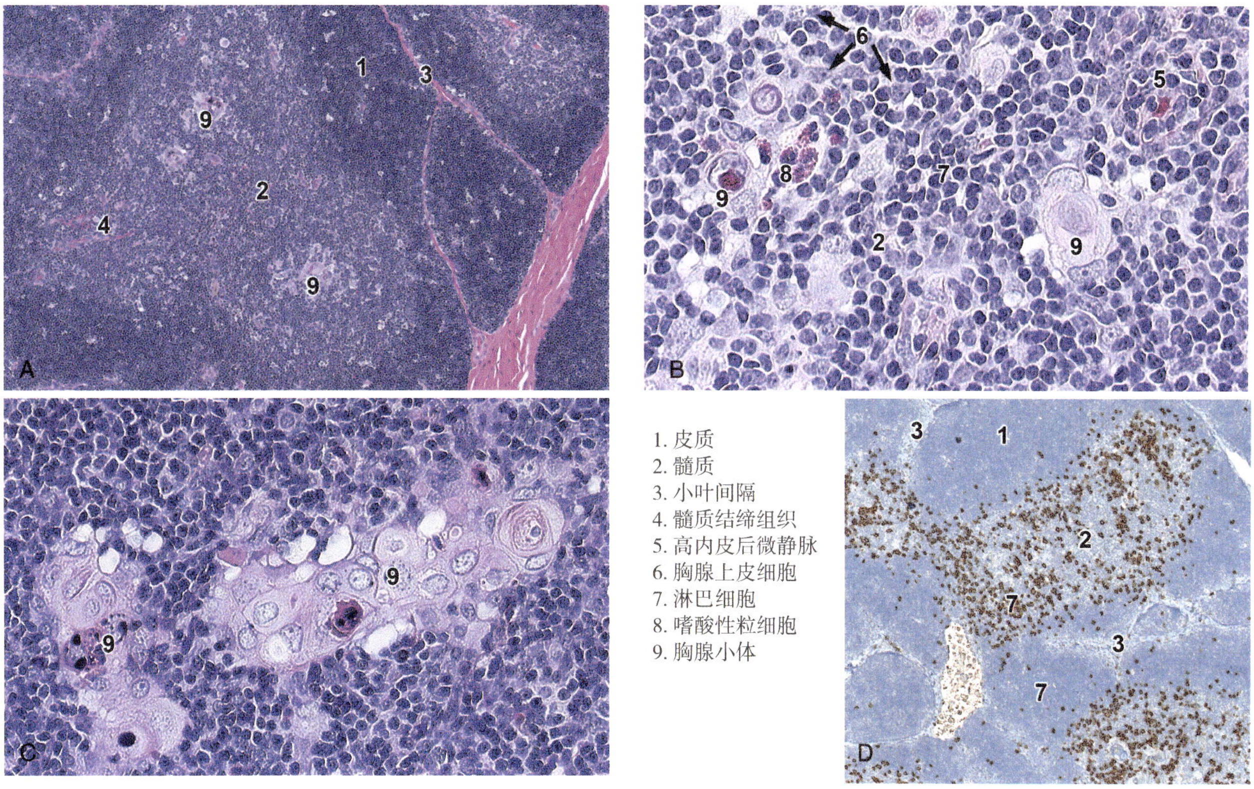

图 5-6　**胸腺髓质**

A. 食蟹猴：胸腺小叶分为皮质和髓质，相邻小叶髓质相延续；B. 食蟹猴：髓质内有胸腺小体，嗜酸性粒细胞和淋巴细胞等；C. 比格犬：部分胸腺上皮细胞参与构成胸腺小体；D. 食蟹猴：髓质内含有淋巴细胞，B 淋巴细胞 CD20 免疫组化染色

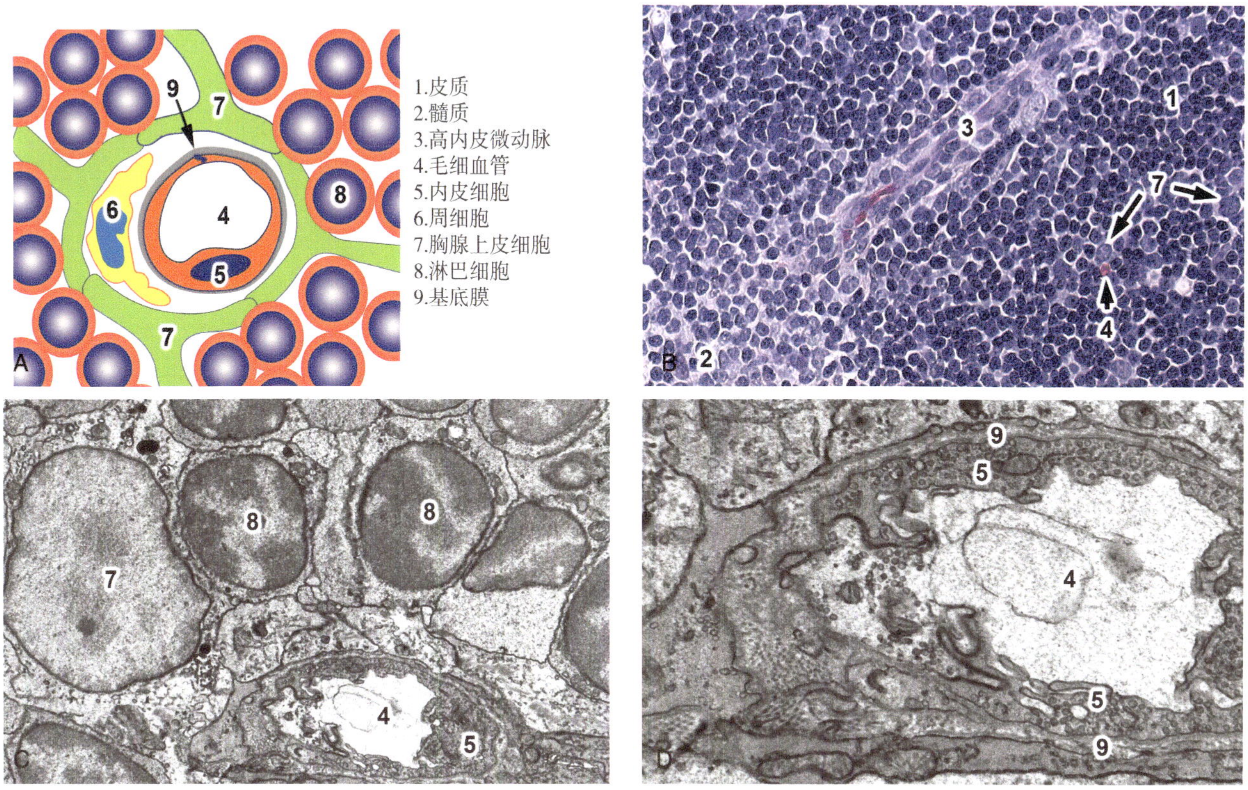

图 5-7　**血胸腺屏障**

A. 血胸腺屏障由毛细血管、周细胞和胸腺上皮细胞等构成；B. SD 大鼠：胸腺上皮细胞，高内皮后微动脉和毛细血管等；C. SD 大鼠：毛细血管连续性内皮和胸腺上皮细胞；D. SD 大鼠：毛细血管的连续性内皮

二、脾

（一）脾的功能

胚胎期的脾（spleen）是造血器官（图 5-8）。大部分成年动物的脾仍含有造血干细胞，具有造血潜能。在严重缺血状态下，脾即可恢复其造血功能。啮齿类动物的脾在出生后仍具有活跃的造血功能。

成年动物脾的主要功能为免疫应答和血液过滤。脾组织内各类免疫细胞可以对血源性抗原物质产生免疫应答。进入血液的微生物或异体蛋白等，可刺激脾淋巴细胞增生，次级淋巴滤泡增多变大。动脉周围淋巴鞘增厚，脾索内浆细胞增多，脾体积增大（图 5-9）。

脾过滤和清除进入血液中的抗原和衰老的红细胞。正常的血细胞进入脾索后，可以变形穿越血窦内皮细胞间隙，回归血液循环。衰老的红细胞和其他血细胞，由于细胞膜和骨架蛋白变性，细胞变形性降低，不易穿过内皮细胞间隙，而被巨噬细胞吞噬清除。当脾功能亢进时，红细胞破坏过多，可引起贫血。

（二）脾的结构

在新鲜的脾切面上，白髓呈灰白色点状，分布于深红色的红色髓质之中，由被膜包围和小梁分隔。不同种属动物的白髓与红髓的比例不同，如大鼠和食蟹猴的脾富含白髓，比格犬的脾富含红髓。

被膜由致密结缔组织构成，内含弹性纤维及平滑肌纤维，表面有间皮覆盖。被膜结缔组织及平滑肌纤维伸入脾内形成小梁，构成脾的支架。平滑肌纤维收缩可调节脾的血量。脾动脉从脾门进入后，随小

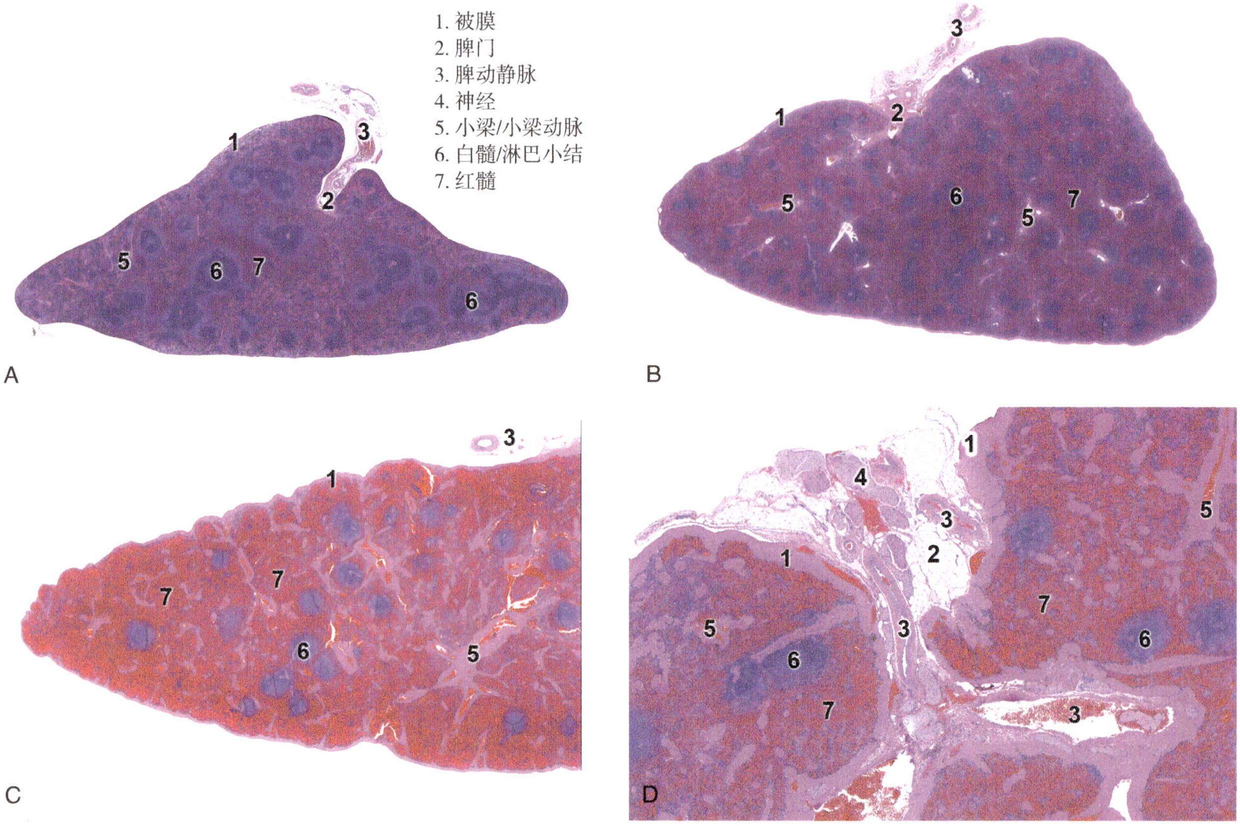

图 5-8 **脾**

A. SD 大鼠：脾有被膜和髓质，髓质分为白髓和红髓，脾动脉入脾门后随小梁分支走行；B. 食蟹猴：白髓为淋巴组织，眼观呈灰或白色，包括淋巴细胞鞘和淋巴小结；C. 比格犬：脾富含红髓和脾窦，被膜和小梁结构明显，富含平滑肌；D. 比格犬脾门：比格犬的脾富含红髓，被膜和小梁中富含弹性纤维及平滑肌

梁而分支走行，称小梁动脉。小梁动脉离开小梁后，形成中央动脉，进入淋巴细胞鞘。比格犬脾的被膜较厚，富含弹性纤维及平滑肌。

白髓主要为淋巴组织，脾内淋巴组织主要围绕中央动脉分布，形成动脉周围淋巴细胞鞘，淋巴小结和边缘区（图 5–10）。中央动脉旁有伴行的小淋巴管，淋巴鞘内 T 淋巴细胞经小淋巴管出脾。淋巴鞘主要由 T 淋巴细胞构成，含有少量巨噬细胞及树突状细胞等，相当于淋巴结的副皮质区。当发生免疫刺激时，淋巴鞘内 T 淋巴细胞分裂增殖，鞘增厚。

动脉周围淋巴鞘的外周有淋巴小结， 也称脾小体，主要由 B 淋巴细胞构成。正常动物脾内的淋巴小结较少，主要是初级淋巴小结，边缘区较窄。当抗原刺激后，初级淋巴小结内出现生发中心，形成次级淋巴小结，边缘区变宽。生发中心包括明区与暗区，生发中心与边缘区之间有狭窄小结帽区。帽区淋巴细胞体积小，胞核深染。

白髓与红髓交界的狭窄区域称为边缘区，内含 T 淋巴细胞、B 淋巴细胞和巨噬细胞。中央动脉的侧支末端在边缘区膨大，形成小的血窦，即边缘窦。血液内抗原及淋巴细胞由边缘窦进入白髓。白髓内淋巴细胞也进入边缘窦，参与再循环。

红髓由脾索和脾窦组成，分布于被膜下，小梁周围及白髓之间（图 5–11）。脾索由淋巴组织构成，呈不规则的索条状，互相连接成网。索内含较多 B 淋巴细胞、浆细胞、巨噬细胞和树突状细胞。脾索间为血窦，是血液通路。纵切面上，猴的血窦壁呈多孔隙的栏栅状，由一层平行排列的长杆状内皮细胞围成。横切面上，内皮细胞呈立方形，胞核突入管腔。

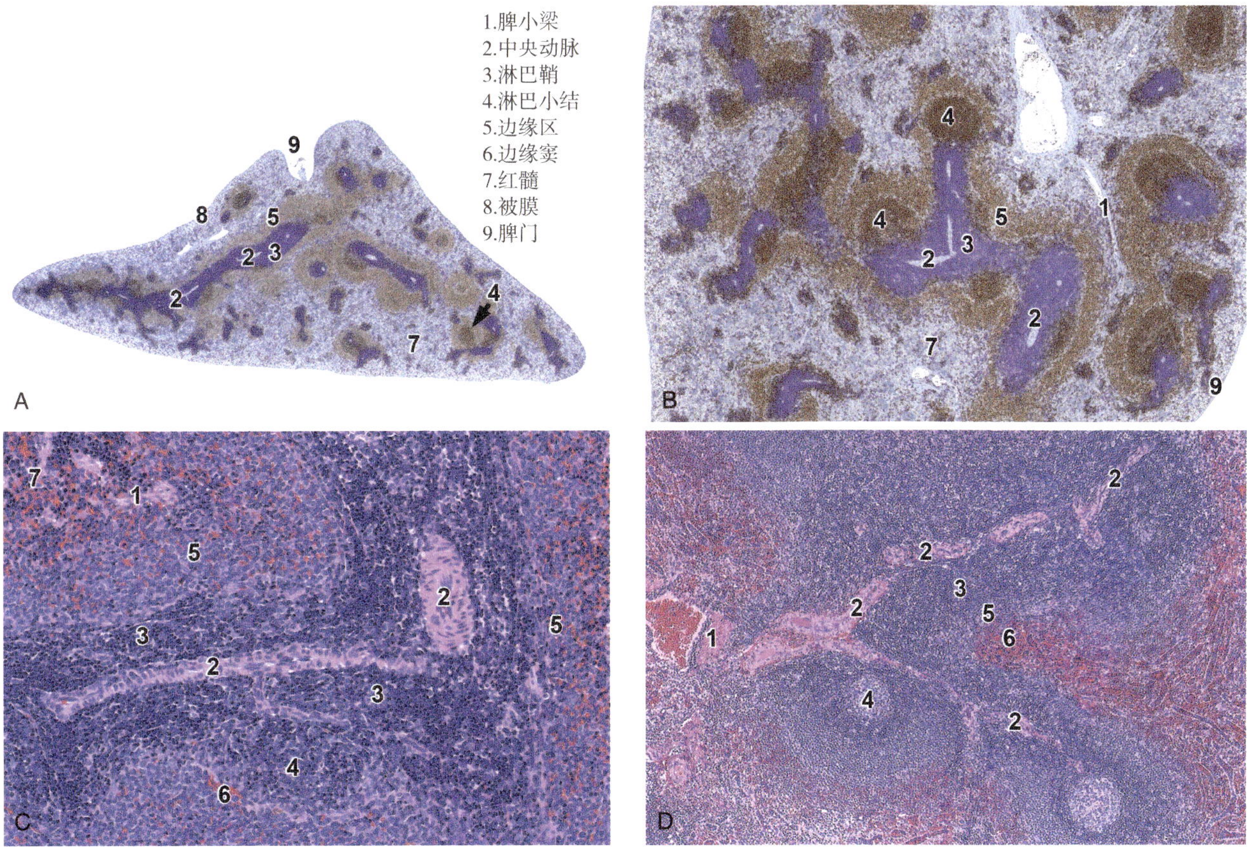

图 5–9 **脾功能**

A. 大鼠：T 淋巴细胞绕中央动脉形成淋巴鞘，B 淋巴细胞位于边缘区和淋巴小结；B. 大鼠：T 淋巴细胞 CD3 免疫组化染色（蓝），B 淋巴细胞 CD20 免疫组化染色（黄）；C. 大鼠：正常脾内的淋巴小结较少，主要是初级淋巴小结，边缘区较窄；D. 食蟹猴：抗原刺激后，初级淋巴小结内出现生发中心，形成次级淋巴小结

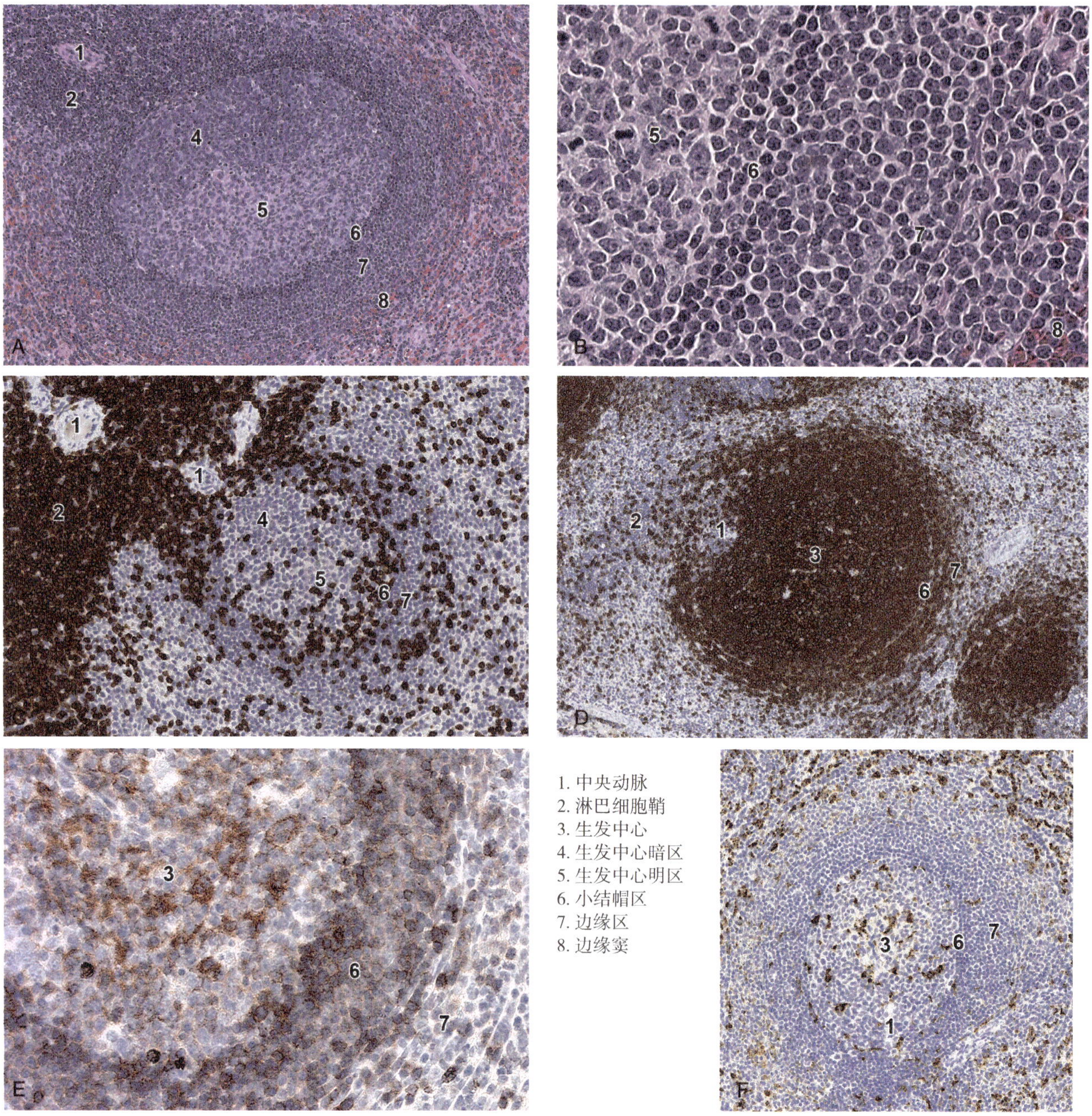

图 5–10　**脾白髓**

A. 食蟹猴：次级淋巴小结生发中心分为明区与暗区，与边缘区之间有狭窄小结帽区；B. 食蟹猴：次级淋巴小结帽区的淋巴细胞体积小，胞核深染；C. 食蟹猴：T 淋巴细胞散在分布于次级淋巴小结，CD3 免疫组化染色；D. 食蟹猴：次级淋巴小结主要由 B 淋巴细胞组成，CD20 免疫组化染色；E. 食蟹猴：次级淋巴小结生发中心 B 淋巴细胞，IgM 免疫组化染色；F. 食蟹猴：次级淋巴小结生发中心、边缘区和红髓富含巨噬细胞，CD68 免疫组化染色

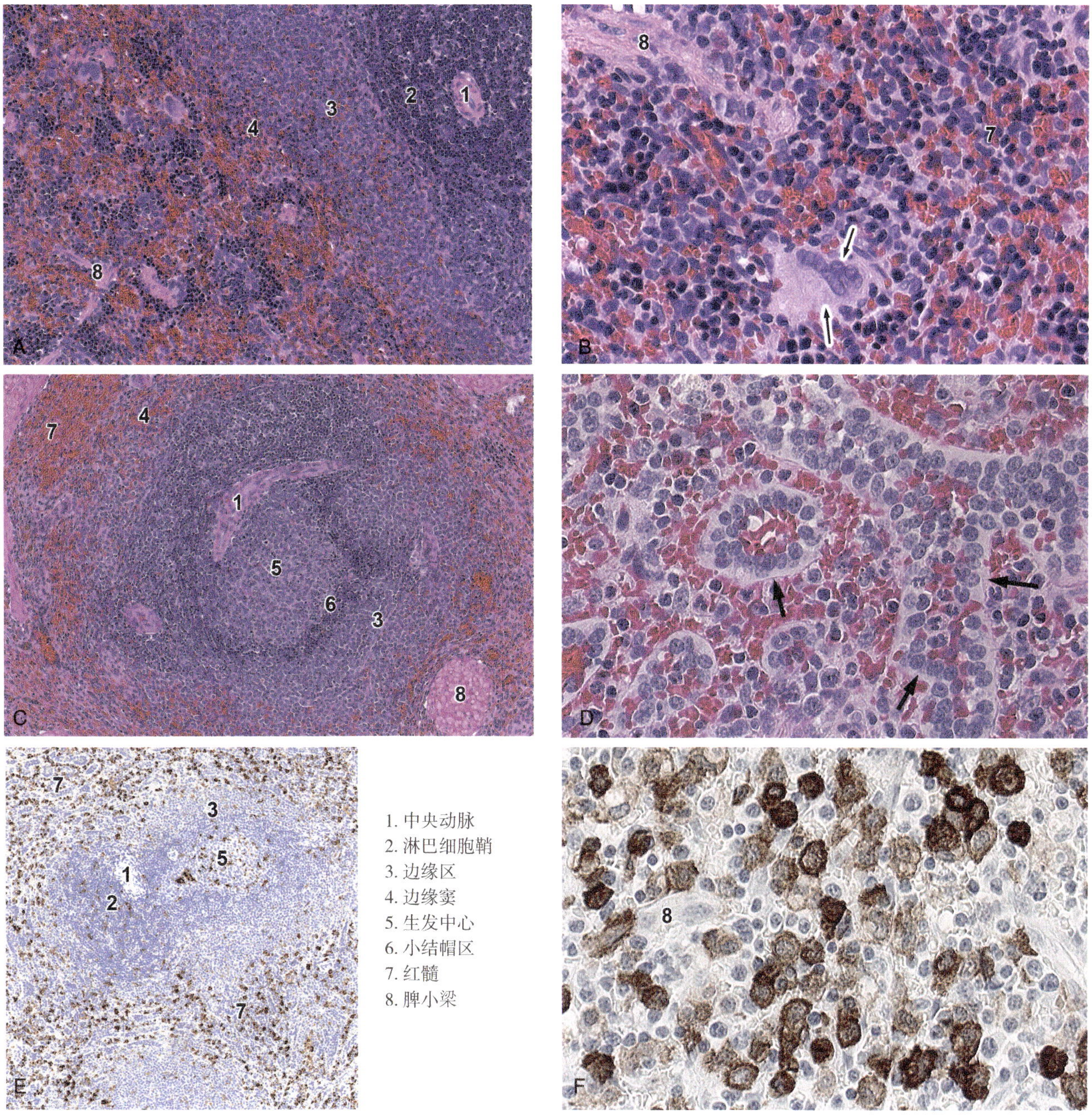

图 5-11 **脾红髓**

A. SD 大鼠：红髓由脾索和脾窦组成，分布于被膜下，小梁周围及白髓之间；B. SD 大鼠红髓：成年啮齿动物的脾仍有造血功能，红髓内可见巨核细胞（箭）；C. 比格犬：红髓位于小梁周围及白髓之间；D. 食蟹猴红髓：血窦内皮细胞呈立方形，胞核突入管腔（箭头）；E. 食蟹猴：巨噬细胞分布于生发中心、边缘区和红髓，CD68 免疫组化染色；F. 食蟹猴：巨噬细胞分布于和红髓，SPmac 免疫组化染色

三、淋巴结

（一）淋巴结的功能

淋巴结（lymph node）的主要功能包括免疫应答和滤过作用（图 5-12）。进入淋巴结的淋巴液常含有多种免疫细胞和各种抗原物质，如微生物和毒素等。在淋巴液缓慢流过淋巴结时，绝大部分抗原物质可被淋巴结内巨噬细胞吞噬清除。

外周淋巴结通常是最先与外来抗原相遇的淋巴组织，细胞免疫应答和体液免疫应答常同时发生。输入淋巴管内的淋巴液含多种免疫细胞，如皮肤的朗格汉斯细胞在捕获抗原后迁移到淋巴结副皮质区内，并将抗原呈递给 T 淋巴细胞。激活的 T 淋巴细胞在副皮质区内增殖，形成大量效应 Th 细胞。Th 细胞迁入皮质的初级淋巴小结，刺激 B 淋巴细胞增殖、分化，形成生发中心和次级淋巴小结，产生大量浆细胞，引发体液免疫应答。

（二）淋巴结的结构

淋巴结通常呈椭圆形，分为被膜、皮质和髓质三大部分。淋巴结一侧凹陷，为门部，有血管和输出淋巴管。一侧突出，输入淋巴管由此穿过被膜与被膜下淋巴窦相连通。

被膜和门部的结缔组织伸入淋巴结实质内，形成相互连接的小梁，构成淋巴结的支架。血管位于小梁和髓索内。小梁之间有淋巴组织。被膜下有淋巴窦。淋巴结的皮质和髓质两者之间没有明确的界线，淋巴结的大小和结构与其免疫功能状态密切相关。

1. 皮质　由浅皮质层、副皮质区及皮质淋巴窦构成。浅皮质层含有淋巴小结及小结之间的弥散淋巴组织，为 B 淋巴细胞区（图 5-13）。淋巴小结的大小、数量和形状与淋巴结的功能和体内 B 淋巴细胞免疫状态密切相关。

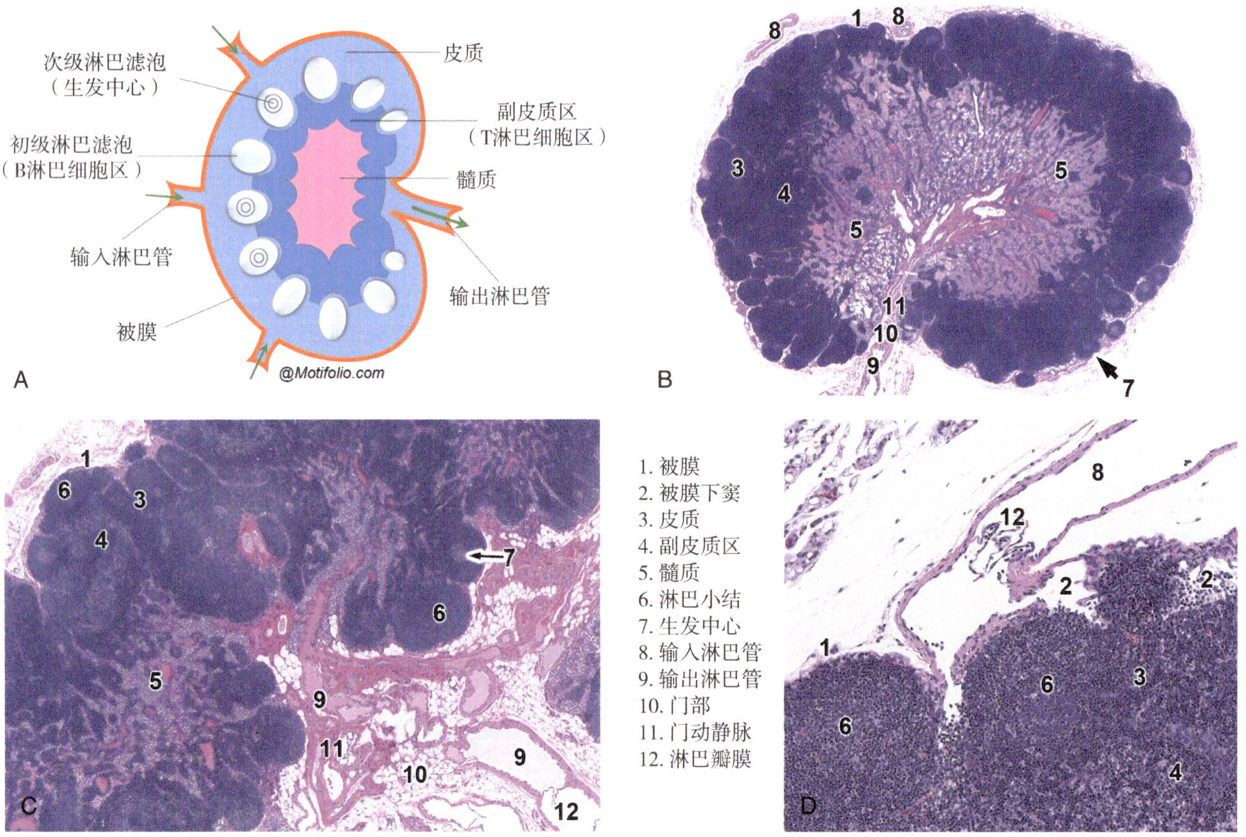

图 5-12　**淋巴结结构**

A. 淋巴结的主要功能是免疫应答和滤过作用；B. 食蟹猴：淋巴结通常呈椭圆形，分为被膜、皮质、副皮质和髓质；C. 食蟹猴：被膜，皮质，髓质和输出淋巴管；D. SD 大鼠：输入淋巴管穿过被膜与被膜下淋巴窦相连通

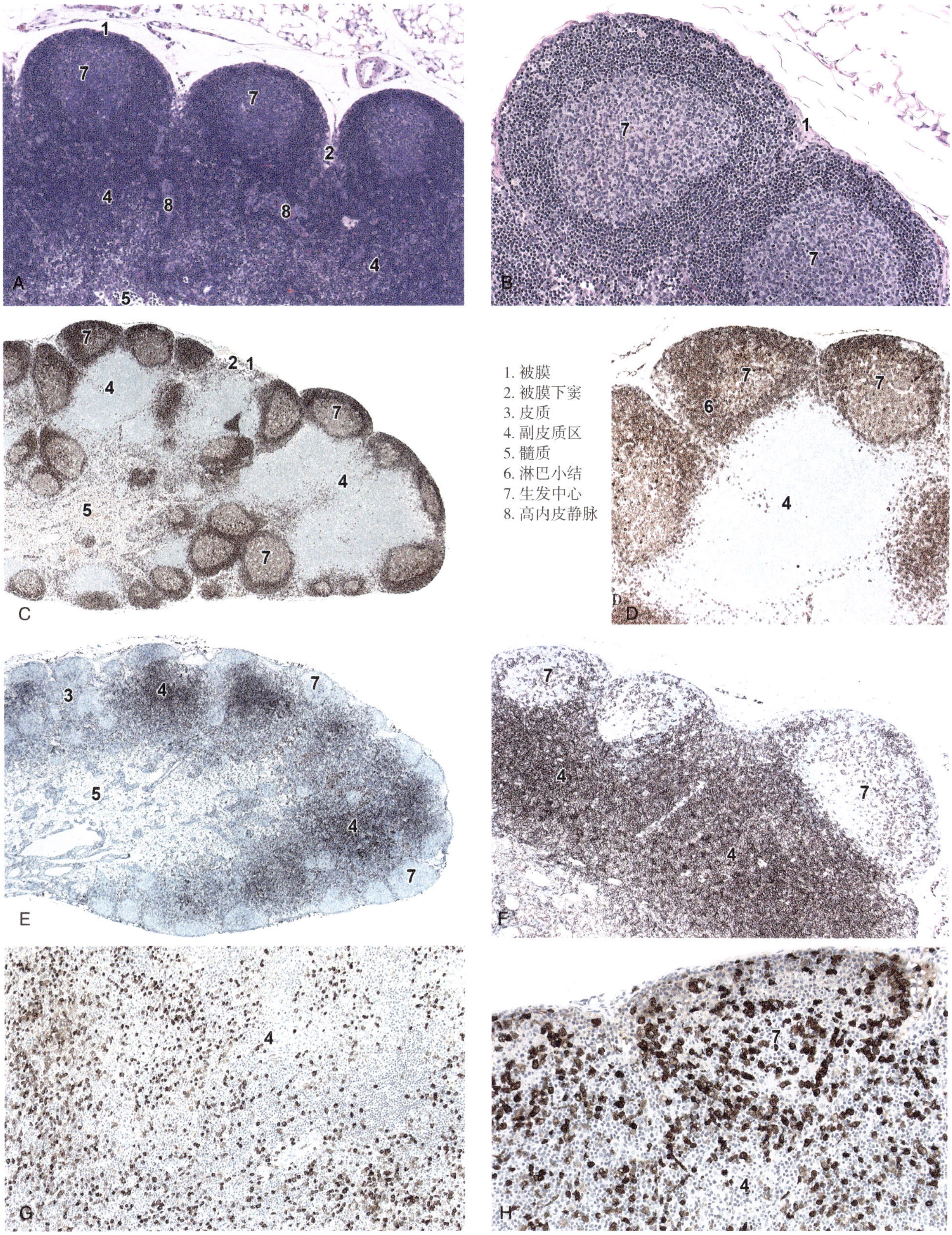

图 5–13 **淋巴结**

A. 食蟹猴：肠系膜淋巴结皮质有淋巴小结，副皮质区以 T 淋巴细胞为主；B. 食蟹猴肠系膜淋巴结：次级淋巴小结内有明显的生发中心；C. 食蟹猴肠系膜淋巴结：皮质淋巴小结 B 淋巴细胞，CD79a 免疫组化；D. 食蟹猴肠系膜淋巴结：皮质淋巴小结 B 淋巴细胞，CD79a 免疫组化；E. 食蟹猴肠系膜淋巴结：副皮质区以 T 淋巴细胞为主，CD4 免疫组化；F. 食蟹猴肠系膜淋巴结：副皮质区 T 淋巴细胞为主，CD4 免疫组化；G. 食蟹猴肠系膜淋巴结：副皮质区富含巨噬细胞，Mac387 免疫组化；H. 食蟹猴肠系膜淋巴结：皮质和淋巴小结巨噬细胞，Mac387 组化淋巴小结也称淋巴滤泡，内含大量B淋巴细胞和少量Th细胞、滤泡树突状细胞和巨噬细胞等。初级淋巴小结比较小，没有生发中心。在抗原刺激下，淋巴小结增大，出现生发中心，形成次级淋巴小结。次级淋巴小结的发育是体液免疫应答的标志，一般在接触抗原后2～3周达高峰。抗原被清除后，生发中心或淋巴小结逐渐消失。

副皮质区为弥散淋巴组织，为T淋巴细胞区，也称胸腺依赖区。在T淋巴细胞免疫应答中，此区的细胞分裂象增多，T淋巴细胞区扩张。副皮质区内也有很多交错的树突状细胞、巨噬细胞和少量B淋巴细胞等。副皮质区有丰富的高内皮微静脉，其内皮细胞呈立方形，胞质丰富，胞核大，核仁明显。淋巴细胞穿越高内皮微静脉，进入再循环（图5–14）。

皮质淋巴窦为一不规则的狭窄扁囊，位于被膜下方和小梁周围。被膜下窦围绕着整个淋巴结实质，其被膜侧有输入淋巴管进入。小梁周窦围绕着小梁，部分窦的末端与髓质淋巴窦相通。淋巴窦内皮细胞扁平，呈星状。窦内有巨噬细胞，附着于内皮，有利于清除淋巴中的抗原。

2. 髓质　由髓索及髓窦组成（图5–15）。髓索由相互吻合连接的条索状淋巴组织构成，索内含B淋巴细胞、浆细胞和巨噬细胞等。索内浆细胞主要由皮质淋巴小结内的B淋巴细胞或幼浆细胞分化而成，可分泌抗体。索内有毛细血管和高内皮后微静脉，淋巴细胞由此出入血液和淋巴结。窦腔内有大量巨噬细胞，具有强大的滤过功能。

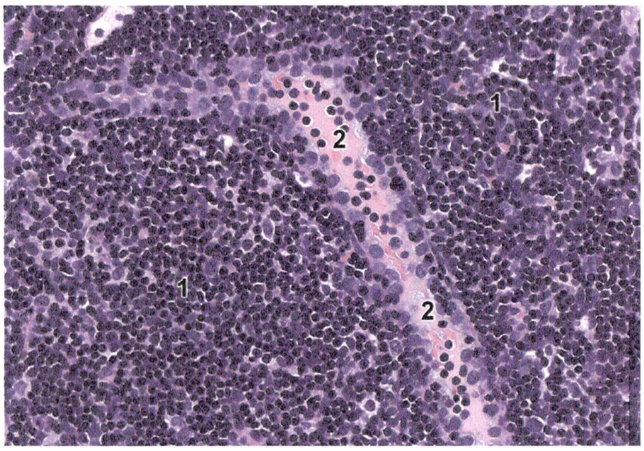

图5–14　**副皮质区**

副皮质区主要有T淋巴细胞分布（1），散在有高内皮后微静脉（2）

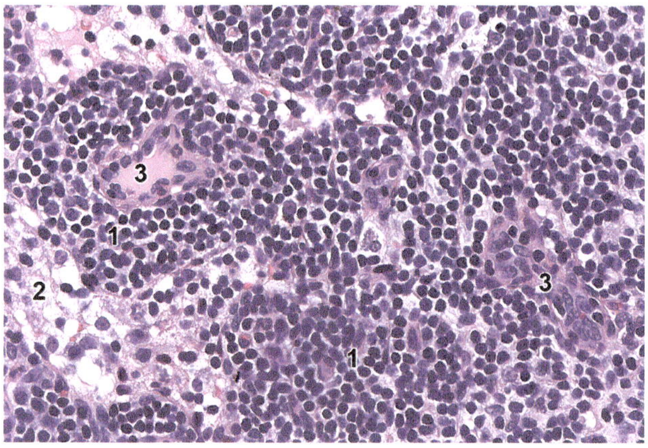

图5–15　**髓质**

髓质由髓索（1）和髓窦（2）交织形成，髓索内有淋巴细胞和高内皮后微静脉（3）等

四、扁桃体

大动物如比格犬和食蟹猴具有明显的扁桃体（tonsil）结构，位于口咽黏膜内，构成机体重要的防线（图5–16）。扁桃体黏膜表面覆盖复层扁平上皮。上皮向下陷入形成隐窝，隐窝周围的固有层有大量淋巴小结及弥散淋巴组织。隐窝上皮内含有淋巴细胞、浆细胞、巨噬细胞、朗格汉斯细胞等。

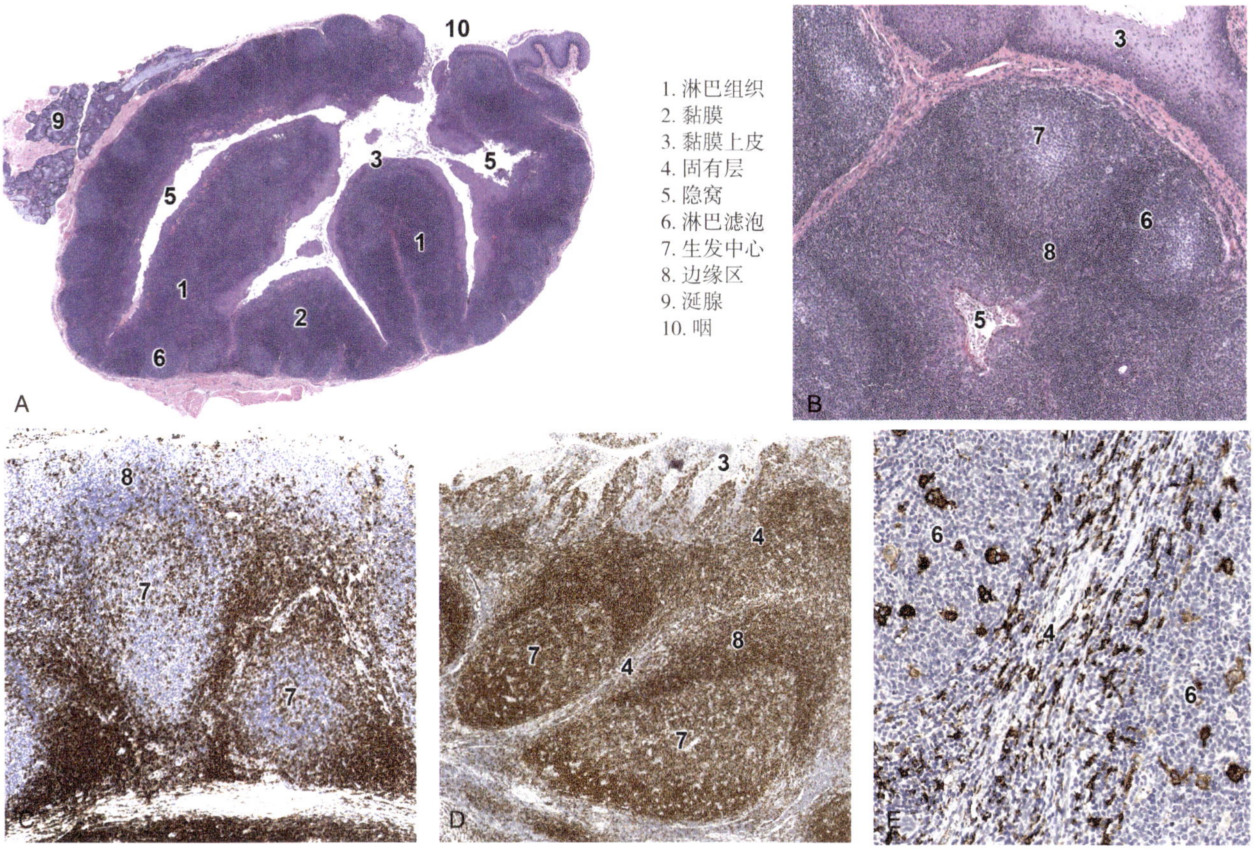

图 5–16　**扁桃体**

A. 食蟹猴：黏膜表面覆盖复层扁平上皮，向下陷入形成隐窝，富含淋巴组织；B. 食蟹猴：固有层富含淋巴小结及弥散淋巴组织、上皮内富含淋巴细胞等；C. 食蟹猴：T 淋巴细胞 CD3 免疫组化染色；D. 食蟹猴：B 淋巴细胞 CD20 免疫组化染色；E. 食蟹猴：巨噬细胞 CD163 免疫组化染色

第三节　黏膜相关淋巴组织和弥散性淋巴组织

黏膜相关淋巴组织主要分布于胃肠道、呼吸道和泌尿生殖道等黏膜部位（图 5–17）。弥散性淋巴组织分布广泛，与周围组织没有明确的界线，没有包膜。其功能主要是针对经黏膜表面进入的微生物或抗原产生免疫应答。

黏膜上皮内和固有层中弥散分布着淋巴细胞、浆细胞、巨噬细胞等，经抗原刺激后，弥散淋巴组织扩大，并出现淋巴小结。弥散性淋巴组织中除有一般的毛细血管和毛细淋巴管外，还有毛细血管后微静脉或高内皮微静脉。

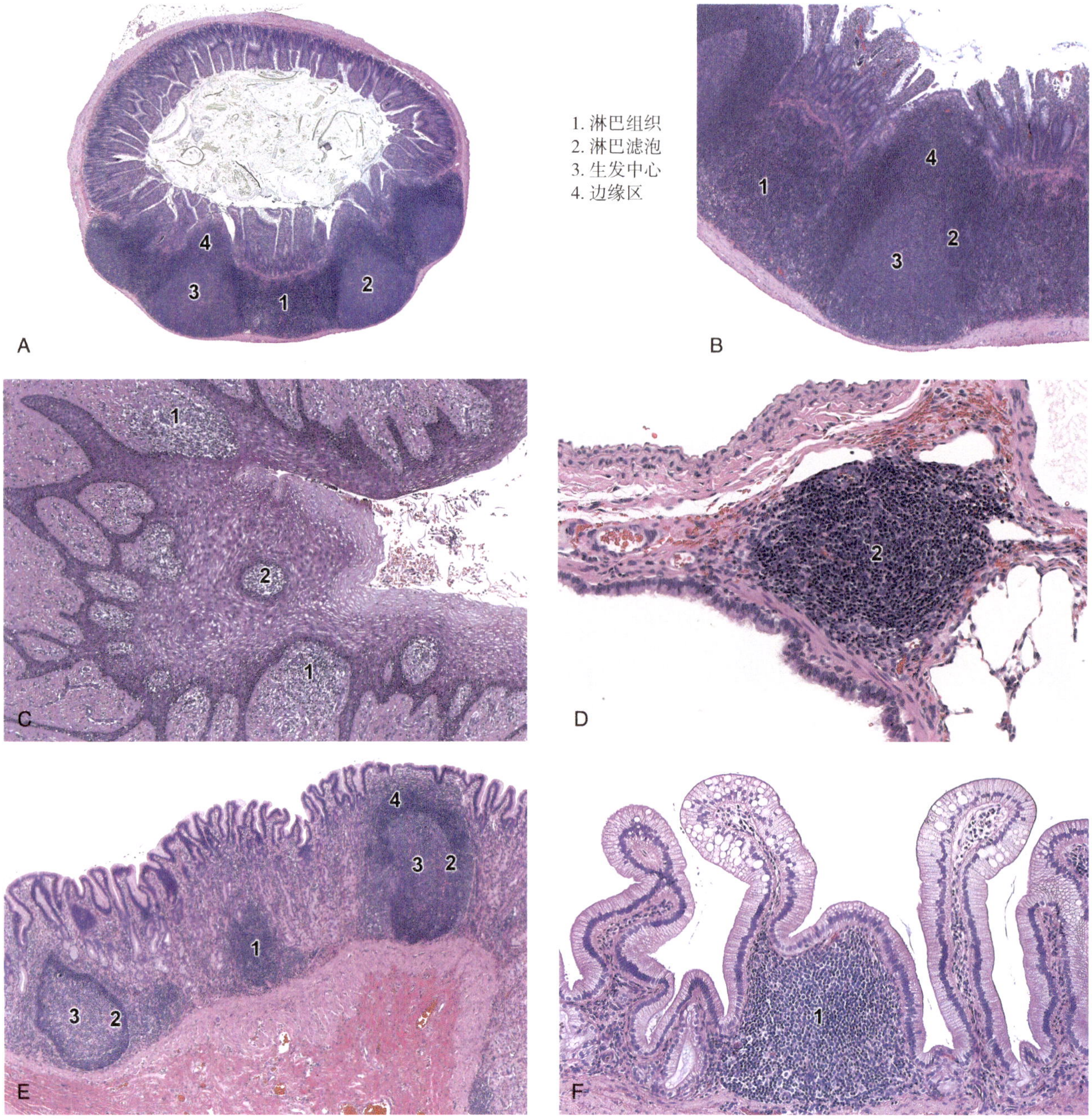

图 5–17　**黏膜相关淋巴组织**

A. SD 大鼠：回肠黏膜淋巴组织；B. 大鼠：回肠黏膜淋巴组织；C. 食蟹猴：阴道黏膜；D. SD 大鼠：肺支气管黏膜淋巴组织；E. 比格犬：胃幽门部黏膜淋巴组织；F. 比格犬：胆囊黏膜淋巴组织

第六章

血液循环系统组织学

Histology of the Cardiovascular System

循环系统是一个连续的封闭管道系统，由心血管系统和淋巴管系统两个部分组成。血管系统运输血液到体内各组织，进行气体和物质交换，淋巴管系统将组织中过量的细胞外液（淋巴液）送回血管系统。心脏是血液和淋巴循环的动力。

心血管系统由心脏、动脉、毛细血管和静脉组成（图 6–1）。心脏将血液泵入大弹性动脉，逐渐过渡至中动脉、小动脉、微动脉、毛细血管床和微静脉网。血液气体及其各种成分在毛细血管床和微静脉网处与周围组织进行气体或物质交换。交换后的血液及其各种代谢成分再经小静脉和静脉回流到心脏。

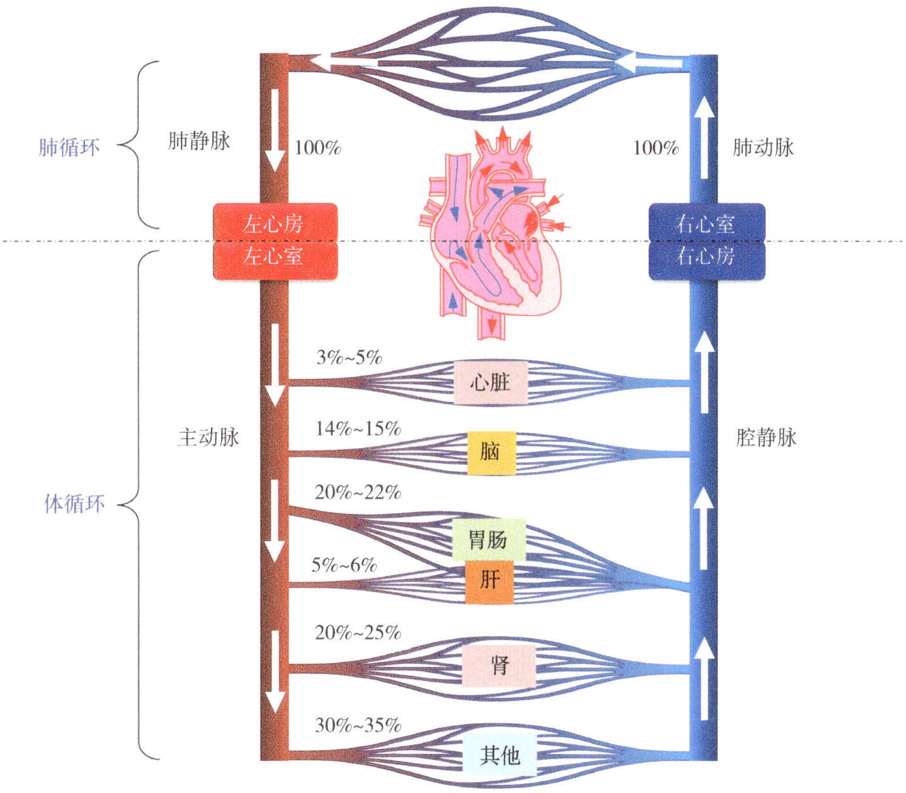

图 6–1 **血液循环**

包括肺循环和体循环两部分

第一节　血液循环

血液循环（blood circulation）系统可分为肺循环和体循环两部分，分别起自右心和左心。通过血液运输循环，循环系统参与体内的气体和物质交换，温度调控，激素分布，免疫功能和代谢活动。循环系统中某些细胞还具有内分泌作用，如内皮细胞分泌的一氧化氮和心肌纤维分泌的心钠素等。

一、体循环

体循环（systemic circulation）也称大循环，流经全身各部。富含氧气和营养物质的血液自左心室进入主动脉，并沿各级动脉分支到达全身各部的毛细血管。在毛细血管处，血液中的营养物质和氧气进入周围组织和细胞，而组织和细胞代谢产物和二氧化碳等进入血液。

门静脉循环是体循环的一部分。门静脉血液来自胃肠道血管，其中含有经胃肠道吸收的各种营养和其他物质，包括药物、毒物及其他外界环境物质等。门静脉血液经过肝加工后，汇入后腔静脉，与其他体循环静脉血液一起，回流到右心。很多药物或毒物等经过肝加工后失活。

二、肺循环

肺循环（pulmonary circulation）起始于右心。来自门静脉和腔静脉的血液进入右心房和右心室，此处血液富含营养成分和二氧化碳，但氧含量低。右心室将血液经肺动脉输到肺部，血液在肺部释放二氧化碳，充盈氧气，而后回到左心房和左心室。富含氧气和营养的血液由左心室通经主动脉逐渐循环到达身体的各部分。

第二节　心　脏

心脏（heart）是一个高度特化的肌性器官，是血液循环的动力（图 6–2）。心脏分为左右两个心房和两个心室。心肌是心脏的独特性结构基础，其他特殊结构包括心瓣膜、心骨、腱索、传导系统。

心房肌纤维还具有内分泌功能，如合成和分泌心房利钠因子等，具有促进排钠、利尿功能等作用。

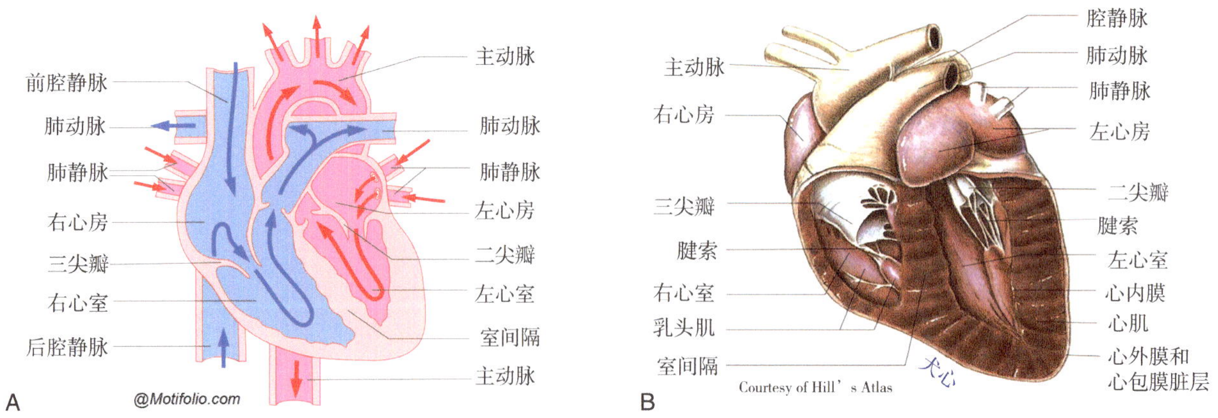

图 6–2　**心脏**

A. 心脏是血液循环的动力，有四个腔，分别为左右各两个心房和心室；B. 犬心脏结构，心脏是一个高度特化的肌性器官，左心室负荷最重，心壁最厚

一、心脏支架

心脏支架（cardiac skeleton）主要由致密结缔组织构成，位于心房和心室之间，包括室间隔膜部、纤维环和围绕各房室孔和动脉孔的纤维环（图 6–3）。心房和心室的心肌和心瓣膜分别附着于心脏支架结构。心房心肌纤维与心室心肌由纤维环分隔，不直接相连，由此保障心房和心室收缩的独立性和心脏整体收缩的节律性。

正常情况下，有些动物如大鼠等动物的心脏支架内含有软骨组织成分，也称心骨。随着动物的老龄化，心脏支架结构内的软骨或骨组织可分化出现骨髓。

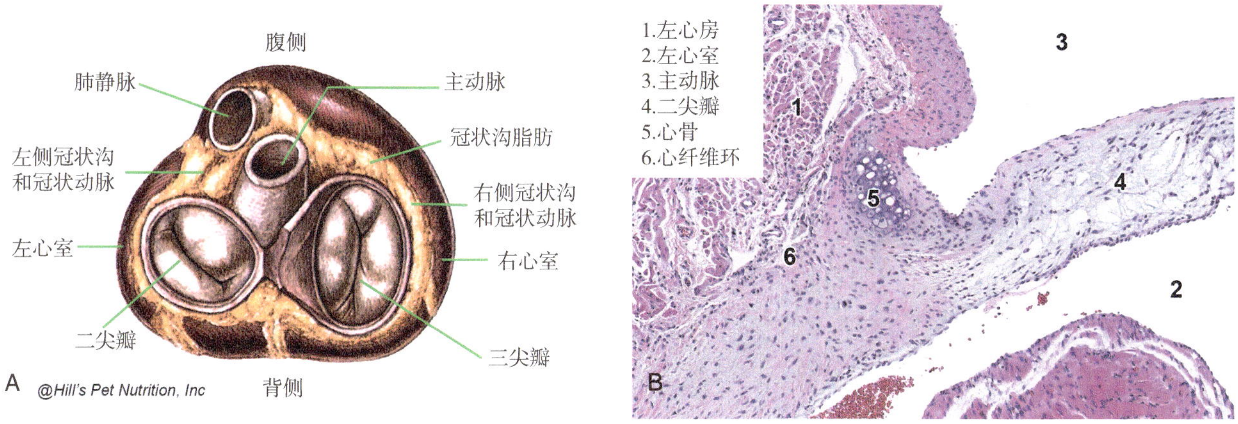

图 6–3 **心脏支架**

A. 犬心脏支架结构，包括室间隔膜、纤维环、房室孔和动脉孔纤维环等；B. SD 大鼠：二尖瓣近室间隔处的瓣膜基部内偶可见心骨结构

二、心腔壁

心腔壁（cardiac wall）由心外膜、心肌层和心内膜构成（图 6–4）。心肌层的厚度与其泵血负荷相关，如左心室负荷最大，室壁最厚。

1. 心内膜层衬于腔壁的内面，由单层扁平内皮和内皮下层结缔组织组成。心内膜内皮与大血管的内皮相延续，具有连续的基底膜。心房内皮下层以致密结缔组织为主。心室内膜下层以疏松结缔组织为主，内含小血管、神经和心脏传导系统。比格犬心内膜层厚，富含弹性纤维和浦肯野纤维等。大鼠心内膜层较薄，内皮下结缔组织少。

2. 心肌层主要由心肌纤维束构成，是心壁的主要部分。心肌纤维附着在心脏支架上，心房与心室之间由心纤维环分隔开来。肌纤维细胞内含有丰富的肌原纤维，具有收缩功能。心肌纤维之间具有丰富的毛细血管，并有少量其他间质结缔组织成分，如血管、胶原纤维和弹性纤维等。心肌层间质结缔组织与心内膜层和心外膜层的结缔组织相连。

心房的心肌层较薄，排列不规则。肌束呈网格状或梳状，故又称梳状嵴或梳状肌（图 6–5）。心房的肌纤维较细而短，肌纤维的横小管少，肌纤维间具有大量的缝隙连接。

心室的心肌层较厚，肌纤维粗而长，排列规整（图 6–6）。两个心室之间有室间隔。心室乳头肌腱索（纤维索）与心瓣膜游离缘相连，可防止瓣膜反转和血液反流。

3. 心外膜层是心包的脏层，位于心腔壁的最外层。在心脏的动脉和静脉处与血管外膜层相延续。心外膜由单层扁平间皮和间皮下结缔组织组成，深层有胶原纤维、弹性纤维、冠状血管、神经纤维和脂肪细胞等。心房的心外膜下层富含致密结缔组织，厚度不规则。比格犬心外膜富含脂肪组织、血管和神经等结缔组织。偶尔，脂肪组织伴随冠状动脉的分支进入心肌层内或心内膜。鼠类心外膜结缔组织不明显。

4. 心瓣膜位于心房和心室之间，由心内膜层在房室孔和动静脉口交界处折叠而成，如三尖瓣和二尖瓣（图 6–7）。心瓣膜可以阻止心房和心室收缩和扩张时血液反流，从而保障血液按一定的方向流动循环。

心瓣膜的基部与心纤维环相连。游离缘由腱索（纤维索）与心室乳头肌相连。心瓣膜内有薄层致密结缔组织、毛细血管、毛细淋巴管和黏液性基质。大动物的心瓣膜基部偶尔可见平滑肌纤维。

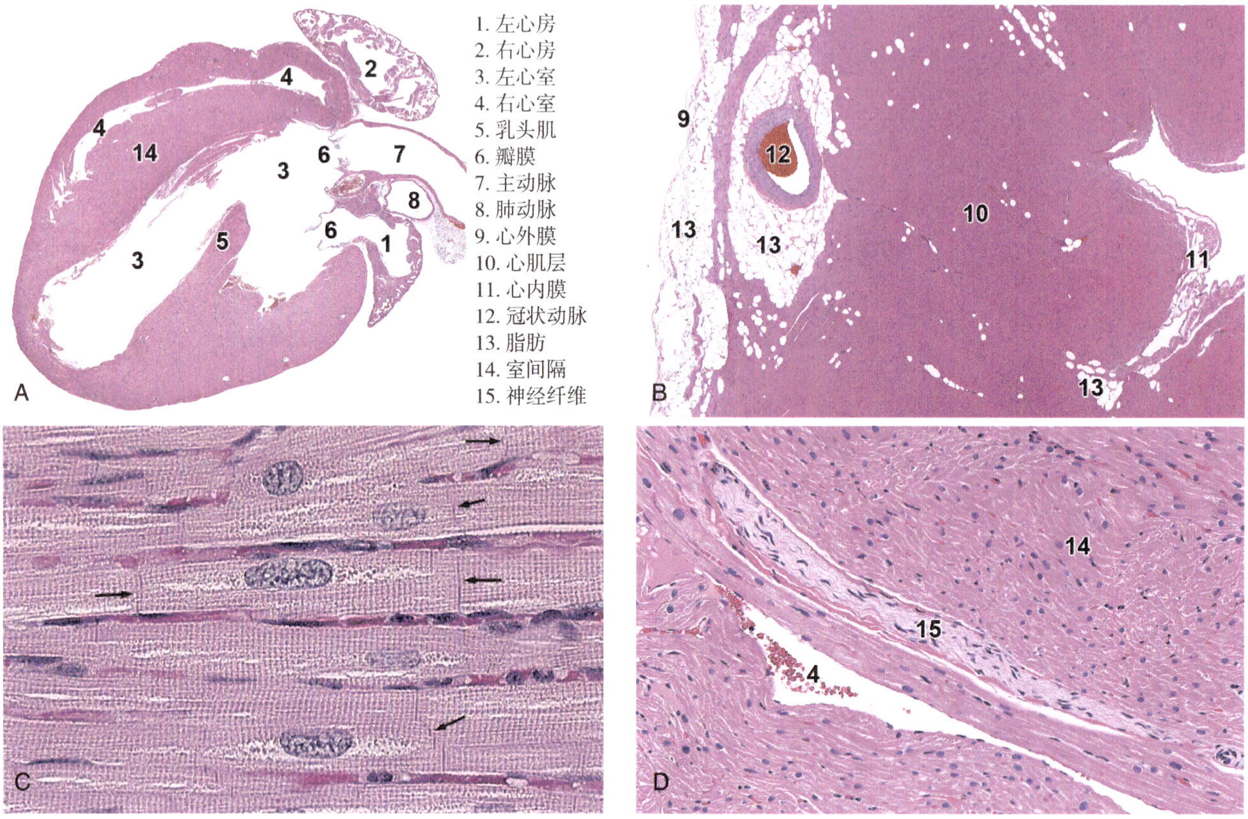

图 6–4 **心腔壁**

A. SD 大鼠：心壁厚度与其泵血负荷相关，心室壁比心房壁厚，左心室壁最厚；B. 比格犬：心壁有心外膜，心肌层和心内膜，心肌纤维是心壁的主要成分；C. 食蟹猴：肌纤维富含肌原纤维和闰盘（箭），胞核卵圆形，位于纤维中间；D. SD 大鼠：有髓和无髓神经纤维分布于室间隔的心肌之间

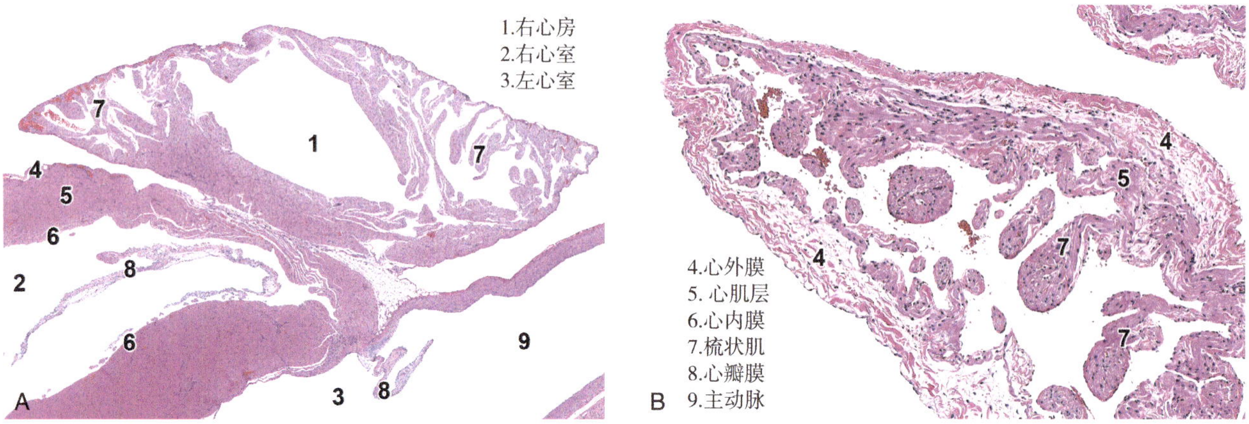

图 6–5 **心房**

A. SD 大鼠：心房肌层薄，排列不规则，肌束呈网格或梳状，称梳状嵴（肌）；B. 食蟹猴：心房肌层薄，排列不规则，心外膜厚，纤维结缔组织发达

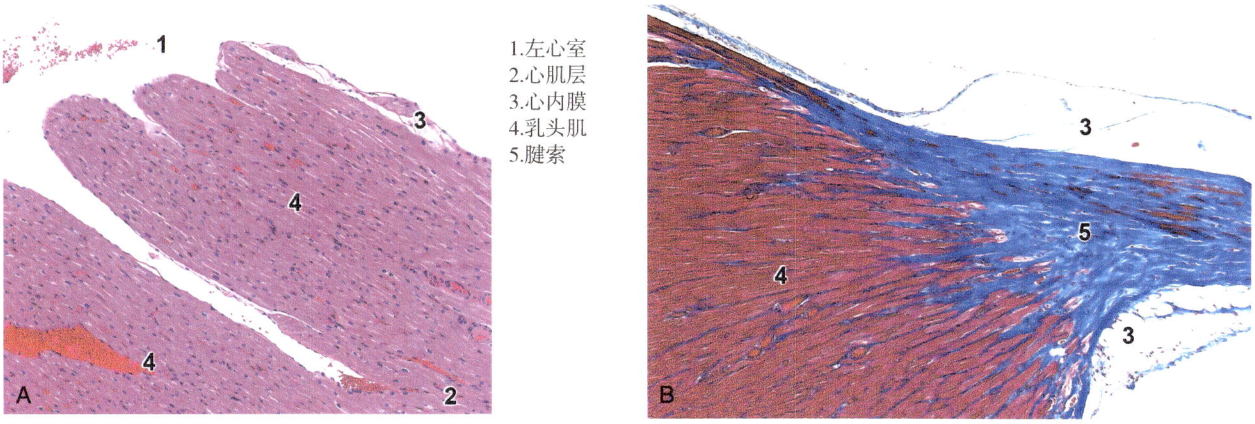

图 6-6　心室

A. 食蟹猴：心瓣膜游离缘由腱索与乳头肌相连，以防瓣膜反转和血液反流；B. 比格犬：心瓣膜游离缘与乳头肌腱索相连，以防止血液反流

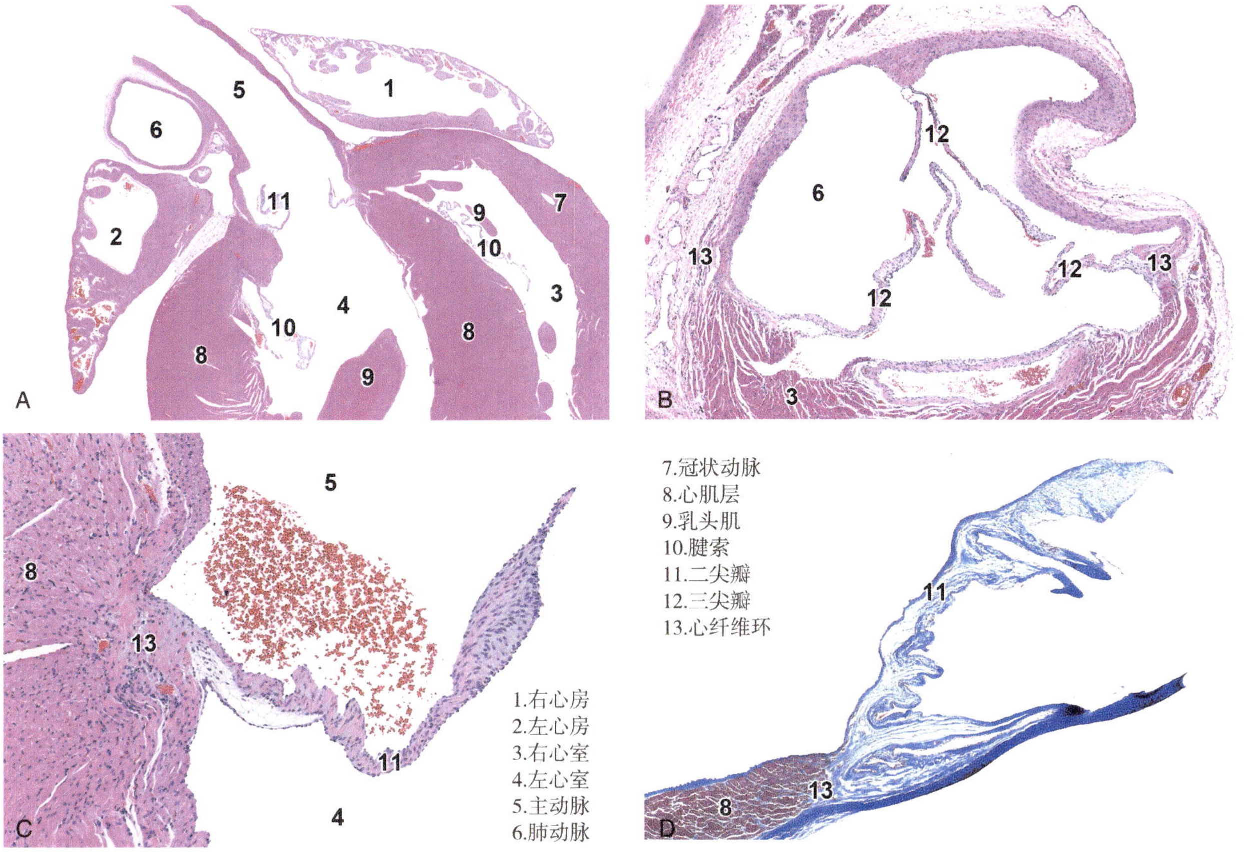

图 6-7　心瓣膜

A. SD 大鼠：心内膜层在房室孔和动静脉交界处折叠而成，防止血液反流；B. SD 大鼠：右心室三尖瓣，心瓣膜基部与心纤维环相连；C. SD 大鼠：左心室二尖瓣膜的基部与心纤维环相连；D. SD 大鼠：瓣膜富含胶原纤维和黏液基质，Trichrome 染色

三、心脏传导系统

心脏具有独特的传导系统，自主调控心房和心室的收缩顺序、强度和频率（图 6-8）。心脏传导系统（cardiac conducting system）主要由窦房结、结间束、房室结、房室束和浦肯野纤维构成。窦房结位于前腔静脉和右心房的交界处，是心脏起搏点。房室结位于三尖瓣附近的右心室的室间隔壁或室间隔膜部交界处。窦房结与房室结之间有结间束。房室束起源于房室结，并在室间隔膜部形成左右两支，分别分布和支配两个心室。房室束到达心内膜下层时，分支成网状，与浦肯野纤维相连。房室束的细支和浦肯野

纤维分布到心室乳头肌和心室壁。浦肯野纤维最终融入心肌纤维之间。

窦房结是心脏传导系统的起搏点。窦房结产生冲动，传导至房室结和心房肌，引起心房收缩，血液从心房进入心室。然后冲动由结间束传导至房室结，并由房室结逐步传导至房室束、浦肯野纤维和心肌纤维，引起心室收缩，从而将血液从左右心室分别泵入主动脉和肺动脉干。

心脏传导系统受交感、副交感和肽能神经的多重支配。迷走神经末梢释放乙酰胆碱类介质，可降低心率。交感神经末梢释放儿茶酚胺类介质，可增加心率。 其他肽能神经分泌的神经递质也可影响心脏功能。

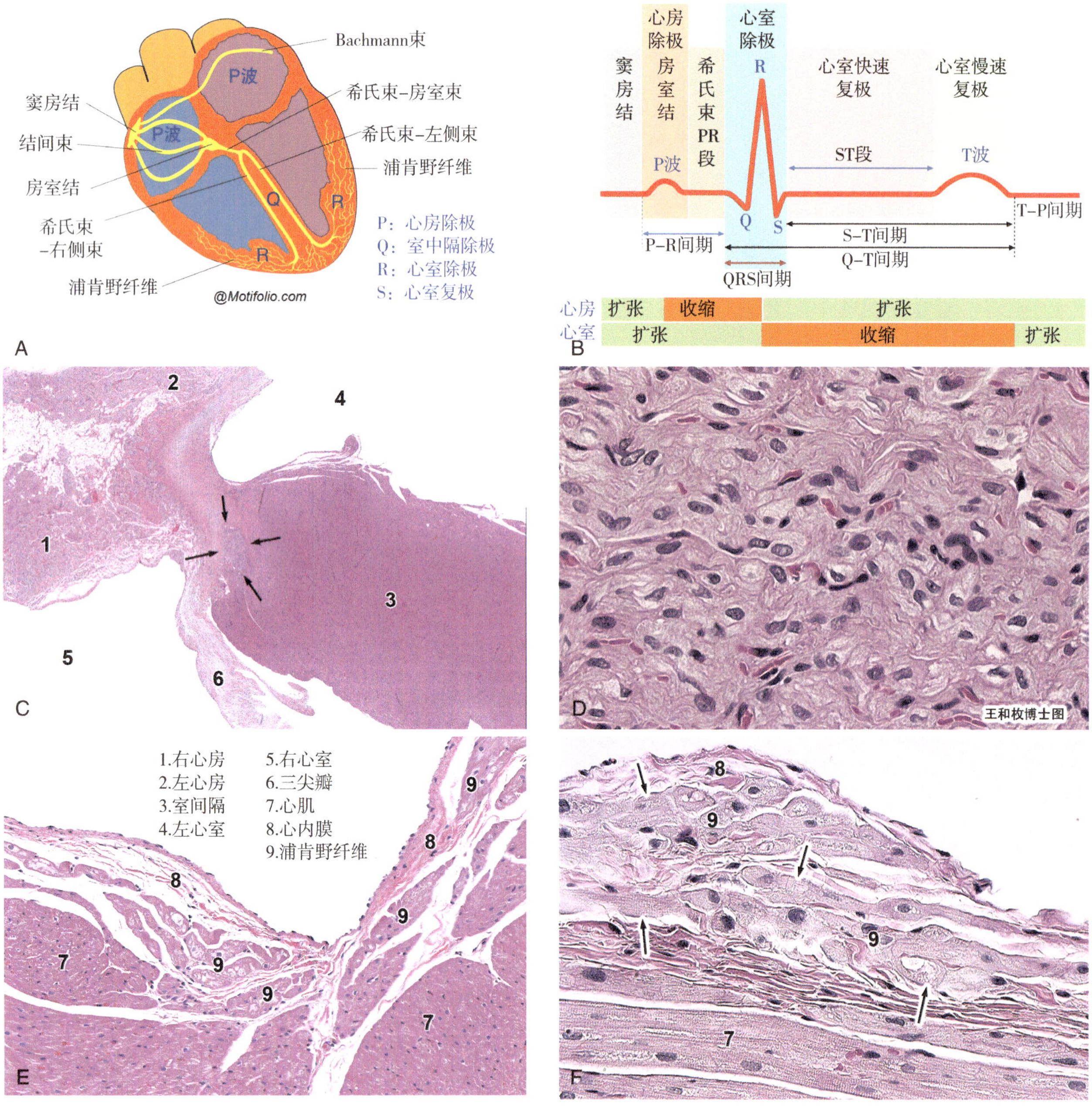

图 6–8 **心脏传导**

A. 心脏传导系，自主调控心脏的收缩顺序、强度和频率；B. 心脏传导，心脏舒张和心电图；C. 食蟹猴：房室结位于三尖瓣附近的右心室的中间壁或室间隔膜部；D. 比格犬：房室结细胞呈卵圆形或梭形排列（王和枚博士供图）；E. 比格犬：浦肯野纤维位于心内膜下，并融入心肌纤维中；F. 比格犬：与心肌纤维相似，有横纹（箭），但不规则

四、心脏的血液和淋巴循环

心肌的血液来自左、右两侧冠状动脉（图 6–9）。冠状动脉主干通常多分布于心外膜。其细小分支由心外膜垂直进入心肌层和心内膜层，并在心内膜下分支成血管网。

冠状血管逐渐分支，最终在心肌纤维间形成丰富的毛细血管网。这些毛细血管网再汇成小、大静脉，经冠状窦入右心房。小部分静脉血液可经心最小静脉（vein of thebesius）直接流入右心房、左心房和左右心室。

心脏具有丰富的淋巴管，广泛分布于心外膜层、心肌层和心内膜层。毛细淋巴管起始于心肌纤维周围、心内膜层和心瓣膜内。毛细淋巴管汇集成小淋巴管，经心外膜的淋巴管汇入心脏冠状沟的大淋巴管。大淋巴管与冠状血管一起分布于冠状沟内。

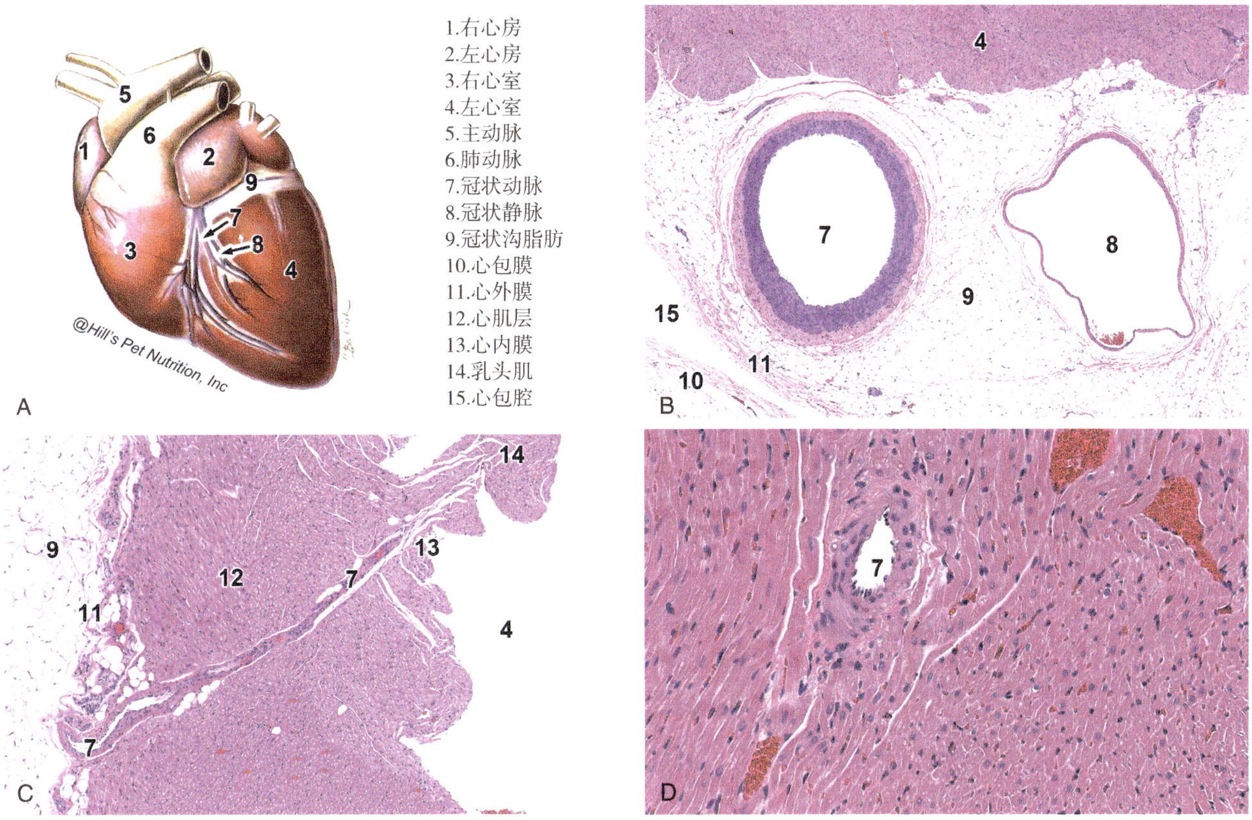

图 6–9 冠状循环

A. 比格犬冠状循环，左右冠状动脉分支，供应心脏血液；B. 比格犬：心肌血液来自左右冠状动脉，主干于心外膜处分支；C. 比格犬左心室壁：冠状动脉由心外膜，经心肌层进入心内膜；D. WH 大鼠：冠状血管进入心外膜、心肌层和心内膜，逐渐分支

五、心包膜

心包膜（pericardium）分为心包脏层和心包壁层，两层之间为心包腔。心包腔内含有少量心包液。心包液的含量和成分变化可作为临床病理学的诊断参数。

第三节 血 管

一、血管的一般结构

血管（vasculature）为管状结构。大血管的管壁可分为呈同心圆排列的内膜、中膜和外膜（表 6–1）。各层次的组成、结构和厚度随血管的管径大小和类型而异。毛细血管没有中膜层。

表 6-1 血管类型及其结构和功能特点

	内膜	中膜	外膜	功能
弹性动脉	内皮；结缔组织内有平滑肌	弹性纤维板与平滑肌纤维交替排列	薄层结缔组织，有营养血管和神经	与心脏相延续，动脉壁弹性纤维有助于缓冲心脏输出血压的频变
肌性动脉	内皮；结缔组织内有平滑肌；内弹性膜明显	多层平滑肌，弹性纤维减少	厚层结缔组织，可见外弹性膜，可见营养血管和神经	将血液送至各器官，维持平稳的血压和血流
小动脉	内皮，结缔组织内含平滑肌纤维；内弹性膜消失	主要有多层平滑肌组成	结缔组织，无外弹性膜，没有血管滋养管	调节和控制血流至微动脉
微动脉	仅有内皮层	1 ~ 3 层平滑肌纤维	薄层结缔组织	调节和控制血流至毛细血管网
毛细管	内皮	周细胞	无外膜	组织细胞交换营养、代谢产物和气体的重要场所
微静脉	内皮	周细胞和散在的平滑肌纤维	无外膜	收集毛细血管血流；炎性白细胞渗出的场所
小静脉	内皮；散在平滑肌纤维	仅 2 ~ 3 层松散的平滑肌纤维	厚层结缔组织，比中膜稍厚	收集微静脉血流
中静脉	内皮，结缔组织，有瓣膜	3 ~ 5 层平滑肌	厚层结缔组织，比中膜稍厚，散在纵行平滑肌纤维	收集小静脉血流，瓣膜可防止血液反流
大静脉	内皮，结缔组织，平滑肌纤维，瓣膜明显	多层平滑肌纤维，富含胶原纤维	厚层结缔组织，纵行平滑肌纤维明显	收集中静脉血流，回流至心脏

（一）内膜

内膜（tunica intima）由衬于腔面的内皮和内皮下层结缔组织组成（图 6–10）。内皮光滑，便于血液流动。内皮细胞呈单层扁平状，细胞的长轴多与血流方向一致。内皮细胞和基底膜构成物质进出血管的重要通透性屏障。内皮细胞还能合成和分泌多种生物活性物质。超微结构上，内皮细胞有突起和吞饮小泡等一些独特结构。

内皮下层为一薄层结缔组织，含少量胶原纤维，弹性纤维，或少许纵行平滑肌纤维。大动脉内皮下层深部有一层内弹性膜，是动脉内膜与中膜的分界。内弹性膜主要由弹性蛋白组成。在横切面上，内弹性膜因血管壁收缩而呈波浪状。

（二）中膜

中膜（tunica media）通常最厚，由环状排列的平滑肌纤维和弹性纤维组成，其弹性纤维成分随管径变细而减少。中膜的弹性纤维有助于扩张的血管回缩。 中膜的胶原纤维具有支持功能，有助于维持血管的张力。

大动脉中膜主要由弹性结缔组织纤维组成，间或有少量平滑肌。中动脉的中膜主要由平滑肌组成。血管的平滑肌纤维细，有分支。肌纤维之间有中间连接和缝隙连接结构。

（三）外膜

外膜（tunica externa or adventitia）由疏松结缔组织构成，富含成纤维细胞、弹性纤维和胶原纤维。成纤维细胞具有修复外膜的能力。有的大动脉和中动脉的中膜和外膜交界处，还有由致密弹性纤维组成的外弹性膜。大中血管的外膜内含有营养血管。

（四）血管壁的营养血管和神经

一些大中动脉和静脉的管壁中，含有营养血管和丰富的神经纤维，以提供血管壁的营养和调节血管的舒张。

营养血管分支成毛细血管，分布于中膜和外膜，提供营养。内膜的营养则由血管腔内血液直接渗透提供。

血管壁内有丰富的神经分布，可以调节血管的舒缩。动脉壁神经分布比静脉壁丰富，尤其是中小动脉壁。因此，中小动脉具有重要的血压调节作用。血管的神经递质包括乙酰胆碱、去甲肾上腺素、多种神经肽类和血管活性肽类介质。去甲肾上腺素可直接作用于血管中膜平滑肌，引起血管收缩。副交感神经释放的乙酰胆碱作用于内皮细胞上的受体，引起内皮细胞释放一氧化氮，引起平滑肌细胞和血管舒张。

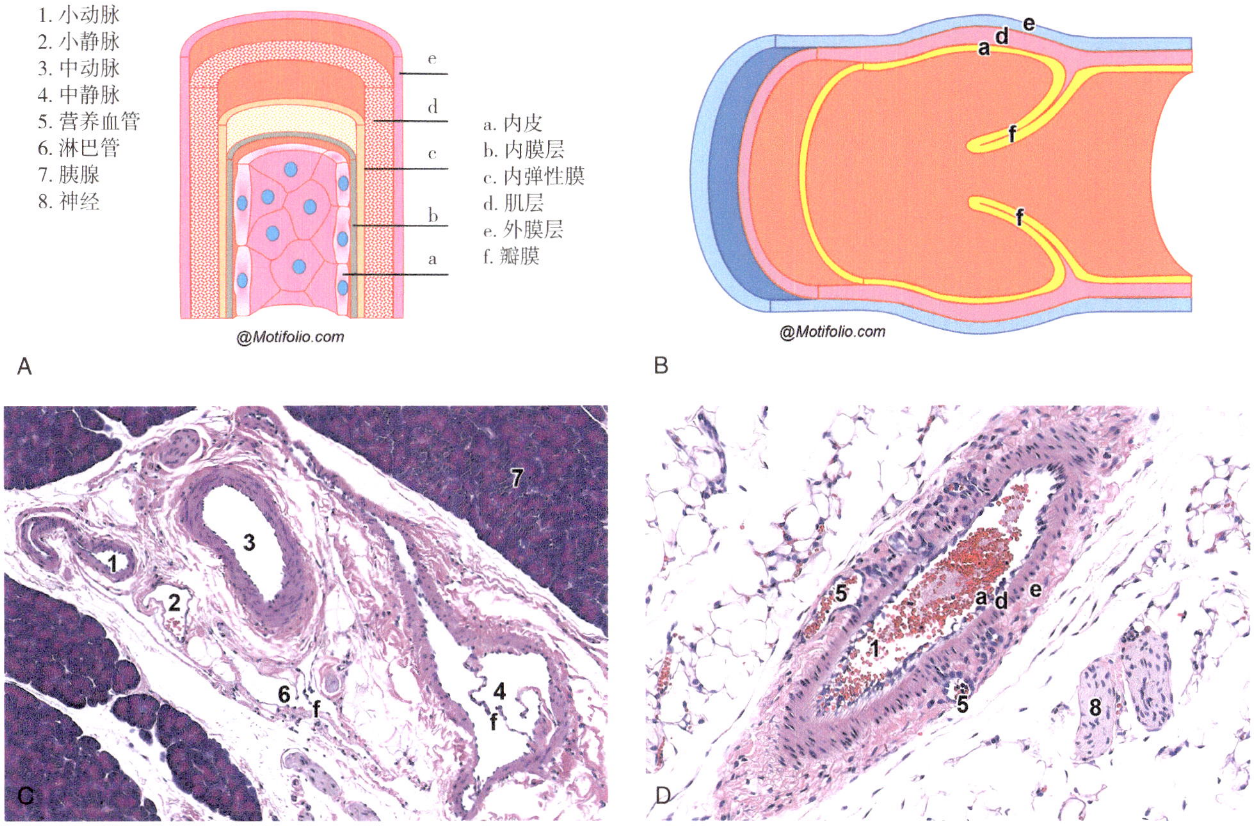

图 6–10　**血管结构**

A. 大动脉有厚实的中弹性膜层，中动脉有明显的内外弹性膜；B. 大、中静脉和淋巴管的内膜层有瓣膜，可防血液或淋巴液反流；C. 比格犬：胰门有大小不等的血管、淋巴管、神经和结缔组织；D. 肠系膜动脉，SD 大鼠：营养血管贯可穿血管壁内膜、肌层和外膜

二、动脉

以其组织学结构，动脉（artery）通常分为四类：大动脉或弹性动脉、中动脉或肌性动脉、小动脉，以及微动脉。大动脉直接输送来自心脏的血液，也称输送动脉。主动脉是最大的大动脉。中动脉将血液分配到各个器官，故也称分配动脉。小动脉通过血管壁的收缩和舒张来调节血压。微动脉调控毛细血管的血液微循环。

血管壁内有如颈动脉体、颈动脉窦和主动脉体等一些特殊的感受器。颈动脉体是化学感受器，可以感受动脉血液中的氧、二氧化碳含量和血液 pH 变化。并可将该信息传入中枢，中枢神经相应地调控心血管系统和呼吸系统。主动脉体和颈动脉窦是压力感受器，血压升高时血管壁扩张，从而反射性地使内脏血管扩张，心率减慢，血压降低。

（一）大动脉或弹性动脉

大动脉也称弹性动脉（elastic arteries），是体内最大的动脉，直接起自心脏，如主动脉和颈总动脉等。大动脉中膜层内有大量弹性纤维和少量平滑肌纤维（图 6–11）。血管壁弹性纤维随心跳而进行弹性收缩和扩张，承受血压的周期性变化，从而有助于在两次心跳之间维持血压的稳定。

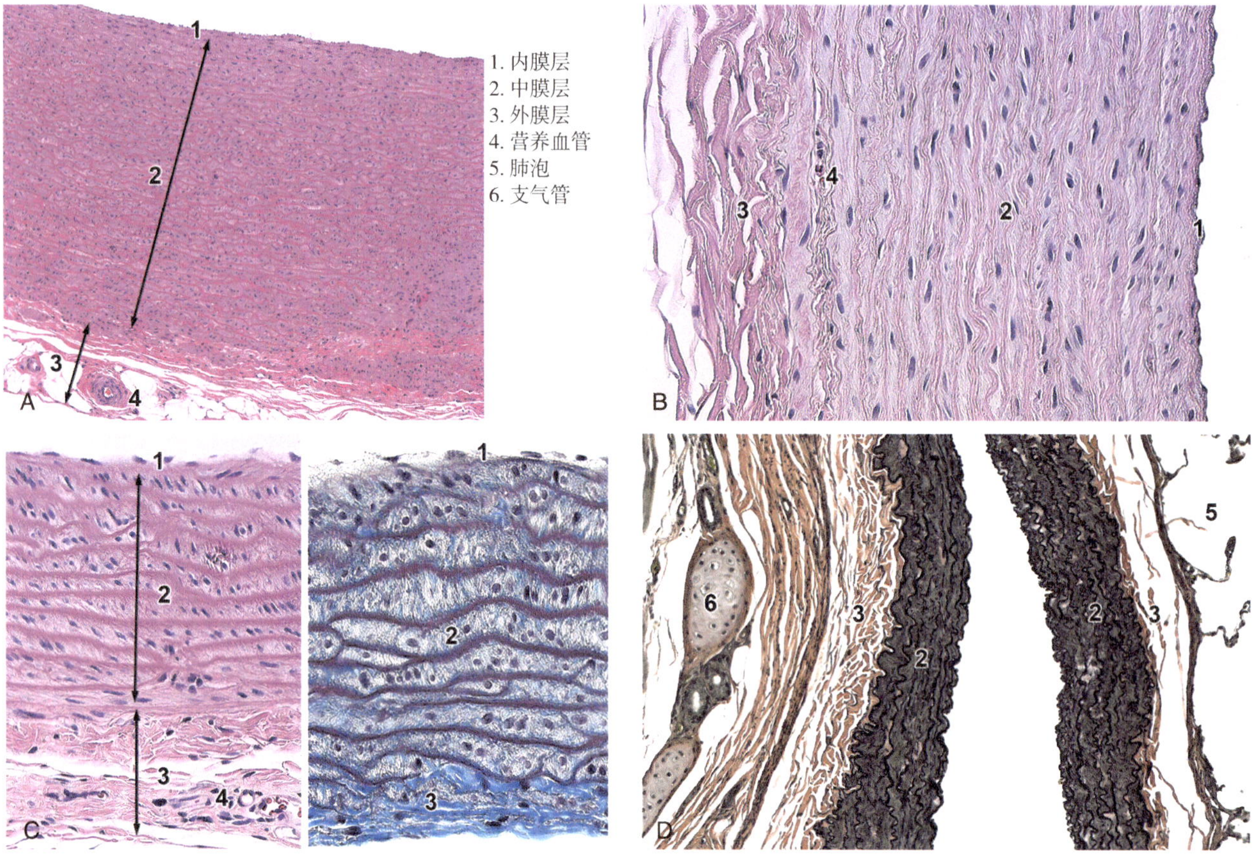

图 6-11 **大动脉**

A. 比格犬：内膜层薄，与中膜层分界不明显，外膜层为薄层结缔组织；B. 食蟹猴：中膜层大量弹性纤维和少量平滑肌纤维呈螺旋或同心圆状排列；C. SD 大鼠：中膜层有多层有孔弹性膜，少量胶原纤维和硫酸软骨素基质；D. 肺动脉，比格犬：中膜层由多层弹性膜组成，Reticulin 染色

1. 内膜层：内皮细胞短梭形或多边形。内皮下层为弹性纤维组织，大动物可见纵行的平滑肌细胞。内皮下层有内弹性膜，与中膜层弹性膜延续。内膜层与中膜层的分界不太明显。

2. 中膜层由多层有孔弹性膜组成，呈螺旋状至同心圆状排列的弹性膜层。各层弹性膜之间由弹性纤维相连。弹性膜之间有少量胶原纤维和硫酸软骨素基质，偶尔可见环形平滑肌细胞。

3. 外膜层较薄，为胶原性结缔组织，内含一些弹性纤维和少量纵行的平滑肌细胞。外膜层没有明显的外弹性膜，可见到营养血管和神经纤维。

（二）中动脉或肌性动脉

中动脉也称肌性动脉（muscular arteries），通常连接大动脉与各主要器官，如胰动脉和肾动脉等（图 6-12）。中动脉中膜富含平滑肌，管壁内也有营养血管和神经纤维分布。

1. 内膜层较薄，内皮细胞扁平，呈多边形。血管收缩时，内皮细胞的胞体或细胞核凸入管腔内。内皮下层结缔组织中含有少量胶原纤维、弹性纤维和纵行平滑肌纤维。内弹性膜明显。由于管径收缩，内弹性膜在横切面上常呈波浪状。

2. 中膜层由环行排列的平滑肌组成。肌纤维之间有少量弹性纤维、网状纤维和胶原纤维组成。交感神经纤维作用于血管中膜平滑肌而引起血管收缩，是很多药物调节血压的靶点之一。

3. 外膜层通常较厚，富含胶原纤维和弹性纤维结缔组织，偶有平滑肌纤维和营养血管等。多数中动脉的中膜和外膜交界处有一明显的外弹性膜。

（三）小动脉

小动脉（small arteries）也属肌性动脉，管径粗细不等，参与调节血压（图 6-13）。

1. 内膜层包括内皮和数量不等的内皮下层结缔组织。没有明显的内弹性膜。

2. 中膜层有 2 或 3 层平滑肌纤维，螺旋状排列。

3. 外膜层由胶原和弹性结缔组织组成，其厚度与中膜层相近，无外弹性膜。

（四）微动脉

微动脉（arterioles）是终末动脉和最小的动脉，管壁没有弹性膜结构。内膜仅有一层内皮（图 6–14）。血管收缩时，内皮细胞的胞体或细胞核凸入管腔内。中膜层有 1 或 2 层环行排列的不完整的平滑肌。外膜层与周围的疏松结缔组织相移行。

微动脉末端管壁上的环行平滑肌也称毛细血管前括约肌，环绕在毛细血管的起始部，调控毛细血管床的血流量和微循环。

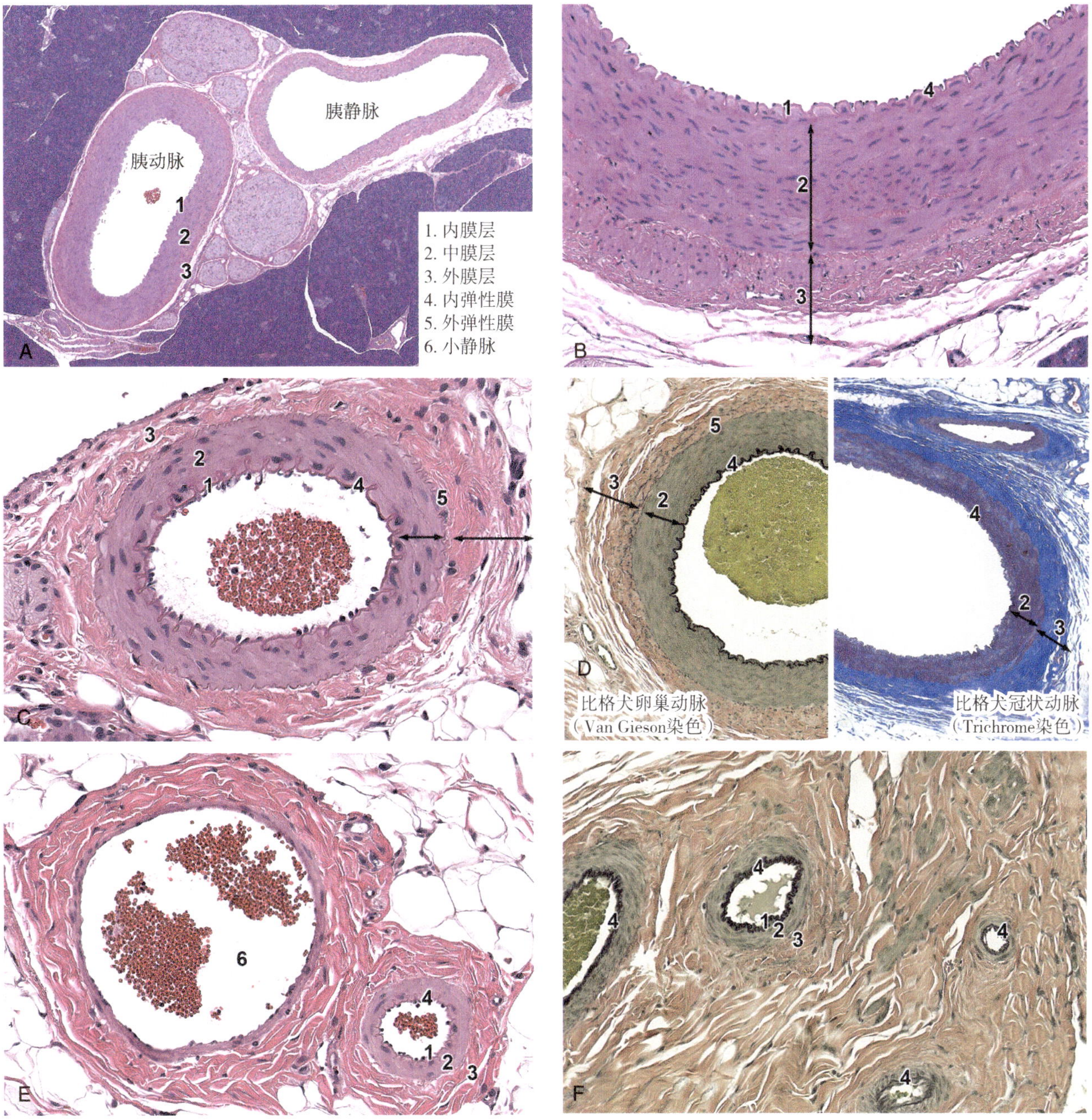

图 6–12　**中动脉**

A. 比格犬胰动静脉：中静动脉通常连接大动静脉和各主要器官；B. 比格犬胰动脉：内膜层薄，中膜厚，为肌性膜，外膜亦厚；C. 比格犬肾动脉：中膜多层环形平滑肌，内外弹性膜波浪状，外膜厚；D. 比格犬：内弹性膜比外弹性膜明显，外膜含胶原和弹性结缔组织；E. WH 大鼠皮肤：中膜有 2 或 3 层平滑肌，有内弹性膜，外膜厚；F. 比格犬卵巢动脉网：内膜与中膜层之间有明显的内弹性膜

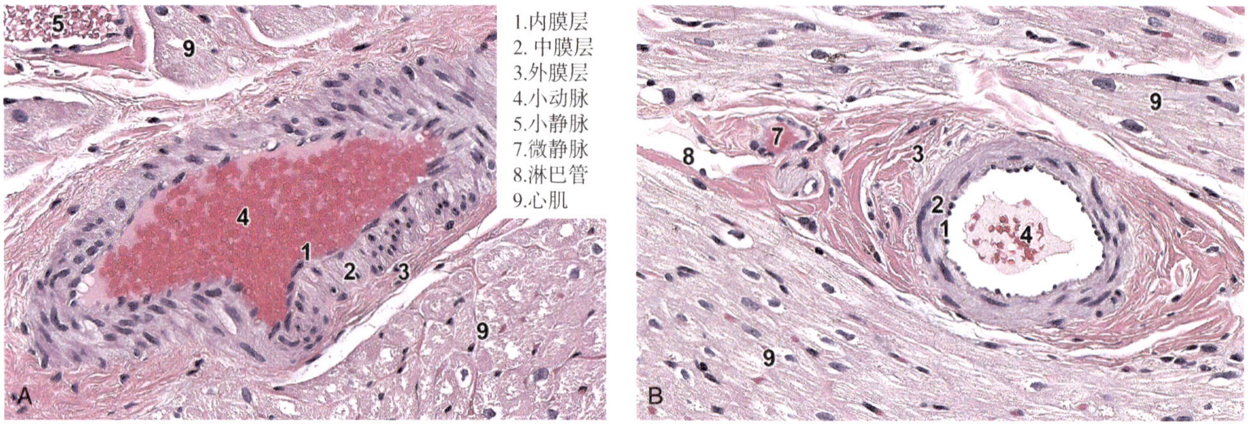

图 6–13　**小动脉**

A. 食蟹猴心脏：肌性小动脉无明显的内弹性膜或外弹性膜，外膜厚；B. 食蟹猴心脏：中膜层有 2 或 3 层平滑肌纤维，无弹性膜，外膜厚

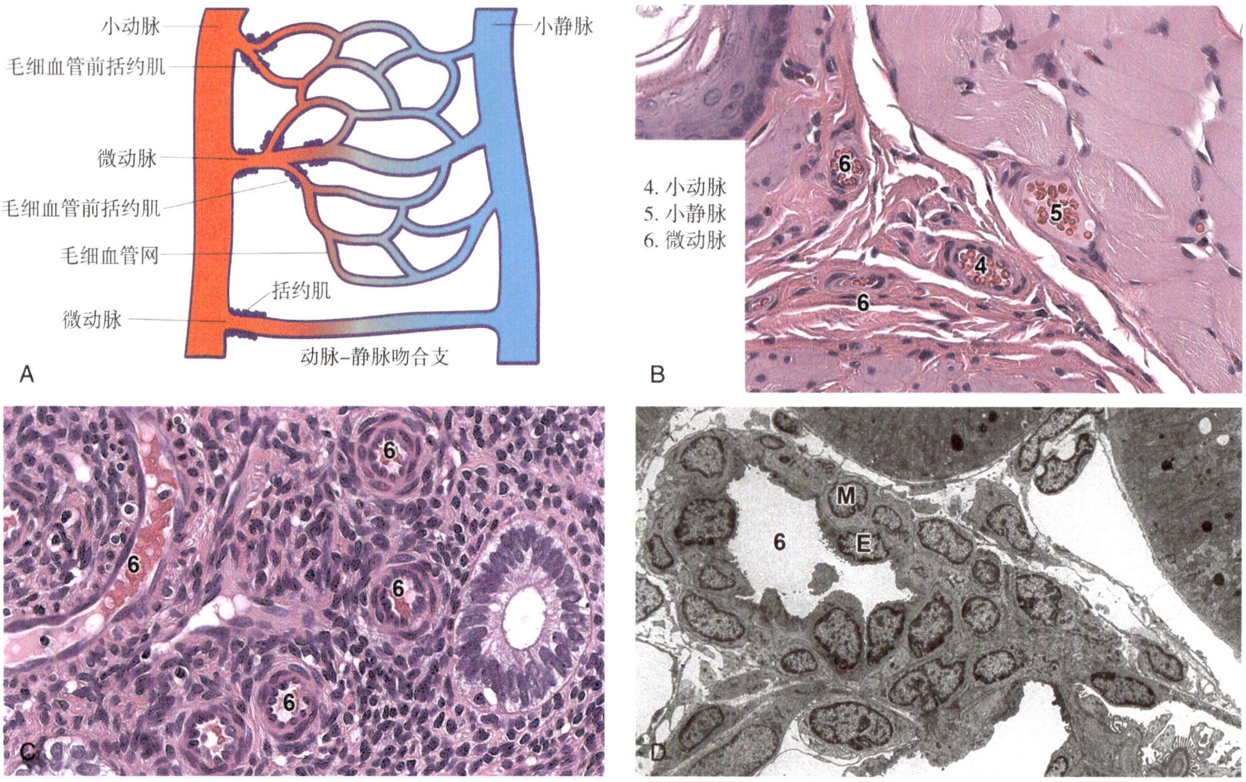

图 6–14　**微动脉**

A. 微动脉和微循环；B. WH 大鼠食管黏膜：内膜仅一层内皮，中膜层一层环行平滑肌；C. 食蟹猴子宫：黏膜微动脉内膜为一层内皮，中膜为一层平滑肌；D. WH 大鼠：肾小球入球微动脉内膜一层内皮（E），中膜一层平滑肌（M）

三、毛细血管和微循环

（一）毛细血管

毛细血管（capillaries）是最小的血管，管径 6 ~ 10 μm，位于微动脉和微静脉之间（图 6–15）。毛细血管具有选择性通透、新陈代谢和分泌的基本功能。毛细血管的管腔很小，通常分支并互相吻合成毛细血管床或网，局部扩张形成大小和形态各异的血窦。毛细血管网总面积大，管壁薄，有利于血管内外的物质交换。

毛细血管的管壁主要由一层内皮细胞和基底膜组成，基底膜外有少许疏松结缔组织和周细胞。管径细的毛细血管腔仅由一个内皮细胞围成。管径粗的毛细血管腔可由几个内皮细胞围成。有些组织的毛细血管内皮细胞与基底膜之间有散在的周细胞。周细胞扁平，有突起紧贴在内皮细胞基底面。周细胞起支持作用，并可分化为平滑肌和成纤维细胞。

根据内皮细胞的超微结构，毛细血管可以分为连续性毛细血管、有孔毛细血管和血窦三种类型。

连续性毛细血管广泛分布于体内各组织中。内皮细胞间有紧密连接结构，有连续的基底膜。连续毛细血管的内皮没有孔，物质以吞饮小泡的形式穿越内皮细胞。在特定的器官部位，相邻的内皮细胞之间形成致密的闭合带，限制某些物质通过，如血脑屏障、血胸腺屏障和血睾屏障等。

有孔毛细血管主要分布于肾小球、内分泌腺、脉络丛、胰腺和胃肠黏膜固有层等具有吸收与分泌功能的组织中。内皮细胞有贯穿细胞质的窗孔状结构，孔径为 60 ~ 80 nm，基底膜具有连续性。有的窗孔有隔膜结构，隔膜厚 4 ~ 6 nm，物质通过隔膜进出毛细血管腔。

窦状毛细血管也称毛细血管窦，多为不连续性毛细血管。主要分布于肝、骨髓、脾、淋巴结和肾上腺皮质等。窦状毛细血管的管腔大，形状不规则。内皮细胞有窗孔，内皮细胞之间常有较大的间隙，基底膜不连续或缺失，有利于细胞和物质出入窦腔。

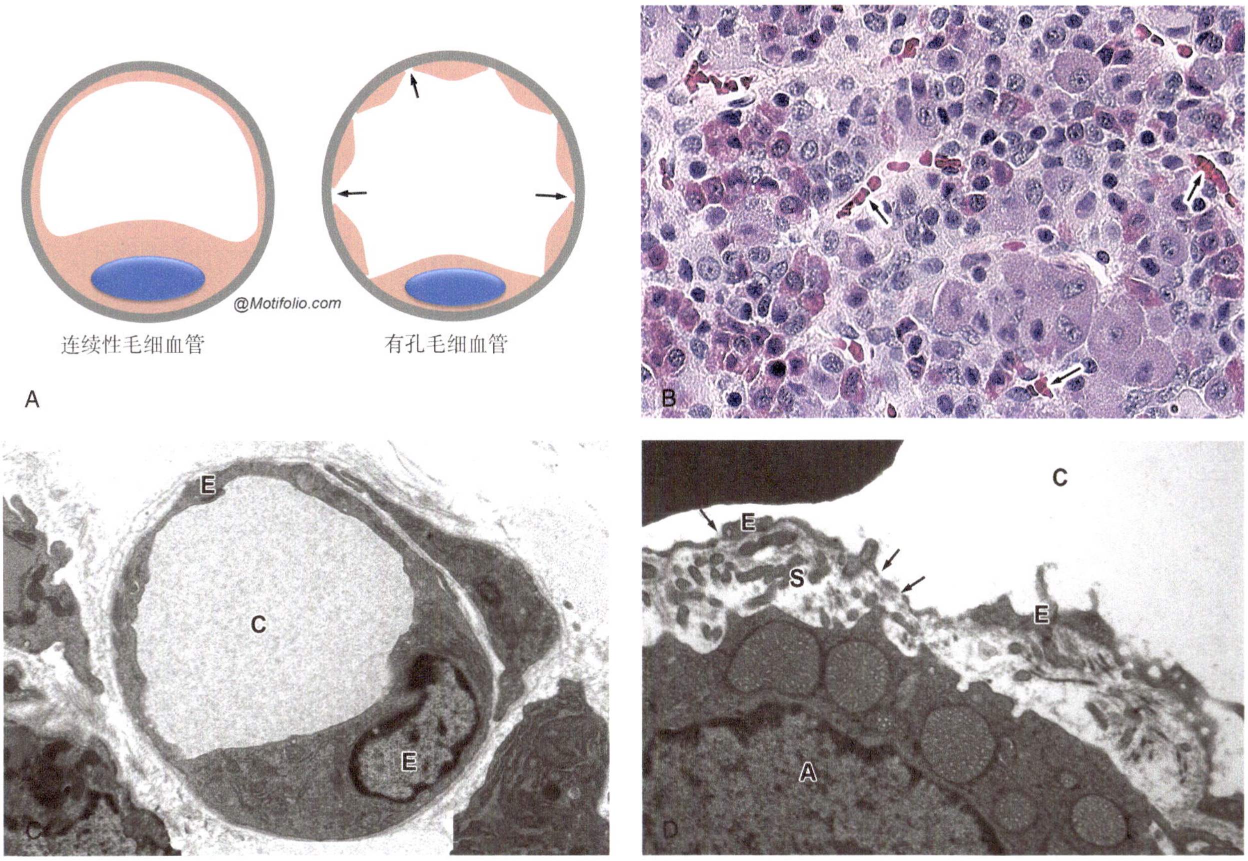

图 6–15　毛细血管

A. 毛细血管是最小的血管，分为连续性毛细血管、有孔毛细血管和血窦三种；B. 比格犬垂体：腺体间质富含毛细血管或血窦（箭）；C. SD 大鼠心脏：连续性毛细血管，管腔（C）仅由一个内皮细胞（E）围成；D. WH 大鼠肾上腺皮质细胞（A）与有孔内皮细胞（箭）有间隙（S）

（二）微循环

毛细血管床与微静脉网是血液与组织细胞之间进行气体、营养、代谢产物和其他物质的交换的场所（图 6–14）。毛细血管和微静脉曲折迂回，分支成网，管壁极薄，血流缓慢。来自动脉血液中的氧气、营养物质、激素及其他物质在微循环处离开血流，进入组织或细胞。而组织或细胞内产生的二氧化碳、代谢产物和细胞分泌物等则进入微循环血流。毛细血管床和微静脉网中的血液通过静脉回流到心脏。

在微循环处，微动脉和小静脉之间有直接通路，即动静脉吻合。毛细血管前括约肌收缩时，血液经吻合直接由微动脉汇入小静脉中，避开毛细血管床，直接进入微静脉。动静脉吻合通路和毛细血管床两种血液分流方式调控温度调节和血压。

四、静脉

静脉（veins）通常与动脉伴行，汇集组织中的血液，返回心脏。静脉血流压力比动脉低。静脉比相应伴行动脉的管腔大，管壁薄，管壁平滑肌层数较少（图 6–16）。

静脉通常分为四种：微静脉、小静脉、中静脉和大静脉。静脉管壁由呈同心圆排列的内膜层、中膜层和外膜层组成。大静脉的三层界线明显，而小静脉的三层界线不清楚。静脉中膜层的平滑肌层数比相应动脉中膜层少。静脉在体内某些组织形成一些特异性静脉窦，如硬膜窦等。有些组织部位的静脉管腔中有静脉瓣，以防止血液反流。

（一）微静脉

微静脉（venule）是最小的静脉，是气体和物质交换的场所。内皮下层结缔组织非常薄，无中膜层。一些血管活性物质，如 5– 羟色胺和组胺等血管扩张物质，作用于微静脉，增加血管或内皮细胞的通透性。

（二）小静脉

小静脉内皮下层结缔组织薄，其厚度随管壁厚度和管径扩张而变化。小型小静脉（small vein）无中膜。大型小静脉的中膜层可见一至两层平滑肌纤维。外膜由胶原性结缔组织组成，包括成纤维细胞和弹性纤维。

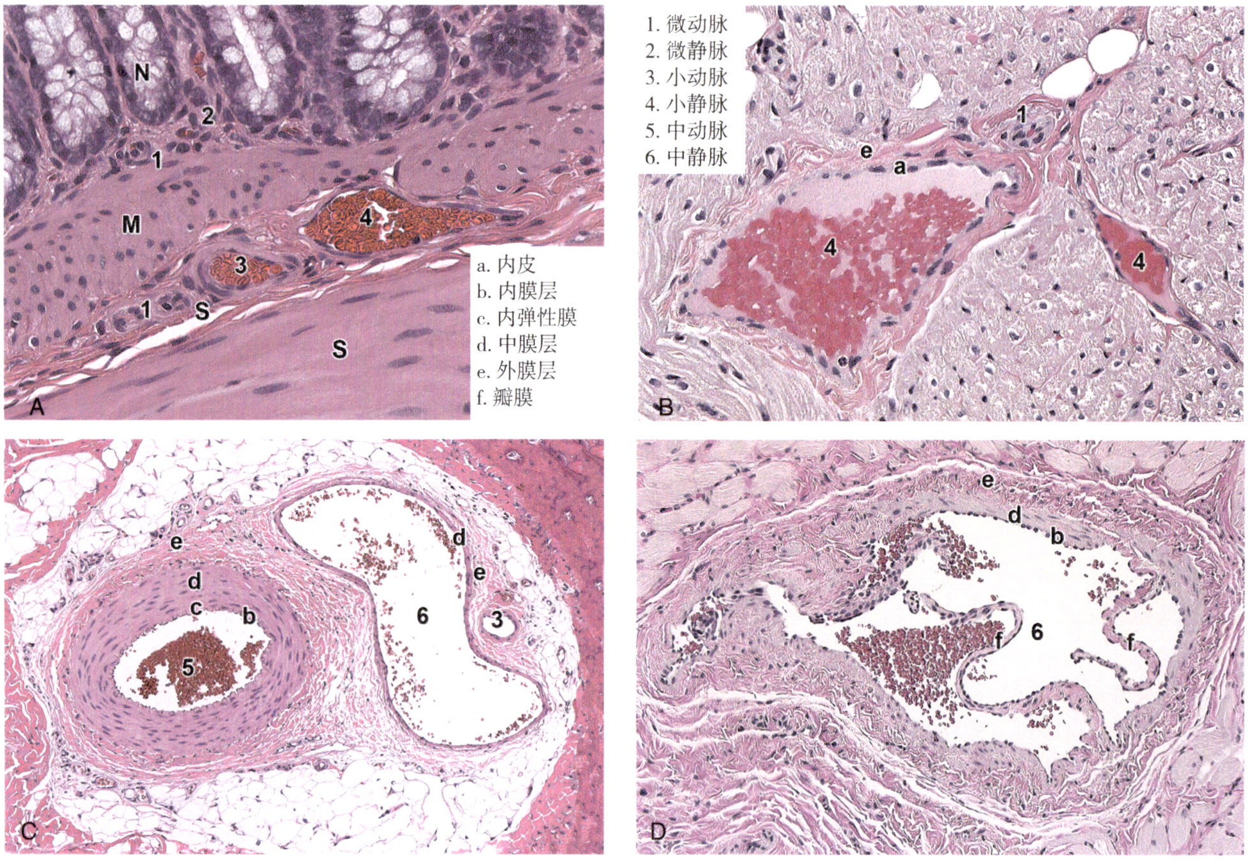

图 6–16　**静脉**

A. 微静脉（venule），WH 大鼠十二指肠：黏膜（N）、黏膜肌层（M）、黏膜下层（S）和平滑肌层（S）；B. 小静脉，食蟹猴心脏：大的小静脉中膜有 1 或 2 层平滑肌，外膜为纤维结缔组织；C. 中静脉，SD 大鼠尾静脉：静脉比相伴行动脉的管腔大，管壁薄，平滑肌少；D. 中静脉，比格犬骨骼肌：内膜薄，有瓣膜，中膜数层平滑肌，外膜层厚

（三）中静脉

中静脉（medium vein）内皮下层有少量结缔组织，偶尔可见较薄的内弹性膜，有瓣膜。中膜层有数层平滑肌纤维。可见胶原纤维束及少量散在的弹性纤维。偶尔可见一些纵行排列的肌纤维和营养血管。外膜层厚，由胶原纤维和一些弹性纤维组成。偶见纵行的平滑肌细胞和营养血管。

（四）大静脉

大静脉（large vein）内皮下层结缔组织较厚，有明显的瓣膜。中膜层不明显，由胶原纤维束，弹性纤维和散在的平滑肌纤维组成。外膜层最厚，主要由胶原纤维和弹性纤维组成，偶尔可见纵行的平滑肌纤维束和营养血管。

第四节　淋巴循环

淋巴管是一个辅助性循环系统，通常分为毛细淋巴管、淋巴管和淋巴导管三部分（图 6–17）。淋巴管的功能主要是回收多余的细胞外液，即组织液。多余的组织液进入毛细淋巴管，成为淋巴液，并逐步汇集到大的淋巴管中，最终汇入胸导管和淋巴导管。淋巴管的通路上有淋巴结或淋巴组织分布，具有过滤淋巴液，清除淋巴中异物和处理抗原等作用。除中枢神经、骨髓、胸腺、骨和软骨、眼角膜和晶状体等外，大多数组织器官都有淋巴管的分布。

大淋巴管的管腔较大，管壁较薄，有瓣膜。毛细淋巴管是最小的淋巴管，起始于组织内，起始端为盲管。管腔不规则，管壁薄。内皮细胞间隙较宽，基底膜不连续，无周细胞，有利于组织液的回收。

淋巴管径粗细不等，管壁薄。较大的淋巴管的管径大，管壁由内皮、少量平滑肌和结缔组织组成，瓣膜明显。瓣膜处的淋巴管径扩张，外形呈串珠状。大淋巴管的管壁有神经支配和营养血管。

淋巴导管是最大的淋巴管，包括胸导管和淋巴导管。管壁可分为三层，但分界不明显。内膜层由内皮、弹性纤维和胶原纤维组成。中膜层有平滑肌和弹性纤维。 外膜层有纵行平滑肌、胶原纤维、营养血管和神经纤维等，并与周围疏松结缔组织相延续。

正常情况下，淋巴液主要成分是水、电解质、少量蛋白质和淋巴细胞。在机体不同部位或不同生理情况下，淋巴管内的淋巴成分也不同，如源于小肠淋巴管中的淋巴因含许多脂肪小滴而呈乳白色，称乳糜。源于肝的淋巴中蛋白质含量高。源于淋巴组织的淋巴中含有淋巴细胞和抗体，偶尔也可见单核细胞等。

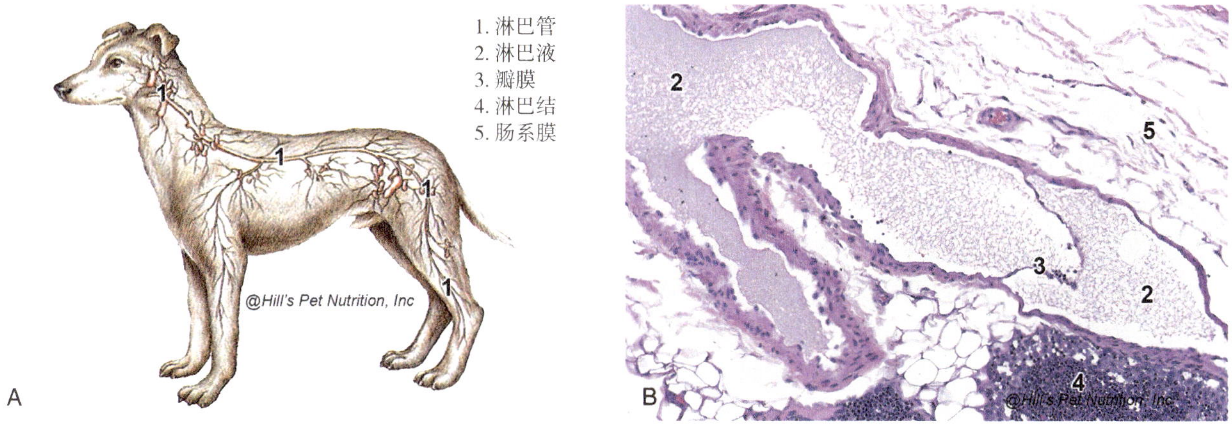

图 6–17　淋巴管

A. 淋巴管系统，淋巴的主要功能是回收多余的细胞外组织液；B. 淋巴结，SD 大鼠：管壁内皮由瓣膜、平滑肌和结缔组织组成，瓣膜处管径扩张

第七章 消化系统组织学

Histology of the Digestive System

消化系统分为消化道和消化腺两部分。消化道是自口腔至肛门的一个连续性管道系统，依次分为口腔、咽、食管、胃，小肠，大肠和直肠（图 7–1）。消化腺主要包括肝、胰腺和涎腺等大型的独立腺体。

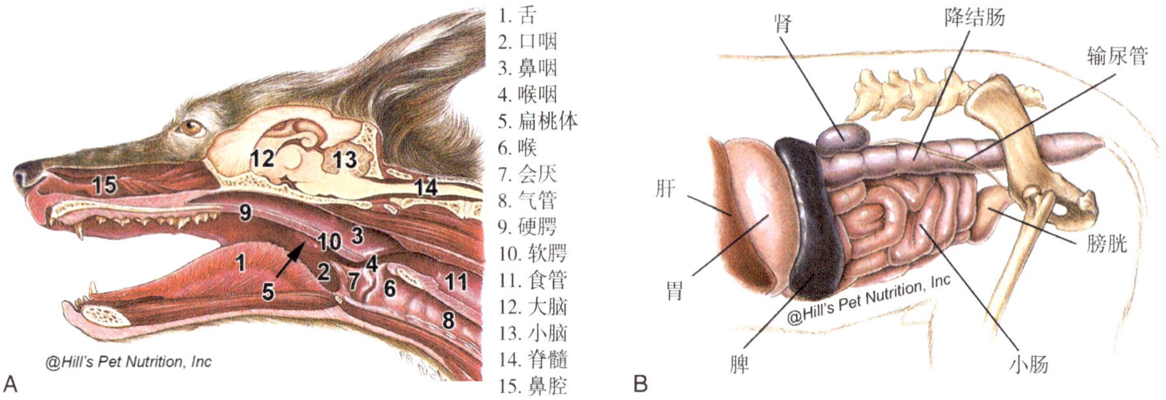

图 7–1 消化系统

A. 犬口，舌，齿，咽，喉和食管；B. 犬肝和胃肠道

第一节 消化道

一、消化道管壁的一般结构

从食管至直肠，消化道（digestive tract）的管壁可分为黏膜层、黏膜下层、肌层和浆膜层（图 7–2）。管壁内有腺体、血管、神经和结缔组织等。当消化道空虚时，腔面可见许多纵行皱褶，充盈时皱褶变小或消失。

（一）黏膜层

黏膜层（mucosa）是执行消化功能的主要部分，包括黏膜上皮、固有膜、黏膜肌层和黏膜下层。各段消化道的黏膜结构随其功能而异。

上皮包括复层扁平上皮，单层立方至单层柱状上皮。复层扁平上皮分布于口腔、咽、食管、肛门和啮齿类动物的前胃，以物理性保护为主。单层立方至单层柱状上皮分布于胃肠道，以消化吸收和分泌功能为主。小肠黏膜形成环形皱襞、肠绒毛和微绒毛等，有利于其吸收功能。大肠黏膜上皮富含黏液细胞。固有膜层以疏松结缔组织为主，有丰富的毛细血管、毛细淋巴管、腺体、神经和淋巴组织等。黏膜肌层为一薄层平滑肌，收缩时可促进固有膜层的腺体分泌和血液循环，从而促进营养物质的吸收。

（二）黏膜下层

黏膜下层（submucosa）结构和成分随动物种属和消化道部位不同而异（图 7–3）。黏膜下层以结缔组织为主，有血管、淋巴管、黏膜下神经丛、多极神经元和无髓神经纤维等。黏膜下神经丛也称奥氏神经丛。

有些动物的食管和十二指肠的黏膜下层还有食管腺和十二指肠腺等。

（三）肌层

随动物种属而异，食管或食管上段与肛门的肌层多为骨骼肌，其他大部分消化道壁的肌肉为平滑肌（图 7-4）。肌层（muscularis）一般具有内环和外纵两层。 两肌层有肌间神经丛，也称狄氏神经丛。其结构与黏膜下奥氏神经丛相似，为节后神经，调节肌层运动。

（四）外膜层

外膜层（serosa or adventitia）以薄层疏松结缔组织为主（图 7-5）。食管前端和肛门的外膜层与周围组织移行，没有明确界线。腹膜内的大部分胃肠的外膜由薄层结缔组织与腹腔间皮共同构成浆膜。 浆膜表面光滑，有利于胃肠运动。

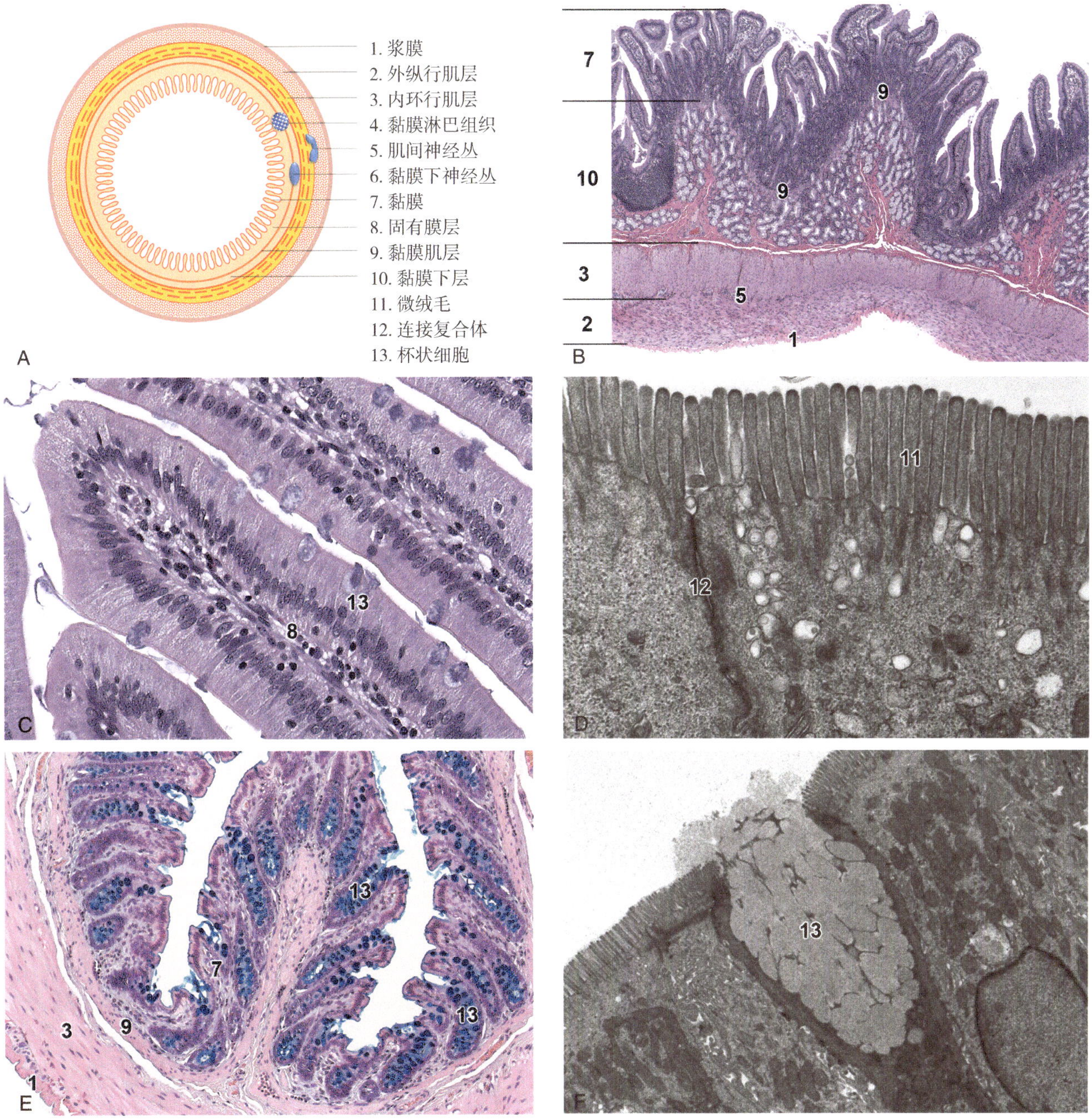

图 7-2　消化道结构

A. 从食管至直肠，管壁可分为黏膜层、黏膜下层、肌层和浆膜层；B. 食蟹猴十二指肠：黏膜层、黏膜下层、肌层和浆膜层；C. 食蟹猴十二指肠：肠道黏膜形成肠绒毛等结构，有利于其吸收功能；D. WH 大鼠盲肠：黏膜上皮细胞顶端有微绒毛，细胞间有连接复合体；E. WH 大鼠结肠：大肠黏膜上皮富含杯状细胞，分泌黏液；F. WH 大鼠结肠：黏膜上皮杯状细胞分布于吸收细胞之间

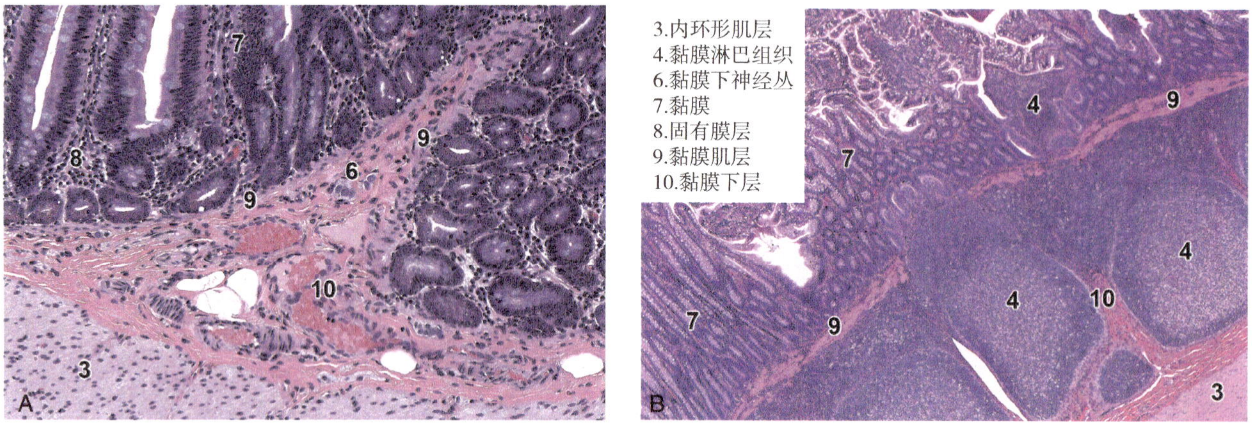

图 7-3 黏膜下层

A. 比格犬回肠：黏膜富含富血管，淋巴管，腺体，淋巴组织和神经等；B. 比格犬回肠：黏膜肌层为一薄层平滑肌，黏膜下层富含淋巴组织

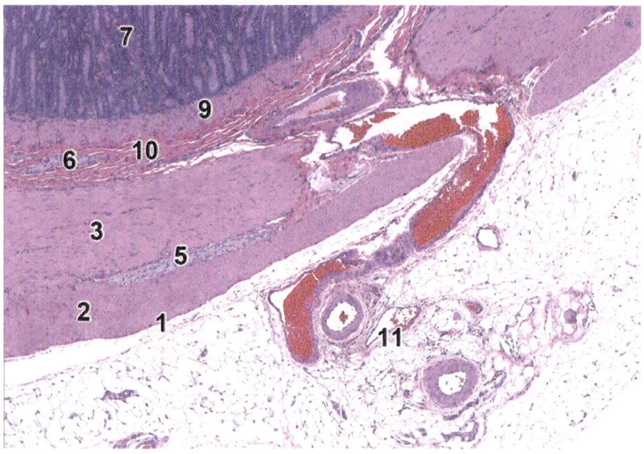

1. 浆膜
2. 外纵行肌层
3. 内环形肌层
5. 肌间神经丛
6. 黏膜下神经丛
7. 黏膜
9. 黏膜肌层
10. 黏膜下层
11. 肠系膜

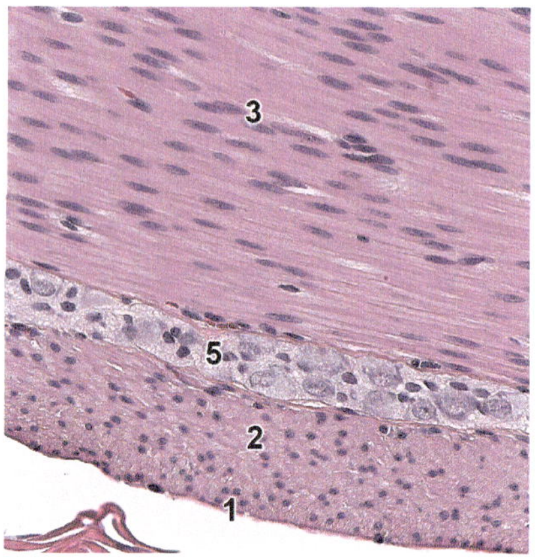

图 7-4 肌层和肠系膜

比格犬十二指肠：内环和外纵两层平滑肌间有肌间神经丛

图 7-5 外膜层

比格犬十二指肠：肌层、浆膜层和肌层之间有肌间神经丛

（五）肠神经系统

除丰富的神经纤维外，消化道肌层和黏膜中通常还有神经元或神经丛等，如肠道肌间神经丛和黏膜下神经丛。此外，胃肠壁还有一些其他神经元或小神经丛，多为副交感神经的节后神经，调节消化道的肌层运动和腺体分泌功能。胃肠神经通过迷走神经和脑相连，构成复杂网络。

（六）胃肠道内分泌

胃肠道散在分布有 40 多种内分泌细胞，嗜银染色阳性，也称嗜铬细胞或嗜银细胞（表 7-1）。 胃肠内分泌（gastroenteroendocrine）细胞大多呈锥体形，散在分布于黏膜上皮细胞之间（图 7-6）。基底部附于基底膜，基底侧突与邻近细胞相接触。胞质富含粗面内质网，高尔基体和分泌颗粒。分泌颗粒大小、形状、电子密度依细胞和分泌物的种类而异。胃肠道内分泌细胞分泌的激素通常弥散于周围细胞间并作用于周围细胞，也可进入血液循环，影响远端组织器官或毗邻细胞群。从而调控消化道运动，消化液分泌。

二、口腔

口腔（oral cavity）是消化道的入口 。 口腔黏膜由上皮和固有层构成，没有黏膜肌层和黏膜下层。口腔上皮为复层扁平上皮，上皮薄，通透性高，有利于某些化学药物的吸收。固有层内有丰富的毛细血管，感觉神经末梢、腺体和骨骼肌等。

表 7-1 各类胃肠道激素及其内分泌细胞来源

激素名称	分泌细胞	组织细胞分布	激素主要功能
生长激素释放抑制激素	D 细胞	胰岛、胃幽门、十二指肠	抑制其他弥散性内分泌细胞的分泌
血管活性肠肽	D1 细胞	胃、小肠、结肠	
胃泌素	G 细胞	胃幽门、十二指肠	促进胃酸分泌
胆囊收缩素 - 促胰酶素	I 细胞	小肠	促进胰酶分泌和胆囊收缩；抑制胃酸分泌
胃肠动素	MO 细胞	小肠	促进肠道蠕动
促胰液素	S 细胞	小肠	促进胰和胆道的碳酸氢和水的分泌；抑制胃酸分泌和胃排空
胰高血糖素	L 细胞	回肠、结肠	促进胰岛素分泌；抑制胃酸分泌
抑胃肽	K 细胞	十二指肠和空肠	抑制胃酸分泌
血清紧张素	嗜铬细胞	胃、小肠、大肠	促进肠道蠕动
P 物质	嗜铬细胞	胃、小肠、大肠	促进肠道蠕动
神经降压素	N 细胞	回肠	抑制胃酸分泌

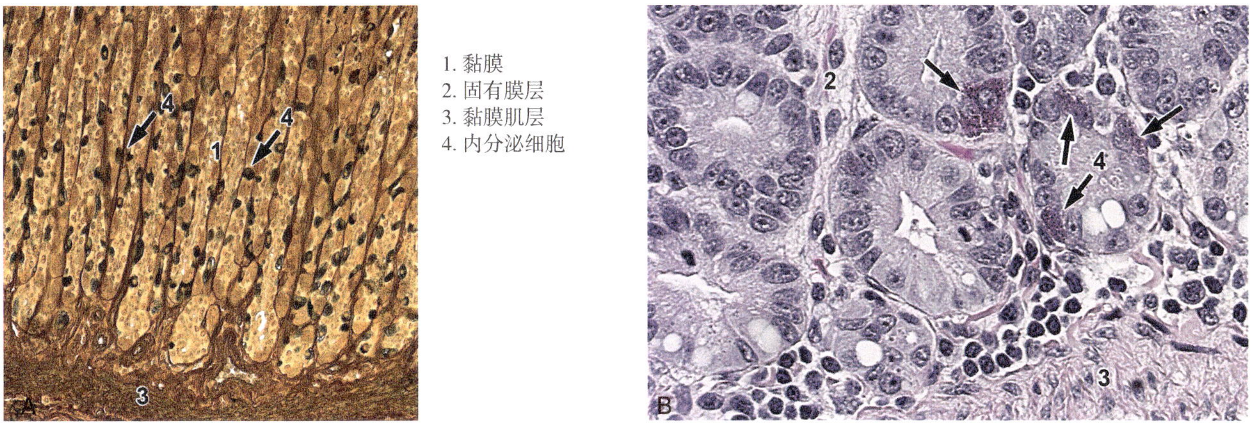

图 7-6 胃肠道内分泌

A. 内分泌，SD 大鼠腺胃：内分泌细胞多呈锥体形，也称嗜铬细胞，银染阳性；B. 肠道内分泌：WH 大鼠十二指肠：分泌细胞附于基底膜，颗粒大小均匀

（一）舌

舌（tongue）由黏膜和舌肌组成（图 7-7）。舌黏膜包括复层扁平上皮与固有膜。舌肌由骨骼肌纤维交织组成，包括纵行、横行及垂直肌束等。舌背部和两侧黏膜有舌乳头，包括丝状乳头、菌状乳头和轮廓乳头等。舌根部固有层或肌层内有丰富的毛细血管、感觉神经末梢、腺体和骨骼肌等。

丝状乳头遍布于舌背，形成舌苔，外观白色。乳头呈圆锥形，浅层上皮细胞角化脱落。菌状乳头呈蘑菇状，内有味蕾。固有层内有丰富的毛细血管和神经。轮廓乳头较大，顶部平坦，周围黏膜凹陷形成环沟，顶部和沟两侧上皮内有味蕾。

味蕾呈椭圆形，是味觉感受器，分布于菌状乳头和轮廓乳头，或散在于舌咽部上皮内。味蕾由暗细胞、明细胞和基细胞组成。暗细胞和明细胞都是味觉细胞，由基细胞分化而来。电镜下可见暗细胞和明细胞游离面都有微绒毛伸入味蕾顶端的味孔，胞质基底部可含突触小泡样颗粒，基底面与味觉神经末梢形成突触。

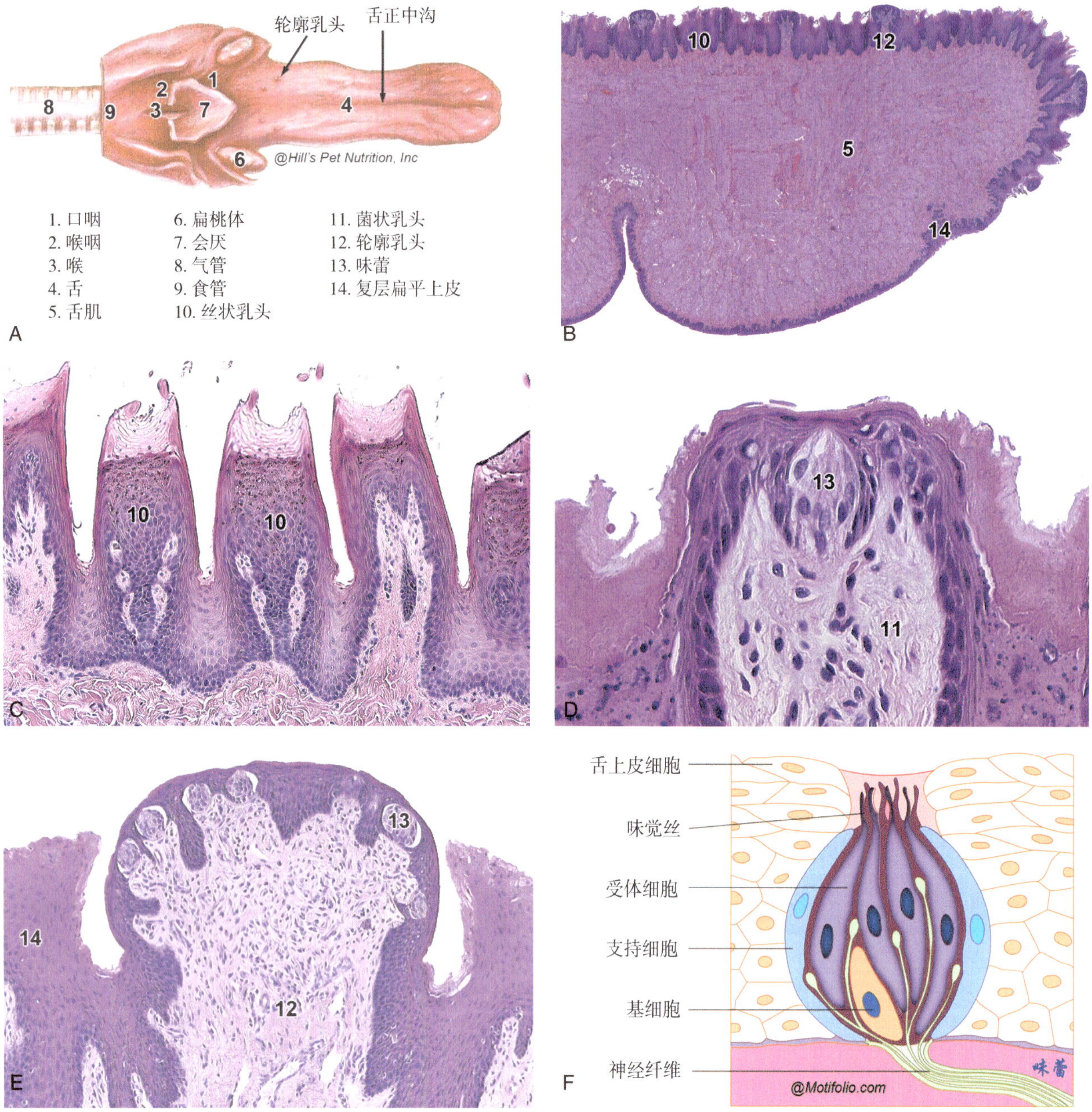

图 7–7　舌

A. 舌，比格犬；B. 舌由黏膜和舌肌组成，背部和两侧黏膜有舌乳头和味蕾；C. 比格犬舌：丝状乳头遍布于舌背，主要由复层扁平上皮组成；D. 菌状乳头，SD 大鼠：呈蘑菇状，内有味蕾，固有层富含毛细血管和神经；E. 轮廓乳头，食蟹猴：顶部平坦，周围凹陷形成环沟，上皮内有味蕾；F. 味蕾结构，味觉受体细胞由锥形基细胞分化而来

（二）牙齿

牙（teeth）分为牙冠、牙颈和牙根三部分，中央有牙髓腔（图 7–8）。牙由本质、釉质和骨质三种钙化硬组织和牙髓软组织构成。牙根周围有牙周韧带或牙周膜。牙本质围绕牙髓，由牙本质小管和间质构成。牙本质内侧有一层成牙本质细胞。牙釉质位于牙冠的牙骨质外表面，由釉柱和极少量的间质构成。牙骨质位于牙根部的牙本质外，其组成及结构与骨组织相似。牙髓为疏松结缔组织，内含自牙根孔进入的血管、淋巴管和神经纤维等。

三、咽

咽（pharynx）位于消化道和呼吸道的交界处（图 7–9）。咽通常分为口咽、鼻咽和喉咽，三者之间没有截然的分界线。口咽位于软腭之下，舌根后端与会厌之间。鼻咽位于软腭之上，鼻腔后端与会厌之间。喉咽位于会厌与食管前端之间。

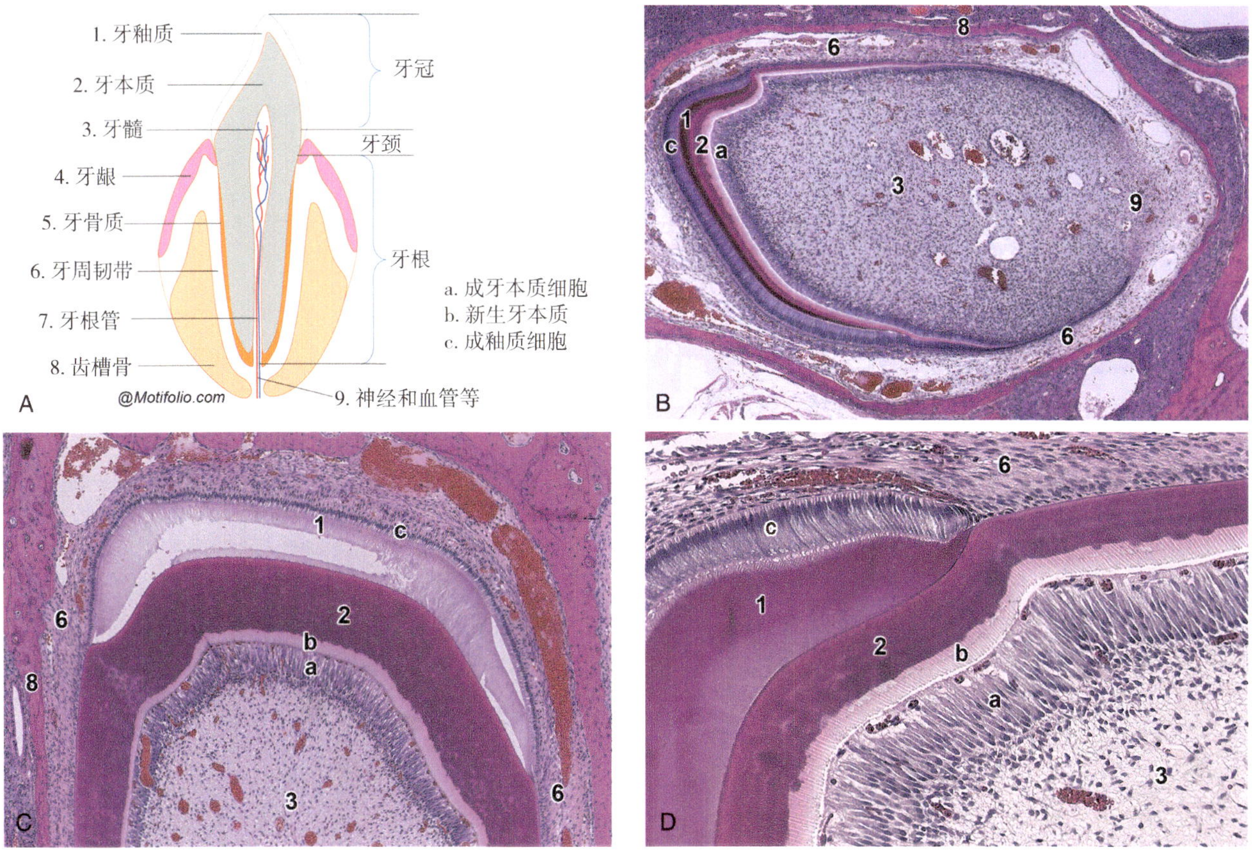

图 7–8 牙

A. 牙分为牙冠、牙颈和牙根，中央有牙髓腔，牙根周围有牙周膜；B. WH 大鼠：由牙本质、牙釉质、牙骨质、牙髓和牙周膜等组成；C. WH 大鼠：牙本质内侧有成牙本质细胞，牙釉质位于牙冠外表面；D. WH 大鼠：牙本质由小管和间质构成，牙釉质由釉柱和极少量间质构成

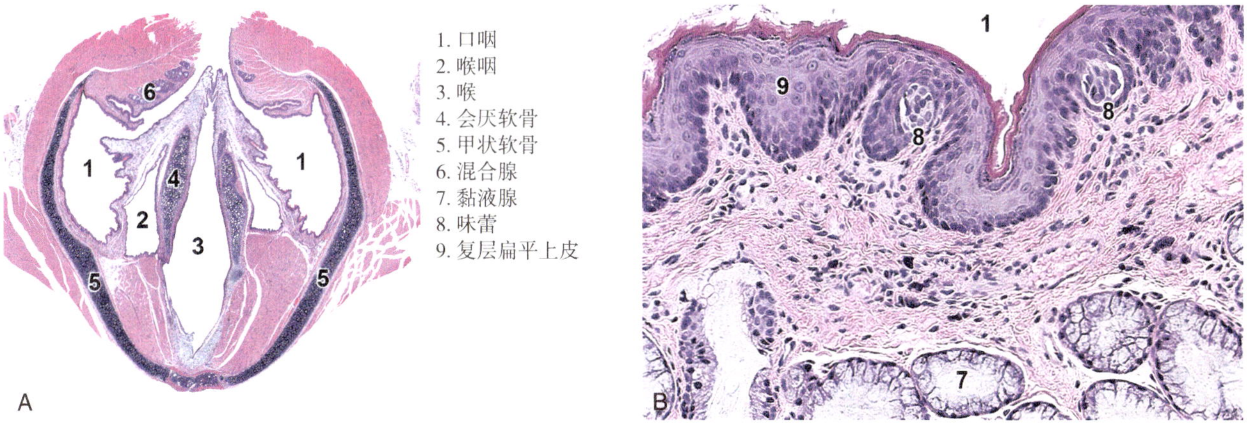

图 7–9 咽

A. SD 大鼠：咽常分为口咽、鼻咽和喉咽，三者之间没有截然界线；B. SD 大鼠：口咽黏膜为复层扁平上皮，有味蕾，黏膜下有黏液腺或混合腺

口咽黏膜为复层扁平上皮，固有层内有黏液腺或混合腺，黏膜上皮内有味蕾结构。鼻咽黏膜上皮为假复层纤毛柱状上皮，散在有杯状细胞等。固有膜层的结缔组织内有丰富的血管、淋巴组织、神经纤维和腺体等。

四、食管

食管（esophagus）由黏膜层、黏膜下层、肌层和外膜组成（图 7–10）。食管管腔收缩时，腔面黏膜形成纵行皱褶。

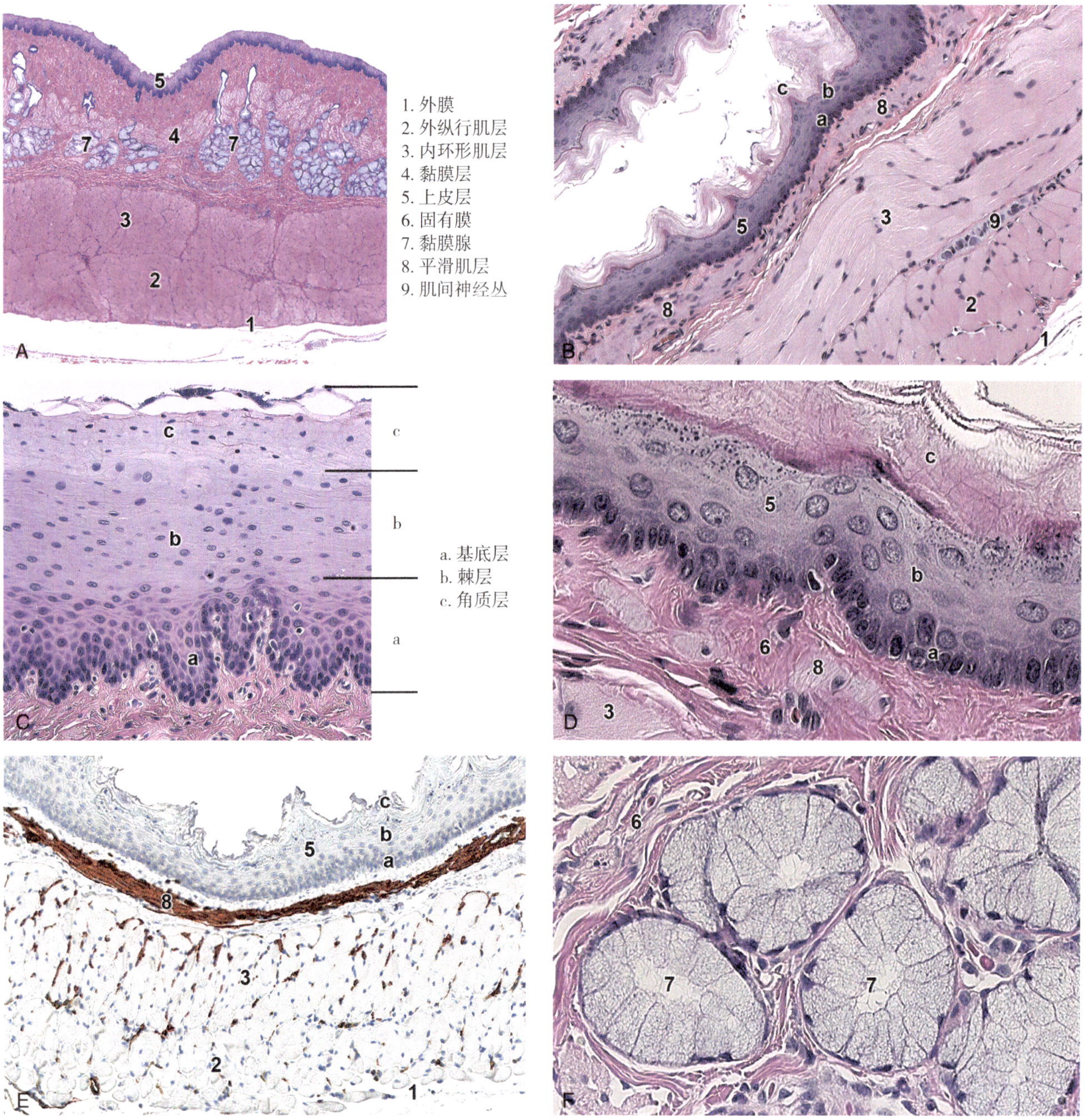

图 7–10 **食管**

A. 比格犬：食管有黏膜层、黏膜下层，肌层和外膜，犬黏膜层有食管腺；B. SD 大鼠：啮齿类动物食管黏膜层有平滑肌，散在或成层分布；C. 食蟹猴：复层扁平上皮可分为基底层、棘层和角质层；D. SD 大鼠：上皮可分为基底层、棘层和角质层，黏膜肌为平滑肌束；E. WH 大鼠：黏膜肌层由纵行平滑肌束组成，SMA 免疫组化染色；F. 比格犬：犬黏膜层有食管腺，为黏液腺，细胞核扁平，位于基底部黏膜上皮为复层扁平上皮，分为基底层、棘层、颗粒层和角质层。角质层细胞质内有大量角蛋白丝，偶尔可见细胞核。角质层细胞不断脱落，由基层细胞不断增殖分化而补充。角质层脱落后，随食物进入胃内。动物停饲或厌食时，角质层增厚。鼠类动物的食管下端的复层扁平上皮与前胃的复层扁平上皮相移行，黏膜肌层由纵行平滑肌束组成。比格犬和食蟹猴的食管下端复层扁平上皮与胃贲门部的单层柱状上相移行。

固有层为细密的结缔组织。比格犬等动物食管黏膜下层的结缔组织中可见食管腺、淋巴细胞、浆细胞，偶有淋巴小结等。食管为黏液腺，腺导管穿过黏膜开口于食管腔内。

肌层分内环与外纵两层。多数动物的食管上段为骨骼肌，中或下段逐渐移行为平滑肌，与胃壁肌层相延续。外膜为结缔组织，与周围结缔组织相延续。

五、胃

胃（stomach）是储存和消化食物的器官，包括贲门部、胃底部、胃体部和幽门部（图 7–11）。啮齿类动物的胃分为前胃和腺胃（图 7–12）。幽门部与十二指肠延续。胃初步将食物消化为蛋白质，吸收部分水和无机盐等。

（一）腺胃黏膜

腺胃黏膜（mucosa）是胃功能的重要结构基础，包括上皮、固有膜和黏膜肌层 。单层柱状上皮覆盖胃小凹表面，主要由表面黏液细胞和少量内分泌细胞组成。上皮细胞呈椭圆形或柱状，胞核位于基部，顶部胞质富含黏原颗粒，着色浅淡。细胞间有紧密连接结构，具有保护作用。

固有层内有管状腺，包括贲门腺、胃底腺和幽门腺。贲门腺分布于近贲门处，为浆液腺或黏液腺。胃底腺数量多，分布于胃底部和胃体部。胃底腺上皮干细胞位于胃底腺颈部与胃小凹之间的峡部。此处增殖的子细胞，向上迁移分化为表面黏液细胞，向下迁移分化为胃底腺细胞。幽门腺上皮干细胞位于腺体基部。

胃底腺呈分支管状，排列密集，间质成分很少，偶尔可见来自黏膜肌层的平滑肌细胞。腺体通常分为峡、颈和底三部。峡部与胃小凹的移行部延续，底部与黏膜肌毗邻。胃底腺由主细胞、壁细胞、颈黏液细胞和内分泌细胞等组成。

主细胞也称胃酶细胞，分泌胃蛋白酶原，主要分布于腺底部。细胞呈柱状，胞核圆形，位于基部。胞质基部和胞核周围有丰富的粗面内质网与发达的高尔基体，强嗜碱性。胞质顶部充满酶原颗粒，若组织加工时颗粒溶失，则呈泡沫状。

壁细胞分泌盐酸，也称泌酸细胞，主要分布于峡部和颈部。细胞体积大，呈圆形或锥形。胞核圆，居中，深染。胞质呈均质或颗粒状，强嗜酸性。电镜下可见胞质中发达的微管泡和微绒毛结构，顶面与胞膜相连。分泌小管膜中有大量质子泵（H^+，K^+– ATP 酶） 和 Cl^- 通道，合成盐酸 。盐酸能激活胃蛋白酶原，使之转变为胃蛋白酶。 猴等动物的壁细胞还可分泌内因子，内因子与维生素 B_{12} 结合，保护维生素 B_{12} 不在肠道内被酶分解，以利于回肠吸收。

颈黏液细胞数量少，呈楔形或锥状夹在其他细胞之间。胞核扁平，位于细胞基底部，胞核上方有很多黏原颗粒，浅淡。

内分泌细胞弥散分布于胃黏膜上皮内，胃底腺处分布比较密集。 内分泌细胞分泌组胺和生长激素释放抑制激素等（表 7–1）。

贲门腺和幽门腺的腺体之间与胃小凹之间的固有膜内有少量结缔组织、淋巴细胞、浆细胞、肥大细胞、嗜酸性粒细胞等。比格犬和食蟹猴的幽门黏膜固有层内可见淋巴滤泡 。

（二）前胃

啮齿类动物的前胃（forestomach）由复层扁平上皮覆盖，没有腺体，具有储存和机械磨碎食物的功能。

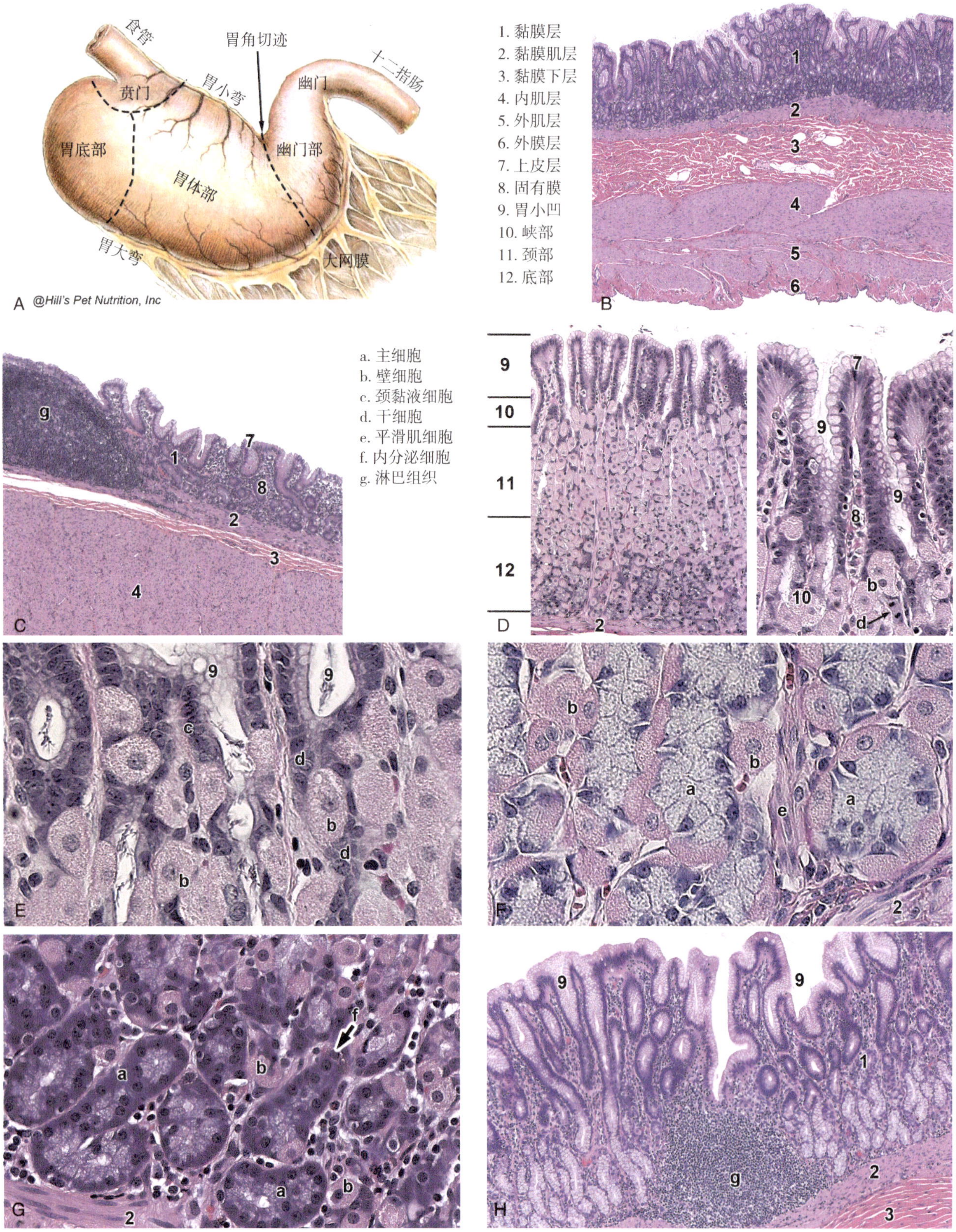

图 7-11 胃

A. 犬：胃通常分为贲门部、胃底部、胃体部和幽门部；B.WH 大鼠：管壁可分为黏膜层、黏膜下层、肌层和浆膜层四部分；C. 食蟹猴：贲门腺为浆液腺或黏液腺，不发达；固有膜内有淋巴组织；D. 胃底腺，食蟹猴：峡部有上皮干细胞，分裂（箭）增殖形成胃小凹和胃腺上皮；E. 胃底腺峡部，食蟹猴：此处上皮干细胞分裂增殖形成胃小凹和胃腺上皮；F. 比格犬：胃底腺底部主要由主细胞和壁细胞等组成；G. 食蟹猴：胃底腺底部主要有主细胞、壁细胞和内分泌细胞（箭）等；H. 食蟹猴：幽门腺为管状黏液，以分泌黏液的上皮细胞为主

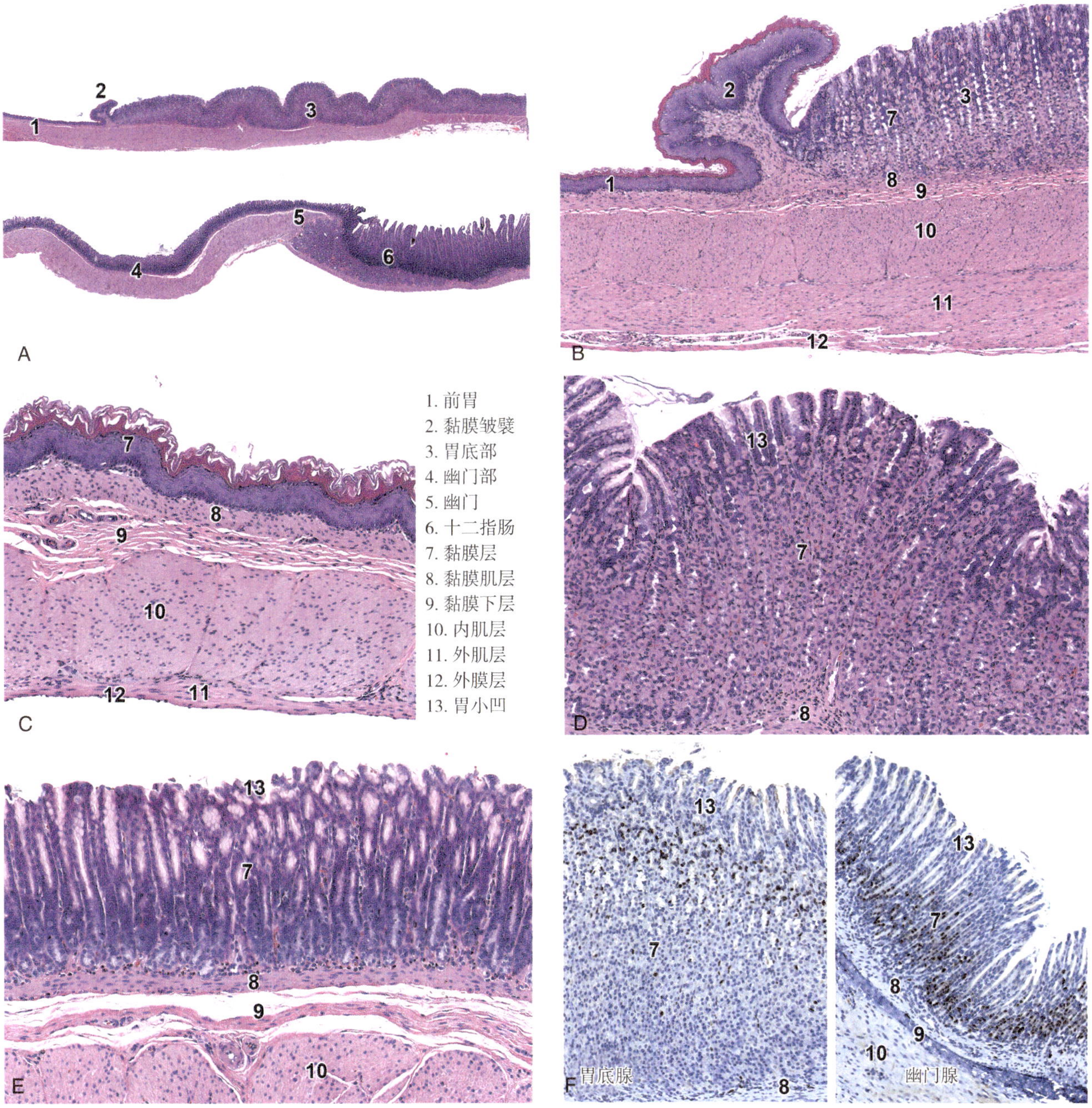

图 7-12 啮齿类动物的胃

A. WH 大鼠：啮齿类动物的胃分为前胃和腺胃，前胃由复层扁平上皮覆盖；B. WH 大鼠：啮齿类动物前胃和腺胃之间以胃黏膜皱襞为界线；C. 前胃，WH 大鼠：由复层扁平上皮覆盖，没有腺体，可储存和机械磨碎食物；D. 胃底腺，WH 大鼠：管状腺分布于胃底部和胃体部固有膜，与胃小凹的移行部延续；E. 幽门，WH 大鼠：幽门腺主要为管状黏液腺，干细胞位于腺体基底部；F. SD 大鼠胃（Ki-67 组化）：胃底腺上皮干细胞位于颈部与胃小凹深部，幽门腺的干细胞位于基底部

六、小肠

小肠（small intestines）是消化和吸收的主要部位，由黏膜、肌层和外膜组成，包括十二指肠（图 7-13）、空肠（图 7-14）和回肠（图 7-15）。黏膜具有发达的肠绒毛结构，固有层中有大量肠腺。十二指肠黏膜下层有发达的十二指肠腺。除肠绒毛外，食蟹猴小肠还有发达的环行皱襞。固有层结缔组织中含有丰富的淋巴细胞或组织。肌层由内环和外纵两层平滑肌组成，肌层内有肌间神经丛等。黏膜下有神经丛等。外膜为浆膜。

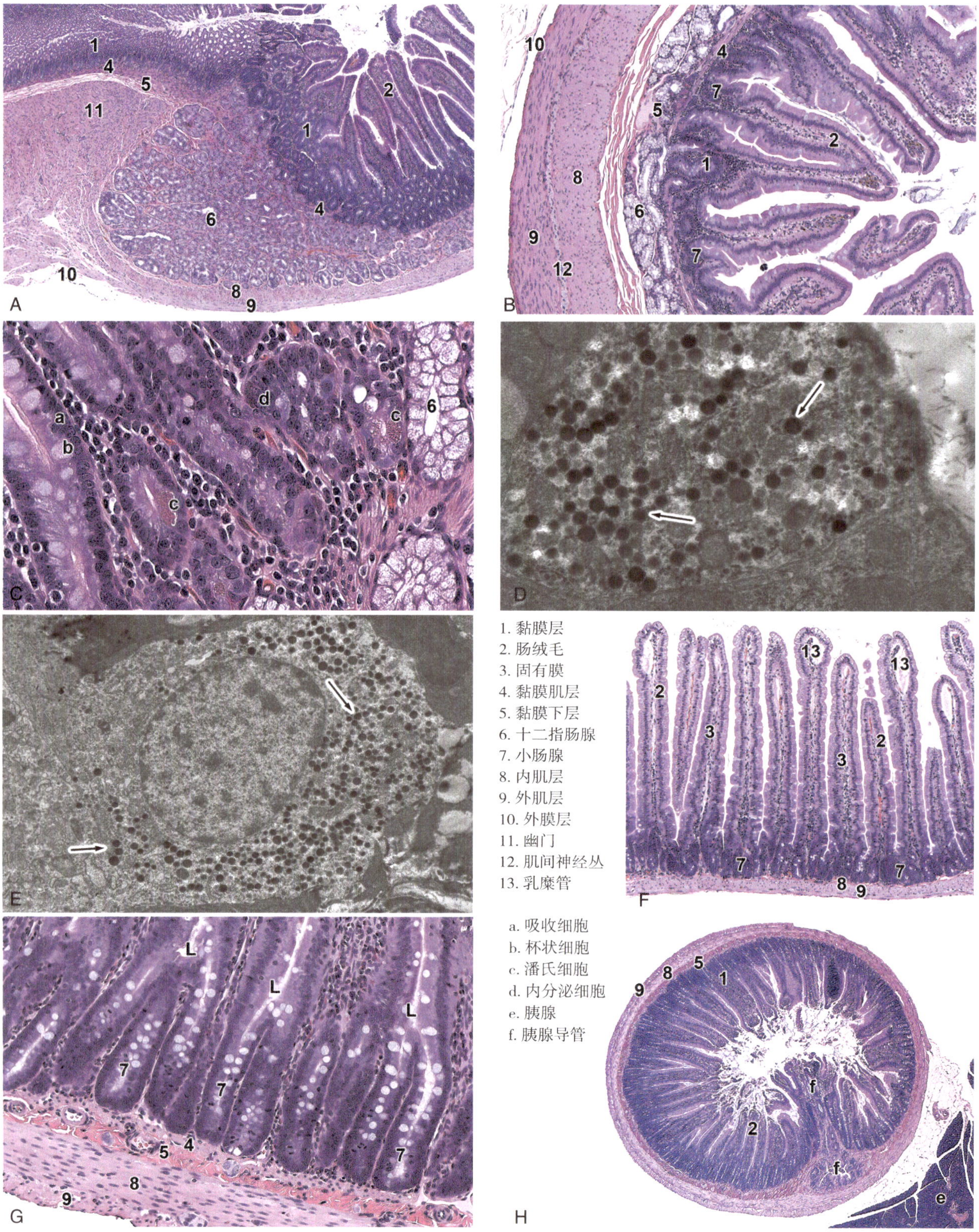

图 7-13　十二指肠

A. 十二指肠，SD 大鼠：由黏膜、肌层和外膜组成，十二指肠腺发达；B. 食蟹猴：由黏膜、肌层和外膜组成，是消化和吸收的主要部位；C. 食蟹猴：上皮有吸收细胞、杯状细胞、潘氏细胞和内分泌细胞；D. 空肠，WH 大鼠：潘氏细胞的分泌颗粒大，直径 1 ~ 4 μm，大小不均匀；E. 空肠，WH 大鼠：肠道内分泌细胞，分泌颗粒大小均匀，直径为 1 ~ 2 μm；F. 十二指肠，SD 大鼠：黏膜有发达肠绒毛，肠绒毛基底部有短单管状小肠腺；G. 十二指肠，WH 大鼠：小肠腺也称 Lieberktihn 隐窝，分泌物直接进入肠腔（L）；H. 十二指肠，SD 大鼠：肠壁有胰腺导管和肝胆导管开口

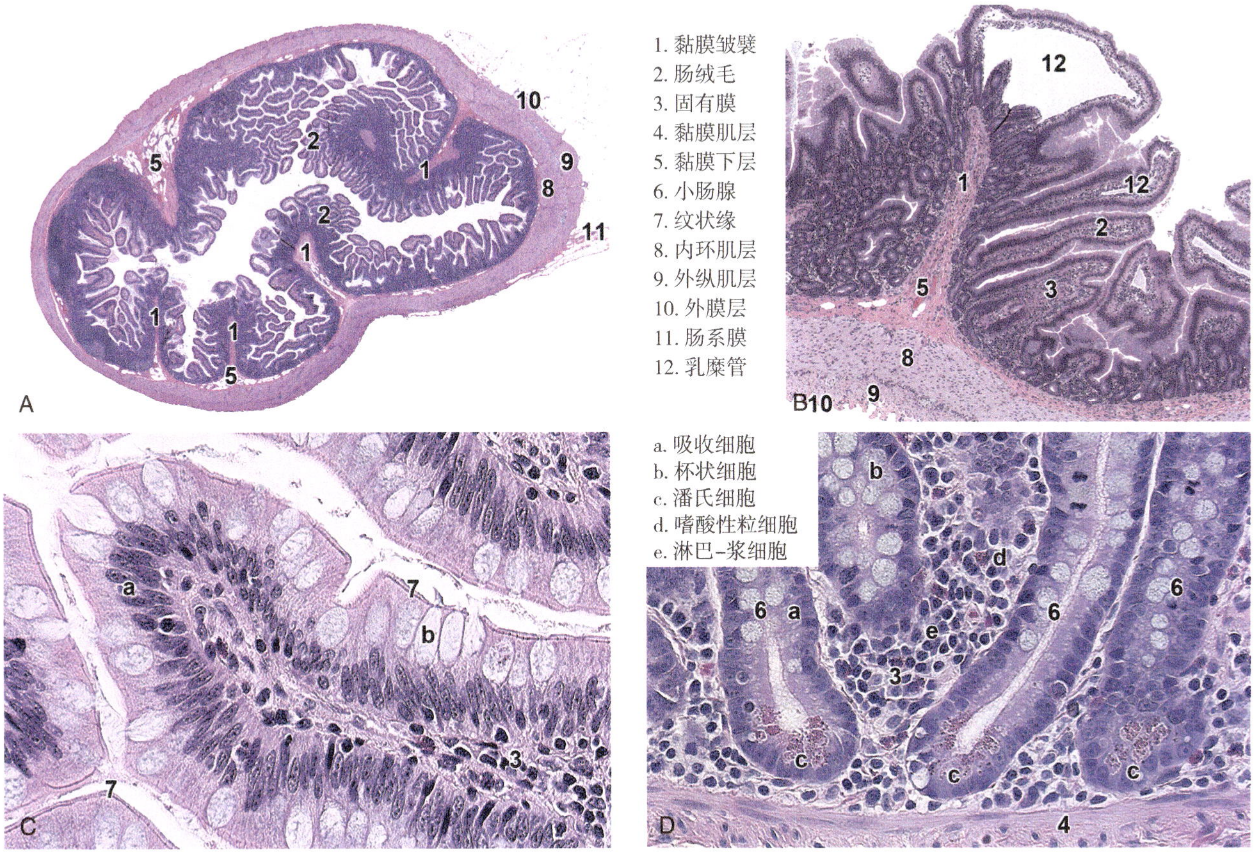

图 7-14 空肠

A. 食蟹猴：小肠黏膜富含黏膜皱襞和肠绒毛，增加小肠吸收的表面积；B. 食蟹猴：绒毛固有膜中央有纵行淋巴管，中央乳糜管和有孔毛细血管；C. 食蟹猴：小肠黏膜上皮为单层柱状，细胞游离面有微绒毛构成的纹状缘；D. 食蟹猴：小肠腺为单管状，潘氏细胞锥体形，胞质富含嗜酸性分泌颗粒

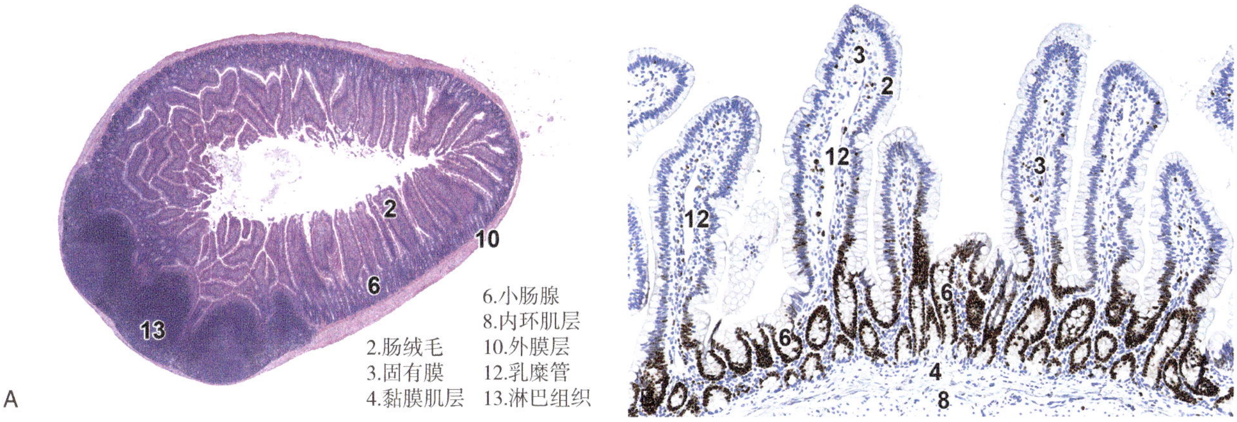

图 7-15 回肠

A. SD 大鼠：回肠黏膜下层含有丰富的淋巴组织；B. 食蟹猴：干细胞不断增殖和分化为各种肠上皮细胞，Ki-67 免疫组化染色

（一）黏膜

小肠黏膜（mucosa）表面皱襞和肠绒毛可增加小肠吸收的表面积。绒毛基底部上皮与下方固有层中的小肠腺上皮相连续。小肠腺为单管状，也称 Lieberktihn 隐窝，直接开于肠腔。

黏膜上皮为单层柱状。顶部上皮由吸收细胞、杯状细胞和少量内分泌细胞组成。底部的小肠腺上皮除吸收细胞、杯状细胞和内分泌细胞外，还有潘氏细胞和干细胞。

吸收细胞数量多，呈高柱状，胞核椭圆形，位于基底部。胞质内有丰富的内质网，多种酶类，转运蛋白，有助于物质吸收、加工和转运。细胞游离面有由微绒毛构成的纹状缘。微绒毛表面有一层糖衣。相邻细胞顶部有完善的紧密连接结构，可阻止肠腔内物质经细胞间隙进入组织或体内，保证吸收的选择性。此外，吸收细胞还可以分泌酶类，参与分泌性 IgA 的释放。

杯状细胞散在于吸收细胞之间，分泌的黏液具有润滑和保护作用 。

潘氏细胞是小肠腺的标志性细胞，三五成群位于小肠腺底部。细胞呈锥体形，胞核位于基底部，顶部胞质富含粗大的嗜酸性分泌颗粒。分泌颗粒含有防御素和溶菌酶等，具有杀菌作用。

内分泌细胞种类很多，可分泌多种激素，如胆囊收缩素－促胰酶素和促胰液素等。其分泌颗粒细小均匀。

干细胞位于小肠腺下半部，胞体较小，卵圆形或柱状。干细胞不断增殖、分化、上移、补充绒毛顶端脱落的吸收细胞和杯状细胞，或分化为潘氏细胞和内分泌细胞。

固有层结缔组织中含有丰富的淋巴细胞、浆细胞、巨噬细胞、嗜酸性粒细胞和肥大细胞等。绒毛中轴的固有层结缔组织中央有纵行毛细淋巴管和丰富的有孔毛细血管。毛细淋巴管也称中央乳糜管，其内皮细胞间隙宽，无基底膜，通透性大。乳糜管以盲端起始于绒毛顶部，穿过黏膜肌，在黏膜下层形成淋巴管丛。猴的中央乳糜管的管腔较大。毛细血管有孔，肠上皮吸收的氨基酸和单糖等水溶性营养物质进入毛细血管。绒毛内还有少量平滑肌细胞，收缩时有利于淋巴和血液运行。

（二）黏膜下层

黏膜下层（submucosa）结缔组织中有丰富的血管、淋巴管和神经丛等。十二指肠前段的黏膜下层内有十二指肠腺。十二指肠腺为复管泡状的黏液腺，其导管穿过黏膜肌与小肠腺底部相延续。分泌液黏稠，呈碱性，保护十二指肠免受胃酸侵蚀。

黏膜下层和固有层中有淋巴小结等黏膜相关淋巴组织。

七、大肠

大肠（large intestines）包括盲肠（cecum）（图 7–16）、结肠（图 7–17）和直肠，猴等动物还有阑尾。大肠由黏膜、黏膜下层、肌层和外膜组成。主要功能是吸收肠腔内水分和电解质，并分泌黏液，促进食物残渣排出。

黏膜没有绒毛结构，表面光滑。肠腔排空时，可见皱襞结构。上皮细胞为单层立方或柱状，以吸收细胞和杯状细胞为主，含有少量干细胞和内分泌细胞。杯状细胞分泌黏液，保护黏膜。固有层内可见散在的孤立淋巴小结。黏膜下层的结缔组织内有小动脉、小静脉和淋巴管。肌层由内环行和外纵行两层平滑肌组成。猴的结肠上有结肠带，由肠壁的纵行肌增厚而成。外膜在盲肠和结肠为浆膜，直肠后部逐渐过渡为纤维膜并与周围组织融合。

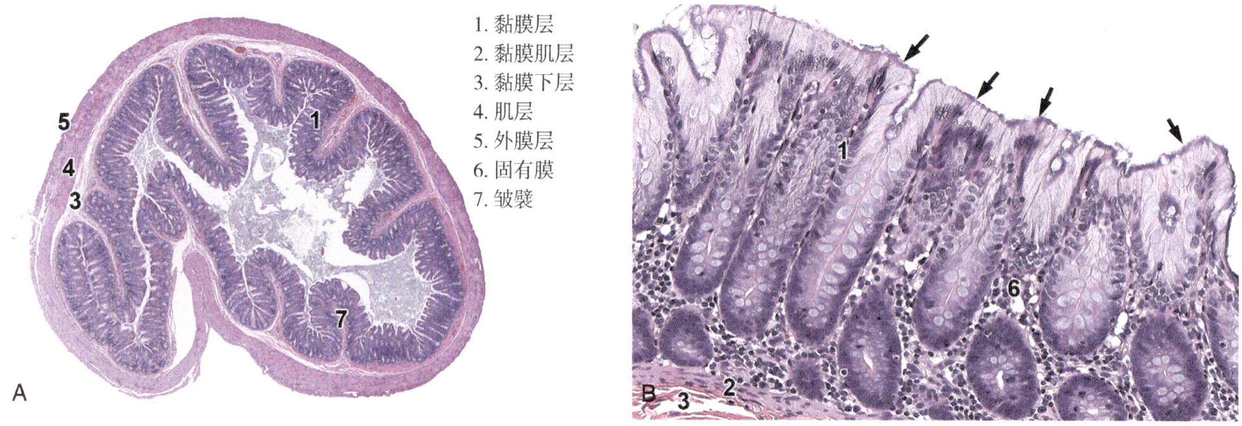

图 7–16　盲肠

A. WH 大鼠：盲肠排空时可见黏膜皱襞样结构，但没有绒毛结构；B. 食蟹猴：上皮以吸收细胞和杯状细胞为主，吸收细胞游离缘有微绒毛（箭）

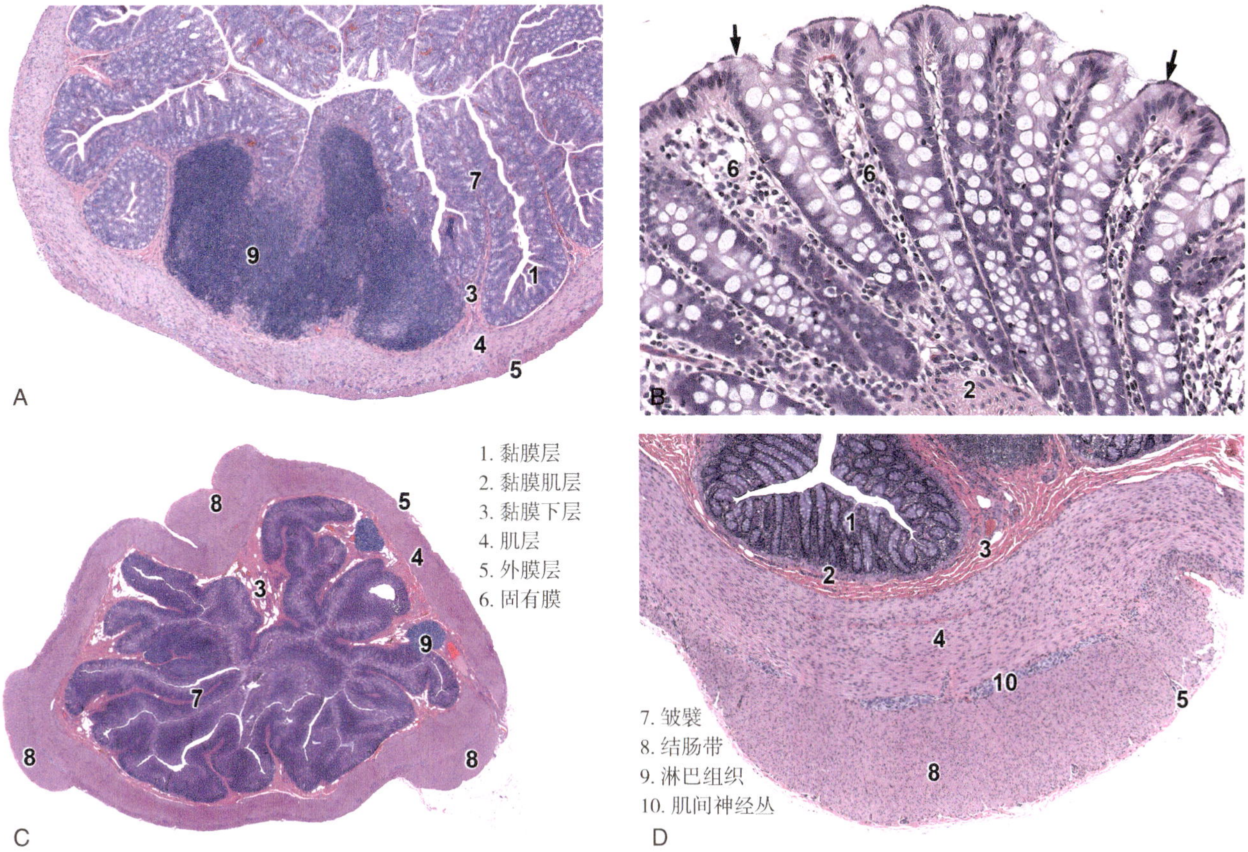

图 7-17　结肠

A. 食蟹猴：固有层内可见散在的淋巴小结等淋巴组织；B. 食蟹猴：黏膜上皮以吸收细胞和杯状细胞为主，游离缘有微绒毛和糖衣（箭）；C. 食蟹猴：由黏膜、黏膜下层、肌层和外膜组成，食蟹猴结肠有结肠带；D. 食蟹猴：结肠带由肠壁纵行肌增厚而成，与环形肌之间有肌间神经丛

第二节　消化腺

消化腺（digestive glands）主要有涎腺、胰腺和肝等。此外，各段消化管的管壁的黏膜层或黏膜下层也含有特定的消化腺，如口腔腺、舌腺和肠腺等。消化腺分泌各种消化酶，将食物中的蛋白质、脂肪和糖类等大分子物质降解为小分子物质，如氨基酸、单糖、甘油酯或脂肪酸等便于吸收。

一、肝

肝（liver）是体内最大的腺体，具有多种重要生理功能，包括生物转化和解毒功能（表 7-2）。

肝由多叶组成，由弹性纤维致密结缔组织被膜和浆膜覆盖（图 7-18）。被膜结缔组织在肝门处随肝动脉、门静脉、胆管、淋巴管和神经的反复分支，深入肝实质，将肝实质分隔成无数肝小叶。肝小叶是肝的基本结构和功能单位。

（一）肝的血液循环

肝接受门静脉和肝动脉双重血液供应。门静脉是肝的功能性血管，将胃肠道吸收的营养物质输入肝内进行代谢和转化。门静脉入肝后逐级分支形成小叶间静脉，将门静脉血输入肝窦内。肝动脉是肝营养性血管，含氧量高。肝动脉入肝后与门静脉伴行，分支形成小叶间动脉，进入血窦。小叶间动脉还分支形成毛细血管网或血管丛，为肝被膜，间质和胆管等提供营养。

肝血窦血液从小叶周边流向中央，汇入中央静脉。中央静脉汇合成小叶下静脉，再汇集成肝静脉，最终汇入后腔静脉。

表 7–2　肝的主要生理功能

功能	作用
代谢功能	蛋白质、脂肪、糖类、矿物质和维生素等代谢和转化；胆固醇合成和酯化；氨合成；各种营养物质在胃肠内初步消化吸收后由肝进行相应的代谢和转化
合成功能	合成白蛋白、α_1 球蛋白和 γ_2 球蛋白，各种载体蛋白和运输蛋白；合成多种凝血因子
分泌功能	合成和分泌胆汁，帮助肠道对食物的消化吸收
解毒功能	转化各种外源化学物质，如药物，以及内源性代谢产物，经肝处理或解毒
分泌胆汁	分泌胆汁，帮助食物消化吸收
储存功能	储存脂溶性维生素，体内大部分维生素 A 储存在肝；维生素 C、维生素 D、维生素 E、维生素 K、维生素 B_1、维生素 B_6、维生素 B_{12}，烟酸和叶酸等多种维生素储存和代谢；储存糖原和矿物质，包括铁和铜等
激素代谢	参与激素代谢，如固醇类激素和甲状腺素等
滤过功能	肝静脉窦和内皮含有大量库普弗细胞，吞噬和降解衰老的红细胞和门静脉血中细菌等

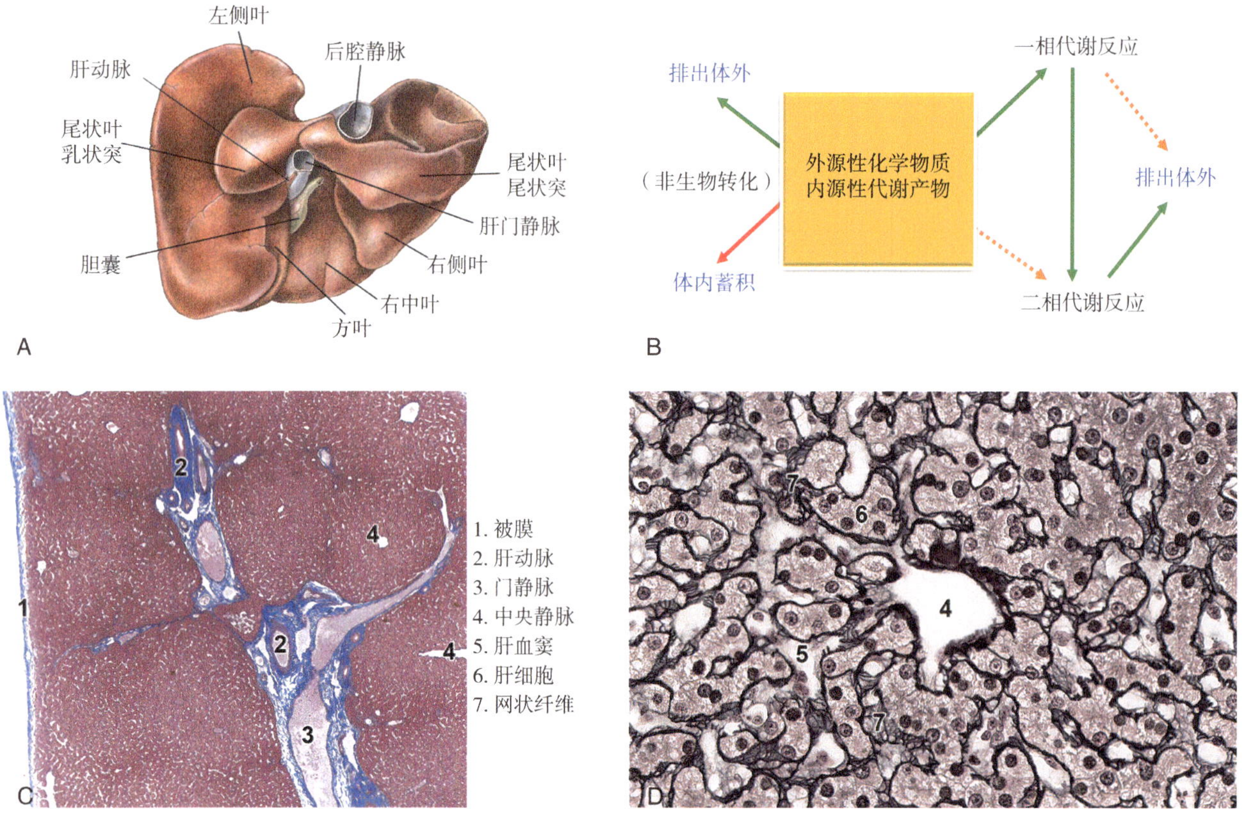

图 7–18　肝结构

A. 犬：肝动脉、门静脉、肝胆管、淋巴管和神经等经肝门处深入肝实质；B. 肝生物转化，肝将多种外源异物和内源代谢产物转化后排出体外；C. 食蟹猴：被膜结缔组织随肝血管、胆管和神经深入肝实质（Trichrome 染色）；D. 食蟹猴：弹性纤维深入肝实质内，构成肝小叶和肝窦骨架（Reticulin 染色）

（二）肝小叶

肝小叶（hepatic lobules）是肝的基本结构和功能单位。依肝组织结构、生理功能和病理变化，肝组织通常分为肝小叶、门小叶和腺小叶 3 类（图 7-19）。

肝小叶以中央静脉为中心，血液自肝门管区经肝窦进入中央静脉。小叶间结缔组织的含量随动物种属不同而异，如猪肝小叶间结缔组织丰富，肝小叶分界非常明显。食蟹猴和比格犬肝小叶之间结缔组织少。

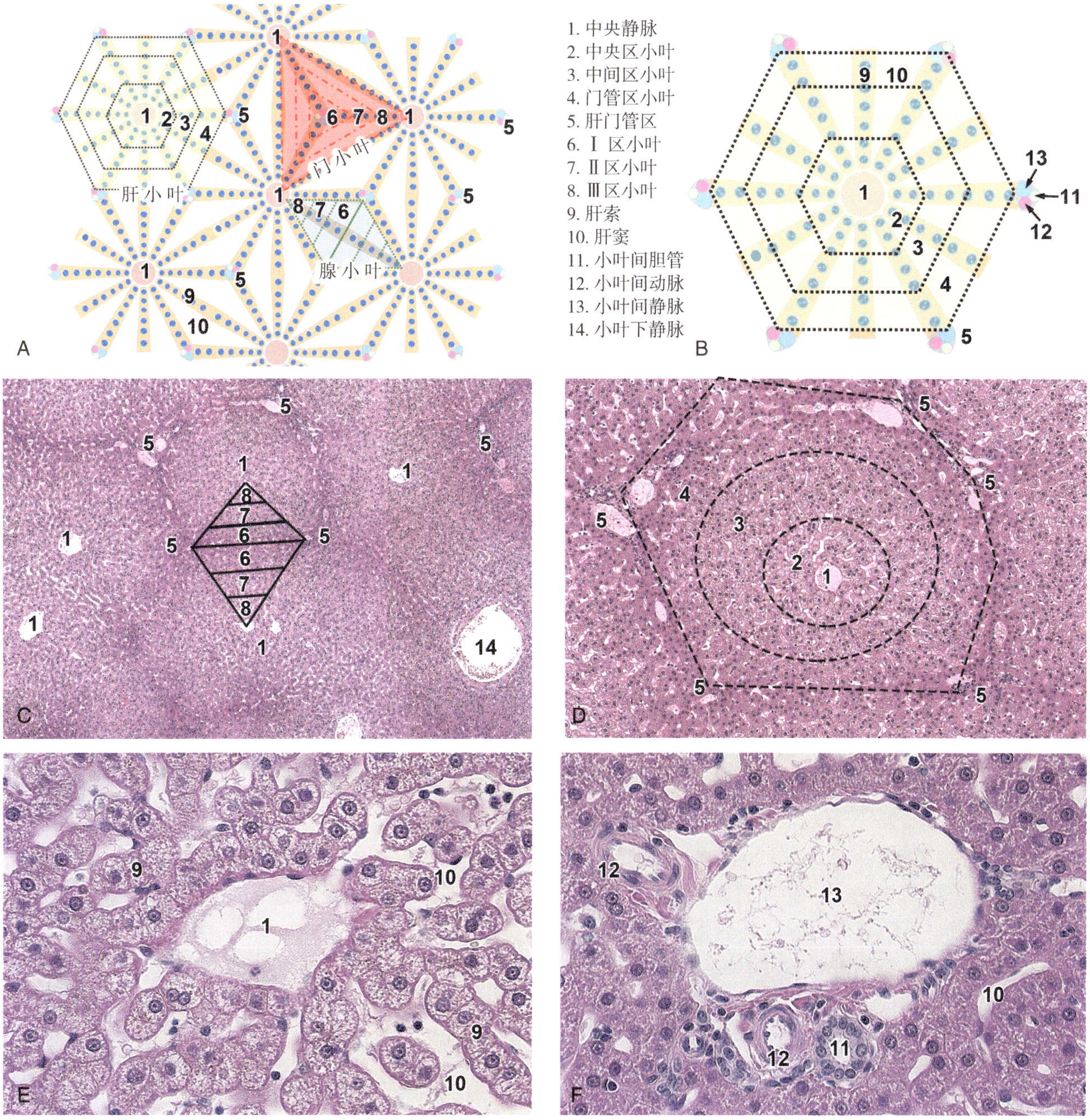

图 7-19 肝小叶

A. 肝微观结构示意图：依结构和功能，通常分为肝小叶、门小叶或腺小叶等；B. 肝小叶呈不规则的多面体或棱柱体状，以中央静脉为中心划分为三个区；C. 食蟹猴：肝小叶横切面呈不规则多面体，由结缔组织分隔；D. 食蟹猴：通常以中央静脉为中心，将肝小叶划为三个功能区；E. 食蟹猴：肝细胞以中央静脉为中心，呈放射状排列成板层结构；F. 食蟹猴：小叶间胆管、小叶间动脉和小叶间静脉肝小叶呈不规则的多面体或棱柱体，中央静脉沿棱柱体长轴走行。肝细胞以中央静脉为中心，呈放射状向周围排列成板层状结构，也称肝板。相邻肝板之间的分支互相吻合连接成网状结构。肝板之间的网状腔隙为肝血窦。在横切面上，肝板的断面呈索状，故也称肝索。位于小叶周边的一层环形肝板称界板。

门小叶（portal lobule）以门管区胆管为中心，胆汁与血流逆向流动。

腺小叶（hepatic acinus）以肝细胞的血液供应、氧梯度和肝细胞功能为中心划分。

（三）肝细胞

肝细胞（hepatocytes）是构成肝或肝小叶的主要细胞（图 7-20）。不同肝小叶区的肝细胞具有不同功能。肝细胞体积大，呈多角形或多面体。胞核大而圆，位于中央。偶尔可见双核细胞。核膜清楚，异染色质少，着色浅。细胞核仁明显，一至数个。细胞质丰富，通常呈嗜酸性。当蛋白质合成旺盛时，细胞质微嗜碱性。胞质富含细胞器和糖原颗粒等。肝细胞具有极性，可分为血窦面、胆小管面和肝细胞之间面三个不同的功能面。肝细胞的血窦面和胆小管面有微绒毛，增加细胞表面积。 相邻肝细胞之间在胆小管处的连接面上有紧密连接、黏合斑或缝隙连接等结构。

（四）肝窦

肝窦（sinusoids）（图 7-21）也称肝血窦，是位于肝板之间互相分支吻合而成网状腔隙，窦腔不规则。血窦内血流从肝小叶周边的汇管区流向中央静脉。窦壁为有孔内皮，呈筛状，基底膜不明显。内皮细胞扁而薄，窦腔面有少量微绒毛和小凹陷。 胞核扁平，凸向窦腔。胞质内含丰富的吞饮小泡。有孔内皮细胞之间连接松散，常有间隙，连接结构少。血窦的通透性很大，有利于肝细胞与血液之间的物质交换。

血窦内或壁上有巨噬细胞，也称库普弗细胞。细胞卵圆形或不规则，胞质形成伪足，附着于内皮细胞上或伸入到窦周隙内。巨噬细胞属于单核 - 吞噬细胞系统，具有重要的防御功能。

狄氏间隙也称窦周隙，是肝细胞与血窦内皮细胞之间的间隙。窦周隙中充盈来自血窦的血浆。窦周隙内有散在的贮脂细胞、网状纤维和肝细胞微绒毛 。

Ito 细胞也称贮脂细胞、窦周细胞或间质细胞。附着于内皮细胞或肝细胞表面，或伸入肝细胞之间。细胞形态不规则，胞质形成突起。胞质内含有许多大脂滴。贮脂细胞可储存和代谢维生素 A，也可储存维生素 E 和维生素 K。贮脂细胞还能合成胶原纤维，在肝纤维增生性病变过程中，贮脂细胞增殖并可转化为成纤维细胞，合成胶原纤维。

（五）肝门管区

相邻肝小叶之间的三角形或不规则结缔组织小区称为肝门管区（peripheral areas）。其中有小叶间胆管、小叶间动脉和小叶间静脉。小叶间胆管的管腔狭小，管壁由单层立方或低柱状上皮构成。小叶间动脉为肝动脉的分支，管腔小，管壁偶尔有平滑肌。小叶间静脉为门静脉的分支，管径粗，管壁薄，腔大而不规则。

胆小管由相邻肝细胞局部凹陷和对接而成为封闭的微管结构，在肝板内连接成网状管道。胆小管壁侧的肝细胞膜形成微绒毛，突入管腔内。 相邻肝细胞的胞膜在凹陷处有紧密连接或桥粒结构。胆小管是一个封闭管道，可防止管内胆汁外泄入窦周隙内（图 7-22）。

胆小管将胆汁从肝小叶的中央输送至周边，在小叶边缘处汇入细而短小的闰管。闰管由矮立方上皮细胞围成，着色浅。胞质内有发达的高尔基体和吞饮小泡，可能具有分泌和吸收功能。胆汁由闰管汇入小叶间胆管，再汇入肝胆管。肝胆管的管径大，管壁上皮为单层柱状细胞。

二、胆管和胆囊

胆囊（gallbladder）储存和浓缩胆汁，有些动物如大鼠和马等没有胆囊 。胆囊分为头、体和颈三部分，排空时常形成皱褶（图 7-23）。胆囊壁由黏膜、肌层和外膜组成。

黏膜层由上皮和固有层构成。黏膜上皮为单层立方或柱状细胞，游离面有许多微绒毛。具有吸收和分泌功能。胆汁中的水和无机盐由胆囊上皮细胞吸收，进入固有层的血管和淋巴管中，从而浓缩胆汁。固有层为薄层结缔组织，有丰富的血管和淋巴管。肌层由厚薄不一的平滑肌纤维排列，呈纵行和螺旋状排列。外膜为疏松结缔组织，表面由浆膜覆盖。

肝细胞产生的胆汁最终经胆管输入十二指肠内，促进胃肠道脂肪和脂溶性物质的消化和吸收。

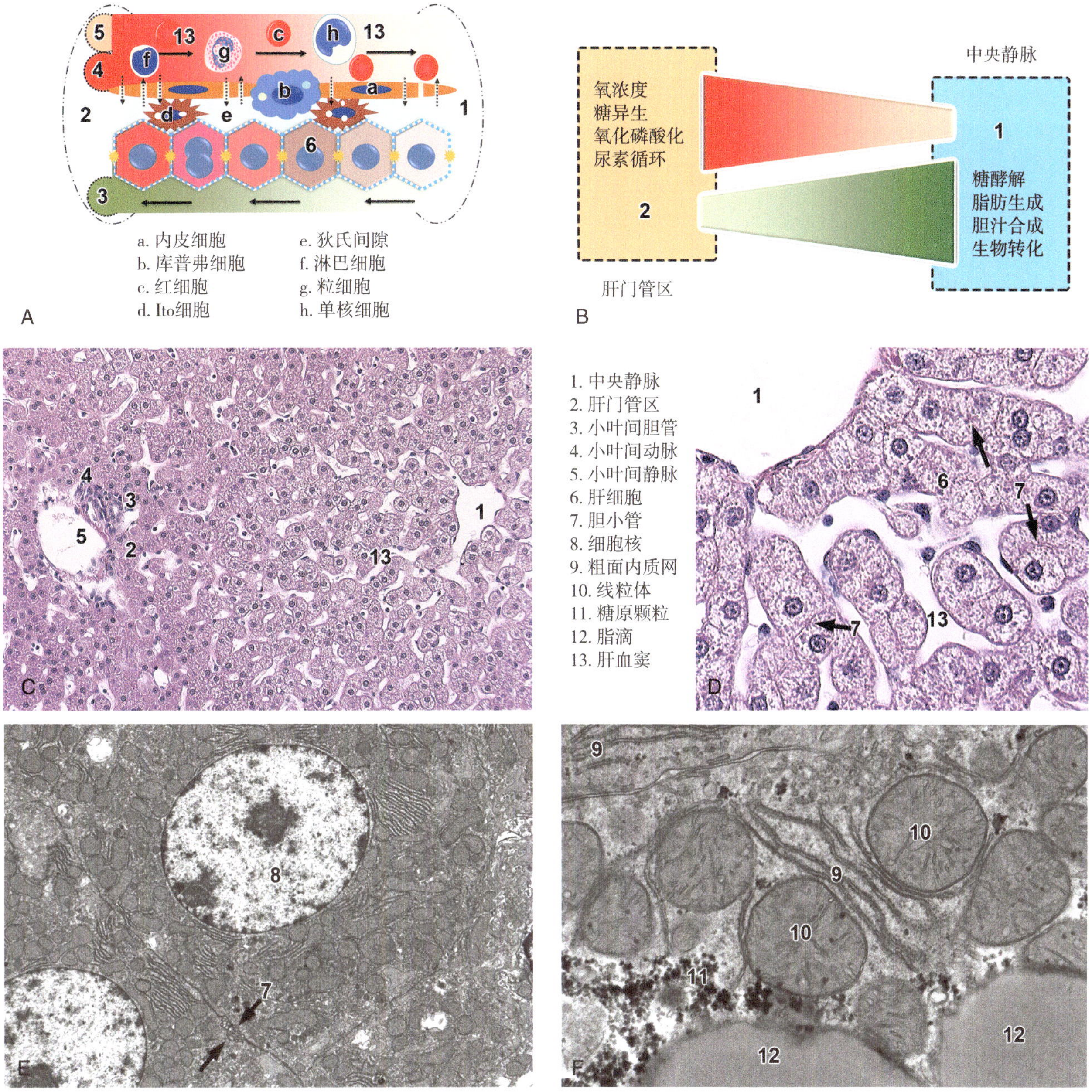

图 7-20 **肝细胞**

A. 肝小叶，不同小叶区的肝细胞担负不同的代谢功能；B. 肝小叶，门管区肝细胞与中央静脉区的肝细胞担负不同的代谢功能；C. 食蟹猴：肝细胞以中央静脉为中心呈放射状向门管区排列成板层状；D. 食蟹猴：肝细胞体积大，呈多角形或多面体形，细胞间有胆小管；E. 肝细胞，SD 大鼠：胆小管面有微绒毛，细胞间有紧密连接，桥粒和缝隙连接；F. 肝细胞，SD 大鼠：胞质内富含各种细胞器，糖原颗粒和脂滴等内含物

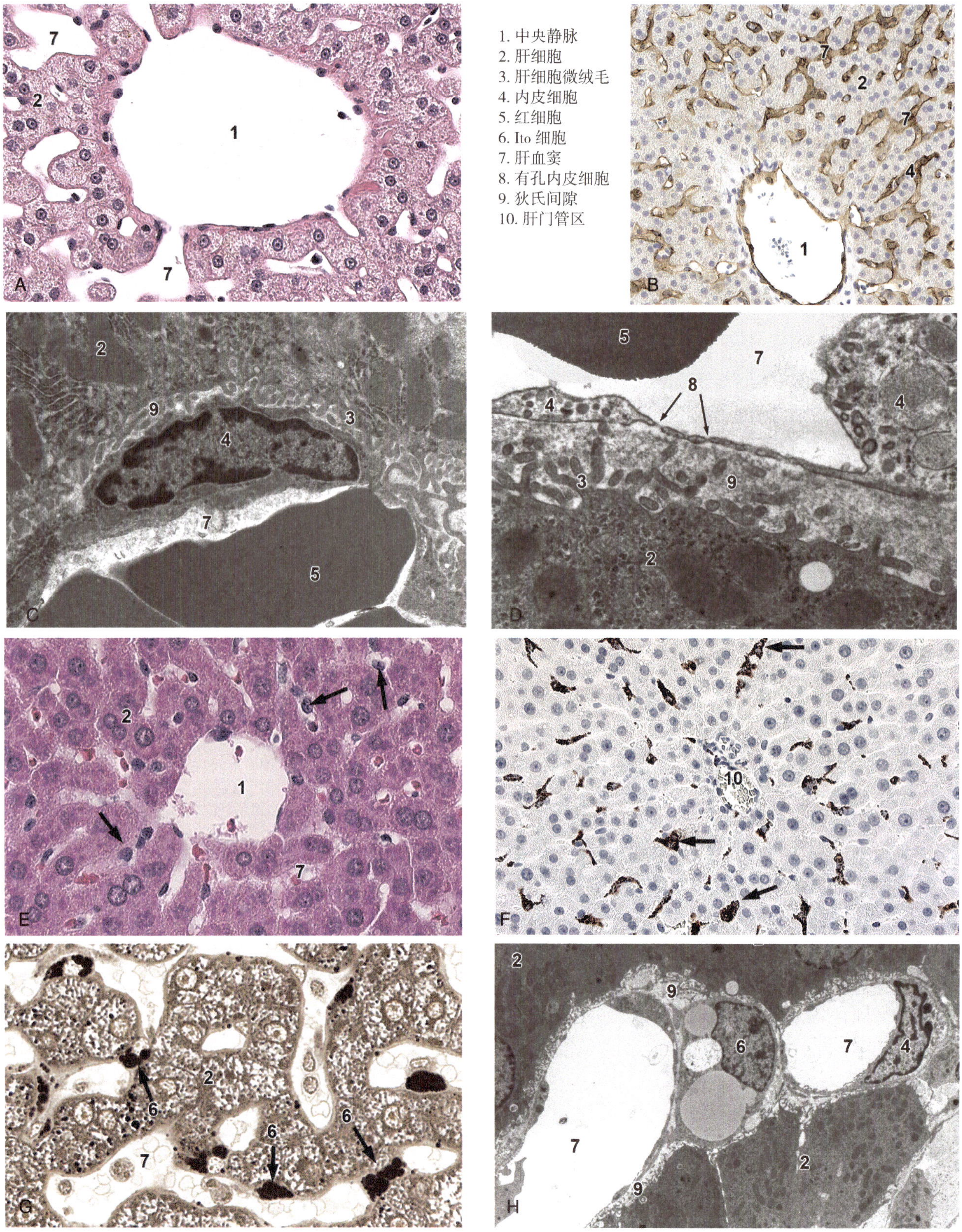

图 7-21　**肝窦**

A. 食蟹猴：位于肝板之间互相分支吻合而成网状腔隙，窦腔不规则；B. 食蟹猴：肝窦内衬有孔内皮细胞，内皮细胞 VEGFR2 免疫组化染色；C. 食蟹猴：肝窦衬有内皮细胞，与肝细胞之间形成狄氏间隙；D. 食蟹猴：肝细胞与血窦内皮细胞之间的间隙，也称窦周隙；E. 库普弗细胞（Kupffer cell），SD 大鼠：巨噬细胞，位于血窦内或附着在窦壁；F. 库普弗细胞，SD 大鼠：胞质伪足附着于内皮细胞或伸入窦周隙，CD68 组化；G. Ito 细胞（Ito cell），食蟹猴：位于内皮细胞与肝细胞之间，胞质富含脂滴和维生素 A 等；H. Ito 细胞，WH 大鼠：位于内皮细胞与肝细胞之间，形态不规则，胞质含大脂滴

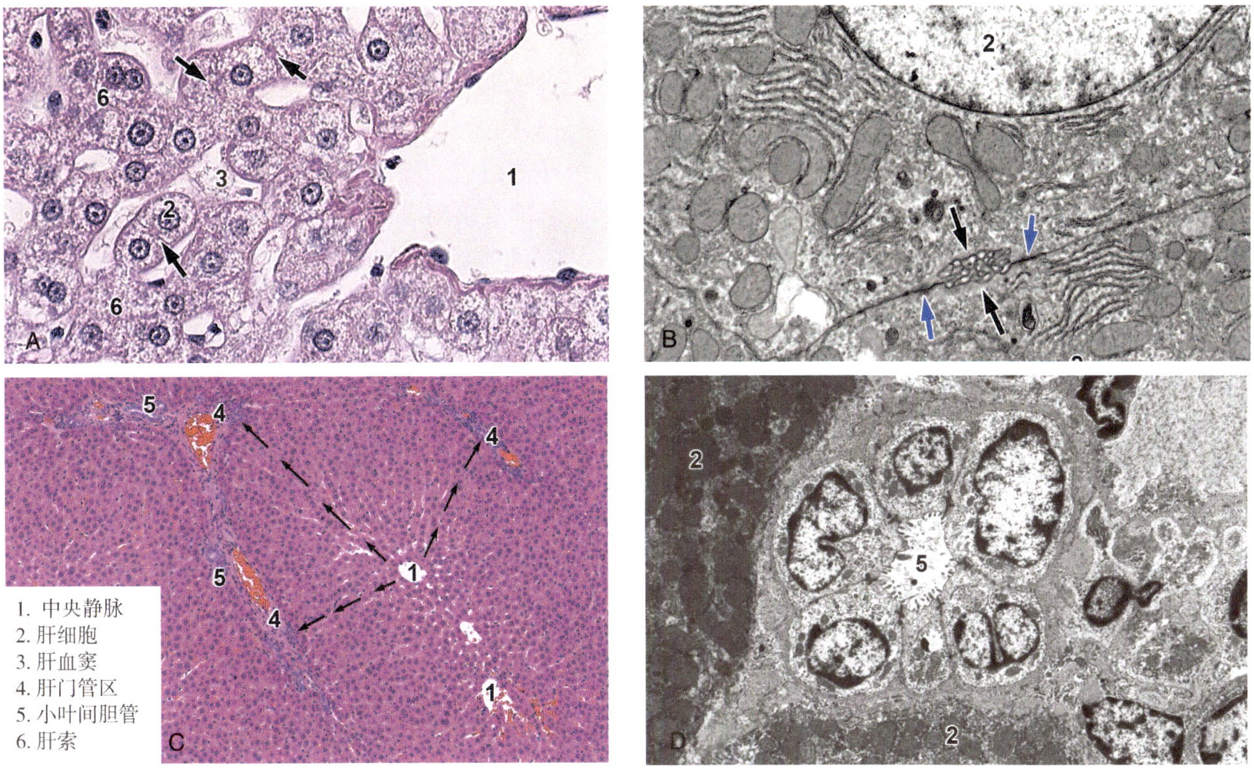

图 7-22 肝胆管

A. 食蟹猴：由相邻肝细胞局部凹陷和对接而成为封闭的微管结构（箭）；B. SD 大鼠：相邻肝细胞膜有微绒毛（黑箭），紧密连接或桥粒结构（蓝箭）；C. SD 大鼠：胆汁由胆小管经闰管进入小叶间胆管；D. SD 大鼠：管壁上皮为单层立方细胞，腔面有微绒毛

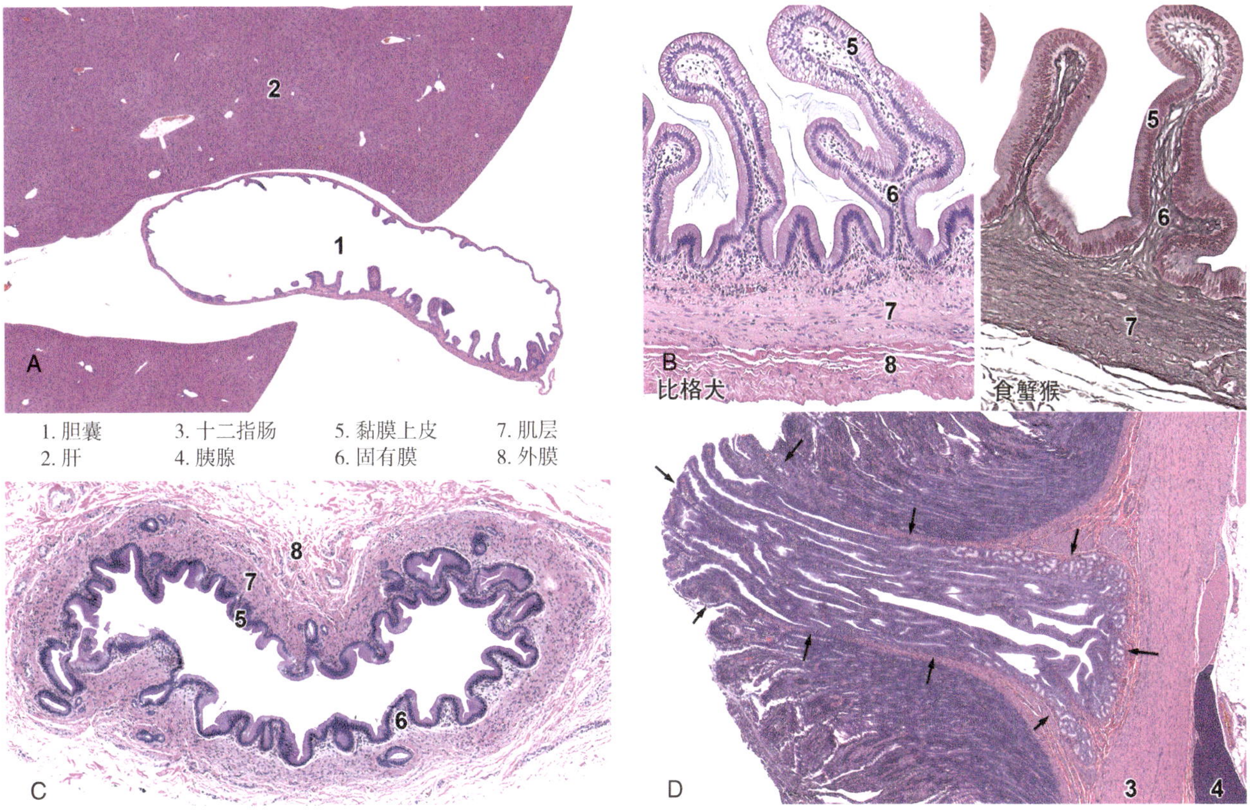

图 7-23 胆囊

A. CD1 小鼠：胆囊分为头部、体部和颈部，排空时黏膜常形成皱褶；B. 胆囊壁分为黏膜、肌层和外膜，富含弹性纤维，Reticulin 染色（右）；C. 胆总管（bile duct），食蟹猴：黏膜上皮、固有膜、肌层和外膜层；D. 十二指肠乳头，比格犬：肝胆管和胰导管的入口处（箭）

三、胰腺

胰腺（pancreas）分为外分泌腺和内分泌腺（图 7–24）。薄层结缔组织被膜伸入腺实质内形成间质，并将实质分隔成小叶。间质富含血管、淋巴和神经。胰腺分泌胰液，由导管排入十二指肠内。

胰腺的外分泌部为浆液性复管泡状腺，由腺泡和各级导管组成。腺泡呈泡状或管状，由浆液性腺细胞构成。腺细胞呈锥体形，细胞核圆形，位于近基底部，基部直接附着在基底膜上。基部细胞质含有丰富的粗面内质网和核糖体。顶部胞质内含有大量酶原分泌颗粒。

四、涎腺

动物涎腺（salivary glands）主要由腮腺、颌下腺和舌下腺构成（图 7–25，图 7–26）。涎腺的导管开口于口腔。此外，口腔黏膜中或舌肌层内也有些散在的腺体，具有消化、润滑和保护等多种生理功能。例如，唾液中的淀粉酶可将食物中的淀粉降解为麦芽糖，溶菌酶具有杀菌作用。涎腺间质中浆细胞分泌的 IgA 与腺细胞合成的分泌蛋白结合，形成分泌性 IgA，具有黏膜免疫功能。

涎腺为复管泡状腺，腺导管反复分支，末端与腺泡相连。薄层结缔组织被膜深入实质，形成间质，将腺体分成小叶。间质内有血管、淋巴和神经分布。

（一）腺泡

腺泡（acini）上皮为单层立方或锥状细胞。腺泡细胞与基底膜之间散在有肌上皮细胞，有助于腺泡分泌物的排出。腺泡可分为浆液型、黏液型和混合型三种类型。各型腺泡具有其独特形态结构和分泌物。

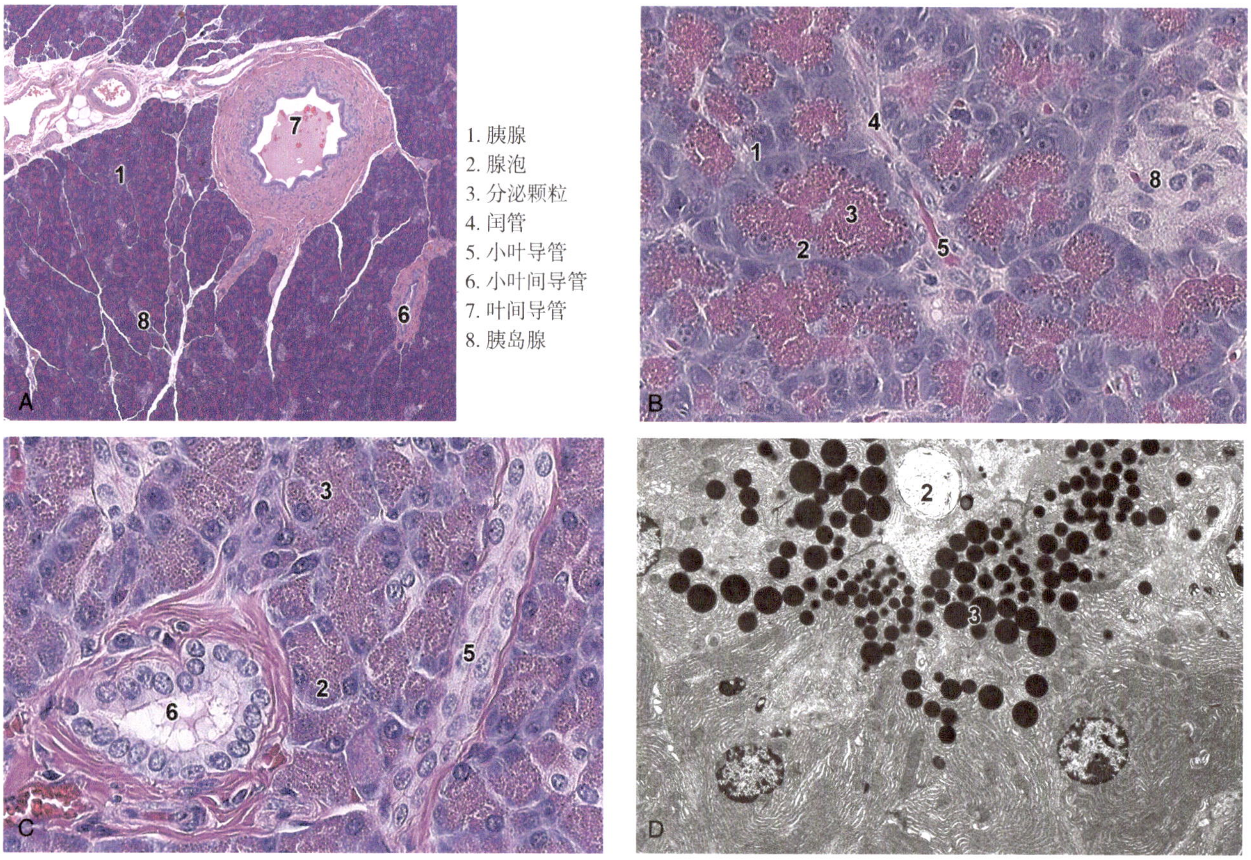

图 7–24 **胰腺**

A. 比格犬：外分泌部为浆液性复管泡状腺，由腺泡和各级导管组成；B. 比格犬：腺泡细胞呈锥体形，胞核圆，近基底部，顶部富含分泌颗粒；C. 比格犬：各级导管将腺泡分泌液汇入总导管，最终排入十二指肠；D. WH 大鼠：胞质基部富含粗面内质网和核糖体，顶部富含分泌颗粒浆液性腺泡由浆液性腺细胞组成，分泌物较稀薄，如腮腺。细胞呈圆形或多角形，胞质染色深，嗜碱性，富含粗面内质网和核糖体。胞质顶部含有嗜酸性的酶原分泌颗粒，胞核位于基底部。

黏液性腺泡由黏液腺细胞组成，分泌黏稠的黏液。胞质着色浅，浅蓝色，胞质顶部有粗大的黏原颗粒和高尔基体等。胞核扁圆形或半月形，位于细胞基部，靠近基底膜。

混合性腺泡则由浆液性腺细胞和黏液性腺细胞混合组成。以浆液性腺泡为主的腺体内，散在的黏液性腺细胞呈半月形，位于腺泡底部或末端。

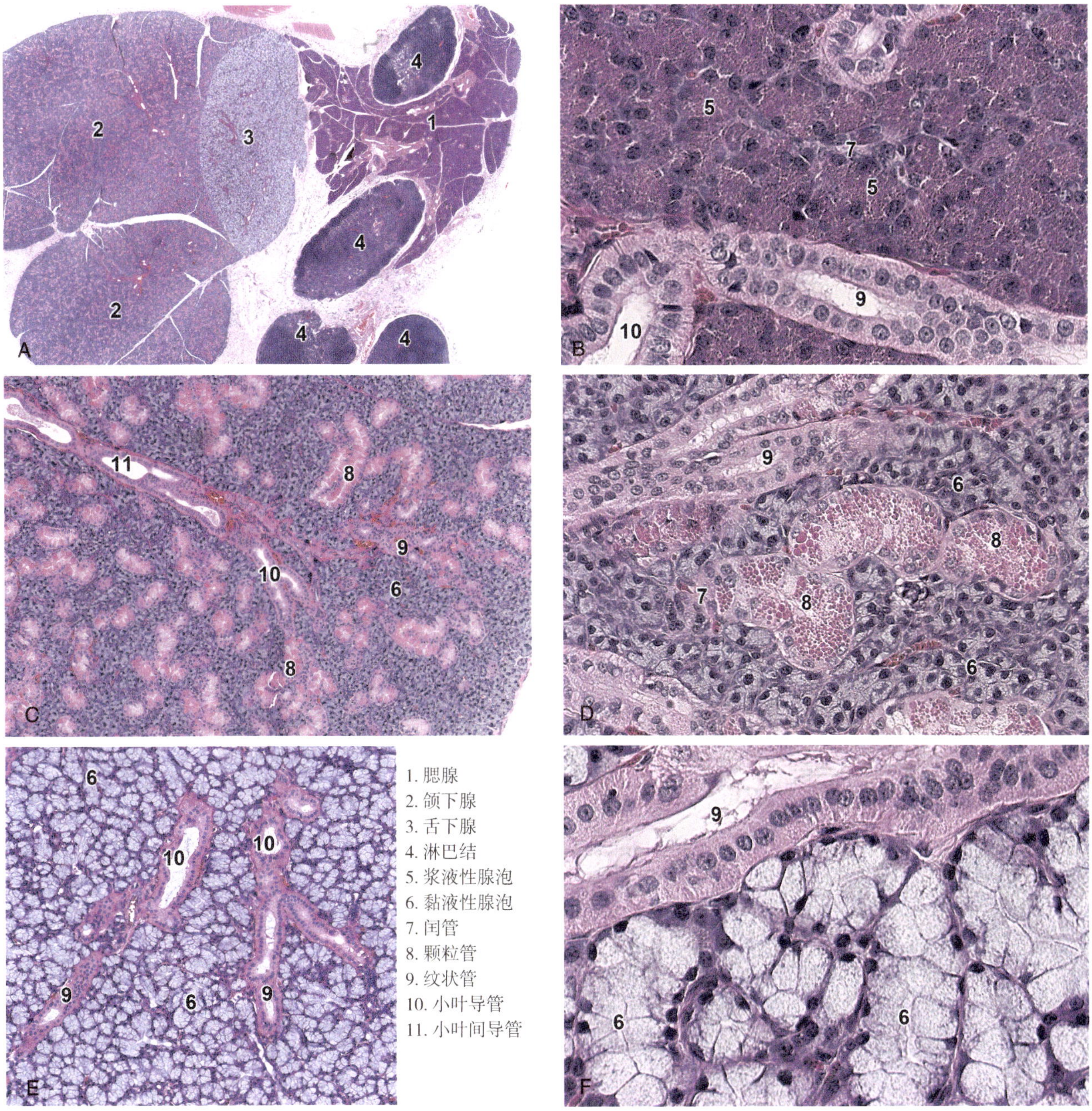

图 7-25　**涎腺**

A.WH 大鼠：涎腺主要有腮腺、颌下腺和舌下腺，导管开于口腔；B. 腮腺，WH 大鼠：浆液性腺泡，核圆，位于基底部，顶部胞质富含分泌颗粒；C. 颌下腺，WH 大鼠：啮齿类动物颌下腺具有发达的颗粒管，闰管不明显；D. 颌下腺，WH 大鼠：颗粒管的颗粒分泌和释放受神经和激素的调控；E. 舌下腺，WH 大鼠：黏液腺，胞核扁圆或半月形，胞质富含黏液分泌物；F. 舌下腺，WH 大鼠：黏液细胞核扁圆，位于基底部，导管上皮基底部有纵纹

（二）导管

导管（ducts）是腺泡的排泄部，反复分支，连通腺泡腔和口腔，包括闰管、纹状管、小叶间导管和总导管。

闰管位于小叶内，与腺泡相延续，管径窄，管壁由单层立方或单层扁平上皮细胞围成。

纹状管位于小叶内。与闰管相延续，管壁上皮细胞呈单层立方形或柱状。细胞核圆，位于细胞顶部，细胞质嗜酸性。细胞基部有明显的纵纹结构，故称纹状管。电镜下，纵纹结构为细胞膜褶及褶间纵行排列的线粒体。纹状管具有分泌作用，可分泌多种生物活性多肽，故也称分泌管，并受雄激素和肾上腺皮质激素等调节。鼠颌下腺纹状管具有性别差异，雄性小鼠和大鼠发育至性成熟时，颌下腺的纹状管变粗大，管壁由单层立方或矮柱状上皮细胞围成，胞核位于基底部，胞质含有丰富的嗜酸性分泌颗粒，故也称颗粒管。

小叶间导管由纹状管汇合而成，周围有结缔组织。管壁由单层或双层立方、柱状或假复层柱状上皮构成。总导管由小叶间导管逐级汇合而成，开口于口腔。与口腔上皮相延续处，管壁渐移行为复层扁平上皮。

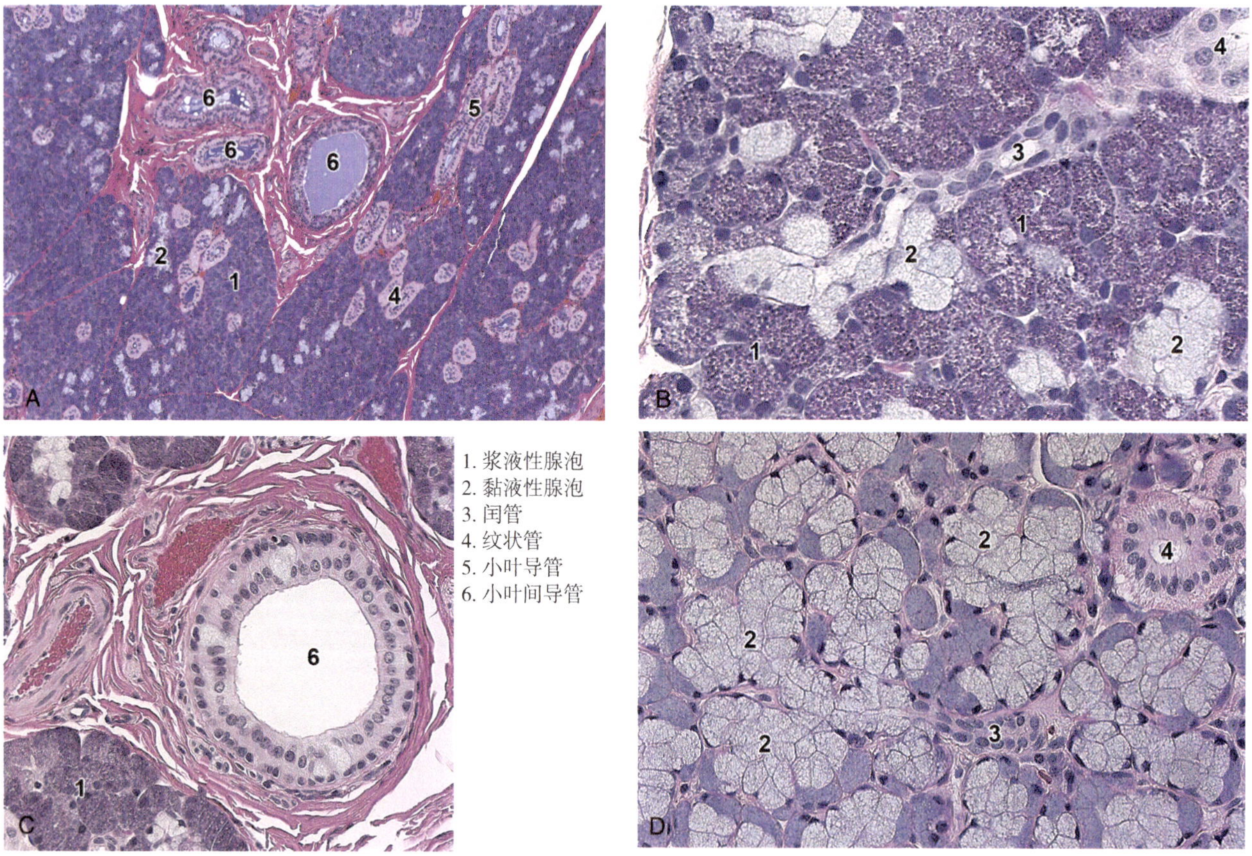

图 7–26 颌下腺

A. 食蟹猴：混合性腺泡，以浆液性腺泡为主；B. 食蟹猴：混合性浆液和黏液腺泡，顶部胞质富含分泌颗粒；C. 食蟹猴：小叶间导管上皮由两层核假复层柱状上皮细胞组成；D. 颌下腺，比格犬：黏液性腺泡胞核扁圆或半月形腺泡，胞质含粗大黏原颗粒

第八章 呼吸系统组织学

Histology of the Respiratory System

呼吸系统主要功能是执行气体交换（图 8-1）。此外，呼吸系统还具有嗅觉、代谢和防御等其他非呼吸性功能（表 8-1）。

呼吸系统由呼吸道、肺和呼吸肌等组成。呼吸系统通常分为导气部和呼吸部。导气部由鼻、咽、喉、气管、肺外支气管、肺内支气管、细支气管和终末细支气管构成。导气部主要负责导气、温湿、过滤和净化吸入的空气。气道的管径由管壁平滑肌调控，受神经支配。呼吸部位于肺内，包括呼吸性细支气管和肺泡，是气体交换的场所。

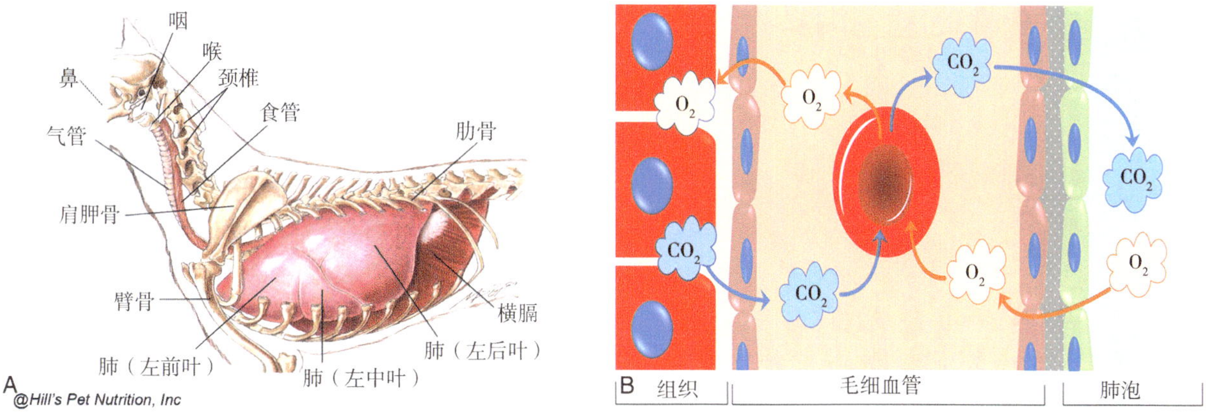

图 8-1 呼吸系统

A. 呼吸系统包括鼻，咽，喉，气管，支气管，肺和横膈等；B. 肺和组织之间气体交换，血液将肺中氧气送往组织，将组织中二氧化碳带回肺

表 8-1 呼吸系统主要功能

呼吸功能	与外界环境之间的气体交换场所
嗅觉功能	嗅上皮的感觉神经元末端感受气味分子变化，传导神经冲动
代谢功能	代谢多种生理活性物质、脂质、蛋白等物质
解毒功能	细支气管上皮的克拉细胞和肺泡的Ⅱ型细胞具有多种生物转化和解毒酶系，可转化和代谢吸入和来自血液的某些化学毒物或药物
防御功能	物理防御包括加温过滤空气，经咳嗽、喷嚏、支气管收缩和纤毛运动等排出异物；化学防御机制包括溶菌酶、蛋白酶；生物学防御包括肺泡巨噬细胞、多形核粒细胞和黏膜相关淋巴组织等
内分泌功能	肺组织有神经内分泌细胞，如 K 细胞，与肠道的嗜银细胞相似

第一节 鼻 腔

鼻（nose）具有导气和嗅觉双重功能。以其组织结构和功能特点，鼻腔可分为前庭部、呼吸部和嗅部，各部位的大小或比例随动物种属不同而异（图 8–2）。鼻黏膜层由上皮和固有膜两部分构成。固有膜层与深部肌肉、腺体、软骨和骨膜等相连。

有些专性鼻呼吸动物，如大鼠等，只能通过鼻呼吸，不能借助口腔呼吸。

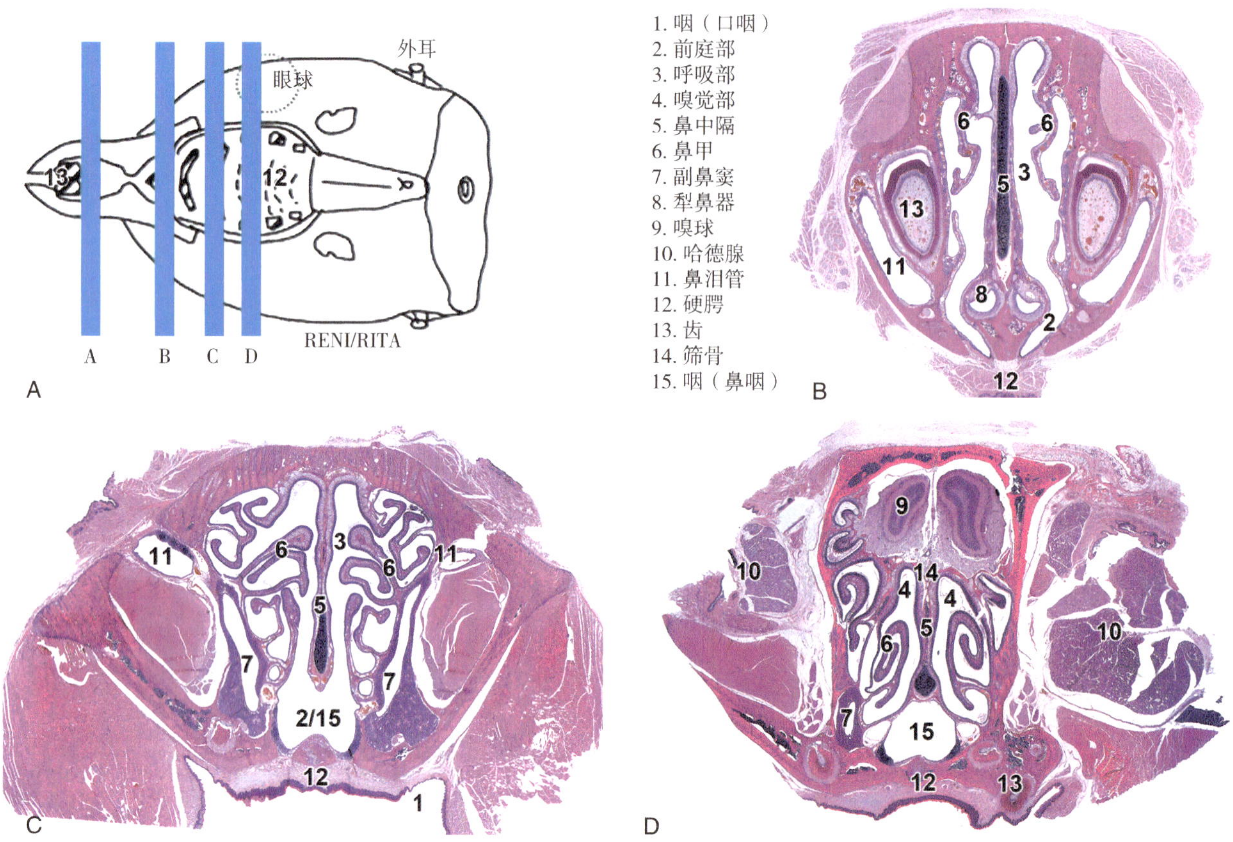

图 8–2 **鼻腔**

A. 啮齿类动物鼻腔的毒性病理研究采样，包埋时将前端面朝下；B. WH 大鼠：鼻腔前庭部和犁鼻器；C. WH 大鼠：鼻腔呼吸部、鼻旁窦和鼻咽部；D. WH 大鼠：鼻腔嗅部、嗅脑、呼吸部和鼻咽部

一、导气功能

前庭部邻近鼻孔处，其黏膜上皮为未角化的复层扁平上皮，与邻近外鼻孔的皮肤表皮相移行（图 8–3）。黏膜深层与鼻软骨膜相连。

呼吸部鼻黏膜具有丰富血管，肉眼观察呈粉红色（图 8–4）。黏膜上皮为假复层纤毛柱状上皮，内含杯状细胞。上皮细胞纤毛的摆动，有利于清除黏膜表面的细菌或异物。固有层为疏松结缔组织，有丰富的静脉丛和淋巴组织，数量不等的粒细胞和淋巴细胞。淋巴细胞集聚，可形成淋巴小结。固有层内含鼻腺。鼻腺是一种混合腺，以浆液性为主，分泌物经导管排入鼻腔。鼻腺与上皮内杯状细胞的分泌物共同形成一层黏液覆盖层和保护黏膜表面。

鼻窦或鼻旁窦黏膜与呼吸部黏膜相延续，结构相同，但上皮细胞稍矮，杯状细胞少，固有层薄，腺体含量随动物种属而异。

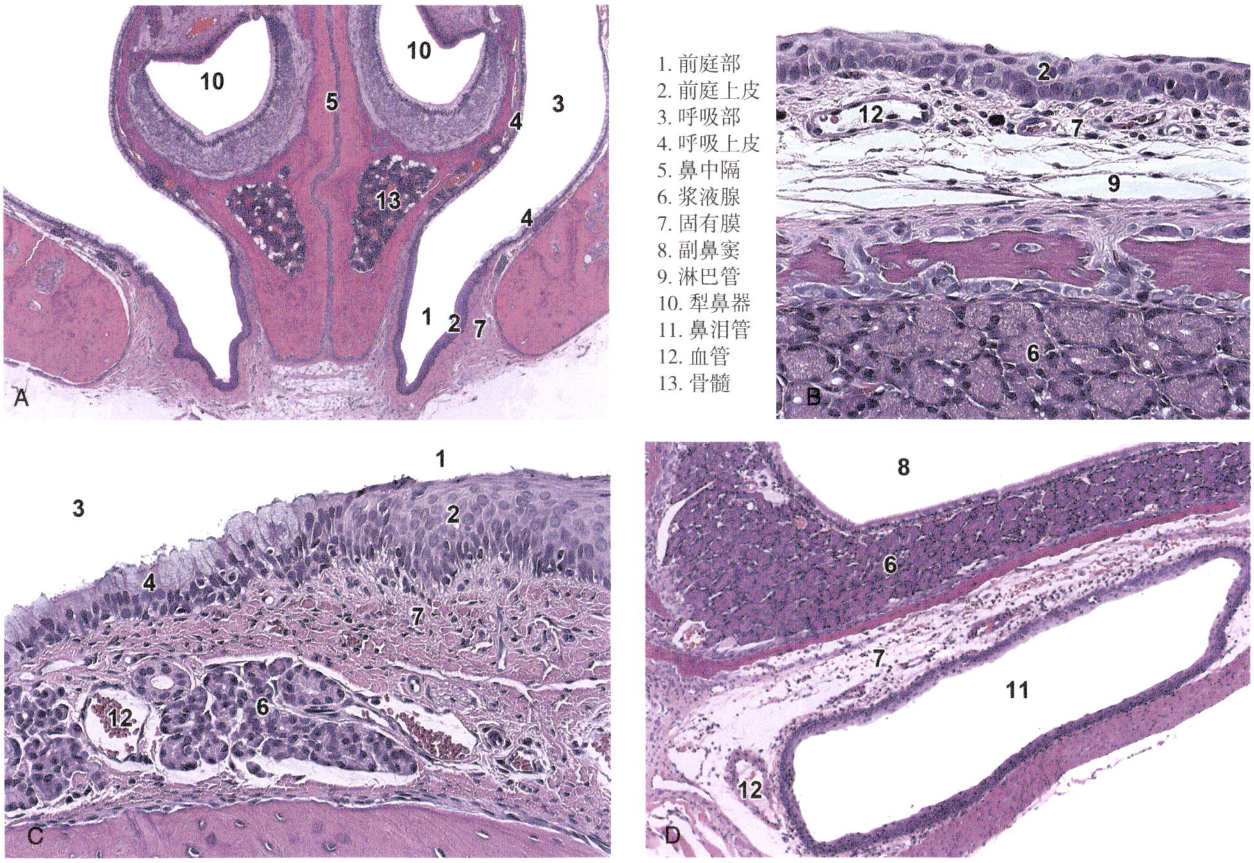

图 8–3 **前庭部**

A. SD 大鼠：前庭部黏膜为复层扁平上皮，与外鼻孔的皮肤表皮相延续；B. SD 大鼠：前庭部黏膜复层扁平上皮，疏松结缔组织和浆液腺；C. SD 大鼠：前庭部黏膜的复层扁平上皮与呼吸黏膜相延续；D. SD 大鼠：鼻旁窦黏膜覆柱状纤毛上皮，鼻泪管黏膜覆复层扁平上皮

二、嗅觉部

嗅觉部（olfactory function）由嗅上皮和固有层组成（图 8–5）。嗅上皮细胞为假复层柱状，由嗅细胞、支持细胞和基细胞组成。嗅细胞为双极神经元，对易挥发性、水溶性或脂溶性的气体物质敏感。嗅细胞顶部细长的树突延伸到上皮游离面，末端膨大为球状嗅泡。嗅泡的嗅毛（即变异的纤毛）伸入嗅上皮表面的嗅腺分泌物中，感受气味的刺激。并将刺激传入中枢神经，产生嗅觉。

嗅细胞呈高柱状，顶部宽，基部细。胞核卵圆形，位于细胞的中部或顶部。胞质内线粒体丰富，常见棕黄色脂褐素颗粒。细胞游离面有许多微绒毛。基部细长，轴突穿过基底膜进入固有膜层内形成无髓神经纤维，并由鞘细胞包裹。多个嗅细胞的轴突汇集成神经束，穿过筛骨板，形成嗅神经，即第 I 对脑神经。嗅细胞之间有连接的复合结构。支持细胞数量多，起支持、保护和分隔嗅细胞的作用。基细胞位于基底膜，胞体小，深染，可能有增殖分化和再生功能。固有层内含有血管和鲍曼腺。鲍曼腺可产生稀薄的黏液，溶解气味物质。

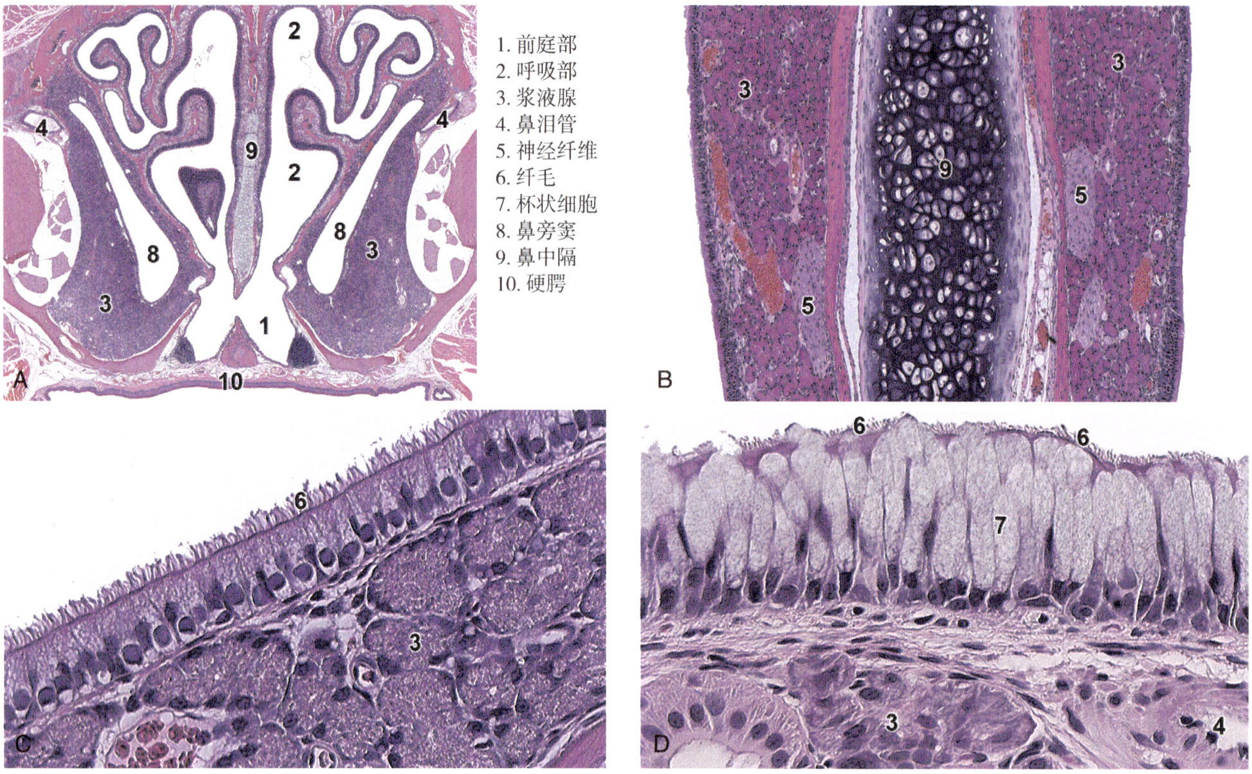

1. 前庭部
2. 呼吸部
3. 浆液腺
4. 鼻泪管
5. 神经纤维
6. 纤毛
7. 杯状细胞
8. 鼻旁窦
9. 鼻中隔
10. 硬腭

图 8-4 **呼吸部**

A. SD 大鼠：呼吸部鼻黏膜具有丰富的血管，肉眼观察呈粉红色；B. 鼻中隔（nasal septum），SD 大鼠：黏膜固有层内丰富的浆液性黏膜腺、血管和神经纤维等；C. SD 大鼠：假复层纤毛柱状细胞的纤毛摆动有利于清除黏膜表面异物；D. SD 大鼠：假复层纤毛柱状上皮富含杯状细胞和少量纤毛细胞

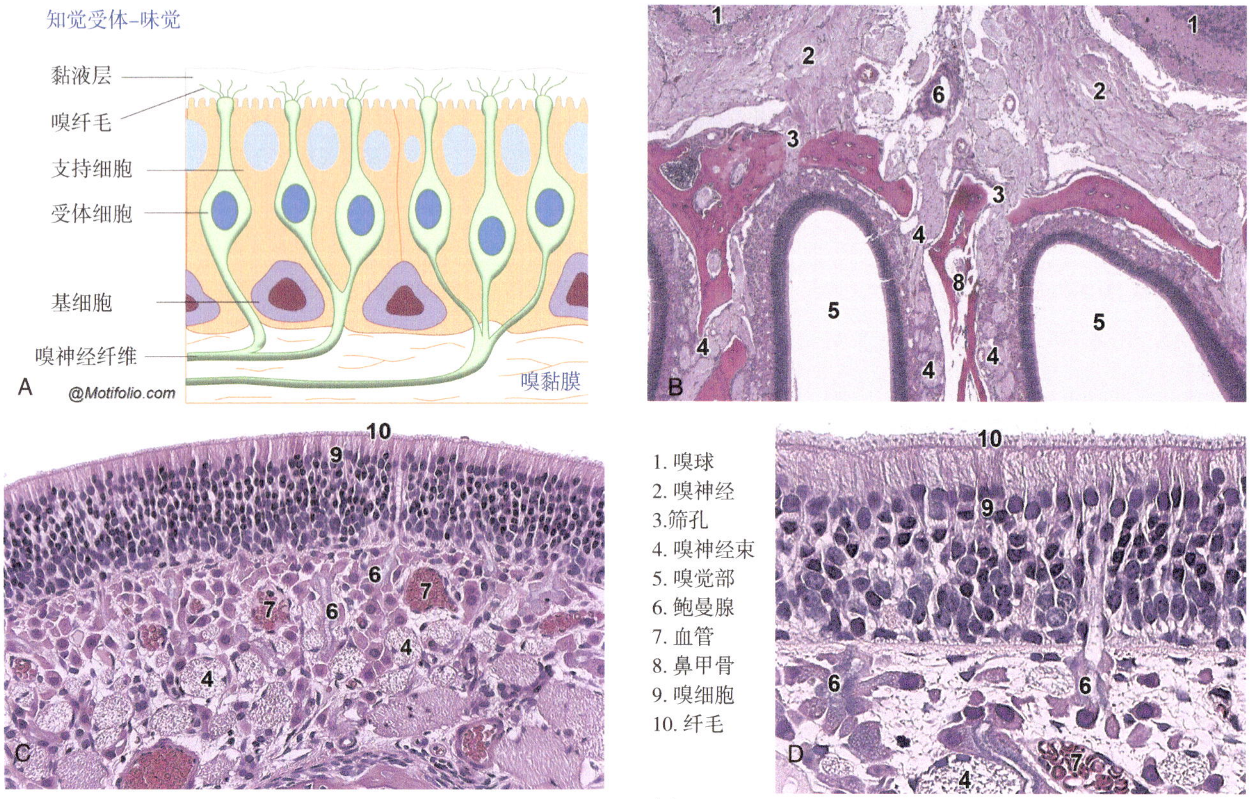

1. 嗅球
2. 嗅神经
3.筛孔
4. 嗅神经束
5. 嗅觉部
6. 鲍曼腺
7. 血管
8. 鼻甲骨
9. 嗅细胞
10. 纤毛

图 8-5 **嗅部**

A. 假复层柱状嗅上皮，嗅细胞为双极神经元，其树突延伸到上皮游离面；B. SD 大鼠：嗅细胞轴突汇集成神经束，穿过筛孔，形成嗅神经进入嗅球；C. SD 大鼠：假复层柱状嗅上皮和固有层富含神经纤维、血管和鲍曼腺；D. SD 大鼠：鲍曼腺分泌物进入和嗅细胞树突延伸到上皮游离面

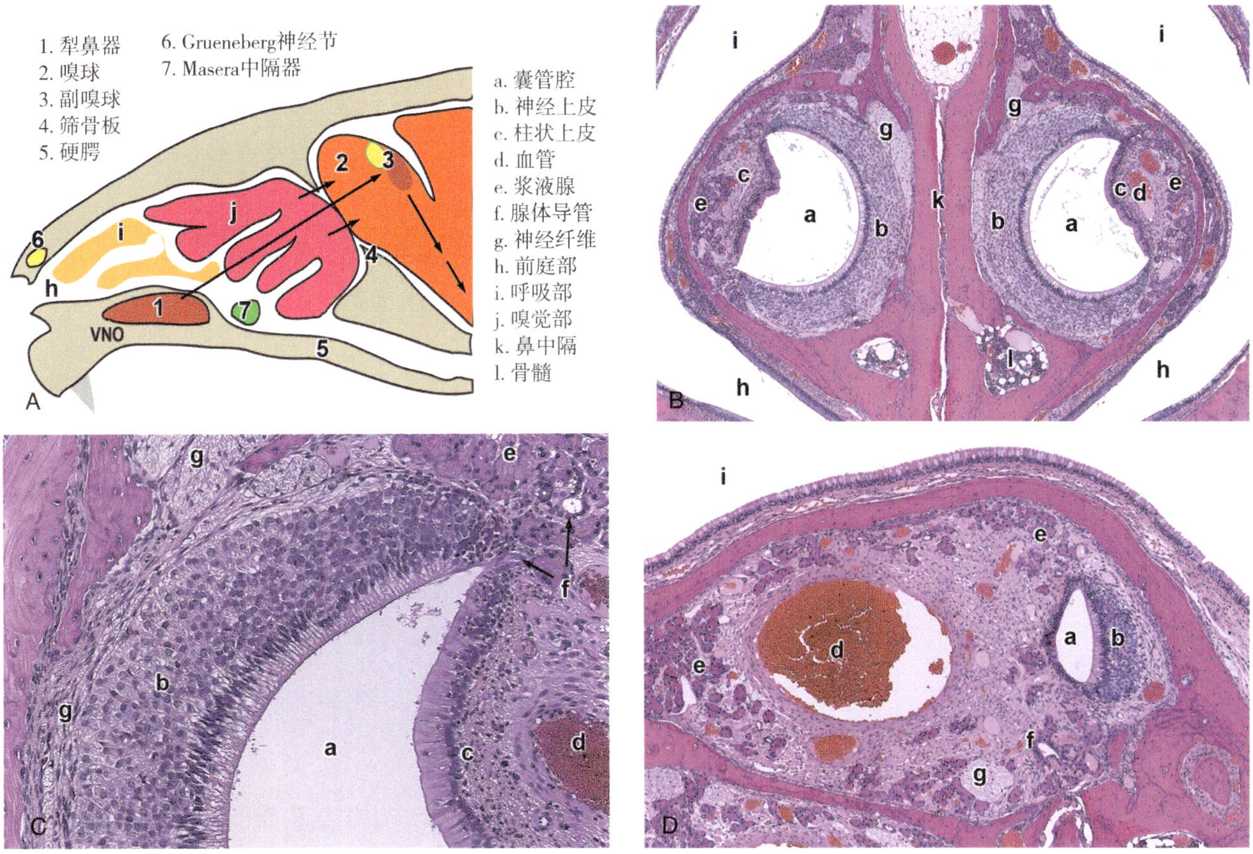

图 8-6 犁鼻器

A. SD 大鼠：犁鼻器将信号依次传递给副嗅球，杏仁核和下丘脑；B. SD 大鼠：囊管呈半月状，内侧为神经上皮，外侧假复层柱状上皮；C. SD 大鼠：内侧神经上皮，外侧假复层柱状纤毛上皮和浆液腺；D. SD 大鼠：末端囊管变小，固有层内富含血管和浆液腺

三、犁鼻器

犁鼻器（vomeronasal organ）也称副嗅觉系统，位于鼻腔前端鼻中隔底部两侧（图 8–6）。动物可以通过犁鼻器判断某些特定的周围环境刺激。例如，新生儿通过犁鼻器，嗅觉母乳散发的特殊味道，寻找乳房。大多种陆生动物都有犁鼻器，但发达程度各异，如爬行动物的犁鼻器比较发达。哺乳动物在胚胎或新生儿期，有明显的犁鼻器结构。成年后，大多数动物的犁鼻器退化。啮齿类、兔类及有蹄类动物的犁鼻器在成年期仍存在。

犁鼻器为一对盲管囊状结构，由血管、腺体和神经等组成。头端和中端囊管的神经上皮和腺体发达，末端囊管变小。囊管呈半月状，内侧上皮为神经上皮，由双极神经元、支持细胞和基底细胞等组成。外侧假复层柱状上皮，表面有纤毛，固有层内有浆液腺。黏膜腺分泌浆液，经导管排入囊管内。末端囊管变小，上皮变薄。外界刺激经犁鼻器双极神经元，依次传递给副嗅球、杏仁核和下丘脑，再经脑干和垂体做出效应。

第二节 喉

喉（larynx）连接咽、鼻腔和气管（图 8–7）。喉主要由呼吸上皮黏膜覆盖，大部分为假复层纤毛柱状上皮，并夹杂有杯状细胞。黏膜固有层均为疏松结缔组织，内有丰富的弹性纤维、混合腺和淋巴组织等。黏膜深部与会厌软骨和肌肉相连。喉软骨和会软弹软性骨之间借韧带、肌肉或关节相连，形成喉腔的支架。

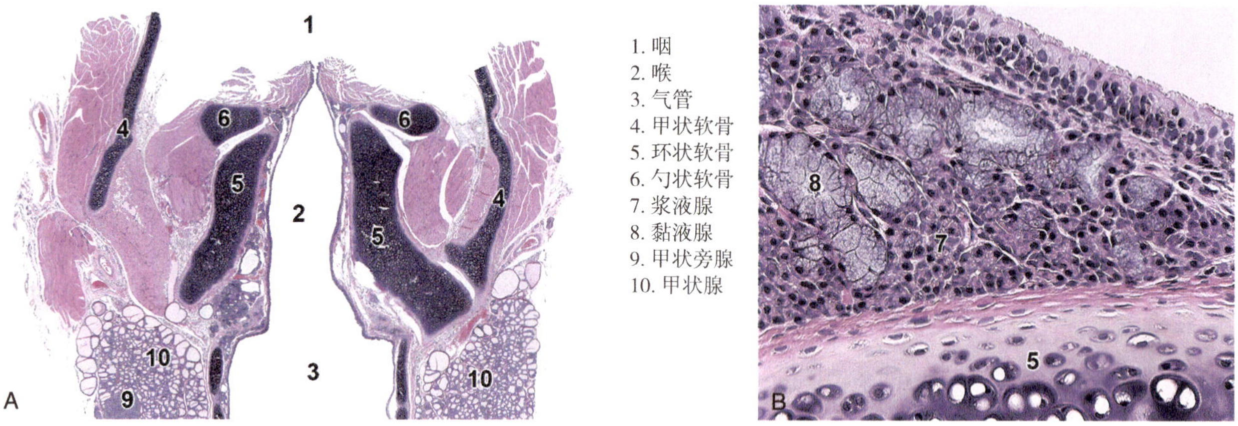

图 8-7　喉

A. SD 大鼠：喉连接鼻咽和气管，主要由呼吸上皮黏膜覆盖；B. SD 大鼠：假复层纤毛柱状上皮中夹杂有杯状细胞，黏膜固有层混合腺等

第三节　气管和主支气管

气管和肺外主支气管（trachea and main bronchus）也称一级支气管，组织结构相似，以透明软骨环为支架。管壁分为黏膜层、黏膜下层和外膜层（图 8-8）。

一、黏膜层

黏膜上皮为假复层纤毛柱状上皮细胞，以纤毛细胞和杯状细胞为主，散在有非纤毛细胞、基细胞、刷细胞和弥散性神经内分泌细胞等。固有膜层内有疏松结缔组织、气管腺和淋巴组织等。

柱状纤毛细胞的胞核呈卵圆形，垂直于基底膜，细胞质游离面有纤毛。纤毛定向摆向咽部，将黏膜表面的黏液及黏附的异物推向咽部，然后吞咽或咳出。非纤毛细胞与纤毛细胞的形态相似，但细胞质游离面有少量微绒毛，没有纤毛。杯状细胞分泌的黏液与气管腺的分泌物共同构成黏液屏障，可黏附和溶解气体中的尘埃颗粒、细菌和其他有害物质。刷细胞呈柱状，胞质内粗面内质网丰富，无分泌颗粒，游离沿有许多长而直的微绒毛。刷细胞可能是过渡细胞，进一步分化为纤毛细胞。基细胞矮小，呈锥形，位于上皮的深部。基细胞可分化成纤毛细胞和其他上皮细胞。

二、黏膜下层

黏膜下层为疏松结缔组织，与黏膜固有层和外膜之间的界线不明显。黏膜下层含有血管、淋巴管、神经，黏液性和浆液黏液性混合腺，弥散淋巴细胞或淋巴小结等。气管腺的黏液性腺泡和浆液性腺泡的分泌物与杯状细胞的分泌黏液共同形成厚的黏液层，覆盖在黏膜表面，具有防御作用。

三、外膜层

外膜层最厚，有 C 形透明软骨环，气管平滑肌和环间结缔组织。软骨环之间以弹性纤维组成的环状韧带相连接，构成弹性气管支架。气管的后壁为膜性，位于 C 形软骨游离端之间，有弹性纤维韧带和平滑肌束。平滑肌收缩或扩张，可以调控管腔大小。

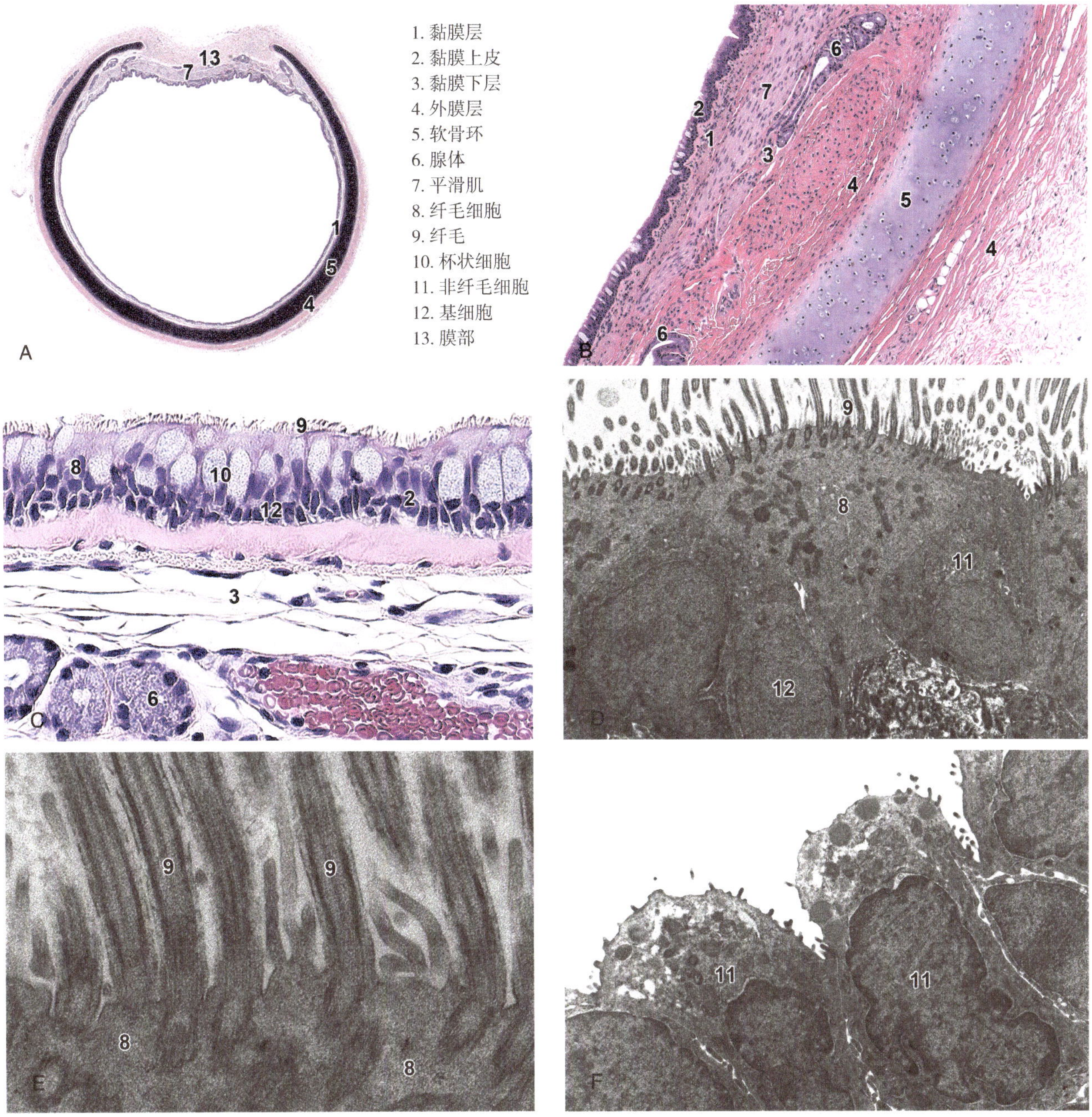

图 8-8 气管

A. 食蟹猴：气管以 C 形透明软骨环为支架，连接喉和支气管，是气体通道；B. 食蟹猴：管壁分为黏膜层、黏膜下层和外膜层，外膜厚，有软骨环；C. 食蟹猴：上皮以纤毛细胞和杯状细胞为主，散在有非纤毛细胞；D. 食蟹猴：纤毛上皮细胞顶端有纤毛，非纤毛上皮细胞顶端有微绒毛；E. 食蟹猴：纤毛定向摆动，将黏膜表面黏液及异物推向咽部，吞咽或咳出；F. WH 大鼠：非纤毛柱状上皮细胞顶端有微绒毛，胞质有分泌颗粒

第四节 肺

肺（lung）可分为导气和呼吸部（图 8–9）。肺导气部的主要功能是肺内气体传导，包括肺内支气管（也称肺叶支气管或二级支气管）、细支气管和终末细支气管。管腔逐步变窄，管壁逐渐变薄，结构逐渐简单（表 8–2）。肺呼吸部包括呼吸性细支气管、肺泡管、肺泡囊和肺泡。肺泡囊和肺泡是气体交换的场所。

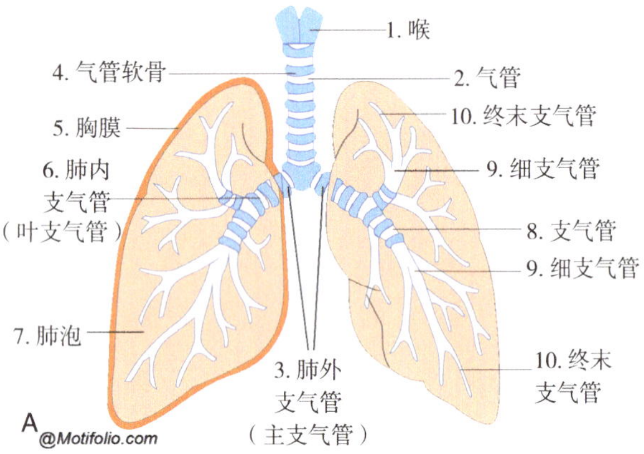

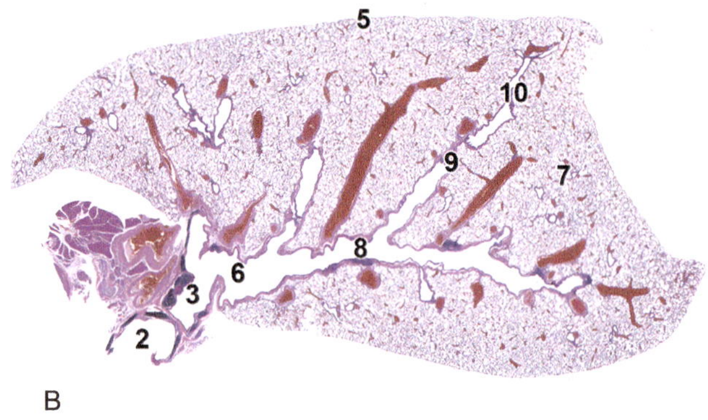

图 8–9 肺

A. 肺可分为导气部和呼吸部，导气部主肺内气体传导，呼吸部主肺内气体交换；B. SD 大鼠：主支气管由肺门入肺后逐级分支，细支气管及分支和肺泡构成肺小叶

表 8–2 猴和犬等大动物的肺导气部和呼吸部的主要结构特点

肺区	部位	支架	腺体	上皮	纤毛细胞	杯状细胞	特殊结构
肺导气部	肺内支气管	透明软骨片	浆液黏液性腺	假复层纤毛柱状上皮	有	有	黏膜平滑肌，以纤毛细胞和杯状细胞为主
	细支气管	平滑肌	无	单层柱状或单层立方上皮	有	有	纤毛细胞，非纤维细胞和杯状细胞混合
	终末细支气管	平滑肌	无	单层立方上皮	无	无	以非纤维细胞为主，纤毛细胞消失
肺呼吸部	呼吸性细支气管	平滑肌	无	单层立方或扁平上皮	无	无	有肺泡开口
	肺泡管	散在平滑肌纤维	无	断续的单层扁平上皮	无	无	有肺泡开口
	肺泡囊和肺泡	结缔组织	无	单层扁平上皮	无	无	Ⅰ型肺泡细胞 Ⅱ型肺泡细胞 肺泡巨噬细胞

肺的表面覆盖有浆膜，即胸膜的脏层。浆膜下结缔组织伸入肺内，将肺分成许多小叶。主支气管由肺门进入肺叶后延续成肺内支气管，并逐级分支成细支气管和终末细支气管等。每一细支气管及其所属各级分支和肺泡，构成一个单位肺小叶。

一、肺导气部

（一）肺内支气管

肺内支气管（bronchus）也称肺叶支气管（图 8–10）。管壁由不规则透明软骨片支撑，管壁三层结构分界渐不明显。黏膜上皮为假复层或单层柱状纤毛上皮，杯状细胞逐渐减少，基底膜明显。固有层变薄，有少量环形或呈螺旋状缠绕的平滑肌束。固有层有致密结缔组织、弹性纤维、单核细胞、淋巴细胞、血管和淋巴管等。偶尔可见淋巴细胞聚集成淋巴小结。黏膜下层气管腺逐渐减少，浆液或黏液腺位于软骨片与平滑肌间的结缔组织中。外膜结缔组织内有不规则的软骨片。

（二）细支气管

细支气管（bronchiole）的黏膜上皮变为单层柱状纤毛上皮，非纤毛上皮细胞增多，杯状细胞减少，基底膜明显（图 8–11）。啮齿类动物的细支气管上皮以纤毛细胞和杯状细胞为主，偶见散在的非纤毛的克拉细胞。管壁固有层内没有腺体和软骨。大细支气管的环行平滑肌明显，管径收缩时可形成黏膜皱襞。

（三）终末细支气管

终末细支气管（terminal bronchiole）由单层柱状或立方上皮覆盖，以无纤毛的克拉细胞为主（图 8–12）。纤毛上皮细胞和杯状细胞极少或消失。克拉细胞也称分泌细胞，呈圆锥状凸向管腔，顶部胞质内有发达的滑面内质网和分泌颗粒，分泌蛋白水解酶等。克拉细胞和Ⅱ型肺泡细胞含有多种生物转化和解毒酶系，可转化和代谢多种化学毒物或药物。细支气管上皮损伤时，克拉细胞增殖分裂，分化为纤毛细胞和杯状细胞等。管壁结缔组织和平滑肌纤维明显减少，管腔由弹性纤维维持。

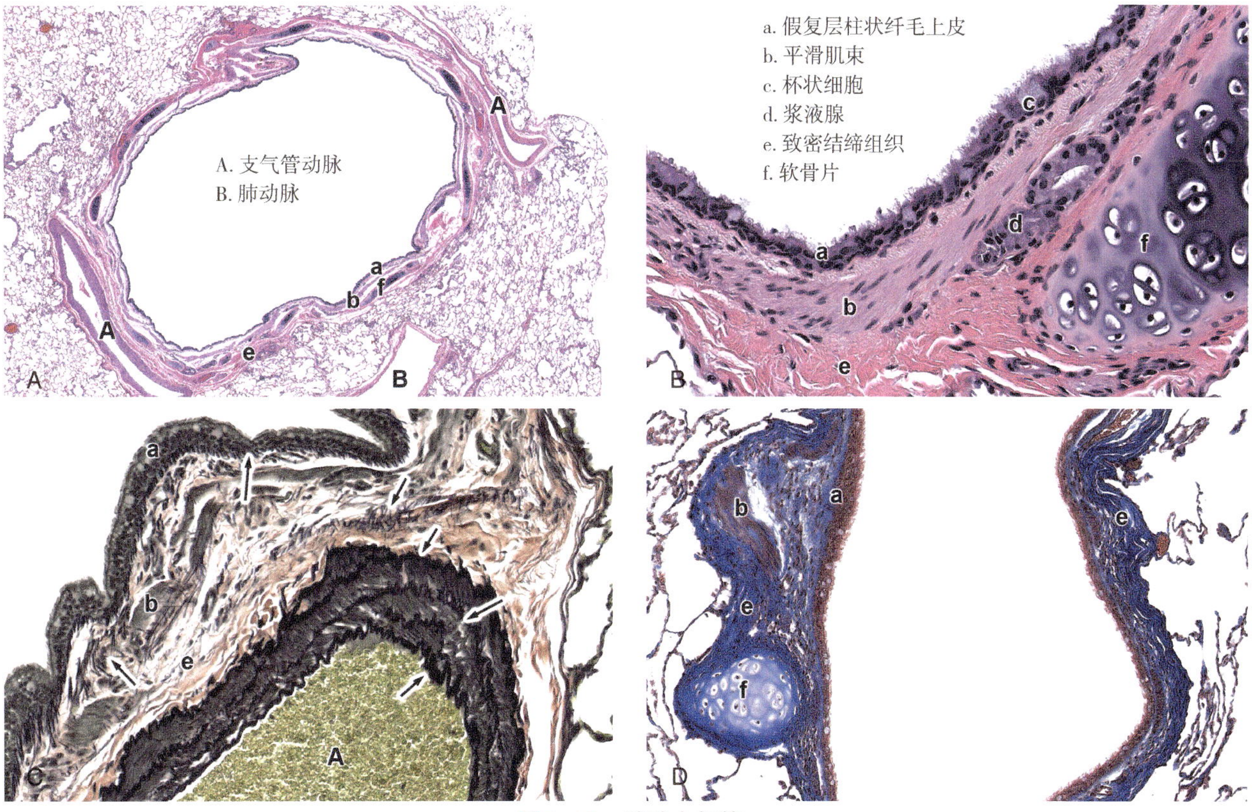

图 8–10 肺叶支气管

A. 食蟹猴：管壁由不规则透明软骨片和平滑肌支撑，有腺体；B. SD 大鼠：管壁有透明软骨片、支气管腺和平滑肌束等；C. 比格犬：黏膜和血管壁弹性纤维（箭），Verhoeff Van Gieson 染色；D. 食蟹猴：管壁有致密结缔组织，胶原纤维 Trichrome 染色

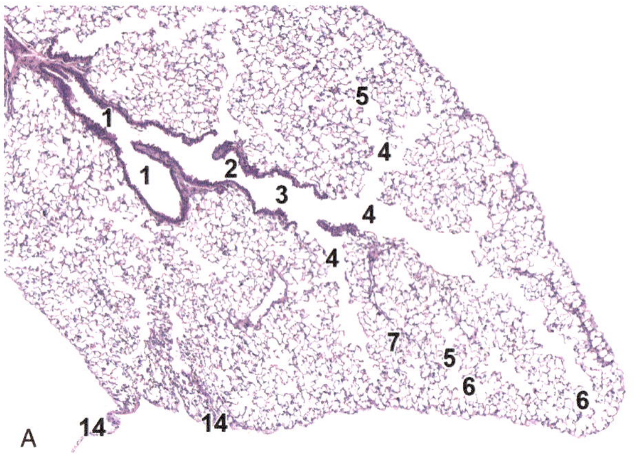

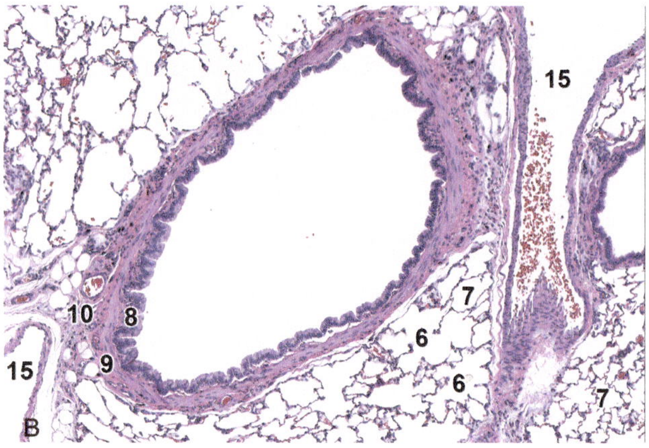

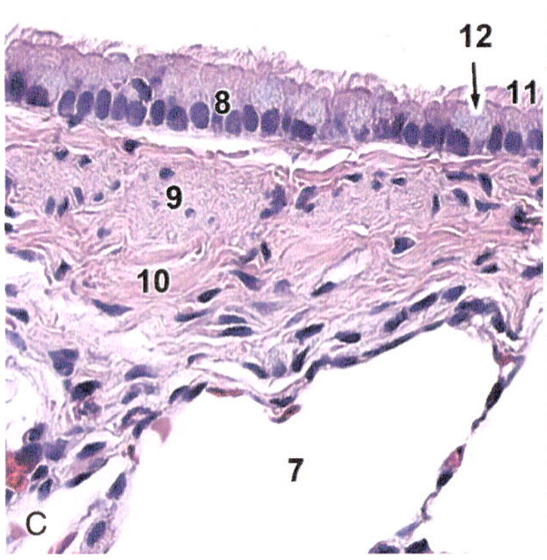

1. 叶支气管
2. 细支气管
3. 终末细支气管
4. 呼吸细支气管
5. 肺泡管
6. 肺泡囊
7. 肺泡
8. 黏膜层
9. 肌层
10. 外膜
11. 纤毛上皮细胞
12. 非纤毛上皮细胞
13. 杯状细胞
14. 胸膜
15. 血管

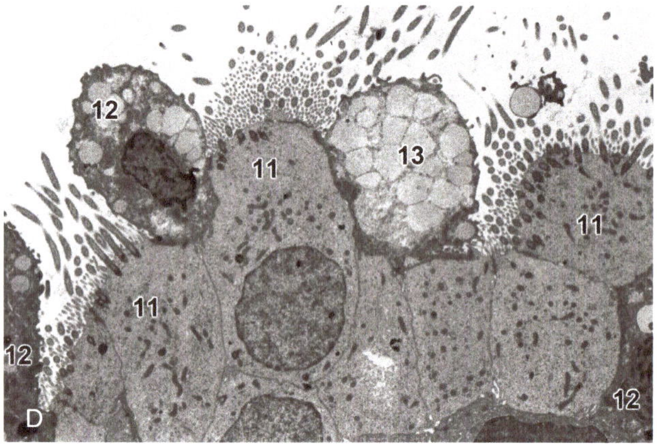

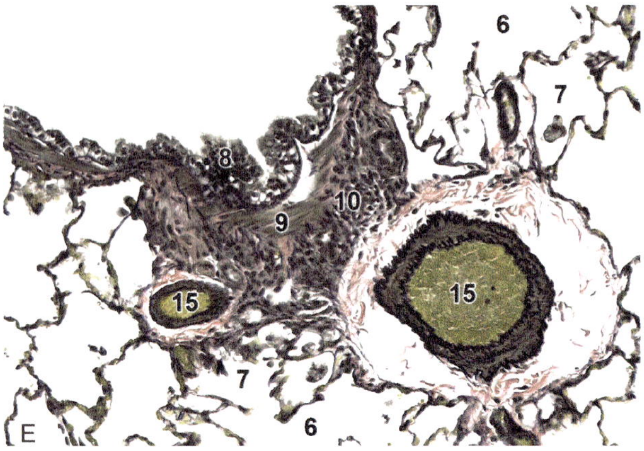

图 8-11　细支气管

A. CD1 小鼠：主支气管入肺后逐级分支为细支气管和肺泡管；B. SD 大鼠：管壁主要为平滑肌，没有透明软骨片和支气管腺；C. SD 大鼠：黏膜上皮细胞主要有柱状纤毛上皮细胞和杯状细胞；D. 比格犬：上皮混合有纤毛细胞、非纤维细胞和杯状细胞；E. 比格犬：黏膜和血管壁富含弹性纤维，Verhoeff Van Gieson 染色

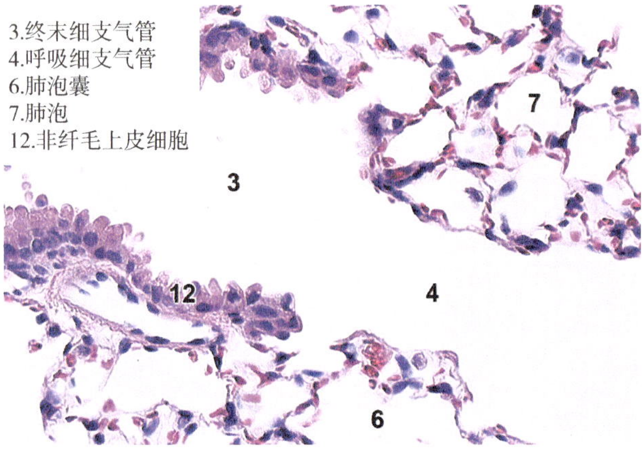

图 8-12　终末细支气管

SD 大鼠：以非纤维细胞为主，纤毛上皮细胞消失

二、肺呼吸部

肺呼吸部由呼吸性细支气管、肺泡管、肺泡囊和肺泡组成，是气体交换的主要部位。

（一）呼吸性细支气管

呼吸性细支气管（respiratory bronchiole）是气体交换的起始部（图 8–13），管壁上有肺泡的开口，管壁上偶尔也直接连接着少量肺泡。上皮由单层扁平或立方上皮细胞覆盖。在与肺泡延续处，单层立方上皮移行为单层扁平上皮。管壁的上皮外有弹性纤维和少量环行平滑肌纤维。

（二）肺泡管

肺泡管（alveolar duct）与肺泡和肺泡囊相连，形成狭长而直的管道（图 8–14）。管腔不规则，管壁结构不完整。管壁在相邻肺泡和肺泡囊开口之间，呈结节状膨大，由单层立方或扁平上皮覆盖着少量的平滑肌纤维和弹性纤维。

（三）肺泡囊

肺泡囊（alveolar sac）由肺泡围成，是多个肺泡聚集开口而成的膨大气腔（图 8–15）。相邻肺泡开口仅有少量结缔组织连接。肺泡囊和肺泡上皮主要由Ⅰ型和Ⅱ型肺泡上皮细胞构成。

（四）肺泡

肺泡（alveolus）是气体交换的最终场所，由极薄上皮围成的多角形小气腔，开口于肺泡囊。肺泡的开口由弹性纤维调节和维持（图 8–16）。

肺泡由单层肺泡上皮和基底膜组成。肺泡上皮主要由Ⅰ型肺泡细胞（衬细胞）和Ⅱ型肺泡细胞（产生表面活性物质）组成。Ⅰ型肺泡细胞扁平，非常薄，胞质少，细胞器少，吞饮小泡多。Ⅰ型肺泡细胞覆盖着绝大部分肺泡和肺泡囊的表面，并参与气血屏障的构成。Ⅱ型肺泡细胞呈椭圆形或立方状，突入肺泡腔内。细胞游离面有少量微绒毛，胞质内有丰富的细胞器，分泌颗粒和嗜锇性板层小体。Ⅱ型肺泡细胞产生表面活性物质，以降低肺泡的表面张力。Ⅱ型肺泡细胞具有多种生物转化和解毒酶系，可转化和代谢吸入和来自血液的某些毒物或药物。Ⅰ型肺泡细胞没有增殖能力。肺泡上皮损伤时，Ⅱ型肺泡细胞增殖分裂，分化为Ⅰ型肺泡细胞等。

相邻肺泡之间形成肺泡隔。隔内有少量疏松结缔组织形成间质。肺泡隔间质内含有丰富的毛细血管，连通肺动脉和肺静脉。毛细血管形成毛细血管网，包绕每一个肺泡，进行气体交换。肺泡隔间质内可见少量胶原纤维、弹性纤维、成纤维细胞和巨噬细胞等结缔组织成分。有的肺泡隔上有肺泡孔，有利于相邻肺泡之间的气体流通。

肺泡隔是构成肺气血屏障结构的基础，由表面活性物质、无孔连续内皮细胞、Ⅰ型肺泡细胞及二者的基底膜构成。部分内皮细胞和Ⅰ型肺泡细胞的基底膜融合成单层基底膜，形成极薄的一层气血屏障，有利于气体交换。

（五）肺泡间质和肺巨噬细胞

肺间质主要由疏松结缔组织构成。间质中具有丰富的弹性纤维、巨噬细胞、血管、淋巴管和神经等。肺间质主要分布于支气管、细支气管、肺动脉和静脉的周围。随着支气管和血管逐渐分支和管腔变窄，间质逐渐减少。

肺泡巨噬细胞也称尘细胞，来源于血液中的单核细胞。肺泡巨噬细胞具有十分活跃的吞噬功能。

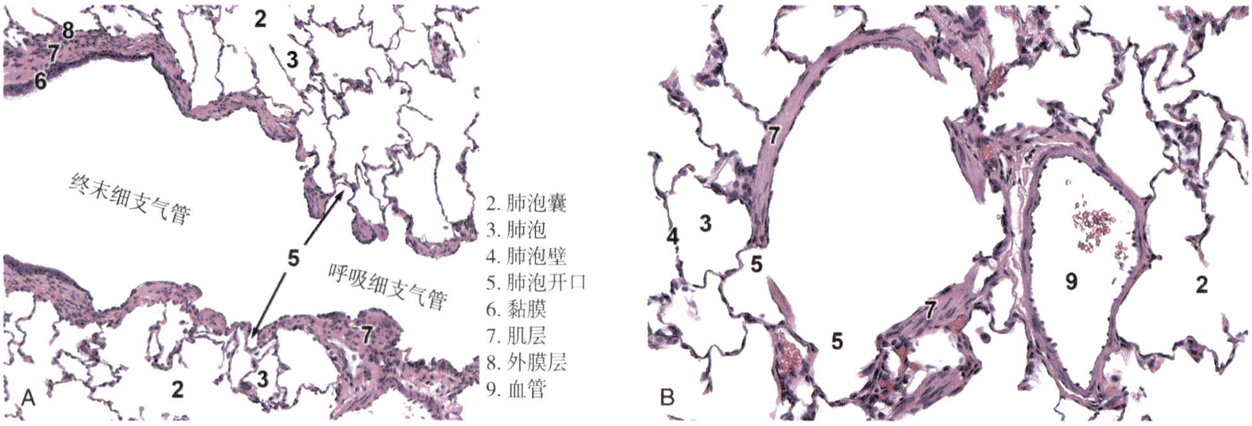

图 8-13　**呼吸性细支气管**

A. 食蟹猴：管壁出现肺泡结构，是气体交换的起始部；B. 食蟹猴：管壁横切面显示出现肺泡和肺泡开口处

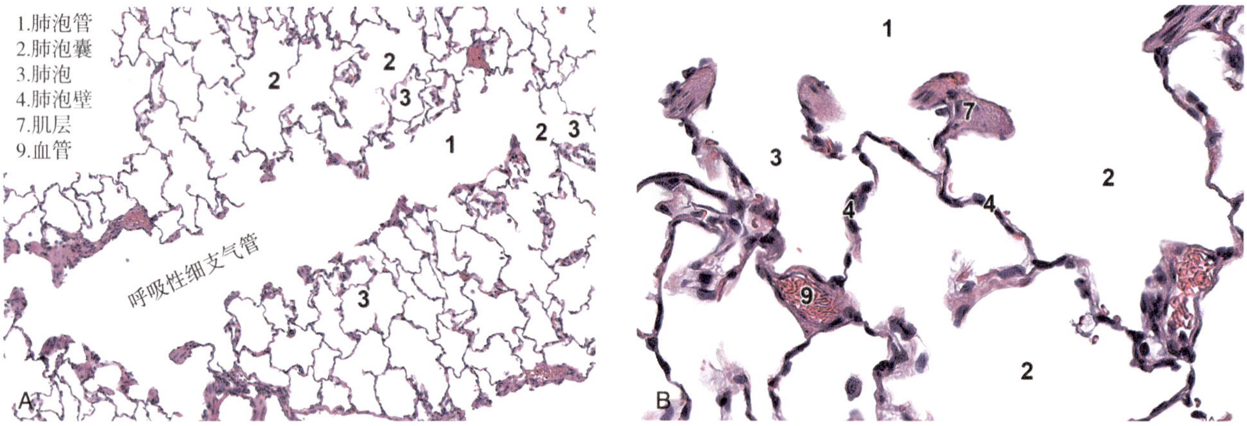

图 8-14　**肺泡管**

A. 食蟹猴：肺泡管为狭长而直的管道，连通多个肺泡囊或肺泡；B. 食蟹猴：肺泡管连通肺泡囊或肺泡，管壁有平滑肌纤维

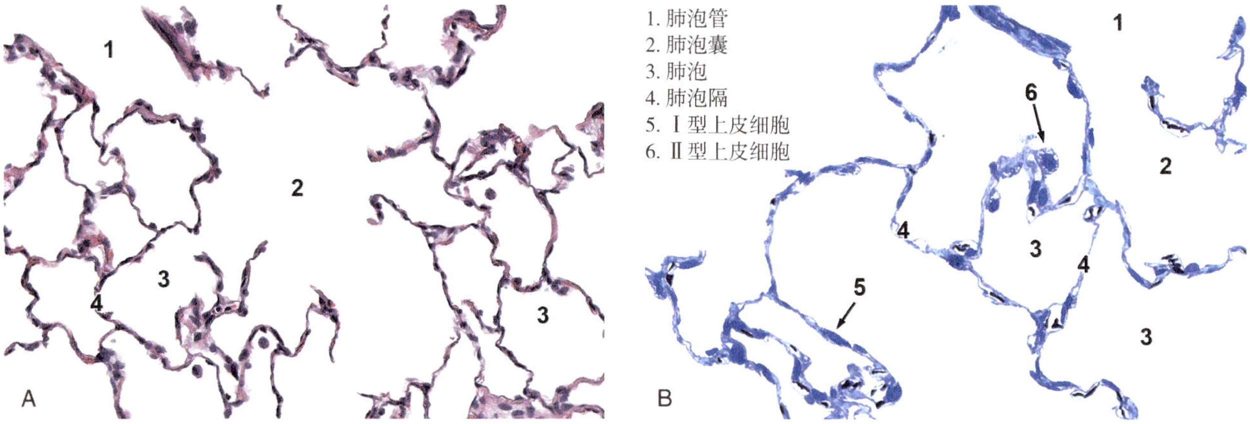

图 8-15　**肺泡囊**

A. 食蟹猴：肺泡囊是由多个肺泡聚集，开口而成的膨大气腔；B. 比格犬：肺泡囊和肺泡上皮主要由Ⅰ型和Ⅱ型肺泡上皮细胞构成

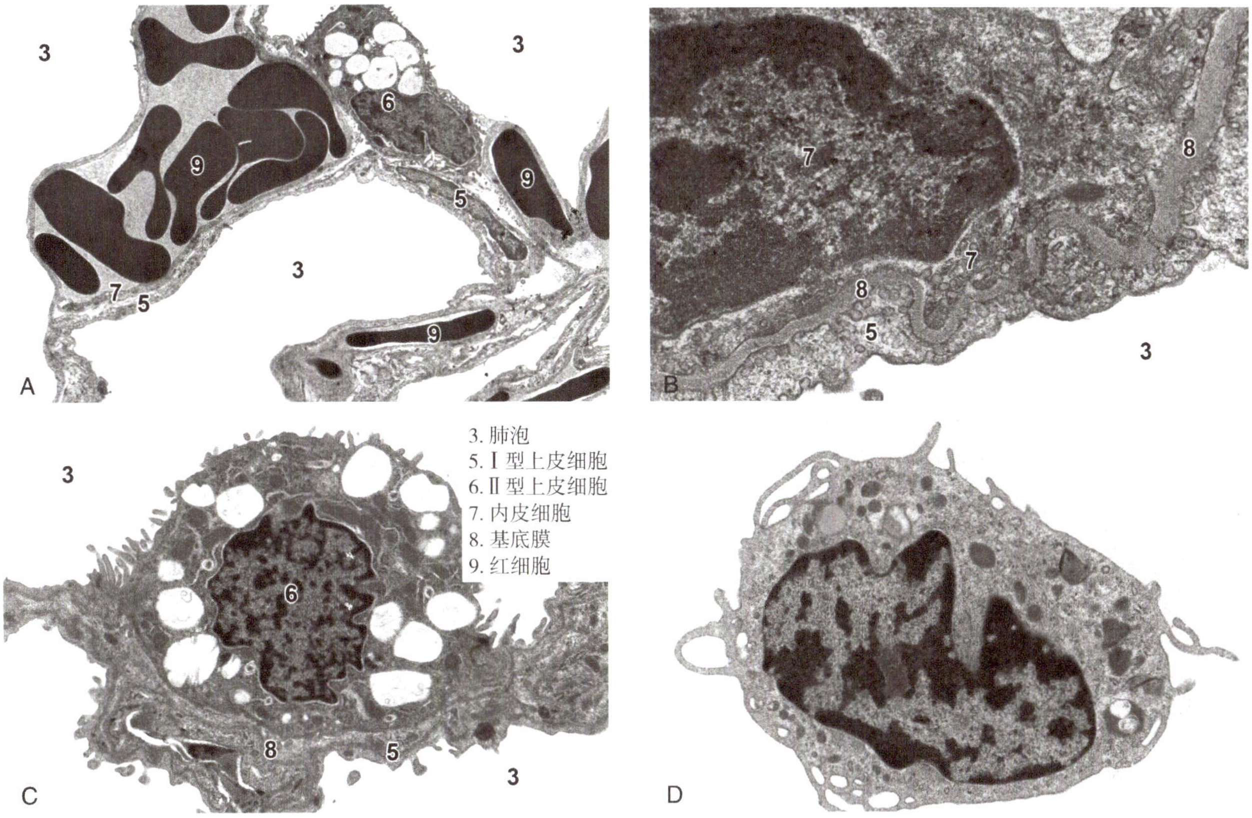

图 8-16 肺泡

A. 比格犬：是气体交换的场所，由单层肺泡上皮、毛细血管和基底膜组成；B. 肺泡隔（alveolar septum），比格犬：内皮细胞和Ⅰ型肺泡细胞的基底膜融合成单层基底膜；C. 食蟹猴：Ⅱ型肺泡上皮细胞呈立方形，含分泌颗粒和嗜锇性板层小体；D. 肺泡吞噬细胞，食蟹猴：来源于血液单核细胞，具有吞噬功能

三、肺循环

肺血液循环（pulmonary circulation）有两套动脉系统，即支气管动脉和肺动脉。支气管动脉来自胸主动脉，是体循环的一部分。血液内富含氧气和养分，是肺的营养血管。与支气管伴行，沿途形成毛细血管网，分布于导气部各段管壁、肺泡隔和胸膜等。毛细血管一部分汇入肺静脉，进入左心。一部分汇入支气管静脉，经肺门出肺。

肺动脉是功能血管，来自右心室。血液内富含营养成分和二氧化碳，含氧量低。肺动脉分支与各级支气管伴行，在肺泡隔内形成毛细血管网。毛细血管的血液与肺泡气体交换后，汇入小静脉、肺静脉和左心房。肺动脉管径粗，管壁薄。

红细胞中血红蛋白是二氧化碳和氧气体交换的物质基础。在肺内，二氧化碳分压低和氧分压高，血红蛋白释放二氧化碳，摄取氧。肺外组织细胞代谢消耗氧，产生二氧化碳，二氧化碳分压高和氧分压低。在肺外组织内，血红蛋白释放氧，摄取二氧化碳。氧的摄取与释放由血红蛋白的血红素完成，无须酶催化。二氧化碳的运输具有三种方式：溶解于血浆中（5%~10%），结合于血红蛋白（30%~35%），或由红细胞中碳酸酐酶催化为碳酸氢根离子（60%~70%）。

第五节 胸 腔

胸腔（thorax）由胸膜和横膈围成，协助肺的呼吸功能。

一、胸膜

胸膜（pleura）主要由致密结缔组织构成，表面覆盖有间皮（图 8–17）。

二、横膈

横膈（diaphragm）也称横膈膜，位于胸腔和腹腔之间，呈盘状。横膈为膜状肌性组织，腹腔面覆有腹膜，胸腔面覆有胸膜（图 8–18）。中央部位缺乏肌肉，主要由腱膜构成。横膈上有主动脉裂孔，腔静脉孔和食管裂孔等。横膈通过肌肉收缩，一张一弛，帮助肺呼吸。

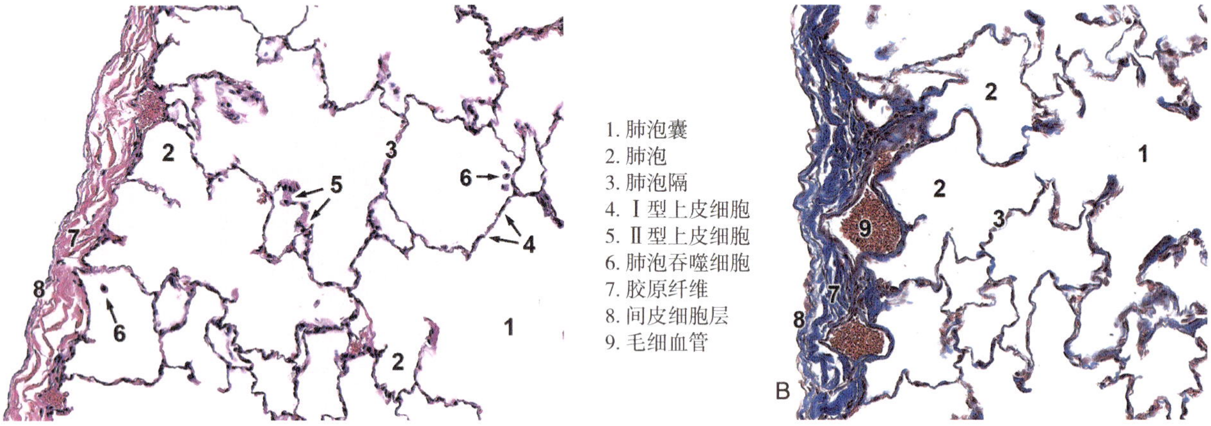

图 8–17　**胸膜**

A. 食蟹猴：胸膜主要由致密结缔组织构成，表面覆盖有间皮；B. 食蟹猴：胸膜主要由致密结缔组织构成，胶原纤维 Trichrome 染色

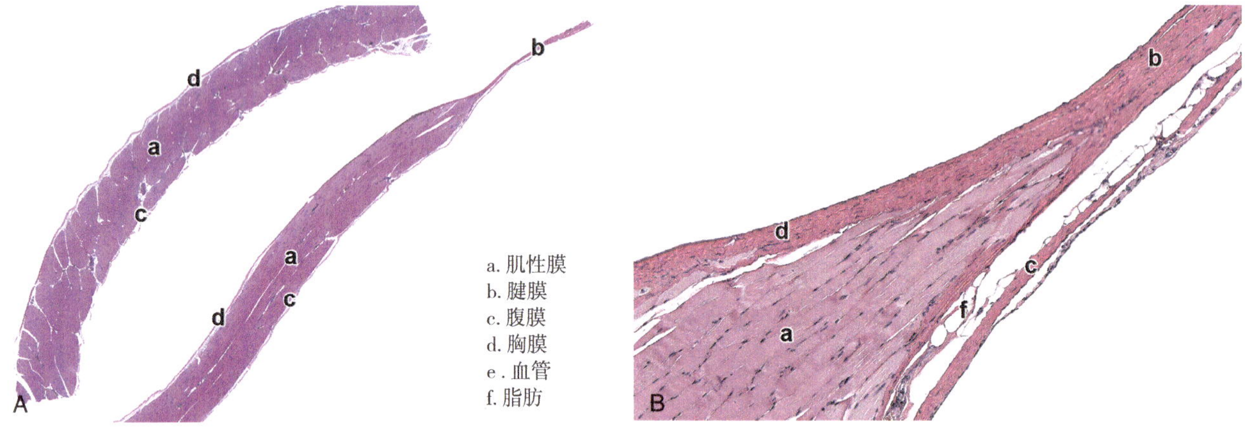

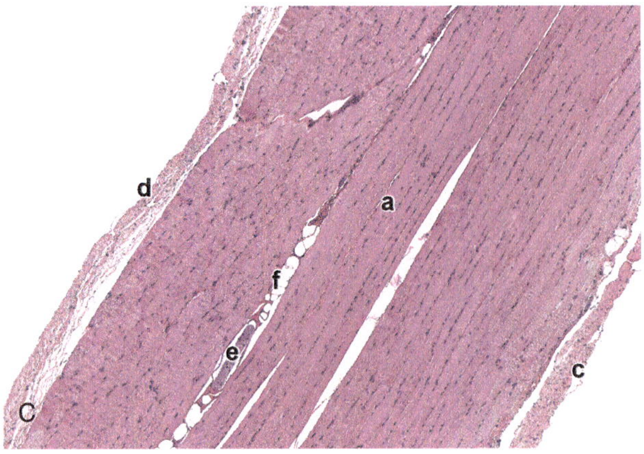

图 8–18　**横膈**

A. CD1 小鼠：横膈呈盘状，位于胸腔和腹腔之间，两侧覆有腹膜和胸膜；B. CD1 小鼠：横膈中央部位缺乏肌肉，主要由致密结缔组织腱膜构成；C. CD1 小鼠：肌性膜为横纹肌组织，肌纤维和肌束间富含血管结缔组织

三、肺容积

肺呼吸是一个被动过程，借助膈肌收缩和肋骨提升等完成肺呼吸功能（图 8–19）。肺吸气是一个被动的过程，但需要消耗能量。膈肌收缩，肋骨提升，胸腔容积增加。肺受被动牵张，肺容积增加，肺内气体压力低于大气压，空气进入肺内。呼气也是一个被动的过程，但不需要消耗能量。呼吸肌松弛，肺弹性纤维回缩，胸廓容积减小。肺内压力增加，驱使气体从肺内排出。

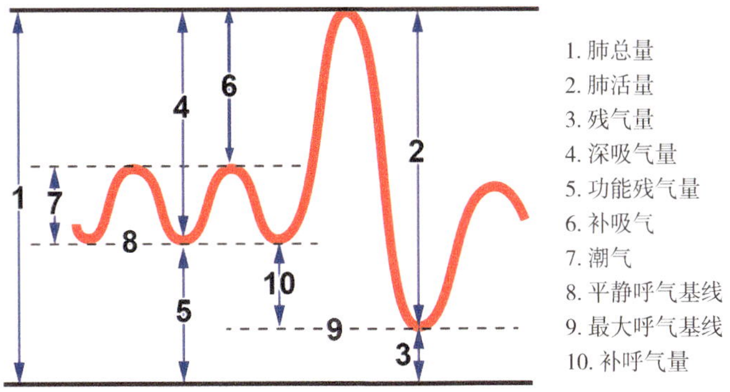

图 8–19 肺容积

肺呼吸是一个被动过程，借助膈肌收缩和肋骨提升等完成

第九章

泌尿系统组织学

Histology of the Urinary System

泌尿系统主要由肾、输尿管、膀胱和尿道等组成。泌尿系统通过过滤、分泌和重吸收，保证血液的功能最佳化（图 9–1）。肾脏还可以分泌或转化一些激素和生物活性物质，如肾素、红细胞生成素、前列腺素和维生素等（表 9–1）。

高等动物的胚胎发育期，泌尿系统和生殖系统密切相关。胚胎肾发生时，从体颈向盆部相继出现前肾、中肾和后肾，以及中肾管和副中肾管（图 9–2）。出生前，前肾和中肾消失，后肾发育为永久肾。中肾管和副中肾旁管（中肾旁管）则分化为生殖系统组织。

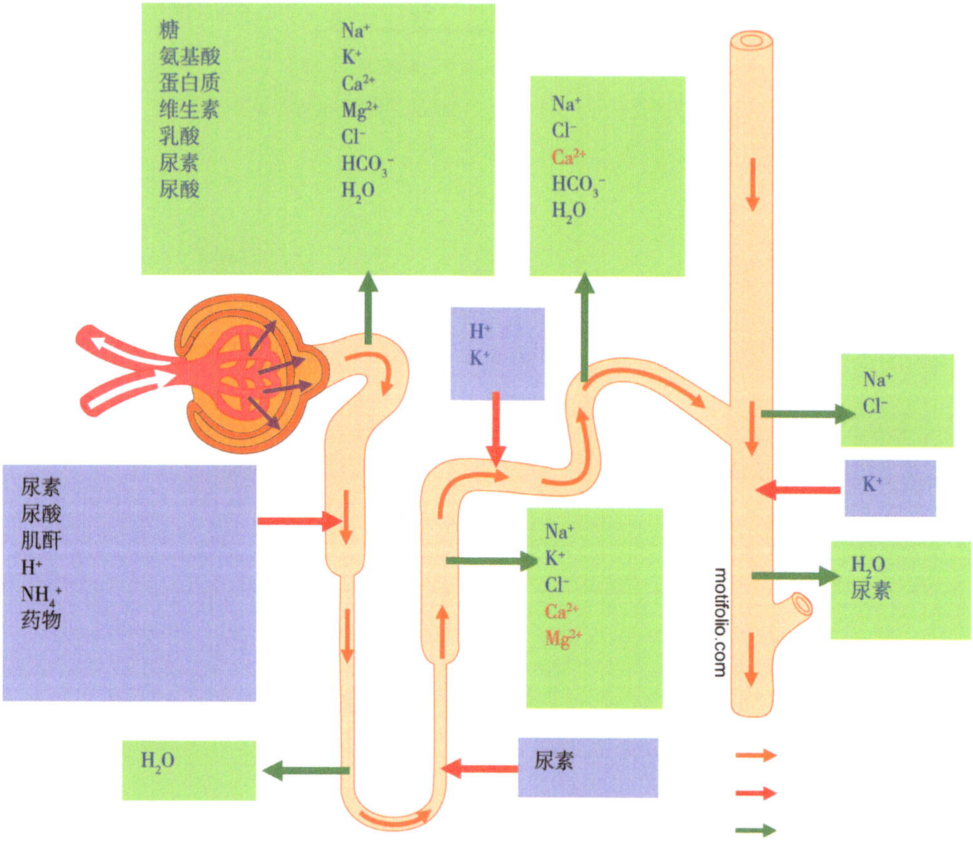

图 9–1　肾过滤、分泌和重吸收

表 9–1　泌尿系统的主要功能

作用	功能
调节作用	调节水、电解质（无机离子）和酸碱平衡
排泄作用	排泄体内代谢废物，过量的水，电解质；排泄体内多种生物活性物质，药物和毒物等
分泌作用	分泌激素和生物活性物质，如肾素、红细胞生成素和前列腺素等
转化作用	将皮肤产生的维生素 D 前体转化为活性 1，25– 二羟维生素 D_3
糖原生成	在饥饿或禁食状态下，利用氨基酸生成葡萄糖

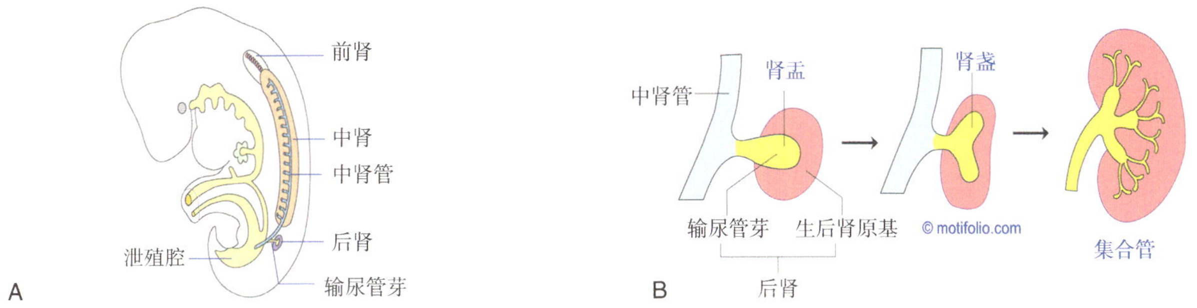

图 9–2　**肾脏的发育**

A. 肾早期分化，胚胎期相继出现前肾、中肾和后肾，只有后肾发育为永久肾；B. 后肾的发育和分化，生后肾原基分化为肾小管等实质，输尿管芽分化为集合管

第一节　肾

哺乳动物的肾分为多乳头肾和单乳头肾，大多数毒性实验动物为单乳头肾（图 9–3）。肾通常呈椭圆形，由致密结缔组织被膜包裹，内侧凹陷处为肾门。血管、淋巴管、神经和输尿管等由肾门出入。

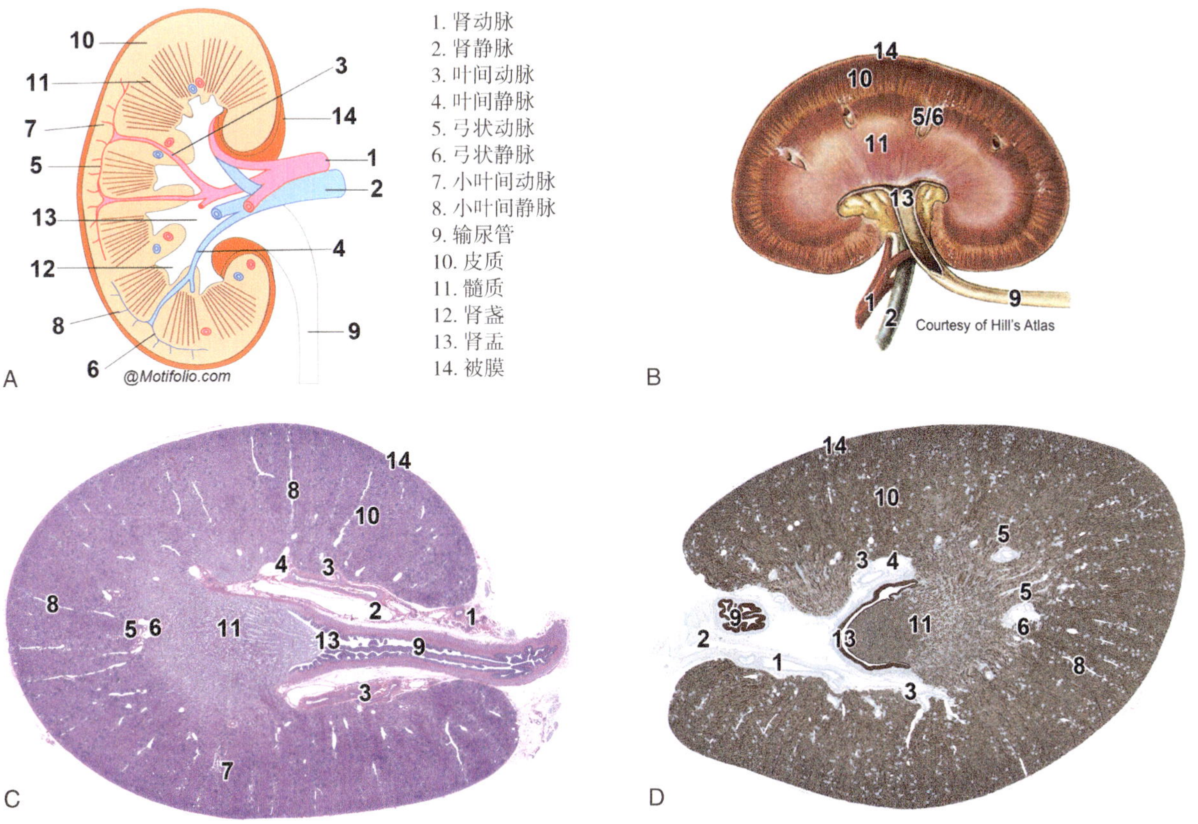

图 9–3　**肾结构**

A. 人和多种哺乳动物具有多乳头肾；B. 犬：大多数毒性实验动物为单乳头肾；C. 食蟹猴：各段肾小管和集合管小叶缠绕迂回，分布于皮质或髓质；D. 食蟹猴：各肾小管、集合管、肾乳头和输尿管上皮均为泛 Cytokeratin 阳性

肾实质通常分为5个区域：皮质、外髓质外带、外髓质内带、内髓质和乳头（图9–4）。外髓质又可分为外带和内带两部分。啮齿类动物外髓质外带和内带比较明显，而比格犬和食蟹猴的外带和内带分界不太明显。肾接受20%~25%的心脏血液输出量。其中，85%~90%血流量进入皮质，10%~15%血流量进入髓质。

在皮质和髓质交界处，有与被膜垂直、呈放射状向皮质行走的条纹，称髓放线（图9–5）。髓放线主要由部分肾小管和集合管构成。髓放线之间的皮质称为皮质迷路，主要由肾小球和部分肾小管构成。每

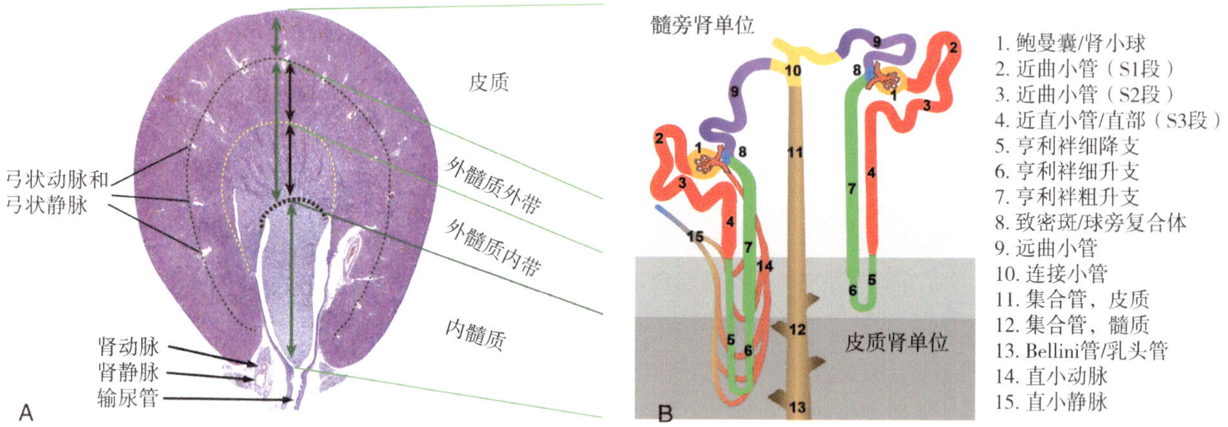

图9–4 **肾脏分区**

A. 肾脏结构，SD大鼠：通常分为皮质、外髓质外带、外髓质内带、内髓质和乳头等；B. 肾单位和收集管在肾各区域的分布，近曲小管直部（4）主要分布于外髓质外带和髓放线

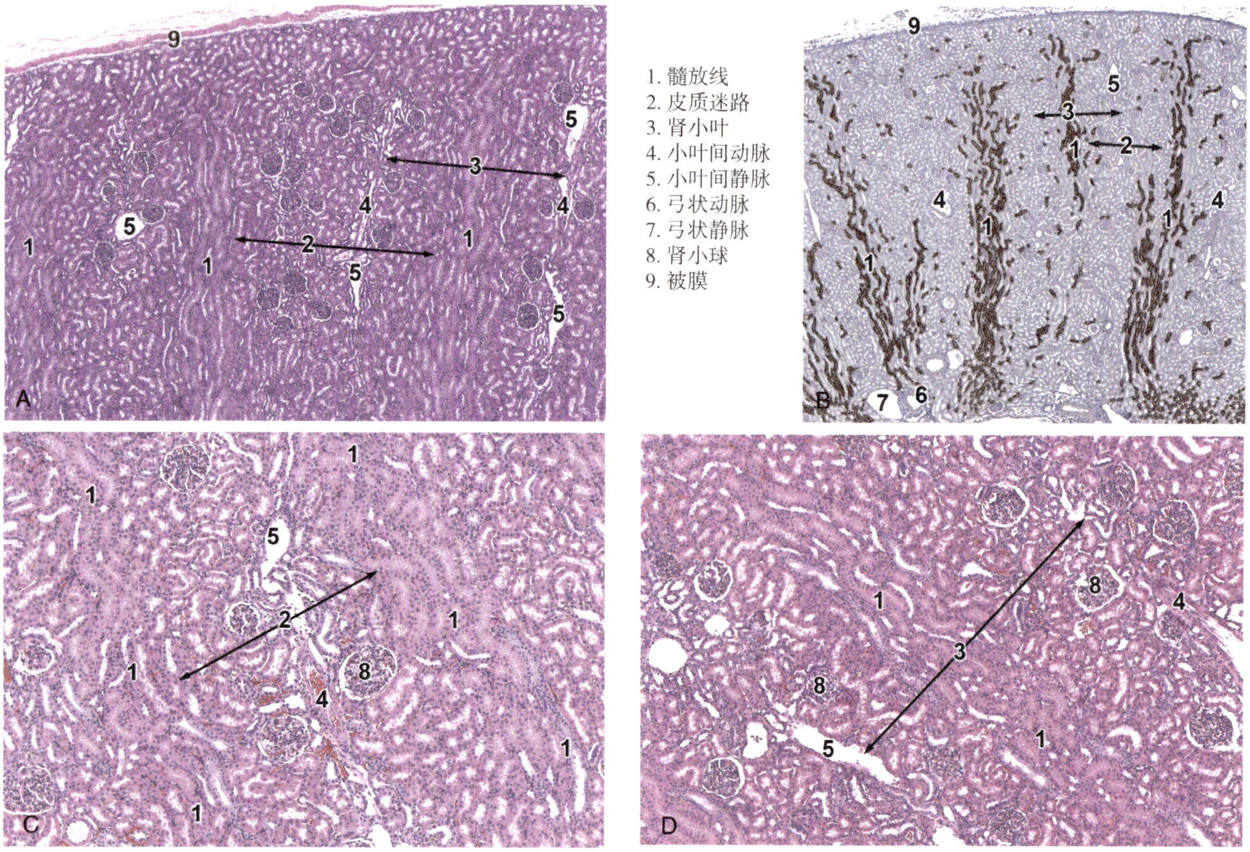

图9–5 **髓放线**

A. 食蟹猴：髓放线与被膜垂直，呈放射状条纹在皮质内走行；B. 食蟹猴：髓袢（亨利袢）粗升支和远曲小管分泌Tamm–Horsfall蛋白（免疫组化）；C. 皮质迷路，位于髓放线之间，主要由肾小球和部分肾小管构成；D. 髓放线及其两侧各1/2皮质迷路形成肾小叶，是肾功能基本单位

个髓放线及其两侧各 1/2 的皮质迷路合称为一个肾小叶，是肾的基本功能单位。小叶间动脉呈放射状进入皮质迷路内，并分支成入球微动脉，进入肾小球。

了解肾的血管分布和血液循环有助于理解肾的生理功能和病理变化（图 9–6）。肾动脉直接来自腹主动脉，进入肾门后依次分支形成叶间动脉、弓状动脉和小叶间动脉。弓状动脉位于皮质和髓质交界处。小叶间动脉呈放射状分布于皮质迷路内，并分支形成入球微动脉，进入肾小球内形成血管袢，并再汇集为出球微动脉。肾小球内的毛细血管袢为动脉型，主要起滤过作用。皮质肾单位的出球微动脉形成球后毛细血管网，分布于皮质肾小管周围。髓旁肾单位的出球微动脉形成球后直血管网，进入肾髓质。球后毛细血管网或球后直血管网，起营养、分泌或重吸收作用。毛细血管网和直血管网依次汇集形成小叶间静脉或直小静脉、弓状静脉和叶间静脉，并与相应动脉伴行，由肾静脉出肾。

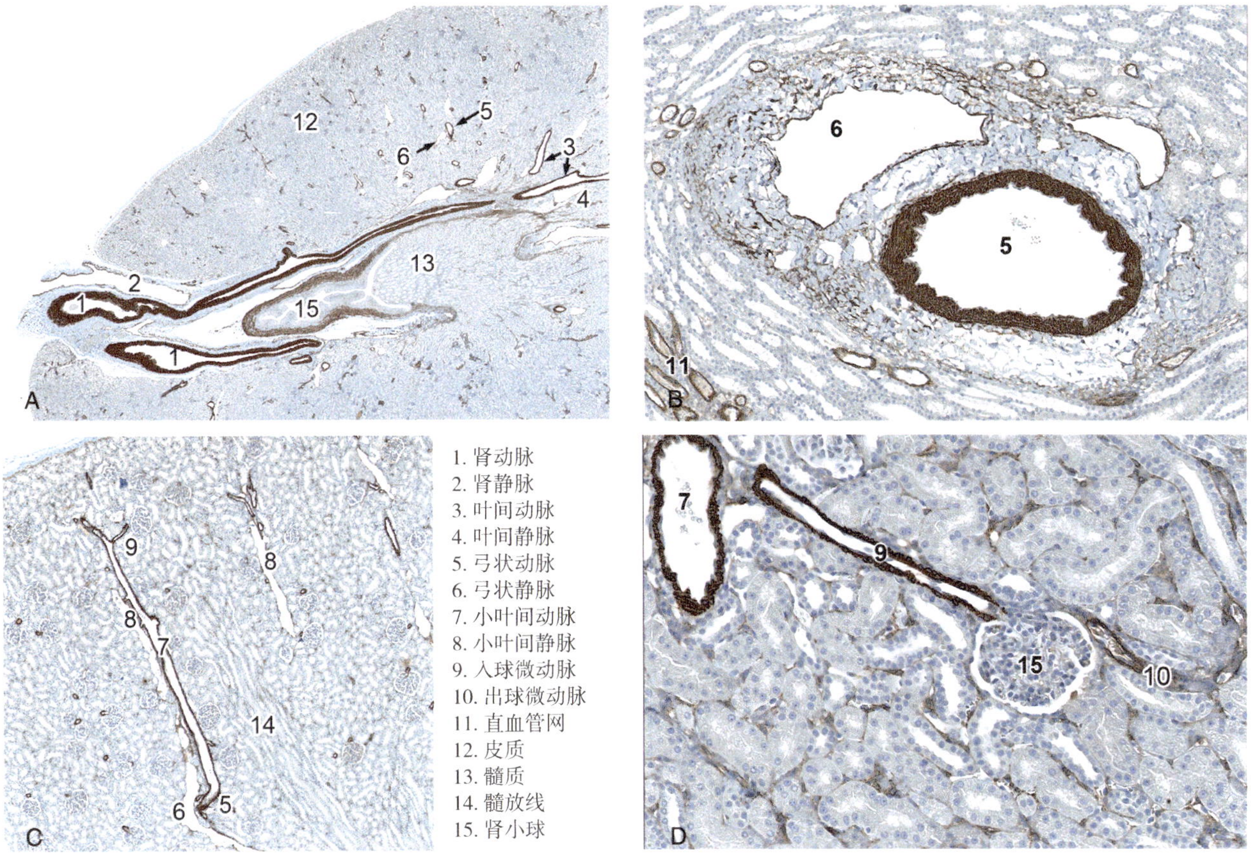

图 9–6 肾血管

A. 食蟹猴：肾血液循环与肾功能密切相关，平滑肌 SMA 免疫组化染色；B. 食蟹猴：弓状动脉和静脉位于皮质和髓质的交界处，平滑肌 SMA 免疫组化染色；C. 食蟹猴：皮质内的小叶间动脉和静脉，入球微动脉，平滑肌 SMA 免疫组化染色；D. 食蟹猴：小叶间动脉，入球微动脉和出球微动脉，SMA 免疫组化染色

一、肾单位

肾单位（nephron）由肾小球及与其相连的肾小管组成，是肾结构和尿液形成的基本单位。肾单位通常分为皮质肾单位和髓旁肾单位两种。皮质肾单位具有重要的尿液形成作用，髓旁肾单位具有重要的尿液浓缩作用。不同种属动物的肾中，两种肾单位的比例稍有不同。小鼠和大鼠的髓旁肾单位占 25%~30%，犬 75%~90% 的肾单位为髓旁肾单位。

皮质肾单位的肾小球位于皮质浅层，髓袢短（亨利袢），位于髓放线内，延伸至外髓质层。其出球微动脉分支分布于近端肾小管的曲部和远端肾小管曲部周围，形成球后毛细血管网。

髓旁肾单位的肾小球位于皮质深层，邻近髓质，髓袢较长，通常伸入至髓质和乳头内。其出球动脉分支形成球后毛细血管网，并进入髓质形成直小动脉和直小静脉血管网，与髓袢和集合管伴行，有利于髓袢及集合小管重吸收和尿液浓缩功能。直小血管网提供髓质的血液供应，血流量小，流速也慢，故髓质乳头容易发生缺血性坏死，尤其是肾乳头处。

二、肾小球

肾小球（glomerulus）也称肾小体，呈球形，位于皮质迷路内，具有过滤作用（图 9–7）。肾小球直径 80~100μm，由肾小囊、血管球和系膜组成。肾小球具有极性，肾小球血管出入端为血管极，近端肾小管的起始端称为尿极。

（一）肾小囊

肾小囊也称鲍曼囊（Bowman capsule），由近端肾小管起始部膨大凹陷，形成内外两层的上皮囊状结构，包裹血管球网袢和系膜（图 9–8）。肾小囊壁层和脏层凹陷转折处有极周细胞，其基部附着在肾小囊基底膜上，游离面有微绒毛，突向肾小囊腔内。肾小囊的壁层和脏层之间的腔隙为肾小囊腔或尿腔。

肾小囊的外层也称壁层，与近端小管上皮延续。大部分哺乳动物的肾小囊壁层由扁平上皮细胞和基底膜形成。雄性小鼠的肾小囊壁层上皮为单层立方细胞，与近端小管的立方上皮延续。

肾小囊的内层也称脏层，紧贴肾小球血管网。脏层上皮细胞也称足细胞，胞体形成初级突起和次级指状突起。次级指状突起紧贴在毛细血管基底膜外侧，呈栅栏状（图 9–9）。相邻足细胞次级突起之间的间隙形成裂孔或过滤窗孔。孔径 25~30nm，孔隙上有如同拉链式的裂孔膜。足细胞次级突起内有多种微丝蛋白及其调控蛋白，微丝收缩可调控裂孔膜和裂孔直径。

足细胞突起与毛细血管内皮和基底膜，一起形成过滤膜，是肾小球过滤功能的结构基础。足细胞次级突起内的微丝蛋白及其调控蛋白可用作肾功能标记物，通过电镜观察和免疫组化染色等方法监测肾功能变化（图 9–10）。

（二）血管球

血管球（glomerular capillary tuft）由入球微动脉在肾小囊内分支并蜷曲而形成毛细血管网袢。入球微动脉自血管极进入肾小囊后，逐级分支形成网状毛细血管袢，并逐级汇集成一条出球微动脉，自血管极离开肾小囊。血管袢的毛细血管由有孔内皮细胞构成，孔径 70~100 nm，偶尔有隔膜，从而调控肾小球的滤过功能。血管内皮侧形成一带负电荷腔面层，可延缓阴离子分子的滤过，如白蛋白等。

（三）系膜

系膜（mesangium）支持毛细血管球，由系膜细胞和基质组成（图 9–11）。系膜细胞可能是特化的吞噬细胞或毛细血管周细胞。系膜分为肾小球内系膜和球外系膜，两者相延续。球外系膜细胞与球内血管系膜细胞形态相似，并相互连续。

球内系膜细胞位于肾小球血管袢毛细血管之间，比足细胞着色深。系膜细胞形态不规则，胞体突起可延伸至内皮与基底膜之间，或通过内皮细胞之间伸入毛细血管腔内。细胞核小，染色致密。系膜细胞具有收缩功能，可调节毛细血管的血流量，是血管紧张素Ⅱ的靶细胞。系膜细胞具有吞噬能力，可以吞噬和清除异物或抗原，参与基底膜代谢更新。系膜细胞还具有分泌作用，分泌系膜基质、前列腺素、内皮素和细胞因子等。

球外系膜细胞分布于入球微动脉、出球微动脉和致密斑之间的三角区内，故也称填充或极垫细胞。球外系膜细胞参与形成肾小球旁复合体，与球旁细胞和球内系膜细胞之间有缝隙连接结构，有利于细胞间的信息传递。

系膜基质为疏松网状结构，含有Ⅳ型胶原蛋白、硫酸肝素和硫酸软骨素等。毛细血管内皮细胞与系膜间没有基底膜，免疫球蛋白、抗原抗体复合物和补体等大分子可以进入基质，刺激系膜增生。

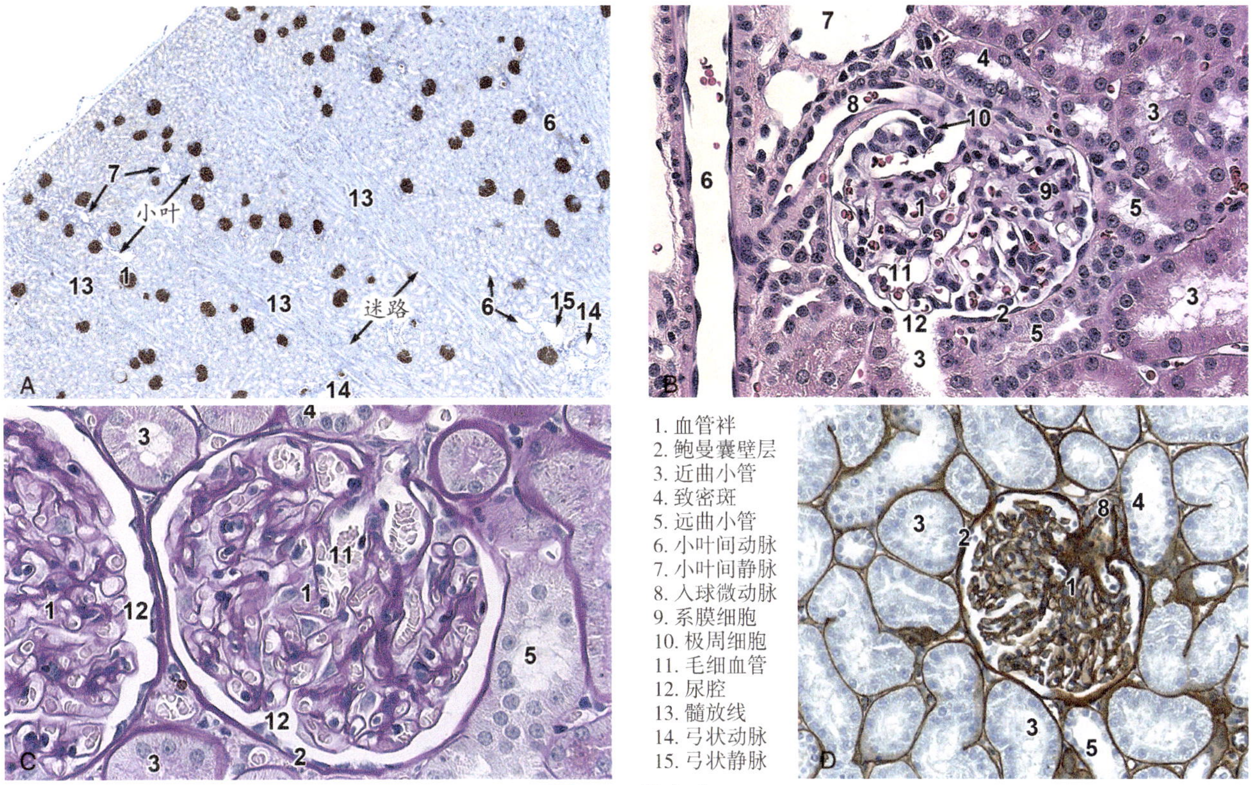

1. 血管袢
2. 鲍曼囊壁层
3. 近曲小管
4. 致密斑
5. 远曲小管
6. 小叶间动脉
7. 小叶间静脉
8. 入球微动脉
9. 系膜细胞
10. 极周细胞
11. 毛细血管
12. 尿腔
13. 髓放线
14. 弓状动脉
15. 弓状静脉

图 9-7 肾小球

A. 食蟹猴：肾小球呈球形，位于皮质迷路内，沿小叶间动脉和静脉分布；B. 食蟹猴：肾小球基本结构，包括血管袢、鲍曼囊和球旁复合体等；C. SD 大鼠：鲍曼囊和肾小管基底膜，PAS 染色；D. 食蟹猴：鲍曼囊和肾小管基底膜，Ⅳ型胶原纤维染色

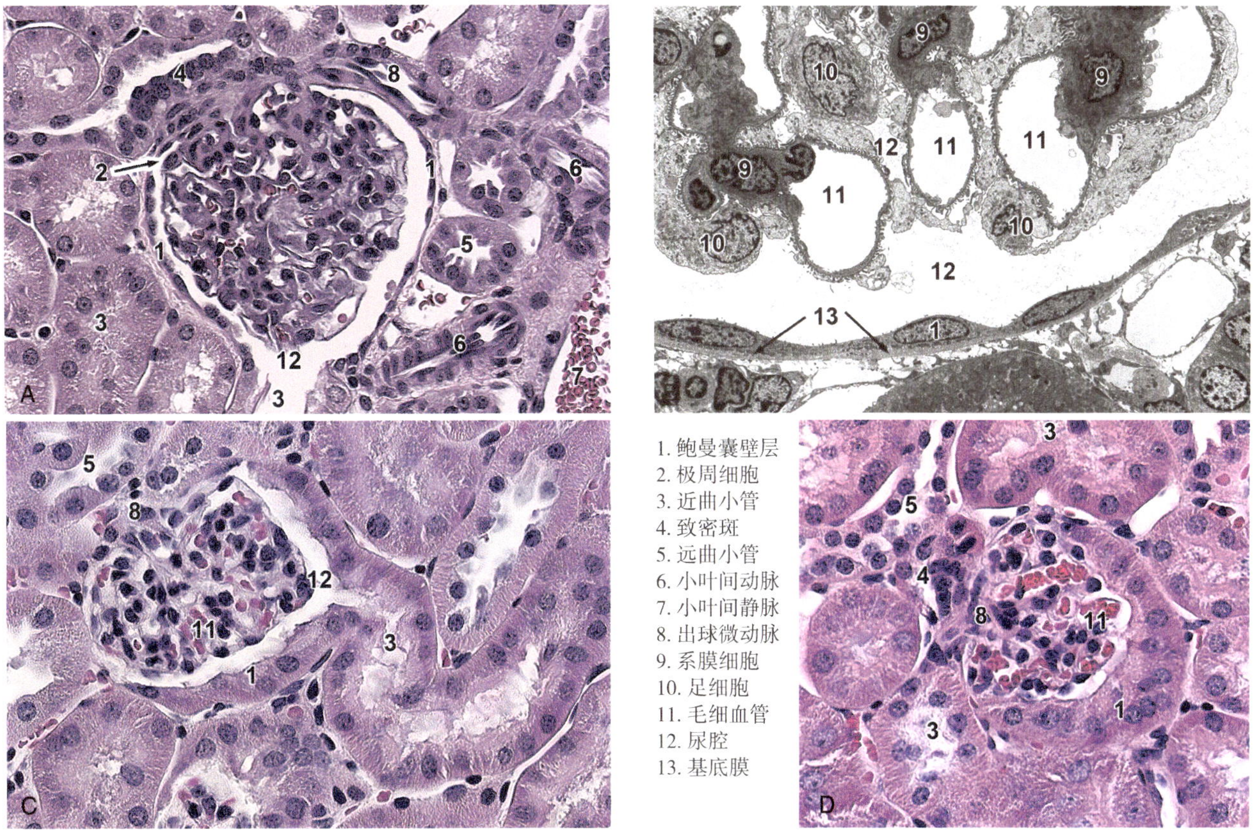

1. 鲍曼囊壁层
2. 极周细胞
3. 近曲小管
4. 致密斑
5. 远曲小管
6. 小叶间动脉
7. 小叶间静脉
8. 出球微动脉
9. 系膜细胞
10. 足细胞
11. 毛细血管
12. 尿腔
13. 基底膜

图 9-8 肾小囊

A. 食蟹猴：近端肾小管起始部膨大凹陷，包裹血管袢和系膜；B. 食蟹猴：鲍曼囊包裹肾小球，壁层上皮细胞扁平，有基底膜；C. CD1 小鼠，雄性：近端小管立方上皮延续，包裹血管袢和系膜；D .CD1 小鼠，雄性：壁层上皮细胞呈立方形，包裹血管袢和系膜

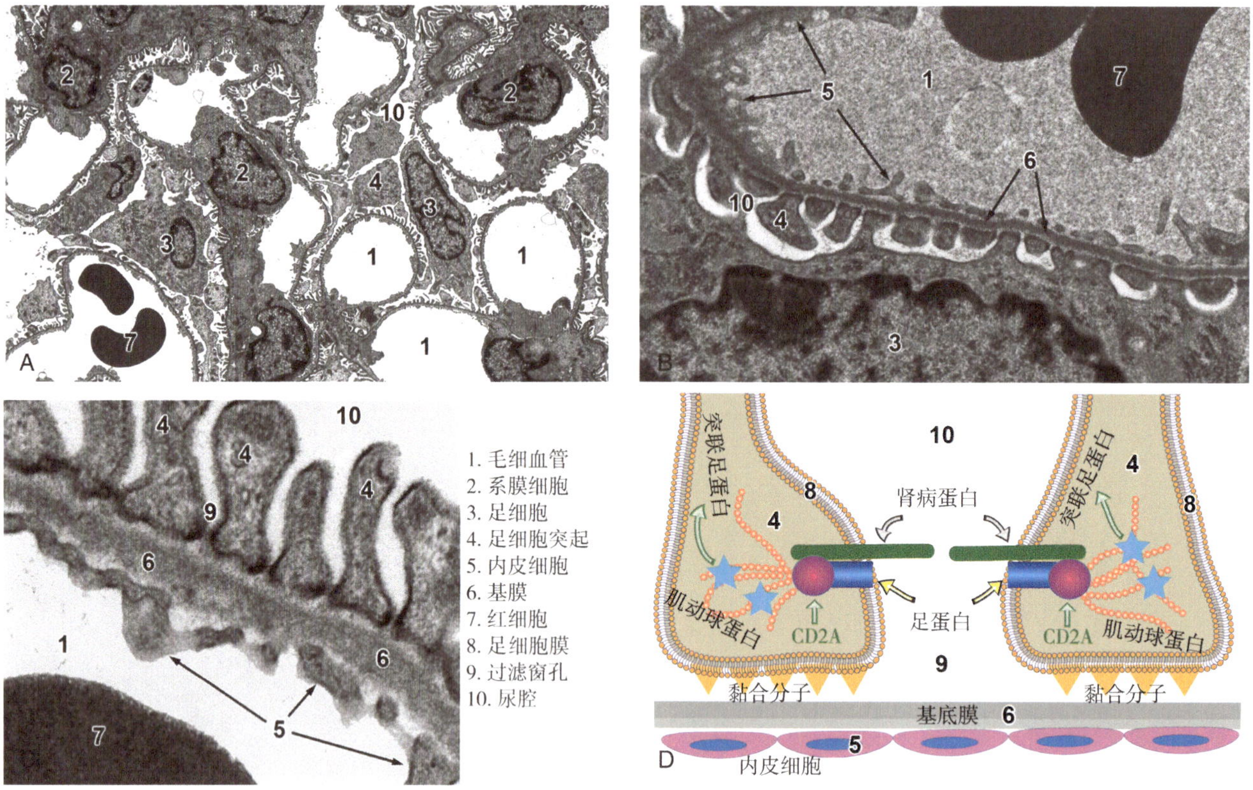

图 9-9 血管袢

A. SD 大鼠：肾小球血管袢电镜结构；B. SD 大鼠：毛细血管内皮与足细胞突起形成基底膜，过滤的结构基础；C. 食蟹猴：足细胞次级突起，内皮细胞和基底膜形成过滤膜；D. 足细胞次级突起的间隙形成过滤窗孔，孔径 25~30 nm

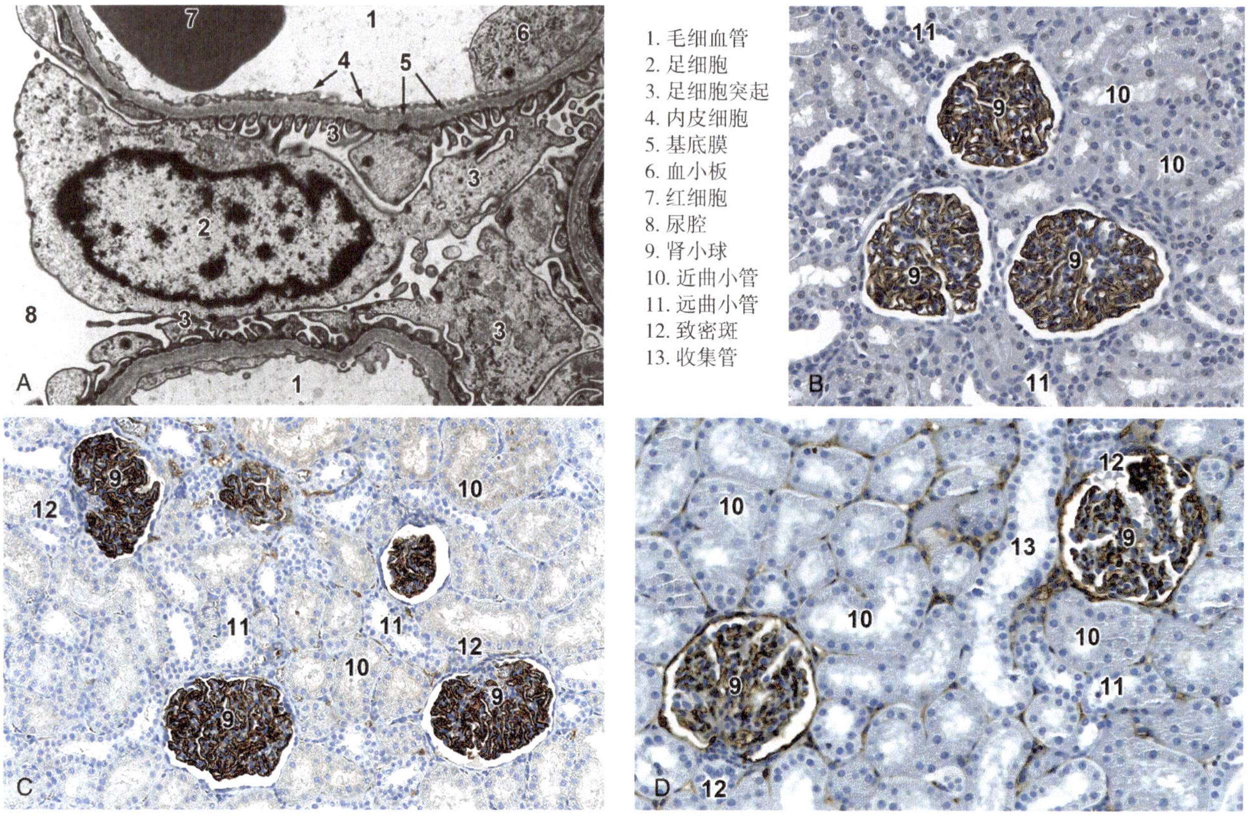

图 9-10 足细胞

A. 食蟹猴：足细胞突起与毛细血管内皮和基底膜形成过滤膜；B. 食蟹猴：足细胞 Synatopodin 免疫组化染色；C. 食蟹猴：足细胞 Nephrin 免疫组化染色；D. 食蟹猴：足细胞和基底膜粘连分子免疫组化染色

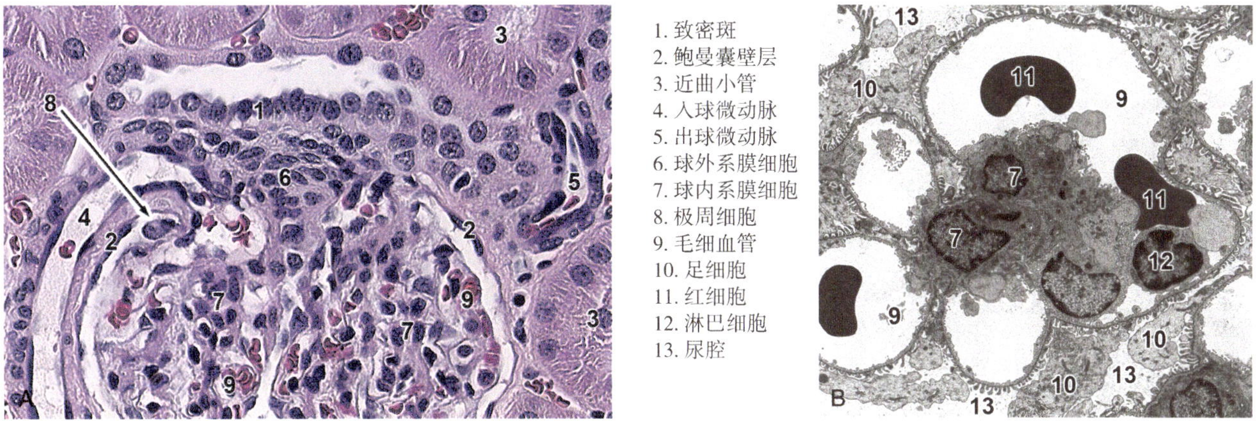

图 9-11 肾小球系膜

A. 食蟹猴：肾小球内系膜和球外系膜两者相延续，系膜细胞深染；B. 系膜细胞，食蟹猴：形态不规则，胞体可通过内皮和基底膜伸入毛细血管腔

三、肾小管

肾小管（renal tubules）为细长弯曲的单层上皮管状结构，具有重吸收、分泌或排泄作用，参与尿液的形成。原尿中约 99% 的水分、营养物质和无机盐等被肾小管各段及集合小管重新吸收入血液。约 1% 的原尿形成终尿，经乳头管排入肾盂。

肾小管分为近端小管、髓袢和远端小管三个部分。近端小管起始于肾小囊，远端小管与集合小管相接，髓袢位于近端小管和远端小管之间。肾小管由单层扁平或柱状上皮细胞组成，各段肾小管具有特定的形态、功能和分布（表 9-2）。

（一）近端小管

近端小管（proximal convoluted tubule）粗而长，管腔窄小（图 9-12）。上皮细胞呈立方形，细胞体积大，胞核圆形。胞质游离面有密集排列的微绒毛，形成光镜下的刷状缘。刷状缘增加细胞的表面积，有利于原尿的重吸收。顶端胞质内有溶酶体和吞饮小泡，有助于小分子蛋白的内吞和降解，如 a2u- 球蛋白。尿素氮和葡萄糖的跨膜运输由转运蛋白介导。细胞基部胞质膜上具有丰富的 Na^+，K^+-ATP 酶（钠钾泵），将细胞内钠离子泵入间质内。

近端肾小管分为曲部和直部两部分。曲部位于皮质内，盘绕在肾小球附近。直部则直行于髓放线和外髓质外带。依上皮细胞形态与功能，近端小管又可分为起始段（S1）、中段（S2）和末段（S3）三段。曲部相当于起始段（S1）和中段（S2）。直部为末段（S3），代谢功能强，对氧需求量大，因而对缺血敏感。S1 段刷状缘发达，线粒体和溶酶体丰富，细胞基部有胞质内褶，上皮细胞之间有侧突。胞质内褶之间有纵行排列的线粒体，形成密集和高大的嗜酸性纵纹。S2 段刷状缘低，线粒体和胞质内褶少。S3 段刷状缘最发达。

（二）髓袢

髓袢（loop of Henle）分为细降支、细升支和粗升支（图 9-13）。髓旁肾单位的髓袢较长，延伸至髓质内层和乳头区。皮质肾单位的髓袢短，仅延伸至外髓质。

细支很细，上皮极薄，有利于水和离子通透。在外髓质的外带和内带交界处，近端肾小管直部迅速过渡成为髓袢细降支。管壁上皮为单层扁平细胞，细胞核突向管腔，细胞质着色浅，细胞器不发达。细胞游离面有少量微绒毛，没有刷状缘，基底面有少量胞膜内褶，但没有纵纹。

粗升支由髓质进入皮质髓放线，在自身的肾小球血管极参与形成致密斑。上皮细胞为矮立方形，胞核位于中央或顶端，胞质腔面没有的刷状缘。胞质基部富含内褶和线粒体，形成纵纹。粗升支上皮细胞分泌 Tamm–Horsfall 糖蛋白，并在腔面形成凝胶状酸性 Tamm–Horsfall 糖蛋白膜，阻止袢腔内水的外泄。由此间质内的渗透压逐步增高，有利于集合小管对水的重吸收。

表 9–2　肾小管各段的形态特点和主要功能

肾小管段		组织学特点	分布	主要功能
近端小管		单层立方上皮，细胞体积大，故外管径大，管腔小；细胞富含基部胞质内褶，侧突和线粒体；微绒毛明显，形成刷状缘	皮质和髓质外带	重吸收有机营养物质，包括原尿中所有或大部分蛋白质、多肽、氨基酸、葡萄糖、维生素，以及大部分水和 Na^+、K^+、Cl^-、碳酸氢盐、磷酸盐等电解质；分泌有机阴离子、H^+、NH_4^+、肌酐和马尿酸等；转运、代谢和排泄体内异物，如药物等
髓袢	细支	单层扁平上皮，无微绒毛，线粒体极少，常规染色着色浅	髓质	重吸收原尿中 0~25% 的 Na^+、Cl^-、K^+、Ca^{2+} 和碳酸氢等电解质和 0~15% 水；细支被动重吸收 Na^+ 和 Cl^-
	粗升支	单层立方上皮，胞质基底部富含线粒体，光镜下呈嗜酸性纵纹	髓质和髓放线	升支主动重吸收各种电解质，上皮细胞具有钾钠泵，抑制此泵的功能可以利尿 升支不通透水，故升支水吸收极少
远端小管		单层立方上皮，细胞体积小，故外管径小，但管腔大；胞质顶部有少量短微绒毛，不形成刷状缘。胞质基部富含线粒体和胞质内褶，光镜下呈嗜酸性纵纹	皮质	离子交换的重要部位，重吸收各种电解质，维持体液的酸碱平衡；细胞能吸收收 H_2O 和 Na^+，排泄 K^+、H^+ 和 NH_4^+ 等。Na^+ 的吸收受醛固酮和抗利尿激素的调节，促进其吸钠排钾和对水的重吸收，使尿液浓缩，尿量减少；利尿药物可以抑制胞质顶端 NaCl 进入细胞
集合管	集合小管	以主细胞为主，呈立方形或柱状，着色浅，有微绒毛或纤毛，细胞间界线明显；间界细胞分为 A 型和 B 型间界细胞，富含线粒体，胞质顶端有内褶，着色深	皮质和髓放线	重吸收 H_2O、Na^+，排 K^+ 和 H^+ 等，并受醛固酮和抗利尿激素调节。主细胞重吸收水和电解质，排泄 K^+；富含水孔蛋白和垂体抗利尿激素的受体。A 型间界细胞分泌 K^+，B 型间界细胞分泌 HCO_3^-；有助于维持酸碱平衡
	集合管	以主细胞为主，呈立方形或柱状，着色浅，细胞间界线明显	髓放线和髓质	少部分离子在集合管进行了交换。约 1% 的原尿形成终尿，经集合管和乳头管排入肾盂

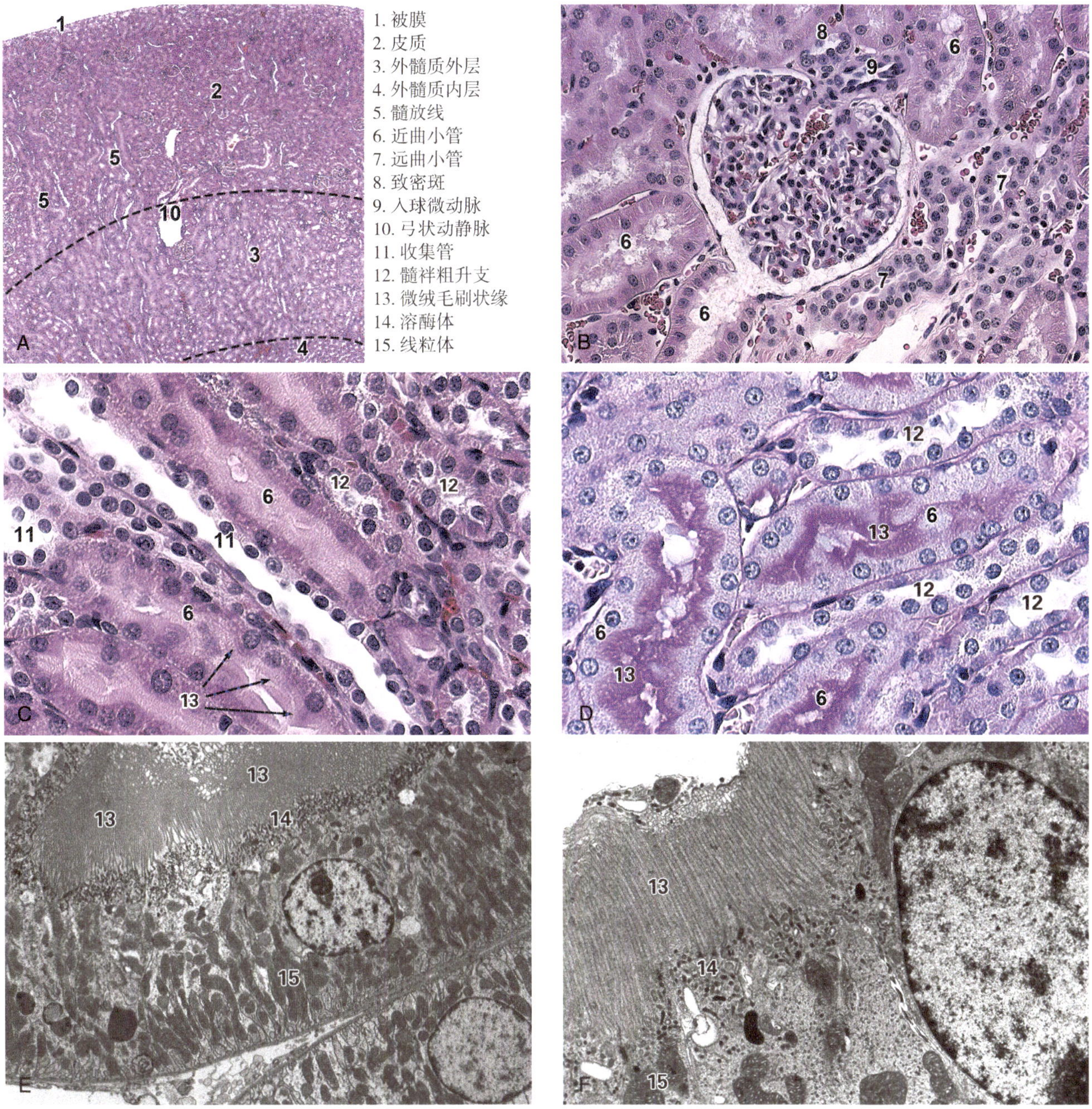

图 9-12 近端小管

A. WH 大鼠：曲部位于皮质内，直部（S3）位于髓放线和外髓质区；B. WH 大鼠：近端小管粗（S1–S2 段），细胞立方形，体积大，核圆；C. 髓放线（medullary ray），WH 大鼠：近曲小管直部上皮细胞刷状缘极发达；D. 外髓质外层（outer medulla），WH 大鼠：近曲小管直部上皮刷状缘最明显，PAS 染色阳性；E. 近端小管，WH 大鼠：上皮细胞立方形，核圆，刷状缘发达和线粒体丰富；F. 近端小管，WH 大鼠：上皮细胞刷状缘发达，溶酶体和线粒体丰富

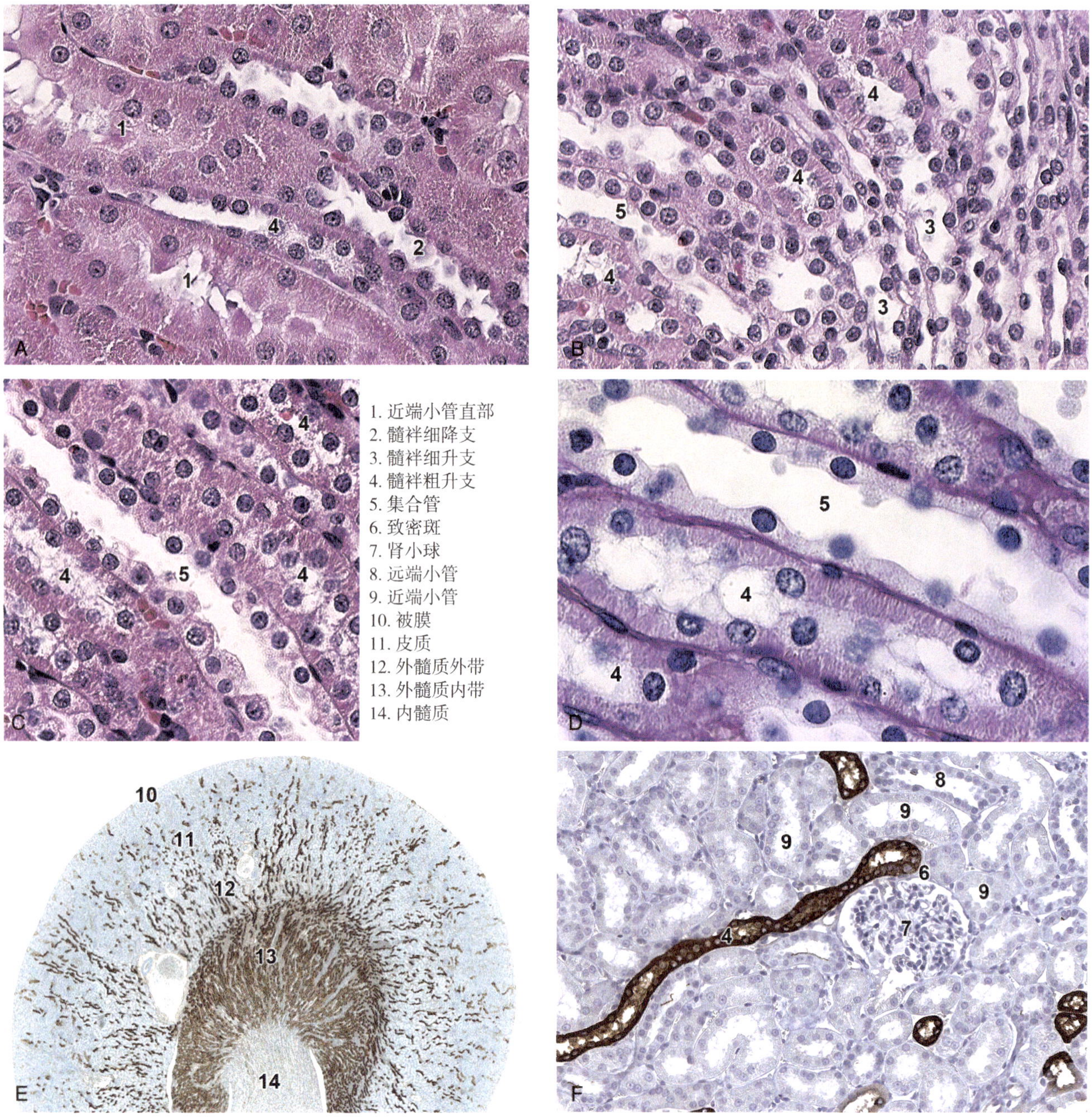

图 9–13 **髓袢**

A. WH 大鼠：细降支由近曲小管直部延续，进入外髓质内带；B. WH 大鼠：细升支与粗升支相延续，粗升支进入皮质髓放线；C. WH 大鼠:粗升支上皮细胞基部有纵纹，收集管则没有纵纹结构;D. WH 大鼠:粗升支基部有纵纹，收集管则没有纵纹，PAS 染色;E. WH 大鼠：粗升支和部分远曲小管上皮细胞分泌 Tamm–Horsfall 蛋白；F. 食蟹猴：粗升支直达肾小球，Tamm–Horsfall 蛋白免疫组化染色

（三）远端小管

髓袢粗升支在自身的肾小球血管极形成致密斑后，过渡为远端肾小管。远端小管比较短，位于致密斑和连接小管之间，围绕于肾小球附近（图 9–14）。远端小管上皮细胞小，管腔明显。细胞呈矮立方形，界线较清楚。胞质顶端腔面有少量微绒毛，没有刷状缘。胞质内有溶酶体和吞饮小泡显。胞质内褶和线粒体形成低矮的嗜酸性纵纹。基底部质膜上有丰富的 Na^+，K^+–ATP 酶，将管腔内钠离子转运向间质内。

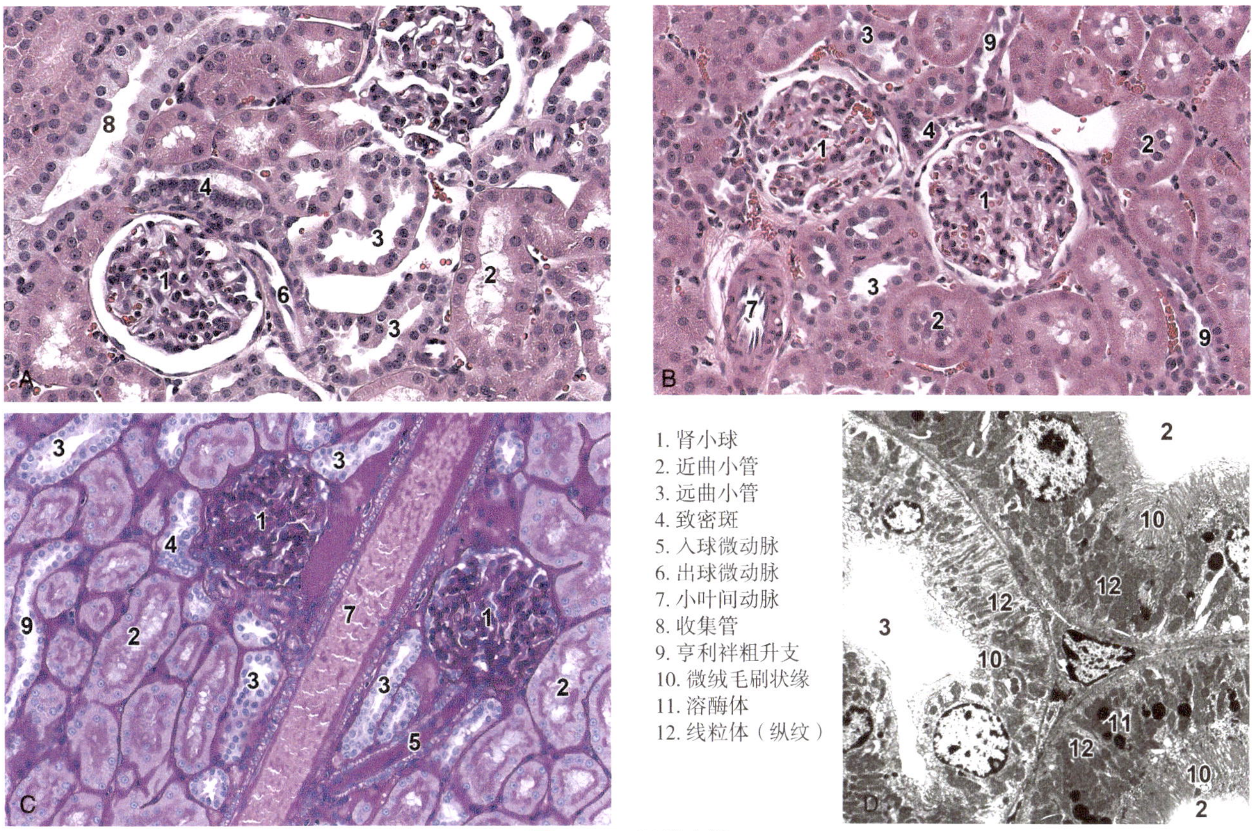

1. 肾小球
2. 近曲小管
3. 远曲小管
4. 致密斑
5. 入球微动脉
6. 出球微动脉
7. 小叶间动脉
8. 收集管
9. 亨利袢粗升支
10. 微绒毛刷状缘
11. 溶酶体
12. 线粒体（纵纹）

图 9-14 **远端小管**

A. 食蟹猴：管腔大，细胞低立方形，无刷状缘，位于肾小球附近；B.WH 大鼠：数量少，管径细，细胞低立方形，无刷状缘；C. 食蟹猴：管径细，细胞矮立方形，腔面无刷状缘，PAS 染色；D. 远端小管细胞呈矮立方形，胞质底部有线粒体纵纹，腔面有少量微绒毛，但无刷状缘

四、集合管

集合管（connecting tubule and duct）分为连接小管、集合小管、皮质集合管和髓质集合管（图 9-15）。连接小管很短，不易辨认。集合小管位于皮质内，其近端与连接小管相延续，行至髓放线后向髓质延伸，成为皮质集合管。皮质集合管下行至髓质，形成髓质集合管和乳头管，开口于乳头。食蟹猴的髓质集合管上皮有多核细胞。

集合管的管径由细逐渐变粗，上皮细胞界线明显，胞核圆形，位于中央或偏基部。食蟹猴和比格犬的集合管上皮细胞由单层矮立方形逐渐过渡为高柱状。大小鼠集合管的管壁上皮细胞由单层矮立方细胞逐渐过渡为立方形。

集合管的上皮细胞分为主细胞和间界细胞两种。在钠钾泵介导下，主细胞吸收钠和分泌钾。主细胞着色浅，腔面胞质膜上有微绒毛和纤毛，基部两侧有少量侧突，胞质膜内褶和线粒体少。主细胞膜富含水孔素，受抗利尿激素的调控。纤毛具有感应作用，感应管腔液体流动及其所含内容物。纤毛处的胞质膜上含有膜相关蛋白，如多囊蛋白 1 和多囊蛋白 2。

间界细胞的主要功能是分泌 H^+（A 型间界细胞）或碳酸氢根（B 型间界细胞），也可重吸收钾，具有调节酸碱平衡作用。间界细胞的腔面胞质膜上有微绒毛或胞膜折叠，胞质内有丰富的线粒体，着色较深。

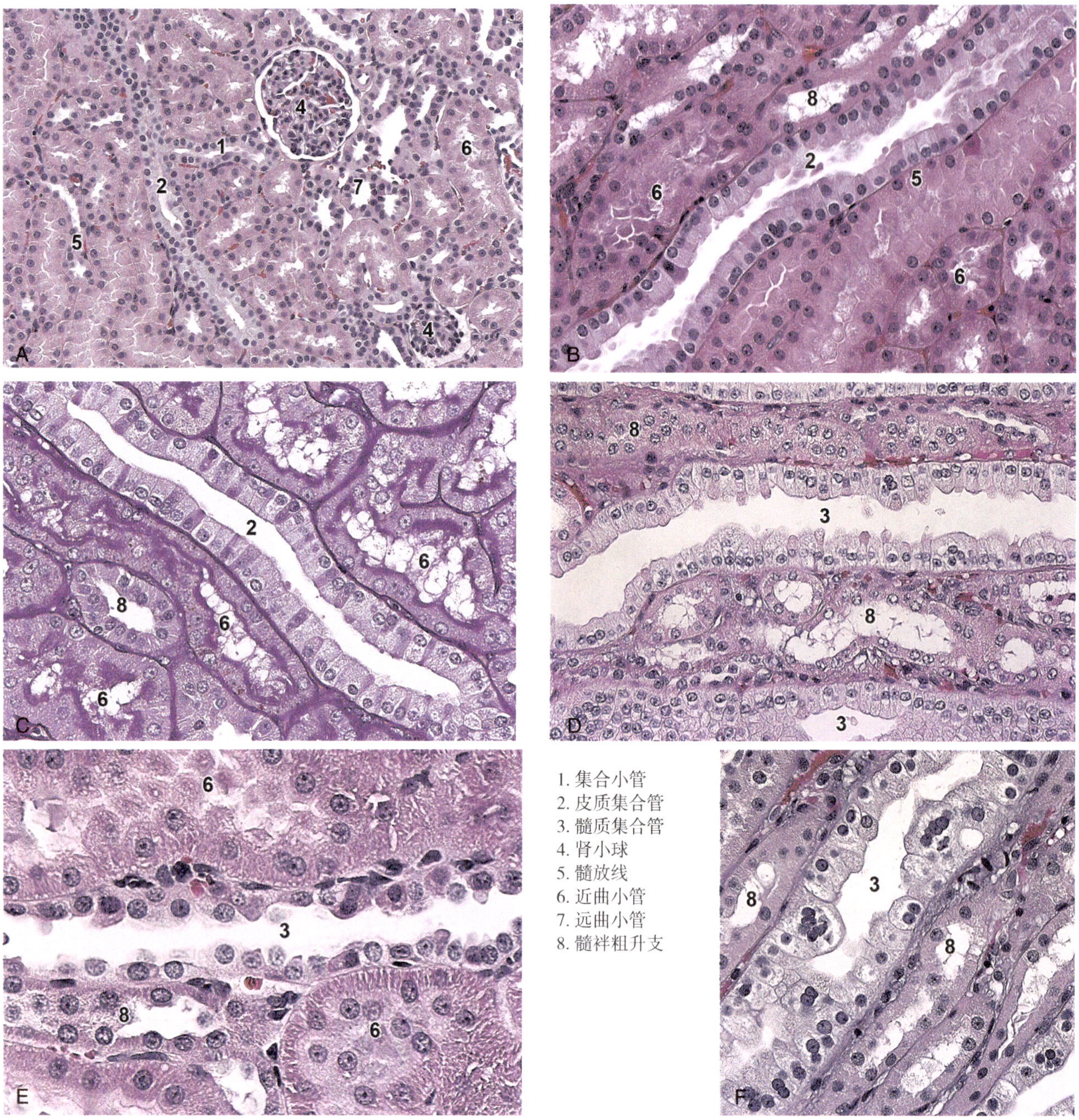

图 9-15 **集合管**

A. 食蟹猴：集合小管和皮质集合管衬有立方或柱状上皮细胞；B. 皮质集合管，食蟹猴：主细胞着色浅，顶端有纤毛，间界细胞着色较深；C. 皮质集合管，食蟹猴：主细胞着色浅，间界细胞着色深，PAS 染色；D. 髓质集合管，食蟹猴：主细胞着色浅，顶端有纤毛，间界细胞着色深；E. 外髓质外带髓质集合管，WH 大鼠：主细胞着色浅，间界细胞着色深；F. 髓质集合管，食蟹猴：髓质集合管上皮有多核上皮细胞

五、乳头管

集合管在乳头处，过渡为乳头管（duct of Bellini），乳头管覆有单层或复层立方或柱状上皮（图 9-16）。

六、肾髓质和间质

皮质间质内有少量疏松结缔组织、血管和神经等。肾间质细胞主要是肾间质纤维样细胞和树突状细胞等。除维持肾结构外，间质细胞还具有分泌功能，如红细胞生成素和前列腺素等。

髓质间质内富含黏多糖，成纤维样间质细胞、单核细胞和周细胞等（图 9-17）。成纤维样间质细胞

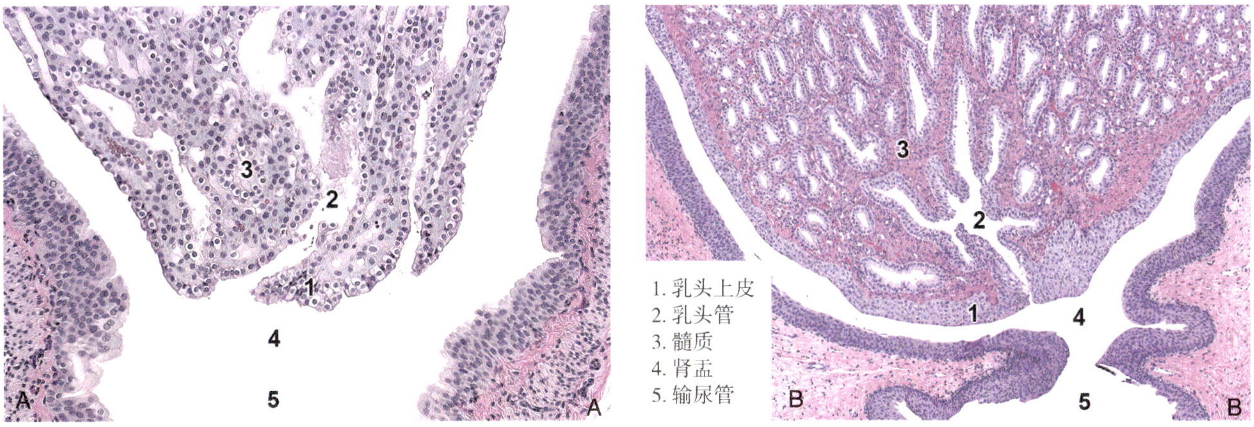

图 9-16　乳头管

A. WH 大鼠：乳头管和乳头被覆有单层立方或柱状上皮细胞；B. 比格犬：乳头管和乳头被覆有复层立方或柱状上皮细胞

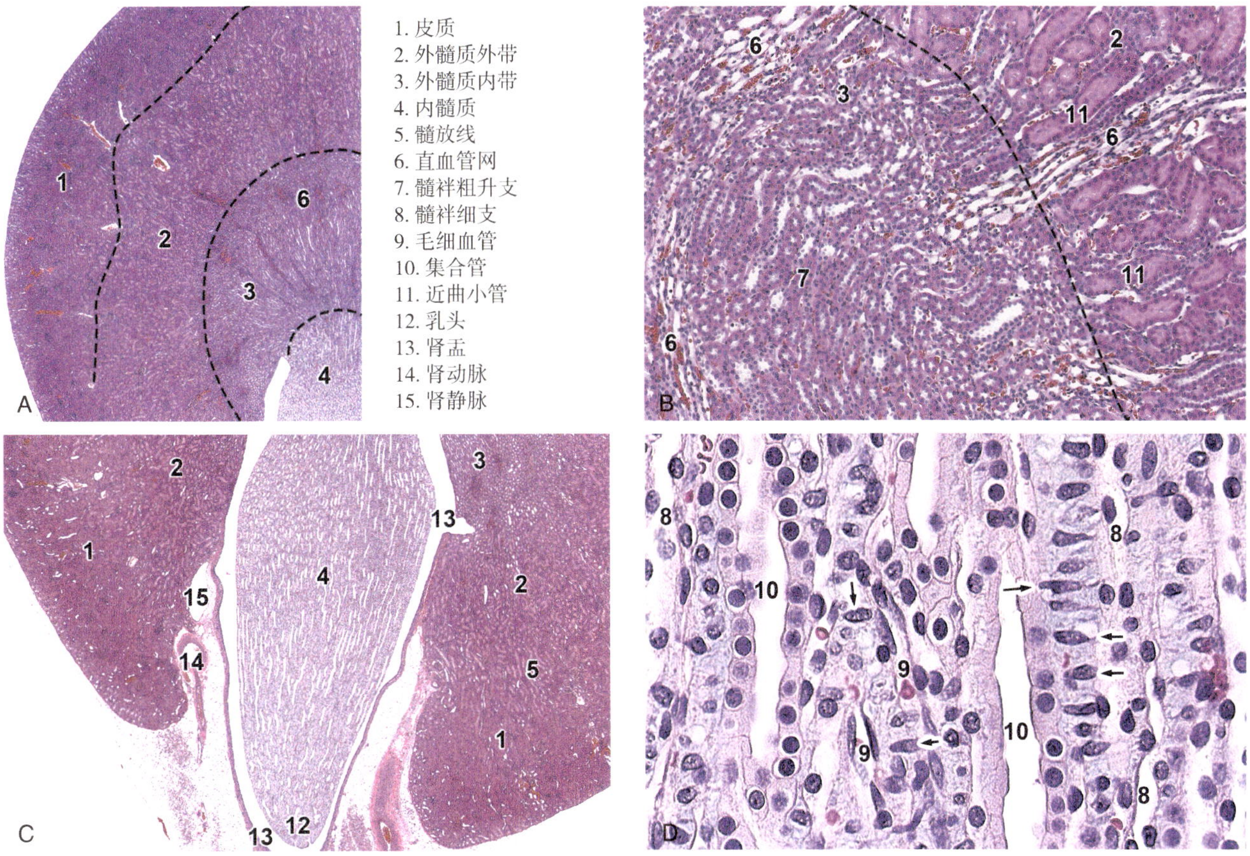

图 9-17　髓质

A. WH 大鼠：髓质可明显地分为外髓质外带，外髓质内带和内髓质；B. WH 大鼠：外髓质外带的近端肾小管直部止于与外髓质内带交界处；C. WH 大鼠：髓质间质富含黏多糖，间质细胞，单核细胞和周细胞等；D. WH 大鼠：间质胞核平行排列呈阶梯状，与集合管和髓袢垂直（箭）

也称星形细胞，胞核呈卵圆形或梭形。胞核平行排列，与附近集合管、髓袢细支和直小血管垂直，呈阶梯状。有些间质细胞的胞质内含有脂肪滴，也称脂间质细胞。有些间质细胞含有前列腺素合成酶，分泌前列腺素。有些间质细胞的胞质内含有机动微丝。在激素的刺激下，胞质突起收缩，调节髓质和肾乳头血管的血流。

间质纤维主要由Ⅰ型、Ⅲ型和Ⅵ型胶原蛋白组成，形成疏松的弹性纤维网。基质主要由黏蛋白和黏多糖等组成，如硫酸肝素和硫酸皮质素。

七、肾小球旁复合体

肾小球旁复合体(juxtaglomerular apparatus)位于肾小球的血管极，由球旁细胞、致密斑和球外系膜细胞组成(图9–18)。其主要功能是反馈调控肾小球的血流量和滤过率，从而调节血压、水盐及电解质平衡等(图9–19)。

(一)球旁细胞和肾素

球旁细胞(juxtaglomerular granule cell)主要分布于入球微动脉管壁，出球微动脉管壁少。球旁细胞由微动脉管壁平滑肌细胞转化而成。细胞体较大，立方形或多角形，富含核糖体和高尔基体。胞核大而圆，胞质弱嗜碱性，含肾素(renin)分泌颗粒。球旁细胞附近有交感神经末梢分布，去甲肾上腺素和多巴胺调节肾素的分泌活动。

(二)致密斑

致密斑(macula densa)为离子感受器，位于髓袢粗升支与远端小管曲部的交界处的肾小球血管极一侧，由同一肾单位的肾小管上皮细胞转化而成。致密斑上皮细胞排列紧密，呈弧形。上皮细胞呈立方形或高柱状。细胞核呈圆形或椭圆形，位于细胞顶部。细胞基部有细小突起与邻近的球外系膜细胞的突起镶嵌。

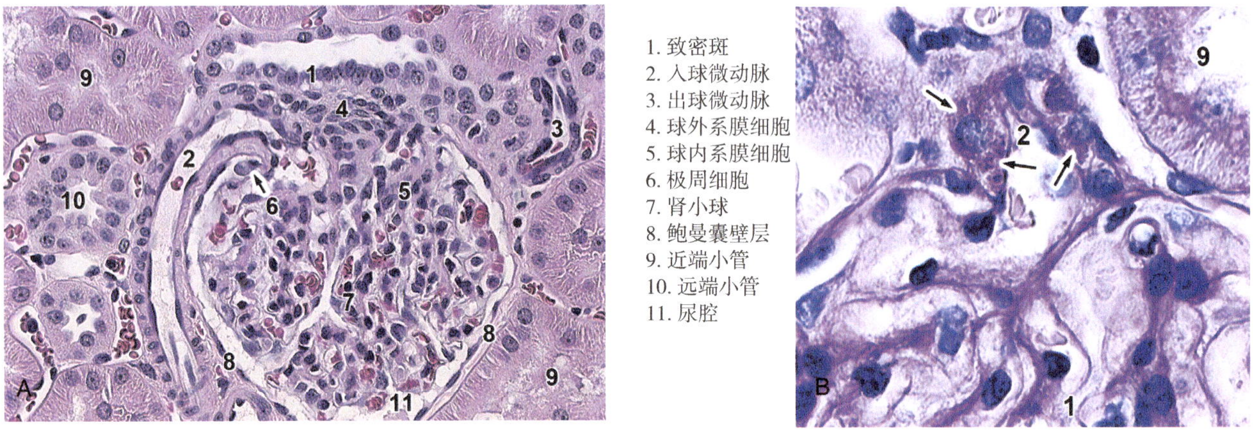

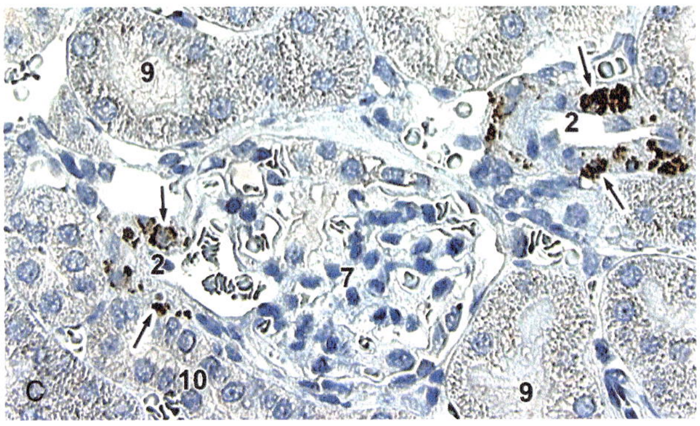

图 9–18　**肾小球旁复合体**

A. 食蟹猴；B. SD 大鼠：球旁细胞富含肾素颗粒，PAS 染色阳性；C. ob/ob 小鼠：球旁细胞富含肾素颗粒，肾素免疫组化染色

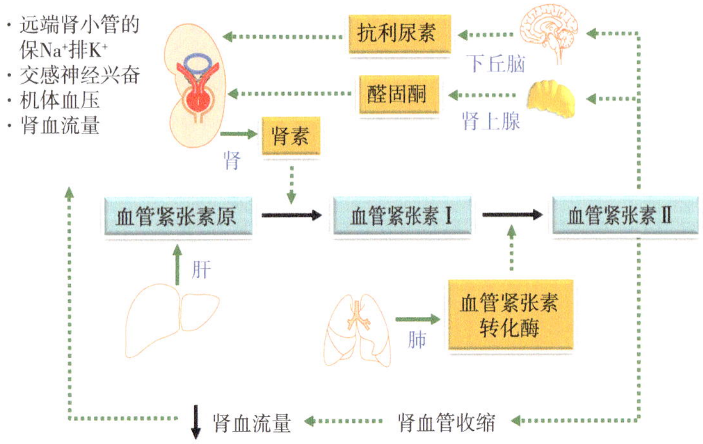

图 9–19　**肾血流**

肾素–血管紧张素–抗利尿素–醛固酮系统调节

致密斑上皮细胞的基底膜不完整。

致密斑可感受远端小管内滤液中 Na^+ 浓度的变化。当髓袢粗升支管内 Na^+ 浓度降低时，致密斑将信息传递给球旁细胞。球旁细胞分泌肾素，增强远端小管的保 Na^+ 和排 K^+ 的功用。

（三）球外系膜细胞

球外系膜细胞（Lacis cells）分布于入球微动脉、出球微动脉和致密斑之间的三角区内。球外系膜细胞与球旁细胞和血管系膜细胞之间有缝隙连接结构，有利于细胞间的信息传递。

第二节　排尿管道

排尿管道（urinary tract）包括肾盂、输尿管、膀胱和尿道。哺乳动物的排尿管道结构基本相似，由黏膜、肌层和外膜三层组成。

黏膜层由变移上皮覆盖， 也称尿上皮。表层上皮细胞体积大，偶尔呈双核。细胞呈多角形、椭圆形或伞状，故也称伞状细胞。表层细胞之间有紧密连接和桥粒等细胞间连接结构，可阻止高渗透压的尿液及其内容物的侵蚀和渗漏。中间层细胞呈立方形或柱状。基层细胞小，紧贴基底膜。

一、肾盂

肾盂（renal pelvis）上皮与肾乳头上皮相移行，大多数动物的肾盂上皮由单层立方或假复层柱状尿上皮细胞覆盖（图 9–20）。上皮下有结缔组织和内纵或外环平滑肌。

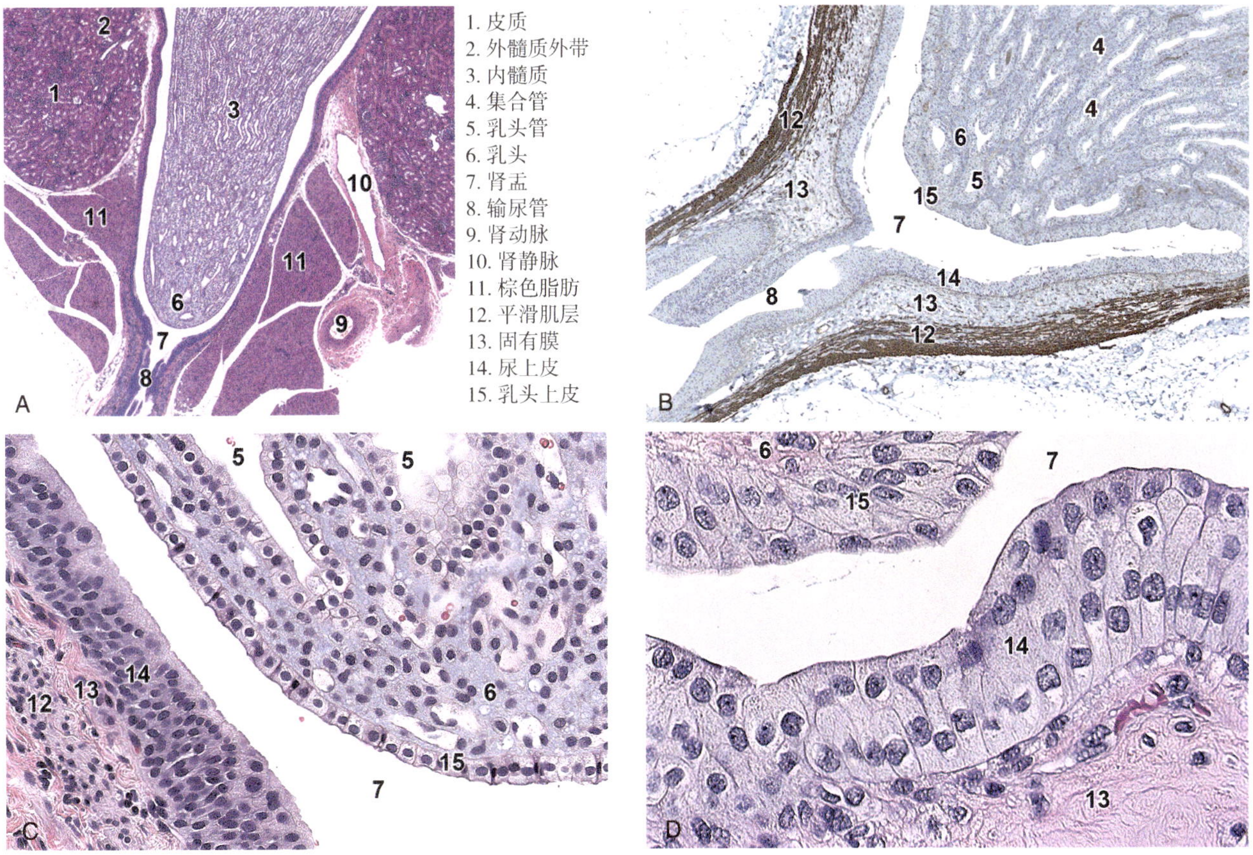

图 9–20　肾盂

A. WH 大鼠：肾盂覆有复层扁平，乳头覆有单层立方尿上皮；B. 食蟹猴：肾盂和乳头覆有复层扁平或柱状尿上皮；C. WH 大鼠：肾盂覆有复层尿上皮，乳头覆有单层立方上皮；D. 食蟹猴：肾盂与乳头覆有复层扁平或柱状尿上皮

二、输尿管

输尿管（ureter）将尿液输送至膀胱，由黏膜、肌层和外膜组成（图 9–21）。当输尿管空虚时，黏膜层形成纵行的皱褶，管腔切面呈多角形或星形。黏膜上皮为尿上皮，表层上皮细胞体积大，细胞游离面有尿上皮膜斑。食蟹猴的尿上皮细胞质内含嗜酸性小体。固有层为疏松结缔组织。大动物的肌层可分为两层或三层纵和环平滑肌。外膜为疏松结缔组织，与周围结缔组织相延续或融合。

三、膀胱

膀胱（urinary bladder）主要功能是储尿和排尿，由黏膜、肌层和外膜层组成（图 9–22）。当膀胱空虚时，膀胱壁和黏膜的厚度增加，上皮细胞体积变大。膀胱黏膜固有层内含丰富的血管、神经、胶原纤维和弹性纤维等结缔组织成分。膀胱肌层由平滑肌组成，其分布可能随不同的动物种属或不同的膀胱部位而异。中层平滑肌在尿道内口处增厚为膀胱括约肌。膀胱外膜为疏松结缔组织，外被浆膜。

膀胱黏膜尿上皮的表层细胞大，可达 100 μm。表层上皮细胞的游离缘胞膜有尿上皮膜斑，上皮细胞之间有紧密连接和桥粒等细胞间连接结构，可防止尿液渗漏。表层细胞游离面胞膜有内褶，囊泡和尿上皮膜斑，构成了尿上皮的抗渗透基础。食蟹猴的尿上皮细胞质内含嗜酸性小体。

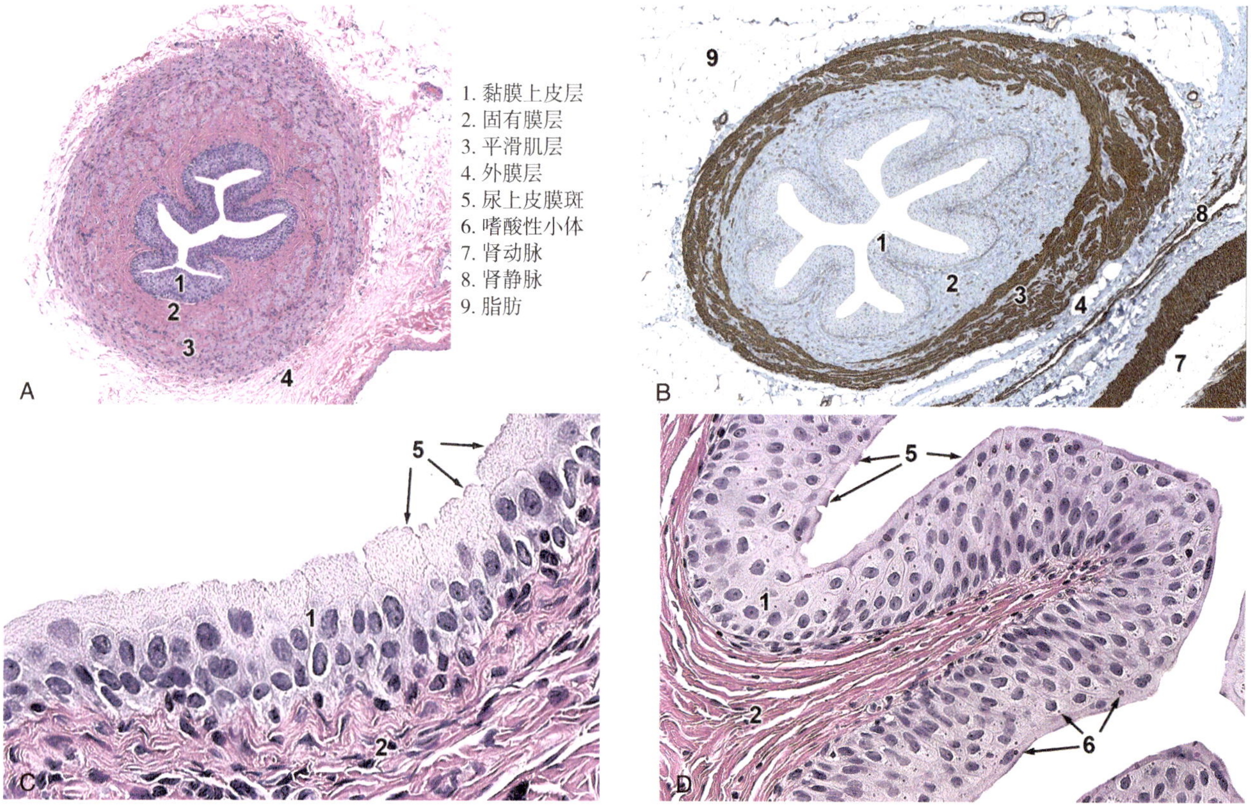

图 9–21　输尿管

A. 食蟹猴：输尿管由黏膜，肌层和外膜组成，管腔空虚时黏膜形成皱褶；B. 食蟹猴：输尿管由黏膜、肌层和外膜组成，肌层 SMA 免疫组化染色阳性；C. SD 大鼠：黏膜上皮为变移上皮，表层细胞大，游离面有尿上皮膜斑；D. 食蟹猴：上皮细胞质内有嗜酸性小体，表层细胞游离面有尿上皮膜斑

四、尿道

尿道（urethra）由黏膜、肌层和外膜层组成（图 9–23）。黏膜衬有复层尿上皮，固有膜内含有弹性纤维和血管网。部分尿道部位的外膜层不明显，与周围组织相延续。雄性动物的尿道比雌性动物的长。雄性动物的尿道通常分为前列腺部和阴茎部。前列腺部尿道衬有尿上皮，阴茎部衬有假复层柱状或复层扁平上皮。

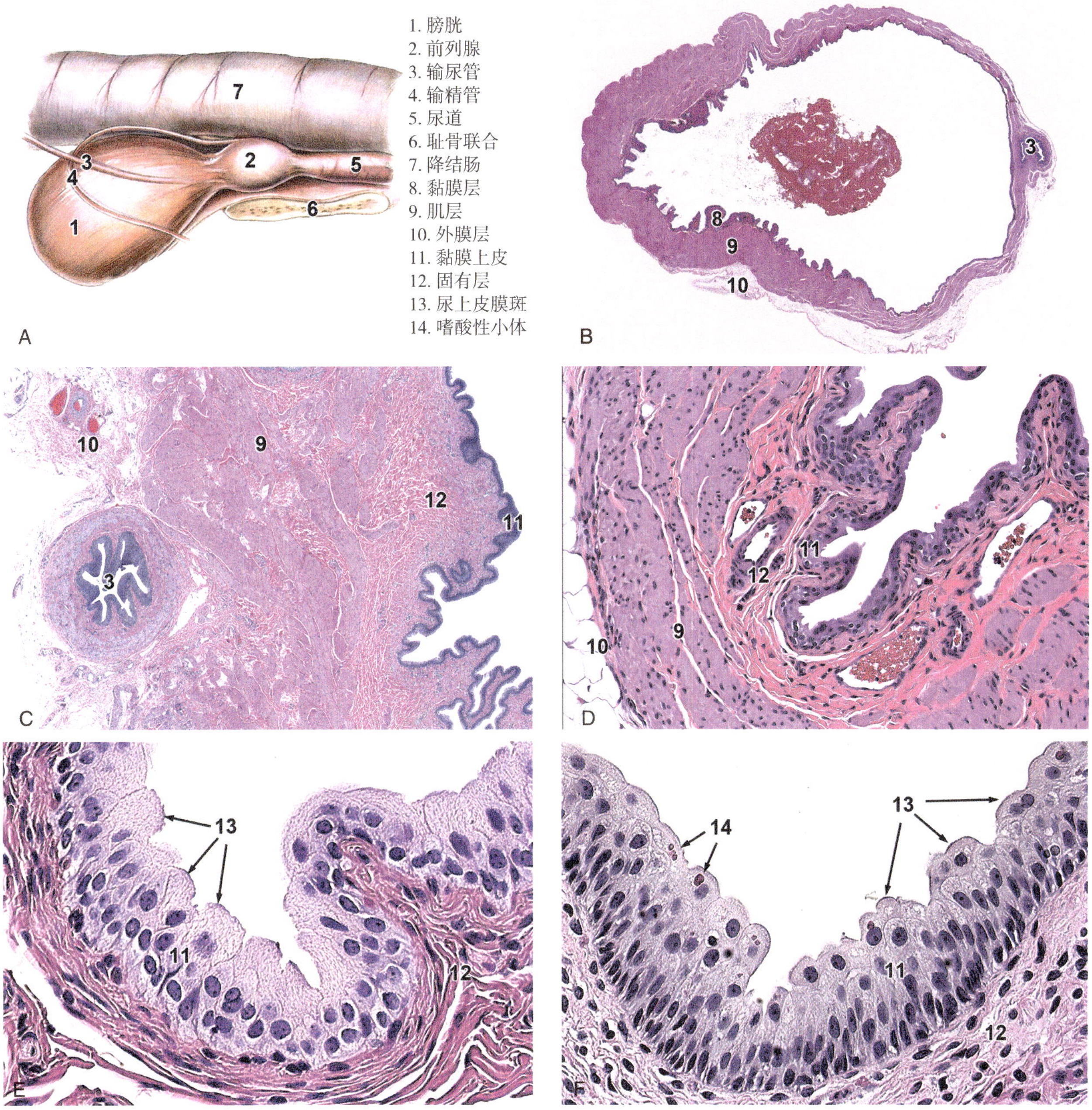

图 9–22　膀胱

A. 比格犬：示输尿管、膀胱、尿道和前列腺等解剖位置；B. SD 大鼠：膀胱由黏膜、肌层和外膜层组成，尿液内可能有凝固腺分泌物；C. 食蟹猴：排空时，黏膜层、肌层和外膜层均增厚，外膜富含血管和神经；D. WH 大鼠：固有层内含丰富的血管、神经、胶原纤维和弹性纤维等；E. 比格犬：黏膜上皮表层细胞大，游离面有尿上皮膜斑；F. 食蟹猴：上皮细胞质内有嗜酸性小体，表层细胞游离面有尿上皮膜斑

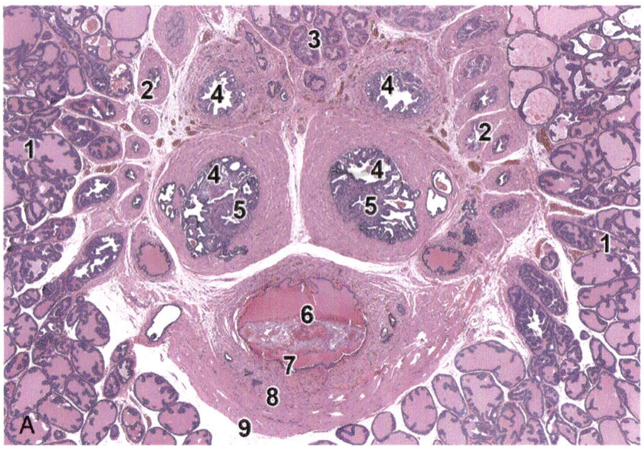

1. 前列腺
2. 前列腺开口
3. 凝固腺
4. 精囊腺开口
5. 输精管开口
6. 尿道
7. 黏膜层
8. 肌层
9. 外膜层

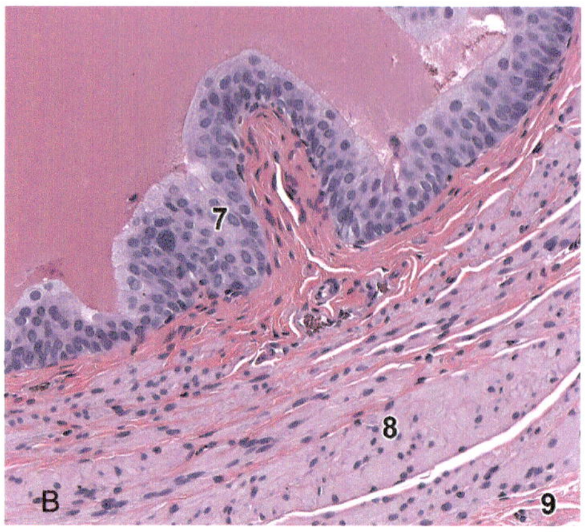

图 9–23 尿道

A. WH 大鼠：前列腺部尿道衬有变移上皮，尿液内含性腺分泌物；B. WH 大鼠：前列腺尿道部衬有复层扁平上皮，尿液内含性腺分泌物

第十章

雄性生殖系统组织学

Histology of the Male Reproductive System

雄性生殖系统由睾丸、输精管道、副性腺及外生殖器组成（图 10–1）。雄性生殖系统的主要功能是产生精子和分泌雄性激素。

胚胎发育早期，雌雄两性动物均有两套原始生殖管道，即中肾管和副中肾管（图 10–2）。中肾管发育成为雄性生殖管道。副中肾管也称中肾旁管，发育成雌性生殖管道。胚胎期的 Y 染色体基因表达睾丸决定因子，刺激睾丸发育和其他与雄性相关的基因的表达，生殖系统开始向雄性分化。间充质分化出睾丸间质细胞，分泌睾酮。睾酮刺激中肾管发育分化为附睾管、输精管和精囊腺等。同时，生精小管上皮的支持细胞开始分泌副中肾管抑制因子，抑制副中肾管细胞的增殖，从而抑制雌性生殖管道的发育。外生殖器官在睾酮的刺激下开始向雄性发育。

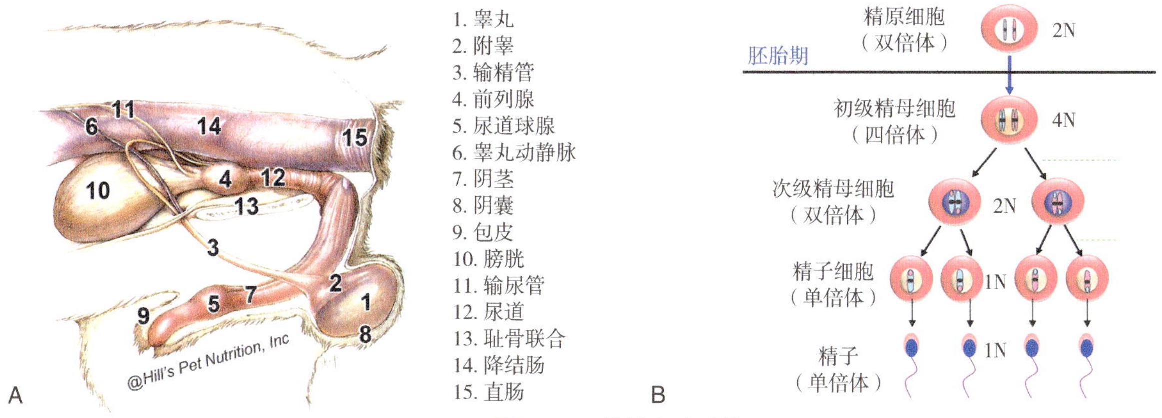

图 10–1　**雄性生殖系统**

A. 由睾丸，输精管道，副性腺及外生殖器组成；B. 雄性生殖系统的主要功能是产生精子和分泌雄性激素

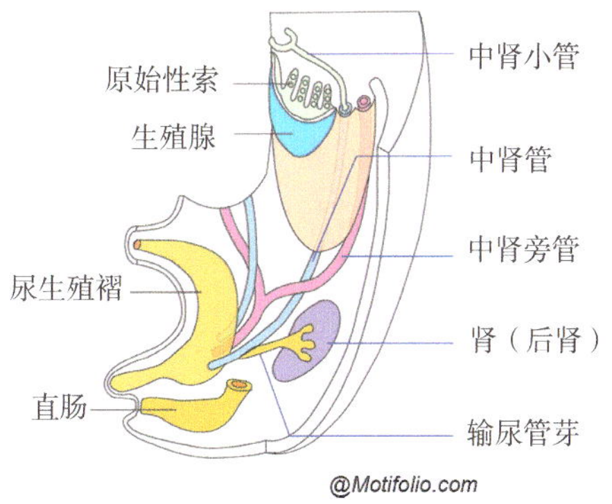

图 10–2　**胚胎、胚胎早期**

雌雄两性动物均有两套原始生殖管道，即中肾旁管（副中肾管）和中肾管

第一节 睾 丸

睾丸（testes）的主要功能是产生精子和分泌雄性激素。睾酮是主要的雄性激素，对精子产生、雄性胚胎分化和雄性特征维持等具有重要意义（图 10–3）。

一、睾丸的结构

睾丸由被膜、实质和睾丸网等组成（图 10–4）。被膜分为鞘膜脏层、白膜和血管膜。白膜为不规则的致密结缔组织，深入到睾丸实质内形成睾丸纵隔，并将睾丸实质分成多个睾丸小叶。睾丸小叶结构随动物种属不同而异。犬和猴的睾丸有明显的纵隔和小叶结构，纵隔内有直精小管和睾丸网。大鼠和小鼠的睾丸没有纵隔和小叶结构，直精小管和睾丸网位于睾丸背内侧。

睾丸实质可以分为生精小管和间质两部分。不同动物种属具有不同数量的生精小管和生精周期（表 10–1）。生精小管弯曲细长，是精子生成的场所。生精小管通常沿睾丸的纵轴移行，没有或很少有分支。管壁由复层生殖上皮和固有膜构成，两侧末段由直精小管与睾丸网相接。

睾丸动脉在睾丸附近盘曲成睾丸血管丛，具有温度调控或散热作用。睾丸血管丛进入睾丸实质，逐级分支为细小的动脉。

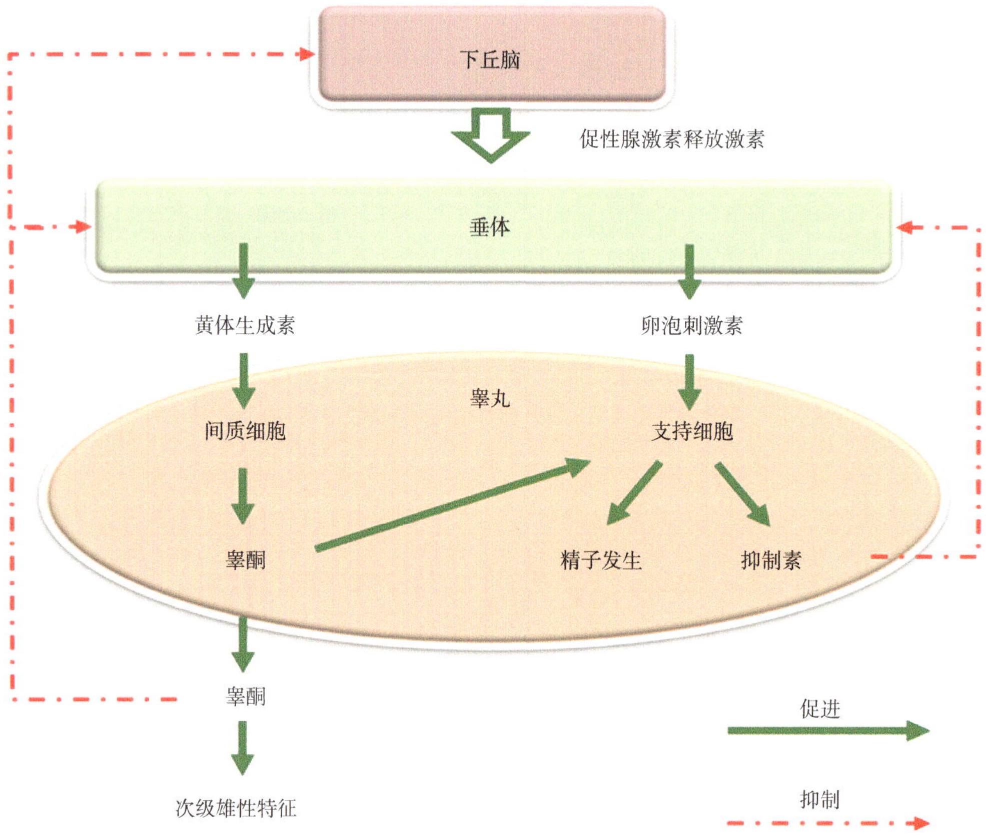

图 10–3 **激素调控**

雄性生殖系统的功能和性特征受多种激素的调控

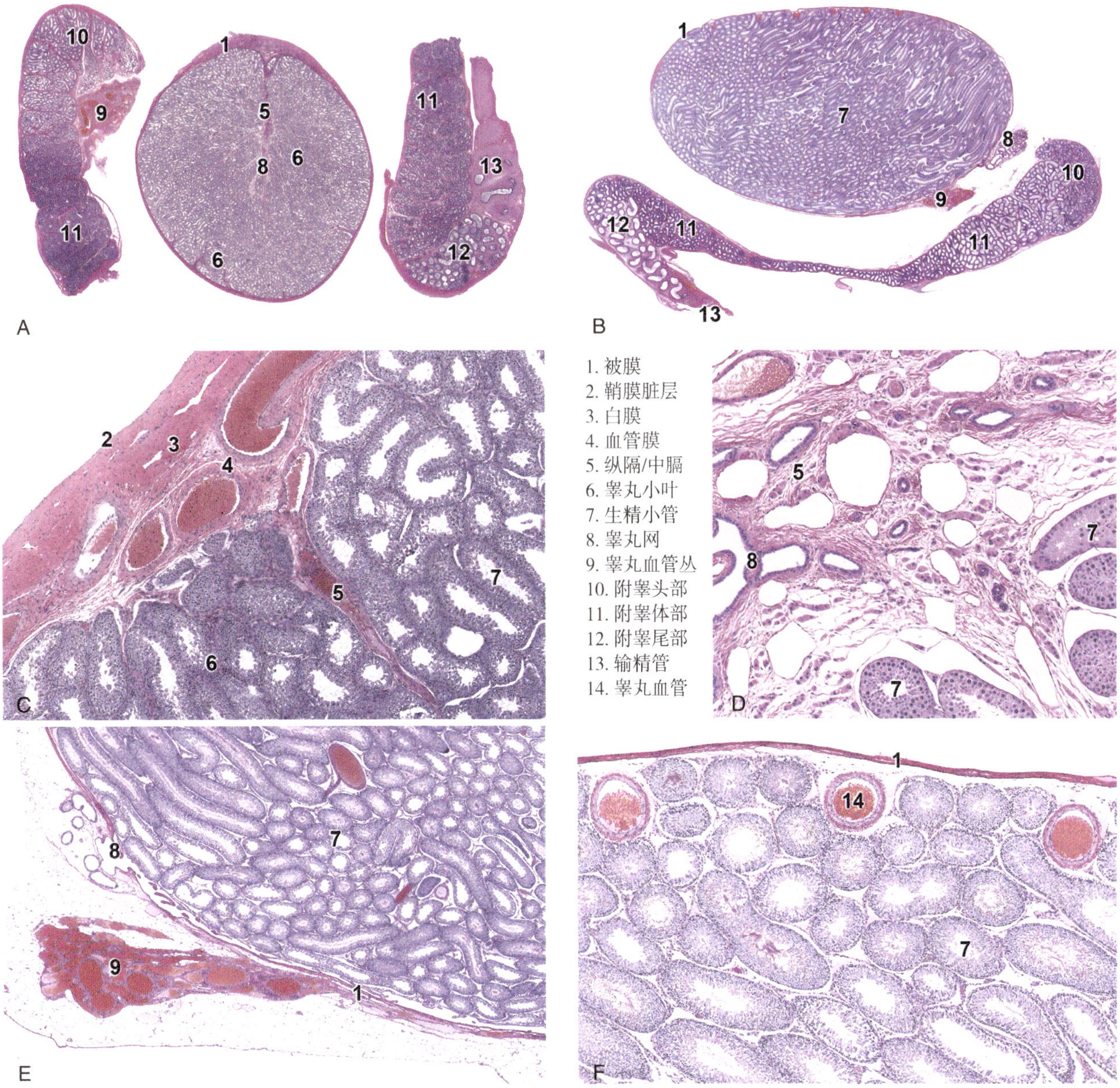

图 10-4 睾丸

A. 食蟹猴：被膜深入实质，形成纵隔和小叶，纵隔内有直精小管和睾丸网；B. WH 大鼠：没有纵隔和小叶结构，睾丸网和血管丛位于睾丸背后侧；C. 食蟹猴：被膜深入到睾丸实质形成睾丸纵隔和小叶结构；D. 比格犬：纵隔内有血管和淋巴管网，直精小管，睾丸网和间质细胞等；E. WH 大鼠：直精小管，睾丸网和睾丸血管丛，位于睾丸背后侧；F. WH 大鼠：被膜，蛇纹动脉，生精小管和间质，没有小叶结构

表 10-1 常用毒理实验动物的性成熟年龄和精子发生周期

动物种属	性成熟年龄	精子型（型数）	生精上皮周期	生精上皮循环（天）	精子发生周期（天）
大鼠	8~10 周	19	14	13	52
小鼠	5~7 周	16	12	8.6	35
食蟹猴	4~5 岁	14	12	10.5	42
犬	7~12 个月	12	8	13.6	54

二、生精小管

精子发生是一个高度复杂的动态过程，受多种基因、蛋白或激素等的调控。精子发生过程中，精原细胞、精母细胞、精子细胞和支持细胞等都发生渐进和周期性变化（表 10–2）。

生精上皮由支持细胞和不同发育阶段的生精细胞组成（图 10–5）。从生精小管（seminiferous tubules）的基底膜到腔面，依次为精原细胞、初级精母细胞、次级精母细胞和精子细胞（图 10–6）。支持细胞位于基底膜上，其胞核位于基部，胞质可延伸至腔面（图 10–7）。

相邻的支持细胞之间在其近基部形成紧密连接，将生精上皮分隔为近腔室和基底室。近腔室形成并维持一个保护精子发育的微环境，即血睾屏障。血睾屏障可阻止免疫细胞和某些有毒物质进入生精上皮内侧的近腔部。近腔部的各期精子细胞包埋在支持细胞的胞质内，通过支持细胞与血液交换营养和代谢物质。基底室内有各期精原细胞、支持细胞，以及早期初级精母细胞。

（一）生精细胞

生精细胞（spermatogenic cells）上皮中含有三种不同发育阶段的生精细胞、即精原细胞、精母细胞和精子细胞。精原细胞是二倍体细胞，通过有丝分裂进行自身复制，并生成初级精母细胞。初级精母细胞经过第一次减数分裂，成为两个次级精母细胞。次级精母细胞迅速经过第二次减数分裂，形成单倍体的精子细胞。精子细胞经过细胞质脱落和细胞器重组分化成精子。

精原细胞是生精干细胞，紧邻基底膜和支持细胞。精原细胞圆形，胞体小，胞核圆形，深染。精原细胞分为 A 型精原细胞（暗 A 型和亮 A 型）和 B 型精原细胞。暗 A 型精原细胞是生精祖细胞，自我复制并分裂形成亮 A 型精原细胞。亮 A 型精原细胞也称中间型精原细胞，分裂形成 B 型精原细胞。B 型精原细胞有丝分裂成为初级精母细胞。

初级精母细胞逐渐向近腔部移行，胞体较大，核染色质清晰，粗放。精母细胞发生二次减数分裂。初级精母细胞的 DNA 复制，形成四倍体。经过前细线期、细线期、偶线期、粗线期、双线期和终变期，减数分裂成两个次级精母细胞（二倍体）。次级精母细胞的胞体较小，并迅速发生第二次减数分裂，形成两个单倍体的精子细胞。

精子细胞不再发生细胞分裂，而是发生形变，由圆形细胞转变为蝌蚪形精子。细胞核和染色质浓缩，细胞器改变，形成顶体、精子头、尾部和其他结构等。多余的胞质脱落形成残余体，并被支持细胞吞噬消化。早期精子的细胞胞体呈圆形，细胞核淡染，向生精小管的管腔端移动。后期精细胞的胞体小，卵圆或椭圆形，胞核深染。成熟的精子呈蝌蚪状，排入管腔内。

不同动物种属的精子细胞形变过程稍有差异（图 10–8）。大鼠精子细胞形状可分为 19 型（表 10–3），小鼠为 16 型，比格犬为 12 型，食蟹猴为 14 型。

表 10–2　生精上皮周期和分布

生精上皮周期	I	II	III	IV	V	VI	VII	VIII	IX	X	XI	XII	XIII	XIV
精子细胞	15	16	16	17	17	18	19	19						
	1	2	3	4	5	6	7	8	9	10	11	12	13	14
次级精母细胞														M2*
初级精母细胞	P	P	P	P	P	P	P	P	P	P	P	P	Di	M1*
							Pl	Pl	L	L	L	Z	Z	P
精原细胞	In*	In	In	In*	B	B*								
	A	A	A	A	A	A	A	A	A*	A	A	A*	A	A
各期比例 (%)	13	7	3	4	8	7.5	20	8	2.5	2.5	2.5	11	6	5

注：生精小管，大鼠生精上皮中不同发育阶段的生精细胞。

精原细胞：A，A 型精原细胞；In，中间型精原细胞；B，B 型精原细胞；*，精原细胞分裂象。

初级精母细胞：Pl，前细线期；L，细线期；Z，偶线期；P，粗线期；Di，双线期或终变期；M1，初级精母细胞分裂象。

次级精母细胞：M2，次级精母细胞分裂象（分裂期短暂，不易观察到，且不易与 M1 分裂象区别）。

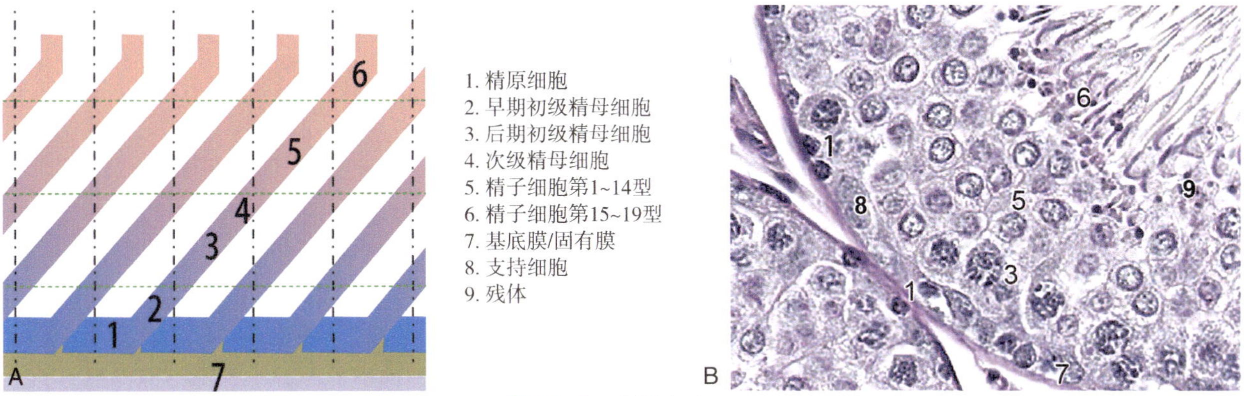

图 10-5 生精上皮

A. 大鼠生精上皮细胞分布；B. WH 大鼠：生精上皮细胞分布

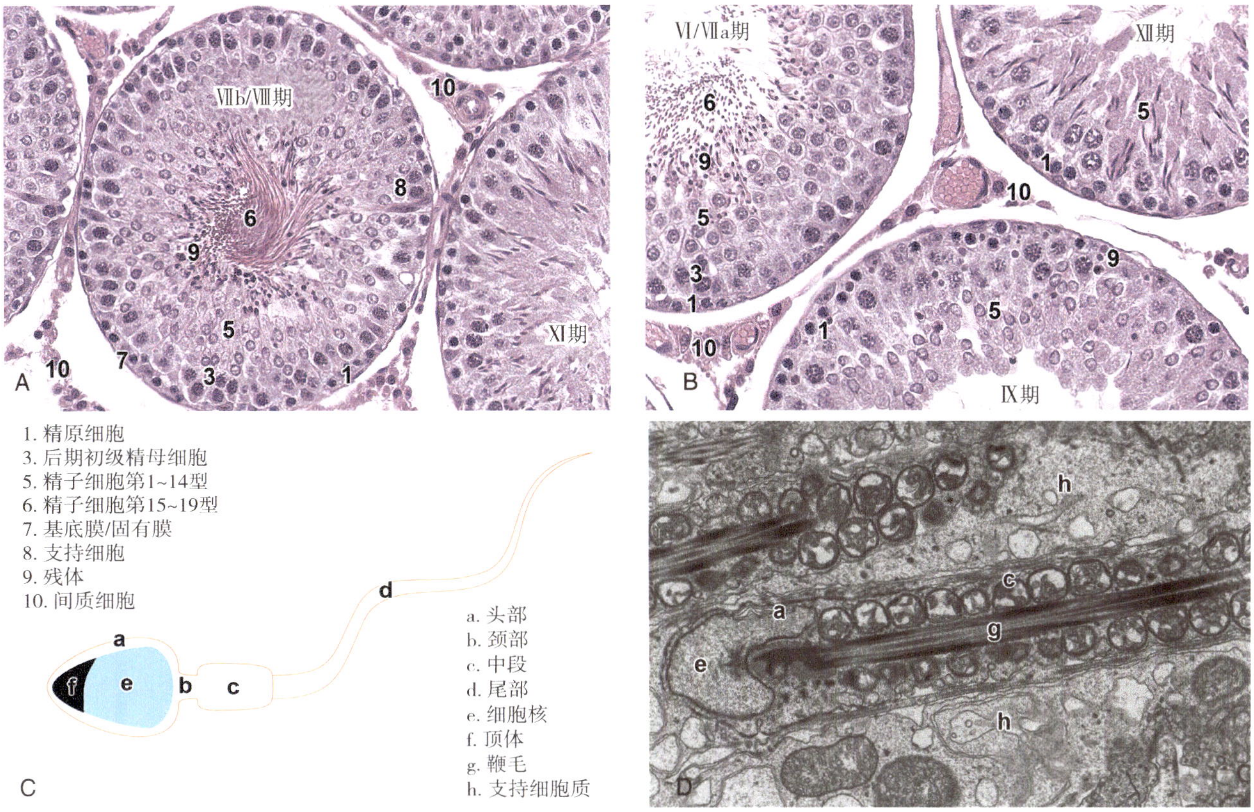

图 10-6 生精小管

A. WH 大鼠：不同期生精上皮中生精细胞的分布；B. WH 大鼠：不同期生精上皮中生精细胞的分布；C. 成熟的精子呈蝌蚪状，排入生精小管的管腔内；D. WH 大鼠：生精小管上皮，精子头部和中段

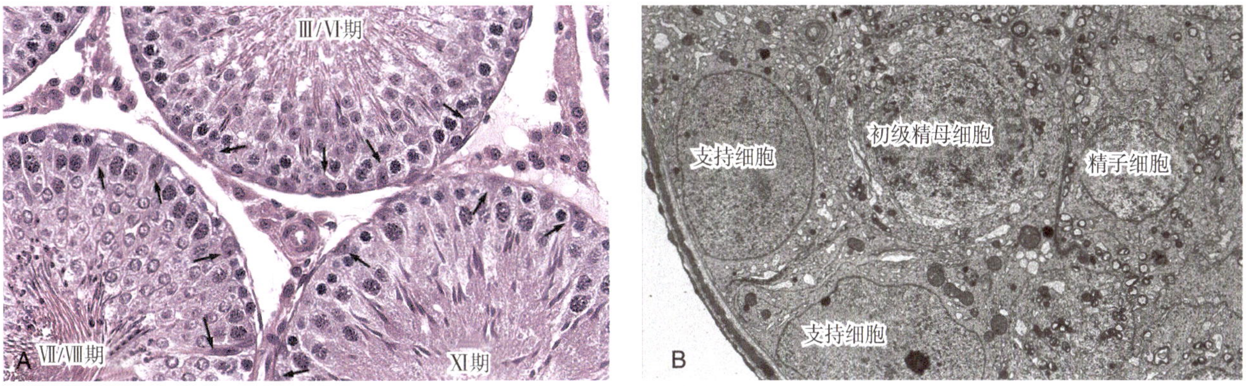

图 10-7 支持细胞

A. WH 大鼠：Ⅰ期胞核扁平或卵圆，Ⅷ期达高锥体形，后恢复扁平；B. WH 大鼠：生精上皮，支持细胞核呈卵圆形，位于基底膜上

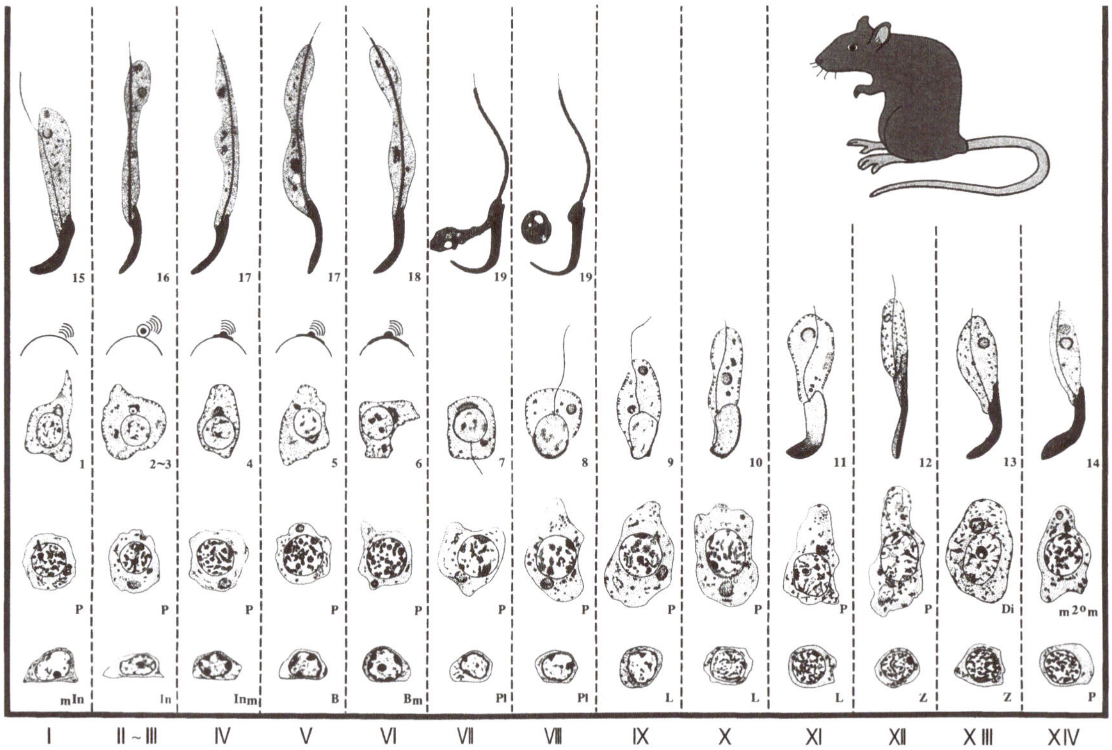

A

Histological and Histopathological Evaluation of the Testis, Page 43. Reprinted with permission of Cache River Science, an imprint of Quick Publishing, LC

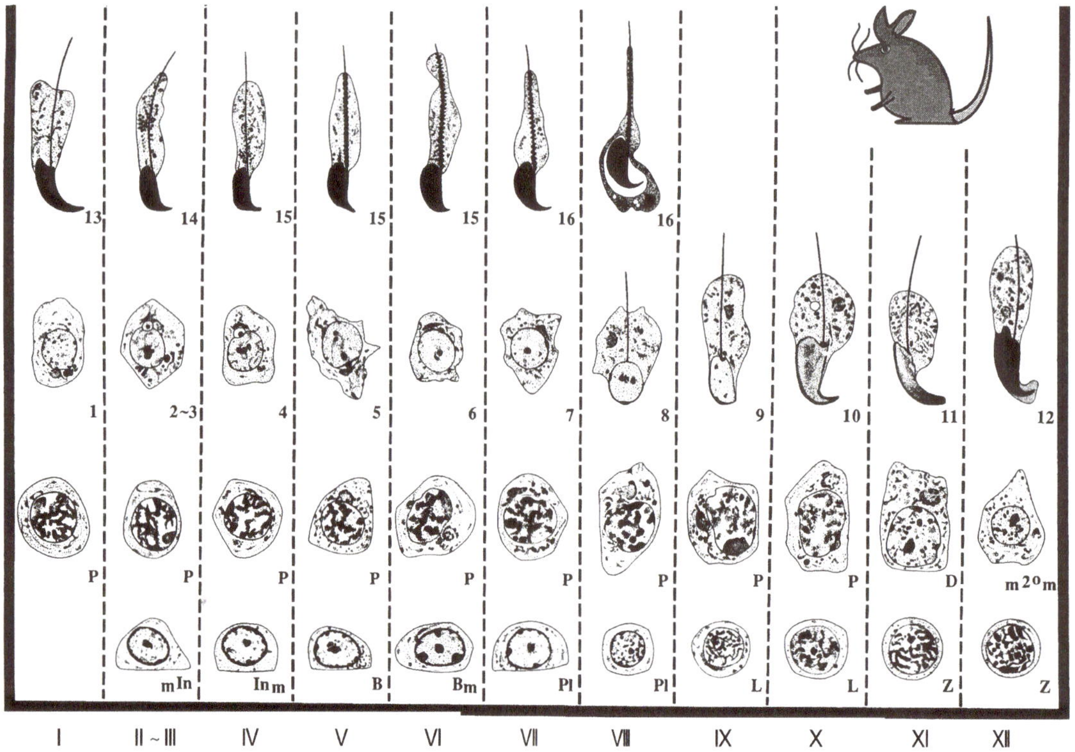

B

Histological and Histopathological Evaluation of the Testis, Page 44. Reprinted with permission of Cache River Science, an imprint of Quick Publishing, LC

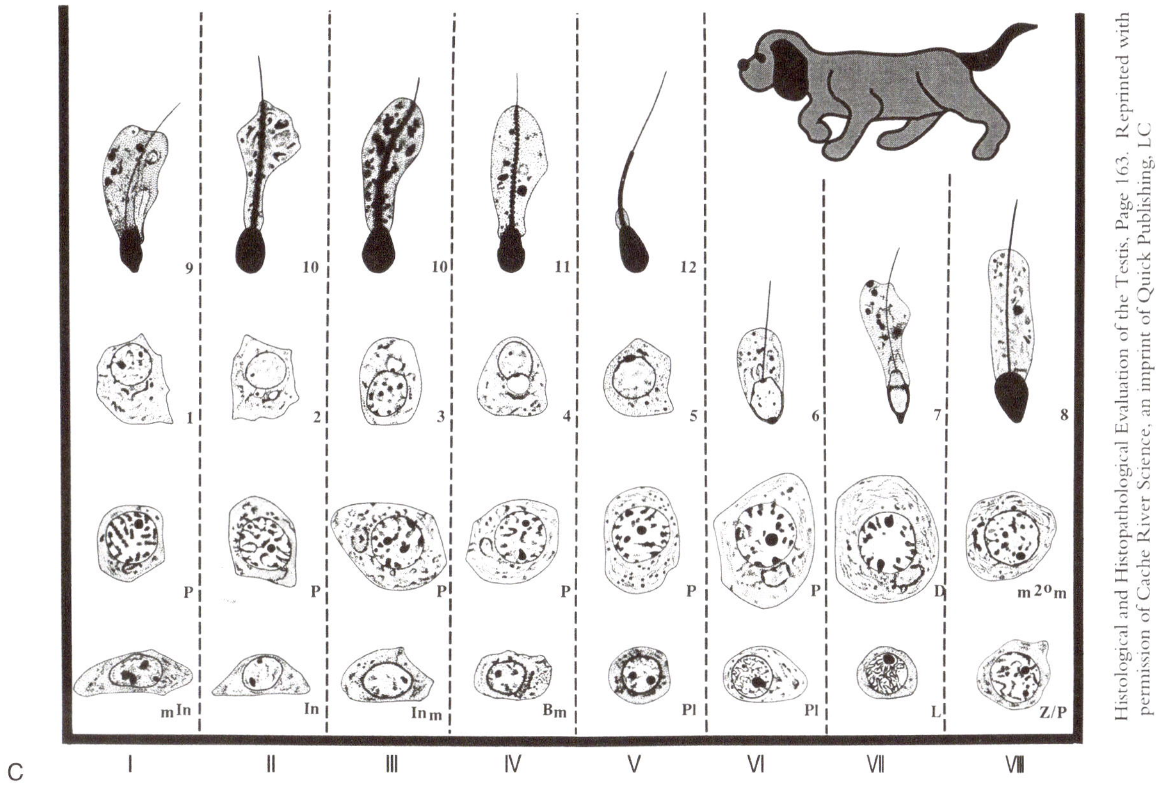

图 10–8　不同动物种属生精上皮周期

A. 大鼠生精上皮中不同发育阶段的生精细胞；B. 小鼠生精小管上皮中不同发育阶段的生精细胞；C. 比格犬生精小管上皮中不同发育阶段的生精细胞。

精原细胞：A,A 型精原细胞；In，中间型精原细胞；B，B 型精原细胞；m，分裂象。

初级精母细胞：Pl，前细线期；L，细线期；Z，偶线期；P，粗线期；Di，双线期或终变期；m2°m，初级精母细胞分裂象

次级精母细胞：m2°m，次级精母细胞分裂（分裂象停留时间短暂，组织切片中不易观察到）。

表 10–3　大鼠精子细胞的分型

精子型	精子细胞主要形态特征
第 1 型	细胞呈卵圆形或锥状。细胞核圆形，位于中央。光镜下无明显的顶体系统，后期在高尔基体附近可见 PAS 淡染的物质
第 2~3 型	细胞形态同上。两型形态相似，不易区分。顶体系统开始形成，光镜下可见多达 2~3 个小顶体颗粒和初级顶体囊结构，位于高尔基体和核膜之间。后期则形成一个大的圆形顶体颗粒，由顶体囊包围，顶体囊与核膜接触
第 4 型	细胞形态同上。顶体囊扁平，呈半球状结构，附着于核膜。后期可见顶体囊沿核膜表面向两侧延伸，延伸的宽度小于细胞核弧度的 15°
第 5 型	细胞形态同上。顶体继续沿核膜表面向两侧延伸，形成弧状，弧度介于 20° ~30°
第 6 型	细胞形态同上。顶体继续沿核膜表面向两侧延伸，弧度介于 45° ~75° 。顶体逐渐移向精子细胞的头部（即向生精上皮的基底部方向移动）

续表

精子型	精子细胞主要形态特征
第 7 型	细胞形态同上，后期开始向边沿移动。顶体继续沿核膜表面向两侧延伸至最大程度，弧度介于 75° ~120° 。顶体囊两端稍微膨胀，该处核膜形成凹陷
第 8 型	胞体呈锥形或梭形，延长为头尾两部，头部面向基底膜。细胞核呈卵圆形，两侧对称，位于头部。顶体和核膜与细胞膜接触，面向基底膜
第 9 型	胞体呈梭形，头部面向基底膜，尾部面向生精小管腔。细胞核开始变形，腹侧扁平，背侧突出。顶体的大部分位于细胞核的背侧，只有一小部分覆盖细胞核的头部和腹部。顶体颗粒位于背侧弯曲处
第 10 型	胞体呈梭形，细胞核进一步延长和扁平。胞核顶端和附近的顶体形成顶尖结构。胞核的后端和腹部之间形成明显的腹角结构
第 11 型	胞体呈梭形，头部呈现弯曲的背腹结构，背侧弯曲。细胞核进一步延长和变形。胞核的后部呈现背角结构。胞核顶尖部的染色质浓缩，深染
第 12 型	胞体呈长梭形，胞核进一步延长和染色质浓缩，头部变形。胞核在其背部的后 1/3 和中 1/3 结合处呈现弯曲，形成弯杆状。胞核后部的染色质也浓缩，深染。胞核的腹部出现腹鳍结构。腹鳍的染色比胞核淡。顶尖结构变钝，不太明显
第 13 型	第 13 型与 12 型细胞不易分辨。第 13 型细胞的主要特征是胞核内的染色质从头到尾全部浓缩。因此，胞核全部均匀深染。顶体颗粒位于胞核背侧弯曲的 1/3 处。腹鳍增大，顶端圆滑
第 14 型	胞体呈长梭形。头部变短约 1/3，弯曲程度不一，顶端圆滑。腹鳍如前。头部顶端背侧呈现背鳍结构，位于头部背侧钱 1/3 处。第 14 型细胞通常借助于深层精母细胞的分裂象存在来判定
第 15 型	胞体呈长杆状，腹鳍和背鳍明显，头部弯曲。腹鳍自头部顶端延伸至头部的后 2/3 处。背鳍位于背侧后 1/3 处。胞质内的线粒体向鞭毛长轴靠拢
第 16 型	胞体呈长杆状，头部弯曲度变小。腹鳍和背鳍变小。腹部顶体与主顶体分离，并入腹鳍内
第 17 型	胞体呈长杆状，仍位于支持细胞质形成的深层隐窝内。背鳍不明显或消失。顶体自胞核腹部向前突出并与胞核分离，因而呈现一个顶体下非着色区和分离的顶体
第 18 型	第 17 型与 18 型细胞不易分辨。胞体仍位于支持细胞质形成的深层隐窝内。顶体自胞核腹部继续向前突出。因此，顶体超前于胞核，腹部顶体和顶体下非着色区更明显
第 19 型	第 19 型细胞分布于第Ⅶ ~ Ⅷ期上皮。胞体呈长杆状，位于上皮表面，并逐渐释放入生精小管腔内。头部逐渐弯曲，呈 U 形或镰刀状。背侧主顶体明显，顶体下非着色区部分的物质自头部脱落。胞质内 RNA 和细胞器逐渐浓缩成包涵体。鞭毛周围的胞质也逐渐浓缩向头部移动，并脱落形成残体，由支持细胞吞噬消化

（二）支持细胞

支持细胞（sertoli cells）具有支持、分泌、营养和吞噬等作用，并接受生殖激素的调控。

支持细胞紧贴生精上皮的基底膜，细胞界线不明显。细胞核扁平状、卵圆形或高锥状。核膜有凹陷，核染色质稀疏，染色浅，核仁明显。胞质轮廓不清楚，不规则，细浆顶部可延伸至生精小管腔面。胞质内镶嵌和滋养着减数分裂后的各期精子细胞。

支持细胞核的形态随生精周期不同而变化。在Ⅰ期，胞核呈扁平状或卵圆形，长轴与基底膜平行。此后胞核逐渐过渡到锥体形，长轴与基底膜垂直，在Ⅷ期达到高峰。自Ⅸ期开始，胞核逐渐恢复扁平或卵圆形。

支持细胞可合成蛋白质和分泌液体。分泌的液体中富含果糖、营养精子。由于支持细胞间有紧密连接结构和屏障，分泌液体单向进入生精小管腔内，有助于精子运动和排泄。支持细胞能够分泌雄激素结合蛋白和抑制素等。雄激素结合蛋白与睾酮和二羟睾酮结合，维持生精小管腔内睾酮的浓度，有利于精子发生。抑制素能够抑制促间质细胞激素释放。

在胚胎发生期，支持细胞产生抗中肾旁管抑制激素，阻止中肾旁管的发育。而中肾管发育成为雄性生殖管道系统。

支持细胞具有强大的吞噬功能，吞噬和消化生精过程中废弃的细胞质和细胞器，如残余体和变性坏死的生精细胞等。

（三）生精上皮的周期性变化

精子发生是一个复杂的动态过程，受多种基因、蛋白或激素等的调控。精子发生过程中，精原细胞、精母细胞、精子细胞和支持细胞等都发生渐进和规律性变化。生精上皮细胞形态和种类也呈现周期性变化。处于同一周期的生精细胞之间有细胞间桥互相连接，形成一个合胞体，从而保障了同期生精细胞的同步发育。

不同动物的生精上皮周期也不同，如大鼠生精上皮的周期变化分为 14 期，小鼠分为 12 期，比格犬分为 8 期，食蟹猴分为 12 期。

大鼠各期的生精上皮基底膜上都有 A 型精原细胞，即生精干细胞。精原细胞的有丝分裂主要发生在Ⅰ，Ⅳ，Ⅵ，Ⅸ和Ⅻ期。在Ⅰ期中，A 型精原细胞逐步分裂成为暗 A 型和亮 A 型精原细胞。在Ⅳ期中，亮 A 型精原细胞逐步分裂成为 B 型精原细胞。在Ⅵ期中，B 型精原细胞分裂成为初级精母细胞。因此，在Ⅶ和Ⅷ期生精上皮只有 A 型精原细胞和精子细胞，没有 B 型精原细胞。在Ⅸ和Ⅻ期中，A 型精原细胞自我复制，为下一个生精周期做准备。各期精原细胞和早期精母细胞的形态，在常规 HE 染色的切片中不容易区别，但可见精原细胞分裂象。

大鼠生精上皮在Ⅰ～Ⅷ期中，各含有两层精子细胞，分别为 1 ～ 8 型和 15 ～ 19 型精子细胞（图 10–9，图 10–10）。在Ⅸ～ⅩⅣ期中，各含有一层精子细胞，即 9 ～ 14 型精细胞（图 10–11，图 10–12）。在Ⅵ期末，B 型精原细胞有丝分裂为初级精母细胞。新生的初级精母细胞也称静息细胞或前细线期精子细胞。其体积小，位于基底膜附近，与 B 型精原细胞相似，两者不易区别。初级精母细胞经过前细线期、细线期、偶线期、粗线期、双线期和终变期，在ⅩⅣ期发生第一次减数分裂成为二个次级精母细胞。次级精母细胞存留短暂，并在ⅩⅣ期发生第二次减数分裂成为二个精子细胞。因此，在常规组织切片中，不易观察到次级精母细胞及其分裂象。

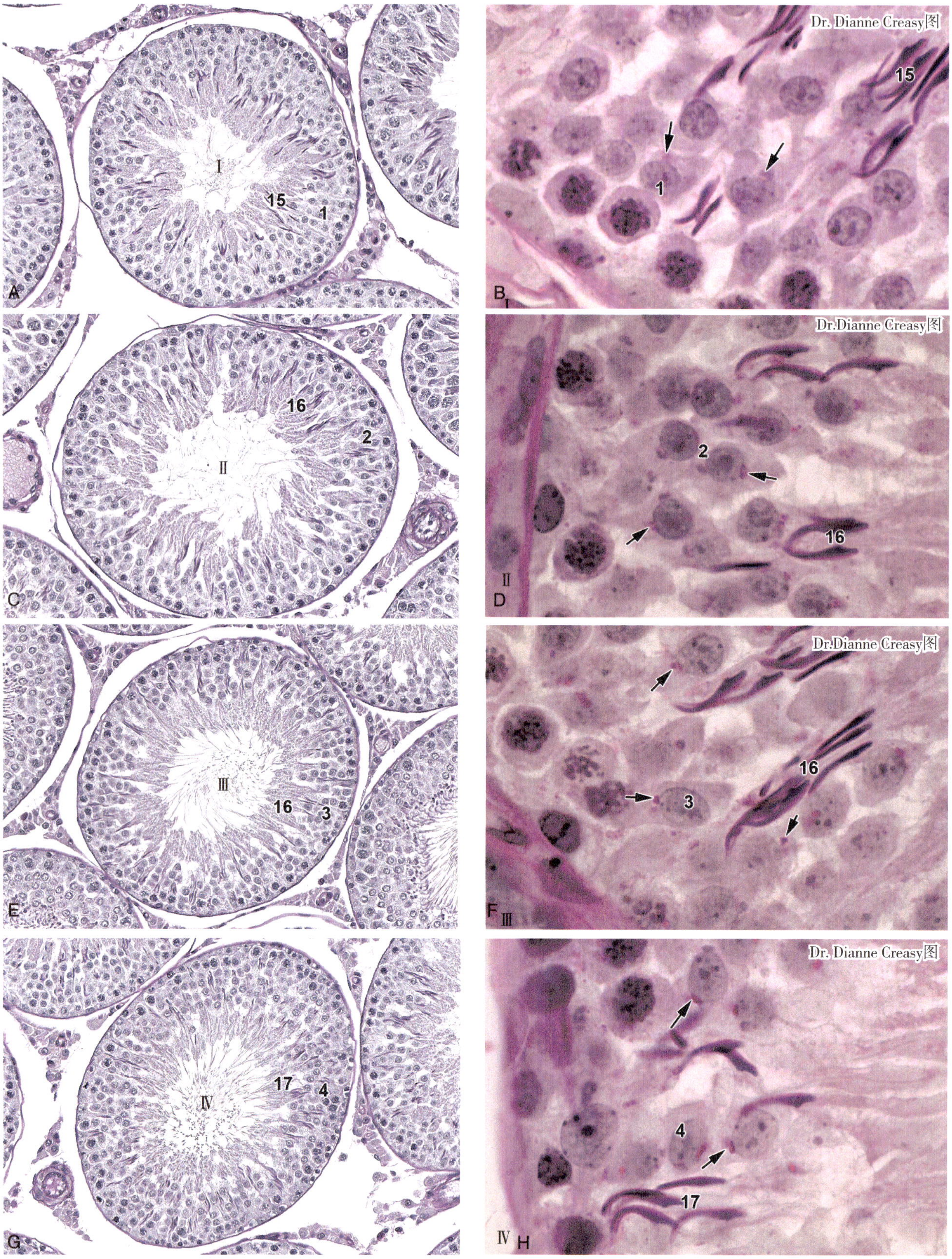

图 10-9　WH 大鼠生精周期Ⅰ～Ⅳ

A. Ⅰ期生精上皮含有两层精子细胞，即 1 型和 15 型；B. Ⅰ型精子细胞高尔基体附近可见 PAS 淡染物质，顶体不明显；C. Ⅱ期生精上皮含有两层精子细胞，即 2 型和 16 型；D. 2 型精子细胞顶体开始形成顶体颗粒和初级顶体囊结构；E. Ⅲ期生精上皮含有两层精子细胞，即 3 型和 16 型；F. 3 型精子细胞顶体囊扁平，呈半球状结构，附着于核膜；G. Ⅳ期生精上皮含有两层精子细胞，即 4 型和 17 型；H. 4 型精子细胞顶体沿核膜表面向两侧延伸，形成 <15° 的弧状

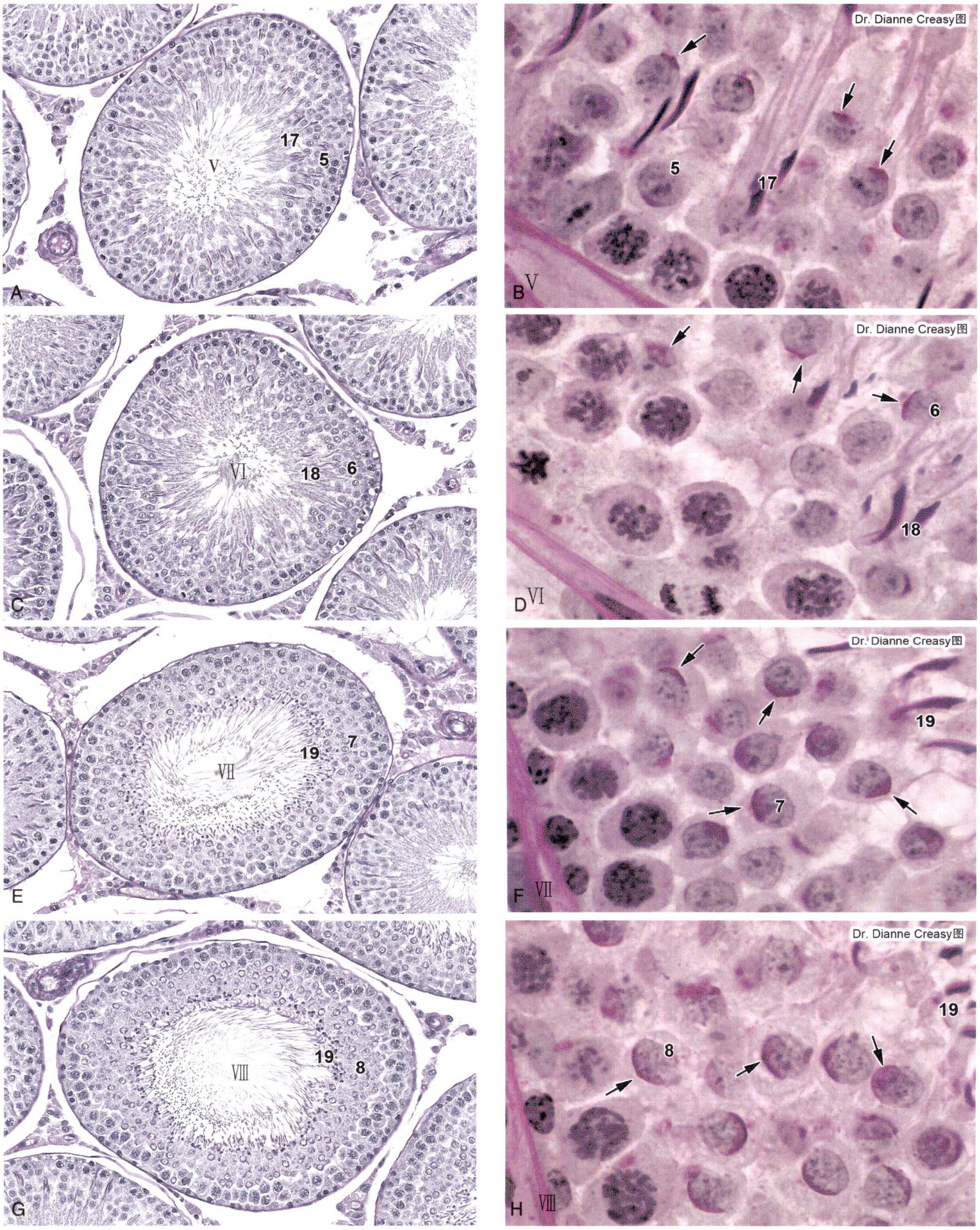

图 10-10　WH 大鼠生精周期Ⅴ～Ⅷ

A. Ⅴ 期生精上皮含有两层精子细胞，即 5 型和 17 型；B. 5 型精子细胞顶体继续沿核膜表面向两侧延伸，20°～30°；C. Ⅵ 期生精上皮含有两层精子细胞，即 6 型和 18 型；D. 6 型精子细胞顶体继续沿核膜表面向两侧延伸，45°～75°；E. Ⅶ期生精上皮含有两层精子细胞，即 7 型和 19 型；F. 7 型精子细胞顶体继续沿核膜表面向两侧延伸，75°～120°；G. Ⅷ期生精上皮含有两层精子细胞，即 8 型和 19 型；H. 8 型精子细胞的顶体和核膜与细胞膜接触，头部面向基底膜

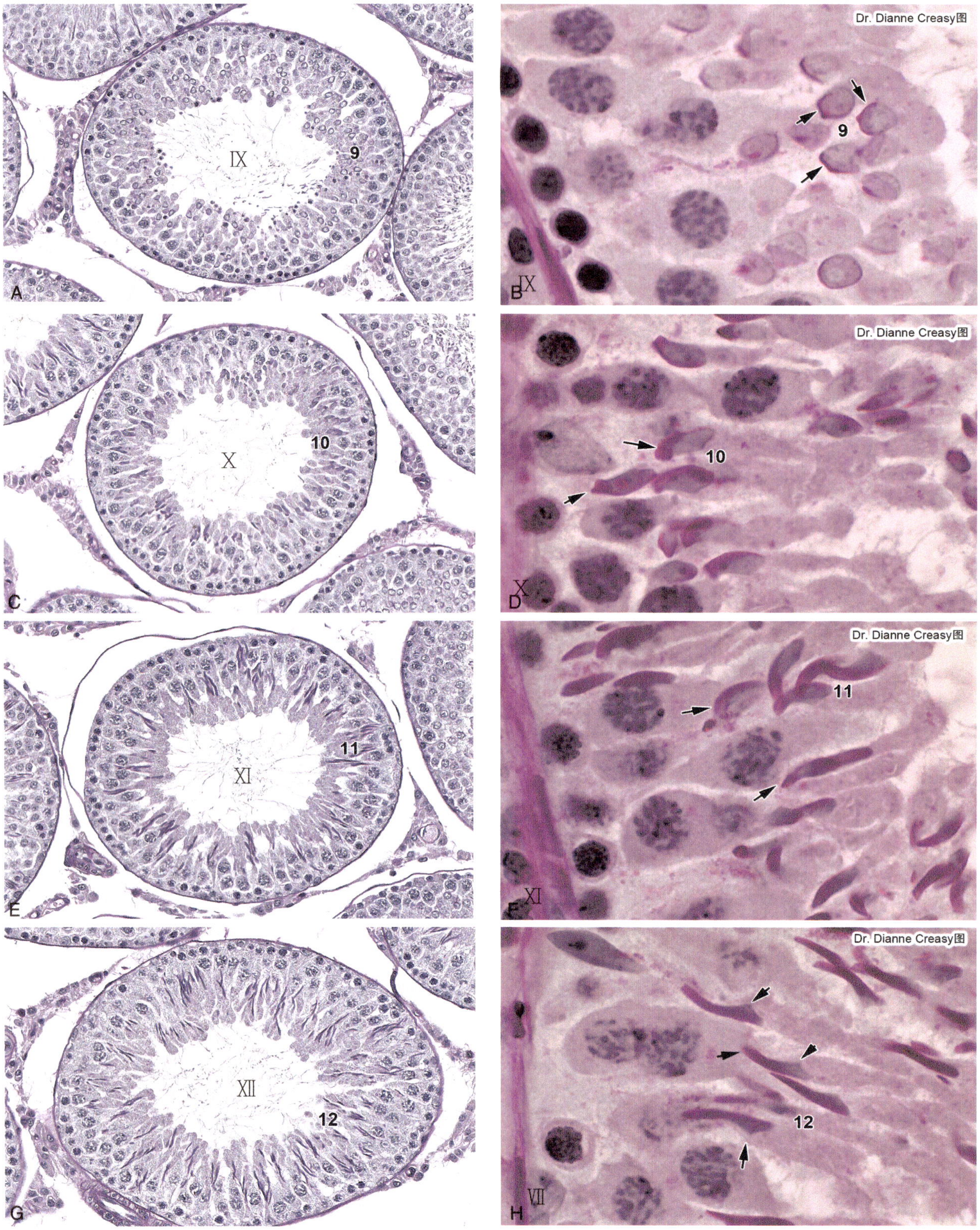

图 10–11　WH 大鼠生精周期Ⅸ ~ Ⅻ

A. Ⅸ 期生精上皮只有一层精子细胞，即 9 型精子；B. 9 型精细胞呈梭形，头部面向基底膜，尾部面向生精小管腔；C. Ⅹ 期生精上皮只有一层精子细胞，即 10 型精子；D. 10 型精胞核顶端和顶体形成顶尖，核后端和腹部形成腹角；E. Ⅺ期生精上皮只有一层精子细胞，即 11 型精子；F. 11 型精细胞核延长变形，后部呈现背角结构，核顶尖浓缩深染；G. Ⅻ期生精上皮只有一层精子细胞，即 12 型精子；H. 12 型精细胞核延长和变形呈弯杆状，核腹部出现腹鳍

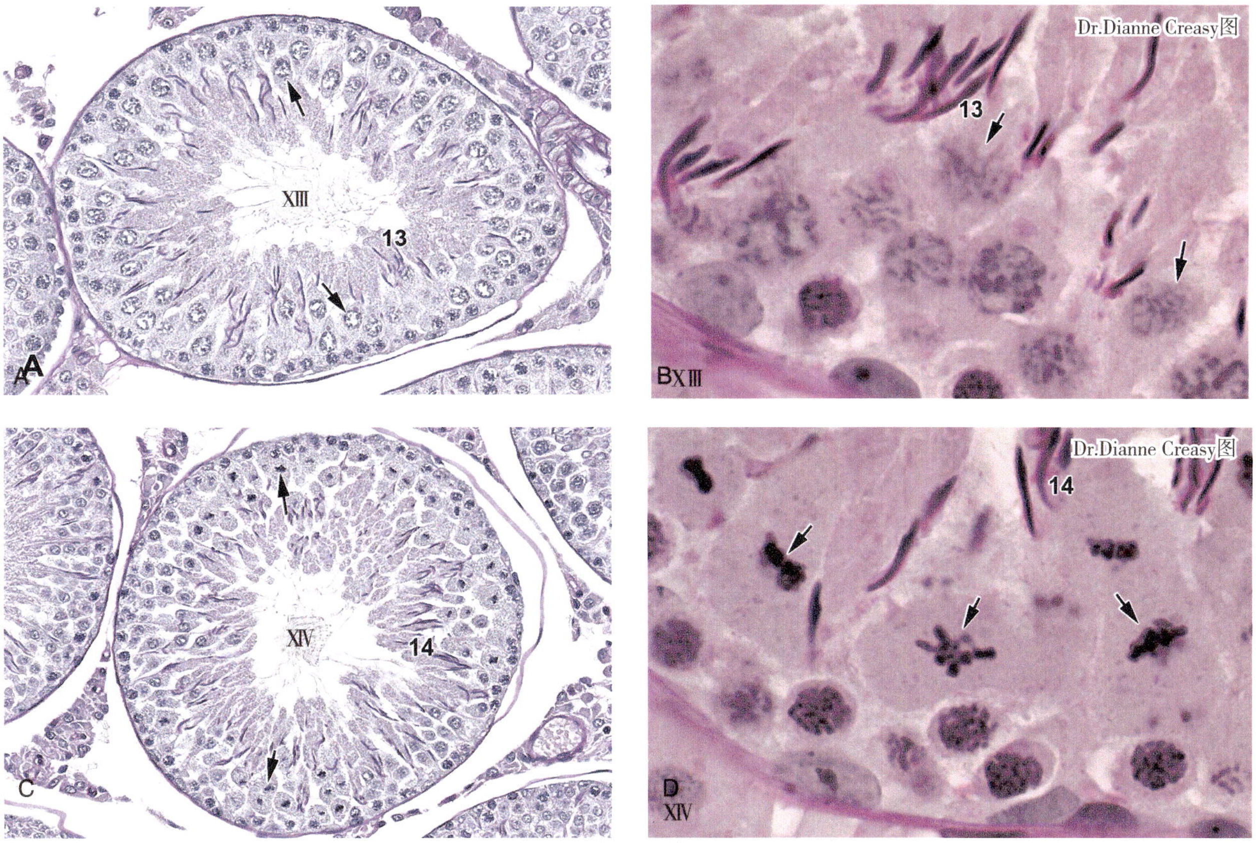

图 10-12 WH 大鼠生精周期 XIII ~ XIV

A. 精母细胞核清亮呈气球状，只有一层 13 型精子；B. 染色质全部浓缩，胞核均匀深染；腹鳍增大，顶端圆滑；C. 上皮深层有大量精母细胞减数分裂象，只有一层 15 型精子；D. 腹鳍如前，头部顶端背侧呈现背鳍，通常借深层分裂象相鉴别

三、间质和间质细胞

睾丸间质是位于生精小管之间的疏松结缔组织中（图 10-13），间质中除间质细胞外，还有吞噬细胞、肌样细胞、血管和淋巴管等。间质毛细血管内皮细胞有孔，间质液中含有丰富的蛋白等营养物质。生精上皮通过渗透作用从间质中吸取营养。

间质细胞（interstitial cells）数量和分布随动物种属不同而稍有差异。啮齿类动物和食蟹猴的间质细胞成群或散在均匀分布于生精小管之间的睾丸间质内。犬睾丸纵隔的间质内有大量间质细胞。间质细胞的体积大，圆形或多边形，细胞核圆形，位于细胞中央。细胞质强嗜酸性，胞质富含滑面内质网和线粒体，有利于胆固醇合成。间质细胞分泌雄激素，促进精子发生，雄性生殖器官的发育与分化。

睾丸的功能和精子生成过程需要内分泌系统的严密调节，如下丘脑和垂体。多数调控生精过程的激素都以睾丸间质细胞和支持细胞作中介或靶细胞。

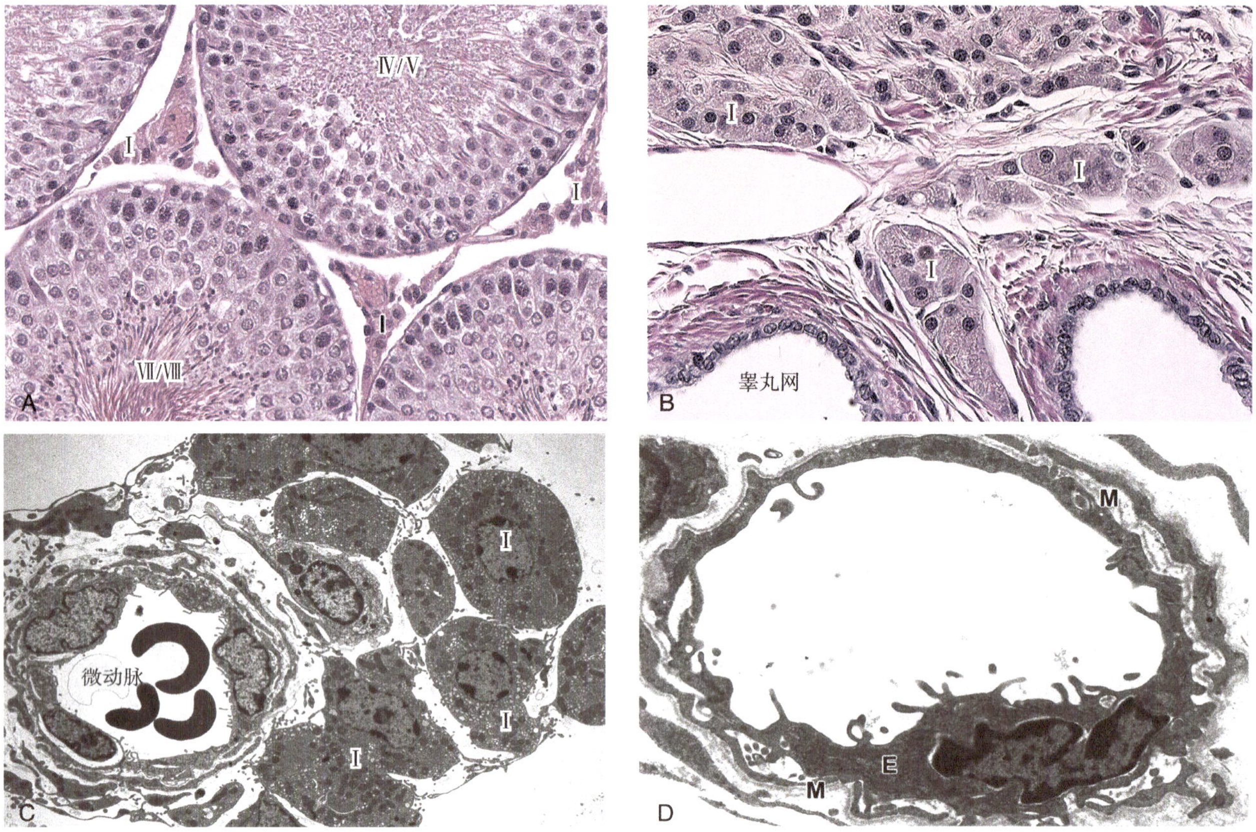

图 10-13　间质细胞

A. WH 大鼠：间质细胞（Ⅰ）成群或散在分布于间质内，围绕血管；B. 比格犬睾丸：中膈间质细胞（Ⅰ）核圆，位于中央，胞质强嗜酸性；C. WH 大鼠：间质细胞（Ⅰ）浆富含滑面内质网和线粒体；D. WH 大鼠：内皮细胞（E）和基底膜（M）参与形成血睾屏障

第二节　输精管道

输精管道主要功能是运输精子，包括直精小管、睾丸网、输出小管、附睾和输精管等。附睾还具有储存和营养精子和促进精子成熟的作用。

一、直精小管

直精小管（tubuli recti）短而直，连接生精小管和睾丸网（图 10-14）。直精小管的管腔较细，短而直。起始部衬覆支持细胞样细胞，没有生精细胞。管壁上皮细胞呈单层扁平，立方形或柱状。

二、睾丸网

睾丸网（rete testis）与直精小管和输出小管相连（图 10-15）。睾丸网为网状管道结构，管腔大而不规则。上皮细胞呈单层扁平、立方形或偶尔矮柱状。犬和猴的睾丸网位于睾丸纵隔，鼠的睾丸网位于睾丸背后侧。

三、输出小管

输出小管（efferent ductules）连接睾丸网和附睾管，主要功能是传输精子和吸收生精小管分泌的液体

（图 10–16）。输出小管的数量随动物种属不同而异。大鼠、小鼠和豚鼠等有 4 ~ 8 根输出小管，犬、猪和羊等有 13 ~ 15 根输出小管。鼠的输出小管汇总为一个输出小管，进入附睾头部。犬等的输出小管平行，分别进入附睾头部。输出小管参与形成附睾头部（图 10–17）。

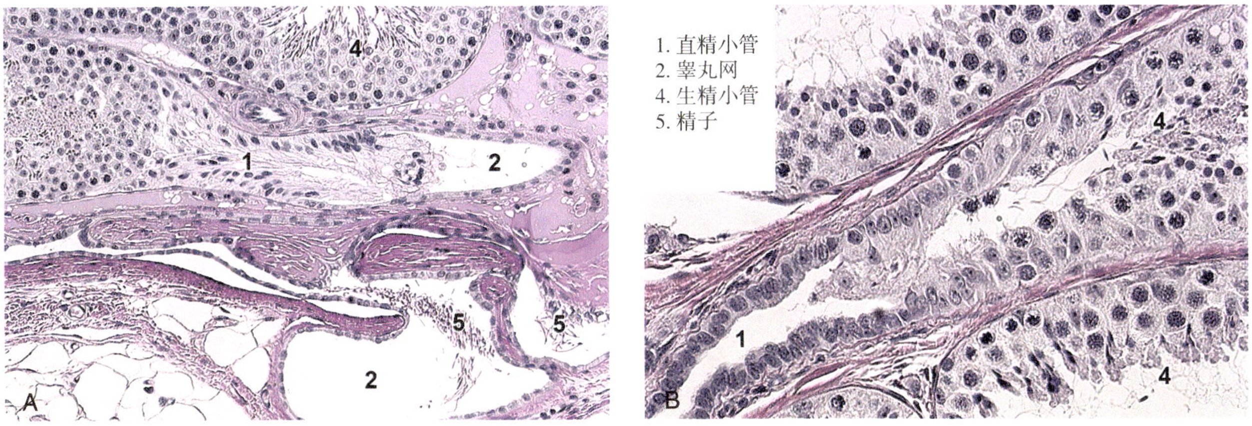

图 10–14　直精小管

A. WH 大鼠：直精小管短而直，连接生精小管和睾丸网；B. 食蟹猴：管壁上皮细胞呈单层扁平、立方形或柱状

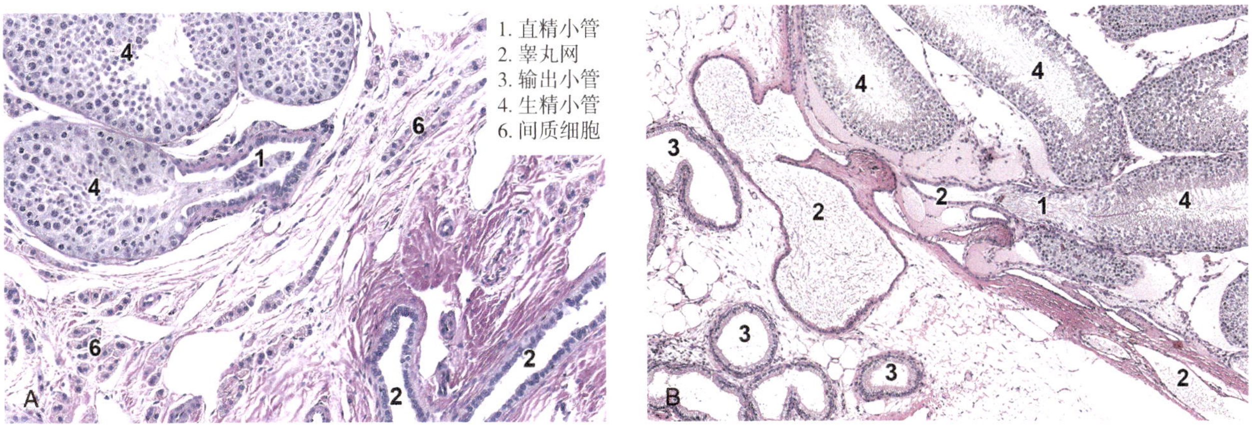

图 10–15　睾丸网

A. 比格犬：睾丸网和直精小管位于睾丸纵隔中；B. WH 大鼠：睾丸网和直精小管位于睾丸背后侧

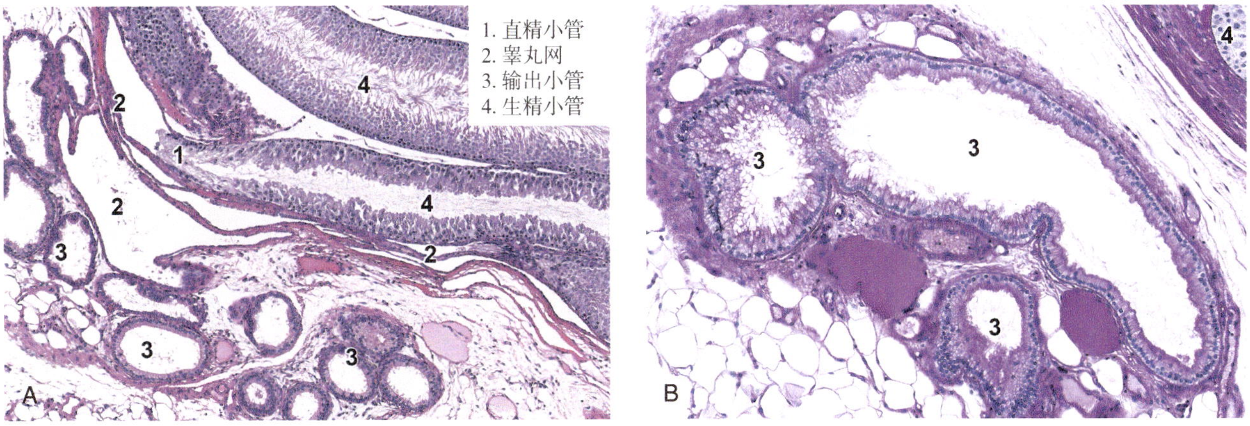

图 10–16　输出小管

A. WH 大鼠：输出小管连接睾丸网和附睾，进入附睾头；B. WH 大鼠：上皮细胞为单层立方或假复层柱状，PAS 染色

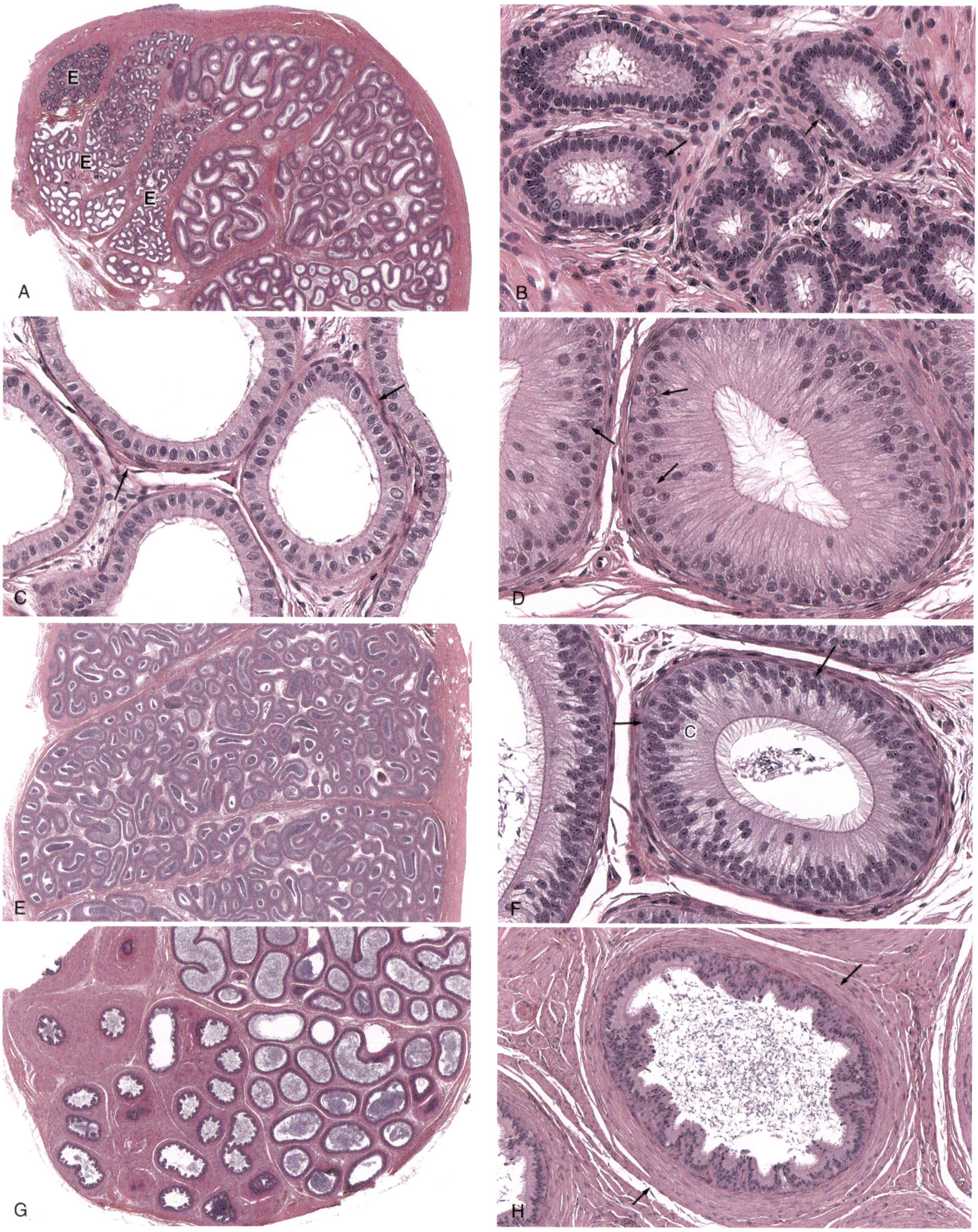

图 10-17 **犬附睾**

A. 附睾头，比格犬：头部接睾丸输出小管（E），主要由输出小管盘曲而成；B. 附睾头，比格犬：输出小管由假复层柱状上皮覆盖，1 至数层平滑肌包裹；C. 附睾头，比格犬：输出小管由假复层柱状上皮覆盖，1 至数层平滑肌包裹；D. 附睾头，比格犬：与附睾体交界处，假复层柱状上皮细胞核富含酸性包涵体；E. 附睾体，比格犬：性成熟的动物中，管腔内充满精子和分泌物；F. 附睾体，比格犬：假复层柱状上皮由主细胞（C）和基细胞（箭）组成，后者小，靠基底膜；G. 附睾尾，比格犬：管腔逐渐变大，不规则，腔内充满精子和分泌物；H. 附睾尾，比格犬：管腔逐渐变大，不规则，管壁和平滑肌逐渐增厚输出小管分为起始部、中间部和尾部。输出小管由单层立方或假复层柱状纤毛上皮覆盖，有 1 至多层平滑肌细胞和弹性纤维包裹。柱状上皮细胞高矮不等，管腔横切面呈锯齿状。高柱状上皮细胞有纤毛，矮柱状上皮细胞有微绒毛。柱状上皮细胞之间有基底细胞。基底细胞可分化为柱状上皮细胞。输出小管吸收大部分由生精小管分泌的液体。

四、附睾

附睾（epididymis）是精子储存和成熟的场所。附睾管上皮细胞具有吸收和分泌的功能。附睾上皮分泌多种糖蛋白、类固醇、磷脂类物质，有助于精子的成熟。精子在附睾内经历一系列变化后，获得运动能力及其他功能。附睾上皮细胞可吞噬残余体和变性的精子。

附睾分别与输出小管和输精管相延续。附睾分为头部、体部和尾部，外有被膜包围。附睾管上皮细胞的种类和形态随附睾头、体和尾等部位而不同，间质结缔组织中有血管和平滑肌等。

附睾头部主要由单个或多个输出小管高度盘曲而形成，覆有单层立方形至假复层柱状上皮。输出小管未吸收的液体，大部分由头部附睾管吸收。比格犬的附睾头与附睾体交界处，假复层柱状上皮细胞核内有大量嗜酸性核内包涵体，其功能不详。

附睾的体部和尾部由单个附睾管盘曲而形成。上皮由假复层柱状上皮覆盖，由主细胞和基细胞组成。基底细胞矮小，圆形或椭圆形，靠近基底膜，是上皮细胞增生的干细胞。主细胞呈高柱状，表面有粗而长的微绒毛和静纤毛。高柱状细胞有分泌和吸收功能。上皮内偶尔看见淋巴细胞移行。性成熟的动物中，管腔内充满精子和分泌物。管壁外为富含血管的疏松结缔组织，有环行平滑肌细胞围绕。从附睾头端至尾端，管壁和平滑肌逐渐增厚，主细胞和静纤毛的高度逐渐降低，管腔逐渐变大。平滑肌逐渐增厚，并与输精管的平滑肌相延续。肌层的收缩有助于管腔内的精子向输精管方向移动。

五、输精管

输精管（vas deferens）是延续于附睾管的一个肌性管道，连接于尿道（图 10–18）。大动物输精管末端膨大，形成输精管壶腹。精囊腺和前列腺分泌物排入输精管壶腹或尿道。尿道贯穿于阴茎的全长，将尿液和精液排到体外。

输精管管壁由黏膜、肌层和外膜组成，具有发达的肌肉层，有助于排精功能。黏膜形成不规则的纵行皱褶，凸向管腔。黏膜上皮为单层或假复层柱状上皮细胞。高柱状上皮细胞有静纤毛。基底细胞矮小，圆形或椭圆形，靠近基底膜。肌层厚，由平滑肌纤维构成。外膜有疏松纤维弹性组织包绕。

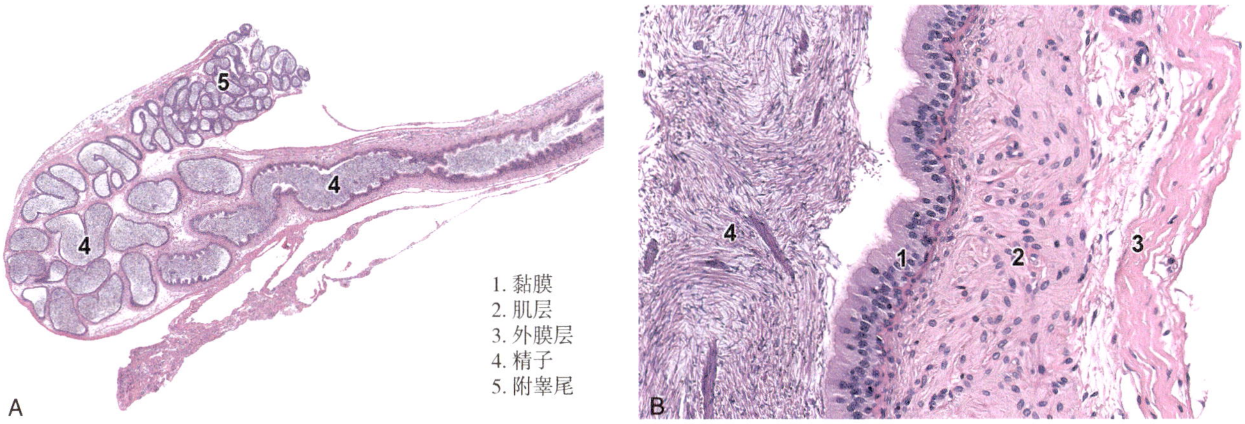

图 10–18　输精管

A. WH 大鼠：肌性管道具有发达的肌肉层，有助于排精；B. WH 大鼠：假复层柱状上皮细胞有静纤毛，基底细胞矮小

第三节　雄性副性腺

雄性副性腺（male accessory glands）包括前列腺、精囊腺、凝固腺、尿道球腺、输精管壶腹腺和包皮腺等。副性腺和输精管道分泌物和精子一起，构成精液。副性腺的结构随动物种属不同而异，如犬有前列腺和尿道球腺。鼠有前列腺、精囊腺、凝固腺和尿道球腺等。多数动物有阴茎包皮腺。

一、前列腺

大多数动物种属的前列腺（prostate gland）为浆液型管泡状腺，分泌液富含蛋白水解酶和酸性磷酸酶。前列腺的分泌受睾酮和肾上腺皮质雄激素的调控。

随动物种属不同，前列腺可形成独立的腺体或围绕着尿道弥散分布（图 10–19）。腺体的导管贯穿尿

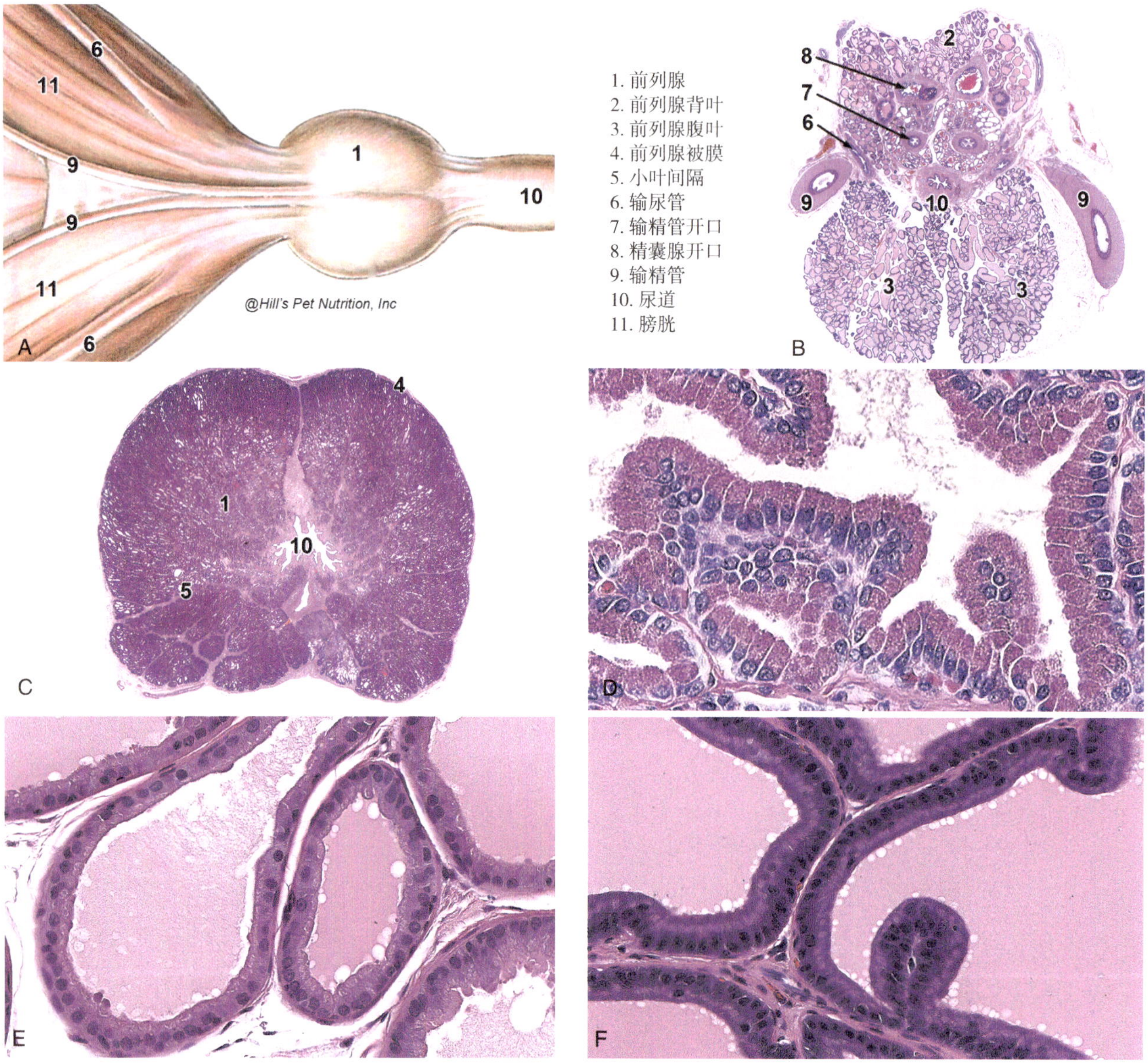

图 10–19　前列腺

A. 大多数动物的前列腺为浆液性腺体；B. SD 大鼠：前列腺通常分为背叶、侧叶和腹叶；C. 比格犬：犬前列腺分左右两叶，被膜富含胶原纤维和平滑肌纤维；D. 比格犬：单层柱状上皮形成黏膜皱褶，胞质富含浆液性分泌颗粒；E. WH 大鼠：背叶上皮细胞呈立方或低柱状，细胞和分泌物浅染；F. WH 大鼠：腹叶上皮细胞呈高柱状，上皮细胞和分泌物深染

道壁，进入尿道。犬、猴和鼠等的前列腺形成独立的腺体。被膜与间质相延续，由纤维弹性结缔组织和平滑肌纤维等组成。

大鼠前列腺通常分为背叶和腹叶，或背叶、侧叶和腹叶。犬前列腺通常分为左右两叶，每叶再细分为多个小叶。腺上皮由单层立方或柱状上皮细胞构成。黏膜上皮和固有层折叠形成黏膜皱褶，伸向管腔，故腺腔很不规则。腺腔内可见嗜酸性分泌物，富含酸性磷酸酶和纤维蛋白溶酶等。

二、精囊腺

精囊腺（seminal vesicles）为不规则的囊状或管泡状腺体（图 10–20）。其分泌液富含营养，如果糖、前列腺素和纤维蛋白原等。果糖可提供精子运动的能量。精囊腺的上皮细胞形态和分泌功能受睾酮的影响。

黏膜上皮形成大小形状各异的皱褶，向腺腔内突起。皱褶间相互吻合，将囊腔分隔为许多彼此通连的腺腔。腺上皮细胞呈立方形或柱状，胞质富含浆液性分泌颗粒。基细胞矮小，散在分布于柱状细胞之间。

三、凝固腺

凝固腺（coagulation gland）为不规则的囊状或管泡状腺体（图 10–21），组织结构与前列腺和精囊腺相似。分泌液富含糖蛋白等，参与形成阴道栓。

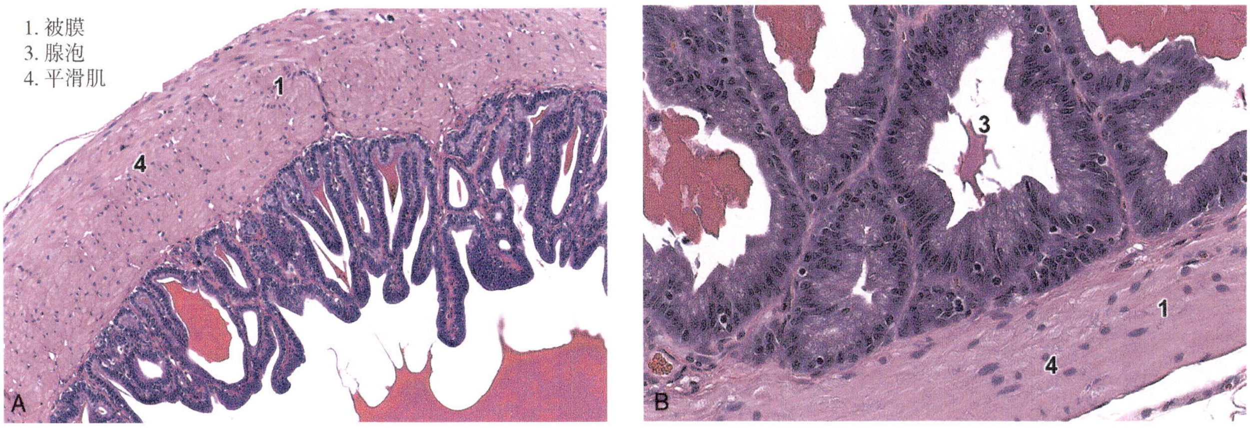

图 10–20 精囊腺

A. WH 大鼠：腺体呈不规则的囊状或管泡状，被膜富含平滑肌；B. WH 大鼠：柱状腺上皮细胞质内富含分泌颗粒，基细胞矮小

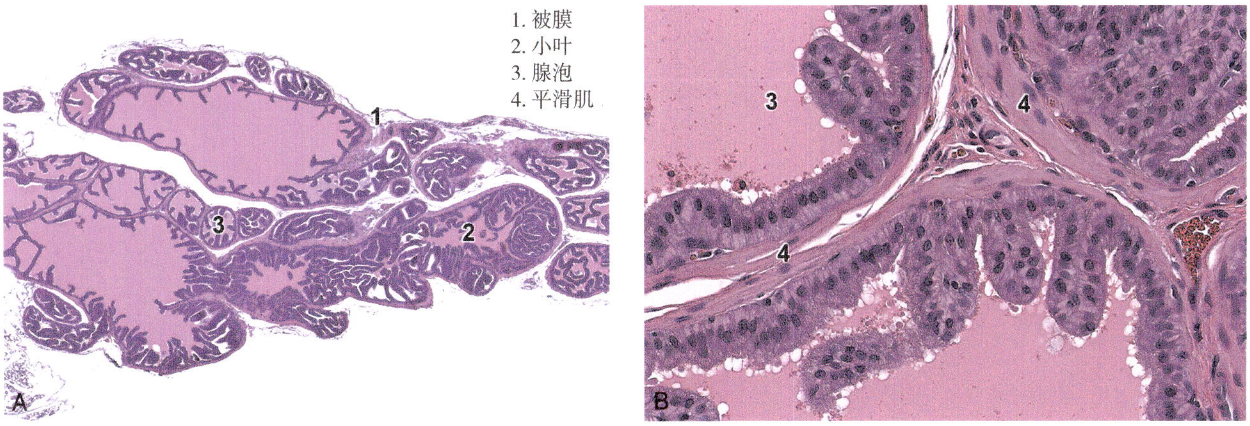

图 10–21 凝固腺

A. WH 大鼠：腺体呈不规则的囊状或管泡状，被膜富含平滑肌；B. WH 大鼠：柱状腺上皮细胞质内富含分泌颗粒，基细胞矮小

四、尿道球腺

尿道球腺（bulbourethral gland）呈圆形或卵圆形，属于复管泡状腺，分泌黏液（图 10–22）。薄层结缔组织被膜伸入实质内，将腺体分隔为小叶。腺上皮细胞为单层立方、单层柱状或假复层柱状上皮细胞。上皮细胞内富含黏原颗粒，胞核呈椭圆形或半月形，位于细胞的基底部。主导管将黏液性分泌物输送到尿道。尿道球腺的上皮细胞形态和分泌功能受睾酮影响。

五、包皮腺

包皮腺（preputial gland）位于包皮内侧，具有皮脂和浆液样分泌功能（图 10–23）。分泌物具有润滑和防菌作用。

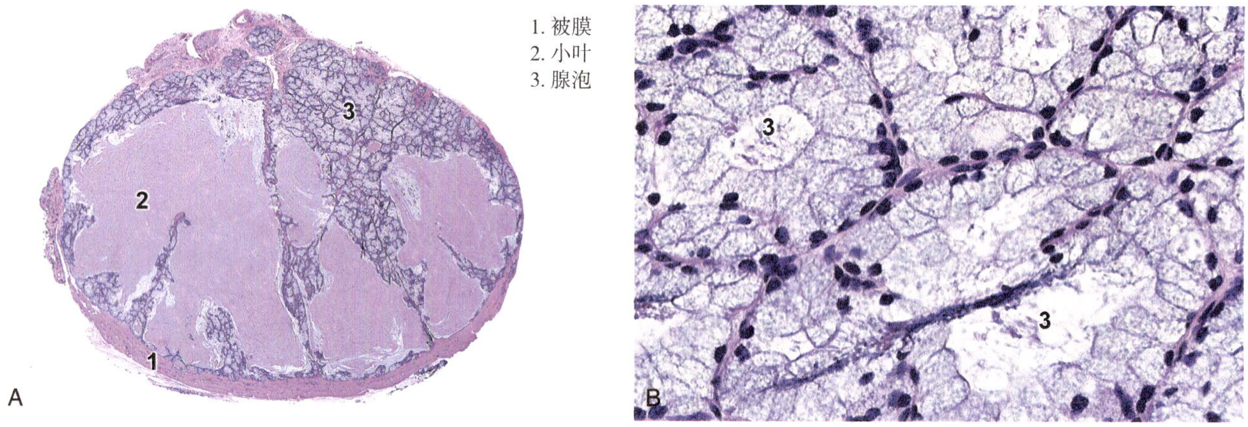

图 10–22 **尿道球腺**

A. CD1 小鼠：卵圆形复管泡状腺，分泌黏液；B. CD1 小鼠：胞质富含黏原颗粒，半月形胞核位于基底部

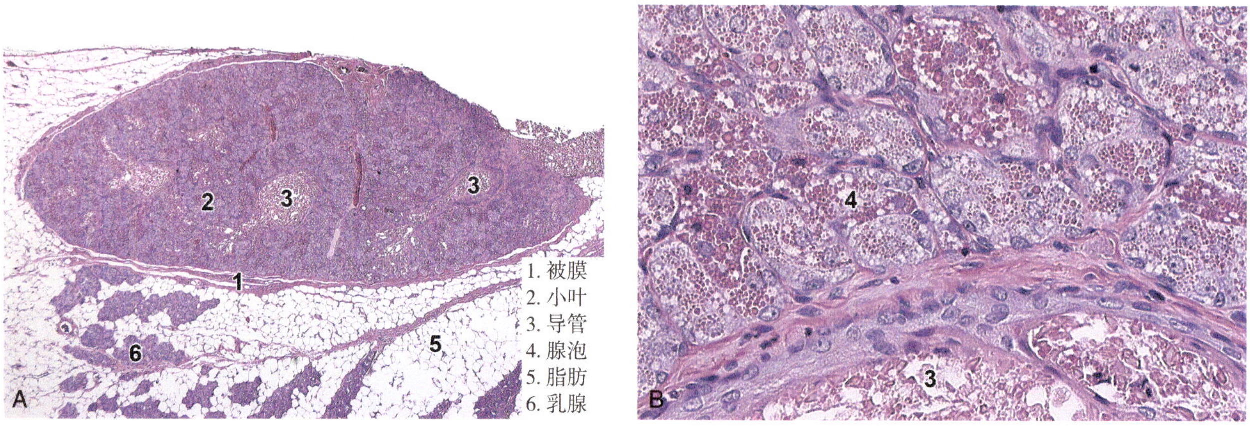

图 10–23 **包皮腺**

A. WH 大鼠：包皮腺具有皮脂和浆液样分泌功能；B. WH 大鼠：包皮腺分泌物呈皮脂和浆液样，顶浆分泌或全浆分泌

第十一章

雌性生殖系统组织学

Histology of the Female Reproductive System

雌性生殖系统包括卵巢、输卵管、子宫、阴道、外生殖器和乳腺(图 11-1)。胚胎早期，在激素作用下，雌性动物的副中肾管(中肾旁管)发育为输卵管、子宫、子宫颈和阴道前部等。雌性动物的中肾管退化消失。

雌性生殖系统的主要功能是产生卵子，分泌雌性激素和胚胎发育等(图 11-2)。初级卵母细胞在出生前即开始第一次减数分裂，停留在分裂前期，出生后完成第一次减数分裂。减数分裂时，染色质等量分布于两个子细胞内，但其中一个子细胞获得绝大部分胞质，形成一个大的次级卵母细胞。另一个子细胞获得极少部分胞质，变成一个小的极体，并很快退化消失。次级卵母细胞迅速开始第二次减数分裂，但停留在分裂中期。若及时受精，次级卵母细胞继续完成第二次分裂，形成一个成熟的卵细胞和第二极体。若未及时受精，次级卵母细胞则退化并被吸收。

雌性生殖系统器官的结构具有很大的种属差异性。组织形态随年龄和生殖周期不同而有很大的差异。性成熟前生殖器官生长缓慢，性成熟后，生殖器官和乳腺逐渐发育。生殖器官迅速发育成长，卵巢开始排卵并分泌性激素。老龄动物性器官的功能逐渐降低，失去周期性变化。

在激素和神经的调控下，雌性生殖组织形态和功能发生周期性变化(图 11-3)。由于动物发育的个体差异、饲养环境和实验条件不同，同种和同龄雌性动物的生殖系统也会有很大的正常生理学差异(表 11-1)。

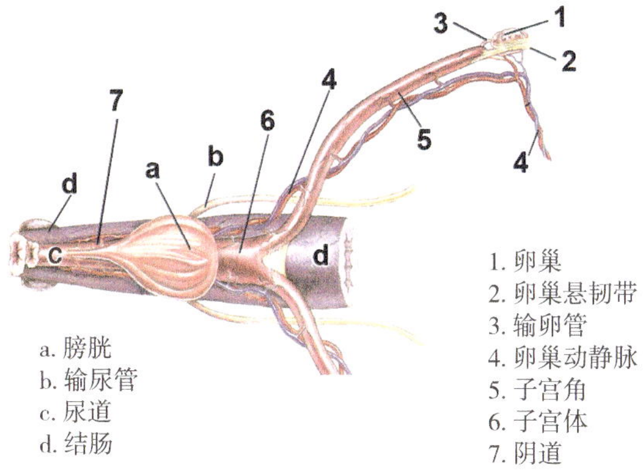

图 11-1 **雌性生殖器官**

包括卵巢、输卵管、子宫和阴道等

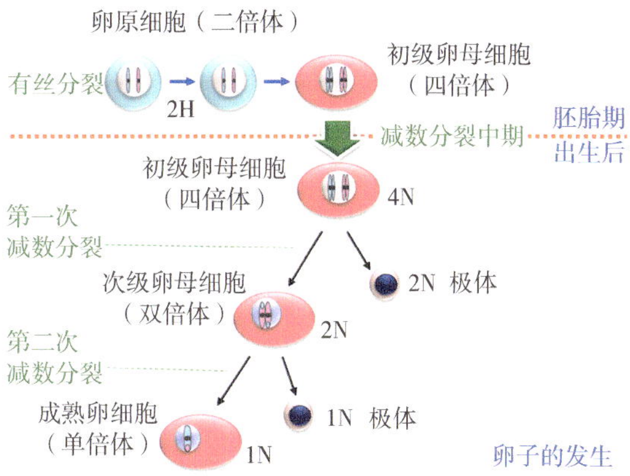

图 11-2 **卵子生成**

卵母细胞经两次减数分裂，产生一个单倍体卵子和极体

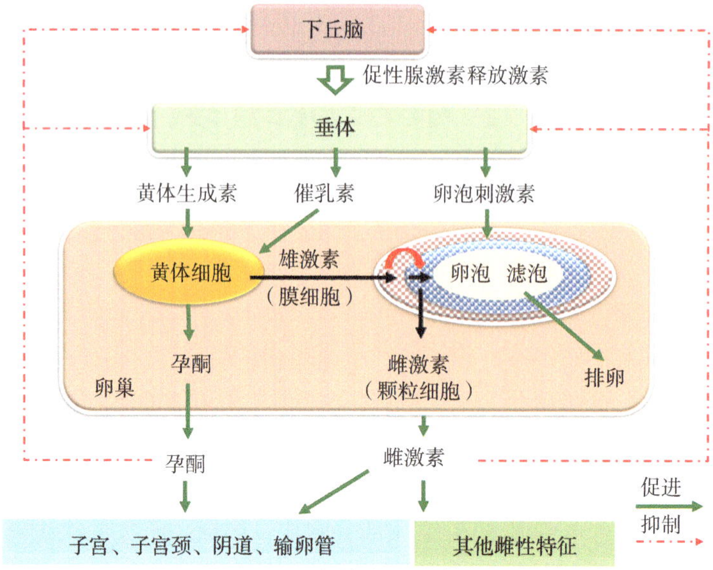

图 11-3　雌性生殖系统调控

在激素和神经调控下，雌性生殖组织的结构和功能不断发生周期性变化

表 11-1　雌性动物的性成熟年龄和性周期循环时间

动物种属	性成熟年龄	性周期循环时间	性老化年龄
大鼠	8 ~ 10 周龄	4 ~ 5 日	9 月龄
小鼠	7 ~ 8 周龄	4 ~ 5 日	8 月龄
犬	1.5 ~ 2 岁	4 ~ 13 个月，不规律，差异大	（？）
猴	3.5 ~ 5 岁	28 ~ 32 日	20 岁龄

第一节　卵　巢

卵巢（ovaries）主要功能是产生卵子，并分泌雌激素和孕激素。雌激素促进雌性器官的发育和成熟，维持雌性特征，如促进乳腺导管和间质增生和脂肪沉积。孕激素主要作用于子宫和乳腺，促进子宫内膜和乳腺腺泡的增生分泌，有助于受孕和胚胎发育。

一、卵巢结构

卵巢通常分为皮质、髓质和被膜（图 11-4）。食蟹猴和比格犬的卵巢皮质与髓质分界明显，大鼠卵巢的皮质和髓质之间分界不明显。

被膜为一纤维性结缔组织，亦称白膜。被膜表面被覆单层扁平、立方或柱状的间皮细胞。间皮与腹膜脏层的间皮相延续（图 11-5）。

皮质位于白膜的深面和卵巢外围，含有各发育阶段的生殖细胞、卵泡和卵泡间结缔组织 。发育后期的卵泡和黄体的体积剧增，挤压髓质。

髓质位于卵巢中央，由结缔组织构成，有间质细胞、血管、淋巴管和神经分布。近卵巢门处有卵巢网，呈不规则的管状结构。犬卵巢髓质中有明显的间质腺（图 11-6）。

血管、淋巴管和神经由卵巢门出入。卵巢动脉在入卵巢门前分支形成盘曲的卵巢动脉丛，进入髓质后，血管再分为细支，呈放射状进入皮质。原始卵泡和初级卵泡没有血管分布，靠渗透摄取营养。次级卵泡和成熟卵泡的卵泡膜层有毛细血管分布。黄体内有丰富的毛细血管和淋巴管分布。静脉血管和淋巴管最终汇出卵巢门。

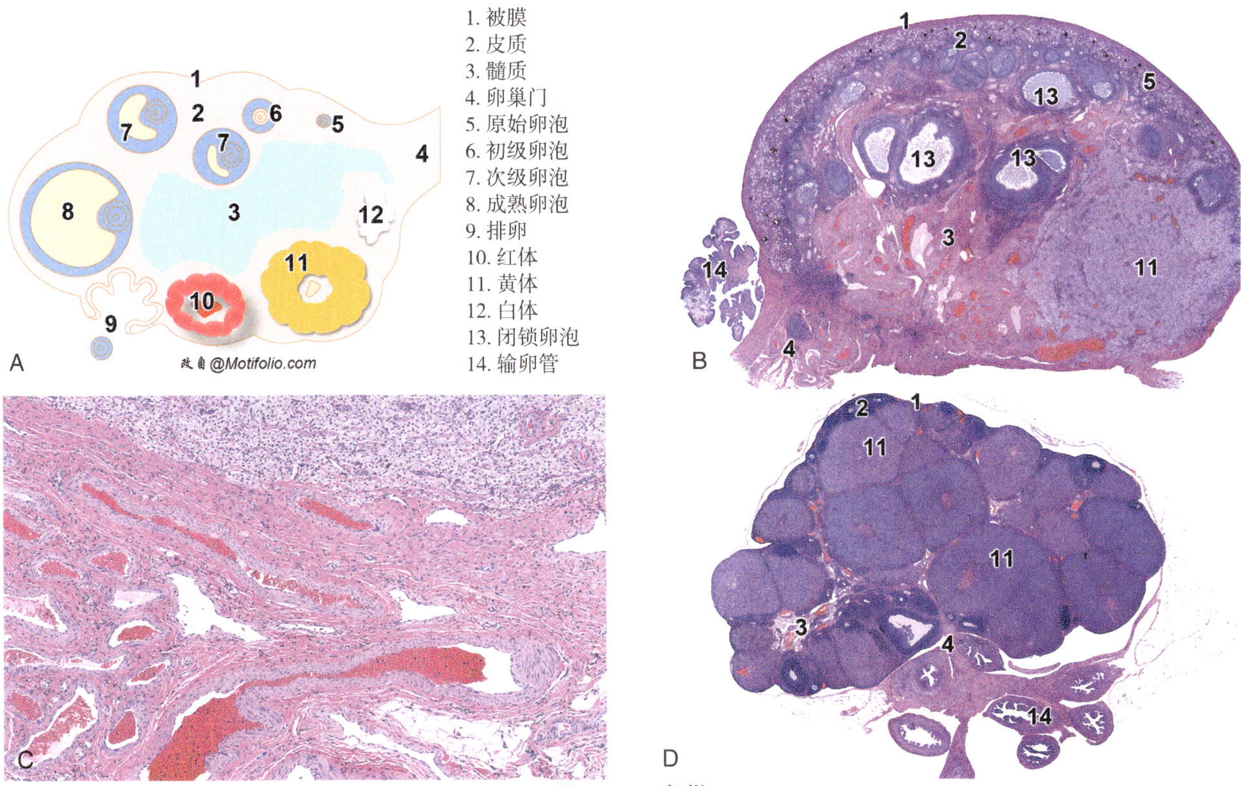

图 11-4　**卵巢**

A. 卵巢分为皮质、髓质和被膜，产生卵子，分泌雌激素和孕激素；B. 食蟹猴：皮质和髓质分界明显，皮质内有不同发育阶段的卵泡和钙化灶；C. 食蟹猴：髓质和卵巢门部富含血管、淋巴和神经等；D. SD 大鼠：皮质和髓质之间分界不明显，皮质富含不同发育阶段的黄体

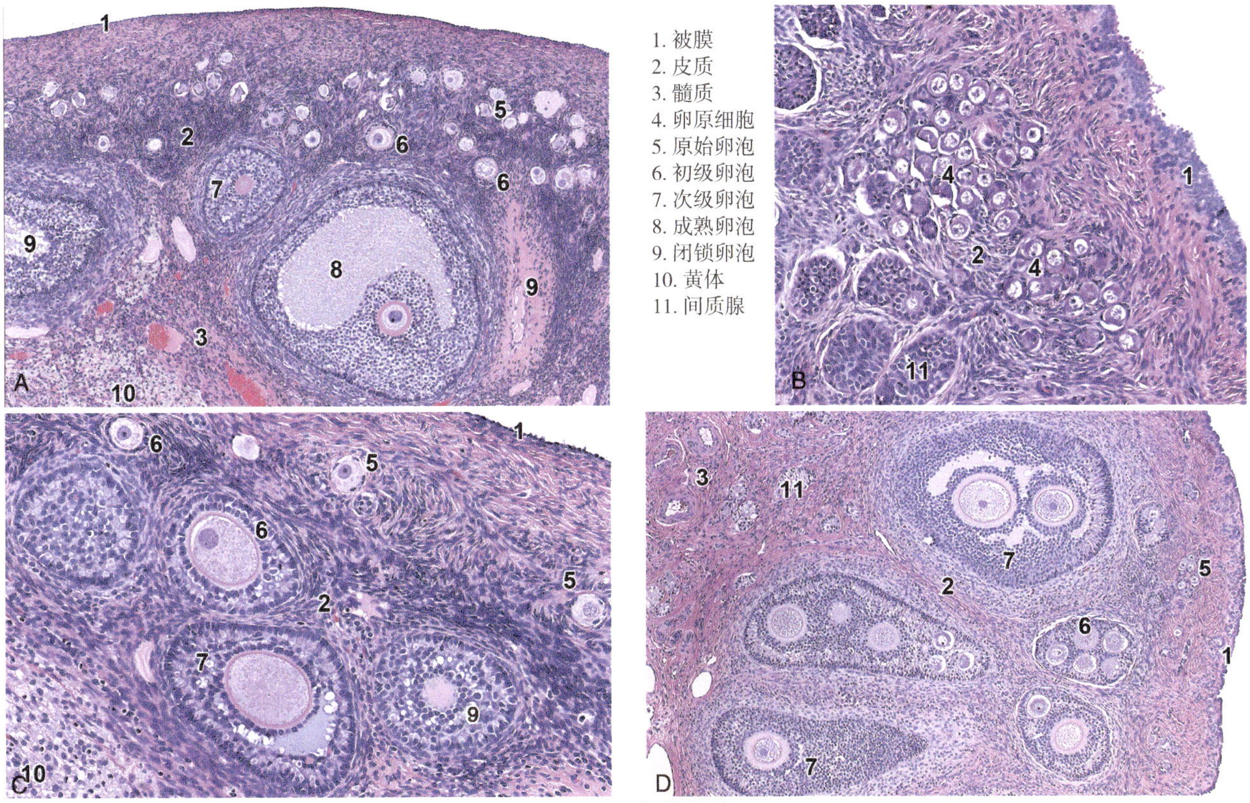

图 11-5　**卵巢皮质**

A. 食蟹猴：皮质含有各发育阶段的生殖细胞、卵泡和间质；B. 比格犬：卵原细胞是雌性生殖干细胞，在胚胎期分裂形成卵母细胞；C. 食蟹猴：皮质含有各发育阶段的生殖细胞、卵泡和间质；D. 比格犬：单个卵泡内可见多个卵母细胞

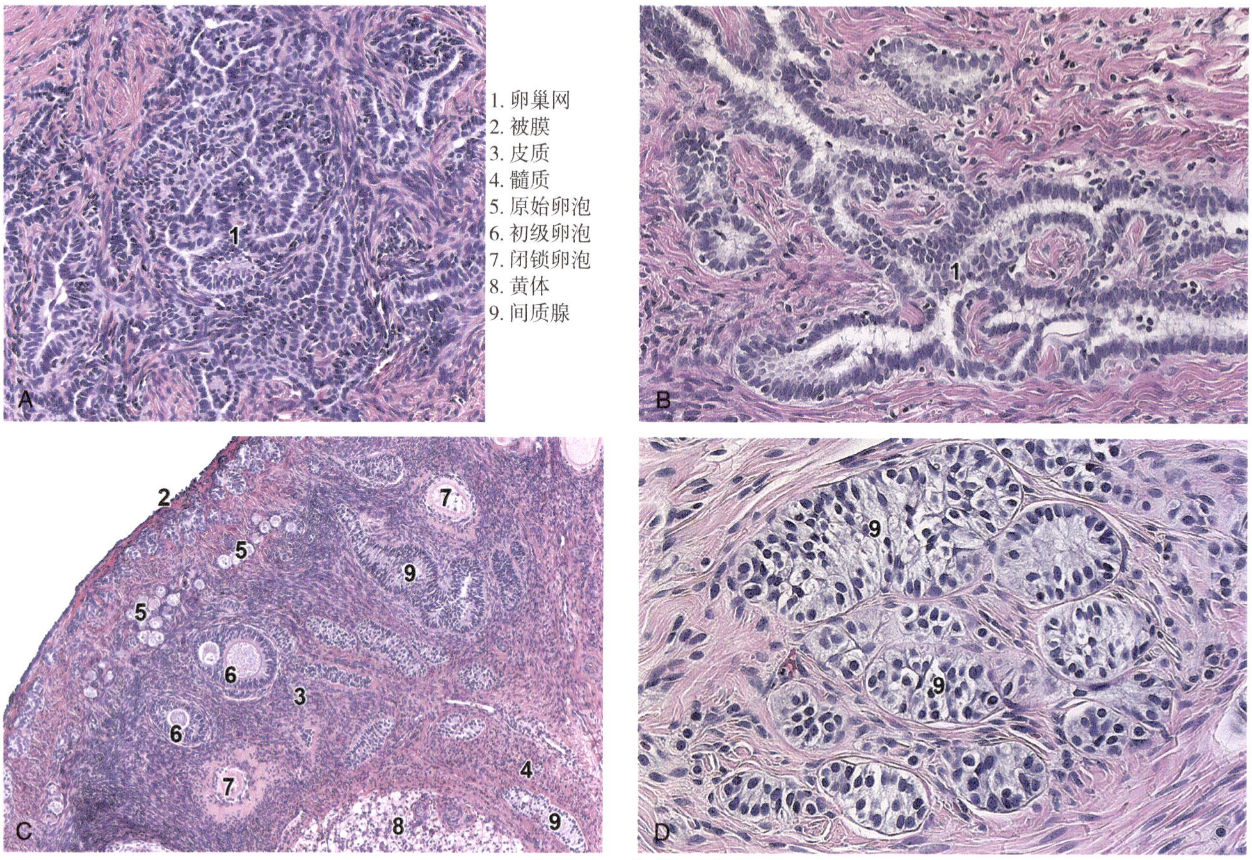

图 11–6 **卵巢髓质**

A、B. 卵巢网，食蟹猴：呈不规则的管状结构；C. 间质腺，比格犬：呈不规则的巢状或管状结构，走行于皮质和髓质之间；D. 间质腺，比格犬：呈不规则的巢状或管状结构，腺腔不规则或缺失

二、卵泡

卵原细胞是雌性生殖细胞的干细胞。胚胎期，卵原细胞分裂形成卵母细胞。卵母细胞周围有上皮细胞包围，一起构成原始卵泡。卵泡上皮细胞支持和营养卵母细胞，为卵母细胞的发育提供微环境。

卵泡的发育成熟是一个连续的过程，通常分为原始卵泡、初级卵泡、次级卵泡和成熟卵泡（图 11–7）。卵母细胞增大，卵泡细胞增殖，卵泡周围结缔组织增生，卵泡逐渐向皮质深部移行。通常每个卵泡含一个卵母细胞，但比格犬和偶尔食蟹猴的单个卵泡内可见多个卵母细胞。

1. *原始卵泡* 卵母细胞位于中央，由一单层扁平卵泡细胞包围。原始卵泡处于静止状态，处于第一次减数分裂的分裂前期，数量多，体积小，位于卵巢皮质的浅层。卵母细胞核大而圆，核仁明显，染色质稀疏，胞质弱嗜酸性。卵泡细胞则扁平，体积小，胞核扁圆，深染。与周围结缔组织之间有基底膜，但不明显。

2. *初级卵泡* 初级卵泡由单层至多层立方形或柱状卵泡细胞围成，近基底膜的卵泡细胞呈立方形或柱状。初级卵母细胞的体积增大，核仁深染。初级卵母细胞与卵泡细胞间出现一层均质状嗜酸性的透明带。卵泡膜的内层开始形成。

3. *次级卵泡* 卵泡进一步发育，卵母细胞的体积达到最大。卵泡细胞分裂增殖至多层，卵泡细胞间出现一个或多个不规则的卵泡腔状结构，腔内有卵泡液。卵泡液由卵泡细胞分泌和血浆渗入而成，内含激素及酶等。随着卵泡腔的增大，卵母细胞位于卵泡腔的一侧。

透明带明显，出现放射冠。邻近透明带的一层卵泡细胞呈柱状，放射状排列在初级卵母细胞周围，形成放射冠。放射冠细胞的微绒毛形成顶突，延伸至透明带内，并与卵母细胞的微绒毛之间进行细胞间隙交流。

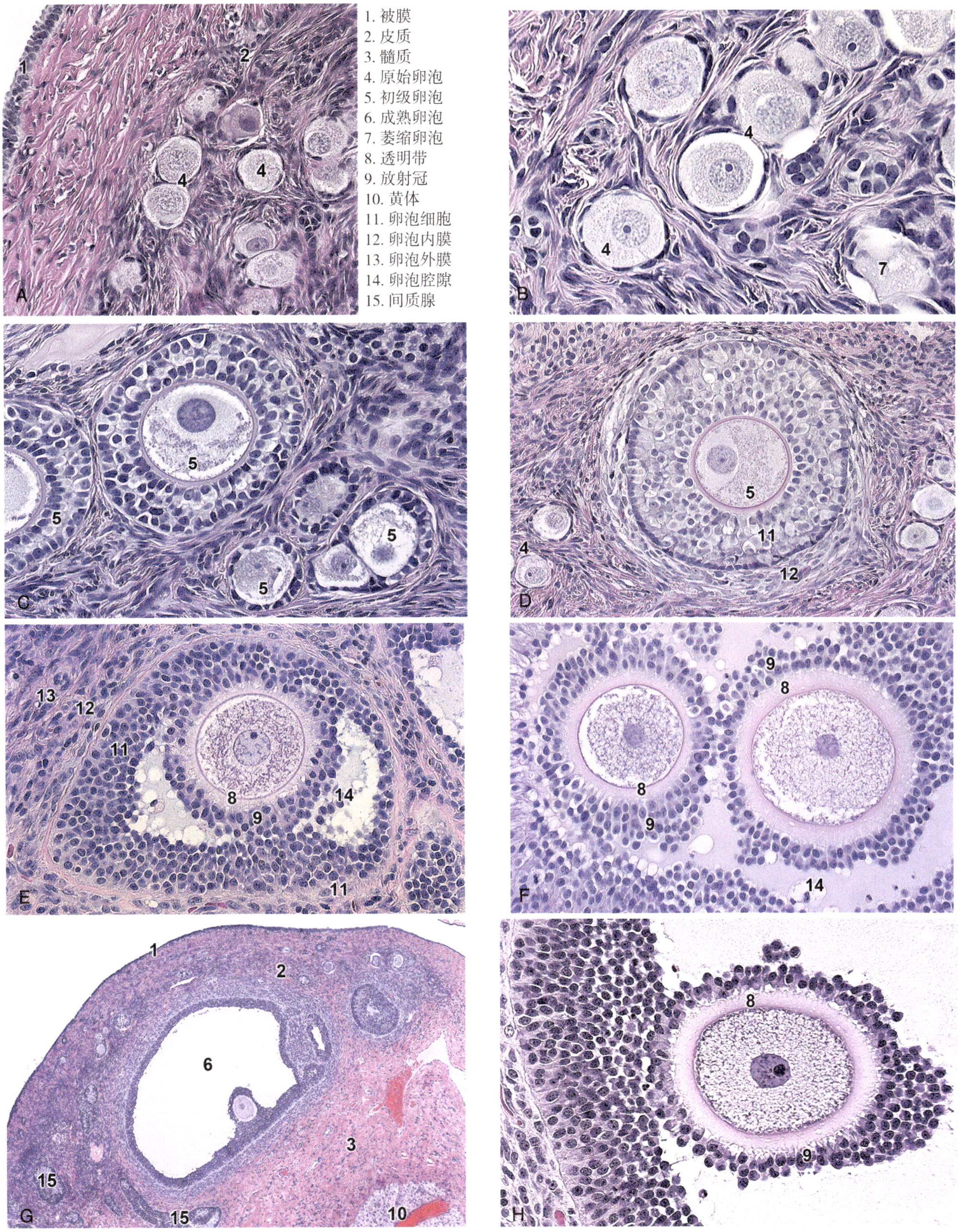

图 11-7 卵泡

A、B. 食蟹猴：原始卵泡，卵母细胞位于中央，由一单层扁平卵泡细胞包围；C. 初级卵泡，食蟹猴：卵母细胞由单层至多层立方形或柱状卵泡细胞围成；D. 初级卵泡，食蟹猴：近基底膜的卵泡细胞立方形或柱状，可见透明带和卵泡内膜；E. 次级卵泡，比格犬：卵母细胞体积达最大，卵泡细胞间出现不规则腔隙；F. 次级卵泡，比格犬：透明带明显，出现放射冠，颗粒层和卵泡外膜等；G. 成熟卵泡，比格犬：卵泡体积达最大，出现中央窦和卵丘，卵泡液剧增；H. 成熟卵泡，比格犬：卵丘内有初级卵母细胞、透明带和放射冠卵泡腔周围的卵泡细胞排列密集，呈颗粒状，称颗粒层。紧近邻基底膜的颗粒细胞呈柱状，与基底膜垂直。颗粒细胞层没有血管分布，卵泡和卵母细胞通过颗粒细胞的间隙渗透而获得营养。

卵泡基底膜周围的结缔组织内的梭形细胞也增殖分化，形成卵泡膜。卵泡膜分为内外两层，内膜层膜明显，外膜层膜开始形成。

4. 成熟卵泡　卵泡体积达到最大，出现中央窦和卵丘，卵泡壁隆起突向卵巢表面。卵泡液剧增，多个卵泡腔汇合形成单个腔隙，称中央窦，颗粒层变薄。卵丘内有初级卵母细胞、透明带和放射冠。卵丘基部的卵泡细胞之间的间隙增大，有利于排卵。排卵时，卵母细胞、透明带、放射冠细胞和少量卵泡细胞一起排入输卵管内。

卵泡膜的内膜层和外膜层进一步分化，但两者之间没有明显的界线。内膜层含有较多的卵圆形或多角形内膜细胞、毛细血管、成纤维细胞和胶原纤维等。内膜层与颗粒层之间有明显的基底膜。膜细胞分泌类固醇激素，胞质内含丰富的滑面内质网、线粒体和脂滴等。膜细胞含有 LH 受体。在 LH 的刺激下，合成和分泌雄激素。雄激素进入颗粒细胞，转化为雌激素。雌激素刺激颗粒细胞增殖，卵泡变大。外膜层主要由平滑肌和胶原纤维组成。外膜层细胞成分较少，纤维较多，有少量平滑肌。外膜层与周围卵巢间质融合。

5. 闭锁卵泡　幼龄动物的卵巢皮质内含有大量的原始卵泡（图 11–8）。性成熟后，在脑垂体促性腺激素周期性分泌的影响下，卵泡体积增大和分化。每个性周期都会有多个原始卵泡生长发育，但通常只有少数卵泡发育成熟并排卵。

绝大多数卵泡在发育过程中出现变性退化，形成闭锁卵泡。退化可以发生在卵泡发育的任何阶段。因此，卵巢内可以看到处于不同退化阶段的卵泡，并具有不同的形态特征。原始卵泡和初级卵泡闭锁时，卵母细胞和卵泡细胞都发生变性、萎缩和凋亡。卵泡形态不规则，最后消失或钙化。次级卵泡和成熟卵泡闭锁时，卵泡壁塌陷，透明带皱缩消失，卵母细胞也变性消失。闭锁卵泡中可能出现变性的卵母细胞、卵泡细胞、成纤维细胞、结缔组织和钙化灶等。

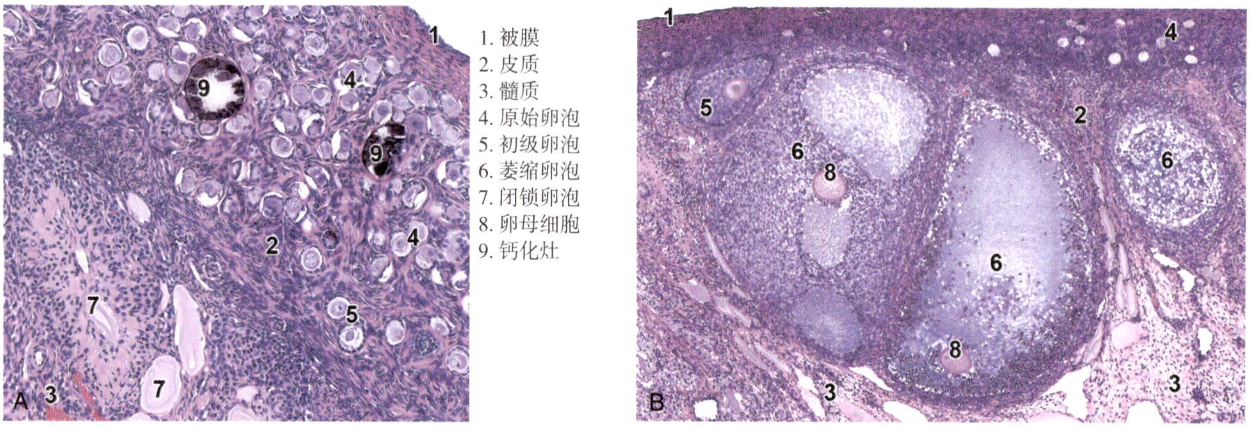

图 11–8　**闭锁卵泡**

A. 食蟹猴：绝大多数卵泡在发育过程中变性退化，形成闭锁卵泡；B. 食蟹猴：卵母细胞和卵泡细胞都发生变性、萎缩和凋亡

三、黄体

成熟卵泡排卵后，依次形成肉眼可见的红体、黄体（corpus luteum）和白体（图 11–9）。成熟后的卵泡在黄体生成素等的刺激下破裂排卵，卵泡壁塌陷，卵泡膜内血管充血，并与卵泡腔内出血块一起，形成红体。

在黄体生成素的继续作用下，红体逐渐分化成黄体。黄体的多数细胞来自颗粒层细胞，位于黄体的中央，也称颗粒黄体细胞。颗粒黄体细胞主要分泌孕酮和松弛素。来自卵泡内膜的黄体细胞位于黄体的周边。也称膜黄体细胞。膜黄体细胞体积小，染色较深，数量也少。膜黄体细胞主要分泌雌激素。卵泡膜的血管和淋巴管也逐渐增生，在黄体内形成丰富的血管和淋巴管网。

如卵细胞受精，在胎盘绒毛膜促性腺激素的作用下，黄体继续发育增大，直到妊娠完成。如卵细胞未受精，黄体细胞变性、坏死，由巨噬细胞吞噬消化，黄体退化。结缔组织逐渐增生，取代黄体，变成白色瘢痕组织，肉眼呈白色。部分黄体细胞可能分化为间质细胞。

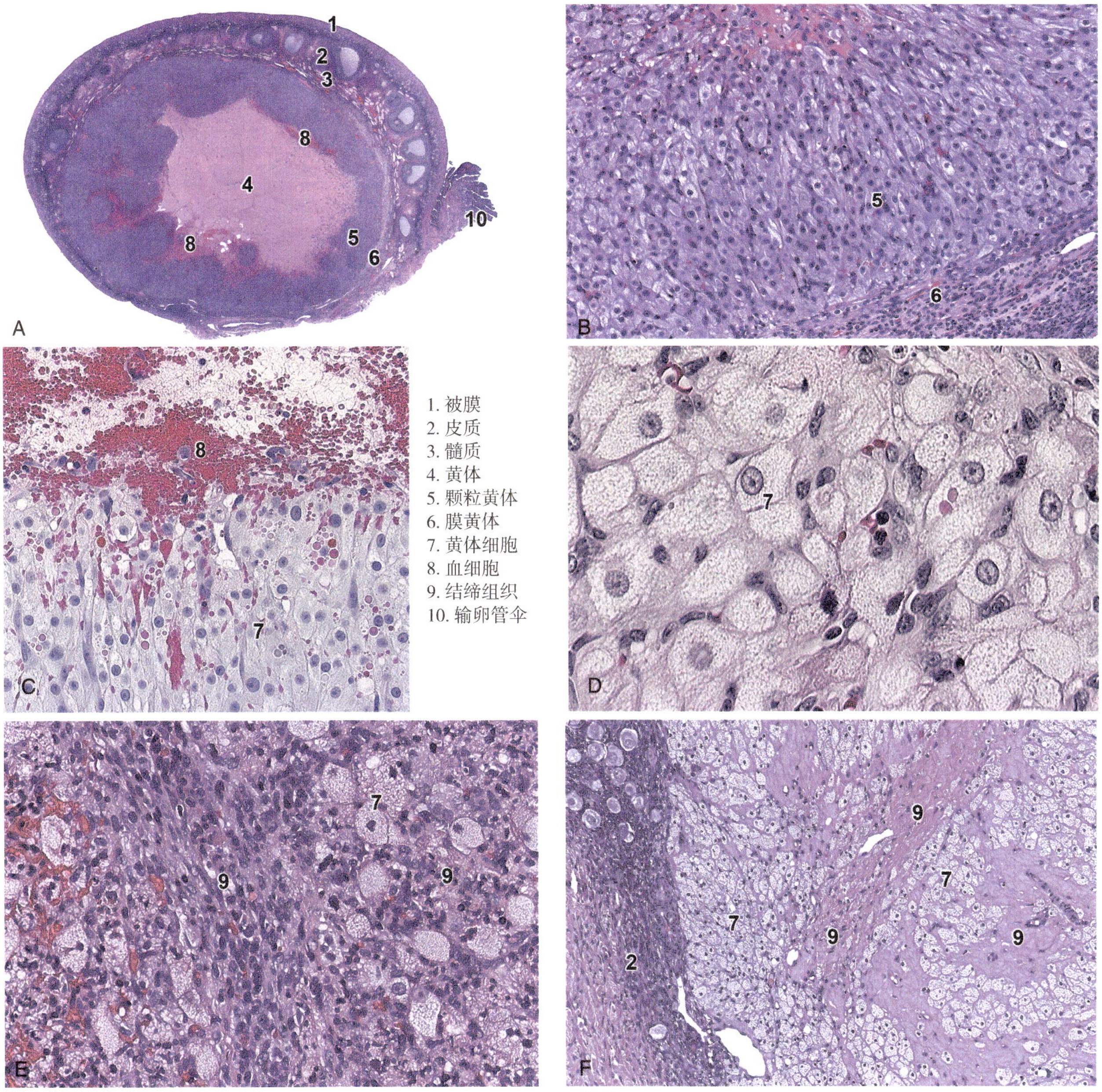

图 11-9　黄体

A. 食蟹猴：成熟卵泡排卵后，依次形成肉眼可见的红体、黄体和白体；B. 食蟹猴：颗粒黄体细胞来自颗粒层细胞，膜黄体细胞来自卵泡内膜；C. 食蟹猴：新生黄体含有血液，黄体细胞小，卵圆或梭形，强嗜碱性；D. 食蟹猴：成熟黄体细胞大，卵圆形或多角形，胞质富含滑面内质网；E. 食蟹猴：黄体退化，细胞萎缩，胞质空泡变性，结缔组织增生；F. 白体，食蟹猴：结缔组织增生，黄体细胞变性或转化为卵巢间质细胞

第二节　输卵管

输卵管（uterine tubes or oviducts）是一个肌性管道，主要功能是运输卵子和提供受精的微环境（图 11-10）。输卵管通常分为漏斗部（伞部）、壶腹部、峡部和子宫部。漏斗部起始于卵巢，与腹腔相通。

管壁由黏膜层、肌层和浆膜层组成。黏膜层形成许多纵行和分支的皱襞，故管腔的横切面不规则。黏膜层由疏松结缔组织固有层和单层柱状上皮组成。上皮由分泌细胞和纤毛细胞构成，细胞形态和功能可受卵巢激素的调控。漏斗部和壶腹部的纤毛细胞丰富。纤毛向子宫方向摆动，有助于卵子向子宫方向运送。分泌细胞散在纤毛细胞之间，细胞游离缘有微绒毛。分泌细胞以顶浆分泌方式将其分泌物释放到黏膜表面，形成输卵管液和营养卵细胞。肌层为内环和外纵平滑肌纤维。浆膜层由间皮和疏松结缔组织构成，富含血管。

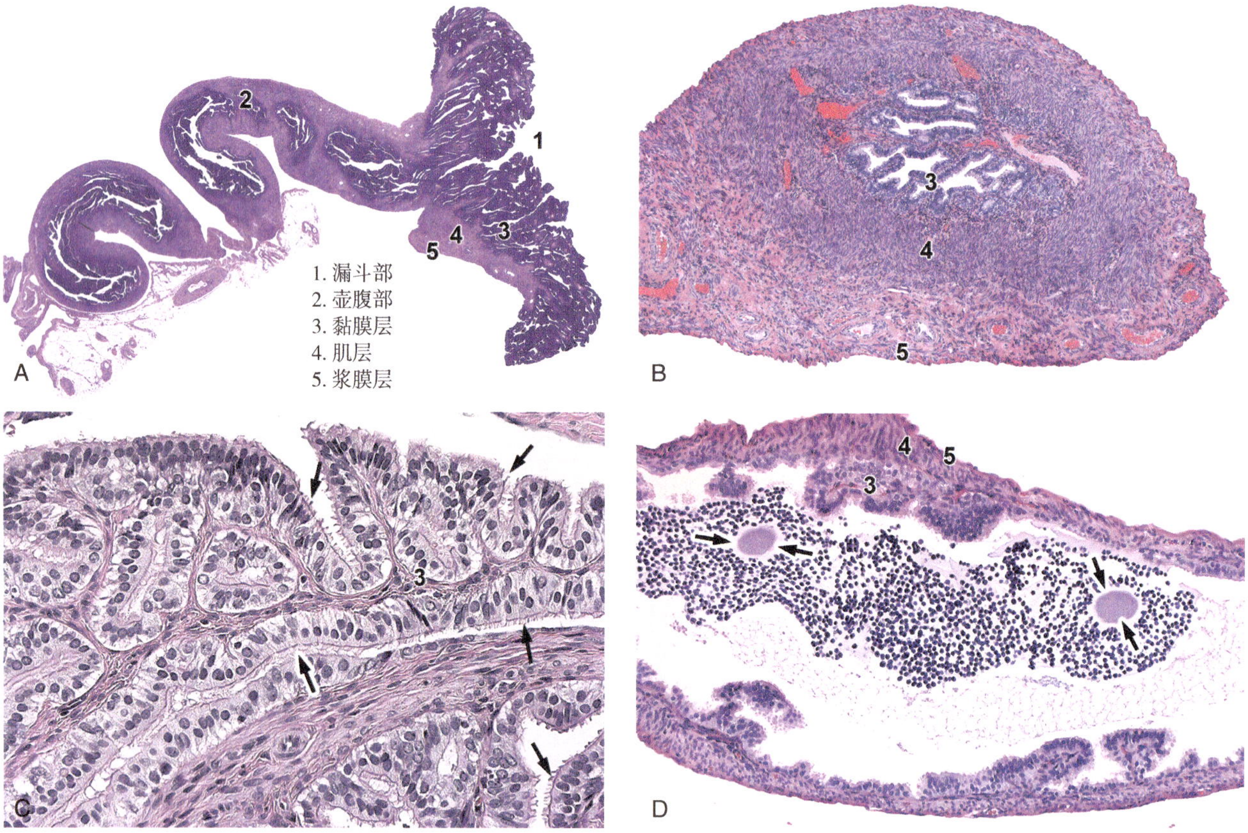

图 11-10　**输卵管**

A. 食蟹猴：通常分为漏斗部、壶腹部、峡部和子宫部；B. SD 大鼠：管壁由黏膜层、肌层和浆膜层组成，管腔横切面不规则；C. 食蟹猴：漏斗部毛缘状结构，柱状上皮细胞游离缘有微绒毛和纤毛；D. SD 大鼠：发情期输卵管腔可内见卵细胞和放射冠结构

第三节 子 宫

一、子宫结构

子宫（uterus）为一肌性管状或腔状器官，是胎儿发育的场所（图 11-11）。子宫的解剖学形态随动物种属不同而异。食蟹猴的子宫呈梨形，分为子宫颈和子宫体。比格犬和鼠的子宫为双角子宫，分为子宫颈和子宫角。

子宫壁可分为内膜、肌层和外膜。子宫内膜层由单层扁平或柱状上皮和固有层组成。腺上皮主要是分泌细胞，顶浆分泌。固有层含有丰富的子宫腺，血管、淋巴管，神经和基质细胞。子宫腺为单管状腺，起始端与内膜上皮相延续，末端有分支。固有层内的基质细胞呈梭形或星形，胞质少，胞核大而圆。分泌胶原蛋白，类似成纤维细胞。基质细胞分化程度较低，随妊娠及性周期变化而增生与分化。

子宫肌层厚，与输卵管和阴道的肌层相延续。肌层可分为纵、环或斜等层，分界不明显。肌层结缔组织有未分化的间充质细胞，妊娠时可分化为平滑肌细胞，并增生肥大。孕酮可促使平滑肌细胞体积增大，并抑制平滑肌收缩。雌激素可促使平滑肌细胞增殖，增加细胞数量。分娩后，子宫平滑肌细胞逐渐萎缩，变小或凋亡，结缔组织也被降解吸收，子宫恢复原状。

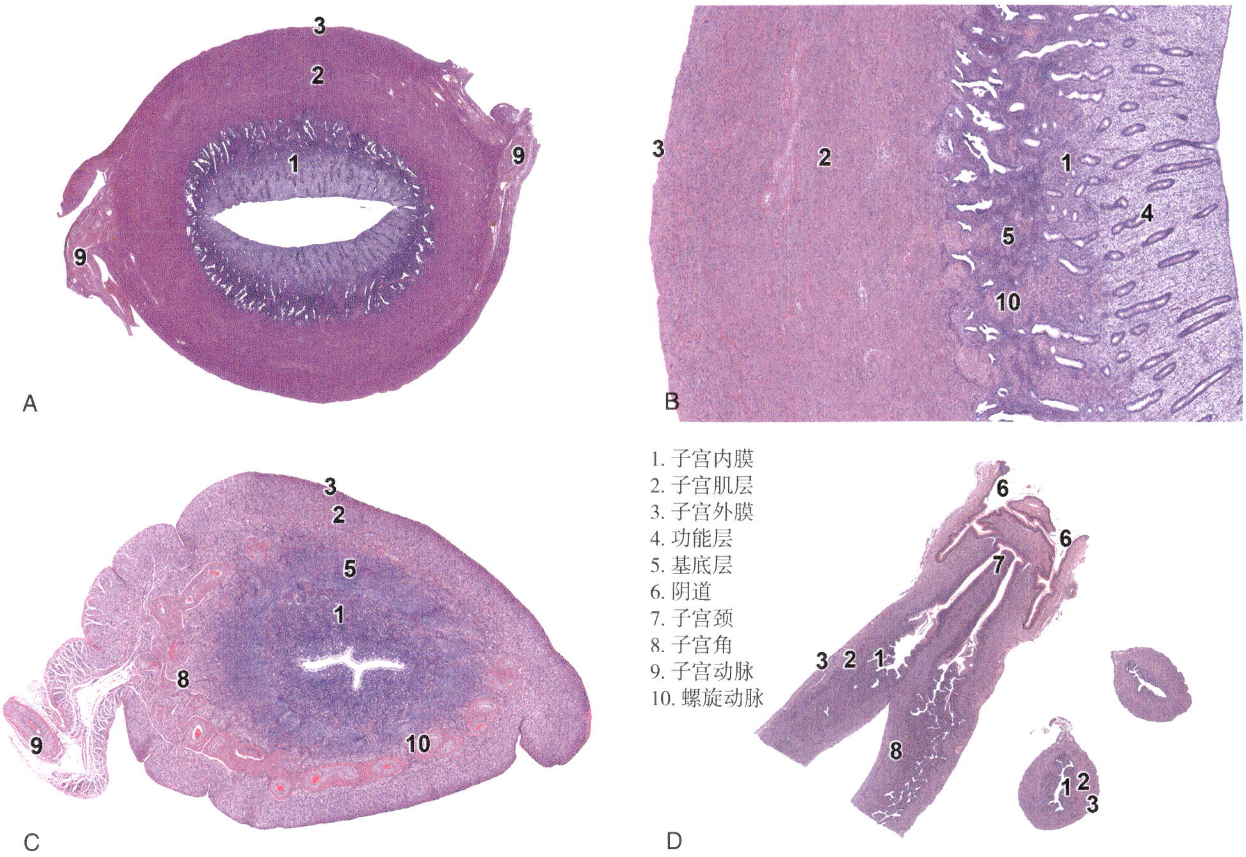

图 11-11 子宫

A. 食蟹猴：灵长类子宫呈梨形，分为子宫颈和子宫体；B. 食蟹猴：宫壁分为内膜、肌层和外膜，灵长类动物黏膜层分为功能层和基底层；C. 比格犬：为双角子宫，分为子宫颈和和子宫角；D. WH 大鼠：为双角子宫，分为子宫颈和和子宫角食蟹猴子宫黏膜可分为浅表的功能层和深部的基底层。子宫动脉进入子宫壁肌层后，分支进入子宫内膜，形成螺旋动脉。螺旋动脉在子宫内膜功能层浅层形成毛细血管网和毛细血管窦。然后汇入相应静脉。螺旋动脉对性激素的刺激敏感，参与子宫内膜的周期性变化。

二、子宫黏膜的周期性变化

子宫内膜和肌层受性激素调控而发生周期性增生和变性等形态变化。食蟹猴子宫黏膜的周期性变化可分为增生期、分泌期和月经期三个阶段（图 11–12）。比格犬和鼠的子宫黏膜变化通常分为发情前期、发情期、发情后期和发情间期四个阶段。

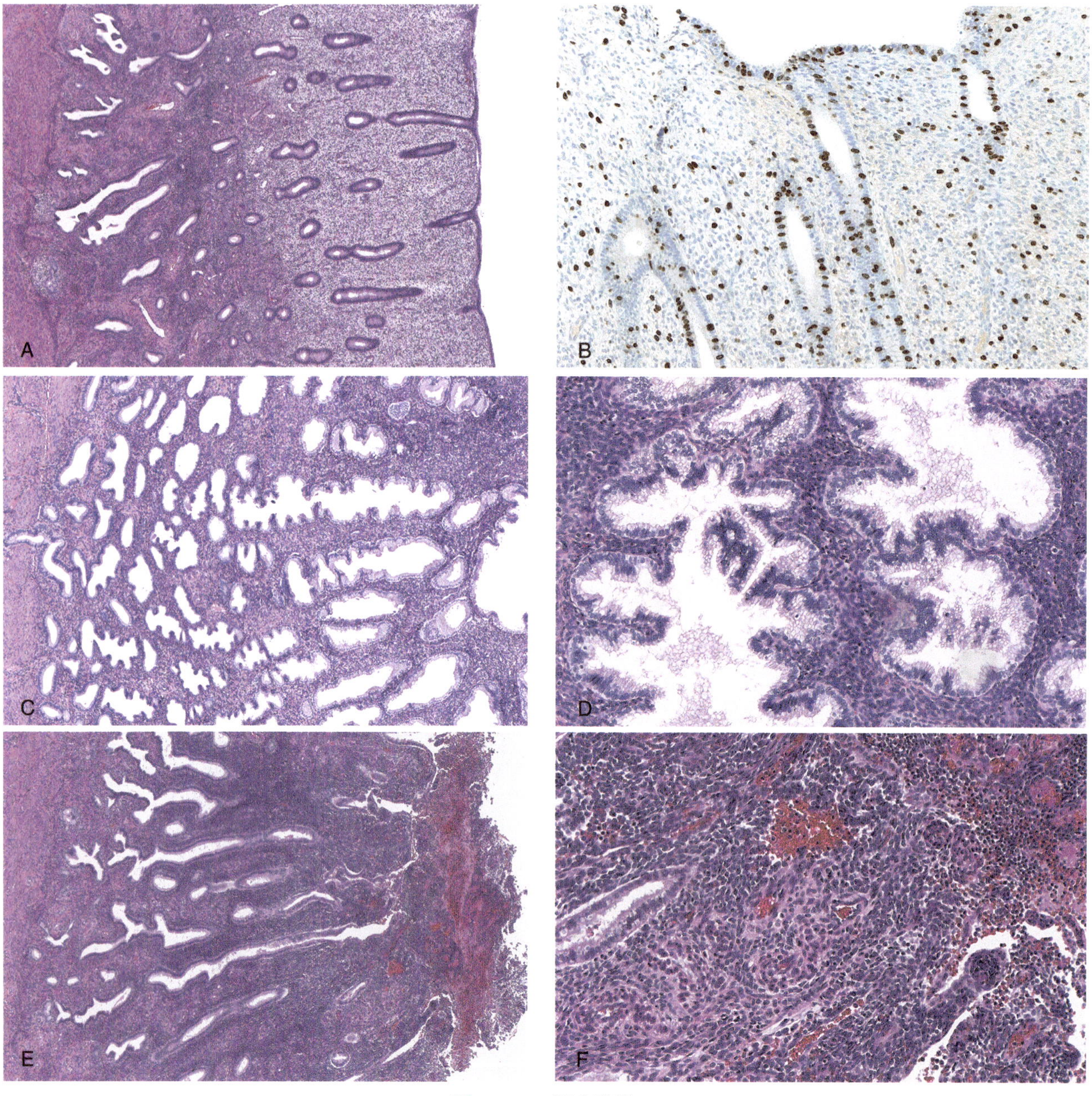

图 11–12　**子宫黏膜**

A. 增生期，食蟹猴：子宫黏膜上皮增生，子宫内膜增生和重建；B. 增生期，食蟹猴：子宫黏膜上皮增生，Ki–67 免疫组化染色；C. 分泌期，食蟹猴：子宫黏膜腺分泌，腺腔扩大弯曲，呈锯齿状；D. 分泌期，食蟹猴：上皮细胞肥大，顶端胞质不规则，无细胞核分裂象；E. 月经期，食蟹猴：子宫黏膜动脉收缩，黏膜功能层发生缺血坏死，脱落；F. 月经期，食蟹猴：功能层发生缺血、坏死和脱落，黏膜变薄

1. 增生期也称卵泡期，此期主要受雌激素的影响。卵泡发育和成熟，卵泡颗粒细胞分泌雌激素。在雌激素作用下，子宫黏膜上皮增生，子宫内膜增生和重建。子宫腺增生增多，早期腺腔大而直，逐渐弯曲或呈螺旋状。子宫内膜上皮和腺上皮呈假复层柱状，上皮细胞和间质细胞分裂象明显。

2. 分泌期也称黄体期，此期主要受孕激素影响。卵泡排卵，黄体形成，黄体细胞分泌孕酮。在孕酮和雌激素作用下，子宫黏膜继续增生和变厚。子宫腺腔扩大弯曲，腺腔纵切面呈锯齿状，充盈黏液性分泌物。黏膜上皮细胞肥大，呈柱状，无明显的细胞分裂象，顶端胞质不规则。偶尔可见核上和核下的胞质均有糖原积聚和脂肪滴，呈空泡状。间质细胞肥大，间质细胞分裂象消失。

3. 月经期即黄体退化期。如果卵子未受精，黄体发生变性萎缩，卵巢雌激素和孕酮的分泌水平下降。子宫黏膜动脉收缩，黏膜表面发生缺血、坏死和脱落，黏膜变薄。

三、子宫颈

子宫颈（cervix）壁由外膜、肌层和黏膜组成（图 11–13）。外膜为纤维性结缔组织。肌层平滑肌间有丰富的结缔组织。

食蟹猴子宫颈的黏膜有丰富的子宫颈腺、分支管状腺，分泌黏液。黏膜上皮细胞为单层柱状，由大量分泌细胞及少量基底细胞组成。基底细胞散在于柱状细胞和基底膜之间，细胞体积小，分化程度低，有增殖修复功能。在宫颈外口，单层柱状上皮移行为复层扁平上皮，可见黏液分泌细胞和复层扁平上皮的混合结构。子宫颈黏膜层的周期性形态变化不太明显。

鼠的子宫颈黏膜由复层扁平上皮覆盖，没有腺体结构。子宫颈内膜的周期性变化与阴道内膜相同 。

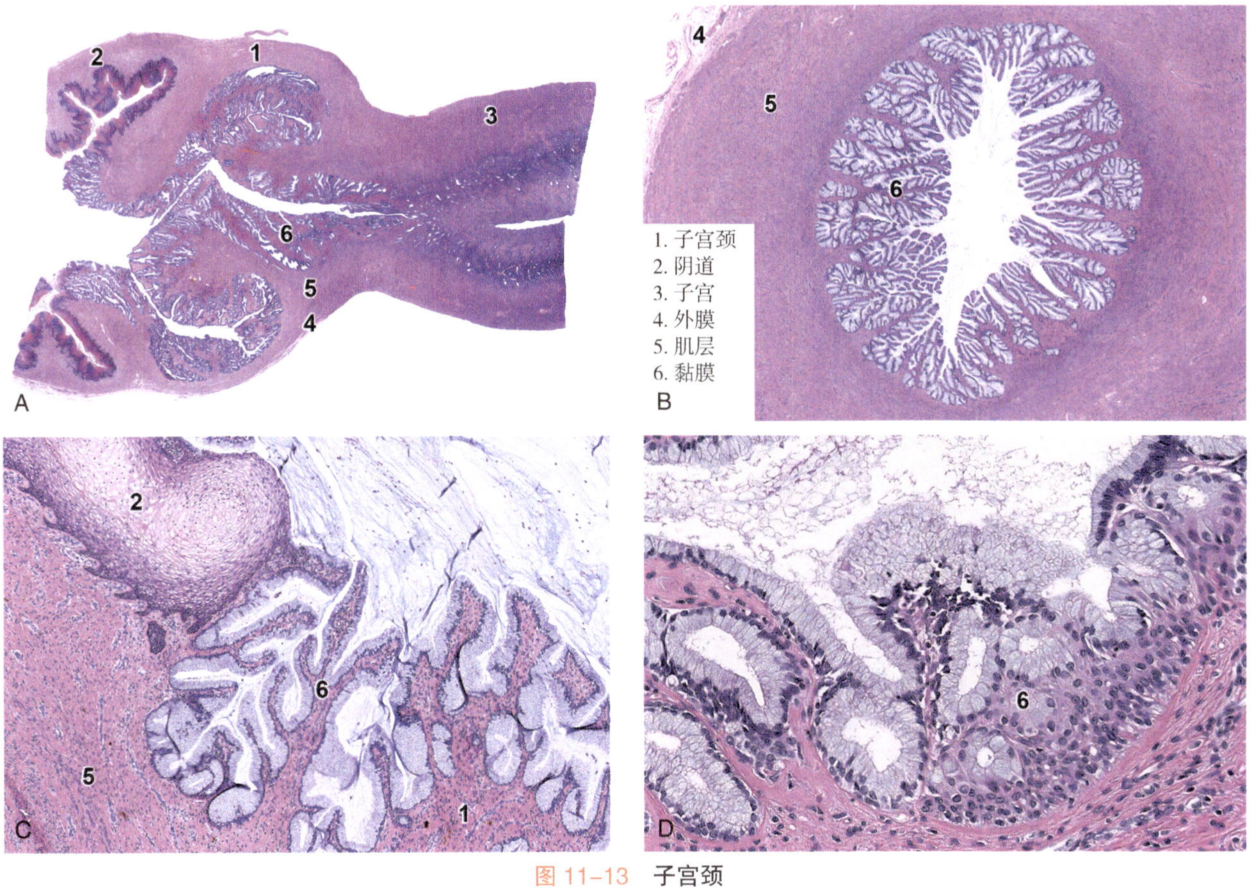

图 11–13 子宫颈

A. 食蟹猴：子宫颈连接阴道和子宫；B. 食蟹猴：颈壁由外膜、肌层和黏膜组成，肌层富含平滑肌；C. 食蟹猴：黏膜有丰富子宫颈腺，形似分支状管样腺，分泌黏液；D. 食蟹猴：黏膜上皮细胞为单层柱状分泌细胞及少量储备细胞组成

第四节 阴 道

阴道(vagina)是一个纤维和肌性管道。阴道由外膜层、肌层及黏膜层组成。黏膜层由复层扁平上皮覆盖，固有层由纤维弹性结缔组织组成，没有腺体结构。肌层由交叉的平滑肌纤维束组成。外膜层由致密结缔组织构成，并与周围其他结构延续。

鼠阴道上皮随性周期的变化而变化，包括发情前期、发情期、发情后期和间情期。阴道上皮组织切片和分泌物涂片常用来鉴别鼠的发情周期。

第五节 阴蒂腺

雌性大鼠的阴蒂腺（clitoral gland）位于阴蒂两侧，阴蒂腺形态与雄性大鼠的包皮腺相似（图 11-14）。阴蒂腺分泌皮脂和浆液样分泌物。阴蒂富含神经纤维。

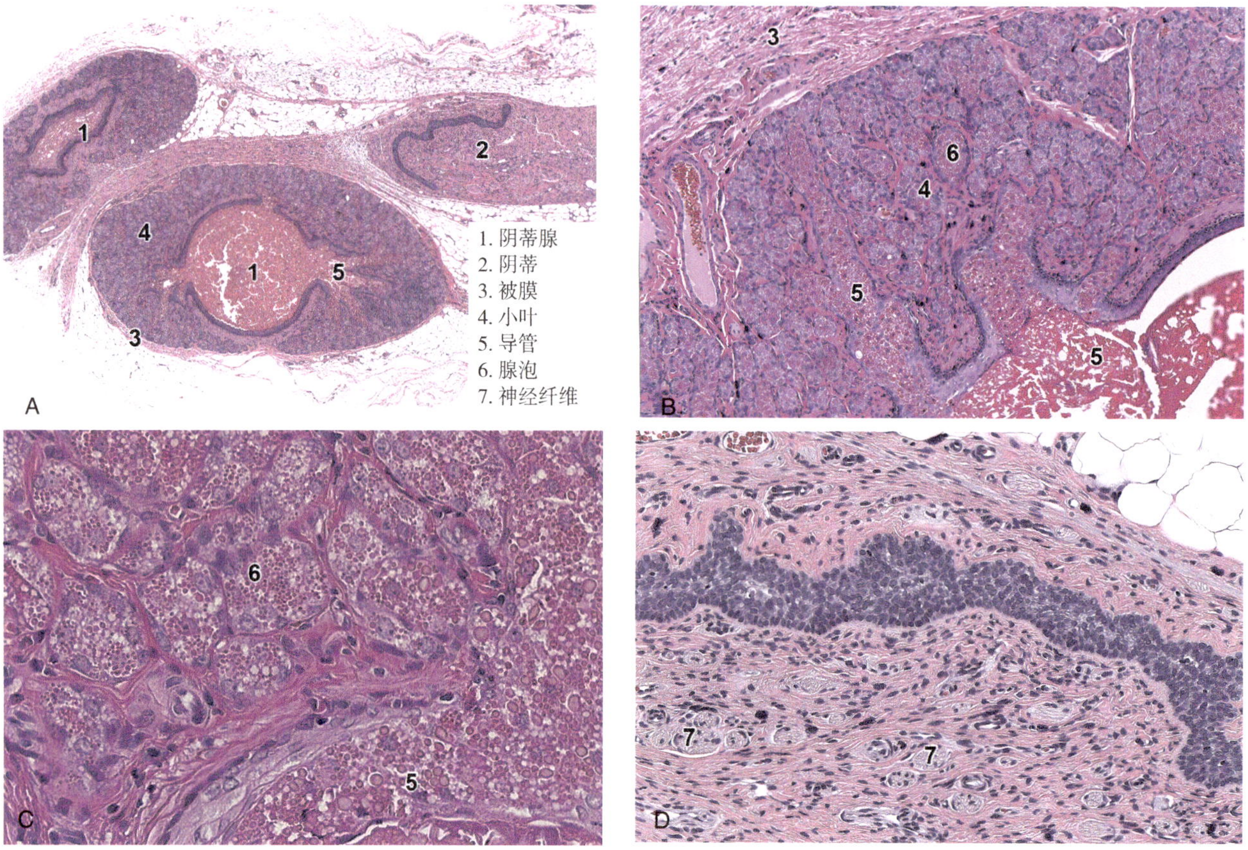

图 11-14 阴蒂腺

A. WH 大鼠：阴蒂腺形态及功能与雄性动物包皮腺相似；B. WH 大鼠：阴蒂腺具有皮脂和浆液样分泌功能；C. WH 大鼠：阴蒂腺分泌物呈皮脂和浆液样，经顶浆分泌或全浆分泌；D. WH 大鼠：阴蒂固有膜内富含神经纤维、血管和其他结缔组织

第六节 乳 腺

乳腺（mammary gland）位置及数量因动物种类不同而异。猴仅有一对乳腺，大鼠有6对，小鼠有5对，犬有5对或6对。乳腺为外胚层分化的复管泡状腺，属于汗腺的衍生物，为哺乳动物具有的组织。性成熟期雌性动物的乳腺组织发达，产生乳汁。雄性动物的乳腺组织不发达，仅有少量腺体组织存在。

一、乳腺结构

乳腺有腺泡、导管和乳头组成，间质中富含脂肪组织（图11–15）。腺泡分泌乳汁，由单层立方上皮组成，细胞分泌后变扁平。各级乳腺导管覆有单层或假双层立方或柱状上皮细胞。腺泡和腺导管上皮细胞与基底膜之间有肌上皮样细胞。肌上皮样细胞收缩可以促进乳汁排泌，还可分泌产生基底膜成分。主导管和乳头管覆有复层扁平上皮。

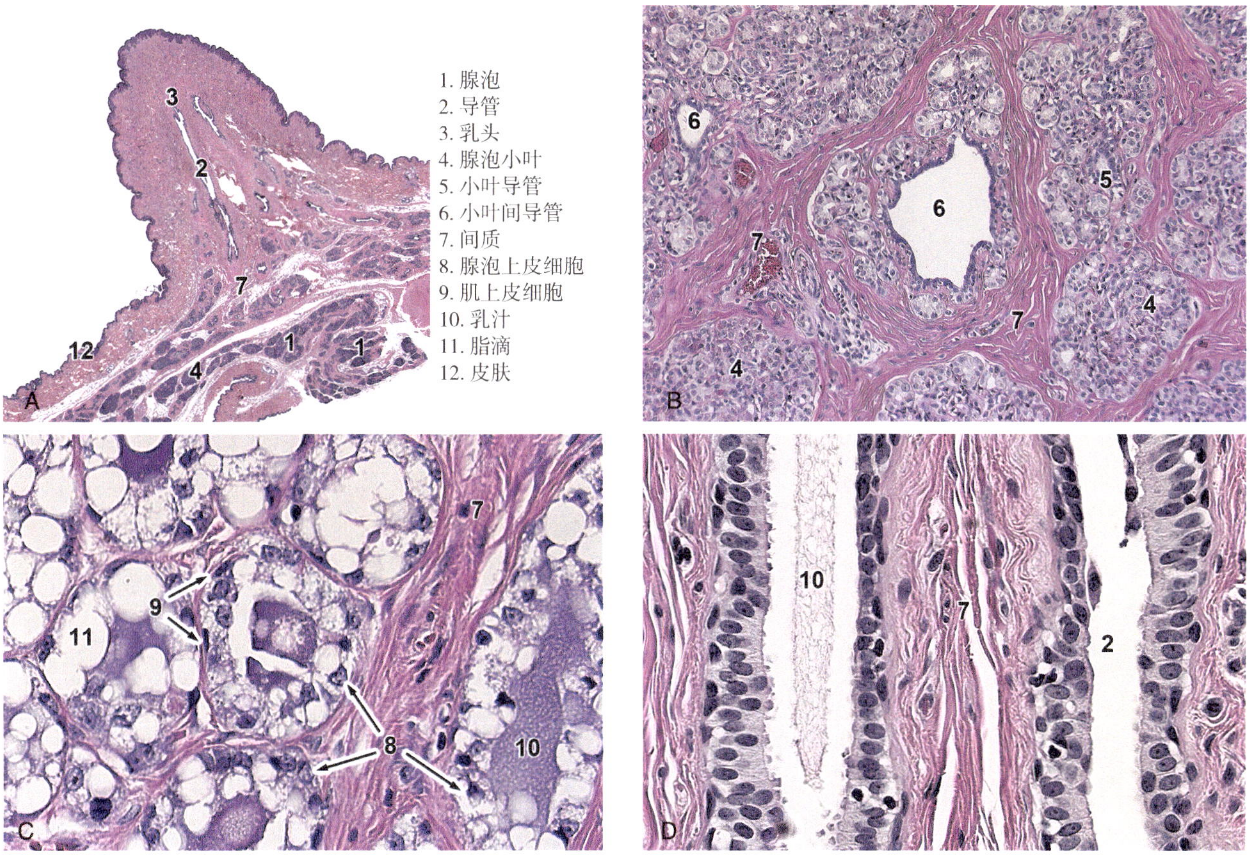

图 11–15 乳腺

A. 食蟹猴：乳腺由腺泡、导管和乳头组成，间质富含脂肪结缔组织；B. 食蟹猴：复管泡状腺，间质结缔组织将腺泡分为小叶及其导管；C. 食蟹猴：腺泡由单层或双层立方上皮组成，有基底膜和肌上皮细胞；D. 食蟹猴：各级乳腺的导管覆有单层或双层立方或柱状上皮细胞

二、乳腺性别差异

大鼠乳腺组织形态具有明显的两性差异（图 11-16）。雌性大鼠的乳腺呈管状腺泡结构。管状乳腺周围或末端有少量腺泡结构，稀松疏散地分布于脂肪结缔组织中。雄性大鼠的乳腺呈叶状腺泡结构。众多腺泡密集排列在一起，很少有小管状结构，呈小叶状。

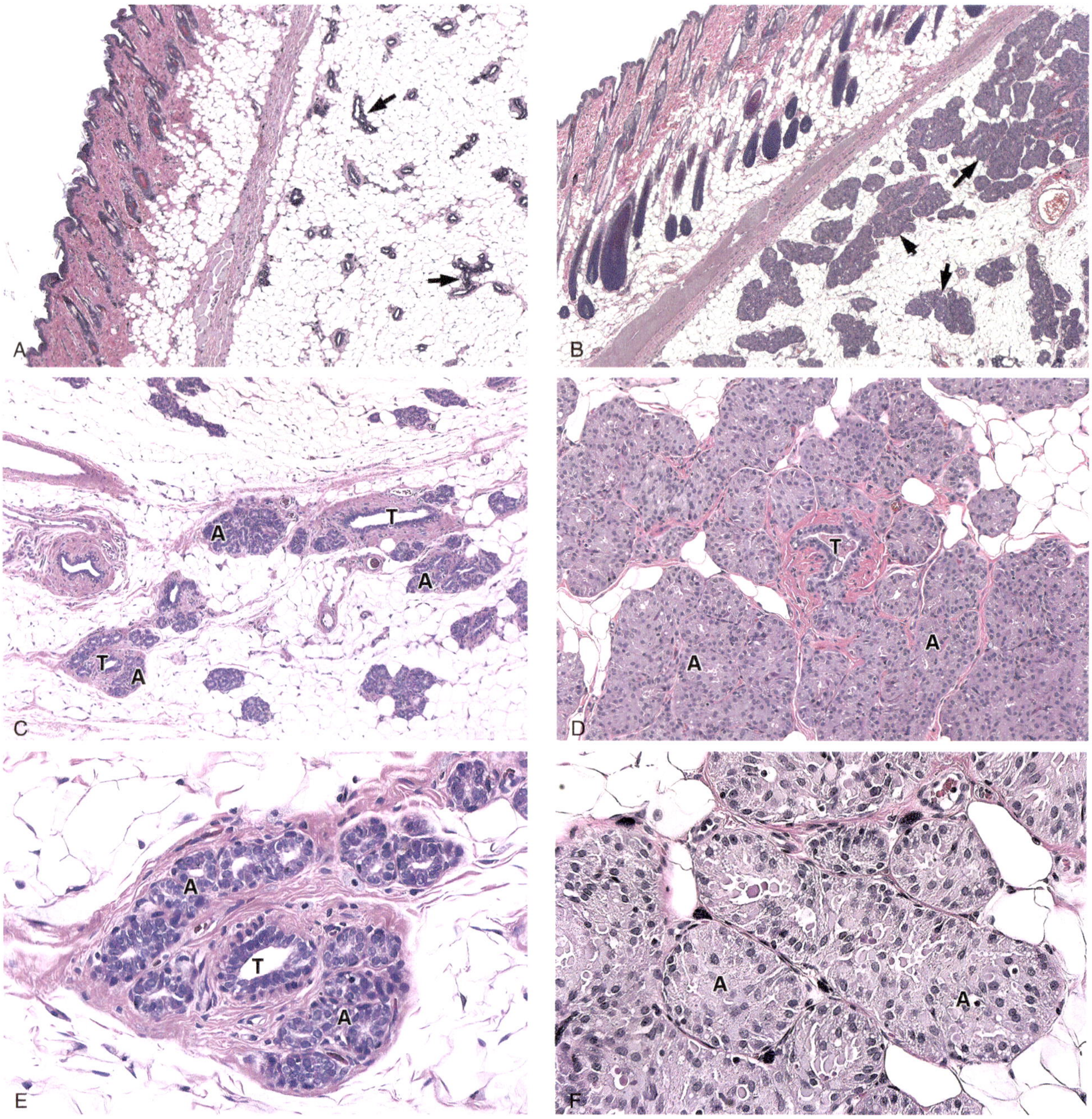

图 11-16 乳腺性别

A. SD 大鼠：雌性乳腺呈管状腺泡，稀疏散在于脂肪结缔组织中；B. SD 大鼠：雄性乳腺呈小叶状腺泡，密集分布于脂肪结缔组织中；C. SD 大鼠：雌性乳腺为管状腺，腺管（T）周围或末端有少量腺泡（A）；D. SD 大鼠：雄性乳腺呈小叶状腺泡（A），管状结构（T）很少；E. SD 大鼠：雌性乳腺呈管状腺泡，少量腺泡（A）围绕腺管（T）周围；F. SD 大鼠：雄性乳腺呈叶状腺泡（A），众多腺泡密集排列在一起

第七节 雌性动物生殖组织的周期性变化

雌性动物生殖器官受性激素调控，发生周期性形态和功能变化。食蟹猴性周期为 28 ～ 34 天。大小鼠性周期为 4 ～ 5 天。犬的发情周期性变化不规律，随品系或个体不同而异。犬发情前期和发情期可持续 5 ～ 21 天，发情后期可持续 60 天，发情间期可持续 56 ～ 100 天。

下丘脑 – 垂体 – 性腺轴调节生殖组织的周期性变化。一些药物、毒物或其他饲养环境因素可以影响下丘脑 – 垂体 – 性腺的功能，从而影响雌性动物的性周期变化。

雌性大鼠的周期持续循环为 4 ～ 5 天（表 11–2）。通常分为发情前期（图 11–17）、发情期 （图 11–18）、发情后期（图 11–19）和发情间期（图 11–20）。黄体在卵巢中可持续存在 12 ～ 14 天。因此每个卵巢切面上可以看到 3 ～ 4 代黄体，新生黄体常用于鉴别发情周期变化。

表 11–2 大鼠的发情周期变化特征

周期变化	发情前期	发情期	发情后期	发情间期
卵巢	黄体变性，中央纤维化。黄体细胞大，呈多角形；胞质弱嗜酸性，胞质和胞核均空泡化。少量黄体细胞凋亡 排卵前期，卵巢内可见成熟卵泡及其中央窦	新黄体形成，体积小；中央有空腔，内含来自卵泡液体。黄体细胞小，呈梭形，其长轴与黄体膜垂直。胞质嗜碱性强。胞核卵圆形，嗜碱性，可见分裂象 前期各黄体变性，有凋亡细胞	新黄体增大，有的黄体中央可能有空腔，充盈液体，没有纤维化 黄体细胞呈圆形，胞质微嗜碱性，胞核变圆，可见分裂象	黄体体积达峰值，黄体细胞呈圆形或多角形；胞质微嗜碱性，空泡化。胞核圆形，嗜碱性，染色均匀 黄体中央纤维化。近中央的黄体细胞微空泡化明显
子宫	黏膜上皮细胞呈高立方形至低柱状，大量分裂象。极少有凋亡细胞或白细胞浸润。黏膜固有层水肿，间质血管明显，后期宫腔扩张，黏膜腺腔也可能扩张	早期子宫腔扩张，逐渐收缩，子宫黏膜形成皱褶，白细胞浸润 黏膜上皮细胞高柱状，无分裂象。早期腺上皮细胞凋亡，后期黏膜上皮和腺上皮细胞均呈现广泛凋亡	宫腔窄小 黏膜上皮细胞低柱状 上皮细胞空泡变性凋亡，分裂象显著，两者共存。偶尔可见胞质空泡位于上皮细胞核的基底部	宫腔窄小。黏膜活动性降低，间质组织明显 黏膜固有层水肿。黏膜上皮细胞呈低立方形至柱状，极少凋亡 后期细胞分裂象逐渐增加
阴道	早期：上皮颗粒细胞层形成，并逐渐形成角质化层和黏液化层 后期：角质层和黏液层开始脱落	角质层或黏液层逐步并完全脱落；腔内有细胞碎片 上皮逐渐变薄，无分裂象；后期黏膜固层白细胞逐步浸润	颗粒细胞层和浅表棘细胞层脱落；上皮达到最薄。腔内有细胞碎片 黏膜固有层有白细胞浸润	上皮逐渐增生和增厚，表层细胞肥大，着色浅，缺乏可见的颗粒细胞层。黏膜固有层内白细胞少
输卵管	无明显变化	管腔内可能会见到卵子 – 放射冠	管腔内可能会见到卵子 – 放射冠	无明显变化

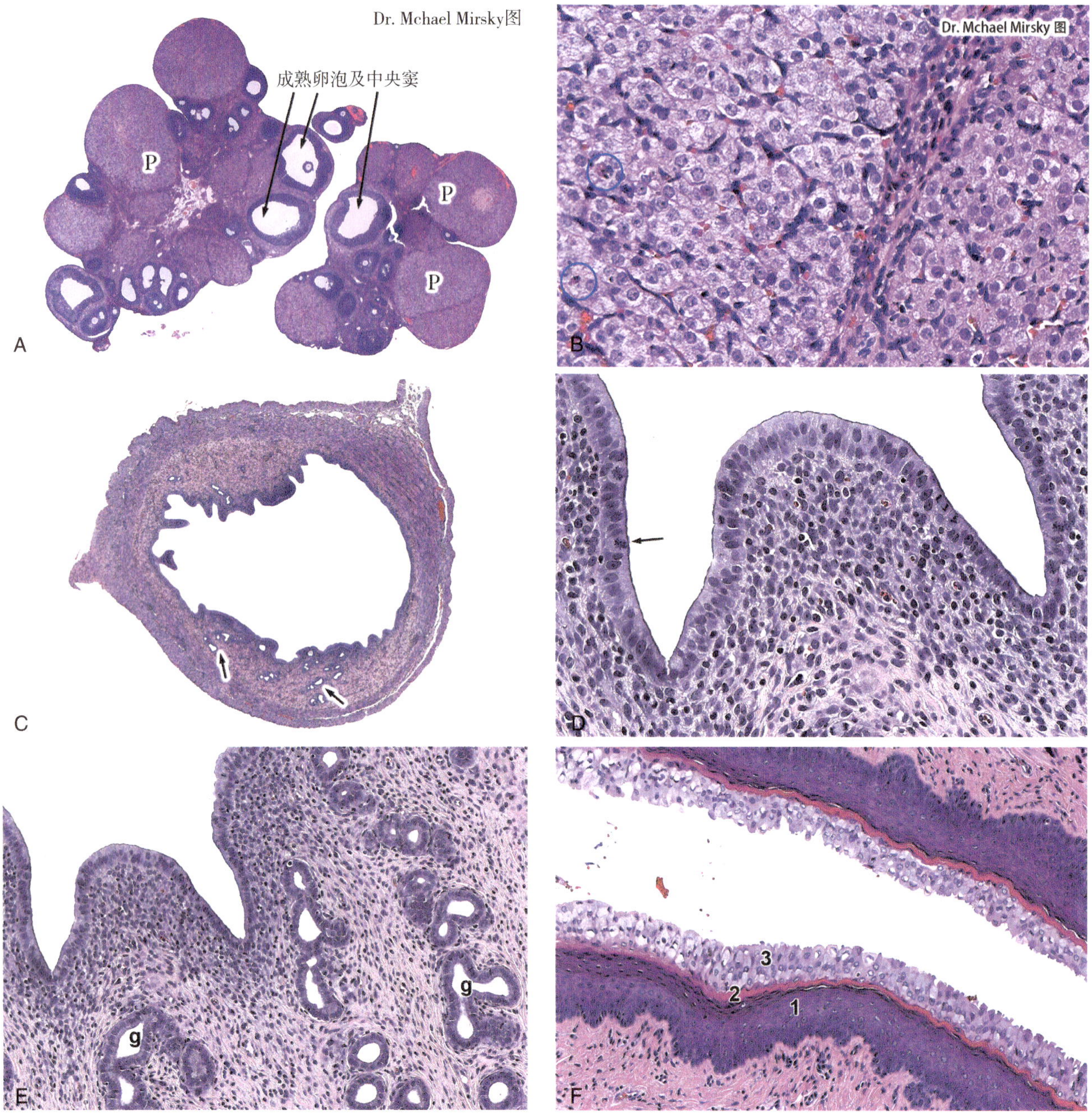

图 11–17　**大鼠发情前期**

A. WH 大鼠卵巢：黄体变性，中央纤维化（P），可见成熟卵泡及中央窦；B. WH 大鼠黄体：胞质弱酸性，胞质和胞核均空泡化，少量细胞凋亡；C. WH 大鼠子宫：后期宫腔扩张，子宫内膜的黏膜腺腔也扩张（箭）；D. WH 大鼠子宫：黏膜上皮细胞呈高立方形至低柱状，偶见分裂象；E. WH 大鼠子宫：黏膜腺腔扩张（g）；F. WH 大鼠阴道：上皮颗粒细胞层（1），角质化（2）和黏液化层（3）

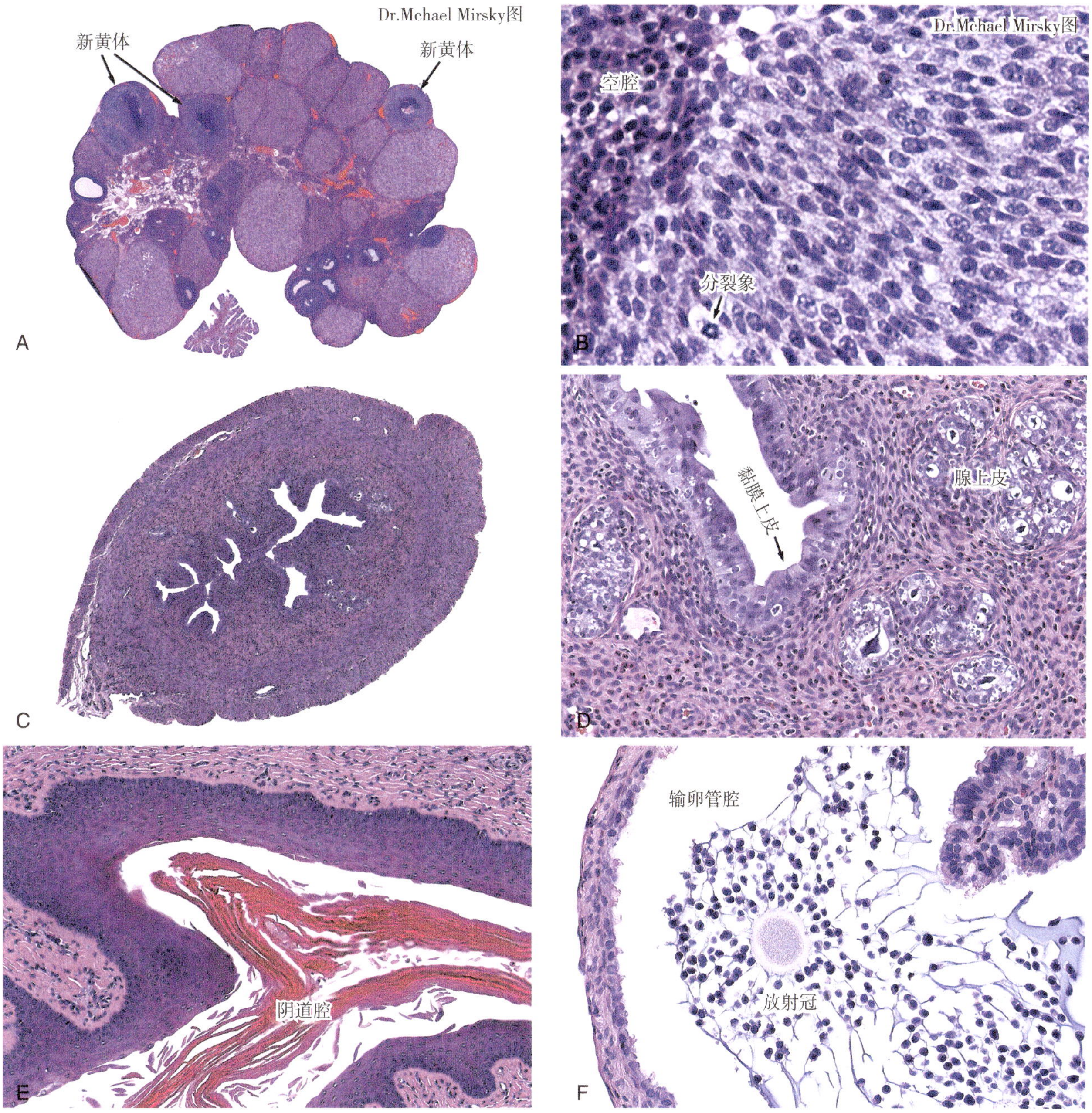

图 11-18 **大鼠发情期**

A. WH 大鼠卵巢：新黄体形成，体积小，中央有空腔，内含卵泡液（箭）；B. WH 大鼠卵巢：黄体细胞小，梭形，长轴与黄体膜垂直，胞质嗜碱性；C. WH 大鼠子宫：早期宫腔扩张，逐渐收缩，子宫黏膜形成皱褶；D. WH 大鼠子宫：黏膜上皮细胞高柱状，黏膜上皮和腺上皮细胞广泛凋亡；E. WH 大鼠阴道：上皮角质层和黏液层逐步完全脱落，腔内有细胞碎片；F. WH 大鼠输卵管：管腔内可见到卵子－放射冠

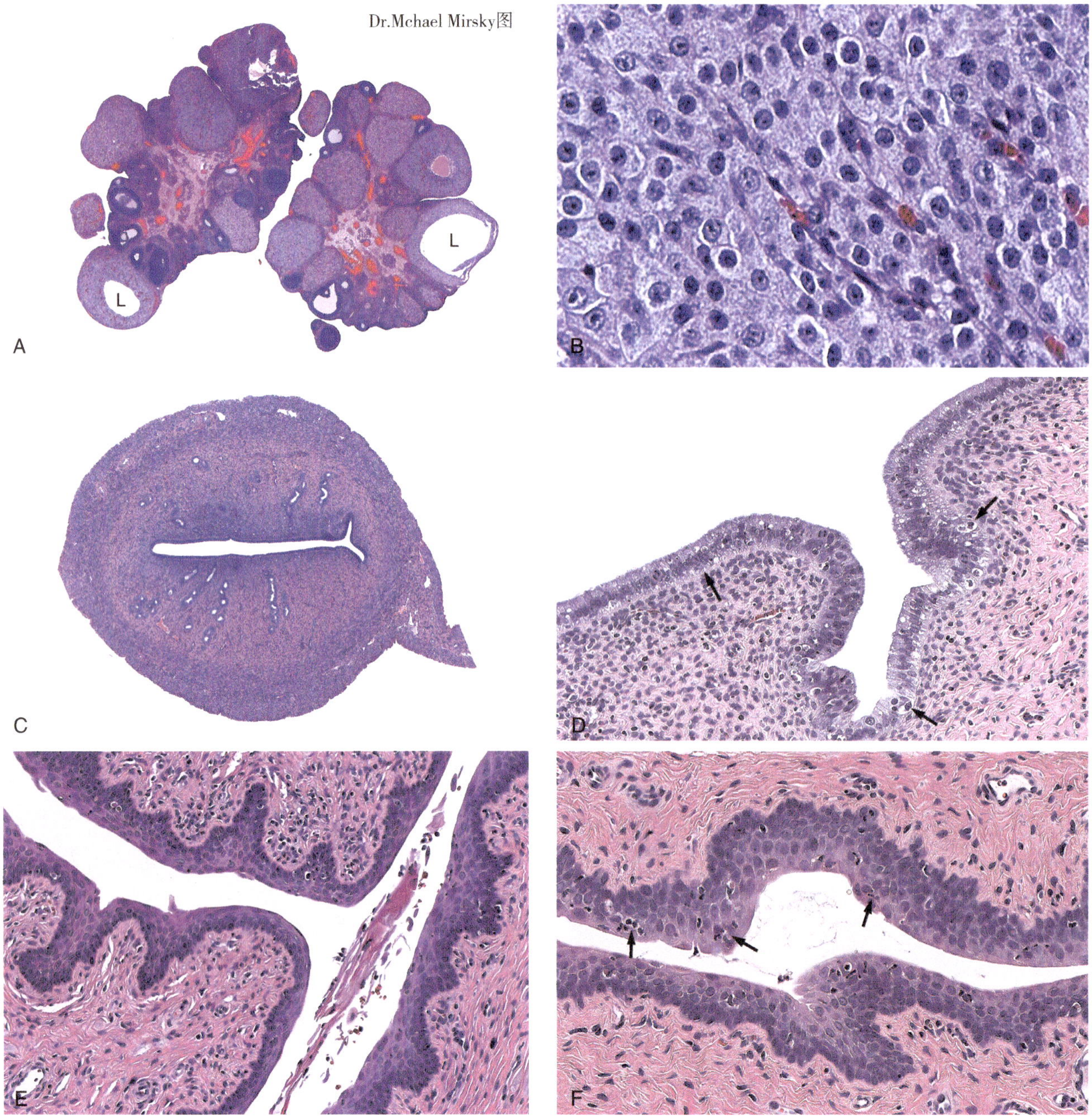

图 11-19 **大鼠发情后期**

A. WH大鼠卵巢：新黄体增大，黄体中央空腔充盈液体；B. WH大鼠黄体：黄体细胞圆形，胞质微嗜碱性，胞核圆形；C. WH大鼠子宫：宫腔窄小，黏膜上皮细胞呈低柱状；D. WH 大鼠子宫：上皮细胞空泡变性凋亡和分裂象显著，两者共存（箭）；E. WH 大鼠阴道：颗粒细胞层和浅表棘细胞层脱落，腔内有细胞碎片；F. WH 大鼠阴道：上皮达到最薄，黏膜上皮和固有层白细胞浸润（箭）

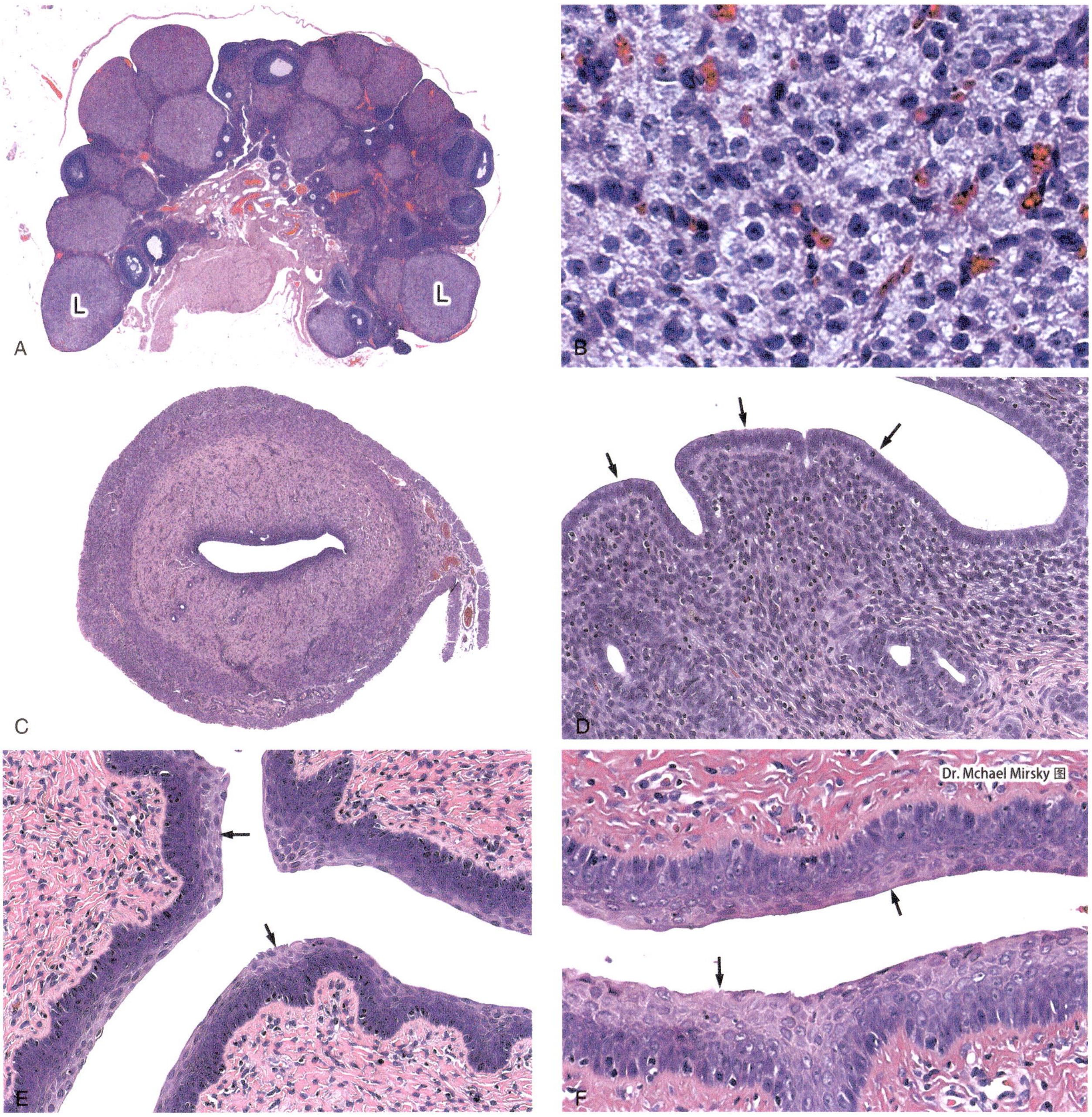

图 11-20　**大鼠发情间期**

A. WH 大鼠卵巢：黄体嗜碱性，体积达最大值（L）；B.WH 大鼠黄体：细胞质微嗜碱性，空泡化；核圆，嗜碱性，均染；C. WH 大鼠子宫：宫腔窄小，黏膜活动性降低，间质组织明显；D. WH 大鼠子宫：黏膜上皮细胞呈低立方形至柱状，极少凋亡（箭）；E. WH 大鼠阴道：上皮逐渐增生和增厚，表层细胞肥大（箭）；F. WH 大鼠阴道：表层细胞肥大，着色浅，缺乏可见的颗粒细胞层（箭）

第十二章 肌肉、骨骼、关节组织学

Histology of the Muscle and Skeletal Tissues

第一节 肌肉组织

肌肉组织（muscle tissue）主要由具有收缩功能的肌细胞构成，分为骨骼肌、心肌、平滑肌三种（图 12–1）。肌细胞细长，呈纤维状，故常称为肌纤维。肌细胞的肌质内含有大量与肌纤维长轴平行排列的肌原纤维，是肌纤维收缩和舒张功能的主要结构基础。肌细胞膜也称肌膜，胞质也称肌质，内质网也称肌质网。肌细胞间含少量结缔组织、血管、淋巴管及神经等成分。

依肌原纤维的结构和功能，肌组织分为横纹肌和平滑肌两大类。骨骼肌和心肌属于横纹肌，平滑肌则没有横纹（表 12–1）。骨骼肌属于随意肌，心肌和平滑肌属于不随意肌。

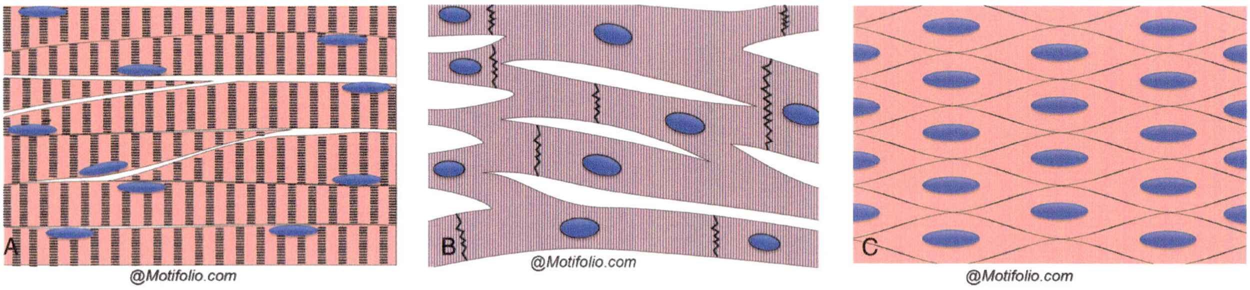

图 12–1 肌肉组织

A. 骨骼肌，肌纤维平行排列，肌质富含肌丝，有横纹；胞核多个，位于外周；B. 心肌，肌纤维呈短柱状，经闰盘连接成网，单胞核，位于中央，有横纹；C. 平滑肌，纤维小，排列密集，呈长梭形，单个细胞核，肌质无横纹

表 12-1 肌肉组织的分类、结构和特性

结构和特性	骨骼肌	心肌	平滑肌
细胞形态	肌纤维长柱状，有横纹，横切面呈圆形或多角形。直径 10 ~ 100 μm，长度可达数厘米。胞核多个，位于肌膜下。肌质中含有大量的肌丝，肌丝有横纹	肌纤维短柱状，有横纹。细胞平行排列，有分支。直径 10 ~ 20 μm，长度 50 ~ 100 μm。单个胞核，位于肌质中央。肌质含大量肌丝，肌丝有横纹	肌纤维小而排列密集，呈梭形或纺锤形，无横纹。直径 0.2 ~ 10 μm，长度 50 ~ 200 μm。单个胞核，通常位于肌质中央的直径最大处
特殊结构	肌质内有丰富而有序的肌小节，滑面内质网发达，形成肌质网 – 横管系统	肌质内有肌小节，肌细胞间有润盘，许多黏合连接和缝隙连接结构	特异性连接结构，如膜小凹、密斑和密体
横管和肌质网系统	横管位于 A–I 交界处的三联管中心，肌质网发达，每个肌节有两个终池，并与横管形成三联管	横管粗，纵管不发达，常形成二联管结构，肌质网不发达，每个肌节有一个小终池，极少形成三联管	无横管，但膜小凹可能具有类似功能，滑面内质网不规则，没有肌质网结构
神经支配	运动神经，由运动神经终板启动，随意运动	自主神经，心脏传导系统	自主神经，自发性节律运动
分布	骨骼肌肉系统，部分内脏，体表入口如口腔、食管上部和肛门等	心脏	分布于主要器官的管壁，如血管、消化道、呼吸道、生殖道和泌尿道等
功能	随意运动，产生热量等	自主运动，心脏血液循环	自主运动，调控管腔运动，腺体分泌和血液循环等

一、骨骼肌

骨骼肌（skeletal muscle）由许多平行排列的骨骼肌纤维组成，借肌腱或韧带附着在骨骼上（图 12-2）。每条肌纤维和每块肌肉群周围都有结缔组织膜分隔和包绕。肌外膜包绕整块肌群，为一层致密结缔组织膜，含有血管和神经等。肌束膜由肌外膜分支伸入肌群内而形成，包绕多条骨骼肌纤维。肌内膜为网状纤维膜，包绕在每条肌纤维周围，含有丰富的毛细血管及神经末梢。各层结缔组织膜之间相互连接，共同支持、营养和保护肌组织。

根据体外观和组织染色，骨骼肌纤维可分为红肌、白肌和中间型肌纤维三型（表 12-2）。多数骨骼肌群由这三种肌纤维混合组成。随动物种属和肌群功能不同，三型纤维的构成比例不同（图 12-3）。与耐力和持久活动相关的肌肉以红肌纤维为主，如哺乳动物的四肢和飞禽的胸部肌肉。与快速和高灵敏度动作相关的肌肉则以白肌纤维为主。

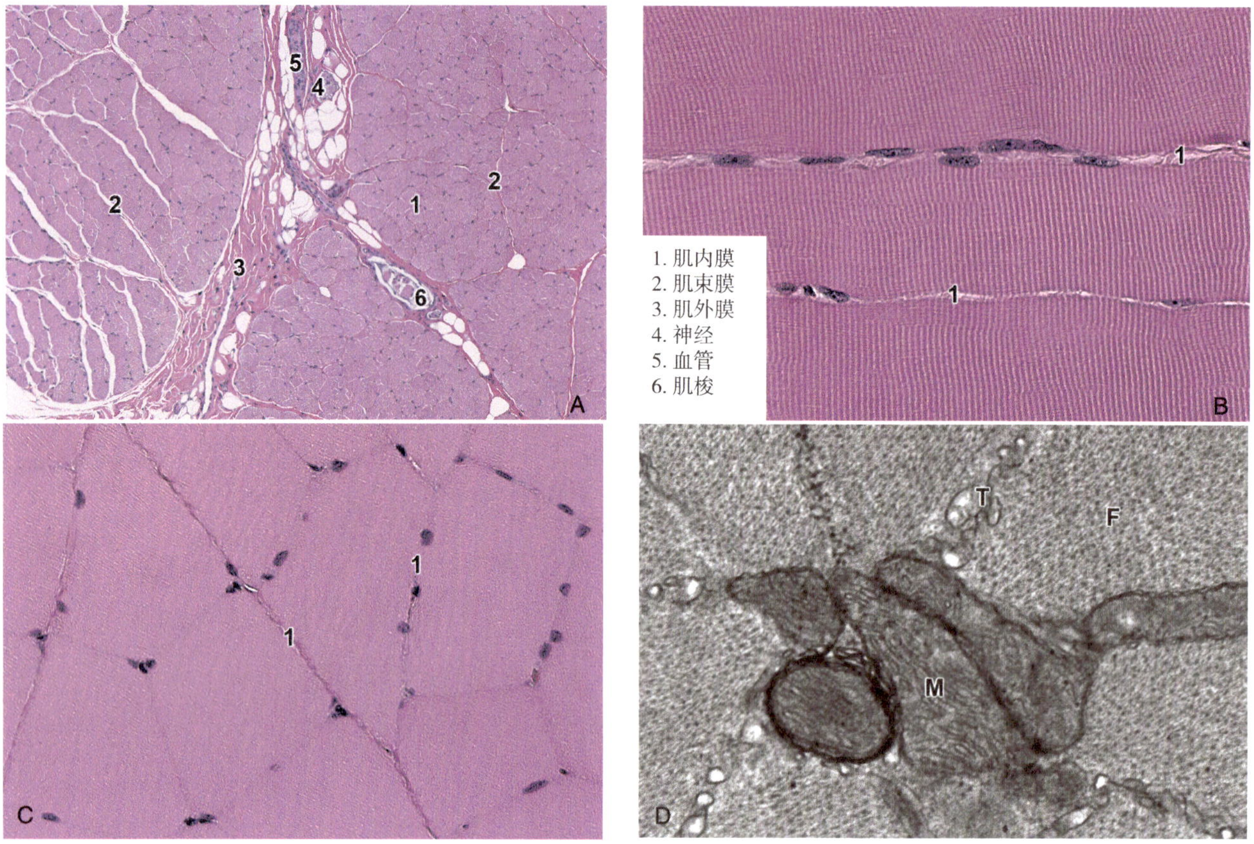

图 12–2 骨骼肌

A. 食蟹猴：肌纤维由肌内膜、肌束膜和肌外膜包绕，含血管及神经；B. SD 大鼠：纤维横纹明显，多个胞核位于肌膜下方肌质周边；C. SD 大鼠：多个胞核位于肌膜下方肌质内，肌纤维由肌内膜包围；D. 食蟹猴：肌质富含肌原纤维（F）、线粒体（M）和肌质网（T）等

表 12–2 骨骼肌纤维的种类和功能

肌纤维特性	Ⅰ型肌纤维	ⅡA 型肌纤维	ⅡB 型肌纤维
俗名	红肌纤维，慢缩纤维，氧化纤维	中间型肌纤维，快缩肌纤维	白肌纤维，快缩肌纤维，糖解肌纤维
肉眼观察颜色	红	红	白，肌红蛋白少
肌纤维直径	细	粗	粗
肌原纤维	肌原纤维细而少	中等	肌原纤维多而粗
肌球蛋白 ATP 酶活性	低 / 慢	高 / 快	高 / 快
肌质网钙离子泵功能	中等	高	高
糖酵解能力	中等	高	高，主要能量来源
有氧呼吸能力	高	中等	低，线粒体较少
肌纤维收缩速度	收缩缓慢，弱，但持久	快，抗疲劳	快，易疲劳

（一）骨骼肌纤维的光镜结构

骨骼肌纤维通常呈细棱柱或圆柱形，两端钝圆，与肌腱纤维相连接。骨骼肌纤维极少有分支，直径为 10 ~ 100 μm，长度一般为 1 ~ 40 mm，可长达数厘米。骨骼肌纤维是一种多核细胞的合胞体，胞核呈扁椭圆形，位于肌膜下方的肌质周边。胞核的数量随肌纤维的长短而异，可高达上百个胞核。

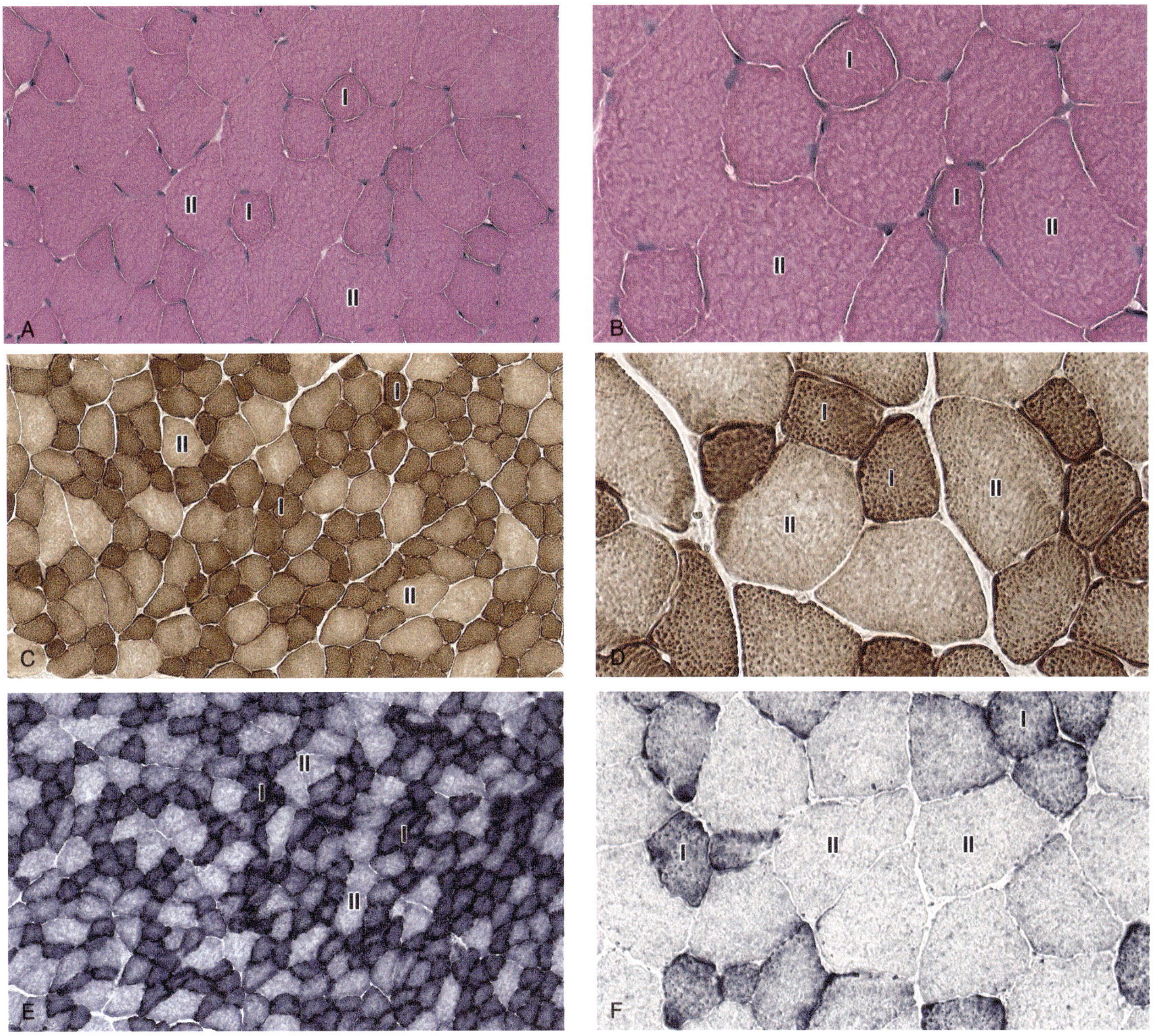

图 12-3 骨骼肌纤维型

A、B. 小鼠胫前肌横切面：红肌纤维直径小，着色深（Ⅰ）；白肌纤维直径大，着色浅（Ⅱ），HE 染色；C、D. 小鼠胫前肌横切面：红肌纤维直径小，着色深（Ⅰ），白肌纤维直径大，着色浅（Ⅱ），细胞色素 C 酶染色；E、F. 小鼠横膈肌横切面：红肌纤维直径小，着色深（Ⅰ）；白肌纤维直径大，着色浅（Ⅱ），琥珀脱氢酶染色

骨骼肌纤维的肌质内有大量细丝状肌原纤维，与肌纤维长轴平行排列。肌原纤维在横切面上呈点状，纵切面上呈明暗相间周期性横纹，即肌节。肌节是肌纤维结构和功能的基本单位。一条肌原纤维可由数百个肌节组成。

除含大量肌原纤维外，肌质还有丰富的肌红蛋白、线粒体、糖原颗粒和少量脂滴，为肌纤维收缩提供能量。肌红蛋白能与氧结合，可储存氧。

骨骼肌细胞膜与基底膜之间有肌卫星细胞，具有自我更新和骨骼肌损伤再生的作用。肌卫星细胞的胞质突起多，胞核扁圆形。

（二）骨骼肌纤维的超微结构

肌节是骨骼肌的基本结构，肌质内富含线粒体和肌质网三联管结构（图 12-4）。肌节的肌原纤维包括粗丝和细丝两种，两者沿肌纤维的长轴有规律地互相穿插排列，形成明暗相间带。粗肌丝由许多肌球蛋白分子平行排列，组成一条粗肌丝。细肌丝由肌动蛋白、原肌球蛋白和肌钙蛋白三者组成。

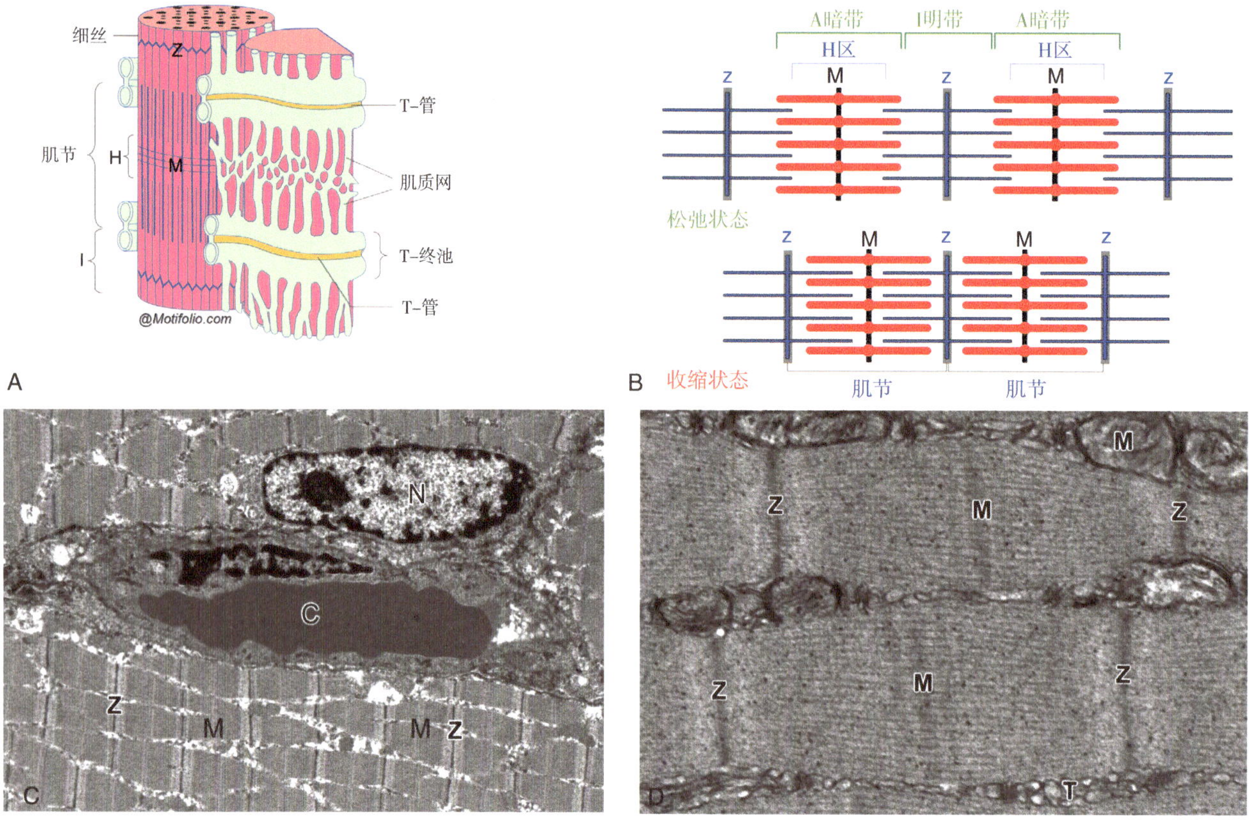

图 12-4 **骨骼肌纤维的超微结构**

A. 骨骼肌和心肌纤维肌内有肌小节结构；B. 肌小节中粗丝和细丝沿肌纤维长轴互相穿插形成明暗相间带等；C、D. 食蟹猴骨骼肌：肌质内有密集排列的肌小节，富含线粒体（M）和三联管（T）结构，细胞核位于细胞膜下（N）。间质富含毛细血管（C）等

横小管是由肌膜以垂直于肌纤维长轴的方向陷入肌质内而形成的小管，位于 A 带与 I 带交界处。横小管在胞质内分支吻合，环绕在肌原纤维周围。横小管可将肌纤维膜的兴奋迅速传到肌纤维内。

纵小管也称肌质网，为特化的滑面内质网。位于横小管之间的肌节内。肌质网包绕在肌原纤维周围，走行方向与肌纤维的长轴基本一致，故称纵小管。纵小管末端膨大，形成与横小管平行相贴的盲管，称为终池。

横小管与其两侧的肌质网终池构成骨骼肌纤维的三联管结构。三联管调节肌质内钙离子浓度，进而调控肌纤维收缩。

二、心肌

心肌（cardiac muscle）分布于心脏和附近大血管的根部。心肌收缩具有自动节律性，缓慢而持久。心肌纤维可分为收缩、传导和内分泌三类（图 12-5）。

收缩性心肌纤维分布于心室和心房壁内，执行心脏收缩功能。传导性心肌纤维具有传导功能，是特化的心肌纤维。心房肌纤维具有内分泌功能，可以分泌心钠素。心钠素具有强大的利尿，利钠，扩张血管和降低血压的作用。

（一）心肌纤维的光镜结构

心肌纤维呈短柱状，直径 10 ~ 20 μm，长 80 ~ 150 μm，分支互相连接成网。心肌纤维的核呈卵圆形，位居中央，多为单核，偶尔有双核。肌质丰富，富含线粒体和糖原，少量脂滴和溶酶体的残余体，即脂褐素。心肌纤维有横纹结构，为横纹肌。相邻两个心肌纤维之间形成闰盘结构，常规染色可见呈阶梯状。心肌纤维有基底膜和网状纤维包裹，心肌纤维之间有丰富的毛细血管。

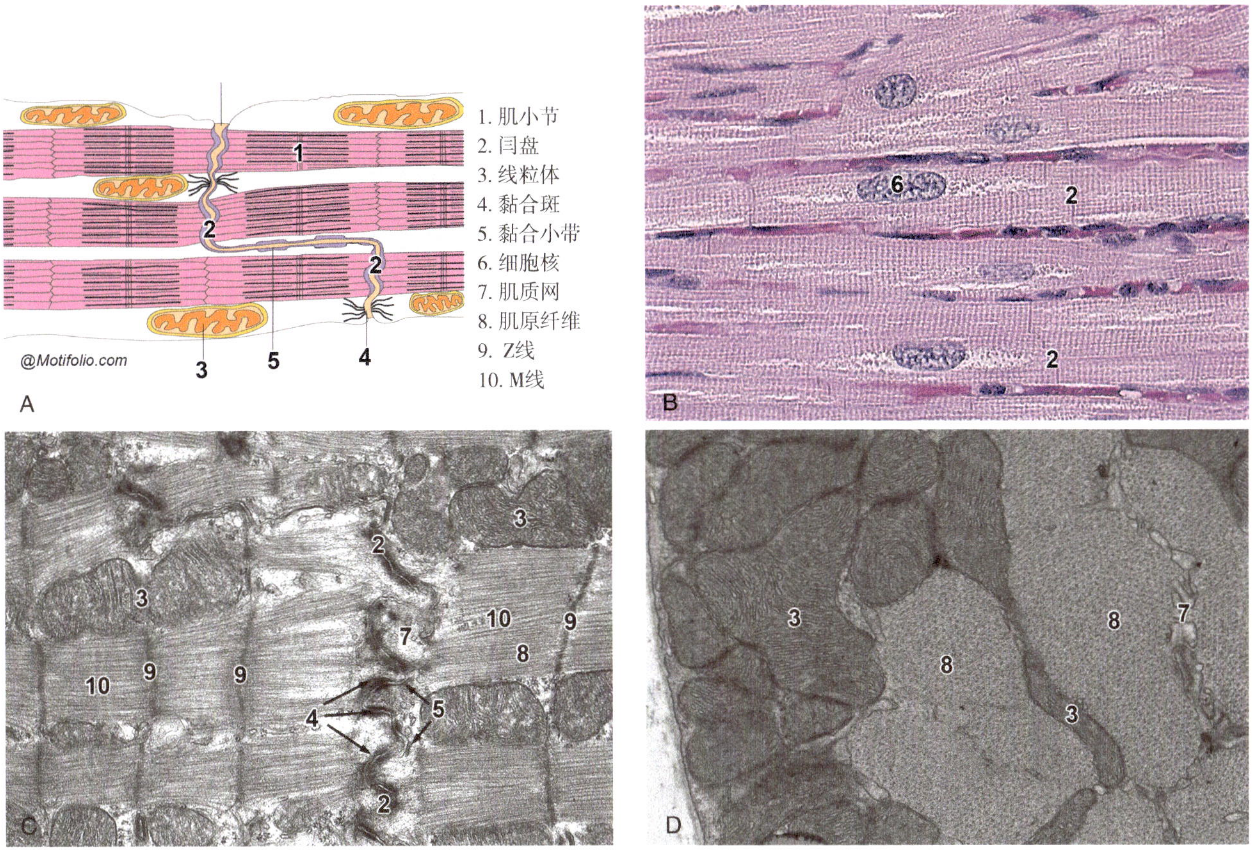

图 12-5 **心肌**

A. 肌质内有肌小节，细胞间有闰盘、黏合斑、黏合小带和缝隙连接等；B. 肌纤维短柱状，有横纹，胞核卵圆形，细胞平行排列，细胞间有闰盘；C. 食蟹猴：肌质内有肌小节，肌细胞间有闰盘，肌质网和线粒体；D. 横切面，食蟹猴：肌质富含肌原纤维、肌质网和线粒体

（二）心肌纤维的超微结构

心肌纤维的超微结构与骨骼肌相似，有明带和暗带相交的肌节。肌丝束间富含纵行排列的线粒体、横小管、肌质网等。肌节结构不如骨骼肌规则。心肌纤维的横小管粗，纵小管不发达，末端不形成典型的终池。纵小管的盲端略膨大，与横小管相贴形成二联管，极少形成三联管结构。

闰盘是心肌细胞间的特殊连接结构。相邻心肌细胞的两端呈阶梯状嵌合相接，相接处有中间连接和桥粒结构。心肌细胞间纵向相接处有缝隙连接，便于细胞间化学信息的交流。

三、平滑肌

平滑肌（smooth muscle）没有横纹，常被视为较原始的肌肉组织。平滑肌受自主神经支配，收缩缓慢而持久。平滑肌纤维多成束或成层分布，偶尔也有单个分散存在。广泛分布于胃肠道、生殖道、血管和淋巴管的肌层，以及许多内脏器官及某些器官的被膜内等。

平滑肌细胞呈长梭形或长纺锤形（图 12-6）。在平滑肌束或层中，平滑肌纤维相互平行。一个肌纤维的中部与邻近肌纤维两端交错排列。相邻的平滑肌纤维之间有缝隙连接，便于细胞间化学信息和神经冲动的传递和整体功能的协调，众多平滑肌纤维同时收缩或舒张。

（一）平滑肌纤维的光镜结构

平滑肌纤维呈长梭形，长短不一致，平均长度为 50 ~ 200 μm，直径 6 ~ 10 μm；平滑肌纤维胞质嗜酸性，淡染，没有横纹结构。胞核单个，位于肌纤维中央，呈长椭圆形或梭形，着色深，1 ~ 2 个核仁。当平滑肌纤维收缩时，核扭曲呈螺旋形或不规则形。平滑肌中可见少量肌原纤维，肌动蛋白细丝和肌球蛋白细丝间的相互排列缺乏规律性。

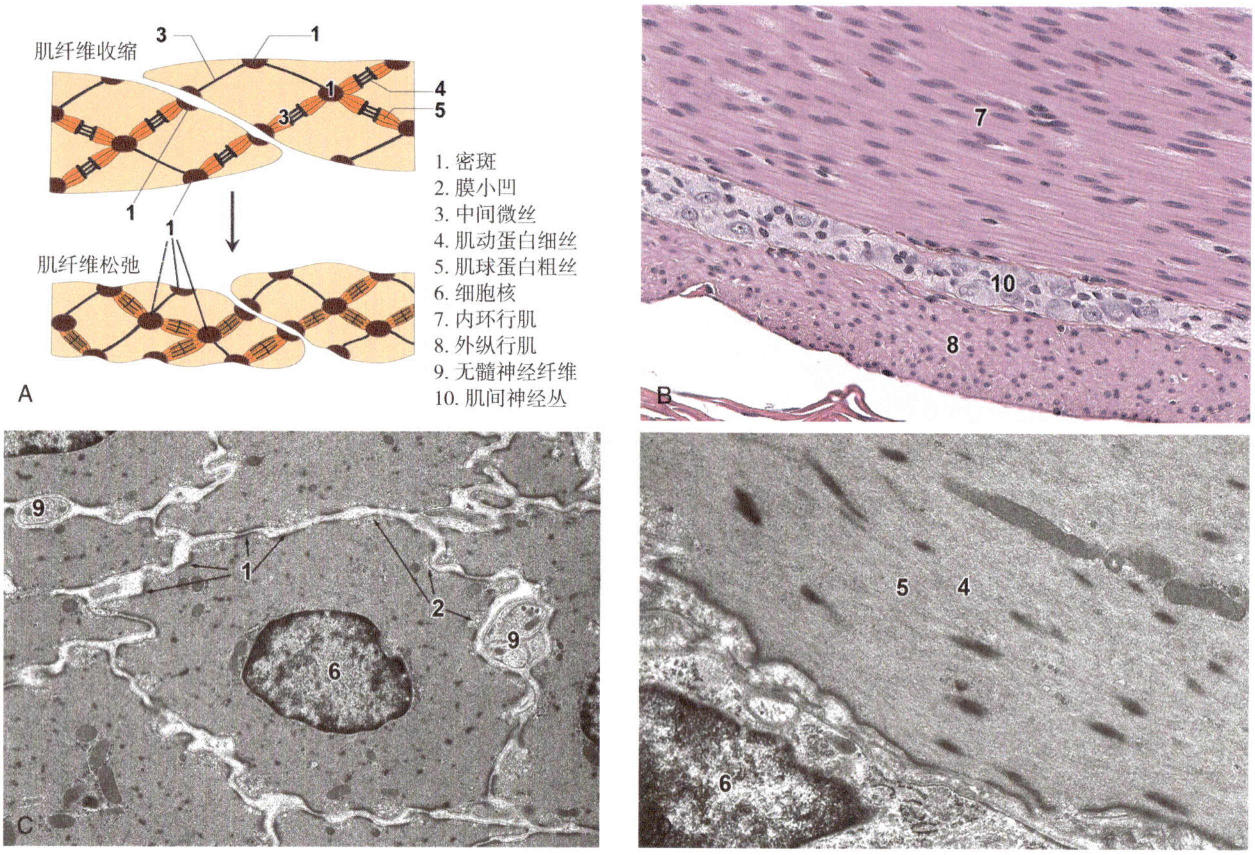

图 12-6 **平滑肌**

A. 平滑肌结构，细胞骨架形成密斑、密体和中间微丝的菱形结构；B. 食蟹猴十二指肠：肌纤维长梭形，肌质内无横纹，椭圆形核位于中央；C. 肌膜凹陷形成膜小凹，相当于横纹肌横管，密斑是肌丝附着点；D. 肌质有少量肌原纤维，肌动蛋白细丝和肌球蛋白粗丝排列不规则

平滑肌纤维外有基底膜包绕，基底膜外有弹性纤维和网状纤维形成的网，网内含有血管、淋巴管和神经纤维。

（二）平滑肌纤维的超微结构

平滑肌纤维的肌膜向胞质凹陷形成众多膜小凹，位于肌膜下，相当于横纹肌的横管。胞核两侧肌质内含有线粒体，高尔基体和少量粗面内质网和丰富的游离核糖体。

平滑肌的细胞骨架系统比较发达，形成密斑、密体和中间微丝。密斑和密体的电子密度高。密斑位于肌质膜的内侧，是细肌丝的附着点。密体为梭形小体，位于胞质内，排成长链，是细肌丝和中间微丝的共同附着点，密体相当于横纹肌的 Z 线。相邻密体之间由中间微丝相连，构成平滑肌细胞的菱形骨架。

平滑肌可分多单位平滑肌和单位平滑肌。多单位平滑肌中所含各平滑肌细胞各自独立，如竖毛肌、虹膜肌和大血管平滑肌等。各肌细胞的活动受外来神经支配或激素的影响。单位平滑肌类似心肌组织，通过细胞间的电耦联而进行同步性活动，具有自律性，如胃肠、子宫、输尿管平滑肌等。也有一些平滑肌细胞兼有两者的特点，如小动脉和小静脉平滑肌。

平滑肌主要由自主神经系统支配，除小动脉等只有交感神经分布外，多数器官的平滑肌有交感和副交感两种神经分布和支配。神经纤维在进入平滑肌组织后多次分支，分支上每隔一定距离出现一个膨大，呈念珠状，称为曲张体。曲张体中含有分泌囊泡，在神经冲动到达时可以释放其中递质或其他神经活性物质。

第二节 软 骨

软骨（cartilage）以软骨组织为主，其细胞外基质无定形，呈固态（表 12–3）。软骨组织由软骨细胞，软骨基质和软骨膜组成，有弹性，具有支持作用。根据软骨基质内所含纤维种类，软骨通常分为透明软骨、弹性软骨和纤维软骨 3 种。软骨组织内无血管、淋巴管和神经。软骨组织的营养物质通过周围组织渗透进入。因此，软骨再生能力较弱，损伤或切除后通常由结缔组织取代。

表 12–3 软骨的主要功能和分类

	透明软骨	弹性软骨	纤维软骨
主要细胞	软骨细胞和成软骨细胞	软骨细胞和成软骨细胞	软骨细胞和成纤维细胞
软骨细胞排列	散在或聚集在同源细胞群	通常聚集为小同源细胞群	散在或同源细胞群，呈轴向平行聚集
间质主要特点	匀质基质，Ⅱ型胶原纤维和聚蛋白聚糖	Ⅱ型胶原纤维，聚蛋白聚糖和弹性纤维	Ⅱ型胶原纤维，以及富含Ⅰ型胶原纤维的致密结缔组织
软骨膜	有（骨骺和关节软骨除外）	有	无
主要分布	上呼吸道、长骨骨骺、关节软骨、肋骨等	外耳、咽鼓管、会厌和喉头等	椎间盘、耻骨联合、半月板和肌腱附着处
主要功能	提供光滑的关节表面，支持呼吸道结构	支持软组织的灵活运动	提供缓冲张力强度，抗撕裂和压缩等

（一）透明软骨

透明软骨（hyaline cartilage）呈半透明状，间质纤维含量较少，基质较丰富，故较脆易折（图 12–7）。透明软骨形成胚胎早期的暂时骨架，继而骨化成骨组织。在成年动物，透明软骨仍广泛分布于肋、关节和呼吸道管壁等。

软骨细胞位于基质软骨陷窝或软骨囊内。幼稚性软骨细胞通常分布在软骨组织的周边，软骨细胞较小，呈扁圆形，单独或散在分布。从周边向软骨组织深部，软骨细胞逐渐成熟，变为椭圆形或圆形，散在和成群分布。胞核呈圆形或卵圆形，染色浅淡，有一个或多个核仁。胞质弱嗜碱性。由同一幼稚软骨细胞分裂增殖而来的软骨细胞群，称同源细胞群。在电镜下，可见胞质内含有丰富的粗面内质网、发达的高尔基体、糖原和脂滴等，但线粒体较少。

软骨基质由基质和胶原纤维等构成，嗜碱性。透明软骨基质中的纤维以Ⅱ型胶原纤维为主。软骨陷窝周围的基质含硫酸软骨素较多，嗜碱性强，染色深，称为软骨囊。

除骨骺和关节软骨外，软骨组织周围有软骨膜覆盖。软骨膜被一薄层致密结缔组织包膜，可分为两层。外层富含致密的胶原纤维，主要起保护作用。内层纤维较疏松而细胞较多，包括成软骨细胞。

（二）弹性软骨

弹性软骨（elastic cartilage）具有弹性，主要分布于耳郭、外耳道、咽鼓管和会厌等（图 12–8）。弹性软骨基质中含有大量的弹性纤维，交织成网。

（三）纤维软骨

纤维软骨（fibrocartilage）以胶原纤维为主，分布于椎间盘、关节盘、耻骨联合和肌腱附着处等（图 12–9）。大量平行或交错排列的胶原纤维束呈嗜酸性。软骨细胞小而少，成行分布于纤维束之间，软骨囊则呈嗜碱性。纤维束间的基质很少，呈弱嗜碱性。

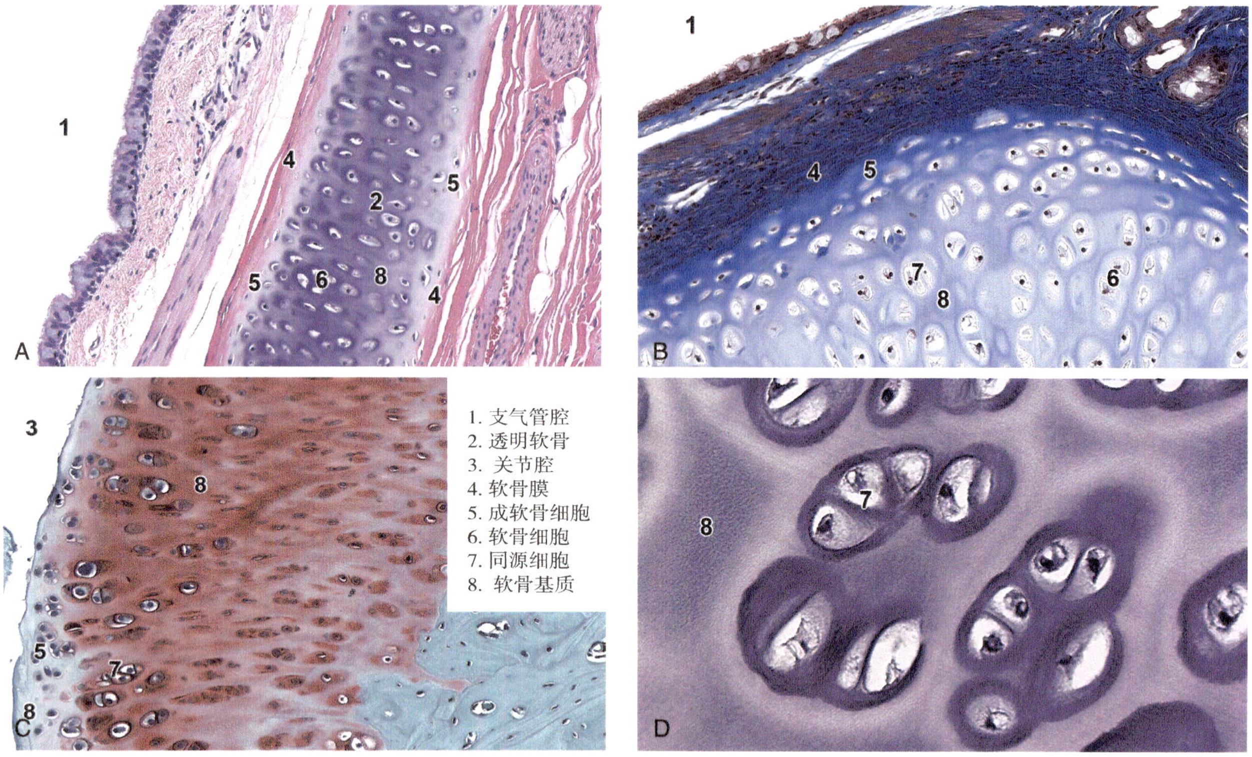

图 12-7 **透明软骨**

A. 食蟹猴支气管：上呼吸道壁层内的透明软骨环或片段；B. 食蟹猴支气管：软骨膜，软骨细胞群及基质，Trichrome 染色；C. Lewis 大鼠膝关节：股骨远端关节软骨，软骨基质 Safranin O 染色；D. 比格犬气管：聚集在同源细胞群的软骨细胞及匀质的基质

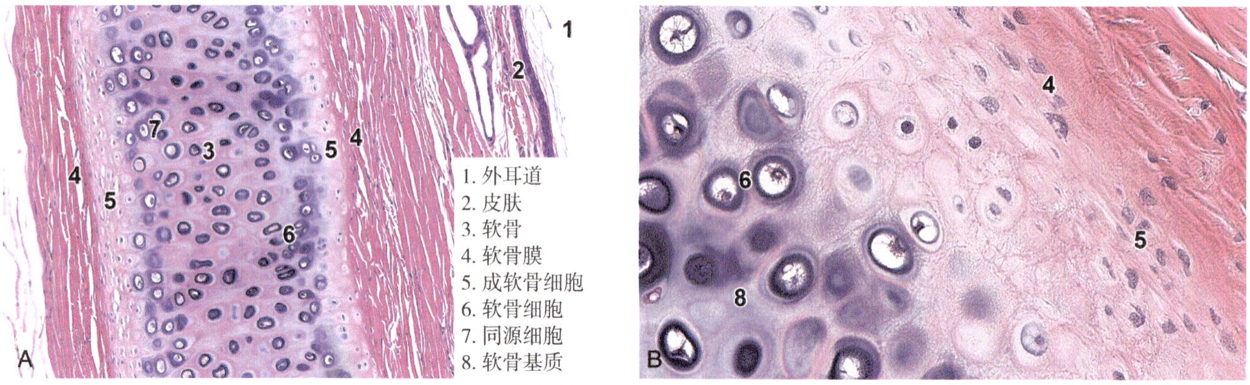

图 12-8 **弹性软质**

A. CD1 小鼠外耳：软骨膜，成软骨细胞层和软骨细胞层；B. 比格犬外耳：弹性软骨基质中含有大量的弹性纤维，交织成网

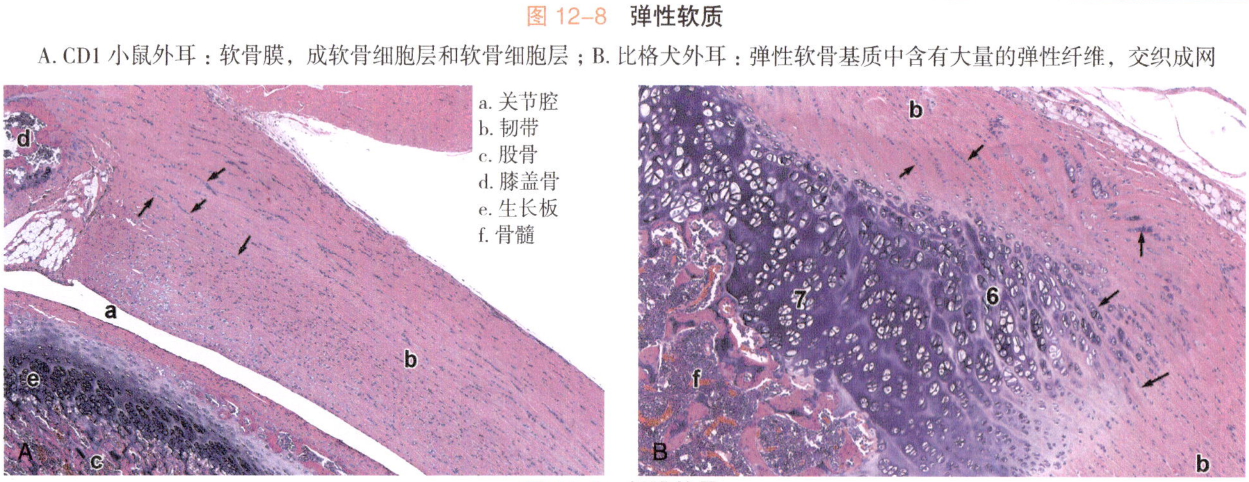

图 12-9 **纤维软骨**

A. 大鼠膝关节：大量胶原纤维束和少量软骨细胞平行或交错排列；B. 大鼠膝关节：韧带附着处的软骨细胞群和胶原纤维呈轴向平行排列

第三节 骨

骨（bone）组织是一种高密度的结缔组织，由骨膜、骨质和骨髓构成，具有丰富的血管和神经分布（图 12-10）。骨具有支持软组织、保护器官、构成关节等作用。同时，骨组织与钙、磷代谢密切相关，骨组织内储存体内大部分钙和磷。骨髓是血细胞发生的部位。

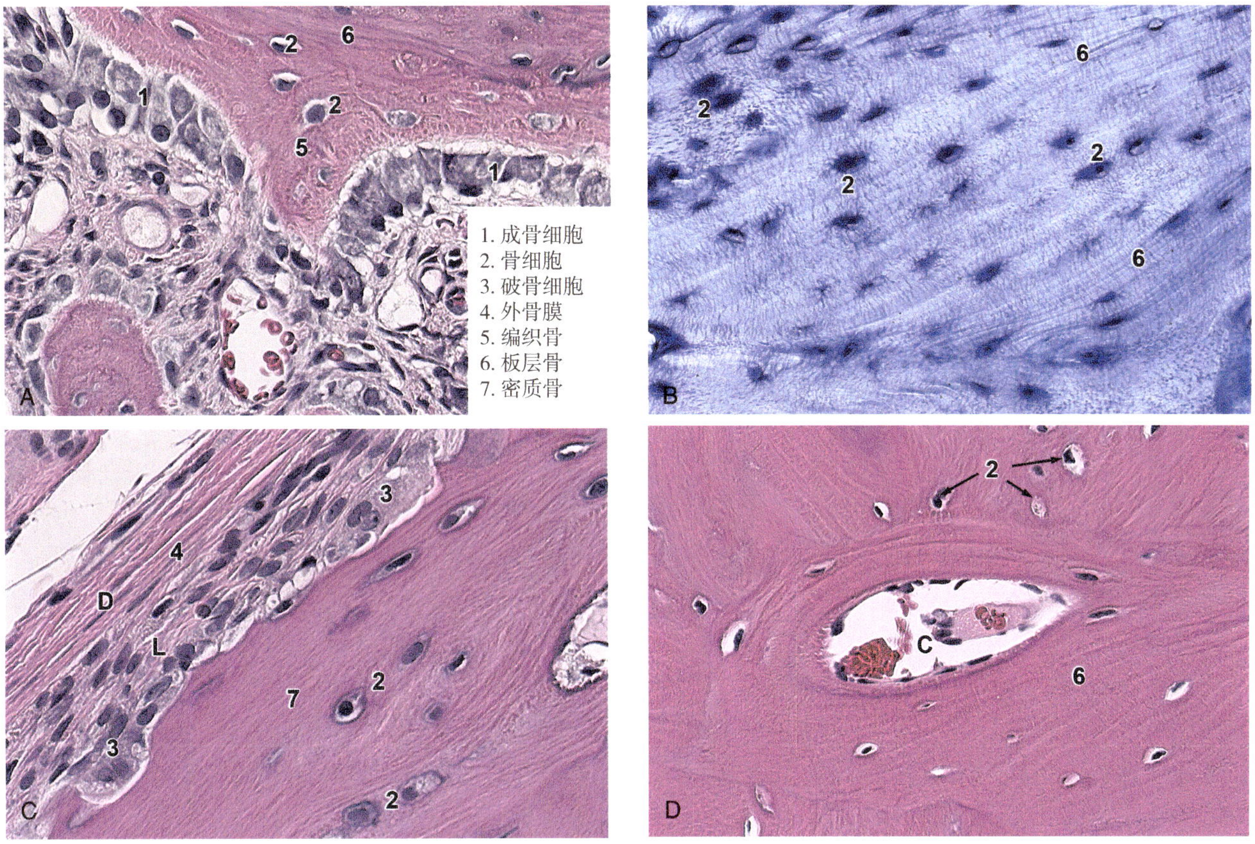

图 12-10 **骨组织**

A. WH 大鼠颅骨：成骨细胞呈立方形，多角或矮柱状，沿骨组织表面分布；B. Lewis 大鼠股骨：骨细胞位于骨板内或之间，胞质突起间形成缝隙连接；C. SD 大鼠股骨：外骨膜外层厚，为致密结缔组织（D），内层薄，为疏松结缔组织（L）；D. 食蟹猴股骨：同心圆排列的哈弗斯骨板，中央管内有血管和神经等（C）

一、骨的种类

骨组织由多种细胞和细胞外基质组成，基质中有骨盐矿物质的沉积，形成骨基质，也称矿化或钙化。依组织结构可分为编织骨、板层骨、骨密质和骨松质（表 12-4）。编织骨为初级骨组织，即新形成的不成熟骨组织，并逐渐分化形成板层骨、骨密质。依功能和形态，可分为长骨、短骨、扁骨和不规则骨。依体内分布可分为躯干骨、颅骨和四肢骨等。

表 12-4　骨组织类型、组织特征和分布

骨组织类型	组织学特征	主要分布
编织骨（初级骨组织）	新形成的不成熟骨组织，其中骨胶纤维粗大，排列较乱，呈编织状。组织中骨盐含量较低，而骨细胞较大而多	发育和生长中的骨组织，骨折复合中的骨茧。正常成体的牙床、颅缝处，肌腱和韧带附着处保留少量编织骨
板层骨（次级骨组织）	骨细胞成熟，排列规律。骨胶纤维较细，与骨盐和基质紧密结合，构成骨板层。同一骨板的纤维相互平行，相邻骨板的纤维则相互垂直	广泛分布于成年体内几乎所有骨骼
骨密质（骨皮质）	骨板层平行有规则地排列，骨板紧密结合，基质和骨细胞紧密排列	长骨骨干，扁骨和短骨的表层，位于外骨膜下
骨松质（海绵状骨）	层数不等的针状或片状骨小梁或骨板，相互交错成为网孔大小不一的多孔网状结构，由骨内膜覆盖	长骨骨骺和骨干内面，扁骨的板层和短骨的中心等处，紧靠骨髓

二、骨组织

骨组织（bone tissue）由骨细胞和基质组成。基质中有骨盐矿物质的沉积。

（一）骨细胞

骨组织的主要细胞有骨祖细胞、成骨细胞、骨细胞和破骨细胞等。前 3 种细胞属于不同分化阶段和功能状态的骨形成细胞。破骨细胞属于吞噬细胞系列，主要功能是参与骨的吸收。

1. *骨祖细胞*　骨组织中的干细胞，由间充质干细胞分化而来，位于骨膜内。细胞小，呈梭形，胞质少，弱嗜碱性。胞核呈椭圆形或细长形，染色淡。需要免疫组织化学方法确认。骨祖细胞在骨形态发生蛋白等因子的刺激下分化为成骨细胞。

2. *成骨细胞*　立方状、多角形或矮柱状，通常位于骨组织表面，排成一层。细胞体积较大，胞质嗜碱性，碱性磷酸酶强阳性。电镜下可见大量粗面内质网、游离核糖体和高尔基体。邻近的成骨细胞或骨细胞的胞质突起形成缝隙连接，协调众多细胞活动。胞核大而圆，通常位于远离骨组织的一侧，染色浅淡，核仁明显。

成骨细胞合成分泌骨基质的有机成分，即类骨质。成骨细胞还释放基质小泡，是基质钙化的起始部位。成骨细胞还分泌多种细胞因子，调节骨组织的形成和吸收。最终，成骨细胞被自身分泌类骨质包埋在其内，成为骨细胞。

3. *骨细胞*　数量多，散在于骨板内或骨板之间。成熟的骨细胞较小，呈扁椭圆形，有许多细长突起。胞体位于骨陷窝内，胞质弱嗜碱性或嗜酸性，细胞器少。突起位于骨小管内，骨小管则彼此连通 。突起形成缝隙连接，传递细胞间的信息。骨陷窝和骨小管内含少量组织液，可营养骨细胞和输送代谢产物。骨细胞具有一定的溶骨和成骨作用，参与骨基质的更新和维持，调节钙磷平衡。

4. *破骨细胞*　多核巨细胞，散在分布于骨组织边缘的小凹陷内。破骨细胞体积大，直径 10 ~ 100μm，含有多个胞核。胞质嗜酸性，富含溶酶体和线粒体等细胞器。小鼠的破骨细胞在常规染色中则难以辨认，需要特殊染色。

破骨细胞在紧贴骨基质一侧，胞质中有许多大小和长短不一的突起，形成皱褶缘，扩大细胞的表面积。环绕皱褶缘胞质缺乏细胞器，故电子密度低，形成亮区。破骨细胞功能活跃时，亮区胞膜紧贴骨基质，围绕皱褶缘区形成溶骨微环境。破骨细胞在此释放各种有机酸，多种蛋白水解酶和 ATP 酶等。从而溶解和吸收骨基质，促进骨的生长和改建。

（二）骨基质

骨基质（bone matrix）是钙化的骨组织基质，包括有机成分和无机成分。有机成分主要是胶原纤维，以Ⅰ型胶原蛋白为主，故骨基质嗜酸性。基质呈凝胶状，无定形，其主要成分是蛋白多糖及其复合物，具有黏合胶原纤维的作用。骨基质中还有骨钙蛋白、骨桥蛋白、骨涎蛋白、骨黏蛋白和钙结合蛋白等，对骨的结构、代谢和功能等方面各有相应作用。

无机成分又称骨盐，约占干骨重量的65%，以钙和磷元素为主，少量其他元素。骨盐主要以羟磷灰石结晶的存在形式，沿胶原原纤维长轴沉积并与之紧密结合。

骨基质在最初形成有机质时，没有骨盐沉积，称为类骨质。类骨质经骨盐沉积钙化后转变为坚硬而韧性的骨质。

（三）骨膜

骨膜（periosteum）为结缔组织膜，含有骨祖细胞，主要功能是为骨组织提供营养，为骨生长和修复提供成骨细胞。除关节面以外，骨的内外表面分别有骨内膜和骨外膜覆盖。骨外膜通常称为骨膜，分为内外两层。外层厚，为致密结缔组织，胶原纤维粗大密集，交织成网。有些纤维束穿入骨质，固定骨膜和韧带。内层薄，为疏松结缔组织，纤维少，含有骨祖细胞、血管和神经等。骨内膜很薄，由扁平的骨祖细胞和少量结缔组织构成，覆盖骨髓腔面，穿通管和中央管的内面，以及骨小梁表面。

三、长骨结构

长骨（long bone）由骨干、骨骺、骨膜、关节软骨、骨髓、血管及神经等构成（图12-11）。幼龄动物的骨干与骨骺之间有骨骺板，即生长板（图12-12）。犬的生长板在18~24月龄后开始消失，食蟹猴的生长板在5岁后开始消失，大鼠的生长板在6~9月龄后开始消失。

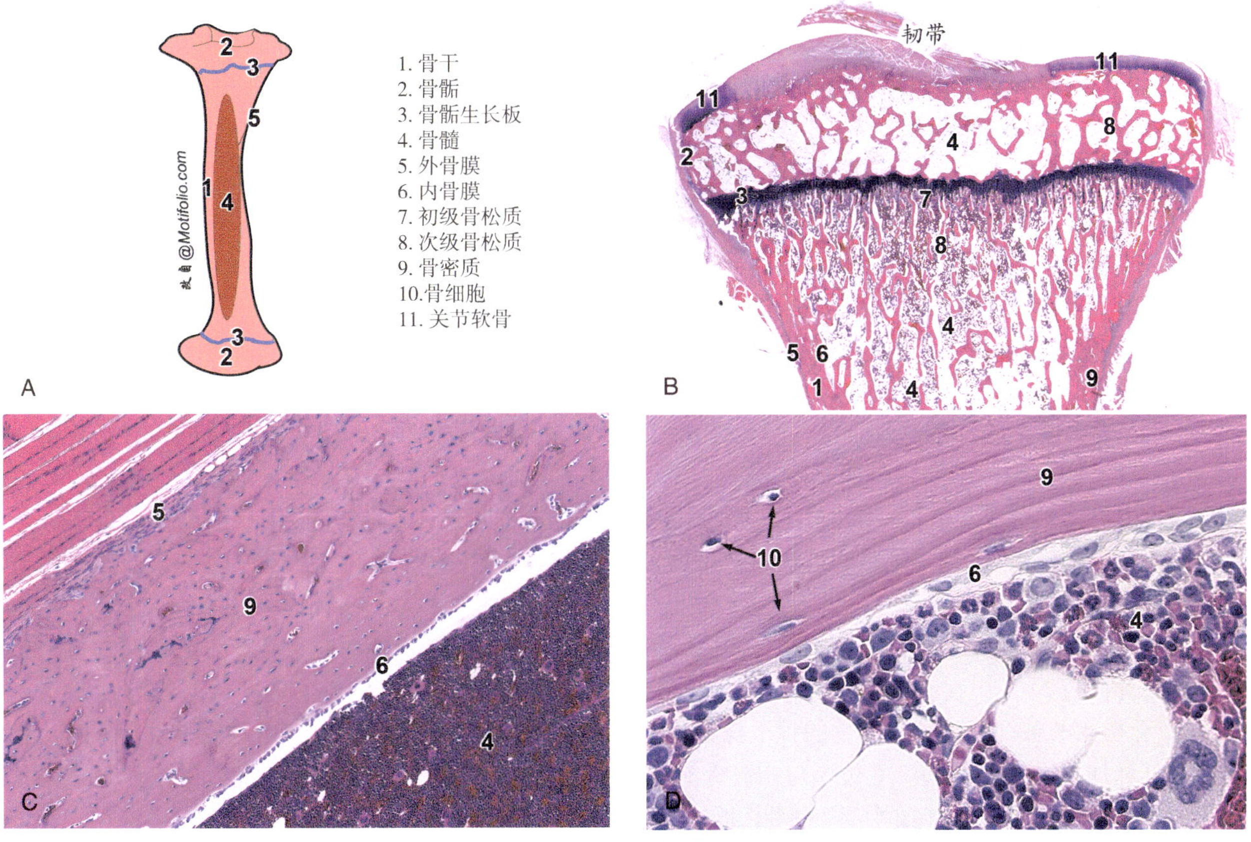

图12-11 长骨

A. 长骨由骨干，骨骺，生长板，骨膜和关节软骨等组成；B. 食蟹猴胫骨：长骨由板层骨、骨密质、骨松质和骨膜等构成；C. WH大鼠股骨：骨干由骨组织、骨膜、骨髓、血管及神经等构成；D. 食蟹猴胸骨：骨内膜很薄，由扁平骨祖细胞和少量结缔组织构成

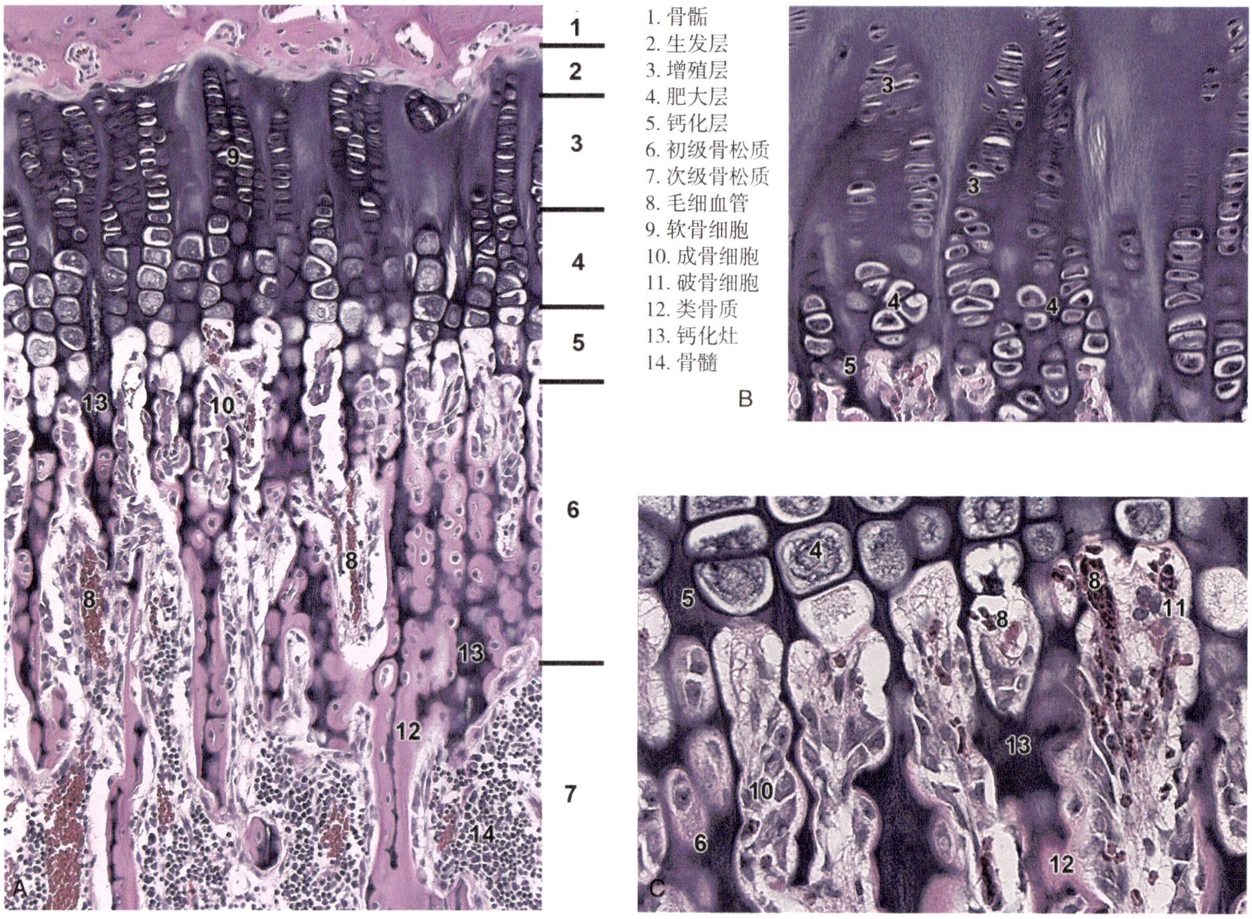

图 12-12 **生长板**

A. 骨骺生长板，SD 大鼠：骨松质区富含成骨细胞、破骨细胞和毛细血管等；B. 骨骺生长板，食蟹猴股骨：软骨基质内各生长阶段的软骨细胞；C. SD 大鼠股骨骨骺生长板：初级骨松质区富含毛细血管

1. 骨干　主要由骨密质构成，内侧有少量骨松质形成骨小梁。骨密质由内外两层环骨板和中层哈弗斯系统及间骨板组成。骨干中有与骨干长轴垂直或横向穿行的穿通管，内含血管、神经和少量结缔组织。穿通管开口于骨表面滋养孔。

（1）环骨板：包括外环骨板及内环骨板，分别环绕骨干内外表面排列。外环骨板厚，排列整齐。内环骨板较薄，排列不规则。

（2）哈弗斯系统：也称骨单位，呈长柱状，位于内外环骨板之间。骨单位是长骨的主要结构。骨单位由呈同心圆排列的哈弗骨板围绕中央管构成，哈弗骨板的层数不等。穿通管内的血管、神经及结缔组织进入中央管，营养骨单位。啮齿类动物的哈弗斯系统结构不明显或缺失。

（3）间骨板：位于骨单位之间或骨单位与环骨板之间，是在骨生长和改建过程中，未被吸收或残留的哈弗骨板或环骨板。

2. 骨骺　主要由骨松质构成，表面有薄层骨密质。骨骺的关节面由透明软骨覆盖。成年动物骨松质内的腔隙有骨髓。

3. 骨骺生长板　位于幼龄动物的骨干与骨骺之间。生长板由软骨组成，没有血管或淋巴管分布，是长骨生长和加长的结构基础。生长板与初级骨松质间有丰富的毛细血管分布。影响此处毛细血管结构和功能的药物或其他异物可能会间接影响生长板的结构和功能。

4. 骨松质　也称骨小梁，来源于骨骺生长板。骨小梁分为初级骨小梁和次级骨小梁。雌性大鼠的次级骨小梁长而直，雄性大鼠次级骨小梁较短。

第四节 关 节

关节是骨与骨之间连接结构，通常分为活动关节和不动关节两种。活动关节也称关节，具有屈曲、伸展和旋转活动功能，如四肢的肩、肘、指、髋和膝关节等。 不动关节不能屈伸旋转等活动，如椎间、腰骶和骶尾连接等。

一、可动关节

关节通常由关节囊、关节面和关节腔构成（图 12-13）。关节囊包围在关节外面，关节面光滑，关节腔内含少量关节液，起润滑和营养关节软骨的作用。关节周围有许多肌腱和肌肉附着，当肌肉收缩时，关节可做伸、屈、外展、内收及旋转等运动。关节腔内的软骨板和韧带等结构具有支持和加强关节稳定的作用。

关节囊分内、外两层。外层与骨外膜连接，含有排列紧密的纤维。内层疏松光滑，也称滑膜，向关节腔内突出形成滑膜皱褶或绒毛。滑膜内层被覆 1 ～ 4 层滑膜细胞。滑膜细胞可分两型：A 型细胞为巨噬细胞样细胞，富含溶酶体，具有吞噬功能，清除关节内的各种碎屑。B 型细胞为成纤维细胞样细胞，富含粗面内质网。

两种滑膜细胞都能分泌聚透明质酸和黏蛋白等。关节液中除含水、透明质酸、黏蛋白和电解质等外，还有少量细胞，主要为淋巴细胞和巨噬细胞。

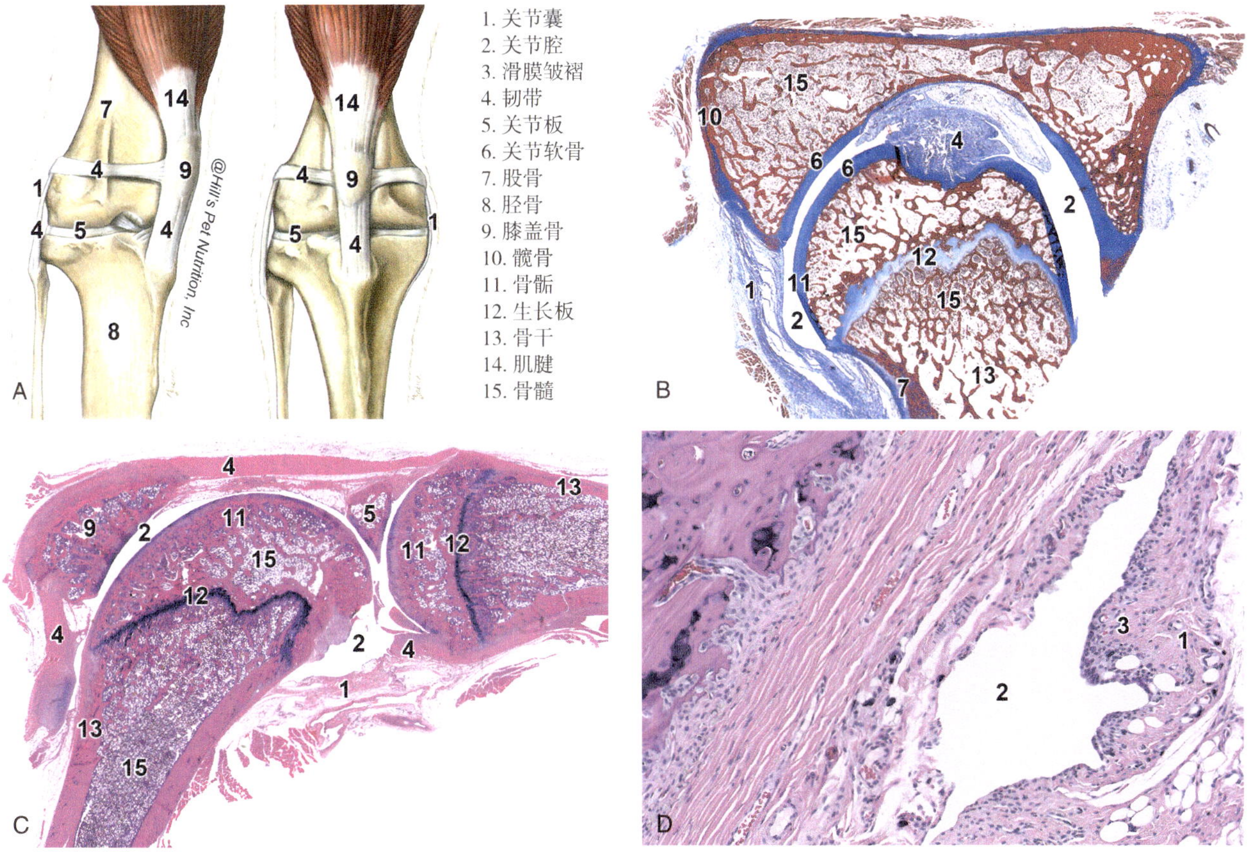

图 12-13 可动关节

A. 犬：可动关节具有屈曲、伸展和旋转活动功能；B. 食蟹猴髋关节：软骨和胶原纤维，Trichrome 染色；C. WH 大鼠膝关节：关节囊分内、外两层，外层纤维致密，与骨外膜连续；D. WH 大鼠膝关节：关节囊内层疏松光滑，突入腔内形成滑膜皱褶或绒毛

二、椎间连接

椎间连接为椎骨之间的连接结构，由软骨终板和椎间盘构成（图 12-14）。软骨终板为一层透明软骨，覆盖在椎体前、后两面，周边厚，中央薄。椎间盘为两个相邻椎体之间的纤维软骨盘，由外周纤维环和中央髓核构成（图 12-15）。纤维环为多层同心圆排列的纤维软骨板，其胶原纤维分别穿入前后椎体的软骨终板。

脊索动物胚胎期的脊索位于原沟之下，是中轴骨骼的发育中心（图 12-15）。椎间盘髓核为胚胎期脊索的残留物，呈胶状，富含水、胶原原纤维、蛋白多糖等，其胶原纤维锚定在椎体软骨终板上。幼龄动物的髓核可见脊索细胞和软骨样细胞。脊索细胞核深染，细胞器少，胞质内含有大量不规则的空泡。

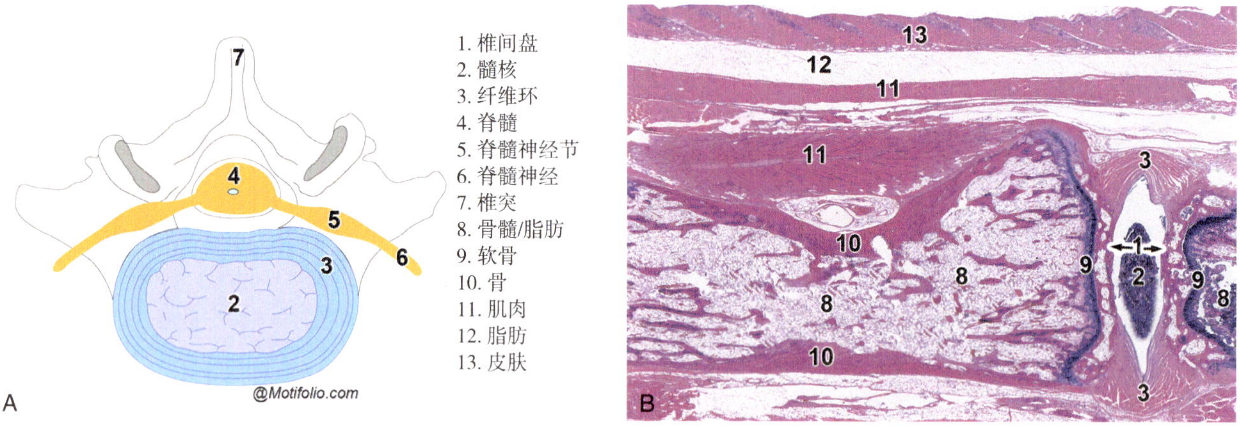

图 12-14 **椎间连接**

A. 椎骨之间的连接主要由软骨终板和椎间盘构成；B. WH 大鼠：椎间盘由外周纤维环和中央髓核内等构成

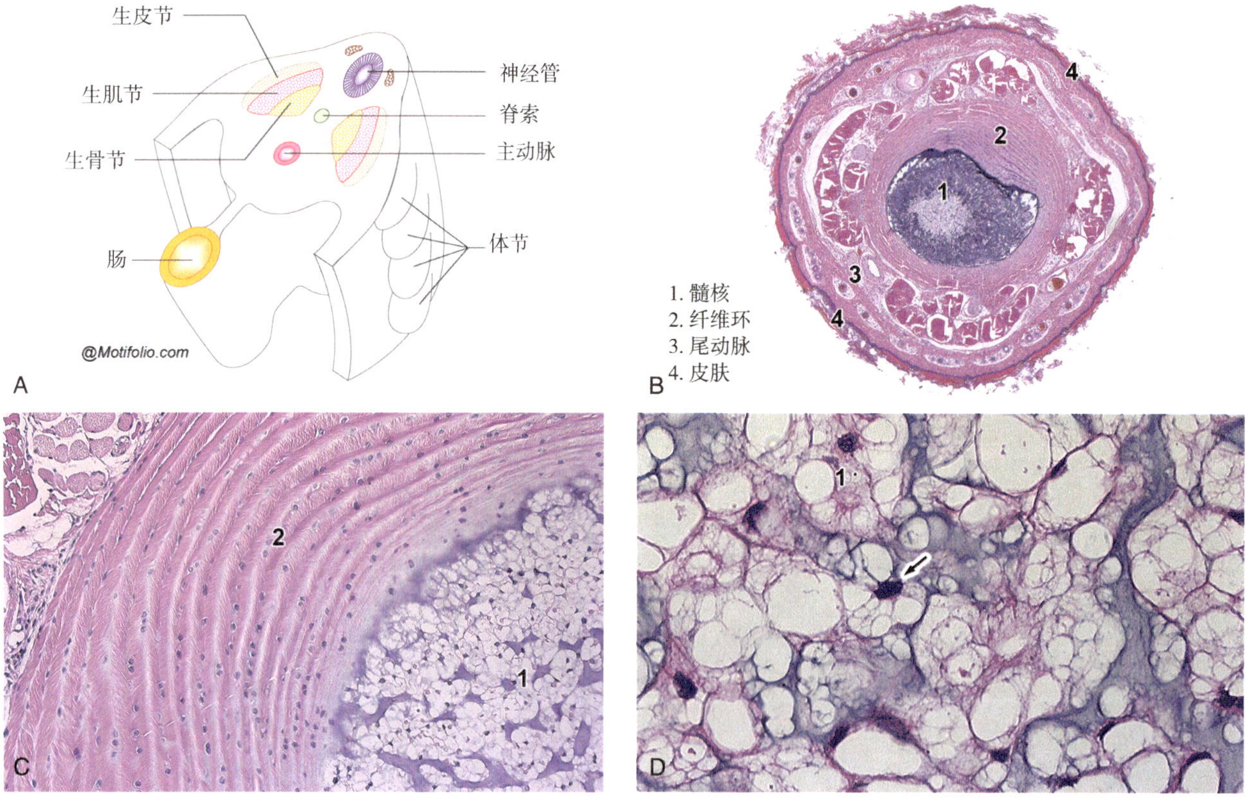

图 12-15 **原索遗迹**

A. 胚胎期脊索位于原沟之下，是中轴骨骼的发育中心；B. SD 大鼠尾椎：幼龄动物髓核中可见脊索细胞或软骨样细胞；C. SD 大鼠尾椎：外周纤维环致密，中央髓核内有脊索样或软骨样细胞；D. SD 大鼠尾椎：脊索样细胞呈蜘蛛状，核深染，胞质富含不规则的空泡，呈蜘蛛样（箭）

第十三章

皮肤组织学

Histology of the Skin

皮肤被覆于体表，构成身体与外界环境的屏障，具有维持体内环境稳定的重要功能。除物理保护外，皮肤还具有排汗、感觉、吸收、代谢、分泌和排泄等重要功能（表 13–1）。

皮肤的附属结构有毛发、指甲或蹄甲、皮脂腺、汗腺和乳腺等。全身不同部位皮肤厚薄不等，毛发和其他皮肤附属结构的分布不均。

表 13–1 皮肤的主要功能

作用	功能
屏障作用	防止体内液体丧失，防止体外生物、物理和化学物质的侵入
免疫功能	机体免疫系统的第一道防线，是免疫系统的重要组成部分
感觉功能	富含神经末梢和特殊的感受器，感受痛、触、温和压等外界刺激
调节体温	通过皮下血管的收缩和扩展，分泌和出汗等方式，维持体温恒定
吸收功能	多种物质可通过皮肤的角质层、毛囊和汗管吸收
分泌和排泄	汗腺和皮脂腺等分泌，调节体温和体内的电解质平衡

第一节 皮肤结构

动物皮肤由表皮、真皮和皮下组织三部分组成（图 13–1）。表皮为角化的复层扁平上皮，起源于外胚层。真皮主要为致密结缔组织，皮下组织主要为疏松结缔组织。真皮和皮下组织起源于中胚层。皮肤内有丰富的神经末梢和血管网。表皮和真皮之间有基底膜。

动物种属和体表不同部位，皮肤的厚度和结构也有差异。同一动物，背部皮肤比较厚，毛发、皮脂腺、汗腺等皮肤衍生的附属器官比较发达。腹部的皮肤较薄，附属器官不发达。

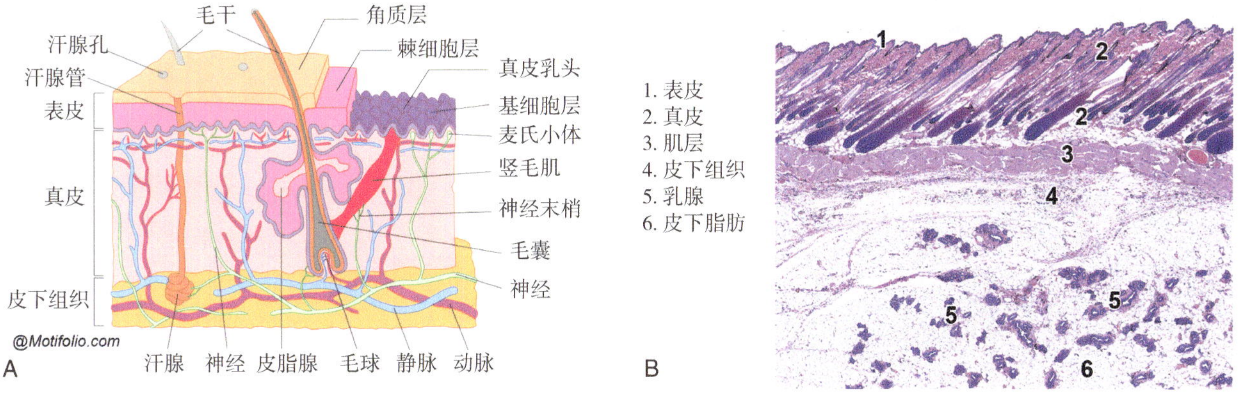

图 13–1 皮肤结构

A. 皮肤结构；B. SD 大鼠：皮肤和皮下乳腺等

一、表皮

表皮（epidermis）为复层扁平上皮，位于皮肤表层，直接与外界接触（图 13–2）。表皮主要由角质细胞构成，少量非角质细胞散在分布于角质细胞之间，如黑素细胞，朗格汉斯细胞和梅克尔细胞。表皮基底层细胞之间有色素细胞。色素细胞的活性及其黑素小体的含量决定肤色。表皮层没有血管分布。

（一）角质形成细胞

较厚的皮肤部位的表皮可分为五层，由基部到表面依次为基底层、棘层、颗粒层、透明层和角质层。较薄的皮肤部位的表皮只有 1 ～ 3 层细胞组成。

基底层细胞圆形或矮柱状，单层排列于基底膜上。胞核相对较大，圆形或椭圆形，着色淡。胞质较少，嗜碱性。基底细胞不断增殖，向浅层移动，分化为其他各层细胞。电镜可见胞质富含游离核糖体和分散或成束分布的角蛋白丝。细胞之间有发达桥粒连接结构，与基底之间有半桥粒连接。

棘层细胞的表面有许多棘状突起，故称棘细胞。棘细胞呈卵圆形或多边形，在向浅层移行中逐渐变扁。棘细胞体积较大，胞核位于中央。胞质丰富，嗜碱性，有细短的突起。电镜下可见相邻细胞的棘状突起相嵌，由桥粒相连。胞质富含角蛋白丝和颗粒。

颗粒层细胞扁平，呈梭形，与基底膜平行。细胞核和细胞器逐渐退化消失，胞质内出现许多大小不等，富含组氨酸的透明角质颗粒。常规染色，透明颗粒呈强嗜碱性。电镜可见颗粒形状不规则，无包膜。角质颗粒致密均质，有角蛋白丝穿入颗粒。

透明层也称屏障带，由梭形扁平透明细胞组成，细胞界线不清。胞核和细胞器消失。胞质呈透明均质状，嗜酸性。胞质富含角母蛋白和角蛋白丝，能够阻止水分、电解质、化学物质和微生物等通过。透明层在无毛的足爪底部上皮明显。

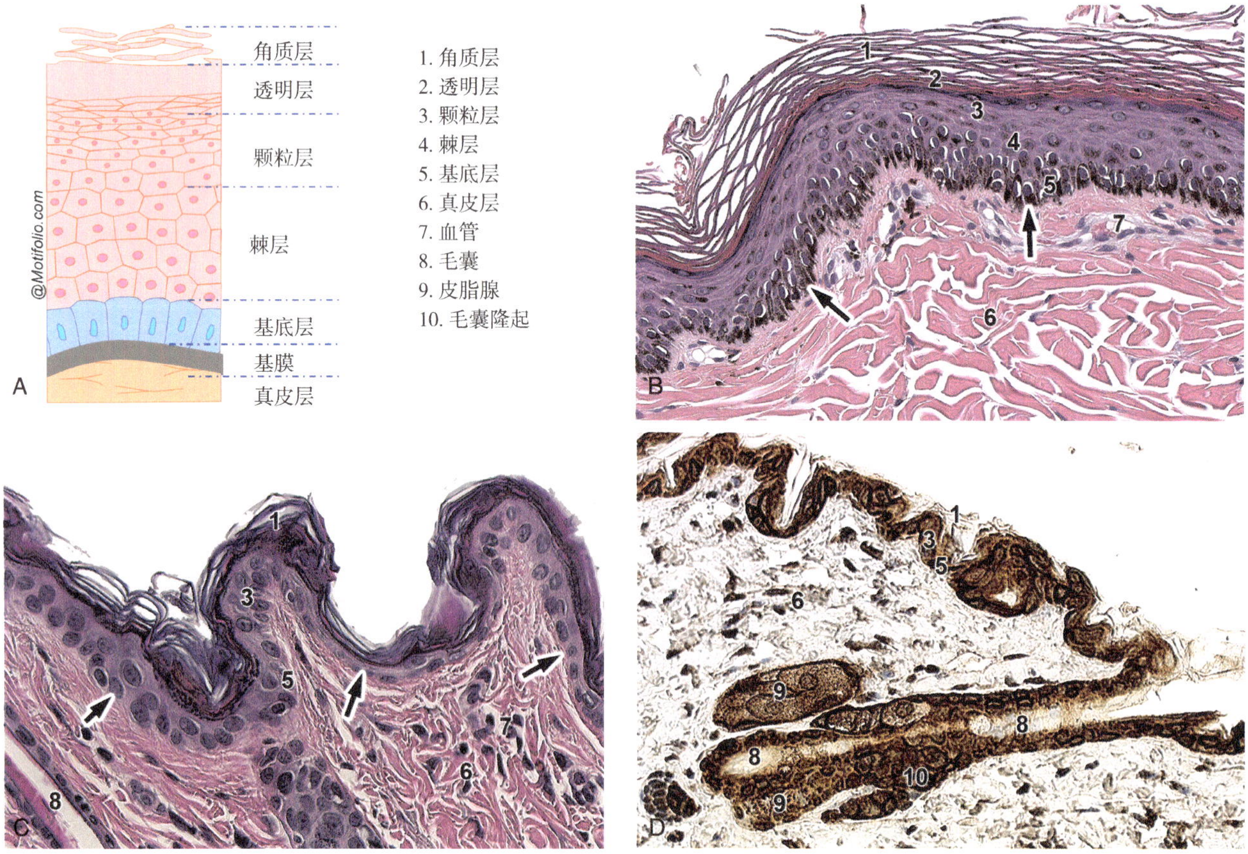

图 13–2 **表皮**

A. 表皮结构；B. 食蟹猴：厚表皮有复层上皮细胞组成，包括棘层、基底层和色素细胞等；C. SD 大鼠：表皮薄处，只有 1 ～ 3 层上皮细胞，各层分界不明显；D. CD1 小鼠：表皮，毛囊上皮和皮脂腺上皮，泛 –Cytokeratin 免疫组化染色角质层位于表皮的表层，角质细胞脱落形成皮屑。细胞扁平，胞核和细胞器消失，呈嗜酸性均质状，细胞轮廓不清。胞质富含角蛋白和透明角质颗粒蛋白形成的复合体，能抵抗物理摩擦和化学物质侵蚀，并防止体液外渗，维持皮肤的湿度。

（二）非角质形成细胞

黑色素细胞生成黑色素，起源于胚胎早期的神经嵴细胞，多分布于表皮基底层。常规染色不易鉴别。电镜下可见胞质内由单位膜包被的椭圆形黑色素体。黑色素体内含酪氨酸酶，能将酪氨酸转化为黑色素。

朗格汉斯细胞起源于胚胎期骨髓，散在分布于表皮棘细胞之间，属于抗原呈递细胞。细胞有多个突起，常规染色不易辨认，需免疫组化和电镜鉴别。电镜可见胞质内伯贝克颗粒，颗粒有膜，呈盘状或扁囊形，切面为杆状或网球拍形。

梅克尔细胞分布在表皮基底层或表皮与真皮连接处，可能是触觉感受细胞。细胞呈圆形或卵圆形，胞核常有深凹陷或呈分叶状，核仁不明显。胞质有短指状突起，常规染色时不易辨认。电镜下可见细胞顶部有粗短的突起伸展到角质细胞之间，并与之形成桥粒结构。基部与感觉神经神经终末接触，形成化学突触样结构。

二、真皮

真皮（dermis）位于表皮和皮下组织之间，由纤维结缔组织和皮肤衍生物构成（图 13–3）。有些部位的真皮与皮下组织之间有一薄的肌层。

真皮内有由表皮陷入的毛发和腺体，以及从深层延伸的血管、淋巴管、竖毛肌、神经及其末梢。真皮内细胞成分少，主要有成纤维细胞、吞噬细胞和肥大细胞等。成纤维细胞能够产生胶原纤维、弹性纤维和基质等。

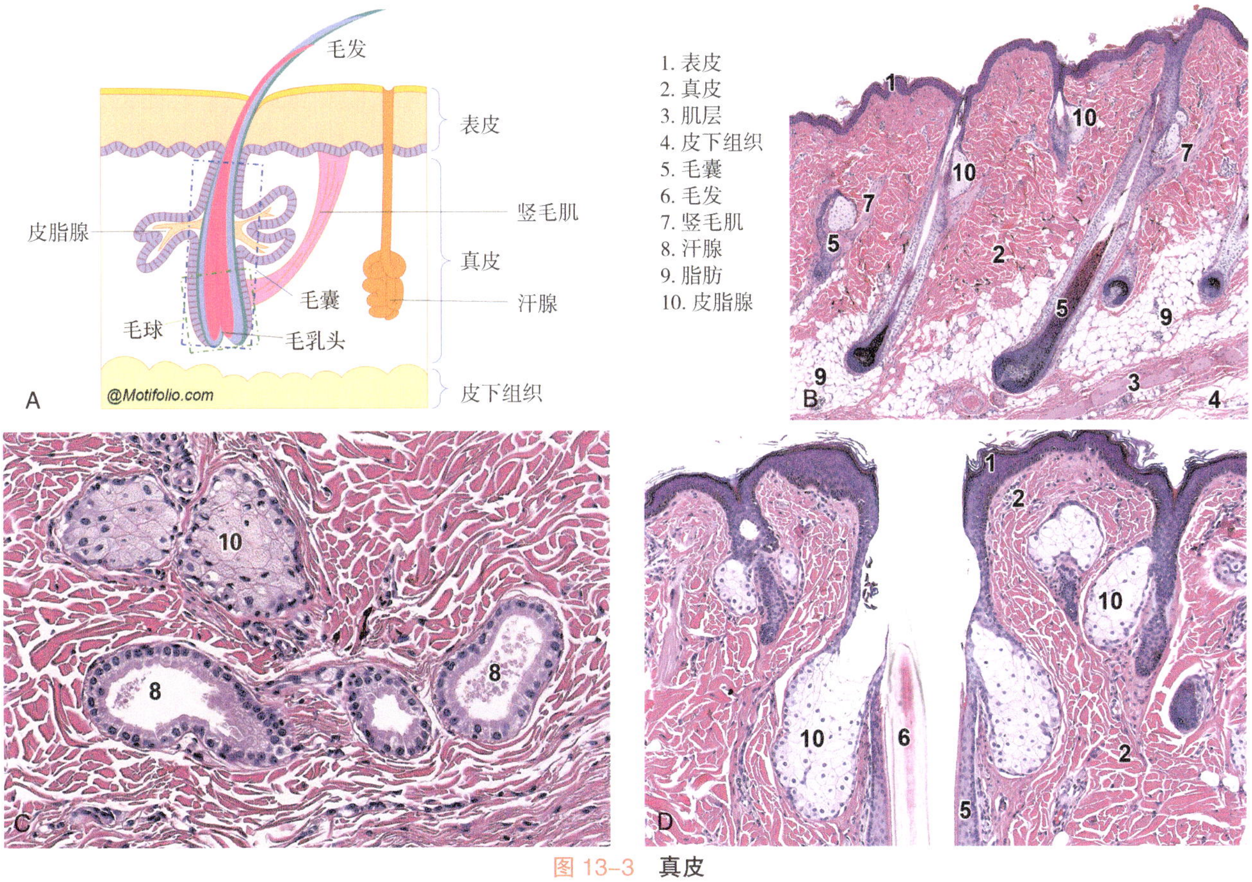

图 13–3　**真皮**

A. 毛发、毛囊结构；B. 比格犬：真皮由纤维结缔组织和皮肤衍生物组成，如毛发和腺体等；C. 食蟹猴：真皮致密纤维结缔组织中有汗腺和皮脂腺等结构；D. 食蟹猴：皮脂腺位于真皮内，通常在毛囊上 1/3 处，即毛囊隆起处

三、皮下组织

皮下组织（hypodermis/subcutis）位于真皮下，两者之间的分界不明显。皮下组织也称浅筋膜，主要由疏松结缔组织和脂肪组织组成，内含丰富的血管、淋巴管、浅表淋巴结和乳腺等。 皮下组织与深层其他组织相延续，分界不明显。

第二节　皮肤附属结构

皮肤表皮衍生的附属结构包括毛发、皮脂腺、汗腺和蹄甲等。

一、毛发

除足底，嘴唇和鼻等少数部位外，动物体表大都覆盖有毛发（图 13–4）。体表各部毛发的长短、粗细、密度和循环周期各不相同。通常，背部的毛发比腹部毛发长、粗和密度高。触须和眉毛最长而粗。

（一）毛发结构

毛发（hair）通常分为毛干、毛根和毛球三部分。毛干位于皮肤表面，毛根位于毛囊内。毛根下段膨大，形成毛球。毛球底部为毛乳头，含丰富的营养血管和神经等。毛干和毛根由呈同心圆排列的上皮细胞组成，上皮细胞内充满角蛋白和色素。毛母质细胞为幼稚细胞，不断分裂增生，逐渐分化移行为毛根和上皮根鞘细胞。毛母质细胞间的黑色素细胞生成色素，色素进入新生的毛根上皮细胞。

毛囊分内毛根鞘和外根鞘，内毛根鞘与表皮相延续，外根鞘与结缔组织相延续，包括致密结缔组织。

毛囊在上 1/3，近表皮处膨大形成毛囊隆起。毛囊隆起有皮脂腺开口，其外根鞘部有竖毛肌附着。毛囊隆内有毛囊干细胞，可分化成为各种毛囊细胞，包括毛母质细胞、表皮细胞和皮脂腺细胞等。

竖毛肌为一束斜行平滑肌，其一端附着在毛囊，另一端与真皮结缔组织相延续。竖毛肌受交感神经支配，收缩时使毛竖起，并有助于皮脂腺分泌物的排出。

（二）毛发生长周期

毛发的生长和更新呈周期性变化，通常分为生长期、退化期、休止期和再生期四个阶段（图 13–5）。体表各部位的毛发生长周期长短不等。啮齿类动物皮肤同一部位的毛发通常处于相同的周期阶段。比格犬和食蟹猴皮肤同一部位的毛发通常处于不同步的周期阶段。

生长期的毛干和毛囊长，贯穿整个真皮层，毛球和毛乳头大，毛母质细胞分裂活跃。退化期的毛母质细胞停止分裂增殖，毛囊上皮变性角化，毛发脱落。毛囊深层的毛囊萎缩变性，毛球和毛乳头萎缩变小。休止期或静止期时，毛囊隆起以下毛发、毛囊和毛球等变性萎缩和消失。再生期开始时，毛囊隆起的干细胞增殖，分化为毛母质细胞，形成新的毛囊和毛球等。

二、汗腺

汗腺（sweat gland）位于真皮内。汗腺可以分泌汗液，调节体温。

三、皮脂腺

皮脂腺（sebaceous gland）位于真皮内，靠近毛囊，通常开口于毛囊上 1/3 处。皮脂腺分泌皮脂，可润滑皮肤和毛发。皮脂腺分泌物弱酸性，具有抗菌作用。

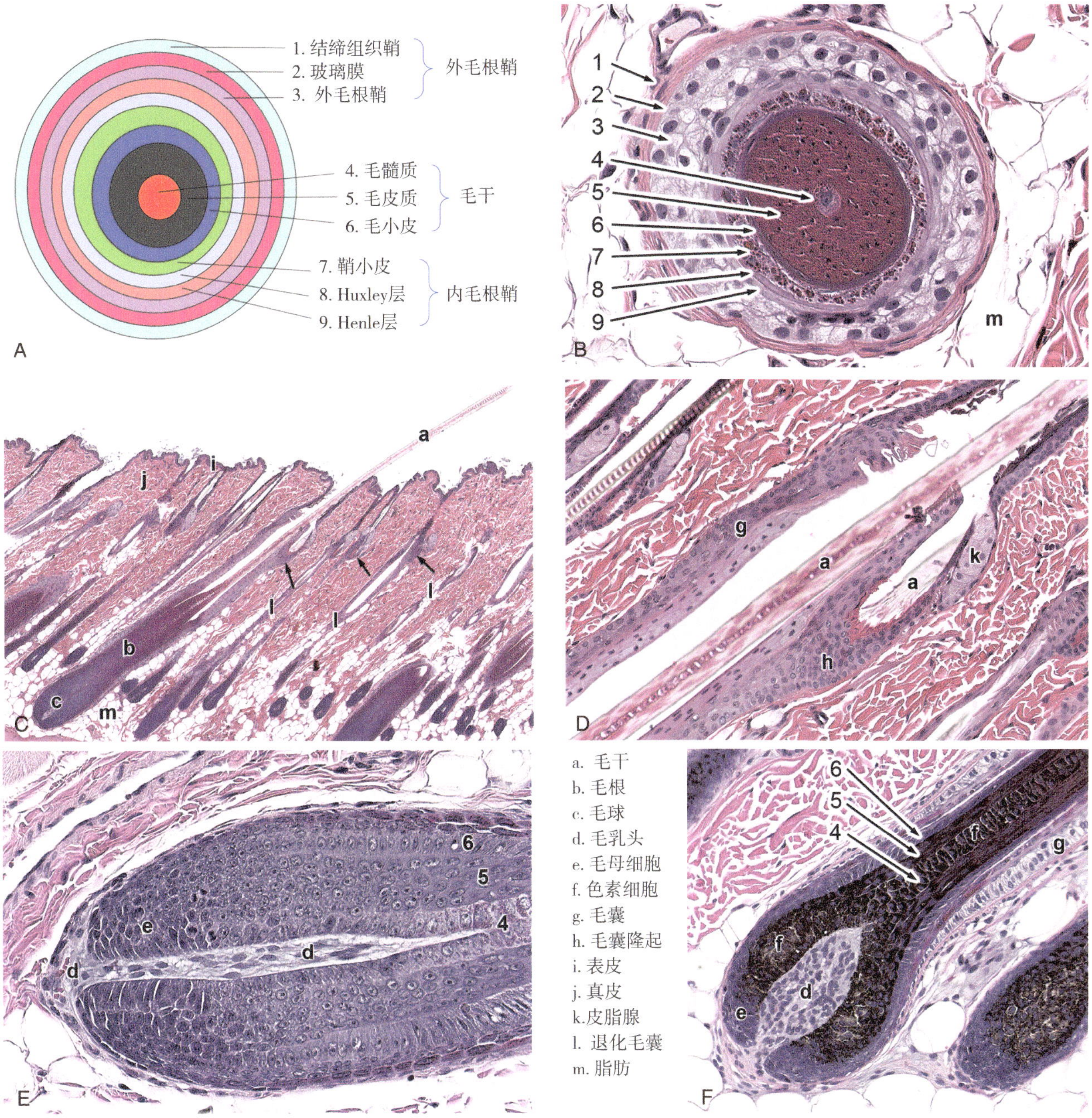

图 13–4 **毛发结构**

A. 毛发包括毛干、内毛根鞘和外毛根鞘；B.WH 大鼠：毛干、内毛根鞘和外毛根鞘的横切面；C. WH 大鼠：毛发分为毛干、毛根和毛球，毛囊隆起位于毛囊上 1/3 处（箭）；D. WH 大鼠：毛囊隆起内有毛囊干细胞，可分化为毛囊、毛发和皮脂腺等；E. SD 大鼠：毛根、毛球和毛乳头，毛乳头富含营养血管和神经等；F. 比格犬：毛根和毛球部有大量色素细胞，毛乳头富含营养血管和神经等

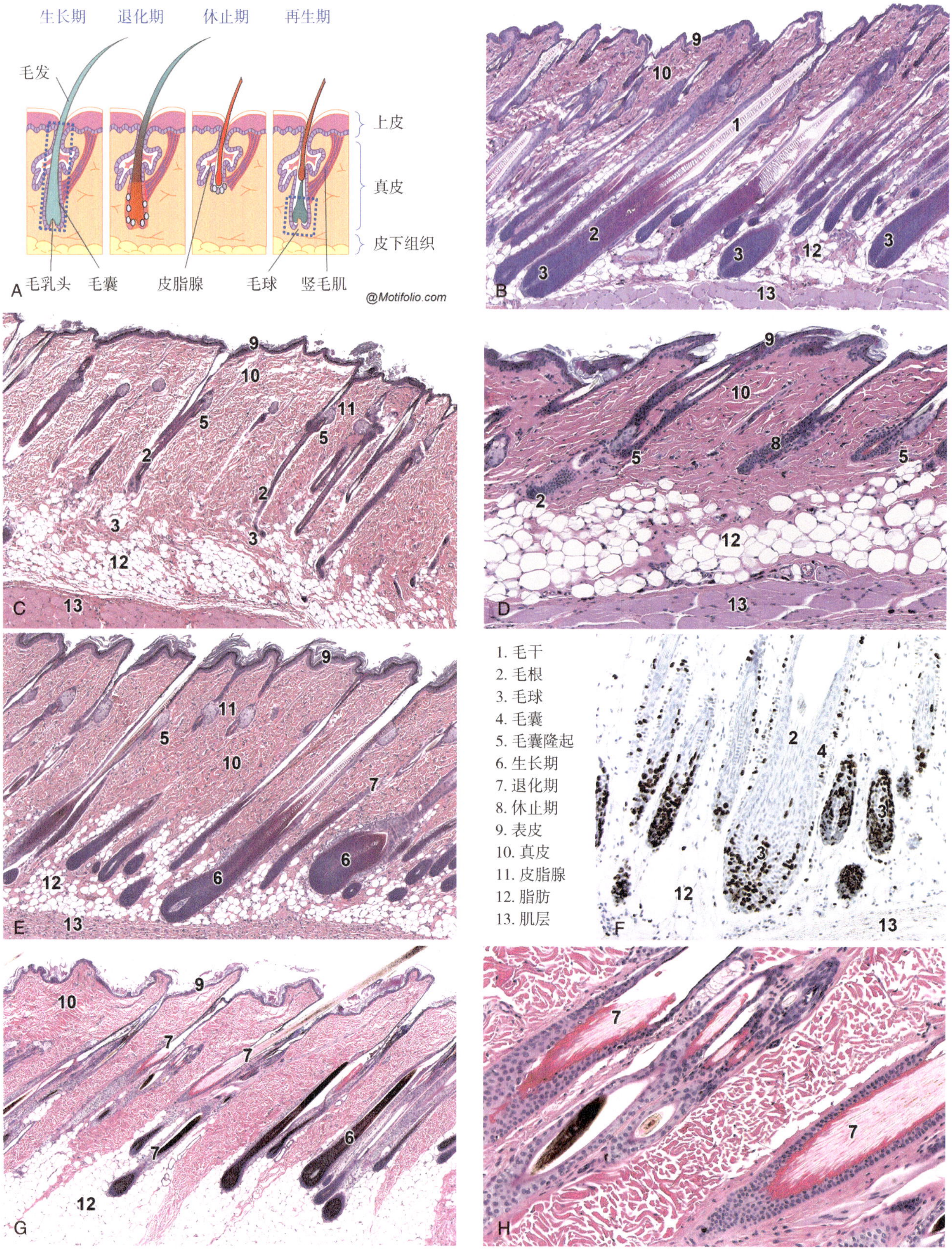

图 13–5　**毛发周期**

A. 毛发生长周期：生长期、退化期、休止期和再生期；B. SD 大鼠：生长期毛囊最长，贯穿整个真皮层，毛球和毛乳头大；C. SD 大鼠，退化期毛囊，毛球和毛乳头萎缩变性，毛发脱落；D. SD 大鼠：休止期毛囊隆起以下毛根和毛球等变性萎缩和消失；E. WH 大鼠：再生期毛囊隆起干细胞增殖分化，形成新的毛囊；F. CD1 小鼠：再生期毛母质细胞增殖分化，Ki–67 免疫组化染色；G. 比格犬：生长期、退化期、休止期毛囊同时存在；H. 比格犬：变性和休止期毛囊内含角质化毛根，呈火焰球状

第十四章

眼和耳组织学

Histology of the Eye and Ear

体内有多种特殊的感觉器官或组织，包括视觉、听觉、嗅觉、味觉和方位平衡等器官组织。本章介绍眼和耳的组织学。

第一节　眼

眼感受光线刺激。外界光源刺激，通过晶状体汇聚到视网膜，并转化为神经冲动传递至中枢神经，由大脑视觉皮质整合形成相应的外部环境视觉和图像。

眼包括眼球及其附属结构（图 14–1）。眼球呈圆形，由眼球壁和眼球内容物构成，分为前后两端。眼球内容物包括房水、晶状体和玻璃体三部分，是折射介质。角膜、房水、晶状体和玻璃体均为无色透明，构成眼球屈光系统。眼球附属结构包括眼睑、结膜、泪腺和眼肌等。

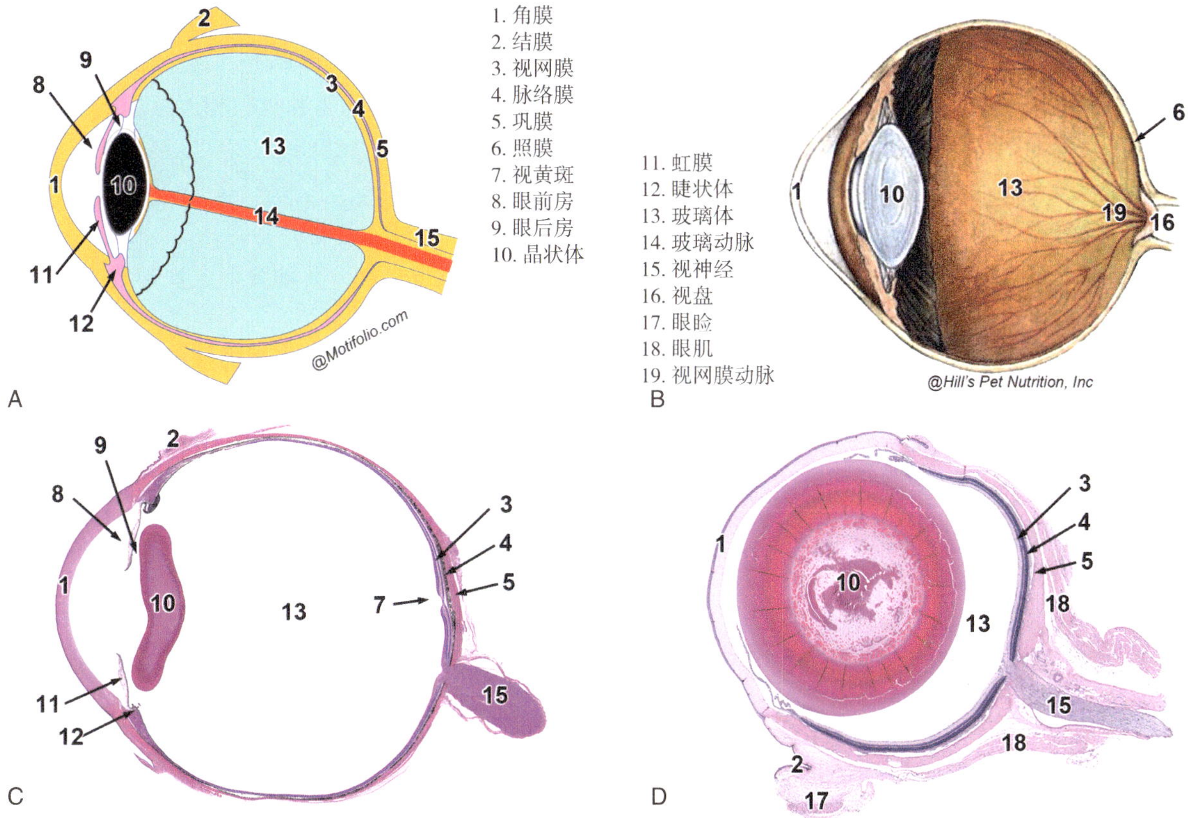

图 14–1　眼球结构

A. 眼球的基本结构；B. 比格犬眼球结构；C. 食蟹猴晶状体占眼球体积的比例较小；D. WH 大鼠：大鼠的晶状体占眼球体积的比例较大

眼球及其附属结构的血液均来自眼动脉，在眼眶发出很多分支，分布于眼球、眼球外肌、泪腺和眼睑等处。视网膜中央动脉由眼动脉分支后，经眼球后方穿入视神经内部，在视盘分支，分布于视网膜各部，营养视网膜层。

一、眼球壁结构

眼球壁通常分为三层，由内向外分为视网膜、血管膜和纤维膜（表 14–1）。视网膜为神经上皮。血管膜由疏松结缔组织组成，含有丰富的血管和黑色素细胞。纤维膜主要由致密结缔组织组成。很多夜行性脊椎动物的眼睛在视网膜和脉络膜之间还有一层照膜。

表 14–1　眼球壁通常分为三层，由内向外分为视网膜、血管膜和纤维膜

视网膜	神经上皮层	识别外界图像，转化为神经冲动，通过视神经传送到大脑
	色素上皮层	参与形成血液与视网膜之间的血眼屏障及其他多种功能，如吞噬作用、黑色素合成、维生素代谢和光线吸收等
照膜	照膜层	增强夜行动物的夜视功能
血管膜	虹膜	形成瞳孔，调控光线进入眼睛
	睫状体	调控晶状体的曲度，睫状肌受副交感神经支配
	脉络膜	疏松结缔组织，富含色素细胞
纤维膜	巩膜	坚韧，不透明，保护眼球内容物
	角膜	透明膜

（一）视网膜

视网膜（retina）是高度特化的神经组织，主要由神经细胞和神经胶质细胞及其突起构成。后端视网膜比较厚，有视杆细胞和视锥细胞，能感受光线并产生神经冲动。视杆细胞感受暗光，视锥细胞感受强光（图 14–2）。前端视网膜逐渐变薄，成为单层上皮，延伸至锯齿缘，与睫状体和虹膜相连续。

光镜下，视网膜由内向外可分为下列各层。

1. 内界层由 Muller 细胞的突起末端膨大构成，也称内界膜。

2. 视神经纤维层由节细胞的轴突构成，没有髓鞘，并汇合形成视神经。

3. 神经节细胞层也称节细胞层，由多极神经节细胞的胞体和胞核构成，其轴突形成视神经。树突呈弥散丛状，分散于内网层中。节细胞层中有神经胶质细胞。

4. 内网层由突起构成，包括双极细胞的轴突、节细胞的树突，以及 Muller 细胞等的突起。节细胞的树突和双极细胞的轴突在此层形成突触。

5. 内核层由多种胞体和胞核构成，包括 Miller 细胞、无长突（联络）细胞、双极细胞和水平细胞等。

6. 外网层由突起构成，包括视细胞的内侧突，双极细胞的树突和水平细胞的突起。视细胞轴突与双极细胞和水平细胞突起间形成突触。

7. 外核层由胞体和胞核构成，包括视杆细胞和视锥细胞。视黄斑中央凹只有视锥细胞。

8. 外界膜由突起构成，包括视杆细胞、视锥细胞和 Mullet（支持）细胞突起间连接。

9. 视细胞层由视锥细胞和视杆细胞组成，胞体向内外两侧延伸，形成内突和外突。视锥细胞外突呈锥状。视锥细胞产生视紫蓝质，对高强度光线比较敏感。视杆细胞对低强度光线敏感。电镜下可见外突外节呈细圆柱体，内有许多扁平的膜盘和膜袋。

10. 色素上皮层由单层色素上皮细胞构成，与脉络膜相连。 上皮细胞层为单层立方上皮。色素细胞核呈圆形或卵圆形，位于基底部。胞质富含圆形或卵圆形黑色素颗粒，滑面内质网，高尔基体和脂类小滴等。色素细胞基底部附着于玻璃膜上，细胞之间排列紧密，有连接复合体结构，是血液与视网膜之间的血眼屏障的结构基础。

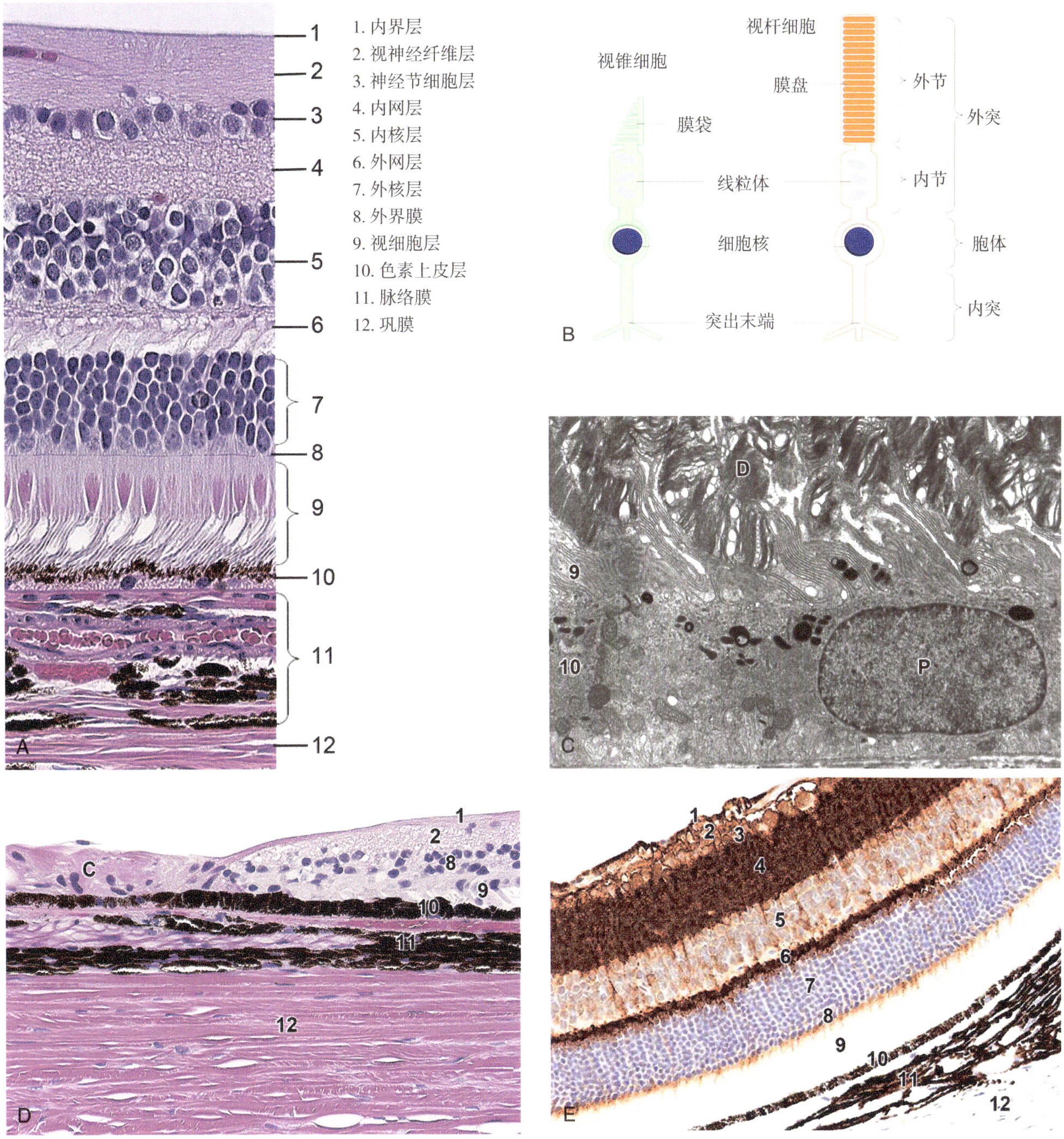

图 14-2 视网膜

A. 食蟹猴：视网膜各层结构及细胞种类；B. 视锥细胞和视杆细胞；C. 食蟹猴眼，视网膜的视杆细胞膜盘（D）和色素上皮层的色素细胞（P）；D. SD 大鼠：视网膜与睫状体交界处形成锯齿缘（C）；E. CD1 小鼠：内网层和外网层丰富的突触结构，Synapatophyin 免疫组化染色

色素上皮层具有多种功能。黑色素细胞参与维生素 A 酯化，并提供给视杆细胞和视锥细胞。色素细胞的顶部与视细胞接触，但没有连接结构复合体结构，故容易出现病理性视网膜剥离或组织制片过程中人为的网膜剥离。

（二）视黄斑

灵长类动物的视网膜后极中央有视黄斑（macula），为一圆形或椭圆形凹陷区域，肉眼呈黄色，故称中央凹或视黄斑（图 14-3）。视黄斑处的视网膜比较薄，凹处中央只有视锥细胞，没有视杆细胞。中央凹的视觉最为精确敏锐。

（三）视盘和视神经

视盘（optic disc）也称视神经乳头，位于视网膜后极（图 14–4）。呈圆形隆起或凹陷。视盘由视网膜内的神经节细胞发出的神经纤维汇集而成，穿出巩膜而汇聚形成视神经。视盘内无感光细胞，是视觉盲点。视网膜中央动脉和静脉通过视盘出入眼球动静脉。

视神经起始于视盘，终止于视交叉。视神经的鞘膜下间隙称蛛网膜下腔，与大脑蛛网膜下腔相延续。

（四）照膜

比格犬等夜行性动物的眼球壁有一层照膜（tapetum），位于视网膜或脉络膜之间（图 14–5）。有照膜的动物眼睛，夜间观察呈绿、黄或蓝色。

照膜由透明细胞组成，有助于动物对暗环境的感应。照膜区域的色素上皮细胞没有色素，反光性强。照膜将透过视网膜的部分光线重新反射回视网膜，视网膜的视锥细胞与视杆细胞两次接受光的刺激，提高对光线感应的灵敏度或强度。

（五）脉络膜

脉络膜（choroid layer）为一疏松结缔组织膜，以血管为主，含有丰富的色素细胞（图 14–6）。脉络膜提供视网膜外侧部营养。

脉络膜可分为脉络膜外层、血管层和玻璃膜。脉络膜外层与巩膜相延续，含有成纤维细胞和黑素细胞。血管层含较大的血管和毛细血管。毛细血管内皮细胞有窗孔，无周细胞。毛细血管通透性强，具有活跃的物质转运功能。玻璃膜邻近视网膜，为一透明均质膜，由基底膜、基质、胶原纤维和弹性纤维等构成。

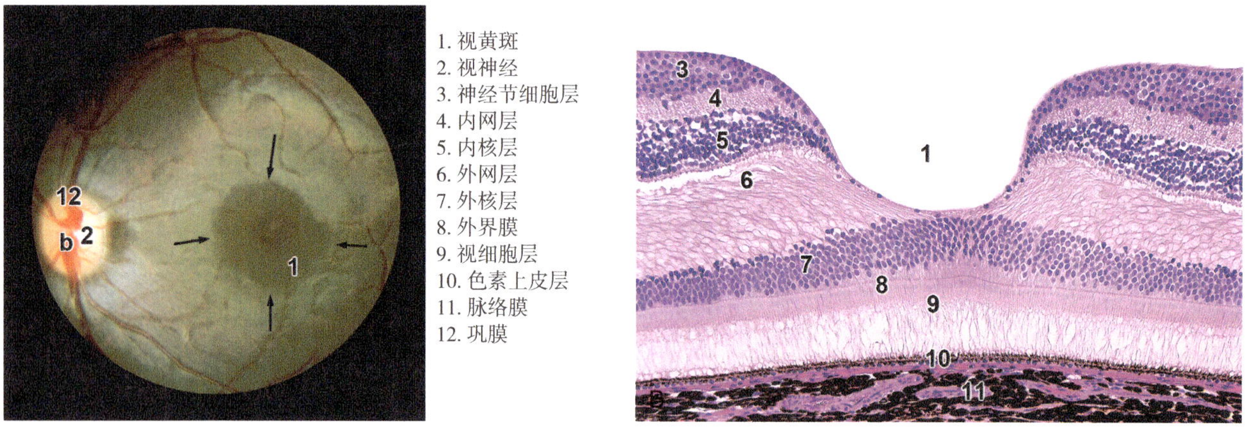

图 14–3 视黄斑

A. 食蟹猴：视黄斑为一圆形或椭圆形凹陷区，肉眼观察呈黄色斑；B. 食蟹猴：视黄斑处的视网膜比较薄，中央凹的视觉最为精确敏锐

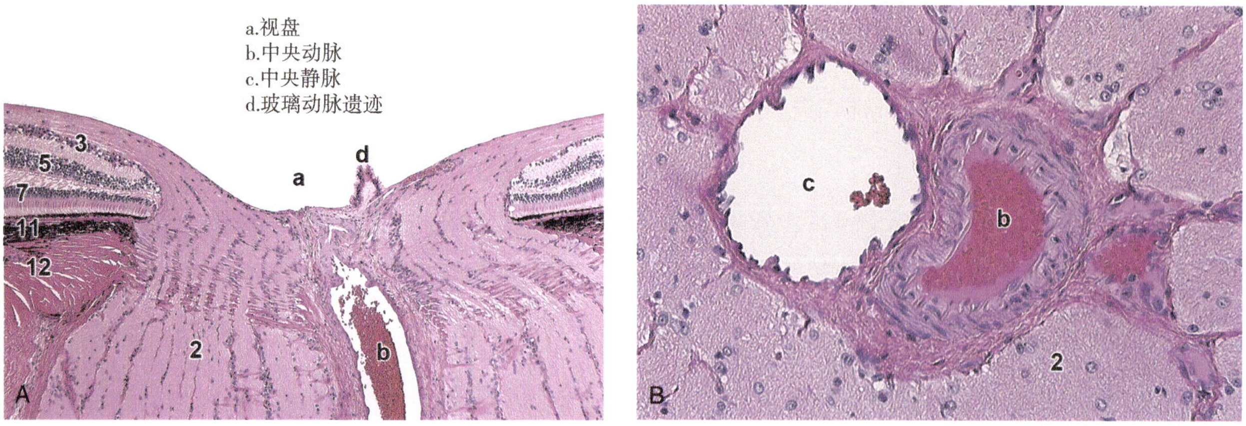

图 14–4 视神经

A. SD 大鼠：视盘中乳头状血管为玻璃体动脉遗迹；B. 食蟹猴：中央动脉来自眼动脉，为视网膜提供营养

（六）巩膜

巩膜（sclera）由致密结缔组织构成，坚韧，有弹性，不透明（图 14–7）。巩膜由大量胶原纤维和弹性纤维交织成网，内含少量血管、神经、成纤维细胞及色素细胞。巩膜表面有眼外肌的肌腱附着，后端与硬脑膜相延续。

（七）虹膜

虹膜（iris）位于角膜与晶状体之间，为一环状或圆盘状肌性薄膜，中央有圆形瞳孔。虹膜将眼房分隔为前房与后房，房水借瞳孔相通（图 14–8）。

虹膜通常分为三层，即外侧的上皮层、中间基质层或纤维层，以及后侧的色素上皮层。上皮层也称外缘层或前缘层，由单层扁平上皮细胞、成纤维细胞、色素细胞和少量胶原纤维组成。 单层扁平上皮层与角膜内皮相连接。基质层为疏松结缔组织，含有丰富的血管、色素细胞和成纤维细胞。虹膜血管内皮无窗孔，有血眼屏障的功能。犬的基质层血管明显，壁厚。色素上皮层又可分为内外两层。外层为单层立方状上皮，细胞质内含有丰富的黑色素颗粒。内层为色素细胞特化为肌上皮细胞，如瞳孔括约肌和瞳孔开大肌，其超微结构与平滑肌纤维相似。瞳孔括约肌位于瞳孔附近，呈环状排列，受副交感神经分布，肌束收缩时瞳孔缩小。瞳孔开大肌位于虹膜根部，由交感神经支配，肌束收缩时瞳孔开大。

（八）睫状体

睫状体（ciliary body）位于虹膜与脉络膜之间，脉络膜的血管层和玻璃膜延伸至睫状体中（图 14–9）。睫状体前端较厚，并发出放射状的睫状突，后端在与脉络膜连接处形成锯齿缘。睫状突呈放射状排列成睫状冠，睫状冠的悬韧带延伸至晶状体，内侧表面有睫状小带与晶状体相连。

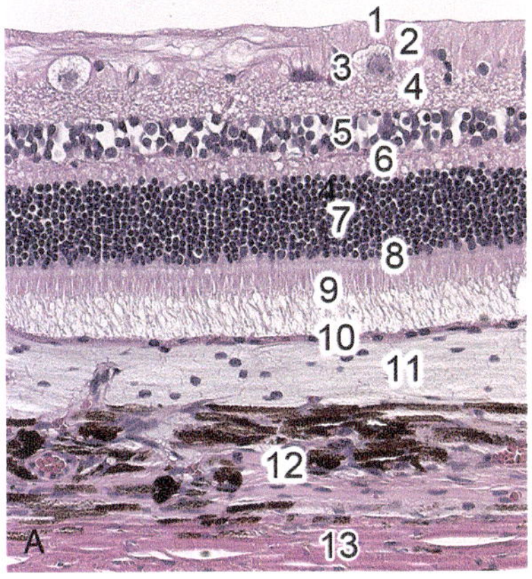

1. 内界层
2. 视神经纤维层
3. 神经节细胞层
4. 内网层
5. 内核层
6. 外网层
7. 外核层
8. 外界膜
9. 视细胞层
10. 色素上皮层
11. 照膜层
12. 脉络膜
13. 巩膜

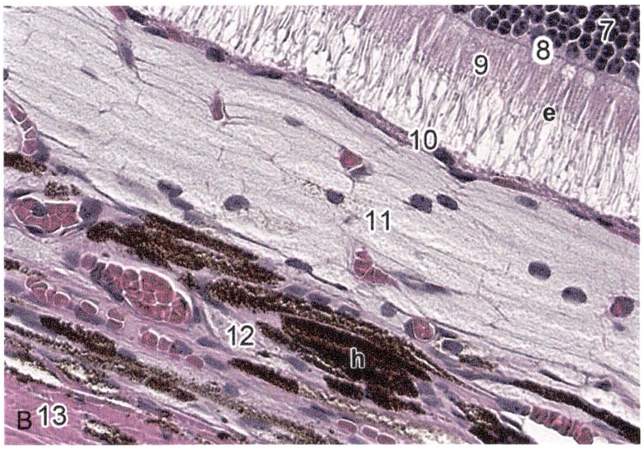

图 14–5　照膜

A. 比格犬：照膜由透明细胞组成，有助于对暗光环境的感应；B. 比格犬：照膜由透明细胞组成（11），照膜区域的视网膜色素上皮层细胞没有色素（10）

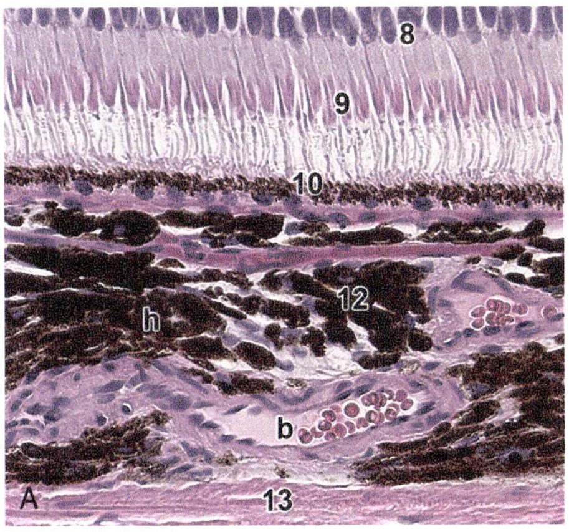

a. 毛细血管
b. 小动脉
c. 内皮细胞
d. 红细胞
e. 膜盘和膜袋
h. 色素细胞
8. 外界膜
9. 视细胞层
10. 色素上皮层
12. 脉络膜
13. 巩膜

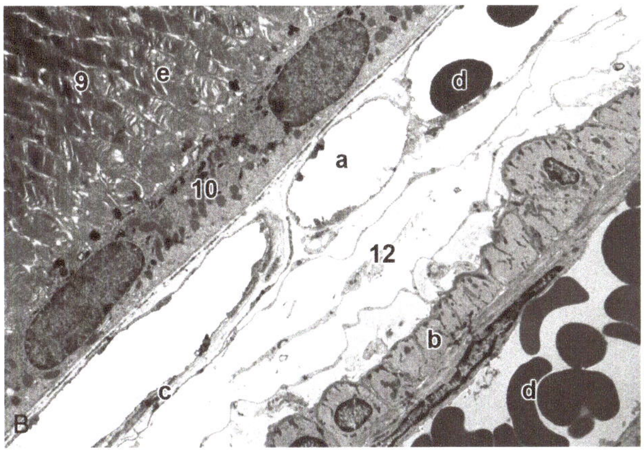

图 14–6　脉络膜

A. 食蟹猴：脉络膜以血管为主，含有丰富的色素细胞；B. 食蟹猴：脉络膜含有丰富的血管和色素细胞

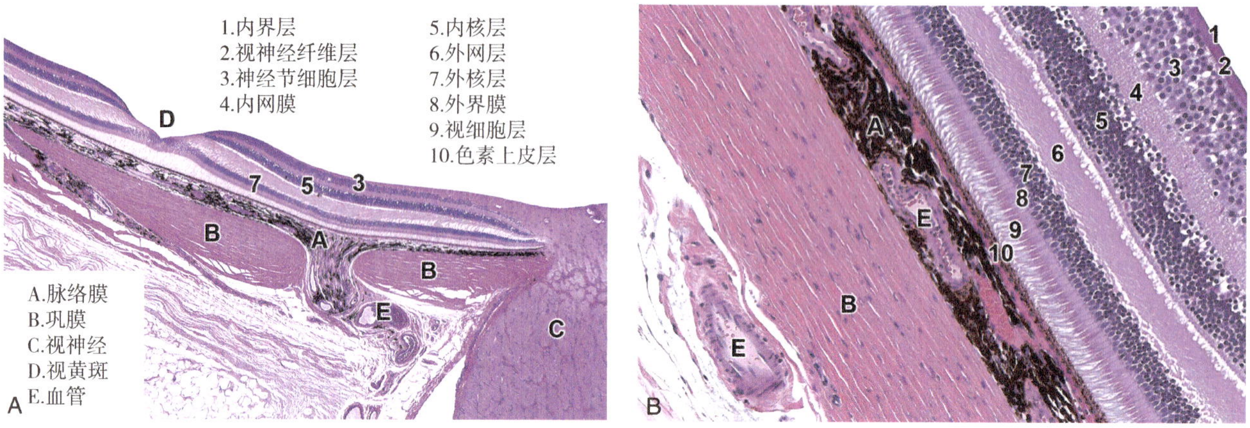

图 14–7 **巩膜**

A. 食蟹猴：胶原纤维和弹性纤维交织成网，内含少量血管和神经；B. 食蟹猴：胶原纤维和弹性纤维交织成网，少量成纤维细胞和色素细胞

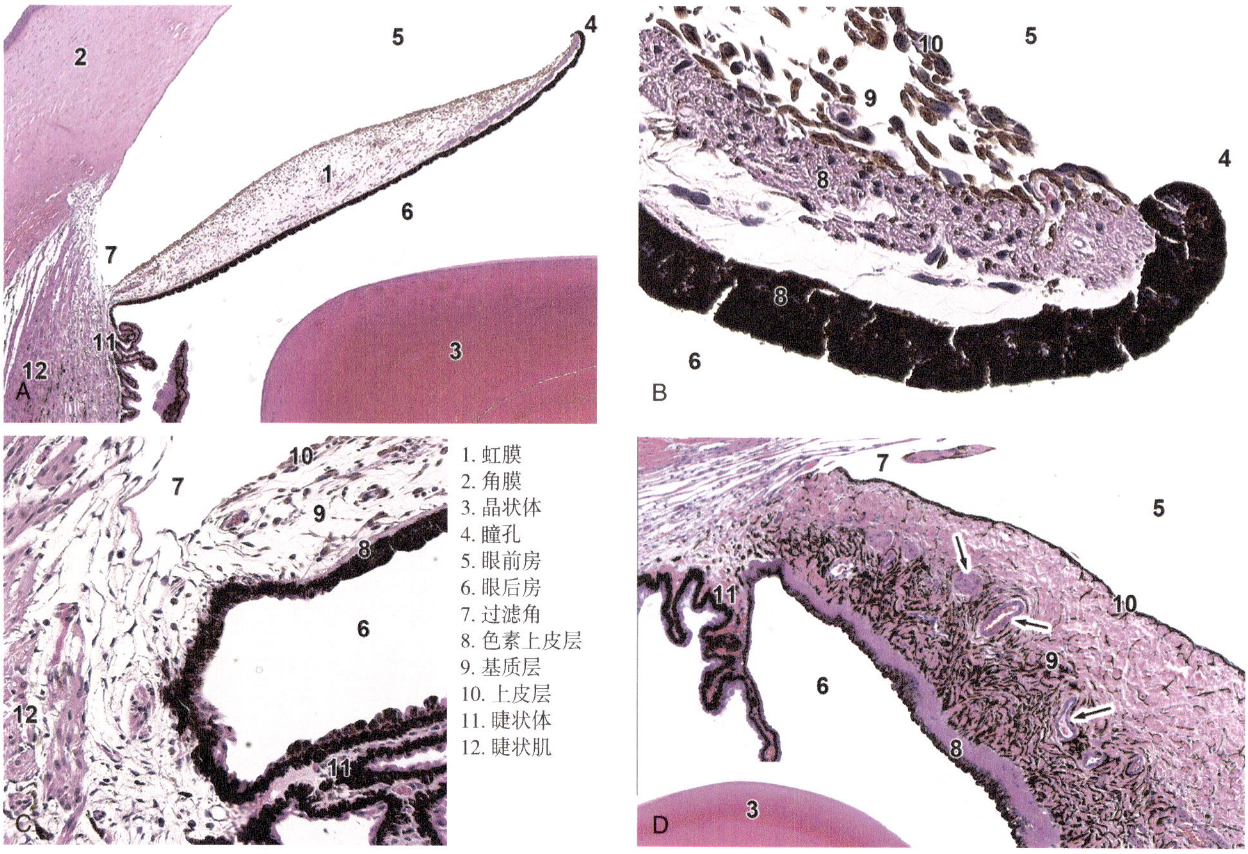

图 14–8 **虹膜**

A. 食蟹猴：一环状肌性薄膜将眼房分隔为前房与后房，中央形成圆形瞳孔；B. 食蟹猴：外侧的上皮层薄，中间基质层或纤维层和后侧色素上皮层稍厚；C. 食蟹猴：虹膜上皮和基质延伸至睫状体中；D. 比格犬：基质层血管明显，血管壁厚（箭）

睫状体的结构自外向内可分为睫状肌、基质和上皮三部分。睫状肌为平滑肌，包括内侧环行肌，中间放射状肌和外侧纵行肌。睫状基质也称血管层，为富含血管的疏松结缔组织。

睫状体上皮延续于视网膜，由两层细胞组成，各自有基底膜。外层为色素上皮与视网膜的色素上皮相延续，胞质内含有大量的色素颗粒。内层上皮为非色素细胞，立方或矮柱状，具有分泌房水的功能，并参与形成玻璃体。

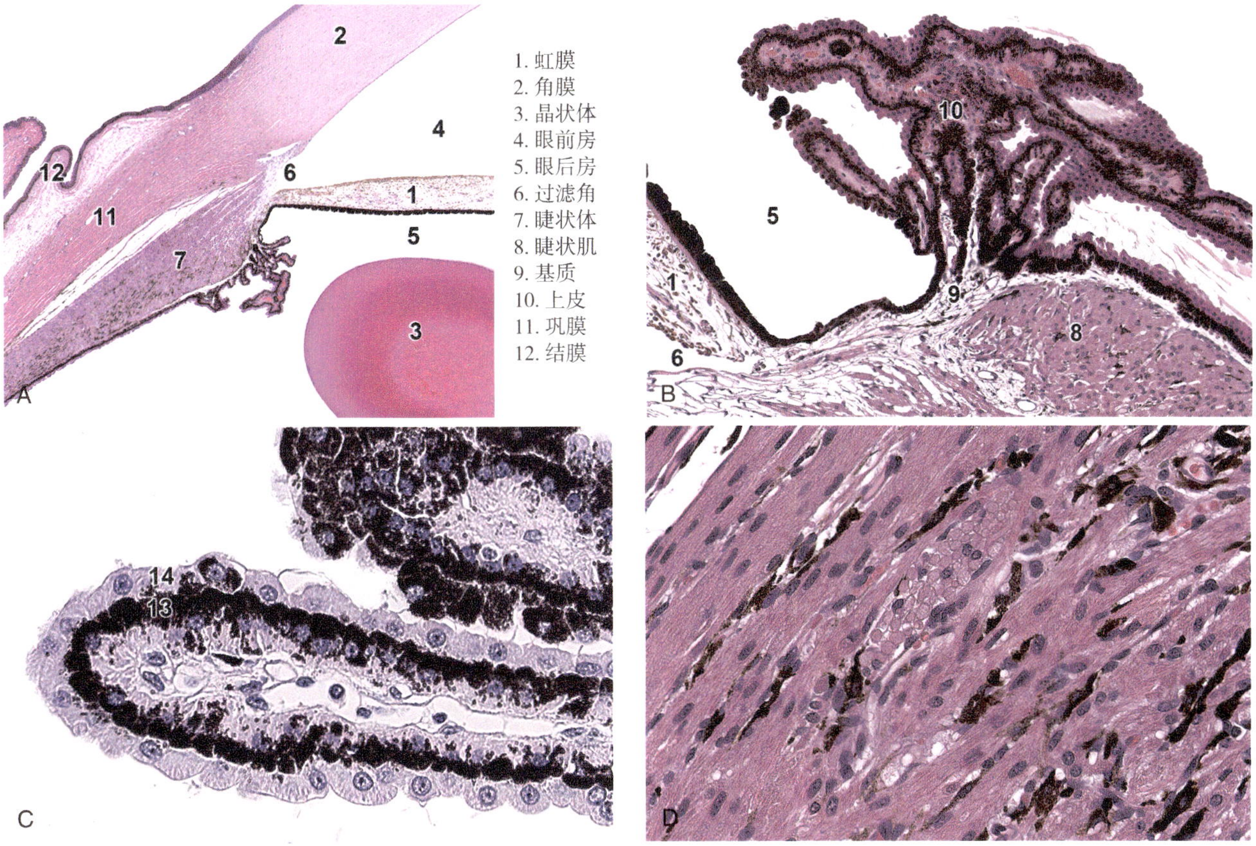

图 14-9　**睫状体**

A. 食蟹猴：前端厚，有放射状睫状突，后端与脉络膜等延续成锯齿缘；B. 食蟹猴：包括睫状肌、基质和上皮，前端与虹膜延续；C. 睫状体上皮，外层为色素上皮（13），内层为非色素细胞（14），各自有基底膜；D. 睫状肌为平滑肌，间质富含神经、血管和色素细胞等

（九）角膜

角膜（cornea）为一圆盘状弹性透明膜，向前凸出。后侧与结膜和巩膜相连，称角膜缘或角巩膜缘。角膜内没有血管，其营养由房水渗透和角膜边缘的血管供应。

角膜可分为五层：上皮层、前界层、基质层、后界层和内皮层（图 14-10）。

1．上皮层为未角化的复层扁平上皮。大鼠角膜上皮由 3 ~ 4 层细胞组成，比格犬和食蟹猴的上皮由 5 ~ 6 层细胞组成。浅层细胞扁平，有泪液膜附着。基底层细胞为立方形、锥状或低柱状。上皮细胞的再生增殖能力强。角膜上皮内有游离神经末梢，上皮后端与球结膜上皮相延接。

2．前界层也称鲍曼膜，为一均质膜层，由胶原纤维和基质组成，没有细胞成分。

3．基质层也称固有层，是角膜中最厚的一层。主要由排列规则的致密胶原性结缔组织形成。胶原原纤维平行排列构成胶原纤维板。板层之间偶尔散在有角膜细胞或成纤维细胞，合成纤维和基质。基质充填在胶原板和胶原原纤维之间，具有黏合作用。

4．后界层也称后弹性膜层或 Descemet 膜，是一层透明的均质膜层。由胶原原纤维和基质组成，没有细胞成分。后界层由角膜内皮分泌形成。

5．内皮层由单层扁平上皮细胞构成，与血管内皮细胞不同。基底部坐落在后界层上。细胞之间连接紧密，被覆于角膜的后侧，游离面与房水接触。

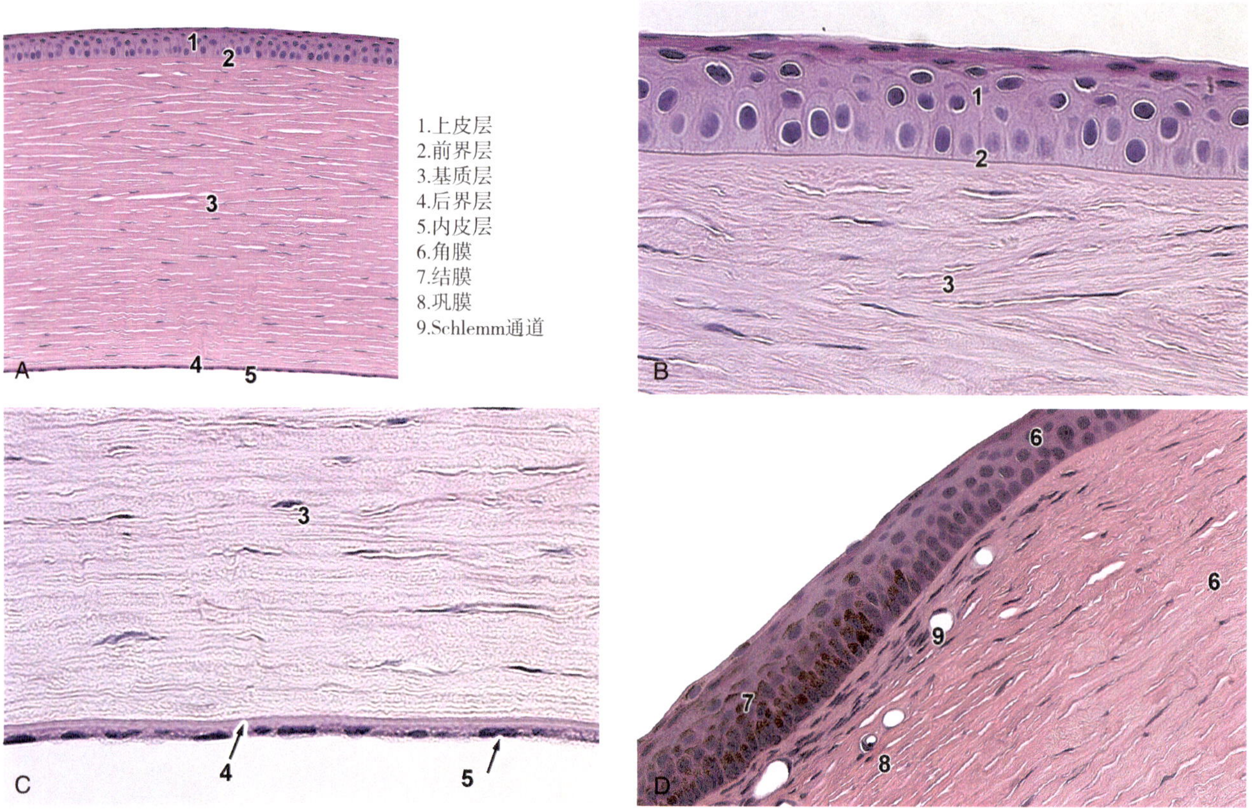

图 14–10 **角膜**

A. 食蟹猴：角膜通常分为五层，基质层最厚；B. 食蟹猴：依动物种属而异，角膜上皮通常由 3 ~ 6 层细胞组成；C. 食蟹猴：后界层为匀质层，无细胞成分；内皮层为单层扁平上皮细胞；D. 食蟹猴：角膜与结膜连接处的上皮细胞质内有色素颗粒

二、眼球内结构

眼球内含有晶状体、房水和玻璃体等。

（一）晶状体

晶状体（lens）为一透明的椭圆状球，具有弹性，位于虹膜和玻璃体之间（图 14–11）。睫状体借助悬韧带与晶状体相连，调节晶状体的屈光度。晶状体内没有血管分布，其营养靠房水和玻璃体渗透。晶状体的前后交界处称赤道。

晶状体的大小，随动物种属不同而异。大小鼠的晶状体偏球形，占眼球容积的很大比例。食蟹猴和比格犬的晶状体呈长椭圆形，占眼球容积的比例很小。

晶状体由晶状体囊、晶状体上皮和晶状体纤维组成。晶状体囊为一透明弹性被膜，即基底膜，包围在晶状体外面。晶状体上皮细胞呈单层扁平或立方状，位于晶状体前囊基底膜下。上皮细胞不断增长和伸长，到达赤道部后，弯曲移向晶状体内，分化成为晶状体纤维。晶状体纤维呈层状排列，除线粒体外，其他细胞器逐渐消失。此处新形成纤维的部位称为晶状体皮质。陈旧的纤维被挤向晶状体的中心，并逐渐硬化为晶状体核，失去弹性。

（二）前房角和房水循环

虹膜与角膜缘形成的夹角称前房角，其小梁网和巩膜静脉窦是房水循环的重要结构（图 14–12）。小梁网与前房角相通，由结缔组织形成不规则的薄板状的小梁，吻合成网。小梁以胶原纤维为间质，表面由内皮细胞覆盖。小梁之间为不规则的小梁间隙。

房水为血浆滤液，由睫状体的非色素上皮细胞产生，并进入眼后房。房水由眼后房经瞳孔进入眼前房，再进入过滤角的小梁网。房水从小梁网进入 Schlemm 管，通过集液管和房水静脉汇入巩膜静脉窦等，回流到血液循环。

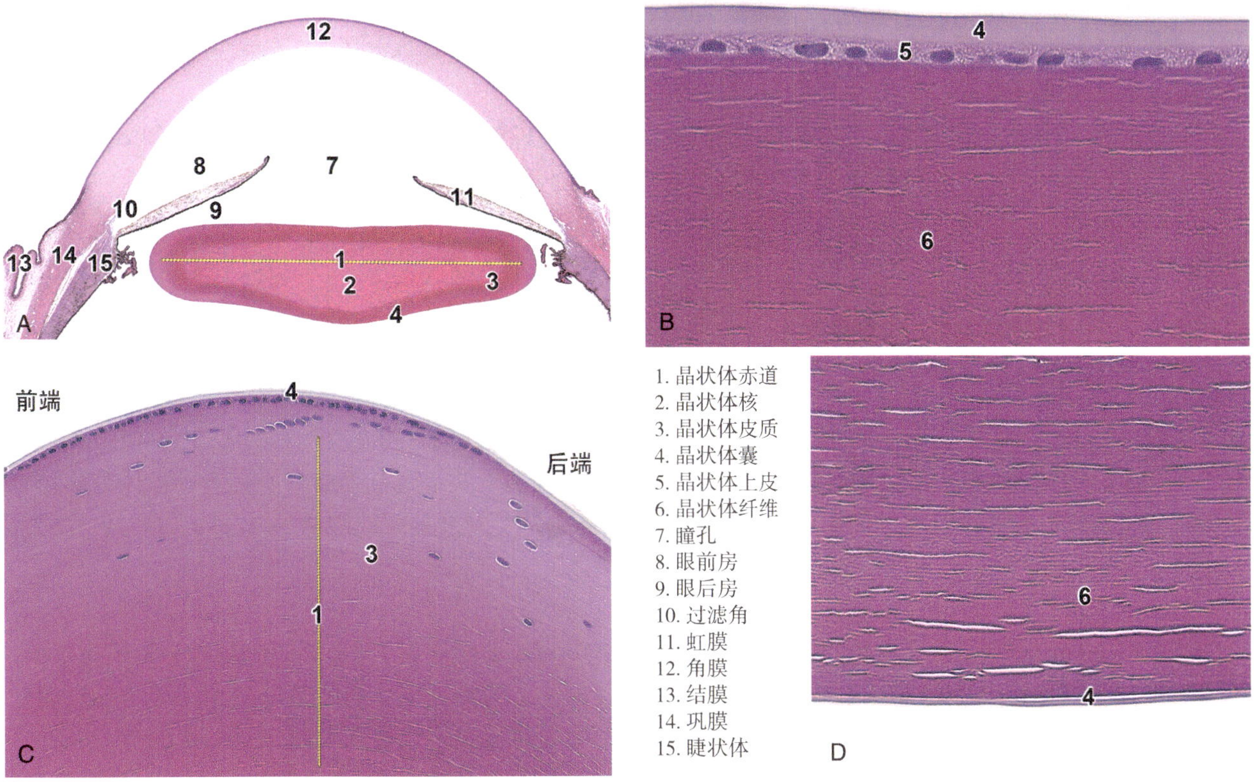

图 14-11 **晶状体**

A. 食蟹猴：晶状体呈扁球形，由晶状体囊，上皮和纤维组成；B. 食蟹猴：晶状体前端上皮细胞不断增殖，并向赤道两端移行；C. 食蟹猴：上皮细胞移行至赤道部，弯曲移向晶状体内成为晶状体纤维；D. 食蟹猴：晶状体后端有一薄层晶状体囊，没有细胞成分

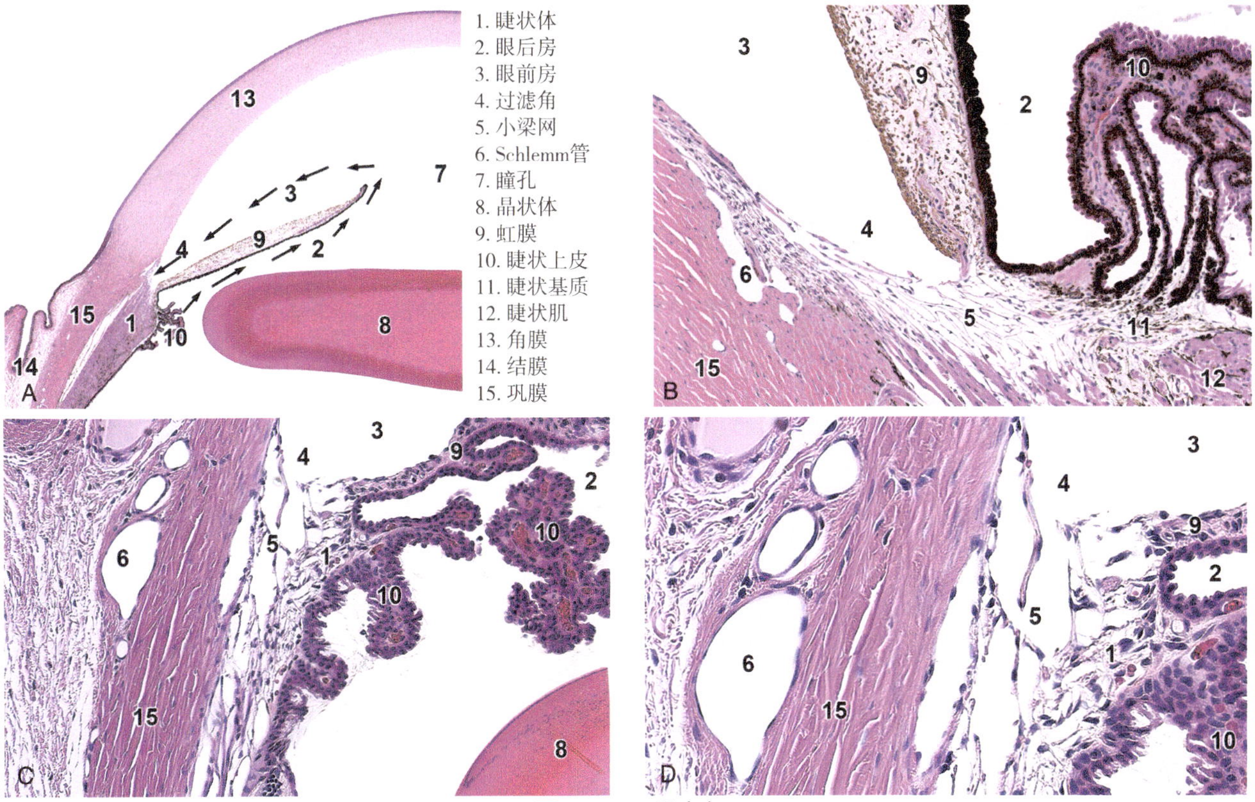

图 14-12 **眼房角**

A. 食蟹猴：虹膜与角膜缘所形成的夹角，参与房水循环；B. 食蟹猴：房水由睫状体非色素上皮细胞产生，进入眼后房；C. SD 大鼠：小梁网疏松，睫状肌不发达；D. SD 大鼠：薄板状的小梁，吻合成小梁网，小梁间隙不规则

（三）玻璃体

玻璃体（vitreous body）为无色透明胶状体，充盈于晶状体与视网膜之间，周围有玻璃体膜，即前界膜与后界膜。玻璃体具有屈光和固定视网膜的作用。

玻璃体基质主要成分为水，含有极少量的透明质酸、玻璃蛋白及胶原纤维等。玻璃体内含有少量透明细胞，其胞质内含有空泡和颗粒。玻璃体内没有血管，营养来自房水和脉络膜扩散渗透。

玻璃体内偶尔可见透明管状或乳头状血管结构，是胚胎时期玻璃体动脉的遗迹。

三、眼附属结构

眼附属结构包括眼睑、结膜、泪腺和眼肌等。

（一）眼睑和眼睑腺

眼睑（eyelid）具有保护眼球的作用，外侧由皮肤覆盖，中间有肌层和睑板等结构，内侧由结膜覆盖（图 14-13）。依据动物种属，眼睑内有睫毛、黏液腺、浆液腺、皮脂腺、血管和神经等。腺体分泌物有改变泪液表面张力和润滑睑缘等作用。大鼠眼睑腺为皮脂腺，食蟹猴的眼睑腺（tarsal gland）为黏液腺或浆液腺混合腺。

（二）结膜

结膜（conjunctiva）是一层透明的黏膜组织，衬于眼睑内侧，即睑结膜。结膜折返到眼球与角膜相延续，即球结膜（图 14-14）。睑结膜为薄层黏膜，近睑缘处为复层扁平上皮，与眼睑皮肤相延续。近睑板处为单层或复层柱状上皮，有杯状细胞。球结膜上皮为单层或复层扁平或柱状细胞，有杯状细胞，固有层为疏松结缔组织。与角膜交界处的上皮细胞富含色素颗粒。

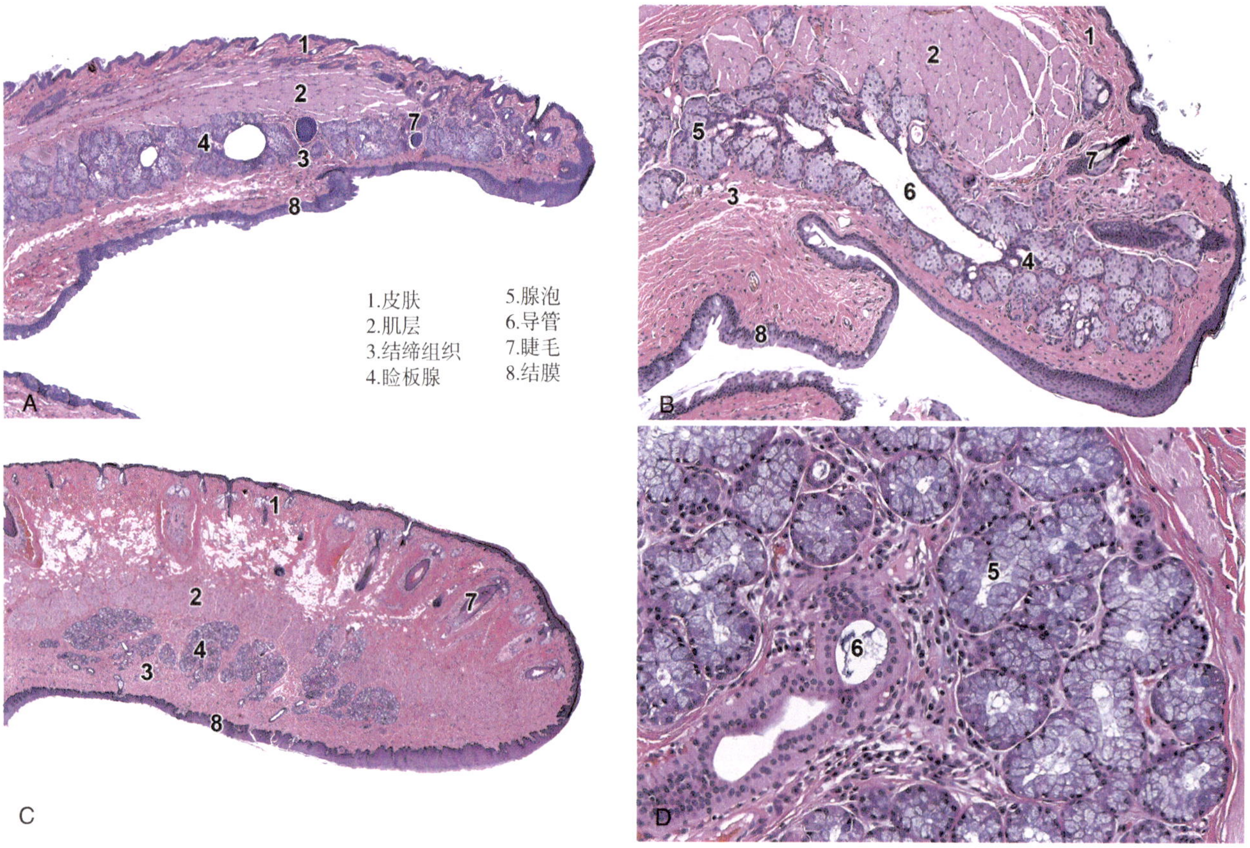

图 14-13　**眼睑**

A. SD 大鼠：由皮肤、睑板和结膜等组成，啮齿类动物的睑板腺为皮脂腺；B. SD 大鼠：睑板腺分泌皮脂，改变泪液表面张力和润滑睑缘等作用；C. 食蟹猴：猴眼睑腺为黏液腺或浆液腺，以黏液腺泡为主；D. 食蟹猴：睑板腺分泌黏液，具有改变泪液表面张力和润滑睑缘等作用

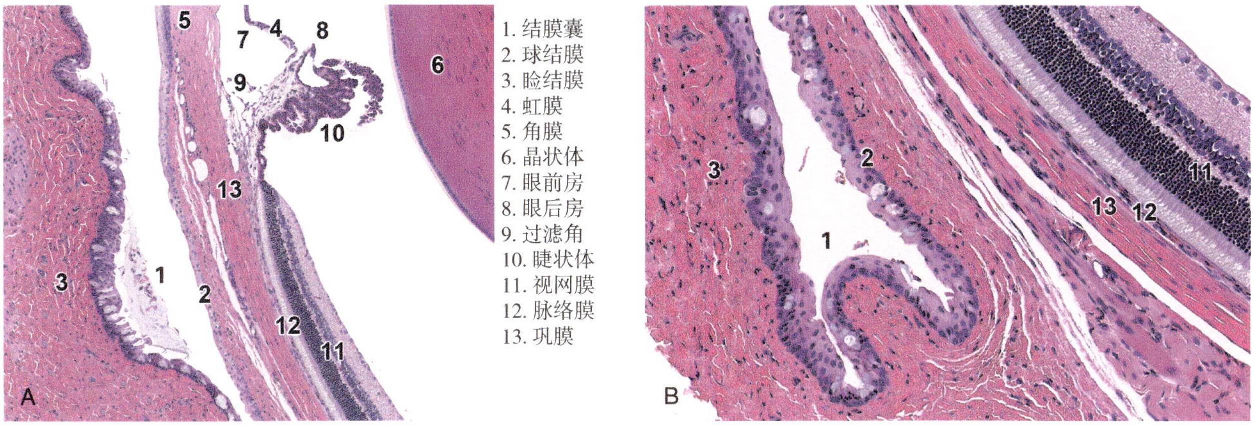

图 14-14 **结膜**

A. SD 大鼠：单层或复层扁平或柱状上皮内有杯状细胞；B. SD 大鼠：单层或复层扁平或柱状上皮内有杯状细胞

（三）瞬膜

瞬膜（nictitating membrane）也称第三眼睑，主要见于两栖类、爬行类和鸟类动物。大部分哺乳动物的瞬膜退化或仅存痕迹，少数哺乳动物具有完整的瞬膜，如骆驼。瞬膜发达的动物有瞬膜腺。

瞬膜位于前眼角内侧，眼睑与角膜之间，有湿润和保护眼球的作用，内有软骨组织支撑（图 14-15）。瞬膜呈透明或半透明状，不影响视线。犬、小鼠和大鼠等具有明显的瞬膜， 鼠的瞬膜没有明显的瞬膜腺。

（四）泪腺

泪腺（lacrimal gland）为浆液性复管泡状腺，由大小不等的腺小叶构成 （图 14-16）。腺泡腺细胞为单层立方或锥形。腺上皮和基底膜之间有肌上皮细胞。泪腺分泌黏液或浆液，开口于结膜表面，具有湿润角膜和结膜，杀菌和溶菌等作用。

（五）哈德腺

部分陆生动物仍保留有哈德腺（Harderian gland），位于眼眶内。啮齿类动物具有发达的哈德腺，位于眼眶后端，开口于瞬膜表面（图 14-17）。比格犬和食蟹猴的哈德腺不明显或缺失。

哈德腺为浆液性管泡状腺或复管泡状腺，由大小不等的小叶构成，分泌黏液、浆液或脂质。腺泡上皮细胞为单层立方、锥形或柱状，腺上皮和基底膜之间有肌上皮细胞。啮齿类动物的哈德腺分泌脂质卟啉类化合物，脂质在组织加工中溶解，腺泡上皮细胞质呈微空泡样。

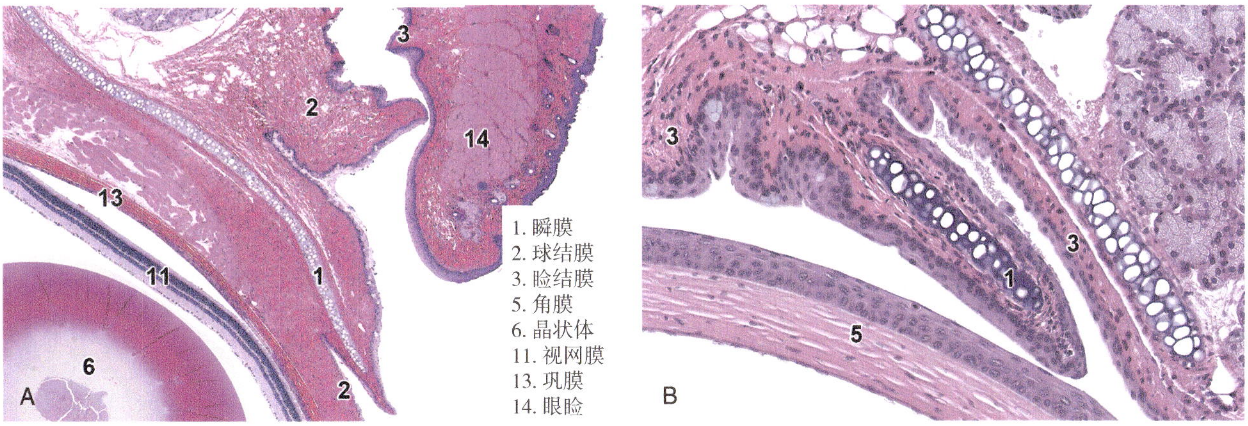

图 14-15 **瞬膜**

A. CD-1 小鼠：位于眼睑与角膜之间，内有软骨组织；B. CD-1 小鼠：表面覆有复层扁平上皮，内有软骨组织

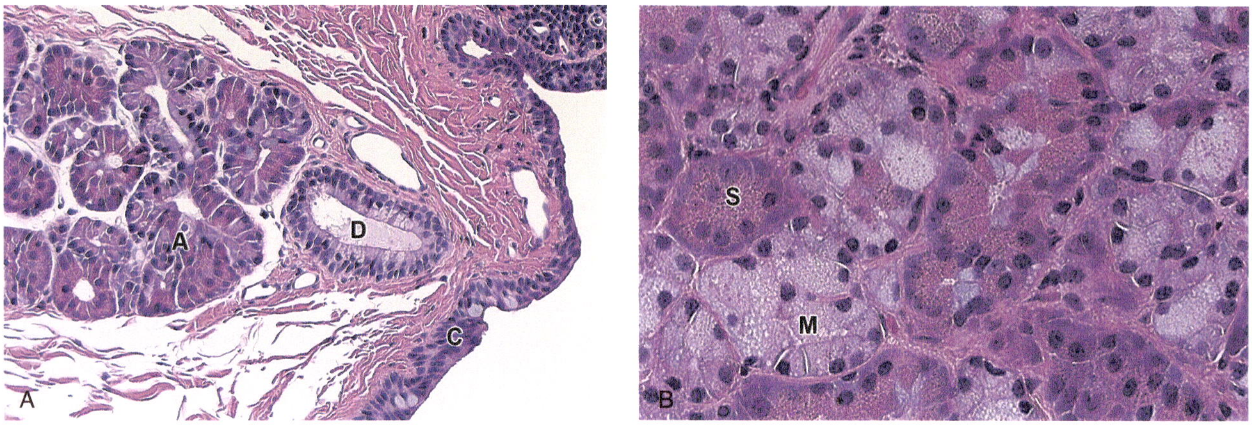

图 14–16　泪腺

A. 食蟹猴：复管泡状腺（A），分泌液经导管（D）至结膜（C）；B. 食蟹猴：腺细胞为单层柱状或锥形，分泌黏液（M）或浆液（S）

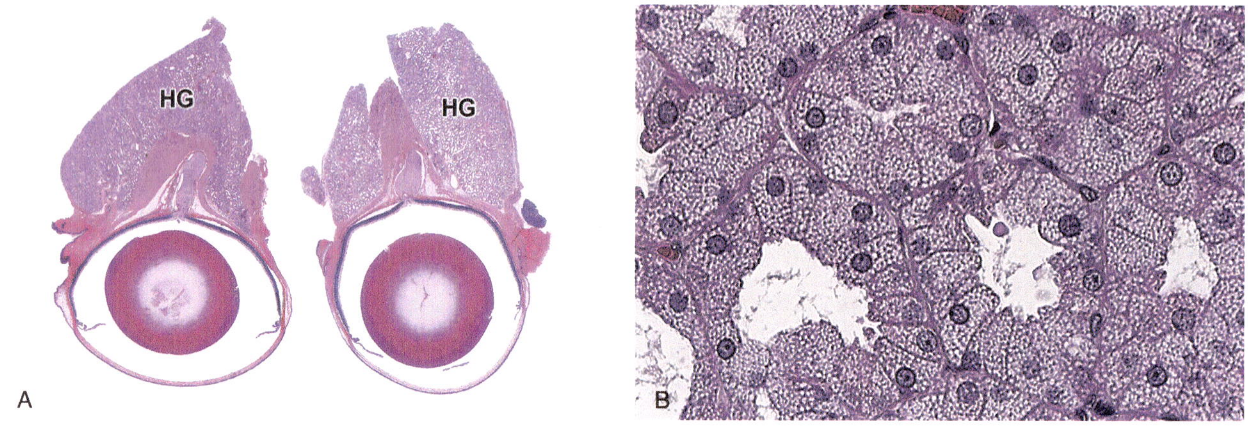

图 14–17　泪哈德腺

A. SD 大鼠：啮齿类动物有发达的哈德腺（HG），位于眼眶后端；B. SD 大鼠：腺泡腔较大，腺细胞为单层柱状或锥形

第二节　耳

耳（ear）由外耳、中耳和内耳组成，具有位听和平衡功能（图 14–18）。外耳收集声波，由鼓膜振动波传递至中耳，中耳内听小骨将声波传递至内耳，内耳将声波转变为神经冲动传递至大脑，从而调控听觉和位觉平衡。

一、外耳

外耳（external ear）由耳郭、外耳道和鼓膜三部分组成，收集声波，并传递至中耳（图 14–19）。

（一）耳郭

耳郭（external ear）的大小和形状随动物种属不同而异，主要由皮肤和软骨组成。耳郭皮肤是体表皮肤的延续。皮肤内含有毛发和皮脂腺等皮肤结构，如毛囊、神经末梢和皮脂腺等。兔等一些动物耳郭的皮下结缔组织中含有丰富的血管，是常用的试验采血或注射部位。耳郭中间有弹性软骨板及软骨膜。

（二）外耳道

外耳道（external acoustic meatus）与耳郭相延续，其末端由鼓膜与中耳分隔。管壁表面覆有薄层皮肤，皮下有丰富的游离感觉神经末梢和耵聍腺。耵聍腺是一种为顶浆泌皮脂腺，其分泌物与皮脂及脱落的上皮细胞共同形成黏稠的液体（耳蜡），具有保护外耳道的作用。

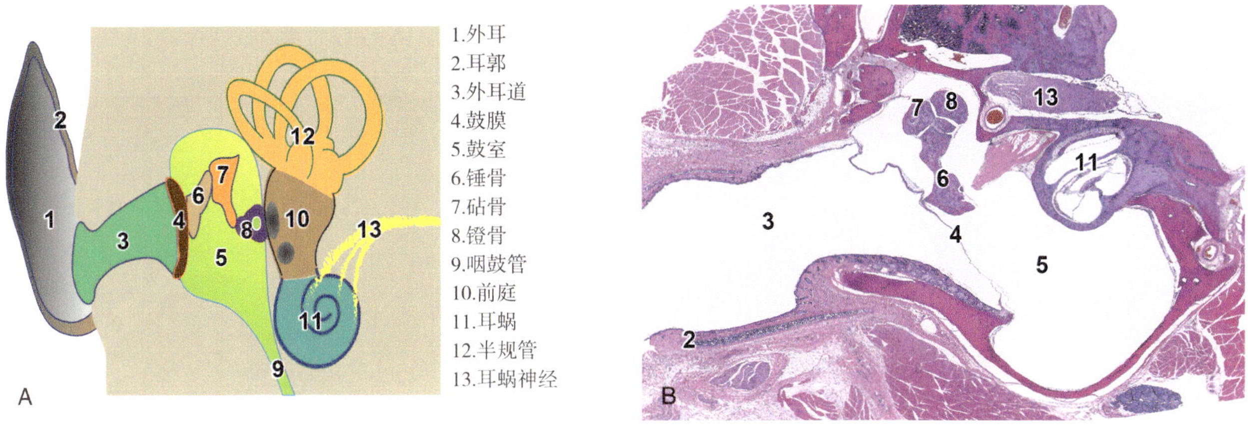

图 14-18 耳

由外耳、中耳和内耳组成

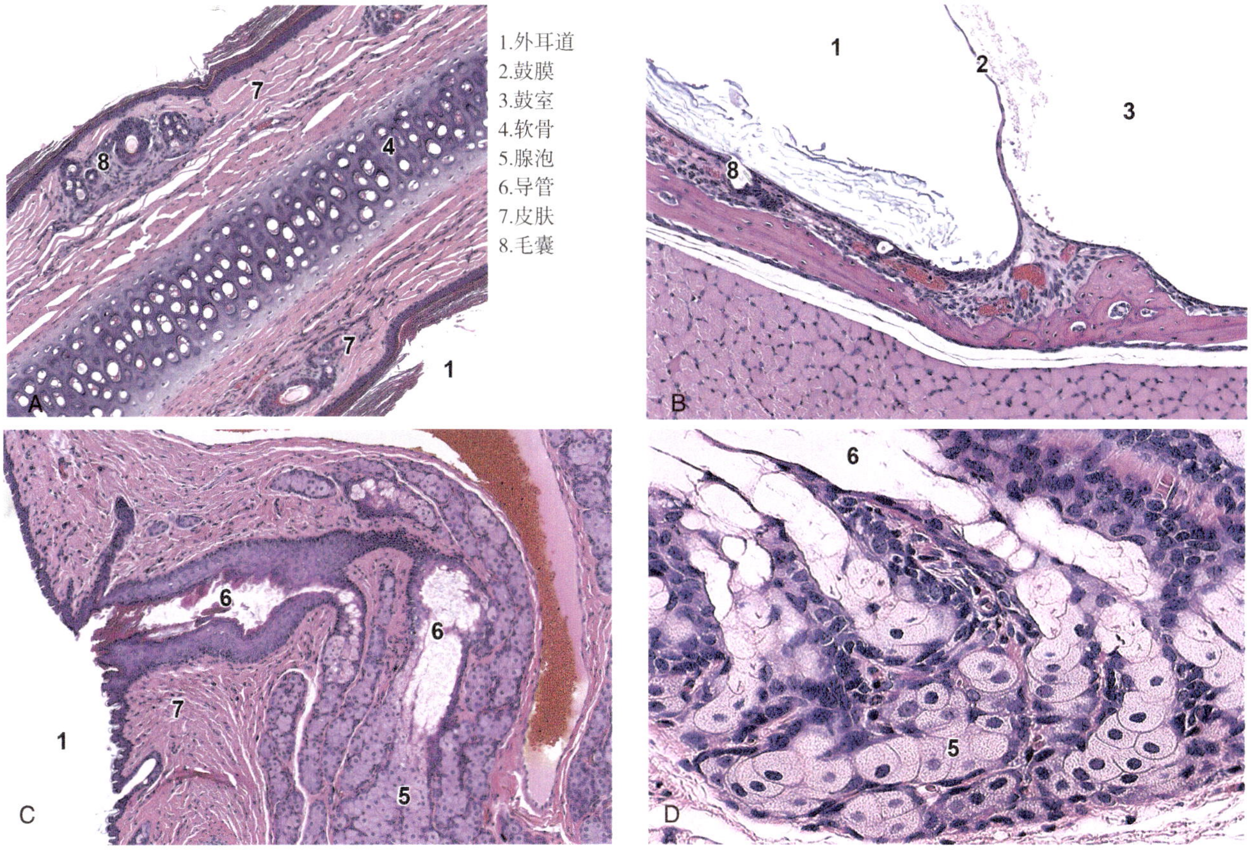

图 14-19 外耳

A. WH 大鼠耳郭：主要由皮肤和软骨组成，包括毛发和皮脂腺等；B. 外耳道末端与鼓膜相接，WH 大鼠；C. 外耳耵聍腺，WH 大鼠：顶浆泌腺，分泌皮脂；D. WH 大鼠：皮脂分泌物和脱落上皮细胞形成黏稠的液体（耳蜡）

（三）鼓膜

鼓膜（tympanic membrane）是分隔外耳与中耳的半透明卵圆形薄膜，中心薄，周缘略厚。鼓膜的组织结构分为外层、中层和内层。外层为角化复层扁平上皮，与外耳道表皮相延续；中层为薄的固有层，含有结缔组织。内层为黏膜层，覆盖有单层扁平或立方上皮，并与中耳黏膜相延续。

鼓膜内侧与锤骨柄相连，接受外耳道传递的声波，并发生同步振动，将声波传入中耳。

二、中耳

中耳（middle ear）由鼓室、听小骨和咽鼓管等组成（图 14–20）。大动物的鼓室含鼓窦等。

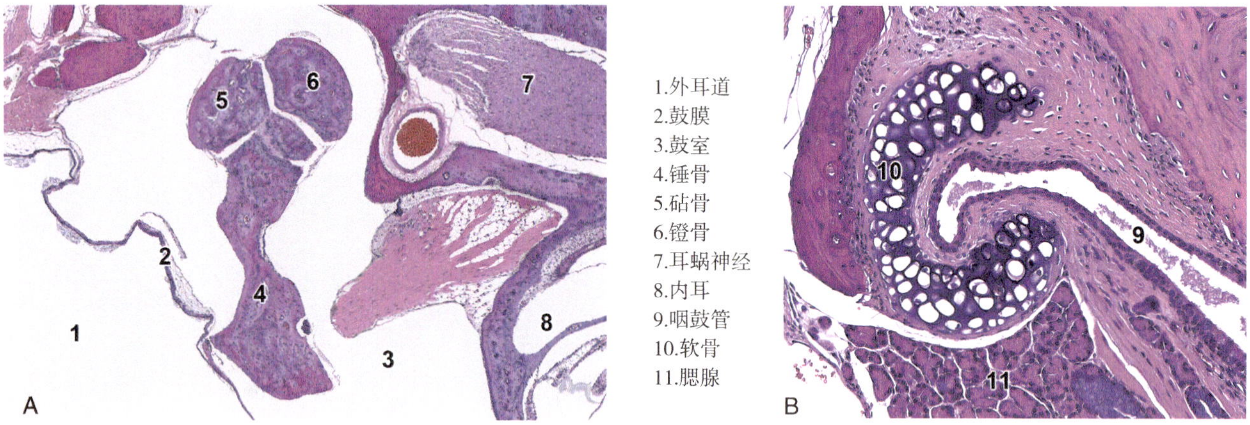

图 14–20　中耳

A. SD 大鼠：由鼓室、听小骨和咽鼓管等组成；B. CD1 小鼠：咽鼓管黏膜上皮为单层立方，复层鳞状，柱状或假复层柱状纤毛上皮

（一）鼓室

鼓室（tympanic cavity）是一个不规则气腔，由颅骨围成，内含听小骨等。鼓室与听小骨表面覆盖有黏膜，与深部骨膜紧密连接。随动物种属和鼓室部位不同，黏膜上皮为单层扁平上皮、单层立方上皮或部分单层柱状纤毛上皮。固有层为结缔组织，内含神经纤维、血管、淋巴管和肌纤维等，并随黏膜皱褶突入鼓室。

听小骨有三块，即外侧的锤骨、中间的砧骨和内侧的镫骨。听小骨间彼此形成关节连接，把鼓膜的震动放大，传递至内耳的耳蜗卵圆窗。听小骨之间有细小韧带，并附着在鼓室壁。

（二）咽鼓管

咽鼓管（eustachian or pharyngotympanic tube）连接鼓室与鼻咽部，使鼓膜两侧的大气压保持平衡。咽鼓管的黏膜上皮和固有层的结缔组织的结构随组织部位和动物种属不同而已。黏膜上皮衬有单层立方、柱状或假复层柱状纤毛上皮细胞，周围有软骨组织。

三、内耳

内耳（inner ear）也称迷路，分为前庭、耳蜗管和半规管三部分，主要功能是听觉与位觉平衡。

迷路分为骨迷路和膜迷路两部分，骨迷路是由致密骨质围成的弯曲的骨性管道，其腔面覆有骨膜，内含外淋巴液（图 14–21）。膜迷路是位于骨迷路内的一封闭的膜性囊管状结构，包括前庭、耳蜗和半规管等。膜迷路的腔面覆有薄层黏膜，黏膜上皮多为单层扁平上皮。在位觉与听觉感受器处，上皮增厚，含有特异化听觉或位觉细胞，如前庭的椭圆囊斑和耳蜗的螺旋器等。

骨迷路和膜迷路之间的腔隙由外淋巴液充盈，而膜迷路腔内充盈内淋巴液，内外淋巴液互不相通。外界声波转化为迷路中的淋巴液体运动，并由特定的迷路感觉细胞感知，转换为电冲动，传递到大脑，感知听觉和平衡位觉。

（一）耳蜗

骨蜗（cochlea）管为螺旋状管，环绕中心骨柱（或称蜗轴）形成蜗牛壳样内螺旋隧道结构。蜗管盘旋的圈数因动物种类而异，通常 3 ~ 4 圈。骨蜗管内含有中间的膜蜗管，也称蜗管或中间阶，上方的前庭阶和下方鼓室阶。三个阶都沿螺旋形路径通向骨蜗管的蜗顶。

1. 膜蜗管　也称中间阶，横切面呈三角形。上壁为前庭膜，膜两侧由单层扁平上皮覆盖，中间为薄层结缔组织。外壁为血管纹，由复层上皮覆盖，包括表层的边缘细胞，中间细胞和深层的基底细胞。基底细胞与深层螺旋韧带相邻。上皮中有连续型毛细血管，与内淋巴的分泌和吸收有关。下壁由骨螺旋板的外侧部、基底膜及基底膜表面的螺旋器组成。

骨螺旋板起始部的骨膜增厚突入蜗管腔，形成螺旋缘。螺旋缘上皮细胞分泌形成一螺旋形糖蛋白胶质薄膜，称盖膜。盖膜覆盖在螺旋器的上方，与毛细胞的听毛接触，传递淋巴液的波动。

2. 螺旋器（organ of corti）　内耳螺旋器是听觉感受器，主要由毛细胞和支持细胞组成，表面有凝胶样盖膜。神经纤维通向位于蜗轴内的螺旋神经节（含假单极细胞）。

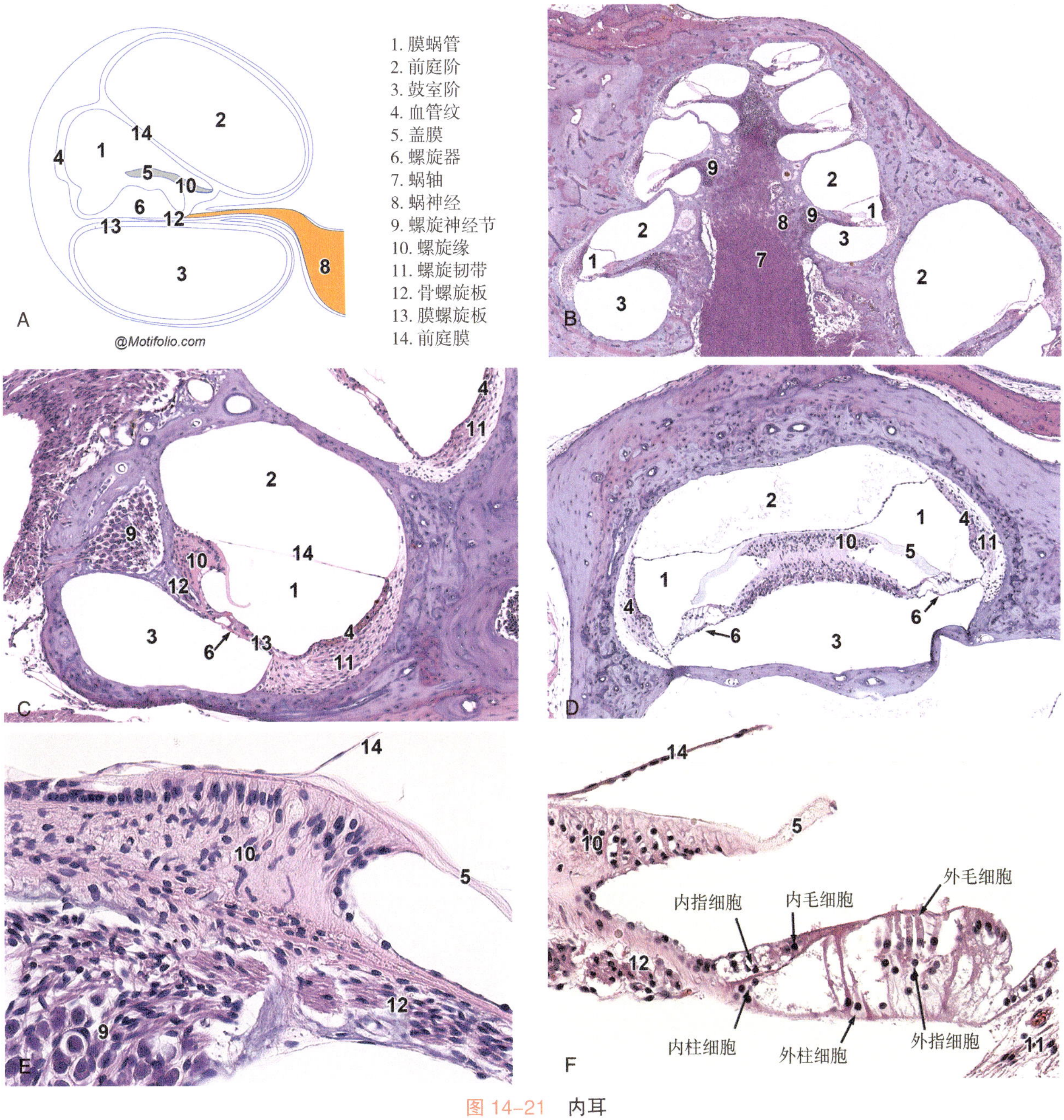

图 14-21　内耳

A. 中间膜蜗管也称蜗管或中间阶，上方为前庭阶和下方为鼓室阶；B. SD 大鼠：骨蜗管围绕蜗轴形成蜗牛壳样内螺旋隧道结构；C. SD 大鼠：中间阶膜蜗管横切面呈三角形，螺旋板表面有螺旋器；D. SD 大鼠：螺旋器是听觉感受器，由膜螺旋板和骨螺旋板等支持；E. SD 大鼠：螺旋缘上皮细胞分泌形成糖蛋白胶质薄膜，称盖膜；F. SD 大鼠：螺旋器主要由毛细胞和支持细胞组成，表面有凝胶样盖膜毛细胞细长，胞核近基部，胞质顶部有许多静纤毛，也称听毛。内毛细胞和外毛细胞与盖膜紧密相连，分别位于内指细胞和外指细胞的上方。毛细胞基部与螺旋神经节的外周突形成突触结构。螺旋神经节神经元的中枢突出蜗轴汇入蜗神经。

支持细胞以柱细胞和指细胞为主。内柱细胞和外柱细胞并列于基底膜上，彼此嵌合形成三角形的内隧道。指细胞呈长柱形，基部位于基底膜上，顶部有指状突起。内指细胞和外指细胞分别位于内外柱细胞的两侧，顶部分别承托内毛细胞和外毛细胞。

螺旋器位于基底膜上，基底膜运动移动其毛细胞。毛细胞的听毛与盖膜互动，弯曲，引起毛细胞兴奋，并转化为神经冲动，经蜗神经传至听觉中枢。

（二）半规管膜迷路

骨半规管和膜半规管由三个互相垂直的半环状管道组成，从而感知并整合三维矢量的位觉平衡。各半规管的一端膨大，称壶腹。壶腹处膜半规管的部分黏膜增厚，呈斑块或鞍状凸向腔内，形成壶腹嵴。壶腹嵴上皮由毛细胞和支持细胞组成。毛细胞的胞质部有许多静纤毛和一根较长的动纤毛。支持细胞呈柱状，游离面有微绒毛，分泌酸性黏多糖蛋白，形成凝胶样的帽状结构。

第十五章

组织标本中的人为现象

Tissue Artifacts

组织标本中的人为现象是指在动物濒死期和死亡后，由于动物剖检，取材或组织加工等各种人为因素而引起的组织细胞形态的改变。有些人为现象可能导致组织学假象和病理学误诊。因此，科研工作者应采取相应措施，避免造成组织的人为损伤。同时，应用病理学、生物学、化学、物理学和其他科学知识和技能， 去伪存真，分辨病理变化和人为现象。

人为现象可以发生于尸检、取材、固定、脱水、浸蜡及制片等各个过程。例如，尸体自溶变化在动物死后数小时内即可发生，随着时间的延长而继续，尸体腐烂为病理诊断带来挑战。在冷冻制片过程中，组织标本通常需要以液氮迅速冷冻。如果冷冻不及时，组织中水分析出结冰，冰晶物理性挤压或刺破周围组织，导致组织细胞变形，组织内形成大小不等的蜂窝状裂隙。

本章就以下几方面，分享一些常见的组织人为现象实例。

尸体自溶所致人为现象 – autolysis（图 15–1）。

安乐死操作所致人为现象 – euthanasia artifacts（图 15–2）。

尸体剖检所致人为现象 – necropsy artifacts（图 15–3，图 15–4，图 15–5，图 15–6）。

化学固定操作所致人为现象 – chemical fixation artifacts（图 15–7，图 15–8）。

组织修样所致人为现象 – trimming artifacts（图 15–9）。

脱水浸蜡所致人为现象 – dehydration and paraffin infiltration artifacts（图 15–10）。

石蜡切片所致人为现象 – tissue sectioning artifacts（图 15–11，图 15–12，图 15–13）。

切片染色所致人为现象 – tissue staining artifacts（图 15–14）。

切片封片所致人为现象 – cover–slipping artifacts（图 15–15）。

常规灌注固定所致人为现象 – perfusion fixation artifacts（图 15–16）。

器械灌注固定所致人为现象 – perfusion fixation artifacts（图 15–17）。

冷冻切片所致人为现象 – frozen sectioning artifacts（图 15–18）。

其他人为现象 – other artifacts（图 15–19）。

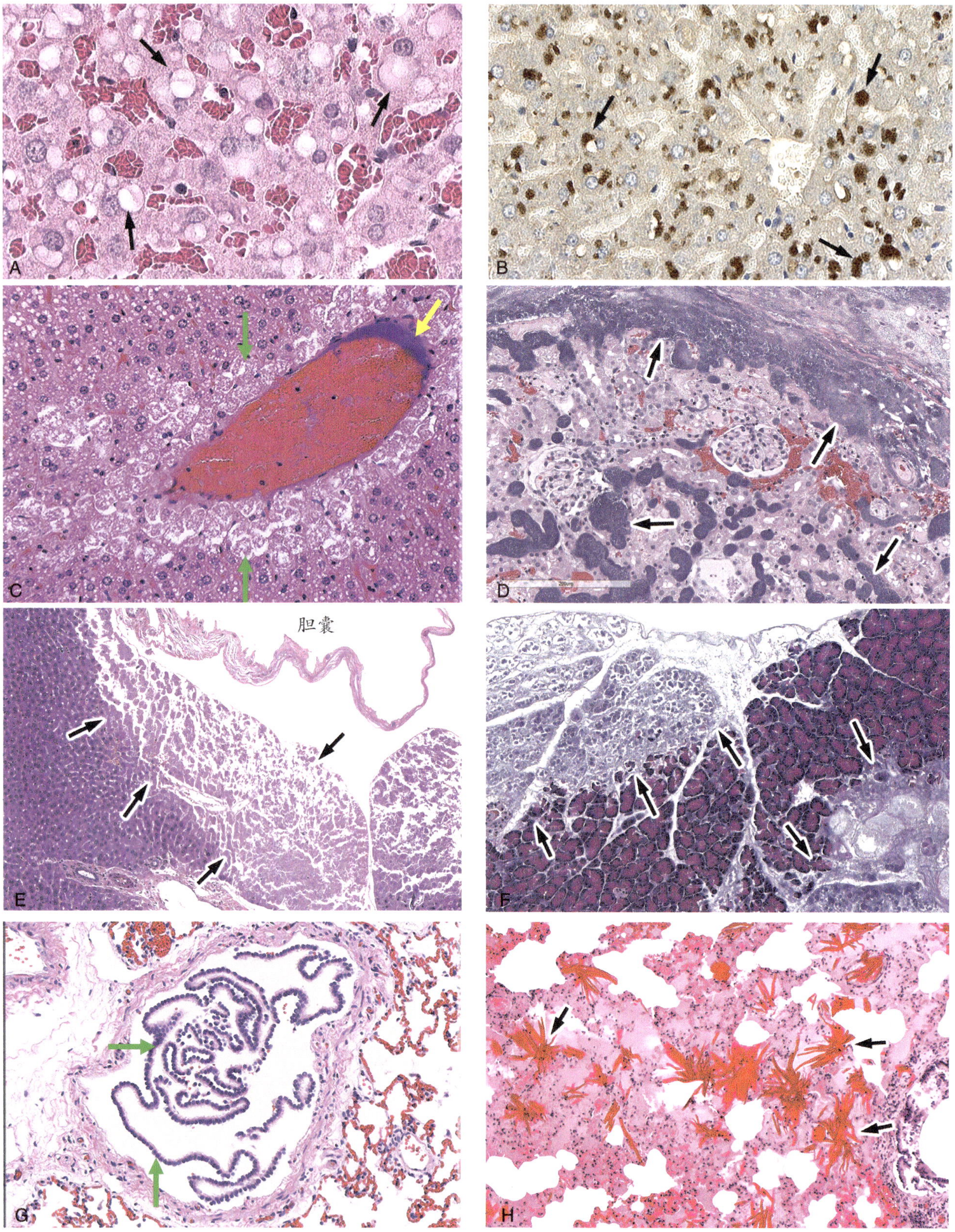

图 15–1 **尸溶现象**

A. SD 大鼠肝：应激死后肝窦高压充血，血浆被挤入肝细胞，空泡含血浆；B. SD 大鼠肝：肝细胞空泡变化，空泡内容物白蛋白免疫组化染色阳性；C. 比格犬肝：肝细胞自溶，仅留轮廓（绿箭），细菌繁殖，无组织反应（黄箭）；D.WH 大鼠肾：死后实质和被膜内外细菌大量繁殖（箭），无组织反应；E. CD1 小鼠肝：肝细胞近胆囊处自溶变化明显，可能是由于胆汁渗出；F. SD 大鼠胰：胰细胞富含蛋白酶，极易发生自溶（箭）；G. SD 大鼠肺：支气管上皮脱落和沉聚于低部支气管腔内；H.SD 大鼠肺：死后组织中血液红细胞破裂溶化，血红蛋白析出，形成结晶

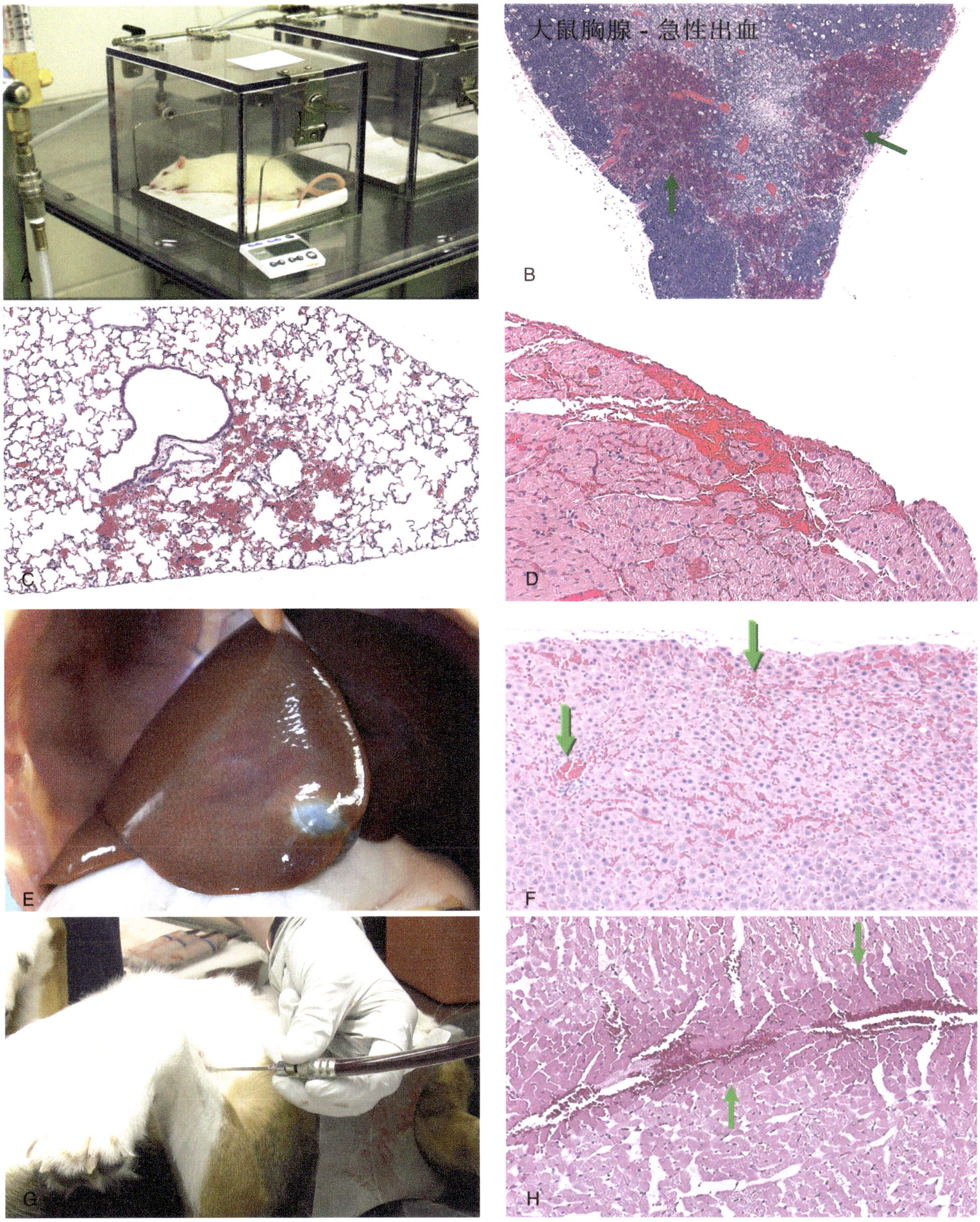

图 15-2 安乐死人为现象

A. SD 大鼠：CO_2 安乐死偶尔引起多个脏器的应激性充血和出血变化；B. SD 大鼠：CO_2 安乐死引起应激性胸腺皮质和髓质的出血；C. SD 大鼠：CO_2 安乐死引起肺局灶或多灶肺实质应激性出血；D. SD 大鼠：CO_2 安乐死引起心脏内膜下局灶或多灶应激性出血；E. 食蟹猴：麻醉放血或剖检前，机械性创伤肝脏；F. 食蟹猴：剖检前机械性创伤肝脏，引发死后被膜下充血或出血变化；G. 比格犬：麻醉后心脏穿刺放血时，放血针头通道机械性创伤；H. 比格犬：心脏穿刺放血的针头通道，周围心肌纤维强嗜酸性

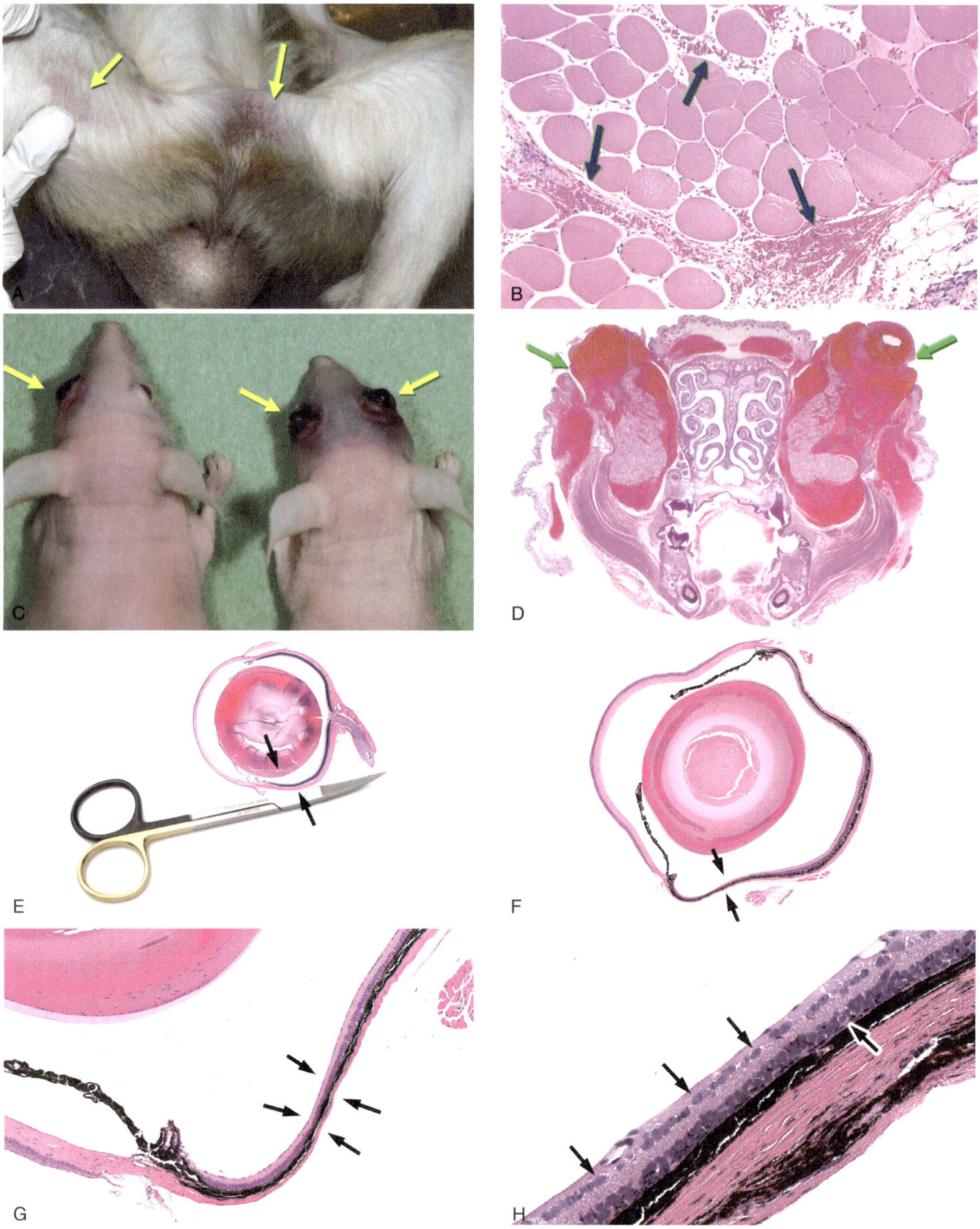

图 15-3 剖检人为现象

A. 食蟹猴：股静脉采血技术不熟练，致周围肌肉和软组织创伤出血；B. 食蟹猴：股静脉采血创伤，导致周围肌肉和软组织急性出血；C. 大鼠：眼眶后静脉丛采血，导致眼球周围出血；D. 大鼠：眼眶后静脉丛采血，导致眼球周围出血；E. WH 大鼠：摘除眼球时，剪刀与晶状体之间局部视网膜受挤压；F. WH 大鼠：剪刀与晶状体之间局部视网膜受挤压变薄；G. WH 大鼠：剪刀与晶状体间局部视网膜各层变薄或消失；H. WH 大鼠：视网膜细胞核呈梭形，长轴与视网膜平行

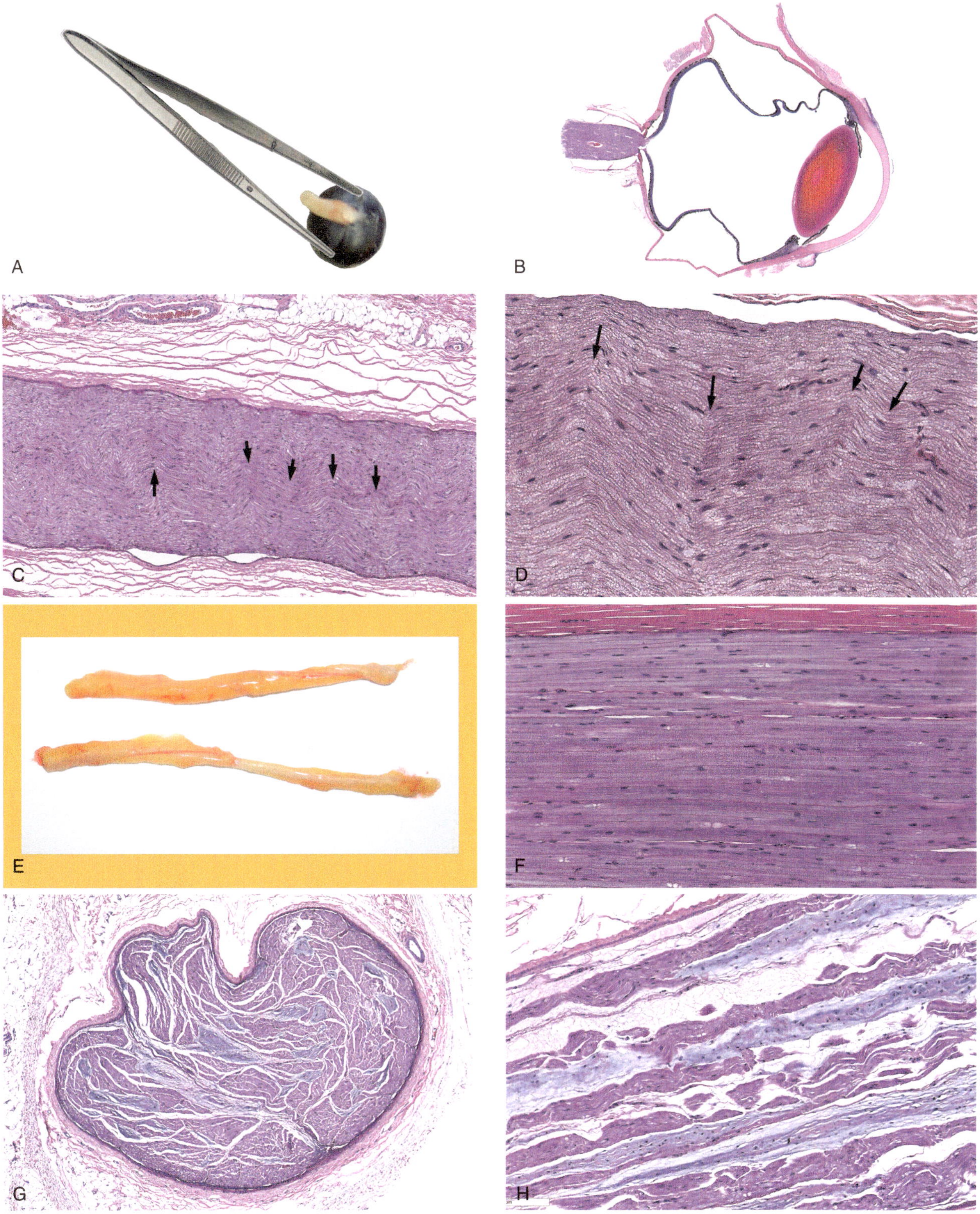

图 15-4 剖检人为现象

A. 剖检，WH 大鼠眼球：剖检摘除眼球时，镊子钳压眼球壁巩膜、脉络膜和视网膜等；B. 食蟹猴：剖检钳压，巩膜和脉络膜弹性复位，视网膜陷入玻璃体内；C. 食蟹猴坐骨神经：样本处理不当，神经纤维收缩而呈波纹状；D. 食蟹猴坐骨神经：样本固定不当，神经纤维收缩而呈波纹状；E. 食蟹猴坐骨神经：固定前将坐骨神经附着于一硬纸板上，防止收缩；F. 食蟹猴坐骨神经：固定前将神经纤维附着于一硬纸板上，波纹消失；G. 比格犬坐骨神经：剖解时拉压神经，基质被挤压至神经纤维一端；H. 比格犬坐骨神经：剖解时拉压神经，基质被挤压至神经纤维一端

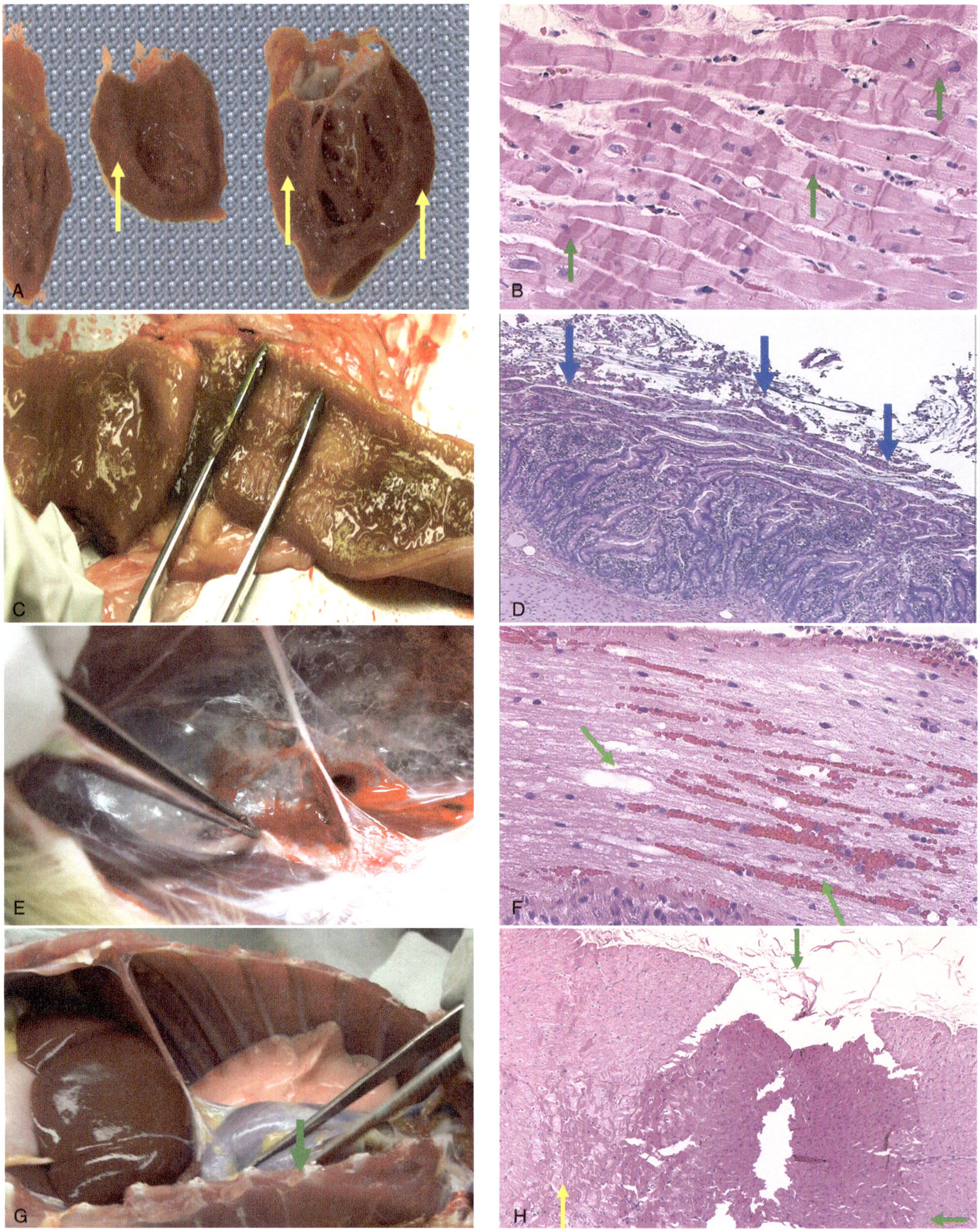

图 15-5　剖检人为现象

A. 食蟹猴：修样时避免采集刀痕边缘的心脏组织；B. 食蟹猴：刀痕边缘的心脏组织常呈现肌纤维的急性收缩带；C. 比格犬：避免器械或手指挤压肠黏膜等组织结构；D. 比格犬：剖检器械或手指挤压肠黏膜等，肠绒毛塌陷；E. 食蟹猴：剖解钳压坐骨神经，导致神经纤维局部出血和空泡化；F. 食蟹猴：钳压坐骨神经导致神经纤维急性局部出血和空泡化；G. 食蟹猴心脏：器械或手指挤压可能损伤组织结构；H. 食蟹猴心脏：器械挤压心脏导致局部心肌纤维收缩深染

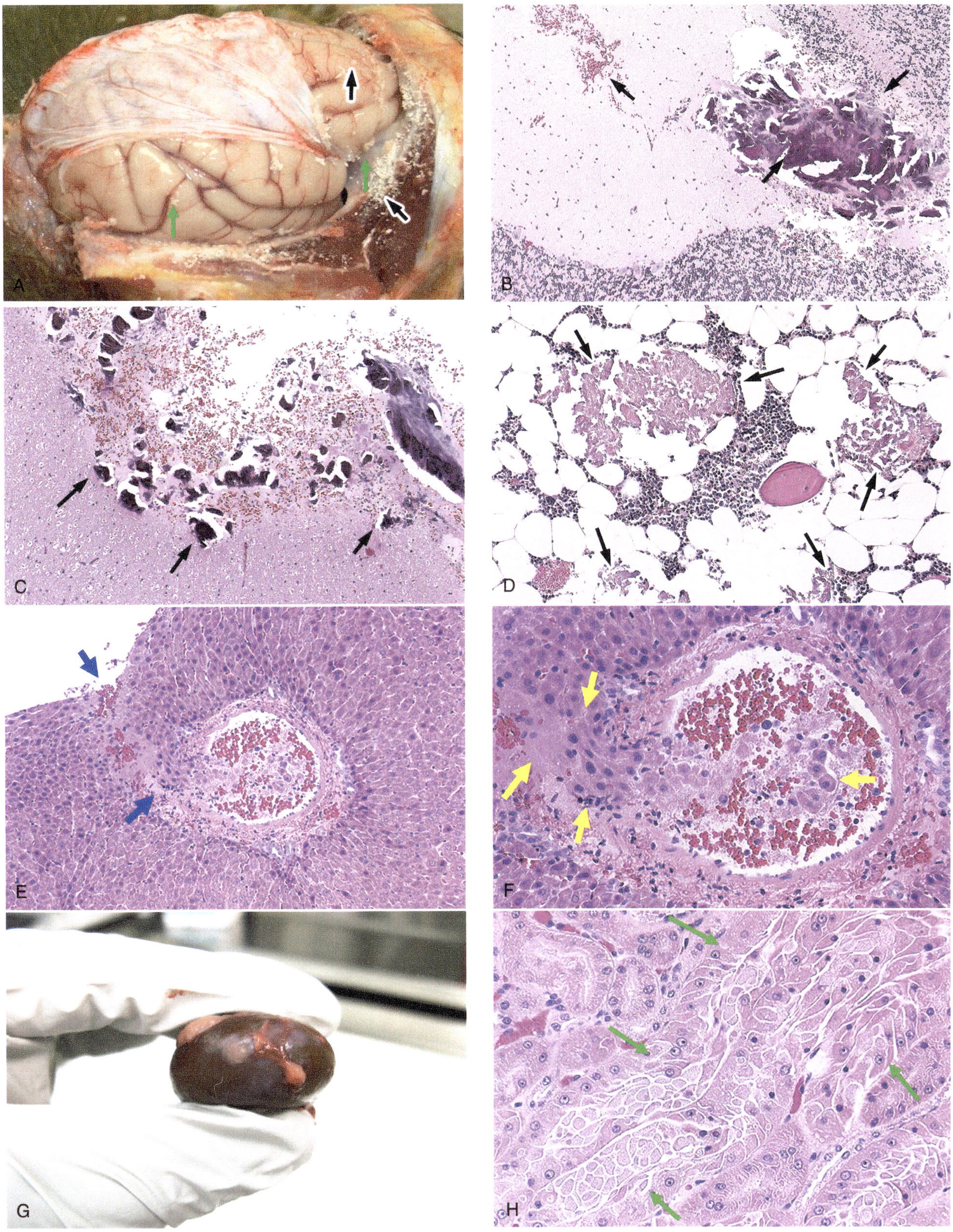

图 15-6　**剖检人为现象**

A. 食蟹猴大脑：骨锯开颅时，碎屑嵌入脑膜和脑组织中；B. 食蟹猴小脑：骨锯碎屑嵌入脑膜和脑组织，局部剖解创伤性出血；C. 食蟹猴脊髓：骨锯碎屑嵌入脊膜和脊组织；D. 比格犬骨髓：修样时，骨锯骨碎屑嵌入骨髓内；E. 食蟹猴肝：钝剖检刀或镊子将附近肝细胞带入肝静脉；F. 食蟹猴肝：钝剖检刀或镊子将附近肝细胞带入肝静脉；G. SD 大鼠肾：手指或剖检器械机械性挤压组织；H. SD 大鼠肾：肾小管上皮细胞呈溪流状排列或脱落至管腔

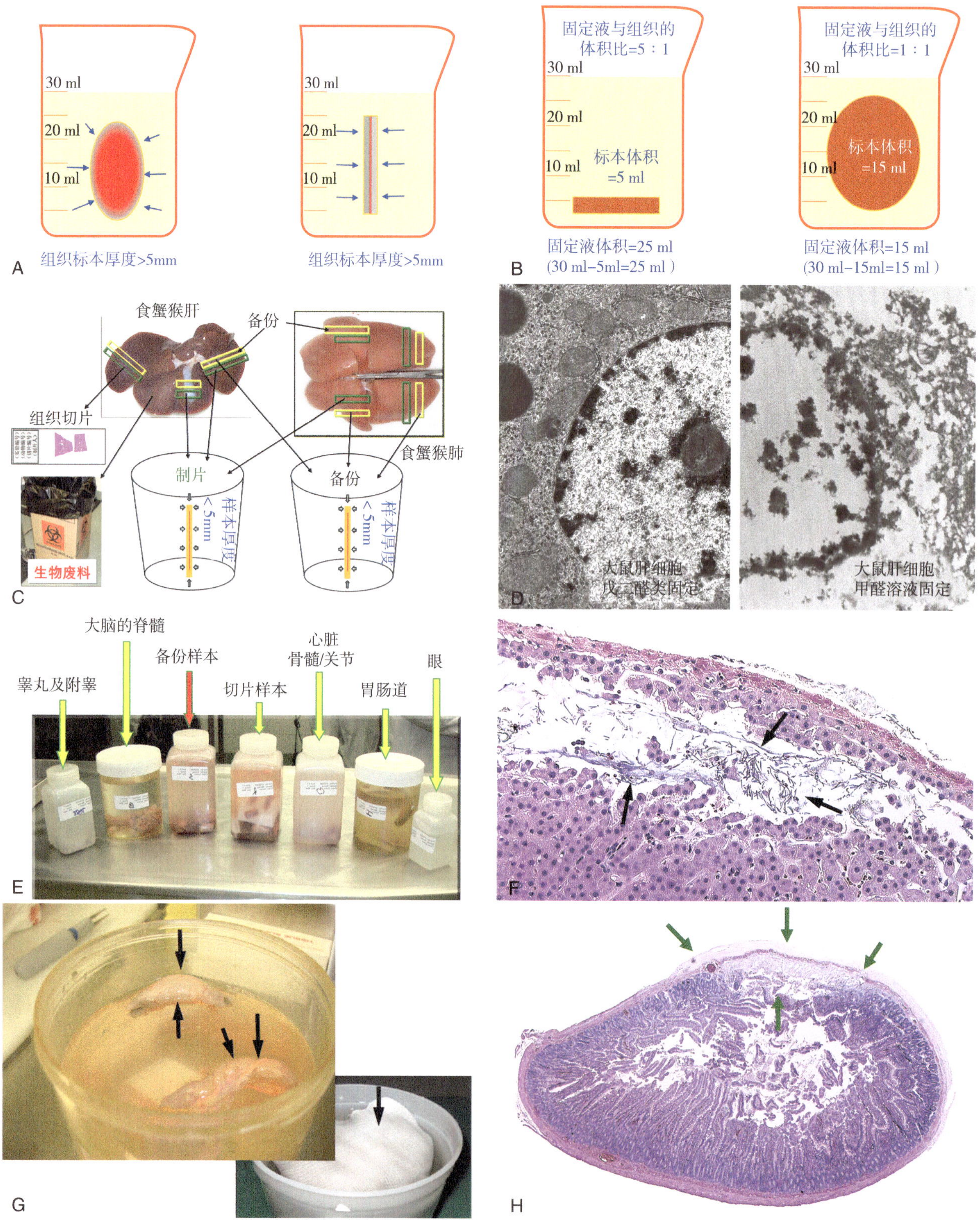

图 15–7　**化学固定人为现象**

A. 组织标本的厚度很重要，样本厚度不应超过 5mm；B. 化学固定液与标本体积比例很重要，应不小于 5 ： 1；C. 化学固定液与标本体积比例很重要，适当采样可减少固定液需求量；D. 需选适当的固定剂：电镜选用戊二醛类固定液，甲醛固定效果差；E. 不同类组织应分别固定，防止胃肠道内容物污染；F. 食蟹猴肝，固定液中胃肠道细菌等内容物混入肝组织；G. SD 大鼠：含有气体胃肠段若悬浮于固定液表面，则易发生自溶；H. SD 大鼠：小肠悬浮于固定液表面部分发生组织自溶

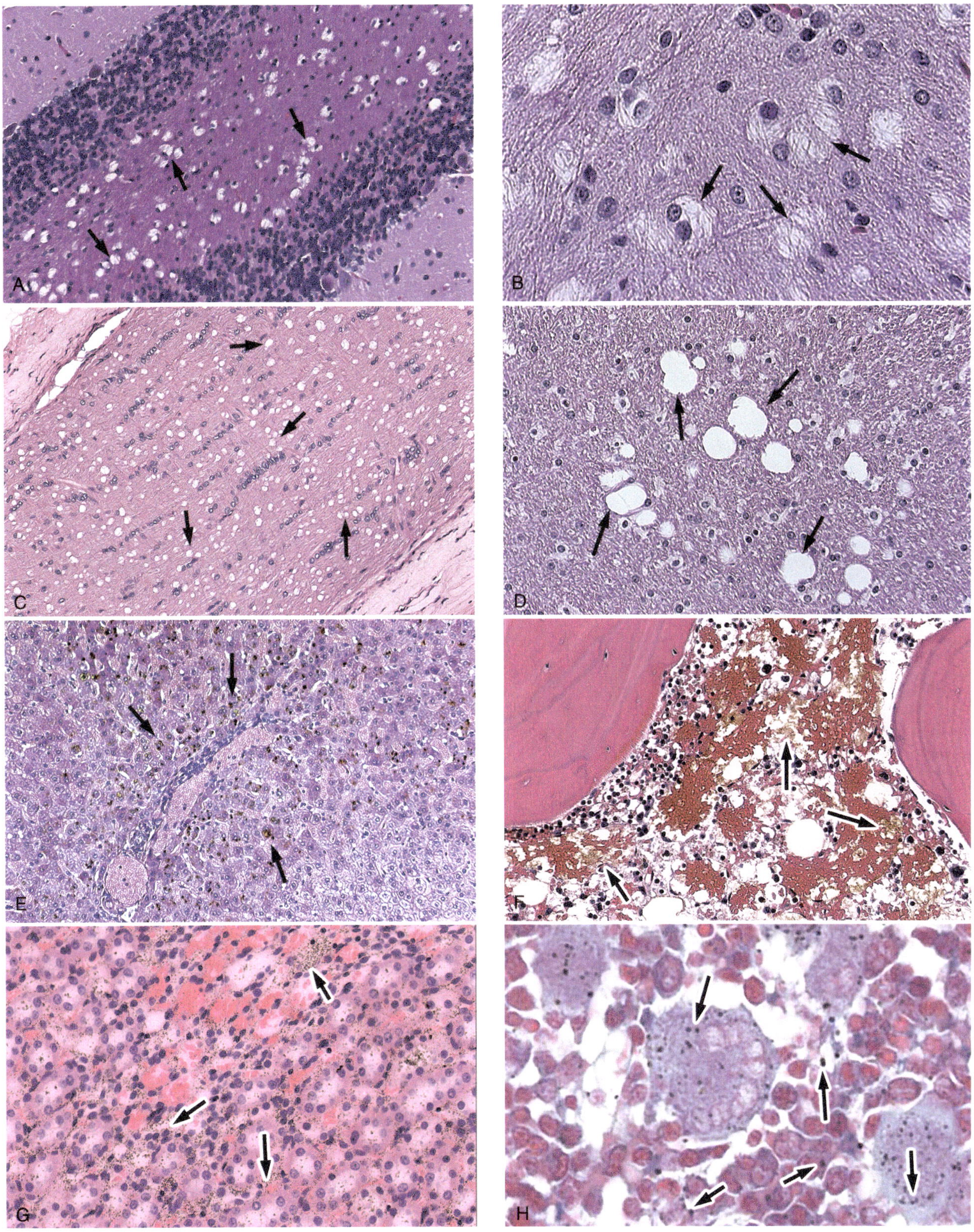

图 15-8 化学固定人为现象

A. WH 大鼠小脑：由于固定时间太长，白髓中出现不规则空泡变化；B. 食蟹猴大脑：由于固定时间太长，白髓中出血不规则空泡变化；C. WH 大鼠视神经：大量空泡散在于神经纤维或基质中，与固定相关；D. 食蟹猴大脑：大量空泡散在于神经纤维或基质中，与固定相关；E. 食蟹猴肝：棕黄色沉淀于肝细胞和间质中，可能与固定相关；F. 食蟹猴骨髓：棕黄色沉淀于骨髓细胞和基质，可能与固定相关；G. WH 大鼠肾：棕黑色颗粒散在于肾小管和间质中，可能与固定相关；H. 食蟹猴：棕黑色颗粒散在于骨髓细胞和间质中，可能与固定相关

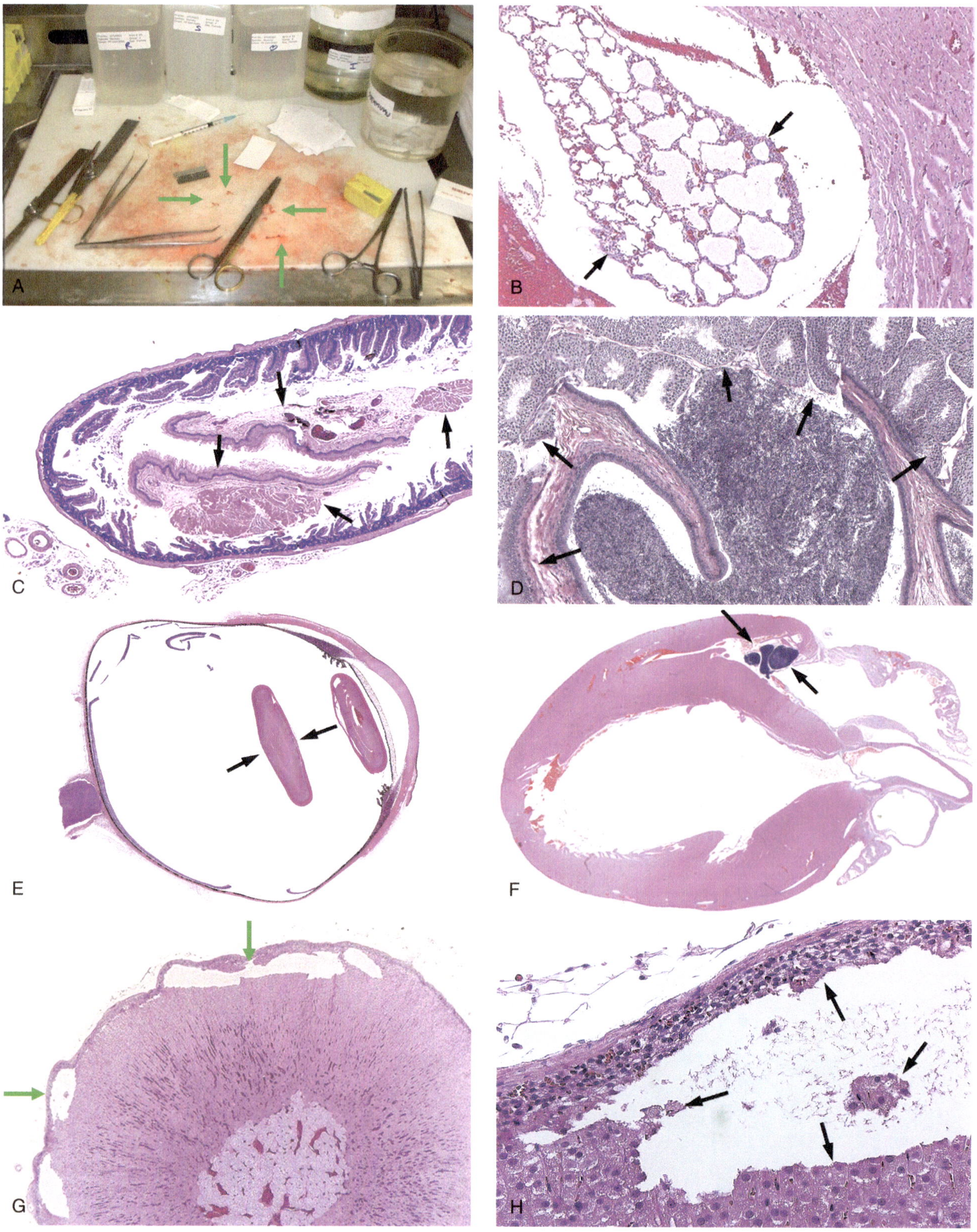

图 15-9　修样人为现象

A. 工作台不整洁，修剪板上组织碎屑可能嵌入其他组织内；B. 比格犬：剖检时，修剪板上的肺组织碎屑嵌入心室内；C. SD 大鼠：剖检采样时，组织食管和舌碎片嵌入小肠内；D. 食蟹猴睾丸：附睾组织碎屑嵌入睾丸组织内；E. 食蟹猴眼球：修样时两块晶状体同时嵌入玻璃体内；F. SD 大鼠心脏：修样时胸腺碎屑嵌入右心室；G. SD 大鼠肾上腺：修样时机械性挤压，被膜和皮质断裂；H. SD 大鼠肾上腺：被膜和皮质断裂处没有任何组织反应

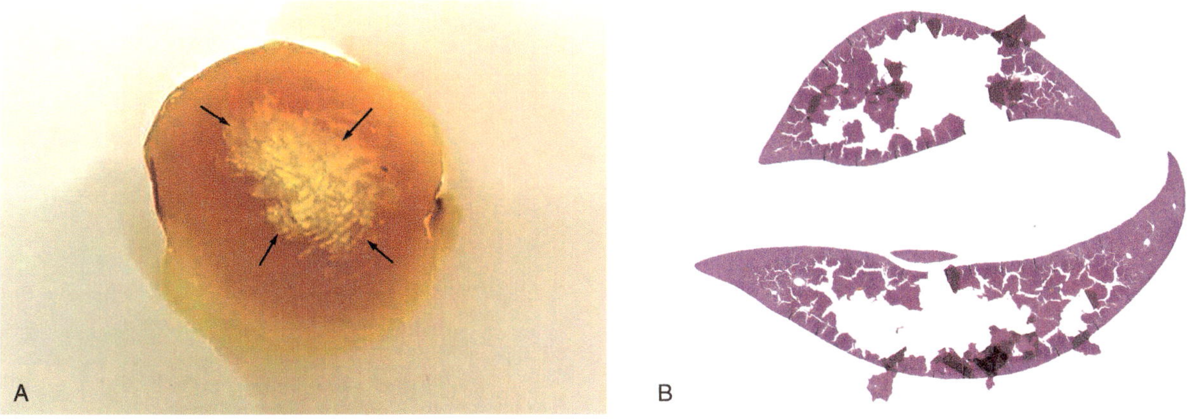

图 15-10 脱水浸蜡

A. 组织样本的蜡块中央部分脱水浸蜡不完全；B. SD 大鼠：肝组织脱水浸蜡不彻底，组织蜡膜呈现破碎、组织碎屑脱落

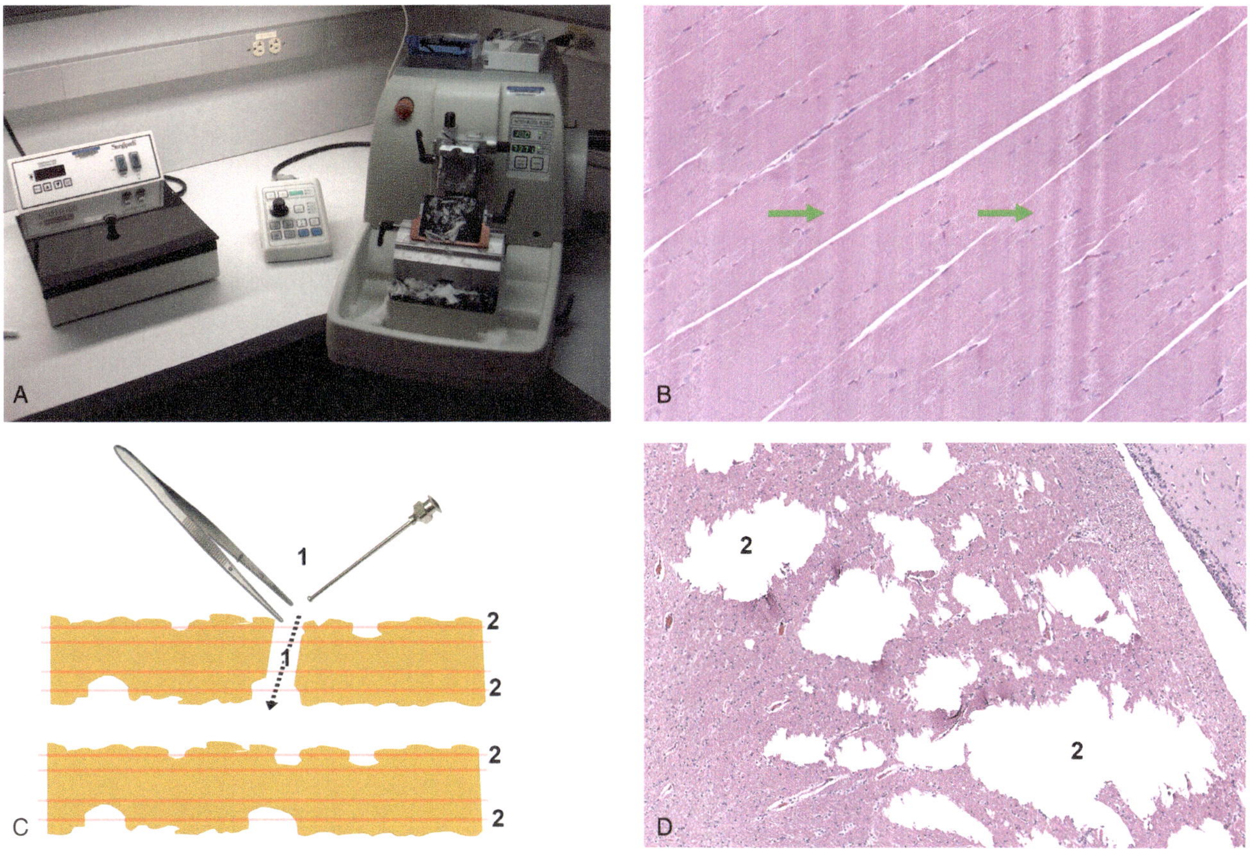

图 15-11 切片

A. 切片机应保持锋利，工作台应保持整洁干净，防止组织碎片的转移；B. 切片痕迹（knife marker），刀片变钝或刀锋受损，呈现刀痕；C. 组织标本固定中可能发生损伤或形变，在石蜡包埋和切片时应注意；D. 剖检器械穿刺或创伤，在组织切片上留下空泡或空囊

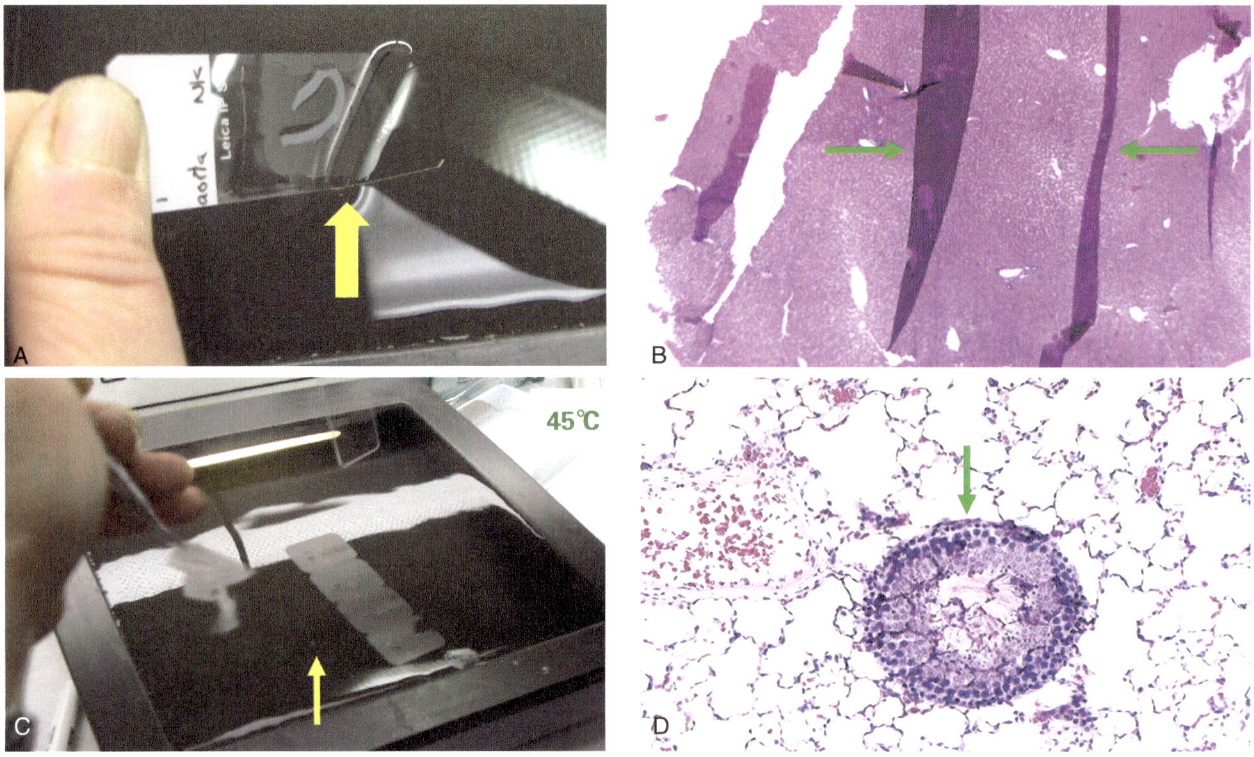

图 15-12　**石蜡切片**

A. 捞片和展片，水浴箱内展片和捞片也是一项关键的组织学技术；B. 蜡膜折叠，展片过量和捞片不当，导致肝组织膜折叠；C. 蜡膜水浴箱内的组织蜡膜碎片，可能吸附到其他组织蜡膜上；D. 蜡膜水浴箱内的一睾丸组织蜡膜碎片，吸附到一肺组织蜡膜上

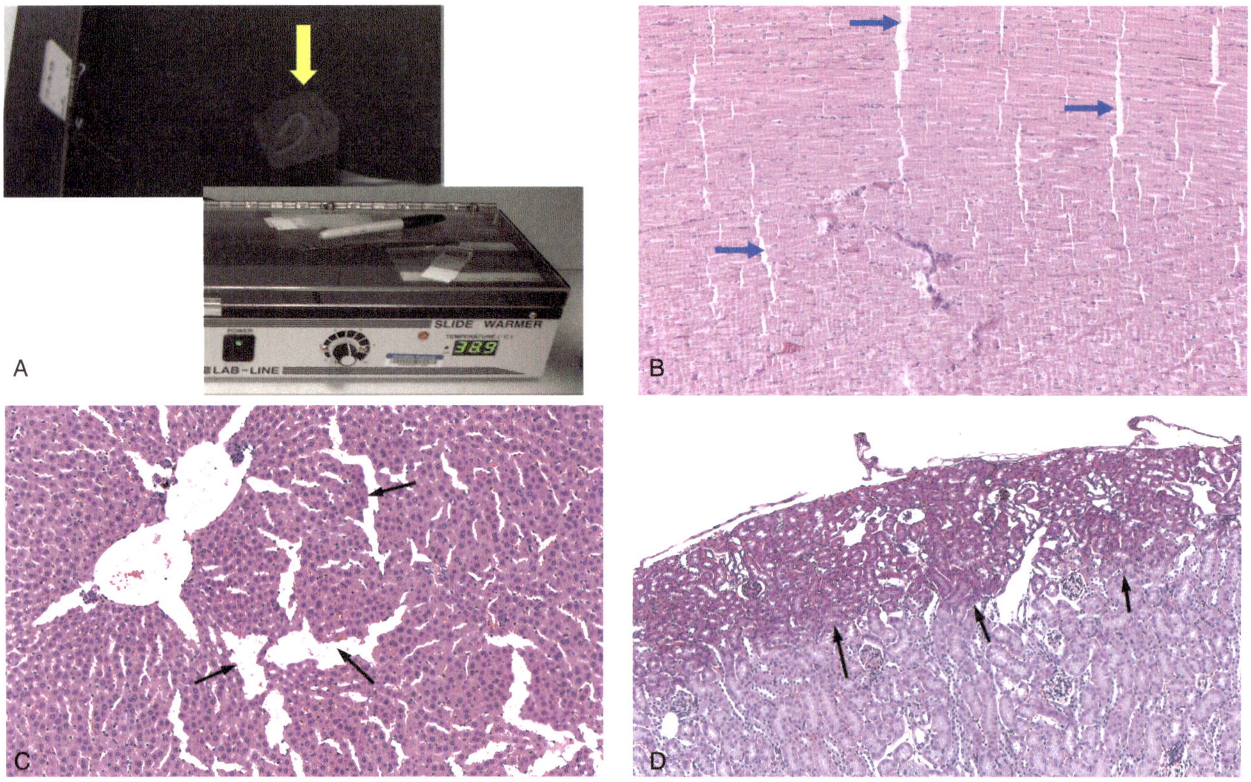

图 15-13　**石蜡切片**

A. 烤片温度和时间是两项关键因素；B. 烤片温度过高和时间过长，心肌组织蜡膜呈现龟裂；C. 烤片或展片温度过高和时间过长，肝组织蜡膜呈现龟裂；D. 烤片温度不匀或外周组织干燥，呈现周围组织干缩和深染

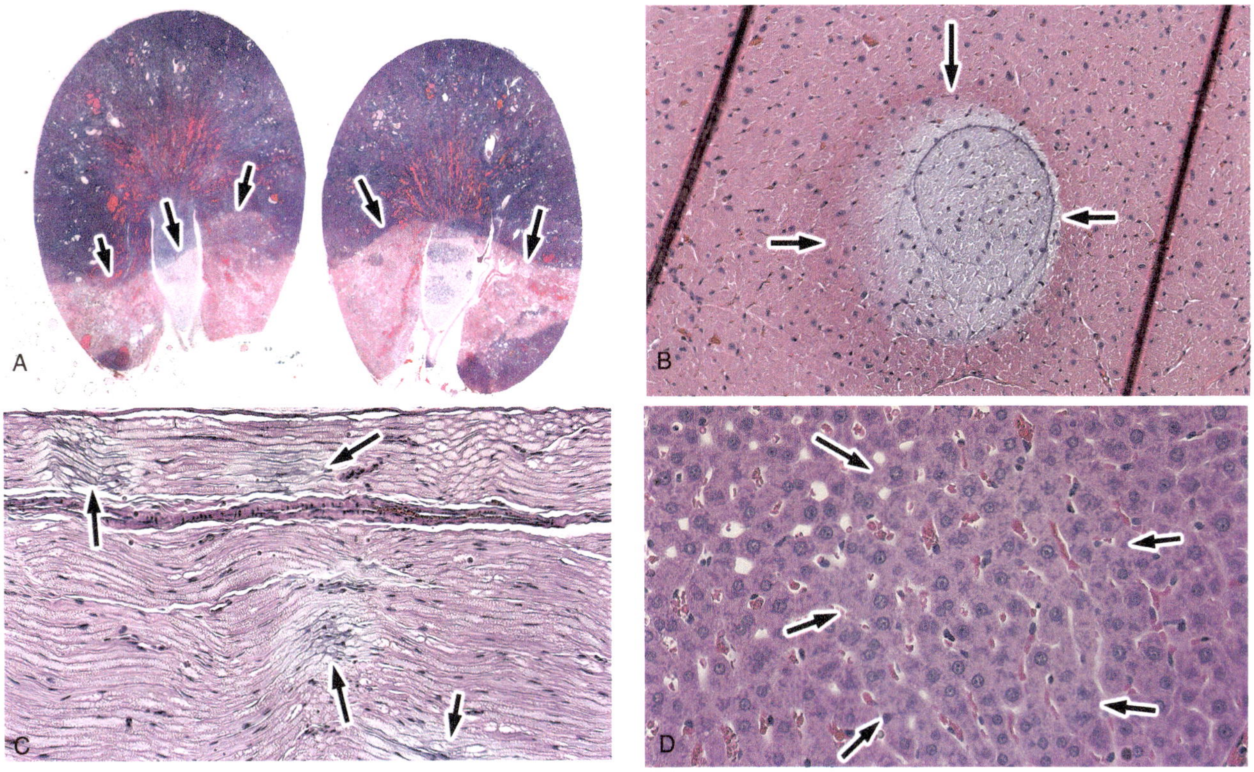

图 15-14　染色

A. WH 大鼠肾：浅染处可能由于酸或碱液体腐蚀，自动染色机故障；B. 食蟹猴心脏：局部浅染处可能由于染色液混串，自动染色机故障；C. 比格犬坐骨神经：多灶性浅染处，自动染色机故障；D. 食蟹猴肝：局部微嗜碱性，自动染色机故障

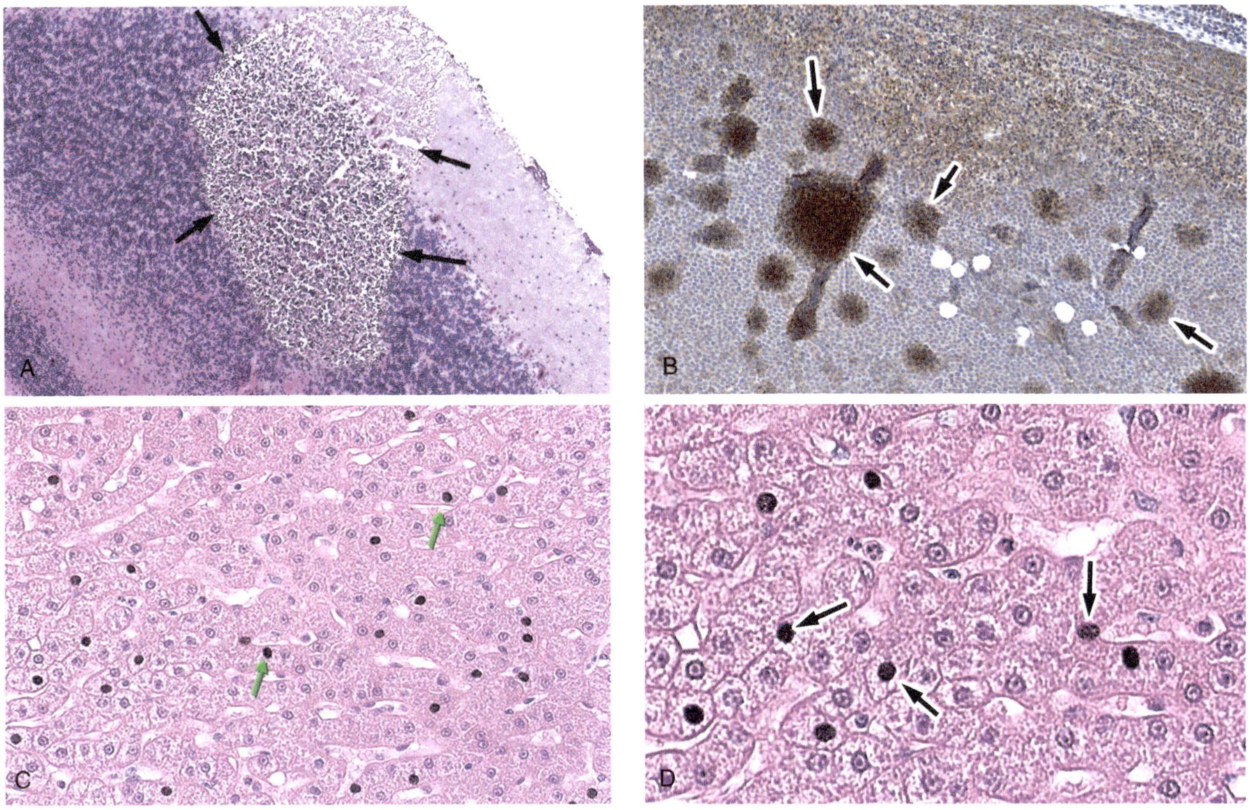

图 15-15　封片

A. SD 大鼠小脑：局部浅染，可能染色后，纸巾或手指碰触组织膜；B. 免疫组化染色，组织膨胀和隆起部位，着色深；C. 比格犬肝：细胞核干燥，呈结晶状，重新染色和盖玻片即可；D. 比格犬肝：细胞核干燥，呈结晶状，重新染色或盖玻片即可

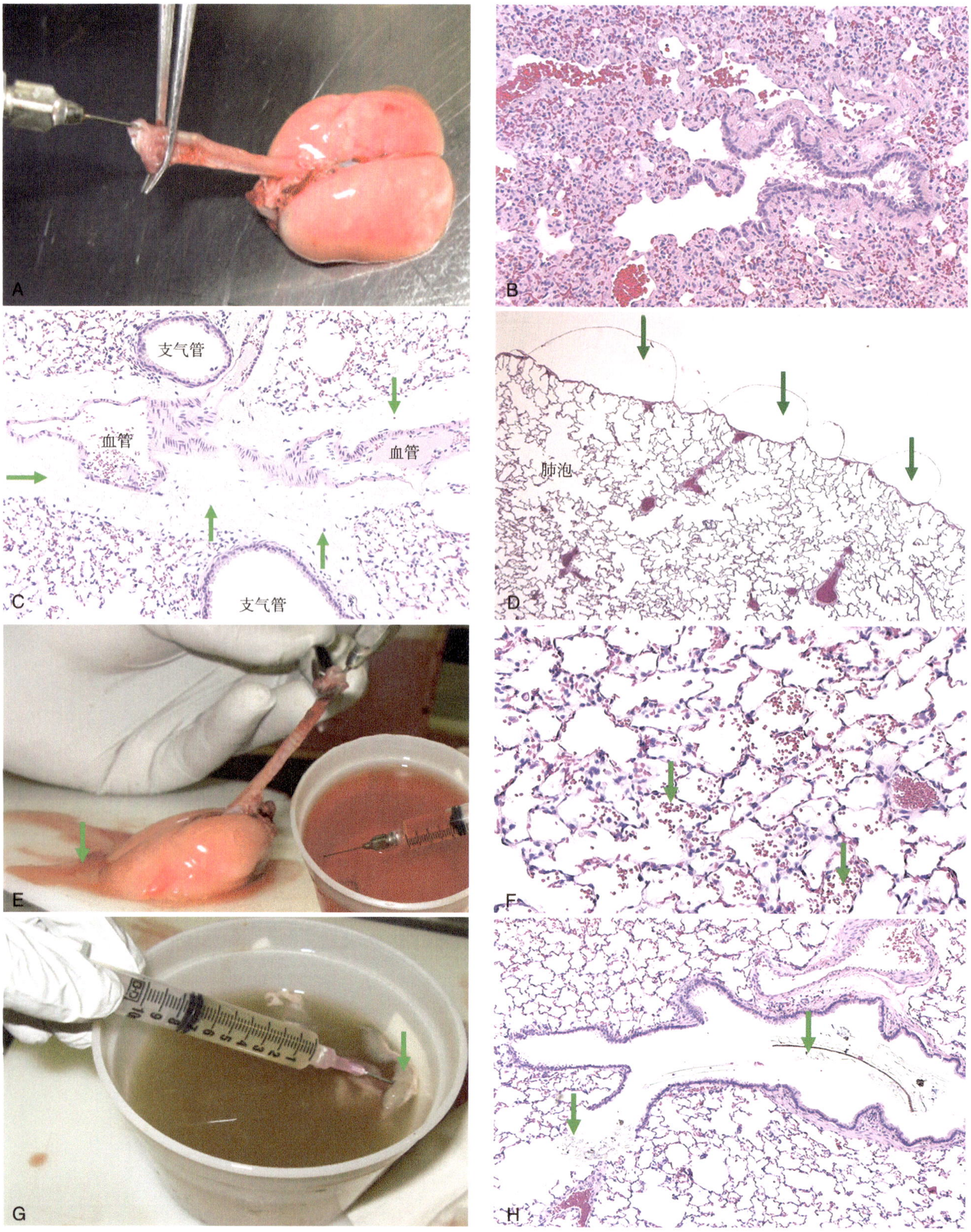

图 15-16　**常规灌注固定人为现象**

A. SD 大鼠肺：肺灌注固定有利于组织结构固定和观察；B. SD 大鼠肺，未经灌注，肺泡和支气管塌陷，不易观察；C. SD 大鼠肺：过量灌注致血管和气管周围有固定液蓄积；D. 食蟹猴肺：过量灌注致胸膜分离和胸膜下固定液蓄积；E. SD 大鼠肺：固定液若有血液污染，灌注后易导致误诊；F. SD 大鼠肺：固定液中血液污染，易误诊为肺泡出血；G. 胃肠道可单独固定，防止胃肠道内容物污染其他组织样本；H. 胃肠道内容物污染固定液，灌注进入肺支气管

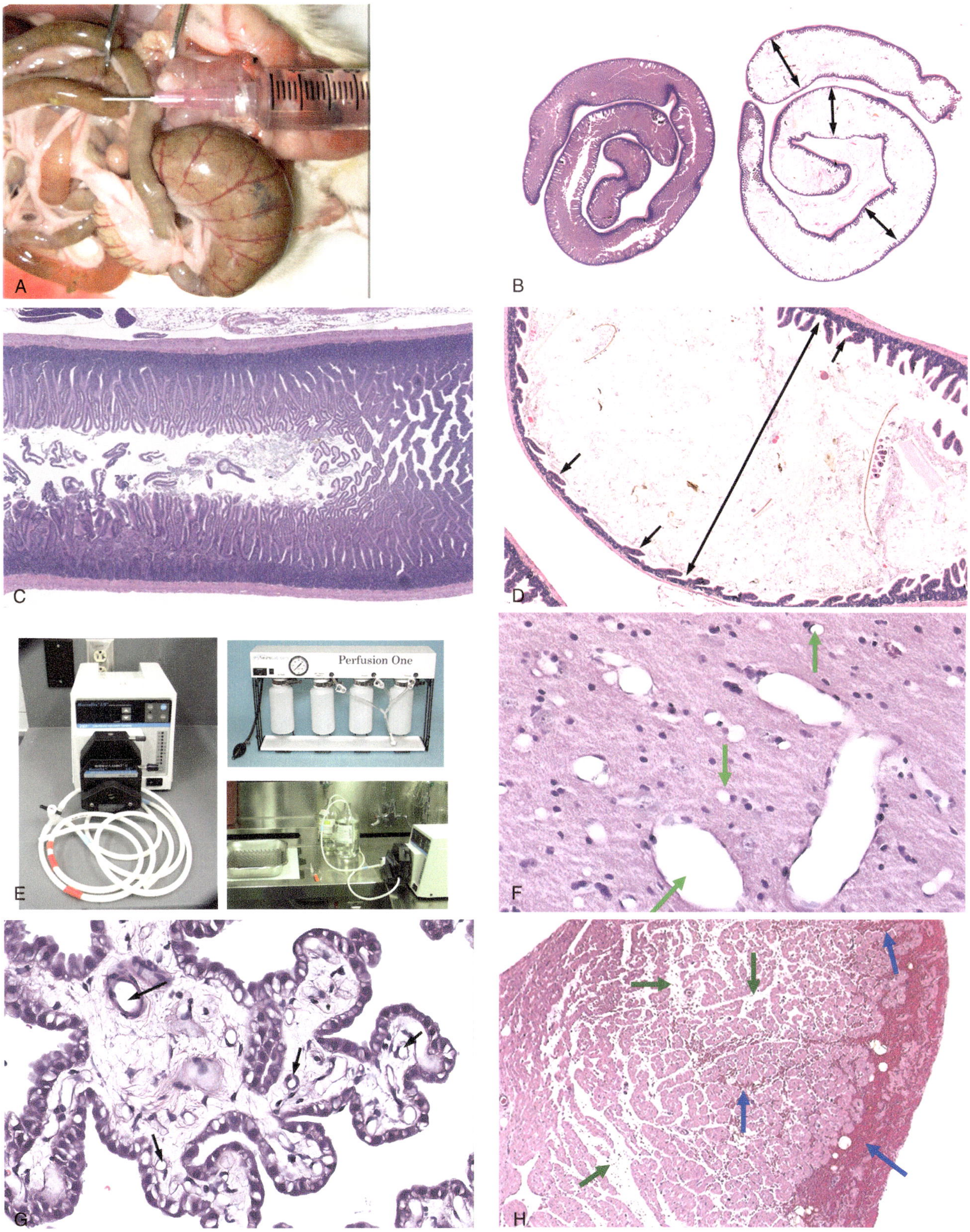

图 15-17　器械灌注固定人为现象

A. SD 大鼠：胃肠道灌注固定有利于样本固定和组织学观察；B. SD 大鼠小肠：左侧灌注适量，右侧灌注过量，肠腔扩张；C. SD 大鼠小肠：灌注适量，肠黏膜和肠绒毛等结构清晰可见；D. SD 大鼠小肠：灌注过量，肠腔扩张，肠黏膜和绒毛等变薄；E. 常用的动物全身灌注器械，极易造成人为组织损伤；F. SD 大鼠全身灌注，脑组织血管扩张；G. 全身灌注固定，比格犬，全身灌注固定，脑组织和脉络丛内血管扩张；H. 比格犬全身灌注，心内膜下出血，间质中固定液积蓄

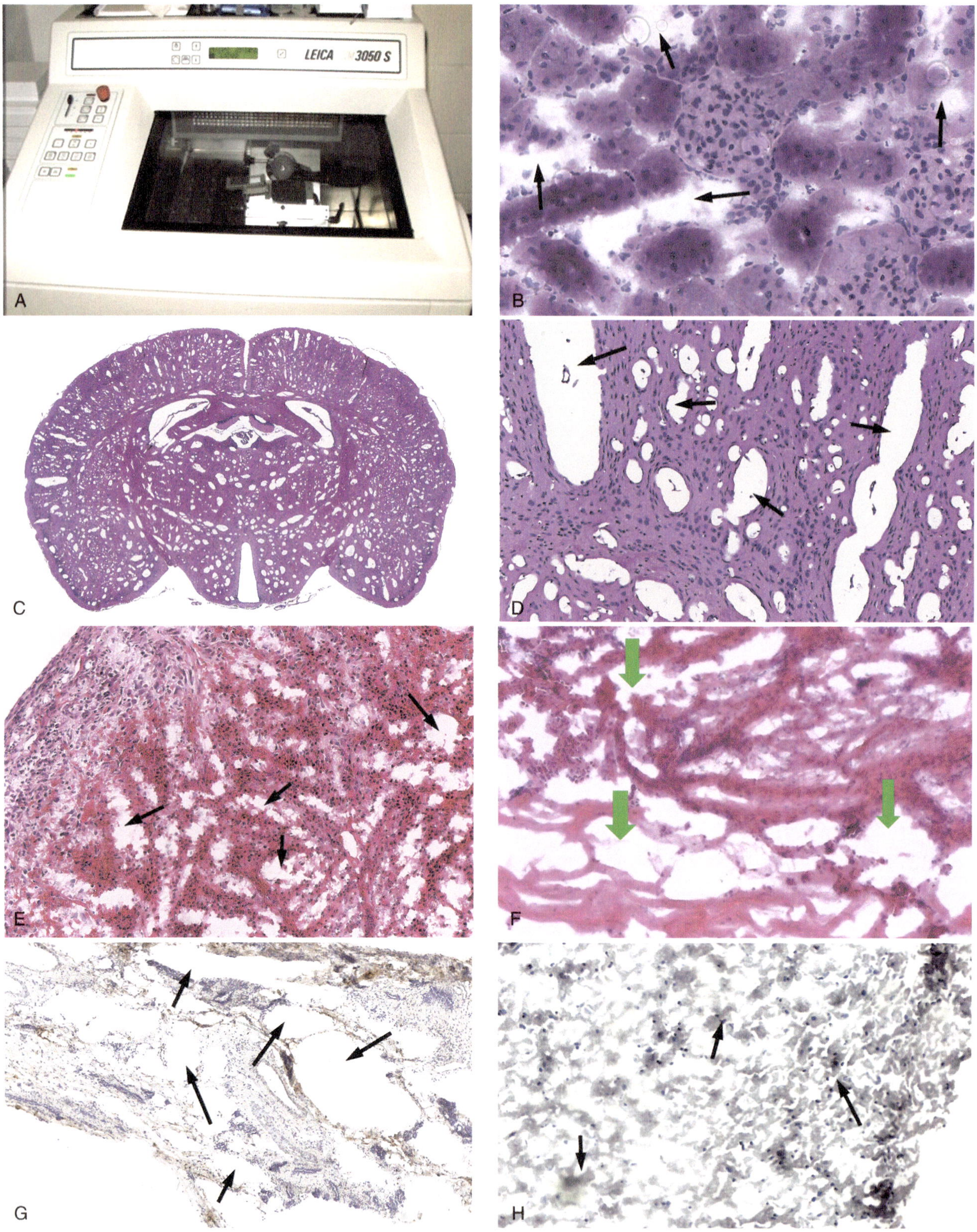

图 15-18 冷冻切片

A. 冷冻切片关键技术是速冻取材和防止融冻，通常应用液氮速冻；B. WH 大鼠肾：缓慢冷冻或融冻，液体冰晶析出，损伤组织结构；C、D. WH 大鼠大脑，缓慢冷冻，液体析出冰晶，脑组织呈蜂窝状；E、F. 人肿瘤样本：液体冰晶析出结冰，致组织呈蜂窝状；G. 人皮肤：免疫组化组织交叉反应，反复冻融，致组织蜂窝状；H. 人大脑：免疫组化组织交叉反应，反复冻融，无法识别组织

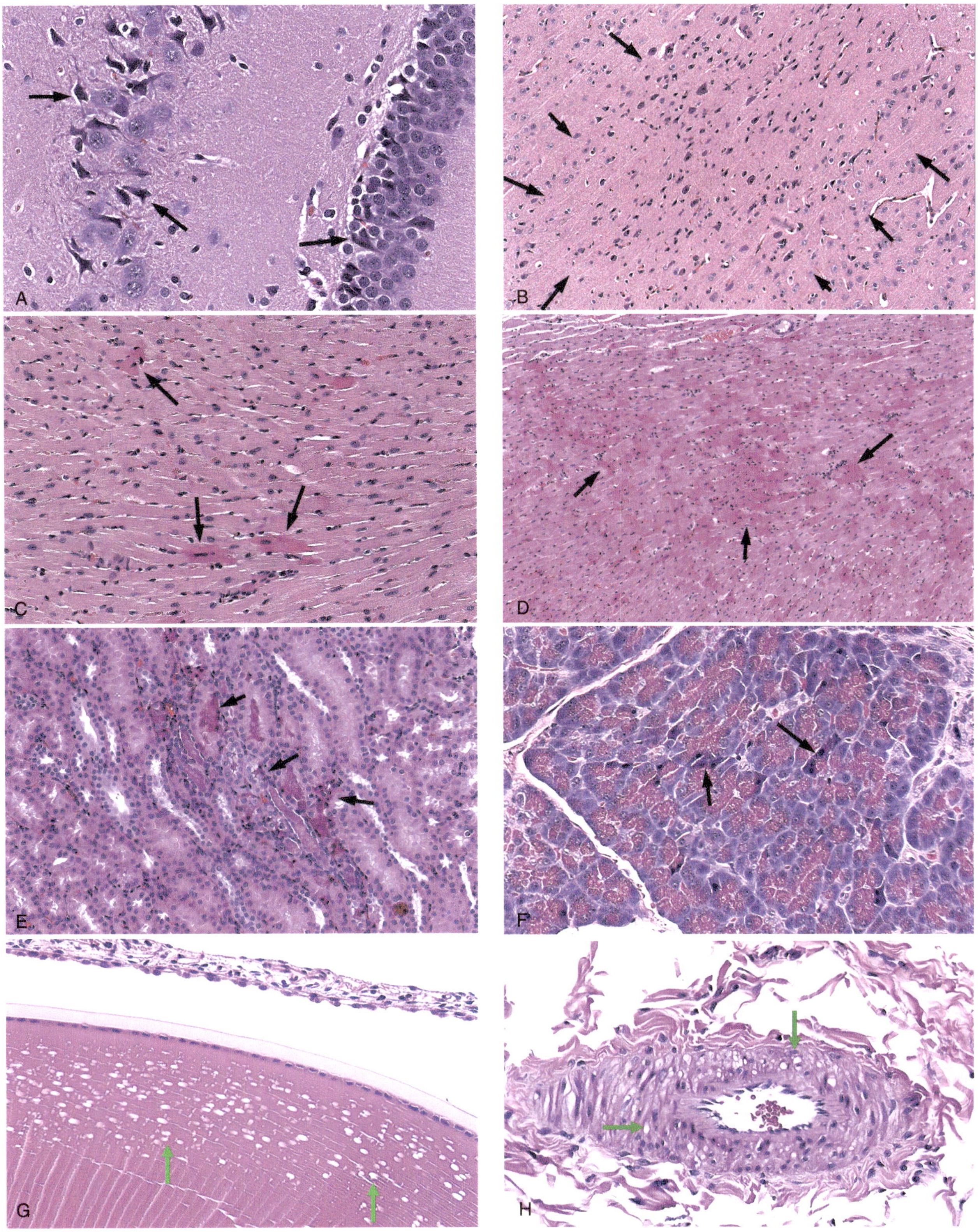

图 15-19 其他人为现象

A. WH 大鼠大脑：海马神经元呈多角形固缩和深染，很常见，原因不明；B. 比格犬大脑：皮质局部神经元呈多角形固缩和深染，可能与挤压有关；C. CD1 小鼠心肌：散在多角形固缩和深染的心肌纤维，很常见；D. WH 大鼠心肌：大片多角形固缩和深染的心肌纤维，可能与剖检创伤有关；E. 食蟹猴肾，肾小管上皮细胞多角形固缩和深染，可能与剖检创伤有关；F. SD 大鼠胰腺：散在多角形固缩和深染的腺泡细胞；G. WH 大鼠眼球：晶状体外周呈现空泡状变化，常见；H. WH 大鼠肾动脉：内皮细胞和中层肌纤维常呈空泡状变化，很常见

参考文献

李和，李继承，2015. 组织学与胚胎学 . 3 版 . 北京：人民卫生出版社 .

秦川，2017. 实验动物比较组织学彩色图谱 . 北京：科学出版社 .

Asada N, Takeishi S, Frenette PS, 2017. Complexity of bone marrow hematopoietic stem cell niche. International Journal of Hematology, 106(1): 45–54.

Assady S, Wanner N, Skorecki KL, et al, 2017. New insights into podocyte biology in glomerular health and disease. J Am Soc Nephrol, 28(6): 1707–1715.

Bacha WJ, Bacha LM, 2007. 彩色兽医组织学图谱 . 北京：中国农业大学出版社 .

Bernier–Latmani J, Petrova TV, 2017. Intestinal lymphatic vasculature: structure, mechanisms and functions. Nature Rev Gastroenterol Hepatol,14(9): 510–526.

Bhattaram P, Chandrasekharan U, 2017. The joint synovium: A critical determinant of articular cartilage fate in inflammatory joint diseases. Sem Cell Develop Biol, 62: 86–93.

BhattChamanza R, Wright JA, 2015. A review of the comparative anatomy, histology, physiology and pathology of the nasal cavity of rats, mice, dogs and non–human primates. J Comp Pathol, 153(4): 287–314.

Carter CM, Cregar LC, Aulbach AD, 2017. Cytological bone marrow cell differential counts and morphologic findings in healthy cynomolgus monkeys (Macaca fascicularis) from nonclinical toxicology studies. Toxicol Pathol, 45(2): 267–274.

Chojnacka K, Zarzycka M, Mruk D, 2016. Biology of the Sertoli cell in the fetal, pubertal, and adult mammalian testis. Resul Prob Cell Different, 58: 225–251.

Cora MC, Kooistra L, Trarlos G, 2015. Vaginal cytology of the laboratory rat and mouse: review and criteria for the staging of the estrous cycle using stained vaginal smears. Toxicol Pathol,43(6): 776–793.

Corallo D, Trapani V, Bonaldo P, 2015. The notochord: structure and functions. Cell Mol Life Sci, 72(16): 2989–3008.

Corcoran LM, Tarlinton DM,2016. Regulation of germinal center responses, memory B cells and plasma cell formation–an update. Cur Opin Immunol, 39: 59–67.

Eelen G, 2018. Endothelial Cell Metabolism. Physiolog Rev, 98(1):3–58.

Ekdale EG, 2016. Form and function of the mammalian inner ear. J Anat, 228(2): 324–337.

Ferenbach DA, Bonventre JV, 2016. Kidney tubules: intertubular, vascular, and glomerular cross–talk. Cur Opin Nephrol Hypertension,25(3): 194–202.

Fisher SA, 2017. Smooth muscle phenotypic diversity: effect on vascular function and drug responses. Adv Pharmacol, 78: 383–415.

Heidari F, Yari A, Rasoolijazi H, 2016. Bulge hair follicle stem cells accelerate cutaneous wound healing in rats. Wounds– Comp Clin Res Pract, 28(4): 132–141.

Heim A, 2017. Regulation of cell division. Adv Exp Med Biol, 953: 83–116.

Ivanyuk A, Livio F, Biollaz J, 2017. Renal drug transporters and drug interactions. Clin Pharmacokinet, 56(8): 825–892.

Keske MA, Dwyer RM, Russell RD, et al, 2017. Regulation of microvascular flow and metabolism: An overview. Clin Exp Pharmacol Physiol,44(1): 143–149.

Kietzmann T, 2017. Metabolic zonation of the liver: The oxygen gradient revisited. Redox Biol, 11: 622–630.

Kozhemyakina E, Lassar AB, Zelzer E, 2015. A pathway to bone: signaling molecules and transcription factors involved in chondrocyte development and maturation. Development, 142(5): 817–831.

Kurihara, H, Sakai T,2017. Cell biology of mesangial cells: the third cell that maintains the glomerular capillary. Anat Sci Internat, 92(2): 173–186.

Micu I, Plemel JR, Caprariell AV, et al, 2018. Axo–myelinic neurotransmission: a novel mode of cell signalling in the central nervous system. Nat Rev Neurosci, 19(1):49–58.

Murray IR, Baily J, Chen WCW, et al, 2017. Skeletal and cardiac muscle pericytes: Functions and therapeutic potential. Pharmacol Therapeutics, 171: 65–74.

Nguyen TA, Pang KC, Master SL, 2017. Intercellular communication for innate immunity. Mole Immunol, 86: 16–22

Nishimura H, 2017. Renin–angiotensin system in vertebrates: phylogenetic view of structure and function. Anat Sci Internat, 92(2): 215–247.

Oczypok EA, Per kins TN, Oury TD, 2017. Alveolar Epithelial cell–derived mediators: potential direct regulators of large airway and vascular responses. A J Resp Cell Mol Biol, 56(6): 694–699.

Pandiri AR, Kerlin RL, Mann PC, et al, 2017. Is it adverse, nonadverse, adaptive, or artifact? Toxicol Pathol, 45(1): 238–247.

Picut CA, Remick AK, de Rijk EP, et al, Postnatal development of the testis in the rat: morphologic study and correlation of morphology to neuroendocrine parameters. Toxicol Pathol, 43(3): 326–342.

Picut CA, Dixon D, Simons ML, et al, 2015. Postnatal ovary development in the rat: morphologic study and correlation of morphology to

neuroendocrine parameters. Toxicol Pathol, 43(3): 343–353.
Pipeleers D, De MI, Robert T, et al, 2017. Heterogeneity in the beta–cell population: a guided search into its significance in pancreas and in implants. Cur Diabetes Rep, 17(10): 86.
Potter SJ, DeFalco T,2017. Role of the testis interstitial compartment in spermatogonial stem cell function. Reproduction,153(4): R151–R162.
Rassier DE, 2017. Sarcomere mechanics in striated muscles: from molecules to sarcomeres to cells. Amer J Physiol – Cell Physiol, 313(2): C134–C145.
Riley RJ, Foley SA, Barton P, et al, 2016. Hepatic drug transporters: the journey so far. Exp Opin Drug Metab Toxicol, 12(2): 201–216.
Roper SD, Chaudhari N, 2017. Taste buds: cells, signals and synapses. Nature Rev Neurosci, 18(8): 485–497.
Silva L, Antunes A, 2017. Vomeronasal receptors in vertebrates and the evolution of pheromone detection. Ann Rev Anim Biosci, 5: 353–370.
Sluysmans S, Vasileva E, Spadaro D, et al, 2017. The role of apical cell–cell junctions and associated cytoskeleton in mechanotransduction. Biol Cell,109(4): 139–161.
Songsasen N, Nagashima J, Thongkittidrlok C, 2017. Endocrine and paracrine controls of canine follicular development and function. Reprod ct Dom Anim,52(Suppl 2): 29–34.
Swartley OM, Foley JF, Livingston DP, et al, 2016. Histology atlas of the developing mouse hepatobiliary hemolymphatic vascular system with emphasis on embryonic Days 11.5–18.5 and early postnatal development. Toxicol Pathol, 44(5): 705–725.
Talbot J, Maves L, 2016. Skeletal muscle fiber type: using insights from muscle developmental biology to dissect targets for susceptibility and resistance to muscle disease. Wiley Interdiscip Rev Dev Biol, 5(4): 518–534.
Theodorakis PE, Müler EA, Craster RV, et al, 2017. Physical insights into the blood–brain barrier translocation mechanisms. Physic Biol, 14(4): 041001.
Vidal JD, 2017. The impact of age on the female reproductive system. Toxicol Pathol, 45(1): 206–215.
Vrolyk V, Haruna J, Benoitbian camano MO, 2018. Neonatal and juvenile ocular development in Sprague–Dawley rats: A histomorphological and Iimmunohistochemical Study. Vet Pathol, 55(2): 310–330.
Wackermannova M, Pinc L, Jebavy L, 2016. Olfactory sensitivity in mammalian species. Physiol Res, 65(3): 369–390.
Walker CL, Pomatto L, Tripathi DN, et al, 2018. Redox regulation of homeostasis and proteostasis in peroxisomes. Physiol Reviews, 98(1):89–115.
Welle MM, Wiener DJ, 2016. The hair follicle: a comparative review of canine hair follicle anatomy and physiology. Toxicol Pathol, 44(4): 564–574.
Wieland E, Shipkova M, 2016. Lymphocyte surface molecules as immune activation biomarkers. Clin Biochem, 49(4–5): 347–354.
Yoo BB, Mazmanian SK, 2017. The enteric network: interactions between the immune and nervous systems of the gut. Immunity, 46(6): 910–926.

声　明

All animal activities, including euthanasia, were performed in accordance with the current guidelines for animal welfare (National Research Council Guide for the Care and Use of Laboratory Animals and United States Department of Agriculture Animal Welfare Act, Regulations and Standards) and were reviewed and approved by an Institutional Animal Care and Use Committee.

本书中所有动物的实验操作（包括安乐死）都遵循现行的动物福利准则（如美国国家科研委员会实验动物护理和使用指南、美国农业部动物福利法，以及其他规章和标准等），并经由本机构动物护理和使用委员会的审查和批准。

Some images of artifacts in Chapter 15 were artificially created on purpose after animal euthanasia to illustrate the process of how the artifact occurred.

本书第十五章里的部分人为现象插图乃是在动物被安乐处死后为展示人为现象是如何发生的而有意制作。